中国国家标准汇编

2008年修订-25

中国标准出版社　编

中国标准出版社
北京

图书在版编目（CIP）数据

中国国家标准汇编：2008年修订.25/中国标准出版社编.—北京：中国标准出版社，2009

ISBN 978-7-5066-5538-5

Ⅰ.中… Ⅱ.中… Ⅲ.国家标准-汇编-中国-2008 Ⅳ.T-652.1

中国版本图书馆CIP数据核字（2009）第187136号

中国标准出版社出版发行
北京复兴门外三里河北街16号
邮政编码:100045

网址 www.spc.net.cn
电话:68523946 68517548
中国标准出版社秦皇岛印刷厂印刷
各地新华书店经销
*
开本 880×1230 1/16 印张 38 字数 1 142 千字
2009年11月第一版 2009年11月第一次印刷
*
定价 200.00 元

ISBN 978-7-5066-5538-5

9 787506 655385 >

出 版 说 明

1.《中国国家标准汇编》是一部大型综合性国家标准全集。自1983年起，按国家标准顺序号以精装本、平装本两种装帧形式陆续分册汇编出版。它在一定程度上反映了我国建国以来标准化事业发展的基本情况和主要成就，是各级标准化管理机构，工矿企事业单位，农林牧副渔系统，科研、设计、教学等部门必不可少的工具书。

2.《中国国家标准汇编》收入我国每年正式发布的全部国家标准，分为"制定"卷和"修订"卷两种编辑版本。

"制定"卷收入上年度我国发布的、新制定的国家标准，顺延前年度标准编号分成若干分册，封面和书脊上注明"20××年制定"字样及分册号，分册号一直连续。各分册中的标准是按照标准编号顺序连续排列的，如有标准顺序号缺号的，除特殊情况注明外，暂为空号。

"修订"卷收入上年度我国发布的、被修订的国家标准，视篇幅分设若干分册，但与"制定"卷分册号无关联，仅在封面和书脊上注明"20××年修订-1,-2,-3,……"字样。"修订"卷各分册中的标准，仍按标准编号顺序排列(但不连续)；如有遗漏的，均在当年最后一分册中补齐。需提请读者注意的是，个别非顺延前年度标准编号的新制定的国家标准没有收入在"制定"卷中，而是收入在"修订"卷中。

读者配套购买《中国国家标准汇编》"制定"卷和"修订"卷则可收齐上一年度我国制定和修订的全部国家标准。

3. 由于读者需求的变化，自1996年起，《中国国家标准汇编》仅出版精装本。

4. 2008年制修订国家标准共5946项。本分册为"2008年修订-25"，收入新制修订的国家标准25项。

中国标准出版社

2009年10月

目　　录

ICS 29.020
K 04

中华人民共和国国家标准

GB/T 4728.11—2008/IEC 60617database
代替 GB/T 4728.11—2000

电气简图用图形符号
第11部分：建筑安装平面布置图

Graphical symbols for diagrams—Part 11: Architectural and topographical installation plans and diagrams

(IEC 60617database, IDT)

2008-05-28 发布　　　　2009-01-01 实施

中华人民共和国国家质量监督检验检疫总局
中国国家标准化管理委员会　发布

前　言

GB/T 4728《电气简图用图形符号》分为十三个部分：

——第 1 部分：一般要求；

——第 2 部分：符号要素、限定符号和其他常用符号；

——第 3 部分：导体和连接件；

——第 4 部分：基本无源元件；

——第 5 部分：半导体管和电子管；

——第 6 部分：电能的发生与转换；

——第 7 部分：开关、控制和保护器件；

——第 8 部分：测量仪表、灯和信号器件；

——第 9 部分：电信：交换和外围设备；

——第 10 部分：电信：传输；

——第 11 部分：建筑安装平面布置图；

——第 12 部分：二进制逻辑元件；

——第 13 部分：模拟元件。

本部分为 GB/T 4728 的第 11 部分，等同采用 IEC 60617database《电气简图用图形符号》数据库标准（IEC 60617_Snapshot_2007-08-03 英文版）。

本部分代替了 GB/T 4728.11—2000《电气简图用图形符号　第 11 部分：建筑安装平面布置图》。同 GB/T 4728.11—2000 相比，有如下变化：

——增加了 25 个新符号：S01391，S01392，S01393，S01396，S01397，S01398，S01399，S01400，S01406，S01407，S01419，S01420，S01421，S01422，S01448，S01449，S01450，S01451，S01452，S01453，S01458，S01459，S01460，S01461，S01807；

——废除了 11 个符号：S00387（11-01-03），S00388（11-01-04），S00417（11-03-11），S00418（11-03-12），S00424（11-04-06），S00425（11-04-07），S00434（11-07-01），S00436（11-07-03 ），S00437（11-08-01），S00490（11-15-10），S00494（11-16-02）；

——根据 IEC 60617 数据库标准，各符号列出的信息较旧版增加了多项内容。

本部分由全国电气信息结构、文件编制和图形符号标准化技术委员会提出并归口。

本部分主要起草单位：机械科学研究总院中机生产力促进中心。

参加起草的单位还有：国电华北电力设计院工程有限公司、五洲工程设计研究院、中国纺织工业设计院、中国航空综合技术研究所、中国航空工业规划设计研究院、中国航天科工集团二院、邮电工业标准化所、中国船舶工业综合技术经济研究院、上海电器科学研究所、许昌继电器研究所、中国电子工业标准化所、中国航天科工集团二院 23 所、中国电力企业联合会等。

本部分主要起草人：郭汀、高惠民、王素英、李道本、沈兵、陈泽毅、李旭亮、武冰梅、谭泳、武晶、季慧玉、李志勇、徐云驰、李萍、于明、高永梅。

本部分所代替标准的历次版本发布情况为：

——GB 4728.11—1985、GB/T 4728.11—2000。

电气简图用图形符号
第11部分:建筑安装平面布置图

S00385

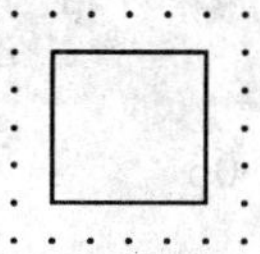

名　　　称:发电站,规划的

Generating station,planned

状　　　态:标准

IEC发布日期:2001-07-01

上版标准序号:GB/T 4728.11 (ed.2.0) 11-01-01

关　键　词:发电站

用　　　于:S00391,S00393,S00395,S00397,S00399,S00401,S00403

采 用 符 号:S00059

应 用 注 释:A00071

形 状 类 别:正方形

功 能 类 别:G 生产一种能量

应 用 类 别:网络图

S00386

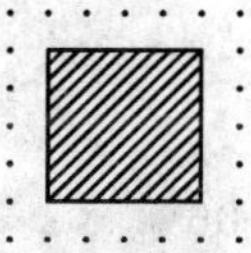

名　　　称:发电站,运行的或未规定的

Generating station,in service or unspecified

状　　　态:标准

IEC发布日期:2001-07-01

上版标准序号:GB/T 4728.11 (ed.2.0) 11-01-02

关　键　词:发电站

用　　　于:S00392,S00394,S00396,S00398,S00400,S00402,S00404

采 用 符 号:S00059

应 用 注 释:A00071,A00072

形 状 类 别:正方形

功 能 类 别:G 生产一种能量

应 用 类 别:网络图

注:本标准符号中的"所替代的符号"项是指当前符号为标准符号,被该标准符号所代替的符号。本标准符号中的"替代符号"项是指当前符号废止,代替该废止符号的符号。

S00389

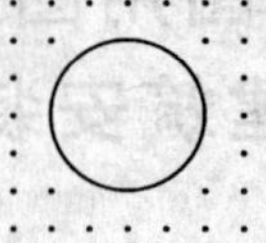

名　　　称:变电站、配电所,规划的
Substation,planned
状　　　态:标准
IEC发布日期:2001-07-01
上版标准序号:GB/T 4728.11 (ed.2.0) 11-01-05
关　键　词:变电站、配电所
用　　　于:S00405
采 用 符 号:S00061
应 用 注 释:A00267
形 状 类 别:圆
功 能 类 别:Q 受控切换或改变,T 性质不变的变换
应 用 类 别:网络图

S00390

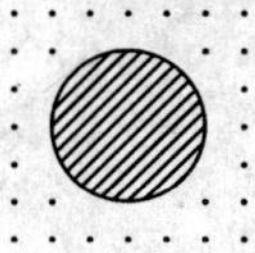

名　　　称:变电站、配电所,运行的或未规定的
Substation,in service or unspecified
状　　　态:标准
IEC发布日期:2001-07-01
上版标准序号:GB/T 4728.11 (ed.2.0) 11-01-06
关　键　词:变电站、配电所
用　　　于:S00406
采 用 符 号:S00061
应 用 注 释:A00072,A00267
形 状 类 别:圆
功 能 类 别:Q 受控切换或改变,T 性质不变的变换
应 用 类 别:网络图

S00391

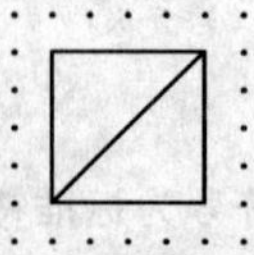

名　　　称:水力发电站,规划的

Hydroelectric generating station,planned
状　　　态:标准
IEC发布日期:2001-07-01
上版标准序号:GB/T 4728.11 (ed.2.0) 11-02-01
关　键　词:发电站
采 用 符 号:S00059;S00385
应 用 注 释:A00071
形 状 类 别:直角三角形,正方形
功 能 类 别:G 生产一种能量
应 用 类 别:网络图

S00392

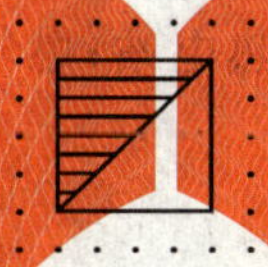

名　　　称:水力发电站,运行的或未规定的
Hydroelectric generating station,in service or unspecified
状　　　态:标准
IEC发布日期:2001-07-01
上版标准序号:GB/T 4728.11 (ed.2.0) 11-02-02
关　键　词:发电站
采 用 符 号:S00059;S00386
应 用 注 释:A00071,A00072
形 状 类 别:直角三角形,正方形
功 能 类 别:G 生产一种能量
应 用 类 别:网络图

S00393

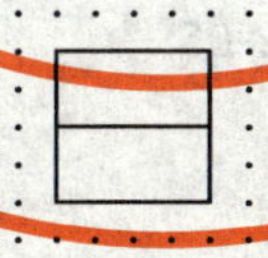

名　　　称:热电站,规划的
Thermoelectric generating station,planned
状　　　态:标准
IEC发布日期:2001-07-01
上版标准序号:GB/T 4728.11 (ed.2.0) 11-02-03
别　　　名:燃煤热电站;褐煤热电站;燃油热电站;燃气热电站
关　键　词:发电站
采 用 符 号:S00059;S00385
应 用 注 释:A00071
形 状 类 别:矩形,正方形

功 能 类 别:G 生产一种能量
应 用 类 别:网络图

S00394

名　　　　称:热电站,运行的或未规定的
Thermoelectric generating station,in service or unspecified
状　　　　态:标准
IEC发布日期:2001-07-01
上版标准序号:GB/T 4728.11 (ed.2.0) 11-02-04
别　　　　名:燃煤热电站;褐煤热电站;燃油热电站;燃气热电站
关　键　词:发电站
采 用 符 号:S00059;S00386
应 用 注 释:A00071,A00072
形 状 类 别:矩形,正方形
功 能 类 别:G 生产一种能量
应 用 类 别:网络图

S00395

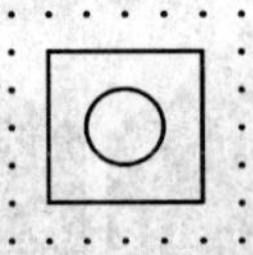

名　　　　称:核电站,规划的
Nuclear energy generating station,planned
状　　　　态:标准
IEC发布日期:2001-07-01
上版标准序号:GB/T 4728.11 (ed.2.0) 11-02-05
关　键　词:发电站
采 用 符 号:S00059;S00385
应 用 注 释:A00071
形 状 类 别:圆,正方形
功 能 类 别:G 生产一种能量
应 用 类 别:网络图

S00396

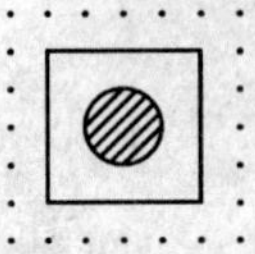

名　　　称:核电站,运行的或未规定的
　　　　　Nuclear energy generating station,in service or unspecified
状　　　态:标准
IEC发布日期:2001-07-01
上版标准序号:GB/T 4728.11 (ed.2.0) 11-02-06
关　键　词:发电站
采 用 符 号:S00059;S00386
应 用 注 释:A00071,A00072
形 状 类 别:圆,正方形
功 能 类 别:G 生产一种能量
应 用 类 别:网络图

S00397

名　　　称:地热发电站,规划的
　　　　　Geothermic generating station,planned
状　　　态:标准
IEC发布日期:2001-07-01
上版标准序号:GB/T 4728.11 (ed.2.0) 11-02-07
关　键　词:发电站
采 用 符 号:S00059;S00385
应 用 注 释:A00071
形 状 类 别:直线,矩形,正方形
功 能 类 别:G 生产一种能量
应 用 类 别:网络图

S00398

名　　　称:地热发电站,运行的或未规定的
　　　　　Geothermic generating station,in service or unspecified
状　　　态:标准
IEC发布日期:2001-07-01
上版标准序号:GB/T 4728.11 (ed.2.0) 11-02-08
关　键　词:发电站
采 用 符 号:S00059;S00386
应 用 注 释:A00071,A00072
形 状 类 别:直线,矩形,正方形

功 能 类 别:G 生产—种能量
应 用 类 别:网络图

S00399

名　　　称:太阳能发电站,规划的
Solar generating station,planned
状　　　态:标准
IEC发布日期:2001-07-01
上版标准序号:GB/T 4728.11 (ed.2.0) 11-02-09
关　键　词:发电站
采 用 符 号:S00059;S00385
应 用 注 释:A00071
形 状 类 别:箭头,矩形,正方形
功 能 类 别:G 生产—种能量
应 用 类 别:网络图

S00400

名　　　称:太阳能发电站,运行的或未规定的
Solar generating station,in service or unspecified
状　　　态:标准
IEC发布日期:2001-07-01
上版标准序号:GB/T 4728.11 (ed.2.0) 11-02-10
关　键　词:发电站
采 用 符 号:S00059;S00386
应 用 注 释:A00071,A00072
形 状 类 别:箭头,矩形,正方形
功 能 类 别:G 生产—种能量
应 用 类 别:网络图

S00401

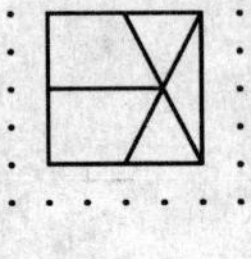

名　　　称:风力发电站,规划的
Wind generating station,planned
状　　　态:标准
IEC发布日期:2001-07-01
上版标准序号:GB/T 4728.11 (ed.2.0) 11-02-11
关　键　词:发电站
采 用 符 号:S00059;S00385
应 用 注 释:A00071
形 状 类 别:正方形
功 能 类 别:G 生产一种能量
应 用 类 别:网络图

S00402

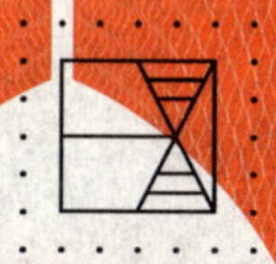

名　　　称:风力发电站,运行的或未规定的
Wind generating station,in service or unspecified
状　　　态:标准
IEC发布日期:2001-07-01
上版标准序号:GB/T 4728.11 (ed.2.0) 11-02-12
关　键　词:发电站
采 用 符 号:S00059;S00386
应 用 注 释:A00071,A00072
形 状 类 别:正方形
功 能 类 别:G 生产一种能量
应 用 类 别:网络图

S00403

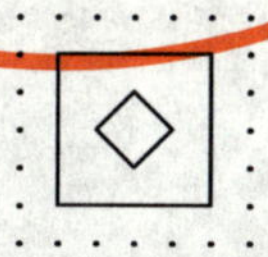

名　　　称:等离子体发电站,规划的;MHD磁流体发电站,规划的
Plasma generating station,planned;Magneto-hydrodynamic (MHD),planned
状　　　态:标准
IEC发布日期:2001-07-01
上版标准序号:GB/T 4728.11 (ed.2.0) 11-02-13
关　键　词:发电站
采 用 符 号:S00059;S00385

应 用 注 释:A00071
形 状 类 别:正方形
功 能 类 别:G 生产一种能量
应 用 类 别:网络图

S00404

名　　　　称:等离子体发电站,运行的或未规定的;MHD 磁流体发电站,运行的或未规定的
Plasma generating station,in service or unspecified;Magneto-hydrodynamic (MHD),in service or unspecified
状　　　　态:标准
IEC发布日期:2001-07-01
上版标准序号:GB/T 4728.11 (ed.2.0) 11-02-14
关　键　词:发电站
采 用 符 号:S00059;S00386
应 用 注 释:A00071,A00072
形 状 类 别:正方形
功 能 类 别:G 生产一种能量
应 用 类 别:网络图

S00405

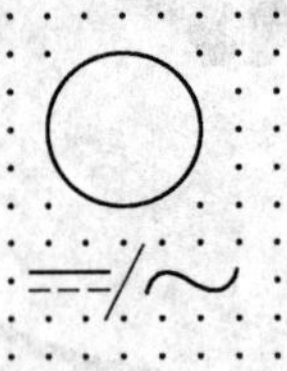

名　　　　称:换流站,规划的
Converting substation,planned
状　　　　态:标准
IEC发布日期:2001-07-01
上版标准序号:GB/T 4728.11 (ed.2.0) 11-02-15
关　键　词:变电站
采 用 符 号:S00061;S00389;S01401;S01403
形 状 类 别:圆,描述
功 能 类 别:Q 受控切换或改变,T 性质不变的变换
应 用 类 别:网络图
备　　　　注:符号表示直流变交流

S00406

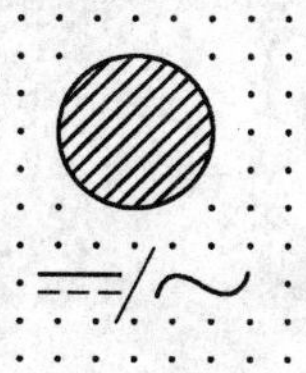

名　　　称:换流站,运行的或未规定的
Converting substation,in service or unspecified
状　　　态:标准
IEC发布日期:2001-07-01
上版标准序号:GB/T 4728.11 (ed.2.0) 11-02-16
关　键　词:变电站
采 用 符 号:S00061;S00390;S01401;S01403
应 用 注 释:A00072
形 状 类 别:圆,描述
功 能 类 别:Q 受控切换或改变,T 性质不变的变换
应 用 类 别:网络图
备　　　注:符号表示直流变交流

S00407

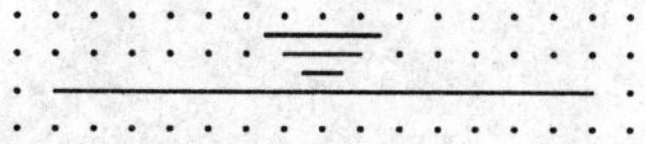

名　　　称:地下线路
Underground line
状　　　态:标准
IEC发布日期:2001-07-01
上版标准序号:GB/T 4728.11 (ed.2.0) 11-03-01
关　键　词:线路,网络
用　　　于:S00413
采 用 符 号:S00001
应 用 注 释:A00073
形 状 类 别:直线
功 能 类 别:W 导引或输送
应 用 类 别:网络图

S00408

名　　　称:水下线路
Submarine line
状　　　态:标准

IEC发布日期:2001-07-01
上版标准序号:GB/T 4728.11 (ed.2.0) 11-03-02
关　　键　　词:线路,网络
采 用 符 号:S00001;S00115
应 用 注 释:A00073
形 状 类 别:描述,直线
功 能 类 别:W 导引或输送
应 用 类 别:网络图

S00409

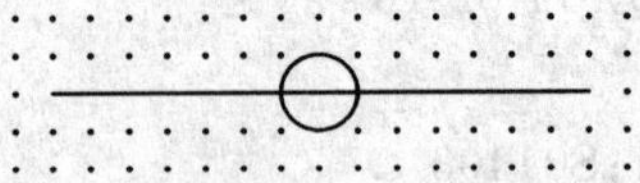

名　　　　称:架空线路
Overhead line
状　　　　态:标准
IEC发布日期:2001-07-01
上版标准序号:GB/T 4728.11 (ed.2.0) 11-03-03
关　　键　　词:线路,网络
用　　　　于:S01452,S01453
采 用 符 号:S00001
应 用 注 释:A00073
形 状 类 别:圆,直线
功 能 类 别:W 导引或输送
应 用 类 别:网络图

S00410

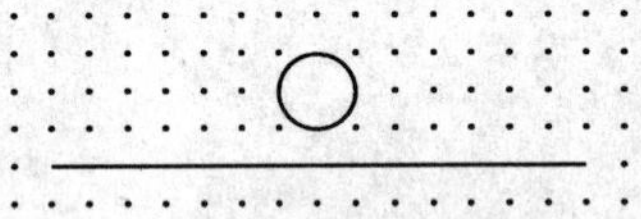

名　　　　称:套管线路
Line within a duct;Line within a pipe
状　　　　态:标准
IEC发布日期:2001-07-01
上版标准序号:GB/T 4728.11 (ed.2.0) 11-03-04
关　　键　　词:线路,网络
用　　　　于:S00411
采 用 符 号:S00001
应 用 注 释:A00073,A00074
形 状 类 别:圆,直线
功 能 类 别:W 导引或输送
应 用 类 别:网络图

S00411

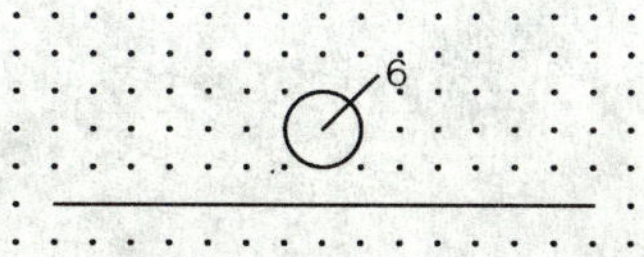

名　　　称:六孔管道的线路
Line within a six-way-duct
状　　　态:标准
IEC发布日期:2001-07-01
上版标准序号:GB/T 4728.11 (ed.2.0) 11-03-05
关　键　词:线路,网络
采 用 符 号:S00001,S00410
应 用 注 释:A00073
形 状 类 别:字符,圆,直线
功 能 类 别:W 导引或输送
应 用 类 别:网络图

S00412

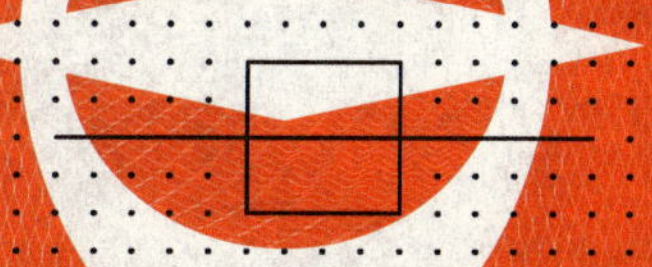

名　　　称:人孔,用于地井
Manhole for underground chamber
状　　　态:标准
IEC发布日期:2001-07-01
上版标准序号:GB/T 4728.11 (ed.2.0) 11-03-06
关　键　词:线路,网络
用　　　于:S00425,S00445
采 用 符 号:S00001
应 用 注 释:A00073
形 状 类 别:直线,正方形
功 能 类 别:W 导引或输送
应 用 类 别:网络图

S00413

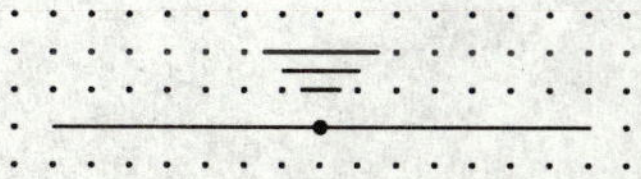

名　　　称:带接头的地下线路
Line with buried joint
状　　　态:标准

IEC发布日期:2001-07-01
上版标准序号:GB/T 4728.11 (ed.2.0) 11-03-07
关　　键　　词:线路,网络
用　　　　　于:S00425,S00445
采 用 符 号:S00001;S00407
应 用 注 释:A00073
形 状 类 别:圆点(点),直线
功 能 类 别:W 导引或输送
应 用 类 别:网络图

S00414

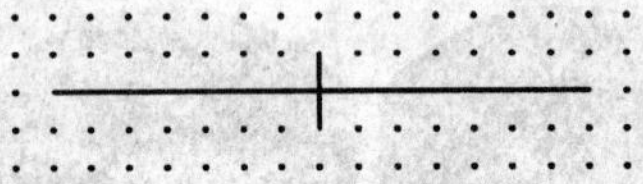

名　　　　　称:带充气或注油堵头的线路
Line with gas or oil block
状　　　　　态:标准
IEC发布日期:2001-07-01
上版标准序号:GB/T 4728.11 (ed.2.0) 11-03-08
关　　键　　词:线路,网络
用　　　　　于:S00416
采 用 符 号:S00001
应 用 注 释:A00073
形 状 类 别:直线
功 能 类 别:W 导引或输送
应 用 类 别:网络图

S00415

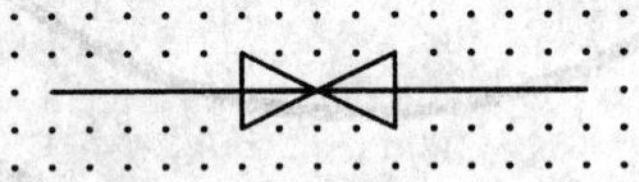

名　　　　　称:带充气或注油截止阀的线路
Line with gas or oil stop valve
状　　　　　态:标准
IEC发布日期:2001-07-01
上版标准序号:GB/T 4728.11 (ed.2.0) 11-03-09
关　　键　　词:线路,网络
采 用 符 号:S00001
应 用 注 释:A00073
形 状 类 别:等边三角形,直线
功 能 类 别:W 导引或输送
应 用 类 别:网络图

S00416

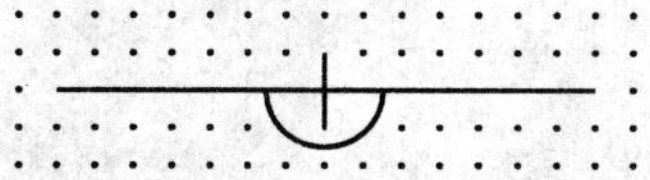

名　　　称:带旁路的充气或注油堵头的线路
　　　　　Line with gas or oil block by-pass
状　　　态:标准
IEC发布日期:2001-07-01
上版标准序号:GB/T 4728.11 (ed.2.0) 11-03-10
关　键　词:线路,网络
采 用 符 号:S00001;S00414
应 用 注 释:A00073
形 状 类 别:圆缺,直线
功 能 类 别:W 导引或输送
应 用 类 别:网络图

S00419

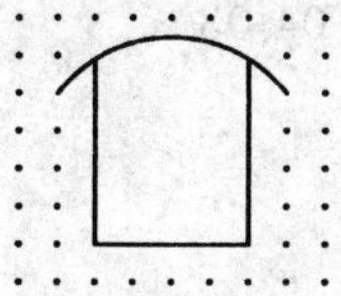

名　　　称:防雨罩,一般符号
　　　　　Weather-proof enclosure,general symbol
状　　　态:标准
IEC发布日期:2001-07-01
上版标准序号:GB/T 4728.11 (ed.2.0) 11-04-01
关　键　词:交接,网络
用　　　于:S00420
应 用 注 释:A00075
形 状 类 别:圆缺,矩形
功 能 类 别:W 导引或输送,X 连接
应 用 类 别:网络图

S00420

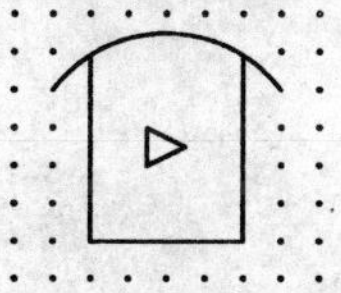

名　　　称:防雨罩内的放大点
　　　　　Amplifying point in a weather-proof enclosure
状　　　态:标准

IEC发布日期:2001-07-01
上版标准序号:GB/T 4728.11 (ed.2.0) 11-04-02
关　　键　　词:交接,网络
采 用 符 号:S00419;S01239
应 用 注 释:A00075
形 状 类 别:圆缺,等边三角形,矩形
功 能 类 别:W 导引或输送,X 连接
应 用 类 别:网络图

S00421

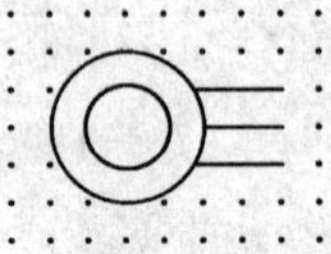

名　　　　称:交接点
Cross-connection point
状　　　　态:标准
IEC发布日期:2001-07-01
上版标准序号:GB/T 4728.11 (ed.2.0) 11-04-03
关　　键　　词:交接,网络
采 用 符 号:S00062
应 用 注 释:A00076
形 状 类 别:圆,直线
功 能 类 别:W 导引或输送,X 连接
应 用 类 别:网络图

S00422

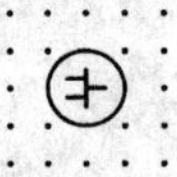

名　　　　称:线路集线器;自动线路连接器
Line concentrator;automatic line connector
状　　　　态:标准
IEC发布日期:2001-07-01
上版标准序号:GB/T 4728.11 (ed.2.0) 11-04-04
关　　键　　词:连接,网络
用　　　　于:S00423
形 状 类 别:圆,描述
功 能 类 别:K 处理信号或信息,X 连接
应 用 类 别:网络图
备　　　　注:符号表示信号从左至右传输。左边若干线路被集中为右边较少线路。

S00423

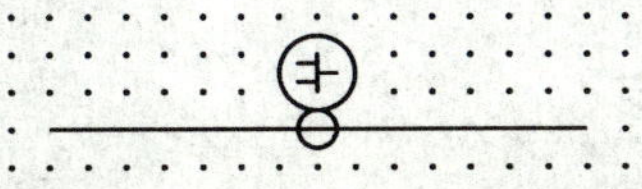

名　　　　称：杆上线路集线器
　　　　　　Line concentrator on a pole
状　　　　态：标准
IEC发布日期：2001-07-01
上版标准序号：GB/T 4728.11 (ed.2.0) 11-04-05
关　键　词：连接，线路，网络
采 用 符 号：S00001；S00422
形 状 类 别：圆，描述，直线
功 能 类 别：K 处理信号或信息，X 连接
应 用 类 别：网络图
备　　　　注：符号表示信号从左至右传输。左边若干线路被集中为右边较少线路。

S00426

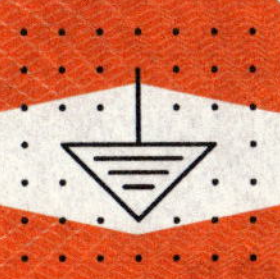

名　　　　称：保护阳极
　　　　　　Protective anode
状　　　　态：标准
IEC发布日期：2001-07-01
上版标准序号：GB/T 4728.11 (ed.2.0) 11-04-08
关　键　词：接地，阴极保护，网络
用　　　　于：S00427
应 用 注 释：A00079
形 状 类 别：直线，直角三角形
功 能 类 别：F 保护
应 用 类 别：网络图

S00427

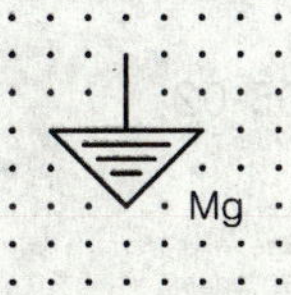

名　　　　称：镁保护阳极
　　　　　　Magnesium protective anode
状　　　　态：标准
IEC发布日期：2001-07-01

上版标准序号:GB/T 4728.11 (ed.2.0) 11-04-09
关　　键　　词:接地,阴极保护,网络
采 用 符 号:S00426
形 状 类 别:字符,直线,直角三角形
功 能 类 别:F 保护
应 用 类 别:网络图

S00428

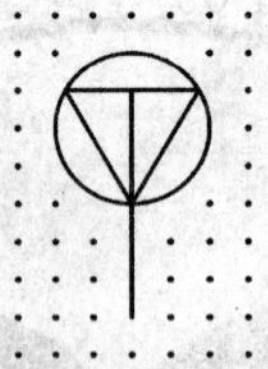

名　　　　称:有本地天线引入的前端
Head end with local antenna
状　　　　态:标准
IEC发布日期:2001-07-01
上版标准序号:GB/T 4728.11 (ed.2.0) 11-05-01
关　　键　　词:通讯网络,前端
采 用 符 号:S00061;S01102;S01239
形 状 类 别:圆,等边三角形,直线
功 能 类 别:T 性质不变的变换,W 导引或输送
应 用 类 别:安装图,网络图
备　　　　注:符号表示一条馈线支路

S00429

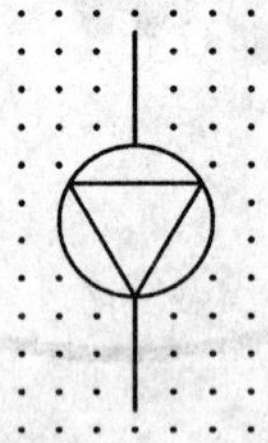

名　　　　称:无本地天线引入的前端
Head end without local antenna
状　　　　态:标准
IEC发布日期:2001-07-01
上版标准序号:GB/T 4728.11 (ed.2.0) 11-05-02
关　　键　　词:通讯网络,前端
采 用 符 号:S00061;S01239
形 状 类 别:圆,等边三角形,直线
功 能 类 别:W 导引或输送
应 用 类 别:安装图,网络图
备　　　　注:符号表示一条输入和一条输出通路

S00430

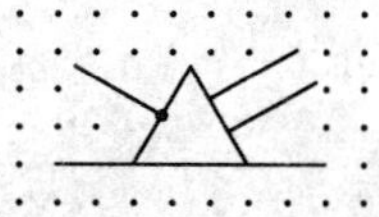

名　　　称:桥式放大器
Bridger amplifier
状　　　态:标准
IEC发布日期:2001-07-01
上版标准序号:GB/T 4728.11 (ed.2.0) 11-06-01
关　键　词:放大器,通讯网络
采 用 符 号:S01239
应 用 注 释:A00101,A00102
形 状 类 别:圆点(点),等边三角形,直线
功 能 类 别:T 性质不变的变换
应 用 类 别:安装图,网络图
备　　　注:符号表示三条支路或激励输出

S00431

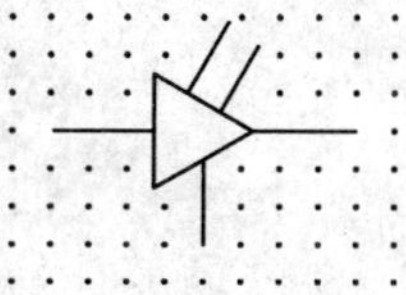

名　　　称:主干桥式放大器
Trunk bridging amplifier assembly
状　　　态:标准
IEC发布日期:2001-07-01
上版标准序号:GB/T 4728.11 (ed.2.0) 11-06-02
关　键　词:放大器,通讯网络
采 用 符 号:S01239
形 状 类 别:等边三角形,直线
功 能 类 别:T 性质不变的变换
应 用 类 别:安装图,网络图
备　　　注:符号表示三条馈线支路输出

S00432

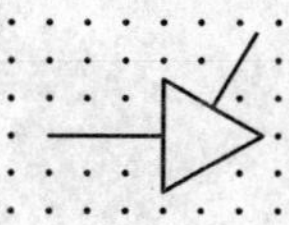

名　　　称:末端放大器(支路或激励馈线)
End of amplifier (branch or spur feeder)
状　　　态:标准

IEC发布日期:2001-07-01
上版标准序号:GB/T 4728.11(ed.2.0)11-06-03
关　　键　　词:放大器,通讯网络
采　用　符　号:S01239
形　状　类　别:等边三角形,直线
功　能　类　别:T 性质不变的变换
应　用　类　别:安装图,网络图
备　　　　　注:符号表示一条激励馈线输出

S00433

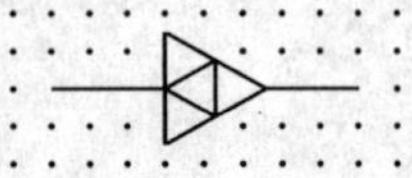

名　　　　　称:带反馈通道的放大器
Amplifier with return channel
状　　　　　态:标准
IEC发布日期:2001-07-01
上版标准序号:GB/T 4728.11(ed.2.0)11-06-04
关　　键　　词:放大器,通讯网络
采　用　符　号:S01239
形　状　类　别:等边三角形,直线
功　能　类　别:T 性质不变的变换
应　用　类　别:安装图,网络图

S00435

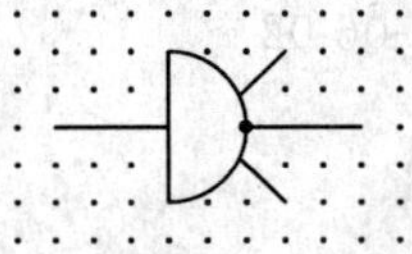

名　　　　　称:三路分配器
Splitter,three-way
状　　　　　态:标准
IEC发布日期:2001-07-01
上版标准序号:GB/T 4728.11(ed.2.0)11-07-02
关　　键　　词:有线音响和电视,分配器
替　代　符　号:S01334
应　用　注　释:A00101,A00102
形　状　类　别:圆点(点),半圆,直线
功　能　类　别:K 处理信号或信息,W 导引或输送
应　用　类　别:安装图,网络图
备　　　　　注:符号表示带一路较高电平输出

S00438

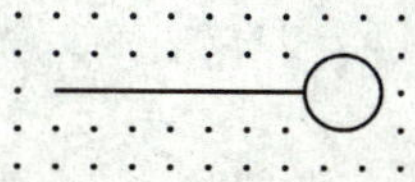

名　　　　称:系统出线端
　　　　System outlet
状　　　　态:标准
IEC发布日期:2001-07-01
上版标准序号:GB/T 4728.11 (ed. 2.0) 11-08-02
关　　键　　词:有线音响和电视,系统出线端
用　　　　于:S00439
形 状 类 别:圆,直线
功 能 类 别:X 连接
应 用 类 别:安装图,网络图

S00439

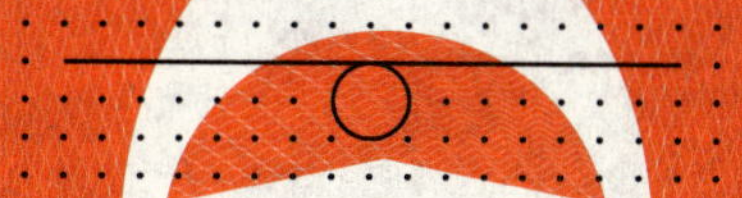

名　　　　称:环路系统出线端;串联出线端
　　　　Looped system outlet;Serial wired outlet
状　　　　态:标准
IEC发布日期:2001-07-01
上版标准序号:GB/T 4728.11 (ed. 2.0) 11-08-03
关　　键　　词:有线音响和电视,系统出线端
采 用 符 号:S00001;S00438
形 状 类 别:圆,直线
功 能 类 别:X 连接
应 用 类 别:安装图,网络图

S00440

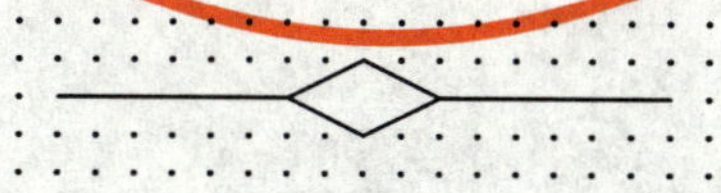

名　　　　称:均衡器
　　　　Equalizer
状　　　　态:标准
IEC发布日期:2001-07-01
上版标准序号:GB/T 4728.11 (ed. 2.0) 11-09-01
关　　键　　词:有线音响和电视,均衡器
用　　　　于:S00441
形 状 类 别:直线,平行四边形

功 能 类 别:K 处理信号或信息
应 用 类 别:安装图,网络图

S00441

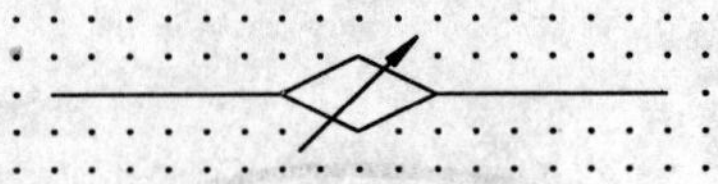

名　　　称:可变均衡器
Variable equalizer
状　　　态:标准
IEC发布日期:2001-07-01
上版标准序号:GB/T 4728.11 (ed.2.0) 11-09-02
关　键　词:有线音响和电视,均衡器
采 用 符 号:S00081;S00440
形 状 类 别:箭头,直线,平行四边形
功 能 类 别:K 处理信号或信息
应 用 类 别:安装图,网络图

S00442

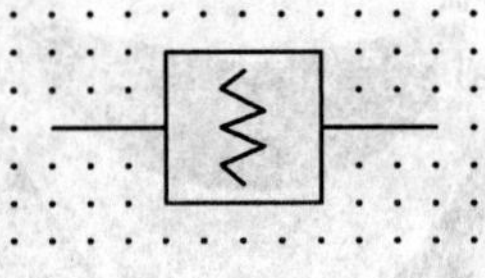

名　　　称:衰减器
Attenuator
状　　　态:标准
IEC发布日期:2001-07-01
上版标准序号:GB/T 4728.11 (ed.2.0) 11-09-03
关　键　词:衰减器,有线音响和电视
采 用 符 号:S00059;S01355
应 用 注 释:A00105
形 状 类 别:直线,正方形
功 能 类 别:K 处理信号或信息
应 用 类 别:安装图,网络图

S00443

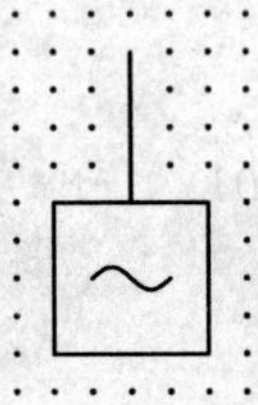

名　　　称:线路电源器件

Line power unit
状　　　态:标准
IEC发布日期:2001-07-01
上版标准序号:GB/T 4728.11 (ed. 2.0) 11-10-01
关　　键　　词:有线音响和电视,馈电
采 用 符 号:S00059;S01403
形 状 类 别:描述,直线,正方形
功 能 类 别:G 生产一种能量
应 用 类 别:安装图,网络图
备　　　注:表示交流型

S00444

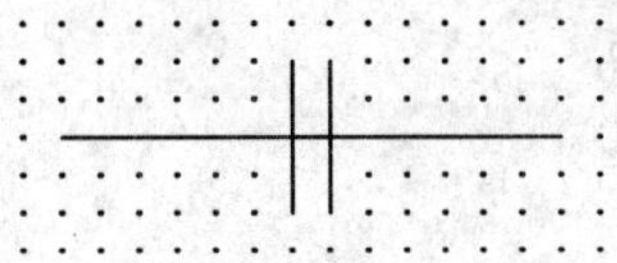

名　　　称:供电阻塞
Power block
状　　　态:标准
IEC发布日期:2001-07-01
上版标准序号:GB/T 4728.11 (ed. 2.0) 11-10-02
关　　键　　词:有线音响和电视,馈电
采 用 符 号:S00001
形 状 类 别:直线
功 能 类 别:R 限制或稳定
应 用 类 别:安装图,网络图
备　　　注:配电馈线中的符号

S00445

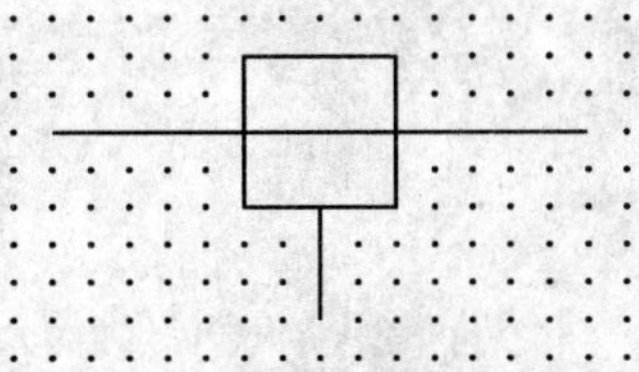

名　　　称:线路电源接入点
Power feeding injection point
状　　　态:标准
IEC发布日期:2001-07-01
上版标准序号:GB/T 4728.11 (ed. 2.0) 11-10-03
关　　键　　词:有线音响和电视,馈电
采 用 符 号:S00001;S00412
形 状 类 别:直线,正方形

功 能 类 别:G 生产一种能量
应 用 类 别:安装图,网络图

S00446

名　　　称:中性线
Neutral conductor
状　　　态:标准
IEC发布日期:2001-07-01
上版标准序号:GB/T 4728.11 (ed.2.0) 11-11-01
关　键　词:导线识别,建筑物装置,电气装置
应　　　用:S00448,S00449,S00866
采 用 符 号:S00001
应 用 注 释:A00106
形 状 类 别:圆点(点),直线
功 能 类 别:功能要素或属性
应 用 类 别:电路图,安装图,概略图

S00447

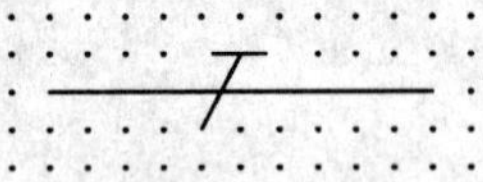

名　　　称:保护线
Protective conductor
状　　　态:标准
IEC发布日期:2001-07-01
上版标准序号:GB/T 4728.11 (ed.2.0) 11-11-02
关　键　词:导线识别,建筑物装置,电气装置
应　　　用:S00448,S00449
采 用 符 号:S00001
应 用 注 释:A00106
形 状 类 别:直线
功 能 类 别:功能要素或属性
应 用 类 别:电路图,安装图,概略图

S00448

名　　　称:保护线和中性线共用线

Combined protective and neutral conductor
状　　　态:标准
IEC发布日期:2001-07-01
上版标准序号:GB/T 4728.11 (ed. 2.0) 11-11-03
关　　键　词:电气装置,导线识别,建筑物装置
采 用 符 号:S00001;S00446;S00447
应 用 注 释:A00106
形 状 类 别:圆点(点),直线
功 能 类 别:功能要素或属性
应 用 类 别:电路图,安装图,概略图

S00449

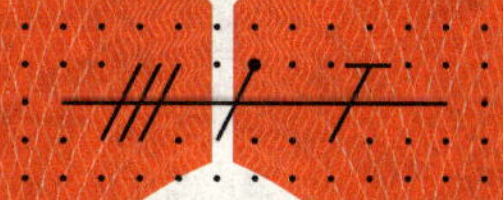

名　　　称:带中性线和保护线的三相线路
Three-phase wiring with neutral conductor and protective conductor
状　　　态:标准
IEC发布日期:2001-07-01
上版标准序号:GB/T 4728.11 (ed. 2.0) 11-11-04
关　　键　词:导线识别,建筑物装置,电气装置
采 用 符 号:S00001;S00002;S00446;S00447
应 用 注 释:A00106
形 状 类 别:圆点(点),直线
功 能 类 别:功能要素或属性
应 用 类 别:电路图,安装图,概略图

S00450

名　　　称:向上配线;向上布线
Wiring going upwards
状　　　态:标准
IEC发布日期:2001-07-01
上版标准序号:GB/T 4728.11 (ed. 2.0) 11-12-01
关　　键　词:建筑物装置,布线,配线
应 用 注 释:A00107
形 状 类 别:箭头,圆点(点),直线
功 能 类 别:功能要素或属性
应 用 类 别:安装图

S00451

名　　　　称:向下配线;向下布线
Wiring going downwards
状　　　　态:标准
IEC发布日期:2001-07-01
上版标准序号:GB/T 4728.11 (ed.2.0) 11-12-02
关　键　词:建筑物装置,布线,配线
应 用 注 释:A00108
形 状 类 别:箭头,圆点(点),直线
功 能 类 别:功能要素或属性
应 用 类 别:安装图

S00452

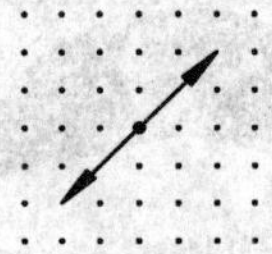

名　　　　称:垂直通过配线;垂直通过布线
Wiring passing through vertically
状　　　　态:标准
IEC发布日期:2001-07-01
上版标准序号:GB/T 4728.11 (ed.2.0) 11-12-03
关　键　词:建筑物装置,布线,配线
形 状 类 别:箭头,圆点(点)
功 能 类 别:功能要素或属性
应 用 类 别:安装图

S00453

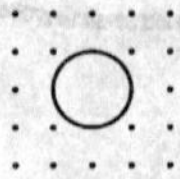

名　　　　称:盒,一般符号
Box,general symbol
状　　　　态:标准
IEC发布日期:2001-07-01
上版标准序号:GB/T 4728.11 (ed.2.0) 11-12-04
关　键　词:建筑物装置,布线
用　　　　于:S00454,S00522,S00521
采 用 符 号:S00061

形 状 类 别:圆
功 能 类 别:X 连接
应 用 类 别:安装图

S00454

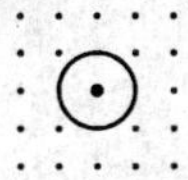

名　　　称:连接盒;接线盒
Connection box;Junction box
状　　　态:标准
IEC发布日期:2001-07-01
上版标准序号:GB/T 4728.11 (ed.2.0) 11-12-05
关　　键　词:建筑物装置,布线
采 用 符 号:S00016;S00453
形 状 类 别:圆,点
功 能 类 别:X 连接
应 用 类 别:安装图

S00455

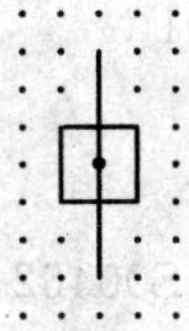

名　　　称:用户端,供电引入设备
Consumers terminal,Service entrance equipment
状　　　态:标准
IEC发布日期:2001-07-01
上版标准序号:GB/T 4728.11 (ed.2.0) 11-12-06
关　　键　词:建筑物装置,布线
采 用 符 号:S00016;S00060
形 状 类 别:点,直线,正方形
功 能 类 别:X 连接
应 用 类 别:安装图,网络图
备　　　注:符号表示带配线

S00456

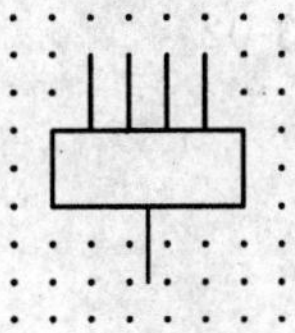

名　　　称:配电中心
　　　　Distribution centre
状　　　态:标准
IEC发布日期:2001-07-01
上版标准序号:GB/T 4728.11 (ed.2.0) 11-12-07
关　键　词:建筑物装置,配线
采 用 符 号:S00060
形 状 类 别:直线,正方形
功 能 类 别:X连接
应 用 类 别:安装图
备　　　注:符号表示带五路配线

S00457

名　　　称:(电源)插座,一般符号
　　　　Socket outlet (power),general symbol;Receptacle outlet (power),general symbol
状　　　态:标准
IEC发布日期:2001-07-01
上版标准序号:GB/T 4728.11 (ed.2.0) 11-13-01
别　　　名:(电源)插孔,一般符号
关　键　词:建筑物装置,插座
用　　　于:S00458,S00459,S00460,S00461,S00462,S00463,S00464
采 用 符 号:S00031
形 状 类 别:半圆,直线
功 能 类 别:X连接
应 用 类 别:安装图

S00458

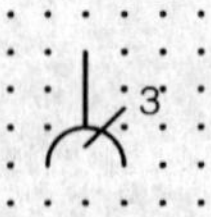

名　　　称:多个(电源)插座
　　　　Multiple socket outlet (power)
状　　　态:标准
IEC发布日期:2001-07-01
上版标准序号:GB/T 4728.11 (ed.2.0) 11-13-02
关　键　词:建筑物装置,插座
形　　　式:形式1
其 他 形 式:S00459

采 用 符 号:S00457
形 状 类 别:字符,半圆,直线
功 能 类 别:X 连接
应 用 类 别:安装图
备　　　注:符号表示三个插座

S00459

名　　　称:多个(电源)插座
Multiple socket outlet (power)
状　　　态:标准
IEC发布日期:2001-07-01
上版标准序号:GB/T 4728.11 (ed.2.0) 11-13-03
关　键　词:建筑物装置,插座
形　　　式:形式 2
其 他 形 式:S00458
采 用 符 号:S00457
形 状 类 别:半圆,直线
功 能 类 别:X 连接
应 用 类 别:安装图
备　　　注:符号表示三个插座

S00460

名　　　称:带保护极的(电源)插座
Socket outlet (power) with protective contact
状　　　态:标准
IEC发布日期:2001-07-01
上版标准序号:GB/T 4728.11 (ed.2.0) 11-13-04
关　键　词:建筑物装置,插座
用　　　于:S00528
采 用 符 号:S00457
形 状 类 别:半圆,直线
功 能 类 别:X 连接
应 用 类 别:安装图

S00461

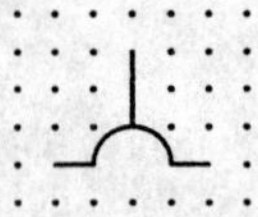

名　　　　称:带滑动防护板的(电源)插座
　　　　Socket outlet (power) with sliding shutter
状　　　　态:标准
IEC发布日期:2001-07-01
上版标准序号:GB/T 4728.11 (ed.2.0) 11-13-05
关　键　词:建筑物装置,插座
采 用 符 号:S00457
形 状 类 别:半圆,直线
功 能 类 别:X 连接
应 用 类 别:安装图

S00462

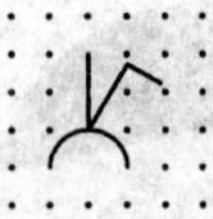

名　　　　称:带单极开关的(电源)插座
　　　　Socket outlet (power) with single-pole switch
状　　　　态:标准
IEC发布日期:2001-07-01
上版标准序号:GB/T 4728.11 (ed.2.0) 11-13-06
关　键　词:建筑物装置,插座
用　　　　于:S00463
采 用 符 号:S00457
形 状 类 别:半圆,直线
功 能 类 别:X 连接
应 用 类 别:安装图

S00463

名　　　　称:带联锁开关的(电源)插座
　　　　Socket outlet (power) with interlocked switch
状　　　　态:标准
IEC发布日期:2001-07-01
上版标准序号:GB/T 4728.11 (ed.2.0) 11-13-07
关　键　词:建筑物装置,插座

采 用 符 号:S00457;S00462
形 状 类 别:半圆,直线
功 能 类 别:X 连接
应 用 类 别:安装图

S00464

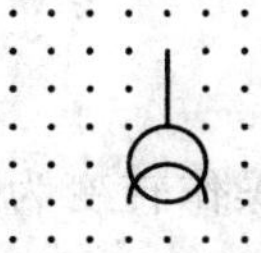

名　　　称:带隔离变压器的(电源)插座
Socket outlet (power) with isolating transformer
状　　　态:标准
IEC发布日期:2001-07-01
上版标准序号:GB/T 4728.11 (ed.2.0) 11-13-08
别　　　名:剃须插座
关　键　词:建筑物装置,插座
采 用 符 号:S00457
形 状 类 别:圆,半圆,直线
功 能 类 别:X 连接
应 用 类 别:安装图

S00465

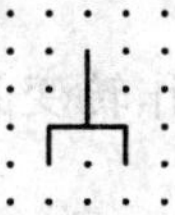

名　　　称:电信插座,一般符号
Socket outlet (telecommunications),general symbol
状　　　态:标准
IEC发布日期:2001-07-01
上版标准序号:GB/T 4728.11 (ed.2.0) 11-13-09
关　键　词:建筑物装置,插座
应 用 注 释:A00109
形 状 类 别:直线
功 能 类 别:X 连接
应 用 类 别:安装图

S00466

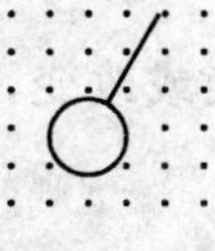

名　　　　称:开关,一般符号
　　　　　　Switch,general symbol
状　　　　态:标准
IEC发布日期:2001-07-01
上版标准序号:GB/T 4728.11 (ed.2.0) 11-14-01
关　　键　词:建筑物装置,开关
用　　　　于:S01455,S01456,S00472,S01830,S00474,S00473,S00469,S00470,S00471,S00468,S00467
形 状 类 别:圆,直线
功 能 类 别:Q 受控切换或改变,S 把手动操作转变为信号
应 用 类 别:安装图

S00467

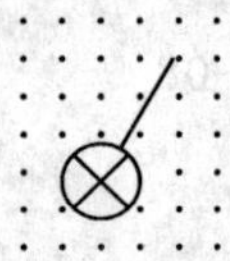

名　　　　称:带指示灯的开关
　　　　　　Switch with pilot light
状　　　　态:标准
IEC发布日期:2001-07-01
上版标准序号:GB/T 4728.11 (ed.2.0) 11-14-02
关　　键　词:指示灯,建筑物装置,开关
采 用 符 号:S00466;S00965
形 状 类 别:圆,直线
功 能 类 别:Q 受控切换或改变,S 将手动操作转变为信号
应 用 类 别:安装图

S00468

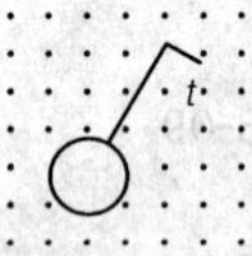

名　　　　称:单极限时开关
　　　　　　Period limiting switch,single pole
状　　　　态:标准
IEC发布日期:2001-07-01
上版标准序号:GB/T 4728.11 (ed.2.0) 11-14-03
关　　键　词:建筑物装置,开关
采 用 符 号:S00466
形 状 类 别:字符,圆,直线
功 能 类 别:K 处理信号或信息,Q 受控切换或改变,S 将手动操作转变为信号
应 用 类 别:安装图

S00469

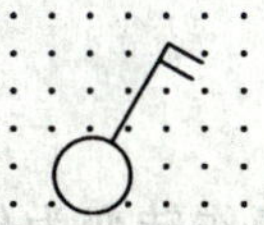

名　　　　称：双极开关
　　　　　　Two pole switch
状　　　　态：标准
IEC发布日期：2001-07-01
上版标准序号：GB/T 4728.11 (ed.2.0) 11-14-04
关　键　词：建筑物装置，开关
采　用　符　号：S00466
形　状　类　别：圆，直线
功　能　类　别：Q 受控切换或改变，S 将手动操作转变为信号
应　用　类　别：安装图

S00470

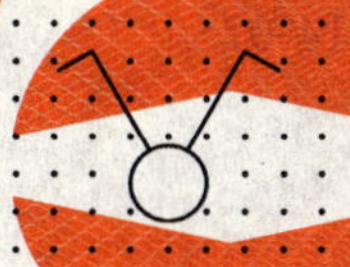

名　　　　称：多位单极开关
　　　　　　Multiposition single pole switch
状　　　　态：标准
IEC发布日期：2001-07-01
上版标准序号：GB/T 4728.11 (ed.2.0) 11-14-05
关　键　词：建筑物装置，开关
采　用　符　号：S00466
形　状　类　别：圆，直线
功　能　类　别：Q 受控切换或改变，S 将手动操作转变为信号
应　用　类　别：安装图
备　　　　注：例如用于不同照度

S00471

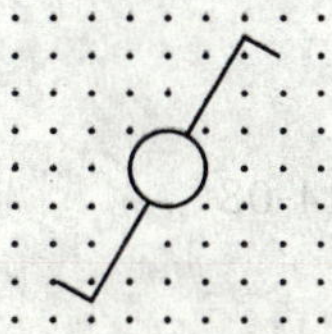

名　　　　称：双控单极开关
　　　　　　Two-way single pole switch
状　　　　态：标准
IEC发布日期：2001-07-01

上版标准序号:GB/T 4728.11 (ed.2.0) 11-14-06
关　　键　　词:建筑物装置,开关
采 用 符 号:S00466
形 状 类 别:圆,直线
功 能 类 别:Q 受控切换或改变,S 将手动操作转变为信号
应 用 类 别:安装图

S00472

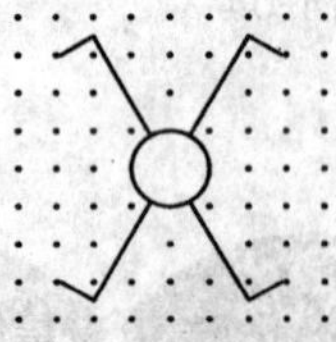

名　　　　称:中间开关
Intermediate switch
状　　　　态:标准
IEC发布日期:2001-07-01
上版标准序号:GB/T 4728.11 (ed.2.0) 11-14-07
关　　键　　词:建筑物装置,开关
采 用 符 号:S00466
应 用 注 释:A00254
形 状 类 别:圆,直线
功 能 类 别:Q 受控切换或改变,S 将手动操作转变为信号
应 用 类 别:安装图
备　　　　注:等效电路图见 A00254

S00473

名　　　　称:调光器
Dimmer
状　　　　态:标准
IEC发布日期:2001-07-01
上版标准序号:GB/T 4728.11 (ed.2.0) 11-14-08
关　　键　　词:建筑物装置,开关
采 用 符 号:S00466
形 状 类 别:圆,直线,直角三角形
功 能 类 别:Q 受控切换或改变,R 限制或稳定,S 将手动操作转变为信号
应 用 类 别:安装图

S00474

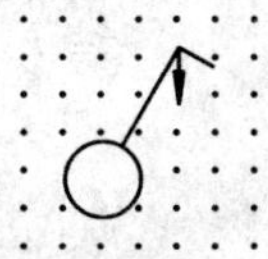

名　　　称:单极拉线开关
　　　　　Pull-cord single pole switch
状　　　态:标准
IEC发布日期:2001-07-01
上版标准序号:GB/T 4728.11 (ed.2.0) 11-14-09
关　键　词:建筑物装置,开关
采 用 符 号:S00093;S00466
形 状 类 别:箭头,圆,直线
功 能 类 别:Q 受控切换或改变,S 将手动操作转变为信号
应 用 类 别:安装图

S00475

名　　　称:按钮
　　　　　Push-button
状　　　态:标准
IEC发布日期:2001-07-01
上版标准序号:GB/T 4728.11 (ed.2.0) 11-14-10
关　键　词:建筑物装置,开关
用　　　于:S00477,S00476
形 状 类 别:圆
功 能 类 别:S 将手动操作转变为信号
应 用 类 别:安装图

S00476

名　　　称:带指示灯的按钮
　　　　　Push-button with indicator lamp
状　　　态:标准
IEC发布日期:2001-07-01
上版标准序号:GB/T 4728.11 (ed.2.0) 11-14-11
关　键　词:指示灯,建筑物装置,开关
采 用 符 号:S00475;S00965

形 状 类 别:圆,直线
功 能 类 别:P 提供信息,S 将手动操作转变为信号
应 用 类 别:安装图

S00477

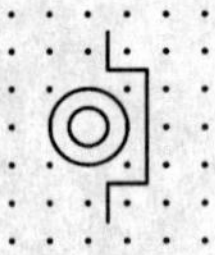

名　　　称:防止无意操作的按钮
Push-button protected against unintentional operation
状　　　态:标准
IEC发布日期:2001-07-01
上版标准序号:GB/T 4728.11 (ed. 2.0) 11-14-12
关　键　词:建筑物装置,开关
采 用 符 号:S00168;S00475
应 用 注 释:A00110
形 状 类 别:圆,直线
功 能 类 别:S 将手动操作转变为信号
应 用 类 别:安装图

S00478

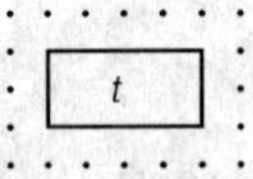

名　　　称:定时器
Timer
状　　　态:标准
IEC发布日期:2001-07-01
上版标准序号:GB/T 4728.11 (ed. 2.0) 11-14-13
别　　　名:限时设备
关　键　词:建筑物装置,开关
采 用 符 号:S00060;S00327
应 用 注 释:A00110
形 状 类 别:字符,正方形
功 能 类 别:K 处理信号或信息,Q 受控切换或改变
应 用 类 别:安装图

S00479

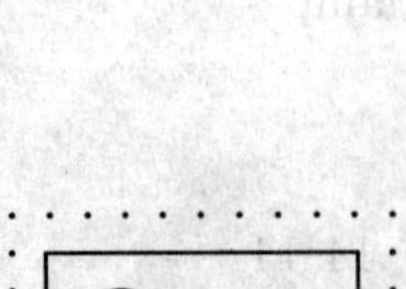

名　　　　称:定时开关
　　　　　Time switch
状　　　　态:标准
IEC发布日期:2001-07-01
上版标准序号:GB/T 4728.11 (ed.2.0) 11-14-14
关　　键　　词:建筑物装置,开关
采　用　符　号:S00060;S00327;S00959
形　状　类　别:描述,正方形
功　能　类　别:K 处理信号或信息,Q 受控切换或改变
应　用　类　别:安装图

S00480

名　　　　称:钥匙开关
　　　　　Key-operated switch
状　　　　态:标准
IEC发布日期:2001-07-01
上版标准序号:GB/T 4728.11 (ed.2.0) 11-14-15
别　　　　名:看守人系统装置
关　　键　　词:建筑物装置,锁,开关
采　用　符　号:S00060;S00179
应　用　注　释:A00110
形　状　类　别:描述,正方形
功　能　类　别:Q 受控切换或改变,S 将手动操作转变为信号
应　用　类　别:安装图

S00481

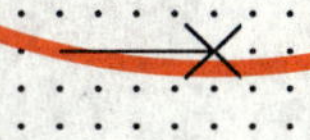

名　　　　称:照明引出线位置
　　　　　Lighting outlet position
状　　　　态:标准
IEC发布日期:2001-07-01
上版标准序号:GB/T 4728.11 (ed.2.0) 11-15-01
关　　键　　词:建筑物装置,照明引出线和灯具
用　　　　于:S00482,S00491
形　状　类　别:直线
功　能　类　别:U 保持在一定位置,X 连接

应 用 类 别:安装图
备　　　注:符号表示带配线

S00482

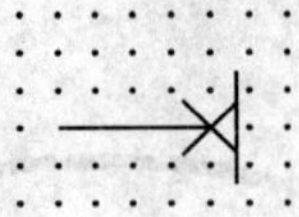

名　　　称:墙上照明引出线
Lighting outlet on wall
状　　　态:标准
IEC发布日期:2001-07-01
上版标准序号:GB/T 4728.11 (ed.2.0) 11-15-02
关　　键　词:建筑物装置,照明引出线和灯具
采 用 符 号:S00481
形 状 类 别:直线
功 能 类 别:U 保持在一定位置,X 连接
应 用 类 别:安装图
备　　　注:符号表示自左配线

S00483

名　　　称:灯,一般符号
Lamp,general symbol
状　　　态:标准
IEC发布日期:2001-07-01
上版标准序号:GB/T 4728.11 (ed.2.0) 11-15-03
关　　键　词:建筑物装置,灯,照明引出线和灯具
用　　　于:S00487
采 用 符 号:S00965
应 用 注 释:A00111
形 状 类 别:圆,直线
功 能 类 别:E 提供辐射能或热能
应 用 类 别:安装图

S00484

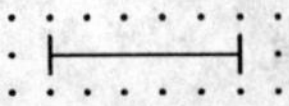

名　　　称:光源,一般符号;荧光灯,一般符号
Luminaire,general symbol;Fluorescent lamp,general symbol
状　　　态:标准

IEC发布日期:2001-07-01
上版标准序号:GB/T 4728.11 (ed.2.0) 11-15-04
关　键　词:建筑物装置,灯,照明引出线和灯具
用　　　于:S00485,S00486
形 状 类 别:直线
功 能 类 别:E 提供辐射能或热能
应 用 类 别:安装图

S00485

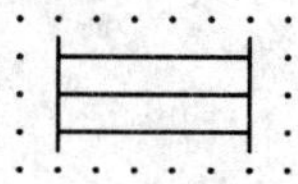

名　　　称:多管荧光灯
Luminaire with many fluorescent tubes
状　　　态:标准
IEC发布日期:2001-07-01
上版标准序号:GB/T 4728.11 (ed.2.0) 11-15-05
关　键　词:建筑物装置,灯,照明引出线和灯具
形　　　式:形式 1
其 他 形 式:S00486
采 用 符 号:S00484
形 状 类 别:直线
功 能 类 别:E 提供辐射能或热能
应 用 类 别:安装图
备　　　注:表示三管荧光灯

S00486

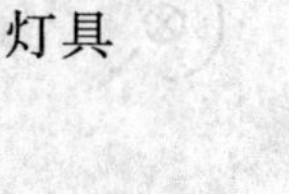

名　　　称:多管荧光灯
Luminaire with many fluorescent tubes
状　　　态:标准
IEC发布日期:2001-07-01
上版标准序号:GB/T 4728.11 (ed.2.0) 11-15-06
关　键　词:建筑物装置,灯,照明引出线和灯具
形　　　式:形式 2
其 他 形 式:S00486
采 用 符 号:S00484
形 状 类 别:直线
功 能 类 别:E 提供辐射能或热能
应 用 类 别:安装图
备　　　注:表示五管荧光灯

S00487

名　　　　称:投光灯,一般符号
Projector,general symbol
状　　　　态:标准
IEC发布日期:2001-07-01
上版标准序号:GB/T 4728.11 (ed.2.0) 11-15-07
关　键　词:建筑物装置,灯,照明引出线和灯具
用　　　　于:S00488,S00489
采 用 符 号:S00965
形 状 类 别:圆,半圆,直线
功 能 类 别:E 提供辐射能或热能
应 用 类 别:安装图

S00488

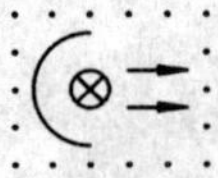

名　　　　称:聚光灯
Spot light
状　　　　态:标准
IEC发布日期:2001-07-01
上版标准序号:GB/T 4728.11 (ed.2.0) 11-15-08
关　键　词:建筑物装置,灯,照明引出线和灯具
采 用 符 号:S00127;S00487
形 状 类 别:箭头,圆,半圆,直线
功 能 类 别:E 提供辐射能或热能
应 用 类 别:安装图

S00489

名　　　　称:泛光灯
Flood light
状　　　　态:标准
IEC发布日期:2001-07-01
上版标准序号:GB/T 4728.11 (ed.2.0) 11-15-09
关　键　词:建筑物装置,灯,照明引出线和灯具

采 用 符 号:S00127;S00487
形 状 类 别:箭头,圆,半圆,直线
功 能 类 别:E 提供辐射能或热能
应 用 类 别:安装图

S00491

名 称:专用电路上的应急照明灯
Emergency lighting luminaire on special circuit
状 态:标准
IEC发布日期:2001-07-01
上版标准序号:GB/T 4728.11 (ed.2.0) 11-15-11
关 键 词:建筑物装置,灯,照明引出线和灯具
用 于:S00492
采 用 符 号:S00481
形 状 类 别:点,直线
功 能 类 别:E 提供辐射能或热能
应 用 类 别:安装图

S00492

名 称:自带电源的应急照明灯
Self-contained emergency lighting luminaire
状 态:标准
IEC发布日期:2001-07-01
上版标准序号:GB/T 4728.11 (ed.2.0) 11-15-12
关 键 词:建筑物装置,灯,照明引出线和灯具
采 用 符 号:S00059;S00491
形 状 类 别:点,直线,正方形
功 能 类 别:E 提供辐射能或热能
应 用 类 别:安装图

S00493

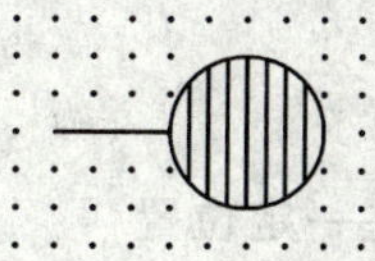

名 称:热水器

Water heater

状　　　　态:标准

IEC发布日期:2001-07-01

上版标准序号:GB/T 4728.11 (ed. 2.0) 11-16-01

关　　键　　词:加热器,建筑物装置

采 用 符 号:S00061

形 状 类 别:圆,直线

功 能 类 别:E 提供辐射能或热能

应 用 类 别:安装图

备　　　　注:符号表示带配线

S00495

名　　　　称:时钟;时间记录器

Time clock;time recorder

状　　　　态:标准

IEC发布日期:2001-07-01

上版标准序号:GB/T 4728.11 (ed. 2.0) 11-16-03

关　　键　　词:钟,建筑物装置

采 用 符 号:S00060;S00138;S00959

形 状 类 别:描述,矩形

功 能 类 别:K 处理信号或信息,P 提供信息

应 用 类 别:安装图

S00496

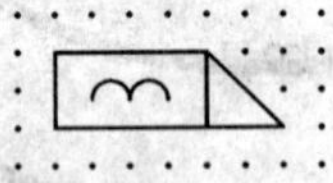

名　　　　称:电锁

Electric lock

状　　　　态:标准

IEC发布日期:2001-07-01

上版标准序号:GB/T 4728.11 (ed. 2.0) 11-16-04

关　　键　　词:建筑物装置,锁

采 用 符 号:S00583

形 状 类 别:描述,矩形,直角三角形

功 能 类 别:Q 受控切换或改变,U 保持在一定位置

应 用 类 别:安装图

S00497

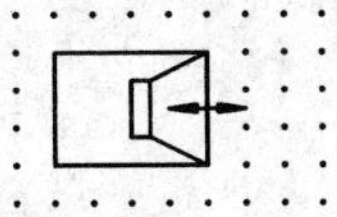

名　　　　称：内部对讲设备
　　　　　　Audio intercommunication equipment
状　　　　态：标准
IEC发布日期：2001-07-01
上版标准序号：GB/T 4728.11 (ed.2.0) 11-16-05
关　键　词：入户电话，建筑物装置
采 用 符 号：S00101；S01060
形 状 类 别：箭头，描述，矩形
功 能 类 别：B 将变量转换为信号，P 提供信息
应 用 类 别：安装图
备　　　　注：例如入户电话

S00498

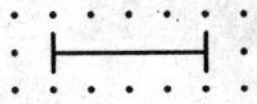

名　　　　称：直通段，一般符号
　　　　　　Straight section, general symbol
状　　　　态：标准
IEC发布日期：2001-07-01
上版标准序号：GB/T 4728.11 (ed.2.0) 11-17-01
关　键　词：管线系统
用　　　　于：S00516, S00515, S00531, S00532, S00508, S00527, S00512, S00518, S00530, S00529, S00522, S00525, S00499, S00521, S00502, S00503, S00504, S00505, S00506, S00520, S00507, S00513, S00514, S00509
应 用 注 释：A00228
形 状 类 别：直线
功 能 类 别：W 导引或输送
应 用 类 别：安装图，概略图

S00499

名　　　　称：组合的直通段
　　　　　　Assembled straight section
状　　　　态：标准
IEC发布日期：2001-07-01
上版标准序号：GB/T 4728.11 (ed.2.0) 11-17-02
关　键　词：管线系统

采 用 符 号:S00498
应 用 注 释:A00228
形 状 类 别:直线
功 能 类 别:W 导引或输送
应 用 类 别:安装图,概略图
备　　　注:符号表示两节装配段

S00500

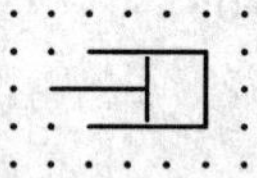

名　　　称:终端封头
　　　　　End cover
状　　　态:标准
IEC发布日期:2001-07-01
上版标准序号:GB/T 4728.11 (ed.2.0) 11-17-03
关　键　词:管线系统
应 用 注 释:A00228
形 状 类 别:直线
功 能 类 别:W 导引或输送
应 用 类 别:安装图,概略图

S00501

名　　　称:弯通
　　　　　Elbow
状　　　态:标准
IEC发布日期:2001-07-01
上版标准序号:GB/T 4728.11 (ed.2.0) 11-17-04
关　键　词:管线系统
应 用 注 释:A00228
形 状 类 别:直线
功 能 类 别:W 导引或输送
应 用 类 别:安装图,概略图

S00502

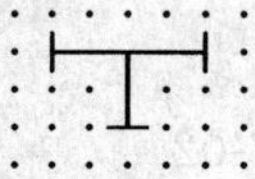

名　　　称:T 形(三通)

Tee (three way connection)
状　　　　态:标准
IEC发布日期:2001-07-01
上版标准序号:GB/T 4728.11 (ed.2.0) 11-17-05
关　键　词:管线系统
采 用 符 号:S00019;S00498
应 用 注 释:S00228
形 状 类 别:直线
功 能 类 别:W 导引或输送
应 用 类 别:安装图,概略图

S00503

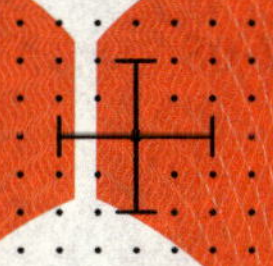

名　　　　称:十字形(四通)
Cross (four way connection)
状　　　　态:标准
IEC发布日期:2001-07-01
上版标准序号:GB/T 4728.11 (ed.2.0) 11-17-06
关　键　词:管线系统
采 用 符 号:S00022;S00498
应 用 注 释:S00228
形 状 类 别:点,直线
功 能 类 别:W 导引或输送
应 用 类 别:安装图,概略图

S00504

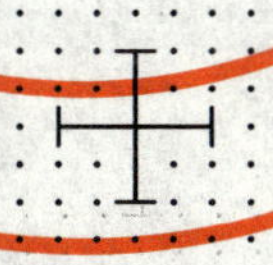

名　　　　称:无连接的两个系统的交叉
Crossing of two systems without connection
状　　　　态:标准
IEC发布日期:2001-07-01
上版标准序号:GB/T 4728.11 (ed.2.0) 11-17-07
关　键　词:管线系统
用　　　　于:S00505
采 用 符 号:S00498
应 用 注 释:S00228
形 状 类 别:直线

功 能 类 别:W 导引或输送
应 用 类 别:安装图,概略图
备　　　注:例如不同标高的两个系统

S00505

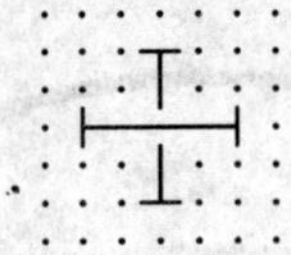

名　　　称:两个独立系统的交叉
　　　　　Crossing of two independent systems
状　　　态:标准
IEC发布日期:2001-07-01
上版标准序号:GB/T 4728.11 (ed.2.0) 11-17-08
关　键　词:管线系统
采 用 符 号:S00498;S00504
应 用 注 释:S00228
形 状 类 别:直线
功 能 类 别:W 导引或输送
应 用 类 别:安装图,概略图

S00506

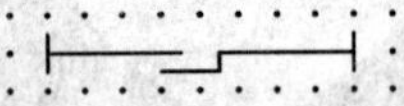

名　　　称:长度可调的直通段
　　　　　Straight section adjustable in length
状　　　态:标准
IEC发布日期:2001-07-01
上版标准序号:GB/T 4728.11 (ed.2.0) 11-17-09
关　键　词:管线系统
采 用 符 号:S00498
应 用 注 释:S00228
形 状 类 别:直线
功 能 类 别:W 导引或输送
应 用 类 别:安装图,概略图

S00507

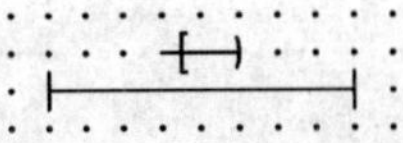

名　　　称:内部固定的直通段
　　　　　Straight section internally anchored
状　　　态:标准

IEC发布日期:2001-07-01
上版标准序号:GB/T 4728.11 (ed.2.0) 11-17-10
关　　键　　词:管线系统
采　用　符　号:S00424;S00498
应　用　注　释:S00228
形　状　类　别:描述,直线
功　能　类　别:W 导引或输送
应　用　类　别:安装图,概略图

S00508

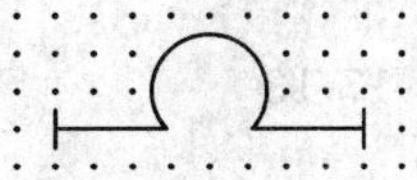

名　　　　称:外壳膨胀单元
Expansion unit for enclosure
状　　　　态:标准
IEC发布日期:2001-07-01
上版标准序号:GB/T 4728.11 (ed.2.0) 11-17-11
关　　键　　词:管线系统
用　　　　于:S00510
采　用　符　号:S00498
应　用　注　释:A00228
形　状　类　别:圆缺,直线
功　能　类　别:W 导引或输送
应　用　类　别:安装图,概略图
备　　　　注:此单元适应外壳或托盘的机械运动

S00509

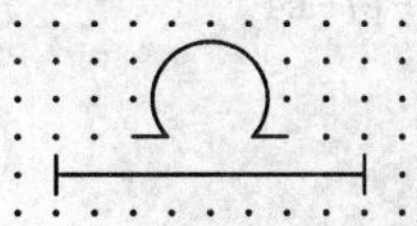

名　　　　称:导体膨胀单元
Expansion unit for conductors
状　　　　态:标准
IEC发布日期:2001-07-01
上版标准序号:GB/T 4728.11 (ed.2.0) 11-17-12
关　　键　　词:管线系统
用　　　　于:S00510
采　用　符　号:S00498
应　用　注　释:A00228
形　状　类　别:圆缺,描述,直线
功　能　类　别:W 导引或输送

应 用 类 别:安装图,概略图
备 注:此单元适应导体的热膨胀

S00510

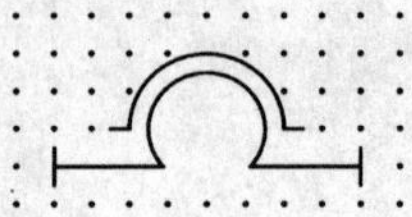

名 称:外壳及导体膨胀单元
Expansion unit for enclosure and conductors
状 态:标准
IEC发布日期:2001-07-01
上版标准序号:GB/T 4728.11 (ed.2.0) 11-17-13
关 键 词:管线系统
采 用 符 号:S00508;S00509
应 用 注 释:A00228
形 状 类 别:圆缺,描述,直线
功 能 类 别:W 导引或输送
应 用 类 别:安装图,概略图
备 注:此单元适应外壳或托盘及导体的机械运动和膨胀

S00511

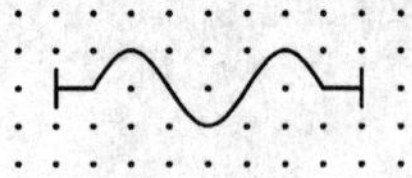

名 称:柔性单元
Flexible unit
状 态:标准
IEC发布日期:2001-07-01
上版标准序号:GB/T 4728.11 (ed.2.0) 11-17-14
关 键 词:管线系统
应 用 注 释:A00228
形 状 类 别:描述,直线
功 能 类 别:W 导引或输送
应 用 类 别:安装图,概略图

S00512

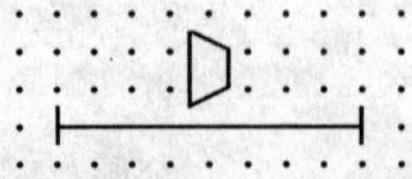

名 称:变径单元
Reduction unit
状 态:标准

IEC发布日期:2001-07-01
上版标准序号:GB/T 4728.11 (ed.2.0) 11-17-15
关　　键　　词:管线系统
采　用　符　号:S00498;S01282;S01283
应　用　注　释:A00228
形　状　类　别:直线,梯形
功　能　类　别:W 导引或输送
应　用　类　别:安装图,概略图

S00513

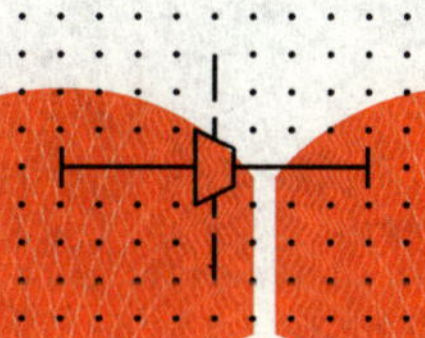

名　　　　　称:带内部压紧垫板的直通段
Straight section with internal pressure tight barrier
状　　　　　态:标准
IEC发布日期:2001-07-01
上版标准序号:GB/T 4728.11 (ed.2.0) 11-17-16
关　　键　　词:管线系统
采　用　符　号:S00056;S00498
应　用　注　释:A00012,A00228
形　状　类　别:直线,梯形
功　能　类　别:W 导引或输送
应　用　类　别:安装图,概略图

S00514

名　　　　　称:相位转换单元
Phase transposition unit
状　　　　　态:标准
IEC发布日期:2001-07-01
上版标准序号:GB/T 4728.11 (ed.2.0) 11-17-17
关　　键　　词:管线系统
采　用　符　号:S00024;S00498
应　用　注　释:A00228
形　状　类　别:直线
功　能　类　别:W 导引或输送
应　用　类　别:安装图,概略图

S00515

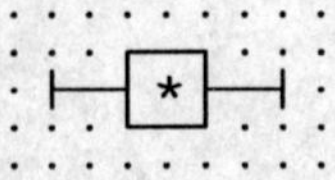

名　　　　称：设备盒(箱)
　　　　　　Equipment box
状　　　　态：标准
IEC发布日期：2001-07-01
上版标准序号：GB/T 4728.11 (ed.2.0) 11-17-18
关　键　词：管线系统
用　　　　于：S00527,S00519,S00520,S00526
采 用 符 号：S00059;S00498
应 用 注 释：A00113,A00228
形 状 类 别：直线,正方形
功 能 类 别：W 导引或输送,X 连接
应 用 类 别：安装图,概略图

S00516

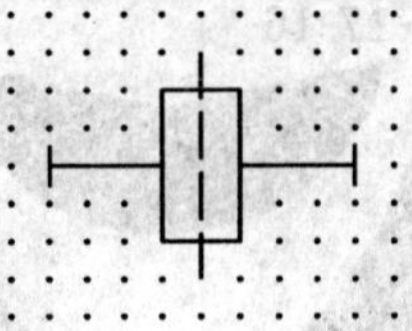

名　　　　称：带内部防火垫板的直通段
　　　　　　Straight section with internal fire barrier
状　　　　态：标准
IEC发布日期：2001-07-01
上版标准序号：GB/T 4728.11 (ed.2.0) 11-17-19
关　键　词：管线系统
采 用 符 号：S00060;S00498
应 用 注 释：A00228
形 状 类 别：直线,矩形
功 能 类 别：W 导引或输送
应 用 类 别：安装图,概略图

S00517

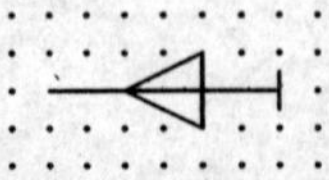

名　　　　称：末端馈线单元
　　　　　　End feeder unit
状　　　　态：标准

IEC发布日期:2001-07-01
上版标准序号:GB/T 4728.11 (ed.2.0) 11-17-20
关　　键　　词:管线系统
用　　　　　于:S00519
应 用 注 释:A00228
形 状 类 别:等边三角形,直线
功 能 类 别:W 导引或输送
应 用 类 别:安装图,概略图
备　　　　　注:符号表示自左供电

S00518

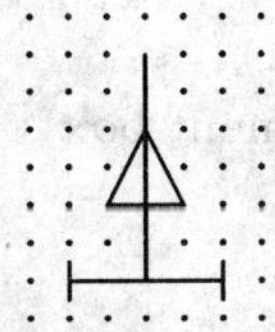

名　　　　　称:中心馈线单元
Central feeder unit
状　　　　　态:标准
IEC发布日期:2001-07-01
上版标准序号:GB/T 4728.11 (ed.2.0) 11-17-21
关　　键　　词:管线系统
用　　　　　于:S00520
采 用 符 号:S00498
应 用 注 释:A00228
形 状 类 别:等边三角形,直线
功 能 类 别:W 导引或输送
应 用 类 别:安装图,概略图
备　　　　　注:符号表示自顶部供电

S00519

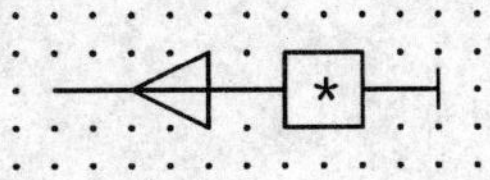

名　　　　　称:带设备盒(箱)的末端馈线单元
End feeder unit with equipment box
状　　　　　态:标准
IEC发布日期:2001-07-01
上版标准序号:GB/T 4728.11 (ed.2.0) 11-17-22
关　　键　　词:管线系统
采 用 符 号:S00059;S00515;S00517
应 用 注 释:A00113,A00228
形 状 类 别:等边三角形,直线,正方形

功 能 类 别:W 导引或输送,X 连接
应 用 类 别:安装图,概略图
备　　　注:符号表示自左边供电

S00520

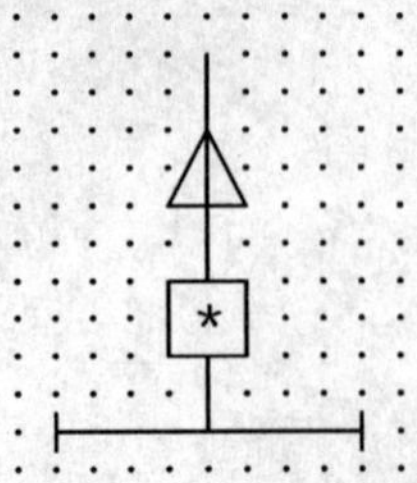

名　　　称:带设备盒(箱)的中心馈线单元
　　　　　Central feeder unit with equipment box
状　　　态:标准
IEC发布日期:2001-07-01
上版标准序号:GB/T 4728.11 (ed.2.0) 11-17-23
关　键　词:管线系统
采 用 符 号:S00498;S00515;S00518
应 用 注 释:A00113,A00228
形 状 类 别:等边三角形,直线,正方形
功 能 类 别:W 导引或输送,X 连接
应 用 类 别:安装图,概略图
备　　　注:符号表示自顶部供电

S00521

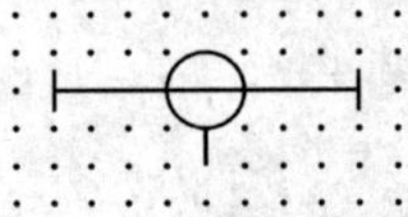

名　　　称:带固定分支的直通段
　　　　　Straight section with fixed tap-off
状　　　态:标准
IEC发布日期:2001-07-01
上版标准序号:GB/T 4728.11 (ed.2.0) 11-17-24
关　键　词:管线系统
用　　　于:S00524,S00528,S00522,S00523,S00526
采 用 符 号:S00453;S00498
应 用 注 释:A00228
形 状 类 别:圆,直线
功 能 类 别:W 导引或输送,X 连接
应 用 类 别:安装图,概略图
备　　　注:符号表示带向下分支

S00522

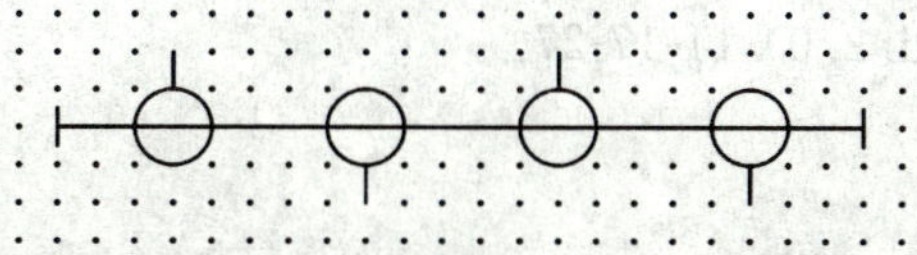

名　　　　称:带几路分支的直通段

Straight section with several tap-offs

状　　　　态:标准

IEC发布日期:2001-07-01

上版标准序号:GB/T 4728.11 (ed.2.0) 11-17-25

关　　键　　词:管线系统

采 用 符 号:S00453;S00498;S00521

应 用 注 释:A00228

形 状 类 别:圆,直线

功 能 类 别:W 导引或输送,X 连接

应 用 类 别:安装图,概略图

备　　　　注:符号表示带上下各两路的四路分支

S00523

名　　　　称:带连续移动分支的直通段

Straight section with continuously movable tap-off

状　　　　态:标准

IEC发布日期:2001-07-01

上版标准序号:GB/T 4728.11 (ed.2.0) 11-17-26

关　　键　　词:管线系统

采 用 符 号:S00094;S00521

应 用 注 释:A00228

形 状 类 别:箭头,圆,直线

功 能 类 别:W 导引或输送,X 连接

应 用 类 别:安装图,概略图

S00524

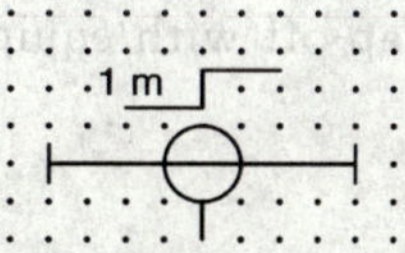

名　　　　称:带可调步长分支的直通段

Straight section with tap-off adjustable in steps

状　　　态:标准
IEC发布日期:2001-07-01
上版标准序号:GB/T 4728.11 (ed.2.0) 11-17-27
关　　键　　词:管线系统
采　用　符　号:S00087;S00521
应　用　注　释:A00228
形　状　类　别:字符,圆,直线
功　能　类　别:W 导引或输送,X 连接
应　用　类　别:安装图,概略图
备　　　注:符号表示带 1 m 步长

S00525

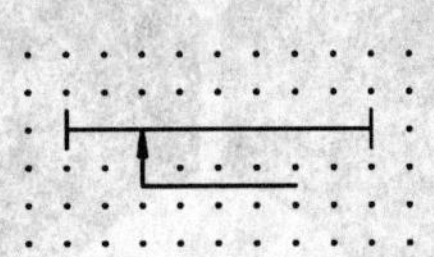

名　　　称:带移动分支的直通段
Straight section with tap-off by movable contact
状　　　态:标准
IEC发布日期:2001-07-01
上版标准序号:GB/T 4728.11 (ed.2.0) 11-17-28
关　　键　　词:管线系统
采　用　符　号:S00211;S00498
应　用　注　释:A00228
形　状　类　别:箭头,直线
功　能　类　别:W 导引或输送,X 连接
应　用　类　别:安装图,概略图
备　　　注:例如滑动触头

S00526

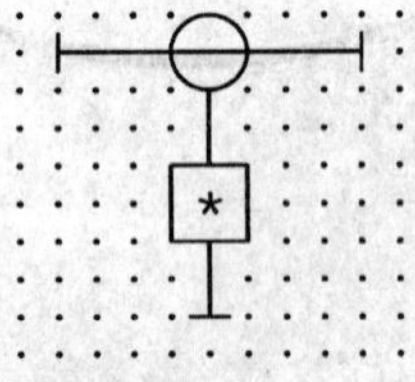

名　　　称:带设备盒(箱)固定分支的直通段
Straight section with fixed tap-off with equipment box
状　　　态:标准
IEC发布日期:2001-07-01
上版标准序号:GB/T 4728.11 (ed.2.0) 11-17-29
关　　键　　词:管线系统

采 用 符 号:S00515;S00521
应 用 注 释:A00113,A00228
形 状 类 别:圆,直线,正方形
功 能 类 别:W 导引或输送,X 连接
应 用 类 别:安装图,概略图

S00527

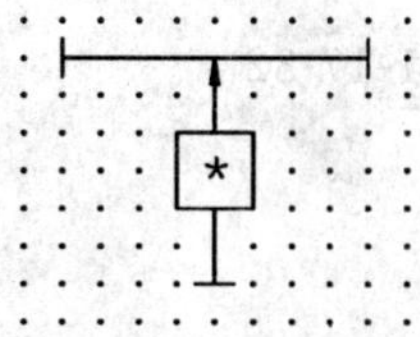

名　　　称:带设备盒(箱)移动分支的直通段
Straight section with adjustable tap-off with equipment box
状　　　态:标准
IEC发布日期:2001-07-01
上版标准序号:GB/T 4728.11 (ed.2.0) 11-17-30
关　键　词:管线系统
采 用 符 号:S00081;S00498;S00515
应 用 注 释:A00113,A00228
形 状 类 别:箭头,直线,正方形
功 能 类 别:W 导引或输送,X 连接
应 用 类 别:安装图,概略图

S00528

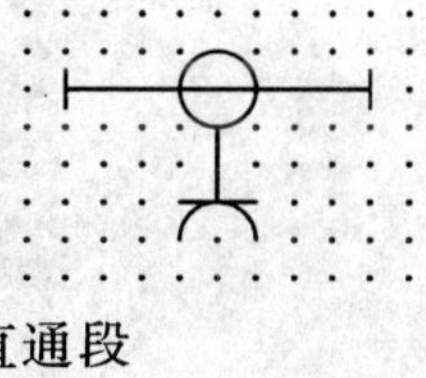

名　　　称:带保护极插座固定分支的直通段
Straight section with fixed tap-off having socket-outlet with protective contact
状　　　态:标准
IEC发布日期:2001-07-01
上版标准序号:GB/T 4728.11 (ed.2.0) 11-17-31
关　键　词:管线系统
采 用 符 号:S00460;S00521
应 用 注 释:A00228
形 状 类 别:圆,半圆,直线
功 能 类 别:W 导引或输送,X 连接
应 用 类 别:安装图,概略图

S00529

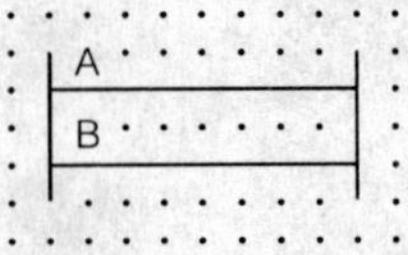

名　　　称:由两个配线系统组成的直通段
Straight section consisting of two wiring systems
状　　　态:标准
IEC发布日期:2001-07-01
上版标准序号:GB/T 4728.11 (ed.2.0) 11-17-32
关　键　词:管线系统
其 他 形 式:S00530
采 用 符 号:S00498
应 用 注 释:A00228
形 状 类 别:字符,直线
功 能 类 别:W 导引或输送
应 用 类 别:安装图,概略图
备　　　注:符号表示 A、B 两个配线系统

S00530

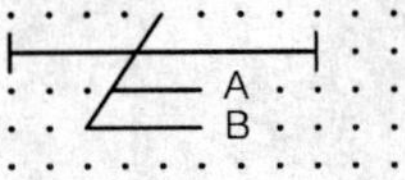

名　　　称:由两个配线系统组成的直通段
Straight section consisting of two wiring systems
状　　　态:标准
IEC发布日期:2001-07-01
上版标准序号:GB/T 4728.11 (ed.2.0) 11-17-33
关　键　词:管线系统
形　　　式:简化形式
其 他 形 式:S00529
采 用 符 号:S00498
应 用 注 释:A00228
形 状 类 别:字符,直线
功 能 类 别:W 导引或输送
应 用 类 别:安装图,概略图
备　　　注:符号表示 A、B 两个配线系统

S00531

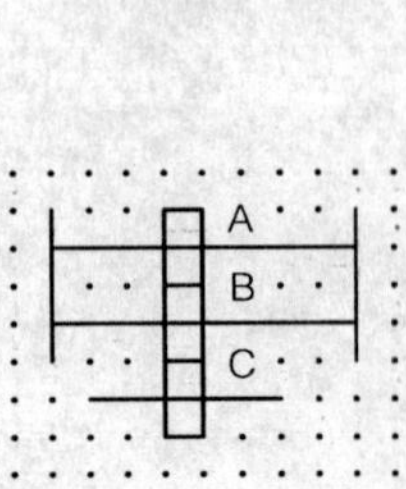

名　　　　称：由几个独立间隔组成的直通段

Straight section consisting of several separate compartments

状　　　　态：标准

IEC发布日期：2001-07-01

上版标准序号：GB/T 4728.11 (ed. 2.0) 11-17-34

关　键　词：管线系统

其 他 形 式：S00532

采 用 符 号：S00001；S00498

应 用 注 释：A00228

形 状 类 别：字符，直线

功 能 类 别：W 导引或输送

应 用 类 别：安装图，概略图

备　　　　注：符号表示三个间隔，A 系统配线间隔，B 系统配线间隔，C 电缆现场安装间隔。

S00532

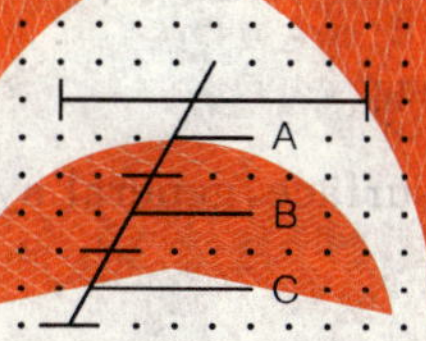

名　　　　称：由几个独立间隔组成的直通段

Straight section consisting of several separate compartments

状　　　　态：标准

IEC发布日期：2001-07-01

上版标准序号：GB/T 4728.11 (ed. 2.0) 11-17-35

关　键　词：管线系统

形　　　　式：简化形式

其 他 形 式：S00531

采 用 符 号：S00498

应 用 注 释：A00228

形 状 类 别：字符，直线

功 能 类 别：W 导引或输送

应 用 类 别：安装图，概略图

备　　　　注：符号表示三个间隔，A 系统配线间隔，B 系统配线间隔，C 电缆现场安装间隔。

S00533

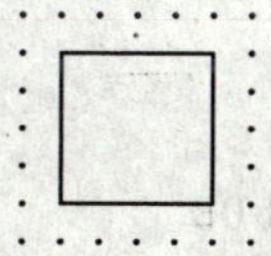

名　　　　称：航空地面灯，立式，一般符号

Aeronautical ground light，elevated，general symbol

状　　　　态:标准
IEC发布日期:2001-07-01
上版标准序号:GB/T 4728.11 (ed.2.0) 11-18-01
关　　键　　词:机场灯光指示器,户外装置
用　　　　于:S00539,S00537,S00535
采 用 符 号:S00059
应 用 注 释:A00114,A00116,A00119
形 状 类 别:正方形
功 能 类 别:E 提供辐射能或热能
应 用 类 别:安装图

S00534

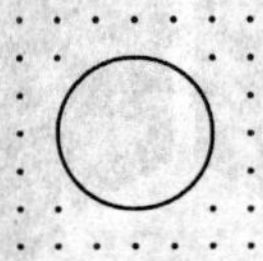

名　　　　称:航空地面灯,嵌入式,一般符号
　　　　　　Aeronautical ground light,surface,general symbol
状　　　　态:标准
IEC发布日期:2001-07-01
上版标准序号:GB/T 4728.11 (ed.2.0) 11-18-02
关　　键　　词:机场灯光指示器,户外装置
用　　　　于:S00539,S00542,S00538,S00540,S00541,S00536
采 用 符 号:S00061
应 用 注 释:A00114,A00116,A00119
形 状 类 别:圆
功 能 类 别:E 提供辐射能或热能
应 用 类 别:安装图

S00535

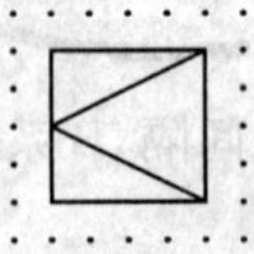

名　　　　称:航空地面灯,白色单向光束,立式
　　　　　　Aeronautical ground light,white colour and uni-directional beam,elevated
状　　　　态:标准
IEC发布日期:2001-07-01
上版标准序号:GB/T 4728.11 (ed.2.0) 11-18-03
关　　键　　词:机场灯光指示器,户外装置
用　　　　于:S00547,S00543,S00545

采 用 符 号:S00533
应 用 注 释:A00114,A00116
形 状 类 别:等边三角形,直角三角形,正方形
功 能 类 别:E 提供辐射能或热能
应 用 类 别:安装图

S00536

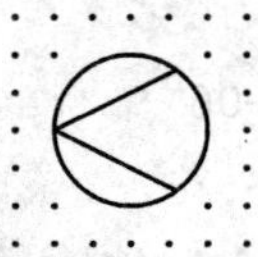

名　　　称:航空地面灯,白色单向光束,嵌入式
Aeronautical ground light,white colour and uni-directional beam,surface
状　　　态:标准
IEC发布日期:2001-07-01
上版标准序号:GB/T 4728.11 (ed.2.0) 11-18-04
关　键　词:机场灯光指示器,户外装置
用　　　于:S00546
采 用 符 号:S00534
应 用 注 释:A00114,A00116
形 状 类 别:圆,直线
功 能 类 别:E 提供辐射能或热能
应 用 类 别:安装图

S00537

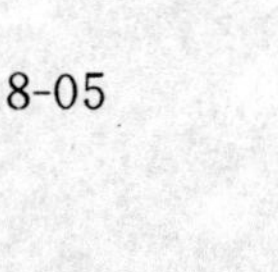

名　　　称:航空地面灯,白色/白色双向光束,立式
Aeronautical ground light,white/white colour and bi-directional beam,elevated
状　　　态:标准
IEC发布日期:2001-07-01
上版标准序号:GB/T 4728.11 (ed.2.0) 11-18-05
关　键　词:机场灯光指示器,户外装置
用　　　于:S00544
采 用 符 号:S00533
应 用 注 释:A00114,A00116
形 状 类 别:矩形,正方形
功 能 类 别:E 提供辐射能或热能
应 用 类 别:安装图

S00538

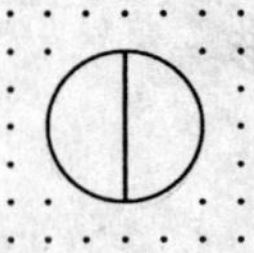

名　　　称:航空地面灯,白色/白色双向光束,嵌入式
Aeronautical ground light,white/white colour and bi-directional beam,surface
状　　　态:标准
IEC发布日期:2001-07-01
上版标准序号:GB/T 4728.11 (ed.2.0) 11-18-06
关　键　词:机场灯光指示器,户外装置
采 用 符 号:S00534
应 用 注 释:A00114,A00116
形 状 类 别:圆,直线
功 能 类 别:E 提供辐射能或热能
应 用 类 别:安装图

S00539

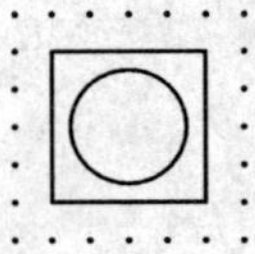

名　　　称:航空地面灯,白色全向光束,立式
Aeronautical ground light,white colour and omni-directional beam,elevated
状　　　态:标准
IEC发布日期:2001-07-01
上版标准序号:GB/T 4728.11 (ed.2.0) 11-18-07
关　键　词:机场灯光指示器,户外装置
用　　　于:S00551,S00544,S00550,S00543
采 用 符 号:S00533;S00534
应 用 注 释:A00114,A00116
形 状 类 别:圆,正方形
功 能 类 别:E 提供辐射能或热能
应 用 类 别:安装图

S00540

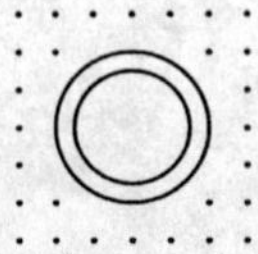

名　　　称:航空地面灯,白色全向光束,嵌入式
Aeronautical ground light,white colour and omni-directional beam,surface

状　　　　态:标准
IEC发布日期:2001-07-01
上版标准序号:GB/T 4728.11 (ed.2.0) 11-18-08
关　　键　　词:机场灯光指示器,户外装置
采　用　符　号:S00534
应　用　注　释:A00114,A00116
形　状　类　别:圆
功　能　类　别:E 提供辐射能或热能
应　用　类　别:安装图

S00541

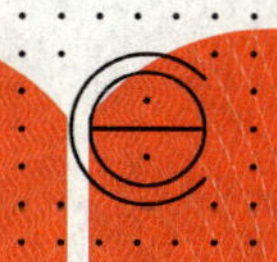

名　　　　称:弯道灯,绿色/绿色双向光束,嵌入式
Curve light,green/green colour and bi-directional beam,surface
状　　　　态:标准
IEC发布日期:2001-07-01
上版标准序号:GB/T 4728.11 (ed.2.0) 11-18-09
关　　键　　词:机场灯光指示器,户外装置
采　用　符　号:S00534
应　用　注　释:A00114,A00116
形　状　类　别:圆缺,圆,点,直线
功　能　类　别:E 提供辐射能或热能
应　用　类　别:安装图

S00542

名　　　　称:弯道灯,白色单向光束,嵌入式
Curve light,white colour and uni-directional beam,surface
状　　　　态:标准
IEC发布日期:2001-07-01
上版标准序号:GB/T 4728.11 (ed.2.0) 11-18-10
关　　键　　词:机场灯光指示器,户外装置
采　用　符　号:S00534
应　用　注　释:A00114,A00116
形　状　类　别:圆缺,圆,直线
功　能　类　别:E 提供辐射能或热能
应　用　类　别:安装图

S00543

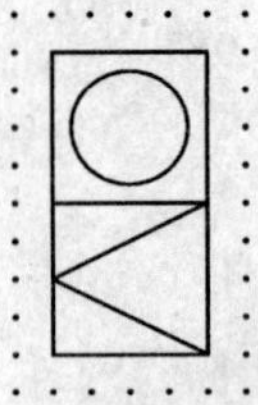

名　　　　称:航空地面灯,顶部白色全向光束,下部白色单向光束,立式
Aeronautical ground light, white omni-directional beam on top, and white uni-directional beam below, elevated
状　　　　态:标准
IEC发布日期:2001-07-01
上版标准序号:GB/T 4728.11 (ed. 2.0) 11-18-11
关　　键　　词:机场灯光指示器,户外装置
采　用　符　号:S00535;S00539
应　用　注　释:A00114,A00116
形　状　类　别:圆,等边三角形,直角三角形,正方形
功　能　类　别:E 提供辐射能或热能
应　用　类　别:安装图

S00544

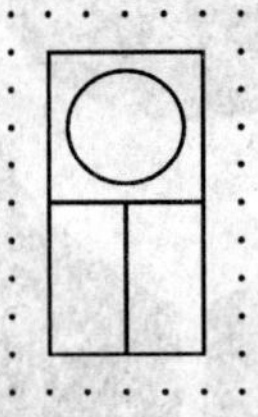

名　　　　称:航空地面灯,顶部白色全向光束,下部白色/白色双向光束,立式
Aeronautical ground light, white omni-directional beam on top, and white/white bi-directional beam below, elevated
状　　　　态:标准
IEC发布日期:2001-07-01
上版标准序号:GB/T 4728.11 (ed. 2.0) 11-18-12
关　　键　　词:机场灯光指示器,户外装置
采　用　符　号:S00537;S00539
应　用　注　释:A00114,A00116
形　状　类　别:圆,矩形,正方形
功　能　类　别:E 提供辐射能或热能
应　用　类　别:安装图

S00545

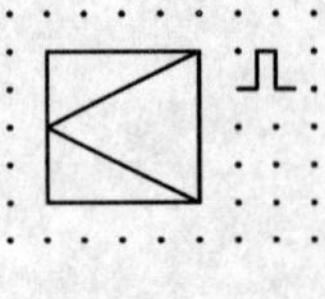

名　　　称:航空地面灯,白色闪光单向光束,立式
Aeronautical ground light, white flashing uni-directional beam, elevated
状　　　态:标准
IEC发布日期:2001-07-01
上版标准序号:GB/T 4728.11 (ed. 2.0) 11-18-13
关　键　词:机场灯光指示器,户外装置
采 用 符 号:S00132;S00535
应 用 注 释:A00114,A00116
形 状 类 别:等边三角形,直线,直角三角形,正方形
功 能 类 别:E 提供辐射能或热能
应 用 类 别:安装图

S00546

名　　　称:航空地面灯,白色闪光单向光束,嵌入式
Aeronautical ground light, white flashing uni-directional beam, surface
状　　　态:标准
IEC发布日期:2001-07-01
上版标准序号:GB/T 4728.11 (ed. 2.0) 11-18-14
关　键　词:机场灯光指示器,户外装置
采 用 符 号:S00132;S00536
应 用 注 释:A00114,A00116
形 状 类 别:圆,直线
功 能 类 别:E 提供辐射能或热能
应 用 类 别:安装图

S00547

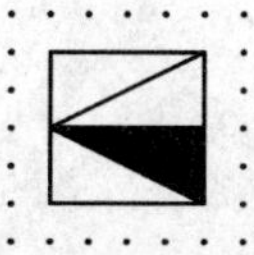

名　　　称:精密进近航道指示器,白色/红色单向光束
Precision approach path indicator, white/red uni-directional beam
状　　　态:标准
IEC发布日期:2001-07-01
上版标准序号:GB/T 4728.11 (ed. 2.0) 11-18-15
关　键　词:机场灯光指示器,户外装置
采 用 符 号:S00535
应 用 注 释:A00114,A00116
形 状 类 别:直角三角形,正方形
功 能 类 别:E 提供辐射能或热能
应 用 类 别:安装图

S00548

名　　　　称:风向指示器
　　　　　　Wind direction indicator
状　　　　态:标准
IEC发布日期:2001-07-01
上版标准序号:GB/T 4728.11 (ed.2.0) 11-18-16
关　键　词:机场灯光指示器,户外装置
采 用 符 号:S00059
应 用 注 释:A00114
形 状 类 别:等边三角形,正方形
功 能 类 别:P 提供信息
应 用 类 别:安装图

S00549

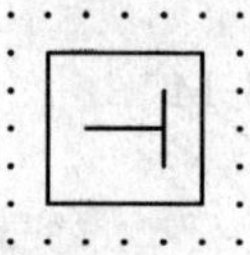

名　　　　称:着陆方向指示器
　　　　　　Landing direction indicator
状　　　　态:标准
IEC发布日期:2001-07-01
上版标准序号:GB/T 4728.11 (ed.2.0) 11-18-17
关　键　词:机场灯光指示器,户外装置
采 用 符 号:S00059
应 用 注 释:A00114
形 状 类 别:直线,正方形
功 能 类 别:P 提供信息
应 用 类 别:安装图

S00550

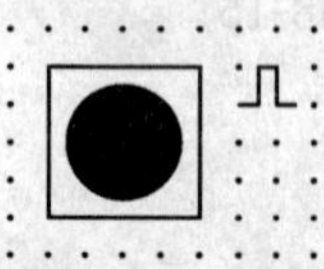

名　　　　称:障碍灯、危险灯,红色闪光全向光束
　　　　　　Obstacle light,Hazard light;Red flashing omni-directional beam
状　　　　态:标准

IEC发布日期:2001-07-01
上版标准序号:GB/T 4728.11 (ed.2.0) 11-18-18
关　　键　　词:机场灯光指示器,户外装置
采　用　符　号:S00132;S00539
应　用　注　释:A00114,A00116
形　状　类　别:圆,直线,正方形
功　能　类　别:E 提供辐射能或热能
应　用　类　别:安装图

S00551

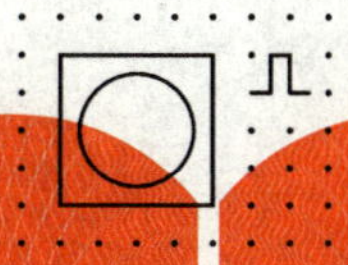

名　　　　称:航空地面灯,白色闪光全向光束
Aeronautical ground light,white flashing omni-directional beam
状　　　　态:标准
IEC发布日期:2001-07-01
上版标准序号:GB/T 4728.11 (ed.2.0) 11-18-19
关　　键　　词:机场灯光指示器,户外装置
采　用　符　号:S00132;S00539
应　用　注　释:A00114,A00116
形　状　类　别:圆,直线,正方形
功　能　类　别:E 提供辐射能或热能
应　用　类　别:安装图

S00552

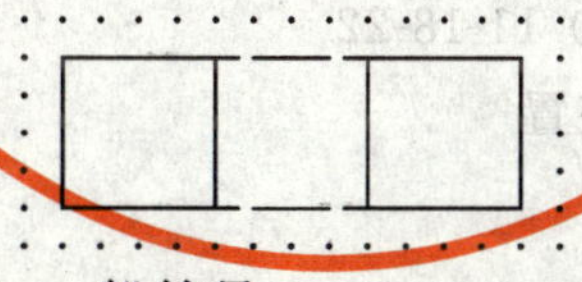

名　　　　称:警告标记牌、引导标记牌,一般符号
Warning sign,general symbol;Guidance sign,general symbol
状　　　　态:标准
IEC发布日期:2001-07-01
上版标准序号:GB/T 4728.11 (ed.2.0) 11-18-20
关　　键　　词:机场灯光指示器,户外装置
用　　　　于:S00553,S00554
采　用　符　号:S00059
应　用　注　释:A00114
形　状　类　别:正方形
功　能　类　别:P 提供信息
应　用　类　别:安装图

S00553

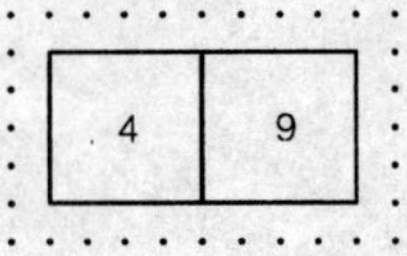

名　　　　称:距离警告标记牌
　　　　Distance warning sign
状　　　　态:标准
IEC发布日期:2001-07-01
上版标准序号:GB/T 4728.11 (ed.2.0) 11-18-21
关　键　词:机场灯光指示器,户外装置
采 用 符 号:S00552
应 用 注 释:A00114
形 状 类 别:字符,正方形
功 能 类 别:P 提供信息
应 用 类 别:安装图
备　　　　注:距离警告标记牌显示"4000/9000 英尺"

S00554

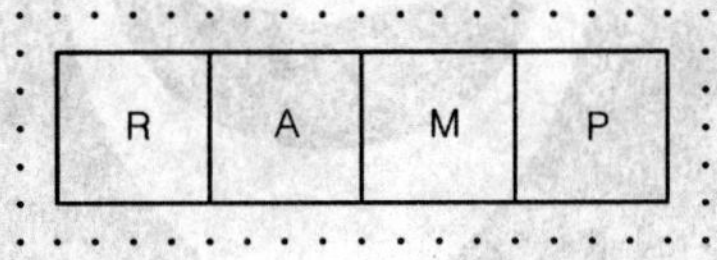

名　　　　称:滑行引导标记牌
　　　　Taxiing guidance sign
状　　　　态:标准
IEC发布日期:2001-07-01
上版标准序号:GB/T 4728.11 (ed.2.0) 11-18-22
关　键　词:机场灯光指示器,户外装置
采 用 符 号:S00552
应 用 注 释:A00114
形 状 类 别:字符,正方形
功 能 类 别:P 提供信息
应 用 类 别:安装图
备　　　　注:滑行引导标记牌显示"坡道"

S01391

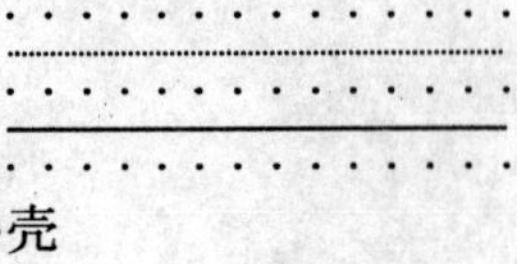

名　　　　称:有内部导体的气体绝缘外壳

Gas insulated enclosure with internal conductor

状　　　态:标准

IEC发布日期:2002-09-21

关　　键　词:导体,气体绝缘外壳,气体区域

用　　　　于:S01400,S01399

采 用 符 号:S00001,S00063

应 用 注 释:A00262

形 状 类 别:直线

功 能 类 别:W 导引或输送

应 用 类 别:电路图,接线图,功能图,概略图

备　　　　注:内部导体用虚线示出

S01392

名　　　　称:气体绝缘外壳——间隔的气体密封端

Gas insulated enclosure—gas-sealing end of compartment

状　　　态:标准

IEC发布日期:2002-09-21

关　　键　词:气体绝缘外壳,气体区域,密封

用　　　　于:S01396,S01393,S01397

应 用 注 释:A00262

形 状 类 别:等边三角形

功 能 类 别:U 保持物体在一定位置

应 用 类 别:电路图,接线图,功能图,概略图

S01393

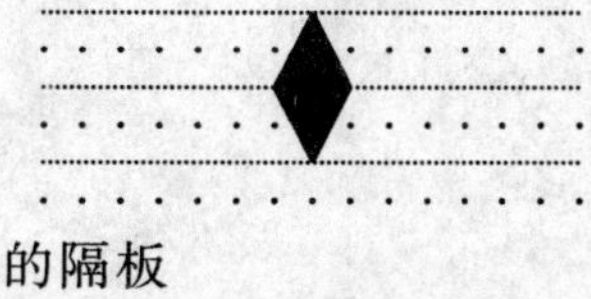

名　　　　称:气体绝缘外壳——室间的隔板

Gas insulated enclosure—partition between compartments

状　　　态:标准

IEC发布日期:2002-09-21

关　　键　词:气体绝缘外壳,气体区域

用　　　　于:S01398

采 用 符 号:S01392

应 用 注 释:A00262

形 状 类 别:等边三角形,平行四边形
功 能 类 别:U 保持物体在一定位置
应 用 类 别:电路图,接线图,功能图,概略图

S01396

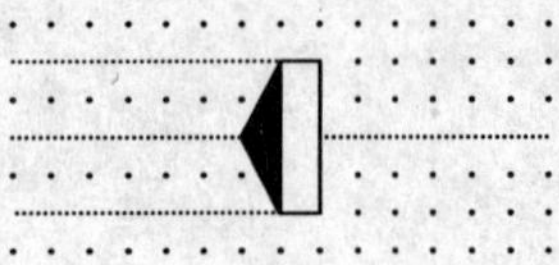

名　　　　称:气体绝缘导体——与空气绝缘套管的分界
Gas insulated conductor—boundary with air insulated bushing
状　　　　态:标准
IEC发布日期:2002-09-21
关　键　词:导体,气体绝缘导体,气体绝缘外壳,气体区域
采 用 符 号:S01392
应 用 注 释:A00262
形 状 类 别:等边三角形,矩形
功 能 类 别:X 连接
应 用 类 别:电路图,接线图,功能图,概略图

S01397

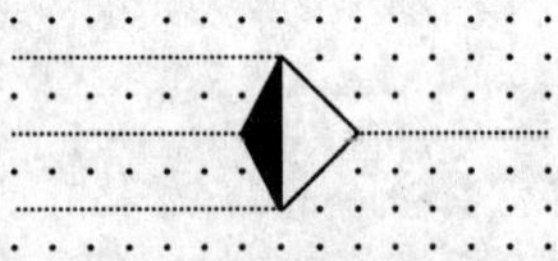

名　　　　称:气体绝缘导体——与电缆密封端的分界
Gas insulated conductor—boundary with cable sealing end
状　　　　态:标准
IEC发布日期:2002-09-21
关　键　词:电缆适配器,导体,气体绝缘导体,气体绝缘外壳,气体区域,密封
采 用 符 号:S00050,S01392
应 用 注 释:A00262
形 状 类 别:等边三角形
功 能 类 别:X 连接
应 用 类 别:电路图,接线图,功能图,概略图

S01398

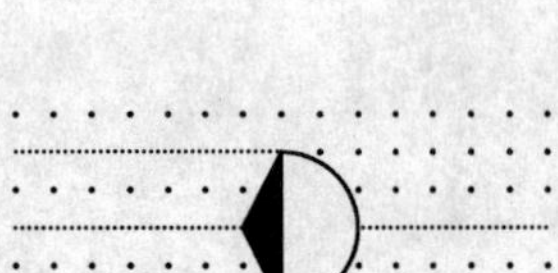

名　　　　称:气体绝缘导体——与变压器或电抗器套管的分界
　　　　　　Gas insulated conductor—boundary with transformer or reactor bushing
状　　　　态:标准
IEC发布日期:2002-09-21
关　　键　　词:套管,导体,气体绝缘导体,气体绝缘外壳,气体区域
采　用　符　号:S01393
应　用　注　释:A00262
形　状　类　别:等边三角形,半圆
功　能　类　别:X 连接
应　用　类　别:电路图,接线图,功能图,概略图

S01399

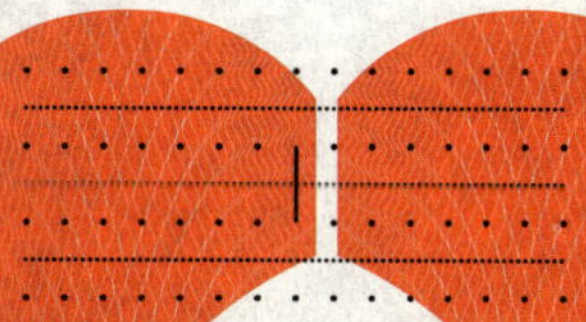

名　　　　称:无气体分界的导体支撑绝缘子
　　　　　　Conductor support insulator without gas boundary
状　　　　态:标准
IEC发布日期:2003-01-16
关　　键　　词:导线,气体绝缘导体,气体绝缘外壳,气体区域
采　用　符　号:S01391
应　用　注　释:A00262
形　状　类　别:直线
功　能　类　别:U 保持物体在一定位置
应　用　类　别:电路图,接线图,功能图,概略图
备　　　　注:这种支架允许气体流动

S01400

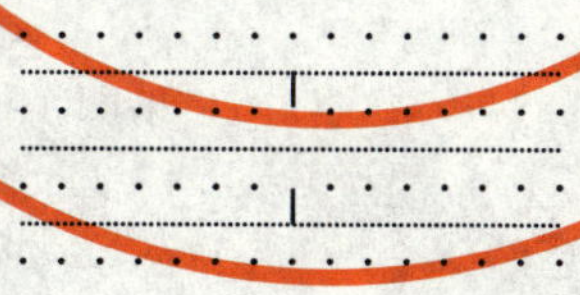

名　　　　称:直法兰
　　　　　　Straight flange
状　　　　态:标准
IEC发布日期:2003-01-16
关　　键　　词:导体,气体绝缘导体,气体绝缘外壳,气体区域
采　用　符　号:S01391
应　用　注　释:A00262
形　状　类　别:直线
功　能　类　别:功能要素或属性
应　用　类　别:电路图,接线图,功能图,概略图

备　　　注:不带绝缘子的法兰

S01406

名　　　称:弹簧操动装置
Spring-operated device
状　　　态:标准
IEC发布日期:2001-10-13
关　　键　词:机械控制,其他控制,弹簧
用　　　于:S00295
采 用 符 号:S00186
形 状 类 别:直线,矩形
功 能 类 别:C 存储
应 用 类 别:电路图;功能图;概略图

S01407

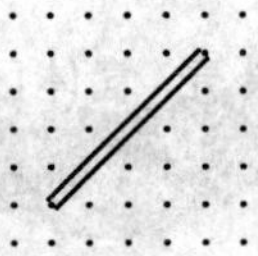

名　　　称:带有电气隔离的转换
Conversion with electrical separation
状　　　态:标准
IEC发布日期:2001-10-13
关　　键　词:转换,转换器,能量转换器,信号转换器
用　　　于:S01788,S01791
采 用 符 号:S00214
形 状 类 别:直线
功 能 类 别:功能要素或属性
应 用 类 别:概念要素或限定符号

S01419

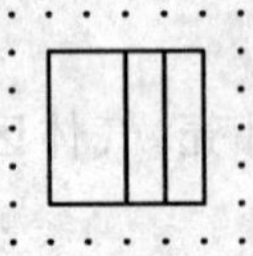

名　　　称:热电联产发电站,规划的
Combined electric and heat generated station,planned
状　　　态:标准
IEC发布日期:2002-07-05

关　键　词:发电站
采 用 符 号:S00060
应 用 注 释:A00071
所替代的符号:S00387
形 状 类 别:矩形,正方形
功 能 类 别:E 提供辐射能或热能,G 起动能量流
应 用 类 别:网络布置图

S01420

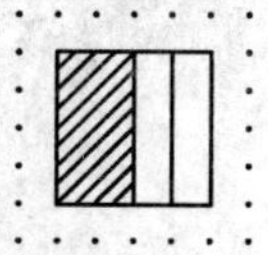

名　　称:热电联产发电站,运行的或未规定的
Combined electric and heat generating station, in service or unspecified
状　　态:标准
IEC发布日期:2002-07-05
关　键　词:发电站
采 用 符 号:S00060
应 用 注 释:A00071,A00072
所替代的符号:S00388
形 状 类 别:矩形,正方形
功 能 类 别:E 提供辐射或热能,G 生产一种能量
应 用 类 别:网络布置图

S01421

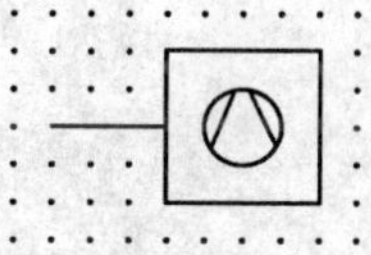

名　　称:风扇;风机
Fan
状　　态:标准
IEC发布日期:2002-07-01
关　键　词:风扇,建筑安装,通风机
用　　于:S01824,S01827,S01821
采 用 符 号:S00059
所替代的符号:S00494
形 状 类 别:圆,直线,正方形
功 能 类 别:G 起动能量流
应 用 类 别:安装图
备　　注:本符号示出配线,本符号应用了 ISO 14617 的符号 2302

S01422

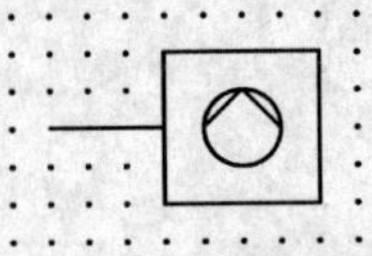

名　　称:泵
　　　Pump
状　　态:标准
IEC发布日期:2002-07-01
关　键　词:建筑安装,泵
形 状 类 别:圆,直线,正方形
功 能 类 别:G 起动能量流
应 用 类 别:安装图
备　　注:本符号示出配线,本符号应用了 ISO 14617 的符号 2301

S01448

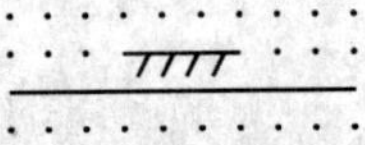

名　　称:连接,明装
　　　Connection,surface mounted
状　　态:标准
IEC发布日期:2003-08-12
别　　名:线,明装
　　　Line,surface mounted
关　键　词:连接,线路
采 用 符 号:S00001
形 状 类 别:直线
功 能 类 别:X 连接
应 用 类 别:安装图

S01449

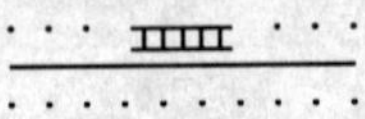

名　　称:在电缆梯架上的布线
　　　Connection on cable ladder
状　　态:标准
IEC发布日期:2003-08-12
别　　名:在电缆梯架上的线路
　　　Line on cable ladder
关　键　词:连接,梯,线路
采 用 符 号:S00001

形 状 类 别:直线
功 能 类 别:X 连接
应 用 类 别:安装图
备 注:电缆梯架(IEV 826-06-08):一个由一系列的横向支撑件刚性固定到主纵向支撑件上组成的支撑框架

S01450

名 称:电缆托盘内的布线
Connection within cable tray
状 态:标准
IEC发布日期:2002-08-12
别 名:电缆托盘内的线路
Line within cable tray
关 键 词:连接,线路
形 状 类 别:直线
功 能 类 别:X 连接
应 用 类 别:安装图
备 注:电缆托盘(IEV 826-06-07):由连续的底板和凸起的边缘以及无遮盖物组成的一个支撑。一个盘可以有也可以没有穿孔

S01451

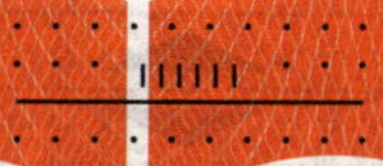

名 称:墙装电缆槽布线
Connection within wall mounted cable channel
状 态:标准
IEC发布日期:2003-08-12
关 键 词:连接,线路
形 状 类 别:直线
功 能 类 别:X 连接
应 用 类 别:安装图

S01452

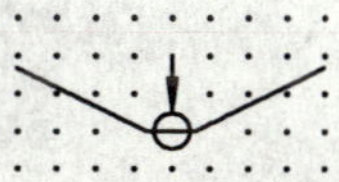

名 称:带支撑的杆上架空线
Overhead line on pole with strut
状 态:标准

IEC发布日期:2003-08-12
关　　键　　词:连接,线路
采 用 符 号:S00093,S00409
形 状 类 别:直线
功 能 类 别:X 连接
应 用 类 别:网络布置图

S01453

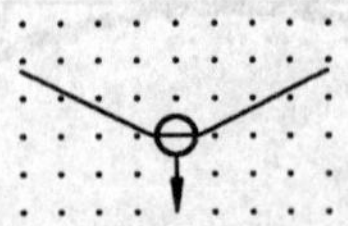

名　　　　　称:带拉线的杆上架空线
　　　　　　　Overhead line on pole with stay
状　　　　　态:标准
IEC发布日期:2003-08-12
关　　键　　词:连接,线路
采 用 符 号:S00093,S00409
形 状 类 别:箭头,直线
功 能 类 别:X 连接
应 用 类 别:网络布置图

S01458

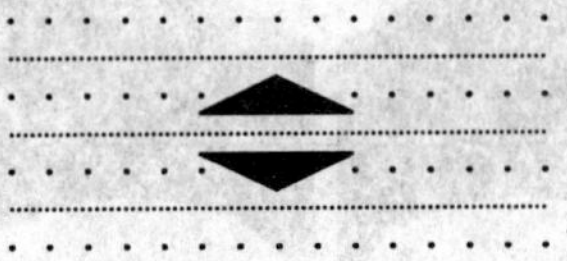

名　　　　　称:气体绝缘外壳——气体可通过隔板
　　　　　　　Gas insulated enclosure—gas through spacer
状　　　　　态:标准
IEC发布日期:2003-03-31
关　　键　　词:气体绝缘导体,气体绝缘密封,气体区域
应 用 注 释:A00262
形 状 类 别:等边三角形
功 能 类 别:U 保持物体在一定的位置
应 用 类 别:电路图,接线图,功能图,概略图

S01459

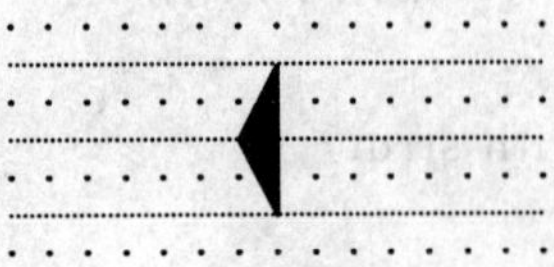

名　　　称:气体绝缘外壳——两室之间隔板
　　　　Gas insulated enclosure—partition between two compartments
状　　　态:标准
IEC发布日期:2003-03-31
关　　键　词:气体绝缘导体,气体绝缘外壳,气体区域
形　　　式:形式 2
其 他 形 式:S01393
应 用 注 释:A00262
形 状 类 别:等边三角形
功 能 类 别:U 保持物体在一定位置
应 用 类 别:电路图,接线图,功能图,概略图

S01460

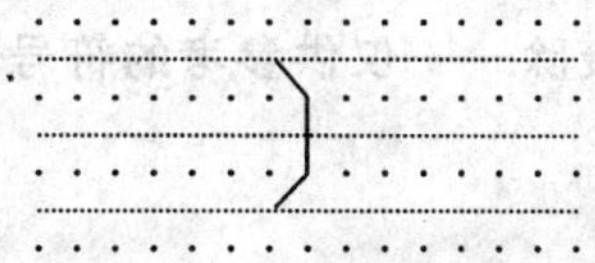

名　　　称:气体绝缘外壳——模块内的支撑绝缘子
　　　　Gas insulated enclosure—support insulator,inside module
状　　　态:标准
IEC发布日期:2003-03-31
关　　键　词:气体绝缘导体,气体绝缘外壳,气体区域
应 用 注 释:A00262
形 状 类 别:直线
功 能 类 别:U 保持物体在一定的位置
应 用 类 别:电路图,接线图,功能图,概略图

S01461

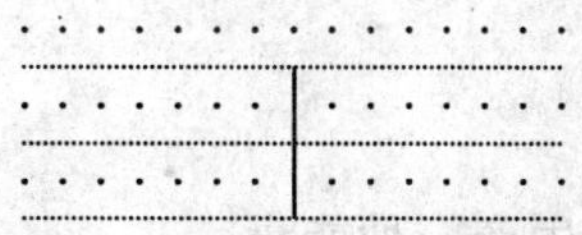

名　　　称:气体绝缘外壳——模块外的支撑绝缘子
　　　　Gas insulated enclosure—support insulator,external module
状　　　态:标准
IEC发布日期:2003-03-31
关　　键　词:气体绝缘导体,气体绝缘外壳,气体区域
应 用 注 释:A00262
形 状 类 别:直线
功 能 类 别:U 保持物体在一定的位置
应 用 类 别:电路图,接线图,功能图,概略图

S01807

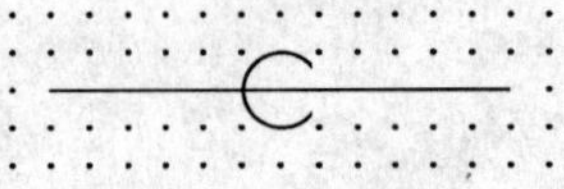

名　　　称:同心导体
Concentric conductor
状　　　态:标准
IEC发布日期:2004-03-27
关　键　词:导线
采用符号:S00001
形状类别:圆弧
功能类别:功能要素或属性
应用类别:电路图,接线图,功能图,安装图,概略图
符号限制:不能采用符号屏蔽或同轴

废除——仅供参考的符号

S00387

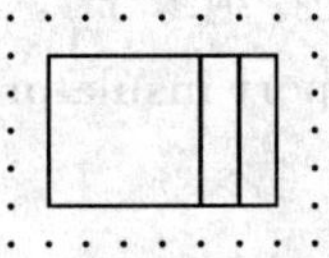

名　　　称:热电联产发电站,规划的
Combined electric and heat generating station, planned
状　　　态:废除——仅供参考
IEC发布日期:2001-07-01
IEC废除日期:2002-07-05
上版标准序号:GB/T 4728.11 (ed.2.0) 11-01-03
关　键　词:发电站
采用符号:S00060
应用注释:A00071
替代符号:S01419
形状类别:矩形,正方形
功能类别:E 提供辐射能或热能,G 生产一种能量
应用类别:网络图

S00388

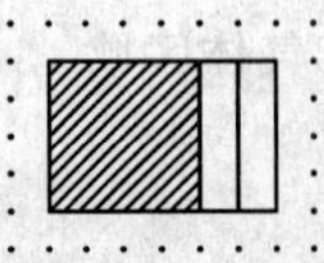

名　　　称:热电联产发电站,运行的或未规定的
Combined electric and heat generating station, in service or unspecified

状　　　态:废除——仅供参考
IEC发布日期:2001-07-01
IEC废除日期:2002-07-05
上版标准序号:GB/T 4728.11 (ed.2.0) 11-01-04
关　键　词:发电站
采 用 符 号:S00060
应 用 注 释:A00071,A00072
替 代 符 号:S01420
形 状 类 别:矩形,正方形
功 能 类 别:E 提供辐射能或热能,G 生产一种能量
应 用 类 别:网络图

S00417

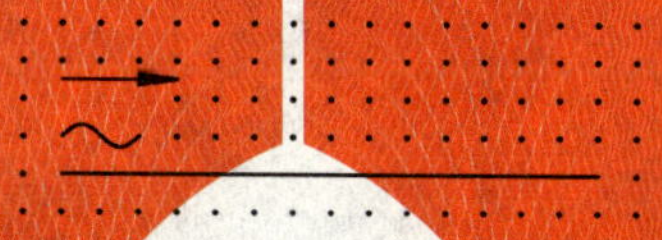

名　　　称:电信线路上交流供电
　　　　　AC power feeding on telecommunication lines
状　　　态:废除——仅供参考
IEC发布日期:2001-07-01
IEC废除日期:2002-08-16
上版标准序号:GB/T 4728.11 (ed.2.0) 11-03-11
关　键　词:线路,网络
采 用 符 号:S00001;S01403
应 用 注 释:A00073
形 状 类 别:箭头,描述,直线
功 能 类 别:W 导引或输送
应 用 类 别:网络图

S00418

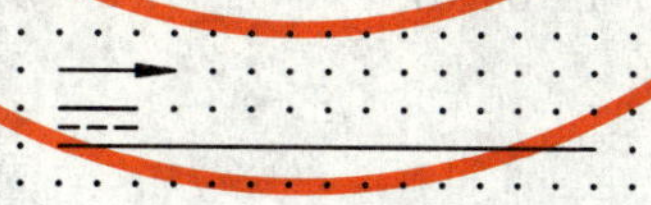

名　　　称:电信线路上直流供电
　　　　　DC power feeding on telecommunication lines
状　　　态:废除——仅供参考
IEC发布日期:2001-07-01
IEC废除日期:2002-08-16
上版标准序号:GB/T 4728.11 (ed.2.0) 11-03-12
关　键　词:线路,网络
采 用 符 号:S00001;S01401
应 用 注 释:A00073
形 状 类 别:箭头,描述,直线

功 能 类 别:W 导引或输送
应 用 类 别:网络图

S00424

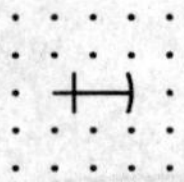

名　　　称:防蠕动装置
　　　　　Anti-creepage device
状　　　态:废除——仅供参考
IEC发布日期:2001-07-01
IEC废除日期:2002-08-16
上版标准序号:GB/T 4728.11 (ed. 2.0) 11-04-06
别　　　名:防电缆蠕动装置
关　键　词:安装材料
用　　　于:S00425,S00507
应 用 注 释:A00077
形 状 类 别:描述
功 能 类 别:U 保持在一定位置
应 用 类 别:概念元要素或限定符号

S00425

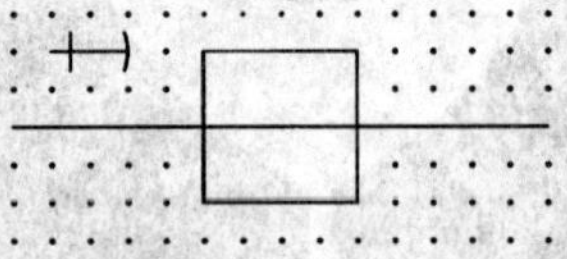

名　　　称:带防电缆蠕动装置的检查井
　　　　　Access chamber with a cable having anti-creepage device
状　　　态:废除——仅供参考
IEC发布日期:2001-07-01
IEC废除日期:2002-08-16
上版标准序号:GB/T 4728.11 (ed. 2.0) 11-04-07
关　键　词:安装材料,线路,网络
采 用 符 号:S00001;S00412;S00424
形 状 类 别:描述,直线,正方形
功 能 类 别:U 保持在一定位置,W 导引或输送
应 用 类 别:网络图
备　　　注:符号表示朝左的蠕动被制止

S00434

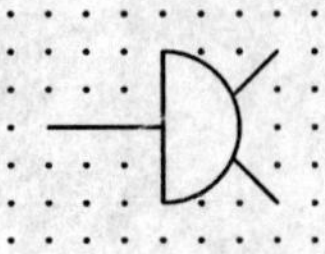

名　　　称:两路分配器
Splitter,two-way
状　　　态:废除——仅供参考
IEC发布日期:2001-07-01
IEC废除日期:2002-07-04
上版标准序号:GB/T 4728.11 (ed.2.0) 11-07-01
关　键　词:有线音响和电视,分配器
替 代 符 号:S01334
形 状 类 别:半圆,直线
功 能 类 别:W 导引或输送,X 连接
应 用 类 别:安装图,网络图

S00436

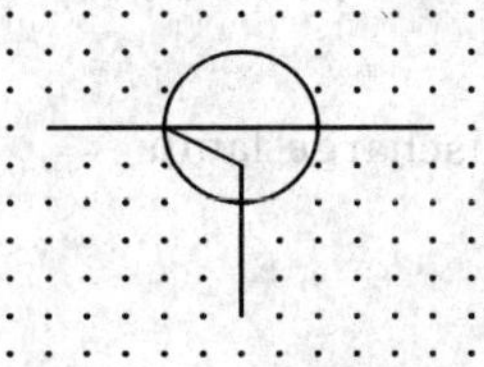

名　　　称:方向耦合器
Directional coupler
状　　　态:废除——仅供参考
IEC发布日期:2001-07-01
IEC废除日期:2002-07-04
上版标准序号:GB/T 4728.11 (ed.2.0) 11-07-03
关　键　词:有线音响和电视,分配器
采 用 符 号:S00061
替 代 符 号:S01340
形 状 类 别:圆,直线
功 能 类 别:K 处理信号或信息,W 导引或输送
应 用 类 别:安装图,网络图

S00437

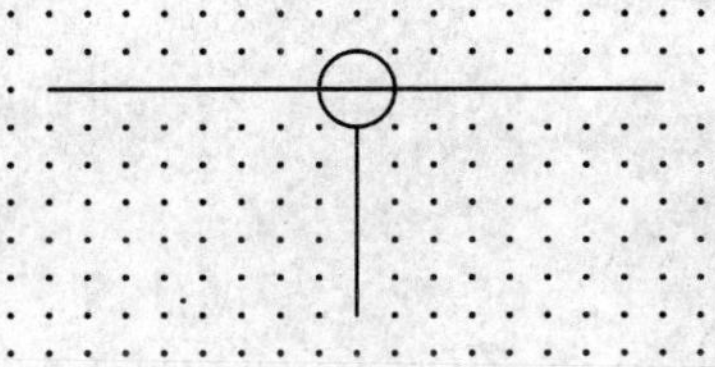

名　　　称:用户分支器
Subscriber's tap-off
状　　　态:废除——仅供参考
IEC发布日期:2001-07-01
IEC废除日期:2002-07-04

上版标准序号:GB/T 4728.11 (ed.2.0) 11-08-01
关　　键　　词:有线音响和电视,分支器
采　用　符　号:S00001
应　用　注　释:A00103,A00104
替　代　符　号:S01336
形　状　类　别:圆,直线
功　能　类　别:X 连接
应　用　类　别:安装图,网络图
备　　　　　注:符号表示带一路分支

S00490

名　　　　　称:气体放电灯的辅助设备
Auxiliary apparatus for discharge lamp
状　　　　　态:废除——仅供参考
IEC发布日期:2001-07-01
IEC废除日期:2002-08-16
上版标准序号:GB/T 4728.11 (ed.2.0) 11-15-10
关　　键　　词:建筑物装置,照明引出线和灯具
采　用　符　号:S01363
应　用　注　释:A00112
形　状　类　别:矩形
功　能　类　别:R 限制或稳定,T 性质不变的变换
应　用　类　别:安装图

S00494

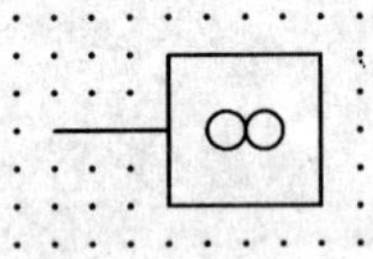

名　　　　　称:风扇
Fan
状　　　　　态:废除——仅供参考
IEC发布日期:2001-07-01
IEC废除日期:2002-07-01
上版标准序号:GB/T 4728.11 (ed.2.0) 11-16-02
关　　键　　词:风扇,建筑物装置,通风机
采　用　符　号:S00059
替　代　符　号:S01421
形　状　类　别:描述,正方形

功 能 类 别:G 生产一种能量
应 用 类 别:安装图
备　　　 注:符号表示带配线

应用注释

应用注释 A00012
高气压侧是梯形的长边,因此保持套管气闭。
应用于:S00056,S00513

应用注释 A00071
矩形可代替正方形。
应用于:S00385,S00386,S00387,S00388,S00391,S00392,S00393,S00394,S00395,S00396,S00397,S00398,S00399,S00400,S00401,S00402,S00403,S00404,S01419,S01420

应用注释 A00072
在小比例尺图上,可用完全填充的区域代替画阴影线的区域。
应用于:S00386,S00388,S00390,S00392,S00394,S00396,S00398,S00400,S00402,S00404,S00406,S01420

应用注释 A00073
S00001 和 S00058 给出了线路的示例。
应用于:S00407,S00408,S00409,S00410,S00411,S00412,S00413,S00414,S00415,S00416,S00417,S00418

应用注释 A00074
附加信息可标注在管道线路的上方,如管孔的数量。
应用于:S00410

应用注释 A00075
罩内的装置可用限定符号或代号表示。
应用于:S00419,S00420

应用注释 A00076
输入和输出可根据需要画出。
应用于:S00421

应用注释 A00077
该符号应标在入口的"蠕动"侧。
应用于:S00424

应用注释 A00079
阳极材料的类型可用其化学字母符号来加注。
应用于:S00426

应用注释 A00101

使用圆点来区分相对较高电平的输出。

应用于：S00430，S00435

应用注释 A00102

支路或激励输出可从符号斜边任何方便的角度引出。

应用于：S00430，S00435

应用注释 A00103

圆内的线可用代号代替。

应用于：S00437，S01336

应用注释 A00104

若不产生混淆，则表示用户馈线支路的线可省略。

应用于：S00437，S01336

应用注释 A00105

也可用符号 S01244。

应用于：S00442

应用注释 A00106

S00446…S00449 中所示出的符号可由 IEC 60445 中给出的字母符号代替。

应用于：S00446，S00447，S00448，S00449

应用注释 A00107

若箭头指向图纸的上方，则向上配线。

应用于：S00450

应用注释 A00108

若箭头指向图纸的下方，则向下配线。

应用于：S00451

应用注释 A00109

根据相关的 IEC 或 ISO 标准，可用以下字母区别不同类型的连接(线)和引出线符号：

BC＝广播

T＝一般指电信

TD＝数据传输

TFX＝用户传真

TLX＝用户电报

TP＝电话

TV＝电视

注意，这些字母仅限用于该符号。

为了区分连接和引出线，宜使用 IEC 61346-2 中相关的字母代码。

应用于：S00001，S00465

应用注释 A00110

借助于打碎玻璃罩进行保护。

应用于：S00477

应用注释 A00111

该符号见 S00965。

应用于：S00483

应用注释 A00112

只有当辅助设备和光源不在一起时才使用该符号。

应用于：S00490

应用注释 A00113

星号应由合适的设备符号代替或省略。

应用于：S00515，S00519，S00520，S00526，S00527

应用注释 A00114

机场跑道表面的嵌入灯，与停机坪滑行道、滑行道、停机坪齐平。

高架的辅助导航设备是高于跑道安装的灯和指示器。

光束类型在下面所附的文件 A00114BeamTypes.pdf 中进行了定义。

光束类型

——全向的： 

——单向的： 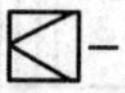

——双向的： 

——双向的：（光束夹角） 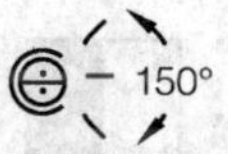

应用于：S00533，S00534，S00535，S00536，S00537，S00538，S00539，S00540，S00541，S00542，S00543，S00544，S00545，S00546，S00547，S00548，S00549，S00550，S00551，S00552，S00553，S00554

应用注释 A00116

颜色根据表 1（全向）和表 2（双向）中规定的符号表示。

表 1　颜色指示

颜色	单向的		全向的	
	高架的	地面的	高架的	地面的
绿色	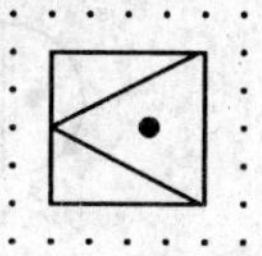	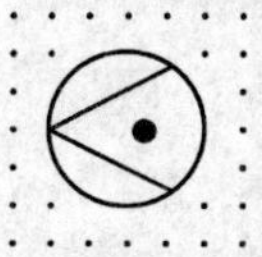	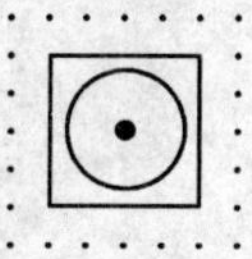	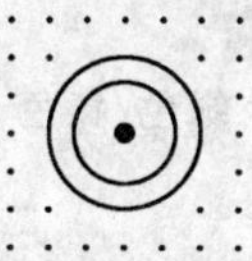

表 1（续）

颜色	单向的		全向的	
	高架的	地面的	高架的	地面的
黄色	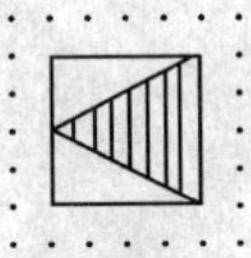		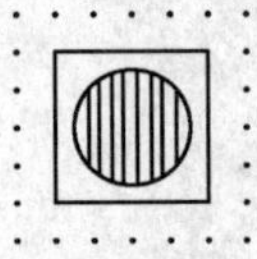	
红色		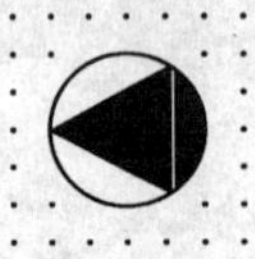		
白色	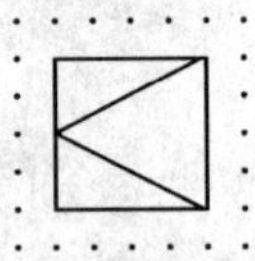	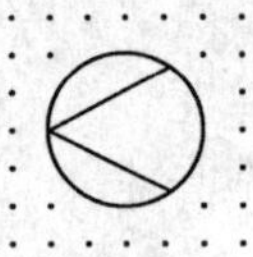	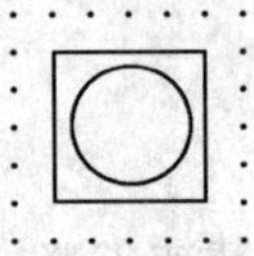	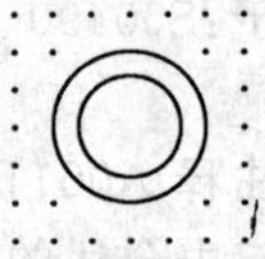
蓝色	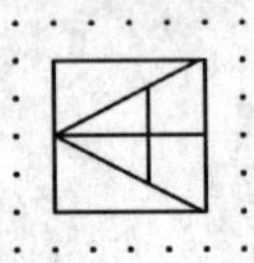	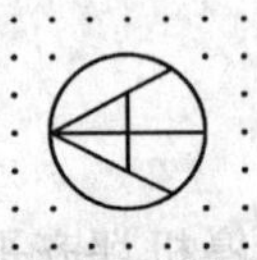	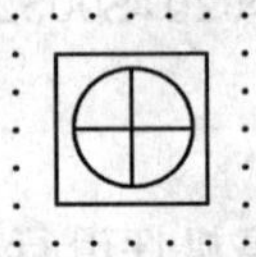	

表 2　颜色指示

颜色	双向的	
	高架的	地面的
白色/黄色	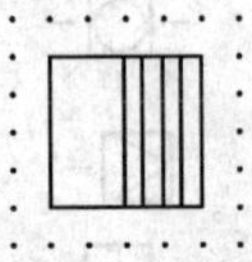	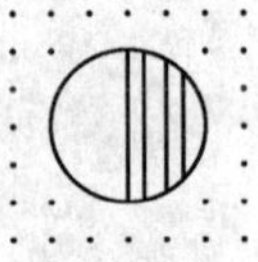
白色/红色		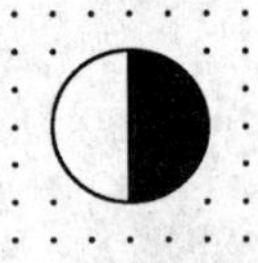
绿色/红色	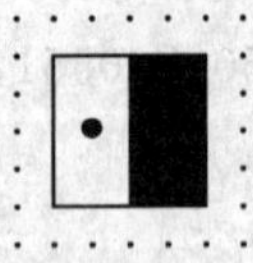	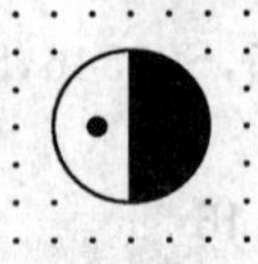
绿色/绿色	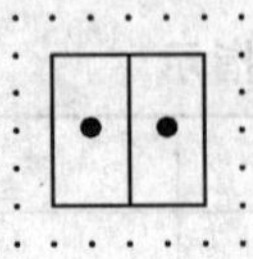	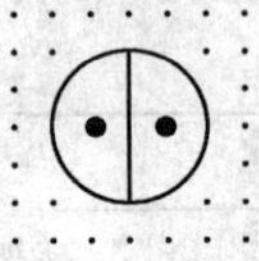
绿色/黄色	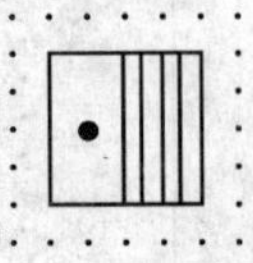	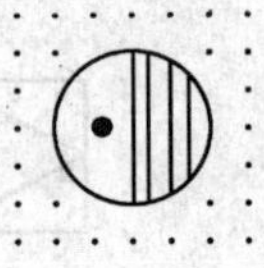

如果使用的颜色或颜色组合在表 1 或表 2 中没有列出，则按照 IEC 60757 规定的颜色名称或颜色代码在符号旁边标注。

应用于：S00533，S00534，S00535，S00536，S00537，S00538，S00539，S00540，S00541，S00542，S00543，S00544，S00545，S00546，S00547，S00550，S00551

应用注释 A00119

若发生混淆，可加注表示光束方向的箭头。

应用于：S00533，S00534

应用注释 A00228

符号 S00498 至 S00532 可用于表示设备的如下细节：

——房屋电线支架的外壳；

——包括电线在内的预制装配件；

——专用的通信传输线路。

典型的应用包括：

a） 电源配电系统：

——安装电线的场地；

——安装电线和插座的工厂；

——厂房母线系统（根据 IEC 60439-2 的规定）。

b） 铺设通道、管道或导管：

——电话线路；

——TV、FM 和广播电台配线系统；

——数据传输线路；

——信号系统；

——柔性的同轴电缆和光纤。

c） 同轴射频传输线路。

d） 波导。

应用于：S00498，S00499，S00500，S00501，S00502，S00503，S00504，S00505，S00506，S00507，S00508，S00509，S00510，S00511，S00512，S00513，S00514，S00515，S00516，S00517，S00518，S00519，S00520，S00521，S00522，S00523，S00524，S00525，S00526，S00527，S00528，S00529，S00530，S00531，S00532

应用注释 A00254

等效电路图见下图。

中间开关

等效电路图

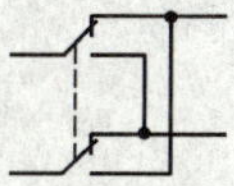

应用于：S00472

应用注释 A00262

为了便于对该符号的理解和应用；点线用于表示实际描述的符号的背景。

根据简图编制的应用规则，使用该符号时，点线要被其他类型的线所取代。

应用于：S00024，S00026，S01391，S01392，S01393，S01396，S01397，S01398，S01399，S01400，S01414，S01415，S01458，S01459，S01460，S01461

应用注释 A00267

可在符号内加上任何有关变电站详细类型的说明，示例："AC/DC"。

应用于：S00389，S00390

ICS 29.020
K 04

中华人民共和国国家标准

GB/T 4728.12—2008/IEC 60617 database
代替 GB/T 4728.12—1996

电气简图用图形符号
第 12 部分：二进制逻辑元件

Graphical symbols for diagrams—
Part 12：Binary logic elements

(IEC 60617 database，IDT)

2008-05-28 发布　　2009-01-01 实施

中华人民共和国国家质量监督检验检疫总局
中国国家标准化管理委员会　发布

前　言

GB/T 4728《电气简图用图形符号》包括13个部分：

——第1部分：一般要求；

——第2部分：符号要素、限定符号和其他常用符号；

——第3部分：导体和连接件；

——第4部分：基本无源元件；

——第5部分：半导体管和电子管；

——第6部分：电能的发生与转换；

——第7部分：开关、控制和保护器件；

——第8部分：测量仪表、灯和信号器件；

——第9部分：电信：交换和外围设备；

——第10部分：电信：传输；

——第11部分：建筑安装平面布置图；

——第12部分：二进制逻辑元件；

——第13部分：模拟元件。

本部分为GB/T 4728的第12部分，等同采用IEC 60617 database《电气简图用图形符号》数据库标准(IEC 60617_Snapshot_2007-01-10英文版)。

本部分代替了GB/T 4728.12—1996《电气简图用图形符号　第12部分：二进制逻辑元件》。同GB/T 4728.12—1996相比，有如下变化：

——增加了26个新符号：S01476、S01480、S01482、S01483、S01484、S01485、S01486、S01487、S01488、S01489、S01490、S01518、S01544、S01545、S01548、S01549、S01612、S01613、S01658、S01704、S01705、S01715、S01722、S01746、S01747、S01808；

——根据IEC 60617数据库标准，各符号列出的信息较旧版增加了多项内容。

本部分由全国电气信息结构、文件编制和图形符号标准化技术委员会提出并归口。

本部分主要起草单位：机械科学研究总院中机生产力促进中心。

参加起草的单位还有：国电华北电力设计院工程有限公司、中国航天科工集团二院、中国航天科工集团二院23所、中国电子工业标准化所、中国航空综合技术研究所、邮电工业标准化所、中国船舶工业综合技术经济研究院、中国电力企业联合会、中国航空工业规划设计研究院、五洲工程设计研究院、中国纺织工业设计院、上海电器科学研究所、许昌继电器研究所等。

本部分主要起草人：郭汀、高惠民、李旭亮、李萍、徐云驰、沈兵、武冰梅、谭泳、武晶、于明、陈泽毅、王素英、李道本、季慧玉、李志勇、高永梅。

本部分所代替标准的历次版本发布情况为：

——GB 4728.12—1985、GB/T 4728.12—1996。

电气简图用图形符号
第 12 部分:二进制逻辑元件

S01463

名称:元件框
Element outline
状态:标准
IEC 发布日期:2004-08-27
上版标准序号:GB/T 4728.12(ed.2.0) 12-05-01
关键词:二进制逻辑元件,元件、包封、外框
用于:S01566,S01567,S01568,S01571,S01569,S01570,S01572,S01573,S01578,S01610,S01607,S01626,S01623,S01629,S01627,S01628,S01637,S01638,S01636,S01640,S01641,S01639,S01660,S01663,S01659,S01662,S01666,S01661,S01664,S01665,S01669,S01670,S01675,S01668,S01674,S01678,S01687,S01685,S01686,S01709,S01706,S01708,S01707,S01710,S01723,S01731,S01778,S01781,S01791,S01796,S01800
采用符号:S00059
应用注释:A00269,A00270,A00271
形状类别:矩形
功能类别:功能要素或属性
应用类别:概念要素或限定符号
备注:示出正方形。

S01464

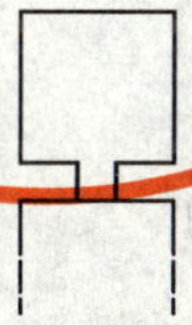

名称:公共控制框
Common control block outline
状态:标准
IEC 发布日期:2004-08-27
上版标准序号:GB/T 4728.12(ed.2.0) 12-05-02
关键词:二进制逻辑元件、元件、包封、外框
用于:S01699,S01701,S01738,S01586,S01592,S01588,S01598,S01593,S01602,S01624,S01631,S01632,S01635,S01634,S01654,S01653,S01669,S01670,S01684,S01690,S01692,S01698,S01691,S01693,S01696,S01694,S01720,S01717,S01713,S01711,S01728,S01719,S01721,S01730,S01734

采用符号:S00059
应用注释:A00269,A00270,A00271
形状类别:矩形
功能类别:功能要素或属性
应用类别:概念要素或限定符号

S01465

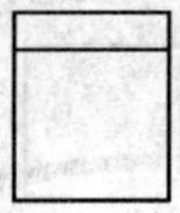

名称:公共输出元件框
Common output element outline
状态:标准
IEC 发布日期:2004-08-27
上版标准序号:GB/T 4728.12(ed.2.0) 12-05-03
关键词:二进制逻辑元件、元件、包封、外框
用于:S01587
采用符号:S00059
应用注释:A00269,A00270,A00271
形状类别:矩形
功能类别:功能要素或属性
应用类别:概念要素或限定符号

S01466

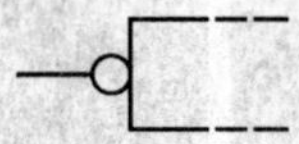

名称:逻辑非,输入端
Logic negation, input
状态:标准
IEC 发布日期:2004-08-27
上版标准序号:GB/T 4728.12(ed.2.0) 12-07-01
关键词:二进制逻辑元件、组合元件
用于:S01705,S01473,S01478,S01593,S01597,S01603,S01599,S01619,S01620,S01616,S01630,S01633,S01647,S01649,S01654,S01652,S01646,S01666,S01664,S01665,S01669,S01670,S01677,S01690,S01712,S01715,S01711,S01714,S01726,S01728,S01716,S01730,S01735,S01734,S01746,S01745,S01789,S01793,S01792,S01806,S01805,S01809
应用注释:A00272,A00351
形状类别:圆
功能类别:功能要素或属性
应用类别:概念要素或限定符号
备注:该符号示于输入端。
内部"1"状态与外部"0"状态对应。

连接线可延伸穿过小圆。

S01467

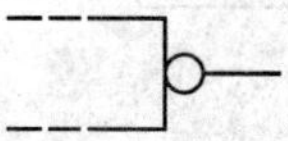

名称：逻辑非，输出端

Logic negation，output

状态：标准

IEC 发布日期：2004-08-27

上版标准序号：GB/T 4728.12(ed.2.0) 12-07-02

关键词：二进制逻辑元件、组合元件

用于：S01579，S01580，S01582，S01586，S01593，S01595，S01597，S01599，S01614，S01624，S01616，S01630，S01633，S01647，S01654，S01646，S01659，S01665，S01677，S01688，S01730，S01734，S01746，S01793

应用注释：A00272，A00351

形状类别：圆

功能类别：功能要素或属性

应用类别：概念要素或限定符号

备注：该符号示于输出端。

内部“1”状态与外部“0”状态对应。

连接线可延伸穿过小圆。

S01468

名称：极性指示符，输入端

Polarity indicator，input

别名：逻辑极性，输入端

状态：标准

IEC 发布日期：2004-08-27

上版标准序号：GB/T 4728.12(ed.2.0) 12-07-03

关键词：二进制逻辑元件、组合元件

用于：S01740，S01738，S01474，S01744，S01584，S01598，S01596，S01602，S01600，S01605，S01606，S01615，S01618，S01621，S01625，S01634，S01644，S01648，S01650，S01653，S01666，S01683，S01676，S01684，S01698，S01712，S01720，S01717，S01715，S01718，S01713，S01727，S01719，S01721，S01729，S01741，S01743，S01736，S01739，S01787，S01802，S01803

应用注释：A00272，A00351

应用类别：概念要素或限定符号

功能类别：功能要素或属性

形状类别：直角三角形

备注：该符号示于输出(入)端。

内部“1”状态与连接线上的 L-电平相对应。

S01469

名称：极性指示符，输出端
　　Polarity indicator，output
别名：逻辑极性，输出端
状态：标准
IEC 发布日期：2004-08-27
上版标准序号：GB/T 4728.12(ed.2.0) 12-07-04
关键词：二进制逻辑元件、组合元件
用于：S01583，S01581，S01584，S01590，S01585，S01594，S01596，S01602，S01600，S01608，S01611，S01612，S01615，S01618，S01613，S01644，S01660，S01662，S01661，S01668，S01683，S01676，S01720，S01719，S01736，S01737，S01742
应用注释：A00272，A00351
形状类别：直角三角形
功能类别：功能要素或属性
应用类别：概念要素或限定符号
备注：该符号示于输出端。
　　内部"1"状态与连接线上的 L-电平相对应。

S01470

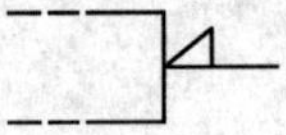

名称：极性指示符，从右向左输入端
　　Polarity indicator，input，right to the left
别名：逻辑极性，从右向左输入端
状态：标准
IEC 发布日期：2004-08-27
上版标准序号：GB/T 4728.12(ed.2.0) 12-07-05
关键词：二进制逻辑元件、组合元件
用于：S01596
应用注释：A00272，A00351
形状类别：直角三角形
功能类别：功能要素或属性
应用类别：概念要素或限定符号
备注：该符号示于从右至左的信号流输入端。
　　内部"1"状态与连接线上的 L-电平相对应。

S01471

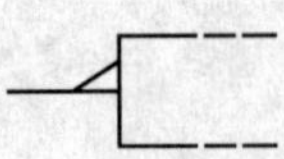

名称：极性指示符，从右向左输出端
　　Polarity indicator，output，right to the left

别名：逻辑极性，从右向左输出端
状态：标准
IEC 发布日期：2004-08-27
上版标准序号：GB/T 4728.12(ed.2.0) 12-07-06
关键词：二进制逻辑元件、组合元件
用于：S01618，S01736
应用注释：A00272，A00351
形状类别：直角三角形
功能类别：功能要素或属性
应用类别：概念要素或限定符号
备注：该符号示于从右至左的信息输出端。

内部“1”状态与连接线上的 L-电平相对应。

S01472

名称：动态输入

Dynamic input

状态：标准
IEC 发布日期：2004-08-27
上版标准序号：GB/T 4728.12(ed.2.0) 12-07-07
关键词：二进制逻辑元件、组合元件
用于：S01701，S01473，S01474，S01478，S01477，S01663，S01661，S01665，S01669，S01670，S01675，S01668，S01674，S01683，S01676，S01684，S01677，S01690，S01692，S01698，S01691，S01688，S01694，S01720，S01727，S01719，S01721，S01722，S01734，S01746，S01745
应用注释：A00272，A00351
形状类别：等边三角形
功能类别：功能要素或属性
应用类别：概念要素或限定符号
备注：内部“1”状态(暂态)与外部“0”状态转换到外部“1”状态的过程相对应。其他所有时间，内部逻辑状态为 0。

在采用逻辑极性符号的图上，内部“1”状态(暂态)与连接线上从 L-电平到 H-电平的转换过程相对应。其他所有时间，内部逻辑状态为“0”。

S01473

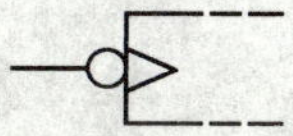

名称：逻辑非动态输入

Dynamic input with logic negation

状态：标准
IEC 发布日期：2004-08-27
上版标准序号：GB/T 4728.12(ed.2.0)12-07-08
关键词：二进制逻辑元件、组合元件

用于:S01703，S01697，S01696
采用符号:S01466，S01472
应用注释:A00272，A00351
形状类别:圆，等边三角形
功能类别:功能要素或属性
应用类别:概念要素或限定符号
备注:内部“1”状态(暂态)与外部“1”状态到外部“0”状态的转换过程相对应。其他所有时间,内部逻辑状态为“0”。

S01474

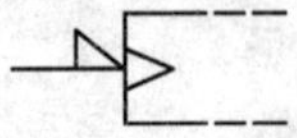

名称:有极性指示符的动态输入
Dynamic input with polarity indicator
状态:标准
IEC 发布日期:2004-08-27
上版标准序号:GB/T 4728.12(ed.2.0) 12-07-09
关键词:二进制逻辑元件、组合元件
用于:S01699，S01700，S01702，S01704，S01691，S01689，S01693，S01695，S01694，S01718，S01722
采用符号:S01468，S01472
应用注释:A00272，A00351
形状类别:等边三角形，直角三角形
功能类别:功能要素或属性
应用类别:概念要素或限定符号
备注:内部“1”状态(暂态)与连接线上从 H-电平到 L-电平的转换过程相对应。其他所有时间,内部逻辑状态为“0”。

S01475

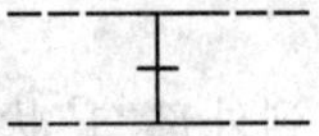

名称:内部连接
Internal connection
状态:标准
IEC 发布日期:2004-09-01
上版标准序号:GB/T 4728.12(ed.2.0) 12-08-01
关键词:二进制逻辑元件、组合元件，内部连接
其他形式:S01476，S01485
用于:S01702，S01592，S01591，S01670，S01683，S01715，S01713，S01721，S01730，S01729，S01792，S01806
应用注释:A00273,A00351
形状类别:直线
功能类别:功能要素或属性
应用类别:概念要素或限定符号

符号限制:只有信号流方向明显,信号流自右向左可使用该符号。否则,应使用符号 S01485。
备注:右边元件输入端的内部“1”状态(“0”状态)与左边元件输出端的内部“1”状态(“0”状态)相对应。

S01809

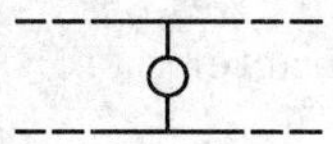

名称:有逻辑非的内部连接
Internal connection with negation
状态:标准
IEC 发布日期:2004-09-01
上版标准序号:GB/T 4728.12(ed.2.0) 12-08-02
关键词:组合元件,内部连接
其他形式:S01486
用于:S01486,S01592,S01618,S01632
采用符号:S01466,S01476
应用注释:A00273
形状类别:圆
功能类别:功能要素或属性
应用类别:概念要素或限定符号
符号限制:只有信号流方向明显,信号流自右向左可使用该符号。否则,应使用符号 S01486。
备注:右边元件输入端的内部“1”状态(“0”状态)与左边元件输出端的内部“0”状态(“1”状态)相对应。
垂直线可延伸穿过小圆。

S01476

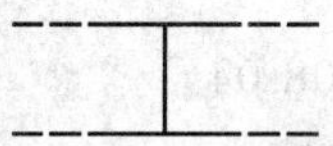

名称:内部连接
Internal connection
状态:标准
IEC 发布日期:2004-09-01
关键词:二进制逻辑元件,组合元件,内部连接
形式:简化形式
其他形式:S01475,S01485
用于:S01704,S01478,S01477,S01583,S01581,S01584,S01619,S01615,S01618,S01620,S01624,S01631,S01789,S01809
应用注释:A00273
形状类别:直线
功能类别:功能要素或属性
应用类别:概念要素或限定符号
符号限制:如果不会混淆逻辑连接数量,可使用符号 S01476。也见 A00271 6.1.2。
只有信号流方向明显为自右向左时,可使用该符号。否则,应使用符号 S01485。
备注:右边元件输入端的内部“1”状态(“0”状态)与左边元件输出端的内部“1”状态(“0”状态)相对应。

S01477

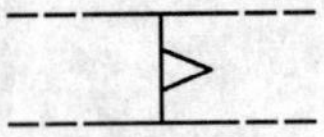

名称：动态特性内部连接

Internal connection with dynamic character

状态：标准

IEC 发布日期：2004-09-01

上版标准序号：GB/T 4728.12(ed.2.0) 12-08-03

关键词：二进制逻辑元件、组合元件，内部连接

用于：S01718，S01737，S01806

采用符号：S01472，S01476

应用注释：A00273，A00351

形状类别：等边三角形

功能类别：功能要素或属性

应用类别：概念要素或限定符号

备注：右边元件输入端的内部"1"状态(暂态)与左边元件输出端从内部"0"状态到内部"1"状态的转换过程相对应。其他所有时间，元件输入端的内部逻辑状态为"0"。

S01478

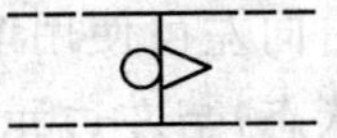

名称：有逻辑非和动态特性的内部连接

Internal connection with negation and dynamic character

状态：标准

IEC 发布日期：2004-09-01

上版标准序号：GB/T 4728.12(ed.2.0) 12-08-04

关键词：二进制逻辑元件、组合元件，内部连接

采用符号：S01466，S01472，S01476

应用注释：A00273，A00351

形状类别：圆，等边三角形

功能类别：功能要素或属性

应用类别：概念要素或限定符号

备注：右边元件输入端的内部"1"状态(暂态)与左边元件输出端从内部"1"状态到内部"0"状态的转换过程相对应。其他所有时间，元件输入端的内部逻辑状态为"0"。

S01479

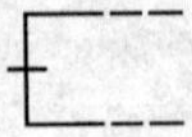

名称：内部输入(左边)

Internal input (left-hand side)

状态：标准

IEC 发布日期：2004-09-01

上版标准序号：GB/T 4728.12(ed.2.0) 12-08-05

别名:虚拟输入(左边)

关键词:二进制逻辑元件、组合元件，内部连接

用于:S01483，S01617，S01632，S01670，S01689，S01696，S01715

应用注释:A00273 A00351

形状类别:直线

功能类别:功能要素或属性

应用类别:概念要素或限定符号

符号限制:符号 S01483 所示的除外，与非、逻辑极性和动态输入相关的符号不应用于内部输入和输出。

备注:该符号示于左边。

如果该输入不受占优势的或修正作用的关联关系的影响，它总是处于其内部“1”状态(见符号 S01670 和 S01689)。

该符号可示于元件的外部边界以强调没有遗漏外部输入线。两个相邻元件公共边界的虚拟输入由没有这些符号的关联标记注明。

内部输入和输出只有内部逻辑状态。

该符号不应与用于相邻元件之间连接的符号 S01475 相混。

S01480

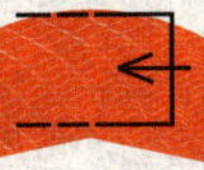

名称：内部输入(右边)

Internal input (right-hand side)

状态:标准

IEC 发布日期:2004-09-01

别名:虚拟输入(右边)

关键词:二进制逻辑元件、组合元件，内部连接

用于:S01696

应用注释:A00273，A00351

形状类别:箭头

功能类别:功能要素或属性

应用类别:概念要素或限定符号

备注:该符号示于右边。

如果该输入不受强制或调节关联影响，它总是处于其内部“1”状态(见符号 S01670 和 S01689)。

该符号可示于元件的外部边界以强调没有遗漏外部输入线。两个相邻元件公共边界的虚拟输入不用这些符号，应由关联标记注明。

内部输入和输出只有内部逻辑状态。

S01481

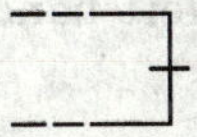

名称：内部输出(右边)

Internal output (right-hand side)

状态:标准

IEC 发布日期:2004-09-01

上版标准序号:GB/T 4728.12(ed.2.0)12-08-06
别名:虚拟输出(右边)
关键词:二进制逻辑元件,组合元件,内部连接
用于:S01483
应用注释:A00273,A00351
形状类别:直线
功能类别:功能要素或属性
应用类别:概念要素或限定符号
符号限制:符号 S01483 所示的除外,与非、逻辑极性和动态输入相关的符号不应用于内部输入和输出。
备注:该符号示于右边。

该输出对与之相连的输入或输出的影响由关联标记注明。

内部输入和输出只有内部逻辑状态。

该符号不应与用于相邻元件之间连接的符号 S01475 相混。

S01482

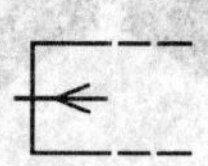

名称:内部输出(左边)
Internal output (left-hand side)
状态:标准
IEC 发布日期:2004-09-01
别名:虚拟输出(左边)
关键词:二进制逻辑元件,组合元件,内部连接
应用注释:A00273,A00351
形状类别:箭头
功能类别:功能要素或属性
应用类别:概念要素或限定符号
备注:该符号示于左边。

如果该输入不受强制或调节关联影响,它总是处于内部"1"状态(见符号 S01670 和 S01689)。

该符号可示于元件的外部边界以强调没有遗漏外部输入线。两个相邻元件公共边界的虚拟输入不用这些符号,应由关联标记注明。

内部输入和输出只有内部逻辑状态。

S01483

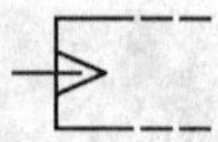

名称:有动态特性的内部输入(左边)
Internal input with dynamic character (left-hand side)
状态:标准
IEC 发布日期:2004-09-01
别名:有动态特性的虚拟输入(左边)
关键词:二进制逻辑元件,组合元件,内部连接
用于:S01700,S01683

采用符号:S01479，S01481

应用注释:A00273

形状类别:等边三角形,直线

功能类别:功能要素或属性

应用类别:概念要素或限定符号

备注:该符号示于左边。

内部“1”状态(暂态)对应于从内部“0”状态到非动态的内部“1”状态的转换。

转换信号的来源由关联标记注明。转换信号的标识号应为该输入端标记字符串最左边的字符。无论该输入示于符号框的左边或右边都是这样。

S01484

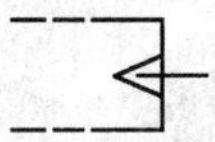

名称:有动态特性的内部输入(右边)

Internal input with dynamic character (right hand side)

状态:标准

IEC 发布日期:2004-09-01

别名:有动态特性的虚拟输入(右边)

关键词:二进制逻辑元件,组合元件，内部连接

应用注释:A00273

形状类别:等边三角形,直线

功能类别:功能要素或属性

应用类别:概念要素或限定符号

备注:该符号示于右边。

内部“1”状态(暂态)对应于从内部“0”状态到非动态的内部“1”状态的转换。

转换信号的来源由关联标记注明。转换信号的标识号应为该输入端标记字符串最左边的字符。无论该输入示于符号框的左边或右边都是这样。

S01485

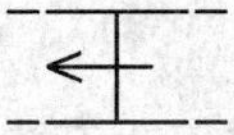

名称:从右到左信号流的内部连接

Internal connection for signal flow from right to left

状态:标准

IEC 发布日期:2004-09-01

关键词:二进制逻辑元件,组合元件，内部连接

其他形式:S01475，S01476

应用注释:A00273

形状类别:箭头

功能类别:功能要素或属性

应用类别:概念要素或限定符号

备注:左边元件输入端的内部“1”状态(“0”状态)与右边输出端的内部“1”状态(“0”状态)相对应。

如果不会混淆,可用符号 S01475 或 S01476 替代。

S01486

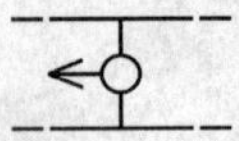

名称：从右到左信号流有逻辑非的内部连接

Internal connection with logic negation for signal flow from right to left

状态:标准

IEC 发布日期:2004-09-01

关键词:二进制逻辑元件,组合元件，内部连接

用于：S01721

采用符号:S01809

应用注释:A00273

形状类别:箭头，圆

功能类别:功能要素或属性

应用类别:概念要素或限定符号

备注:左边元件输入端的内部“1”状态(“0”状态)与右边输出端的内部“0”状态(“1”状态)相对应。

如果不会混淆,可用符号 S01809 替代。

垂直线可延伸穿过小圆。

S01487

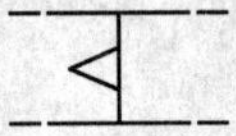

名称：从右到左信号流有动态特性的内部连接

Internal connection with dynamic character for signal flow from right to left

状态:标准

IEC 发布日期:2004-09-01

关键词:二进制逻辑元件,组合元件，内部连接

应用注释:A00273

形状类别:等边三角形

功能类别:功能要素或属性

应用类别:概念要素或限定符号

备注:左边元件输入端的内部“1”状态(暂态)对应于右边元件输出端从内部“0”状态到内部“1”状态的转换。其他所有时间,左边元件输入端的内部逻辑状态为“0”。

S01488

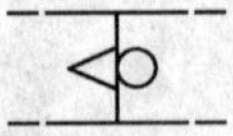

名称：从右到左有逻辑非和动态特性的内部连接

Internal connection with logic negation and dynamic character for signal flow from right to left

状态:标准

IEC 发布日期:2004-09-01

关键词:二进制逻辑元件,组合元件，内部连接

应用注释:A00273

形状类别:圆,等边三角形

功能类别:功能要素或属性

应用类别:概念要素或限定符号

备注:左边元件输入端的内部“1”状态(暂态)对应于右边元件输出端从内部“1”状态到内部“0”状态的转换。其他所有时间,左边元件输入端的内部逻辑状态为“0”。

S01489

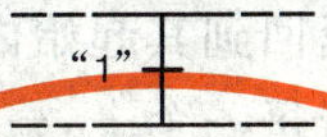

名称:内部连接的固定“1”状态输出

Fixed 1-state output, shown at an internal connection

状态:标准

IEC 发布日期:2004-09-01

关键词:二进制逻辑元件,组合元件,内部连接

采用符号:S01543

应用注释:A00273

形状类别:字符

功能类别:功能要素或属性

应用类别:概念要素或限定符号

S01490

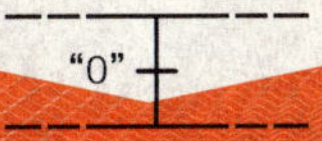

名称:内部连接的固定“0”状态输出

Fixed 0-state output, shown at an internal connection

状态:标准

IEC 发布日期:2004-09-01

关键词:二进制逻辑元件,组合元件,内部连接

采用符号:S01544

应用注释:A00273

形状类别:字符

功能类别:功能要素或属性

应用类别:概念要素或限定符号

S01491

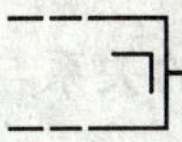

名称:延迟输出

Postponed output

状态:标准

IEC 发布日期:2004-09-01

上版标准序号:GB/T 4728.12(ed.2.0)12-09-01

关键词:二进制逻辑元件,组合元件

用于:S01702, S01663, S01662, S01666

应用注释:A00304, A00335

形状类别:直线
功能类别:功能要素或属性
应用类别:概念要素或限定符号
备注:该输出的内部状态的改变延迟到引发它改变的输入信号返回到它的起始外部逻辑状态或逻辑电平时才开始。在该起始输入处于其内部"1"状态期间,任何影响输入或受引发输入影响的输入的内部逻辑状态必须无变化,否则,得到的输出状态将不由该符号决定。如果引发改变的输入信号出现在内部连接处,则状态的改变延迟到前面元件的输出返回到其起始内部逻辑状态才开始。

如果该符号无前缀,则应认为输出相对于每一个+,-和 T 输入以及每一个 Cm 输入或 Cm 输出延迟(见符号 S01558 和 S01559);在所有其他情况下,相对于延迟输出的所有输入和输出的标识号(或必要时为全标记)将作为该符号的前缀示出。见符号 S01702。

为避免与其他符号,如字符 7,混淆,应注意该符号为两臂等长的直角。

有关该符号的应用和补充说明,见 A00304。

该符号定义为 GB/T 19679"**延迟输出符号**"的字符 2/1,相当于 ISO/IEC 10646"**略向左下框图**"的 UC2510(表 67)。

S01492

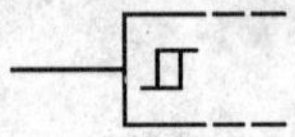

名称:双向门槛输入
Bi-threshold input
状态:标准
IEC 发布日期:2004-09-01
上版标准序号:GB/T 4728.12(ed.2.0)12-09-02
别名:具有磁滞现象的输入
关键词:二进制逻辑元件,组合元件
用于:S01700,S01597,S01602,S01608,S01607,S01683,S01676,S01737,S01806
应用注释:A00336
形状类别:字符,直线
功能类别:功能要素或属性
应用类别:电路图,功能图,概略图
备注:当外部信号电平达到某一门槛值 V1 时,输入呈现其内部"1"状态。此状态维持到外部信号电平返回并经 V1 达到另一门槛值 V0 为止。如果该符号(无逻辑非符号或极性符号)出现在采用逻辑极性符号或正逻辑约定的图上,则 V1 比 V0 正得较多。如果该符号出现在采用负逻辑约定的图上,则 V1 比 V0 负得较多。

如果输入端有逻辑非或极性符号,V1 和 V0 的关系与此相反。

有关文本的图示见 A00336。

符号 S01607 和 S01608 表明该符号用作元件的总限定符。

没有该符号并不表示没有滞后。大部分实际器件在一定程度上表现这种特性。该符号只用在标识特性比应用器件重要时。

该符号定义为 GB/T 19679"**磁滞现象符号**"的字符 2/3,相当于 ISO/IEC 10646"**磁滞现象符号**"的 UC238E(表 63)。

S01493

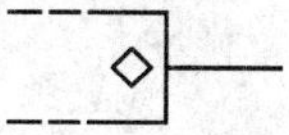

名称：开路输出

Open-circuit output

状态：标准

IEC 发布日期：2004-09-01

上版标准序号：GB/T 4728.12(ed.2.0)12-09-03

关键词：二进制逻辑元件，组合元件

用于：S01494，S01495

应用注释：A00289

形状类别：正方形

功能类别：功能要素或属性

应用类别：概念要素或限定符号

备注：例如：开集电极、开发射极、开漏极、开源极。

此类输出两种可能的内部逻辑状态之一与外部高阻抗状态相对应。为在此条件下产生正确的逻辑电平，需要外接元件或电路，通常接电阻。此类输出常常能够组成分布连接的一部分。

该符号应标在紧靠输出线的位置，但 A00289 中规定的使用位组合符号(符号 S01517)的情况除外，此时允许把符号标在另一位置。

虽然该符号画在框内，但它只涉及外部状态和电平。

若要表明何种逻辑电平是低阻抗的，则可采用符号 S01494 或 S01495。

该符号定义为 GB/T 19679“**开路输出符号**”的字符 2/4，相当于 ISO/IEC 10646“**白色菱形**”的 UC25C7(表 69)。

S01494

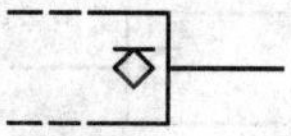

名称：开路输出(H 型)

Open-circuit output (H-type)

状态：标准

IEC 发布日期：2004-09-01

上版标准序号：GB/T 4728.12(ed.2.0)12-09-04

关键词：二进制逻辑元件，组合元件

用于：S01496，S01578，S01583，S01586，S01587，S01591，S01634，S01654，S01806

采用符号：S01493

形状类别：直线，正方形

功能类别：功能要素或属性

应用类别：概念要素或限定符号

备注：例如：PNP 开集电极、NPN 开发射极、P 沟道开漏极、N 沟道开源极。

当不处于外部高阻抗状态时，此类输出产生相对低阻抗的 H 电平。

也见符号 S01578。

该符号的含义不因出现逻辑非或极性而改变。

该符号定义为 GB/T 19679“**开路输出 H 型符号**”的字符 2/5，相当于 ISO/IEC 10646“**开路输出 H 型符号**”的 UC238F(表 63)。

S01495

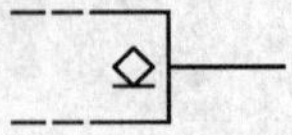

名称：开路输出(L 型)

Open-circuit output (L-type)

状态：标准

IEC 发布日期：2004-09-01

上版标准序号：GB/T 4728.12(ed.2.0)12-09-05

关键词：二进制逻辑元件，组合元件

用于：S01738，S01497，S01578，S01582，S01594，S01596，S01618，S01622，S01648，S01649，S01650，S01653，S01717，S01739，S01747，S01794，S01801，S01806

采用符号：S01493

形状类别：直线，正方形

功能类别：功能要素或属性

应用类别：概念要素或限定符号

备注：例如：PNP 开集电极、PNP 开发射极、N 沟道开漏极、P 沟道开源极。

当不处于外部高阻抗状态时，此类输出产生相对低阻抗的 L 电平。

该符号的含义不因出现逻辑非或极性而改变。

也见符号 S01578。

该符号定义为 GB/T 19679“**开路输出 L 型符号**”的字符 2/6，相当于 ISO/IEC 10646“**开路输出 L 型符号**”的 UC2390(表 63)。

S01496

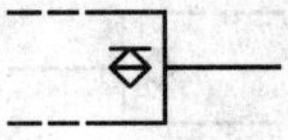

名称：无源下拉输出

Passive-pull-down output

状态：标准

IEC 发布日期：2004-09-01

上版标准序号：GB/T 4728.12(ed.2.0)12-09-06

关键词：二进制逻辑元件，组合元件

用于：S01578

采用符号：S01494

形状类别：直线，正方形

功能类别：功能要素或属性

应用类别：概念要素或限定符号

备注：此类输出与 H 型开路输出(符号 S01494)相似，并且同样可用作分布连接的一部分，而无需外接元件或电路。

也见符号 S01578。

该符号的含义不因出现逻辑非或极性而改变。

该符号定义为 GB/T 19679“**无源输出下拉符号**”的字符 2/7，相当于 ISO/IEC 10646“**无源输出下拉符号**”的 UC2391(表 63)。

S01497

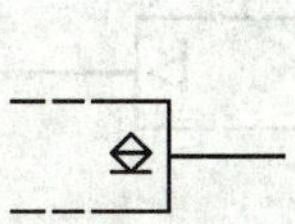

名称：无源上拉输出

Passive-pull-up output

状态：标准

IEC 发布日期：2004-09-01

上版标准序号：GB/T 4728.12(ed.2.0)12-09-07

关键词：二进制逻辑元件，组合元件

用于：S01578，S01602，S01618，S01644，S01803

采用符号：S01495

形状类别：直线，正方形

功能类别：功能要素或属性

应用类别：概念要素或限定符号

备注：此类输出与 L 型开路输出(符号 S01495)相似，并且同样可用作分布连接的一部分，而无需外接元件或电路。

也见符号 S01578。

该符号的含义不因出现逻辑非或极性而改变。

该符号定义为 GB/T 19679“**无源输出上拉符号**”的字符 2/8，相当于 ISO/IEC 10646“**无源输出上拉符号**”的 UC2392(表 63)。

S01498

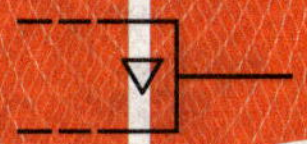

名称：3 态输出

3-state output

状态：标准

IEC 发布日期：2004-09-01

上版标准序号：GB/T 4728.12(ed.2.0)12-09-08

关键词：二进制逻辑元件，组合元件

用于：S01744，S01598，S01597，S01603，S01599，S01619，S01620，S01621，S01652，S01670，S01712，S01715，S01713，S01711，S01714，S01735，S01734，S01743，S01736，S01742，S01745，S01793

形状类别：等边三角形

功能类别：功能要素或属性

应用类别：概念要素或限定符号

备注：该输出可呈现没有逻辑意义的高阻抗状态的第三种外部状态。

该符号应标在紧靠输出线的位置，但 A00289 中规定的使用位组合符号(符号 S01517)的情况除外，此时允许把符号标在另一位置。

该符号定义为 GB/T 19679“**三态输出符号**”的字符 4/6，相当于 ISO/IEC 10646“**白色下尖三角形**”

的 UC23BD(表 69)。

S01499

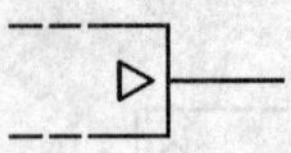

名称:具有特殊放大作用(驱动能力)的输出

Output with special amplification (drive capability)

状态:标准

IEC 发布日期:2004-09-01

上版标准序号:GB/T 4728.12(ed.2.0)12-09-08A

关键词:二进制逻辑元件,组合元件

采用符号:S01457

应用注释:A00351

形状类别:等边三角形

功能类别:功能要素或属性

应用类别:概念要素或限定符号

备注:符号 S01457 强调放大功能,它应指向信号流方向。

该符号应标在紧靠框线的位置,但 A00289 中规定的使用位组合符号(符号 S01517)的情况除外,此时允许把符号标在另一位置。

若该符号与符号 S01493、S01494、S01495、S01496、S0149 和 S01498 一起使用,则那些符号应位于放大符号和元件边框线之间。

无此符号未必表示无特殊放大作用。

符号 S01594 至 S01599 示出符号 S01457 用作元件总限定符号的情况。

S01500

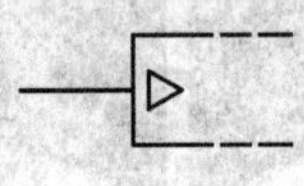

名称:具有特殊放大作用(灵敏度)的输入

Input with special amplification (sensitivity)

状态:标准

IEC 发布日期:2004-09-01

上版标准序号:GB/T 4728.12(ed.2.0)12-09-08B

关键词:二进制逻辑元件,组合元件

采用符号:S01457

应用注释:A00351

形状类别:等边三角形

功能类别:功能要素或属性

应用类别:概念要素或限定符号

备注:符号 S01457 强调放大功能,它应指向信号流方向。

若输入端需要一个或多个符号 S01540、S01500、S01492,它们应按需要以下列顺序排列:符号 S01540 紧靠输入端,随后为符号 S01500,最后是符号 S01492。

无此符号未必表示无特殊放大作用。

符号 S01594 至 S01599 示出符号 S01457 用作元件总限定符号的情况。它用于输入而不用作总限定符号表示该输入有不寻常的灵敏度，而不表示输出增大了驱动能力。

S01501

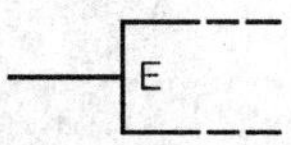

名称：扩展输入

Extension input

状态：标准

IEC 发布日期：2004-09-01

上版标准序号：GB/T 4728.12(ed.2.0)12-09-09

关键词：二进制逻辑元件，组合元件

形状类别：字符

功能类别：功能要素或属性

应用类别：概念要素或限定符号

备注：可与扩展器元件相连的二进制元件的输入(见符号 S01502)。

表示二进制变量的外部逻辑状态与其对应的物理量之间关系的说明通常对扩展输入和扩展器输出无效。

S01502

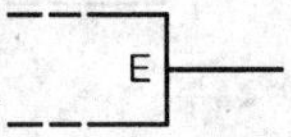

名称：扩展器输出

Extender output

状态：标准

IEC 发布日期：2004-09-01

上版标准序号：GB/T 4728.12(ed.2.0)12-09-10

关键词：二进制逻辑元件，组合元件

形状类别：字符

功能类别：功能要素或属性

应用类别：概念要素或限定符号

备注：可与另一二进制元件扩展输入相连的二进制元件的输出，目的在于扩展那个元件的输入端数(见符号 S01501)。

表示二进制变量的外部逻辑状态与其对应的物理量之间关系的说明通常对扩展输入和扩展器输出无效。

S01503

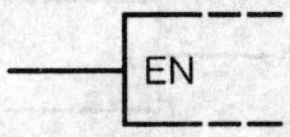

名称：使能输入

Enable input

状态：标准

IEC 发布日期：2004-09-01

上版标准序号：GB/T 4728.12(ed.2.0)12-09-11

关键词：二进制逻辑元件，组合元件

用于:S01562,S01598,S01597,S01619,S01620,S01621,S01630,S01648,S01649,S01650,S01652,S01717,S01714,S01728,S01727,S01716,S01730,S01729,S01775

应用注释:A00274,A00337

形状类别:字符

功能类别:功能要素或属性

应用类别:概念要素或限定符号

备注:若无其他占优势且作用相反的输入或输出,当该输入处于内部"1"状态时,所有输出处于其通常规定内部逻辑状态,并且对可与输出相连的元件或分布连接有通常规定的作用。

当该输入处于其内部"0"状态时,S01493、S01494 或 S01495 这类符号的所有输出处于其外部高阻抗状态,所有无源下拉输出处于其高阻抗 L 电平,所有无源上拉输出处于其高阻抗 H 电平,所有 3 态输出处于其通常规定的内部逻辑状态和外部高阻抗状态,而所有其他输出处于其内部"0"状态。

该输入只影响作为外部输出的输出。如果它是具有内部连接的元件的一个输入,其内部连接用符号 S01475、S01476、S01477 和 S01809 表示,甚至当符号 S01475 的注释适用时,或者是隐含的内部连接(如:采用公共控制框、公共输出元件或关联标记),则该输入也是与内部连接相连的元件的 EN 输入。如果会引起混淆,例如,由于出现镶嵌框,应使用 EN 关联。

S01504

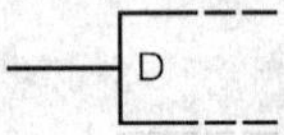

名称:D 输入

D-input

状态:标准

IEC 发布日期:2004-09-01

上版标准序号:GB/T 4728.12(ed.2.0)12-09-12

关键词:二进制逻辑元件,组合元件

用于:S01660,S01669,S01670,S01668

应用注释:A00274

形状类别:字符

功能类别:功能要素或属性

应用类别:概念要素或限定符号

备注:D 输入的内部逻辑状态由元件存储。

见符号 S01660。

该输入的内部逻辑状态总是受影响输入或影响输出的支配。

S01505

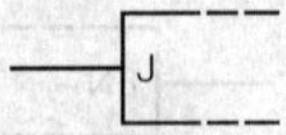

名称:J 输入

J-input

状态:标准

IEC 发布日期:2004-09-01

上版标准序号:GB/T 4728.12(ed.2.0)12-09-13

关键词:二进制逻辑元件,组合元件

用于:S01663, S01662, S01661
应用注释:A00274, A00338
形状类别:字符
功能类别:功能要素或属性
应用类别:概念要素或限定符号
备注:当该输入处于其内部"1"状态时,元件存储"1"。
　　当输入处于其内部"0"状态时,对元件不起作用。
　　也见符号 S01506:每当 J=K=1 时,输出的内部逻辑状态变为其补状态一次。

S01506

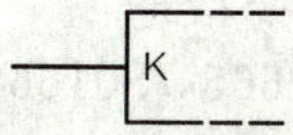

名称:K 输入
　　K-input
状态:标准
IEC 发布日期:2004-09-01
上版标准序号:GB/T 4728.12(ed.2.0)12-09-14
关键词:二进制逻辑元件,组合元件
用于:S01663, S01662, S01661
应用注释:A00274, A00338
形状类别:字符
功能类别:功能要素或属性
应用类别:概念要素或限定符号
备注:当该输入处于其内部"1"状态时,元件存储"0"。
　　当输入处于其内部"0"状态时,对元件不起作用。
　　也见符号 S01505:每当 J=K=1 时,输出的内部逻辑状态变为其补状态一次。

S01507

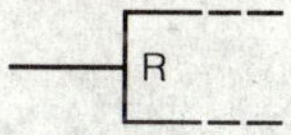

名称:R 输入
　　R-input
状态:标准
IEC 发布日期:2004-09-01
上版标准序号:GB/T 4728.12(ed.2.0)12-09-15
关键词:二进制逻辑元件,组合元件
用于:S01663, S01659, S01662, S01666, S01661, S01664, S01665, S01676, S01677
应用注释:A00274, A00338
形状类别:字符
功能类别:功能要素或属性
应用类别:概念要素或限定符号
备注:当该输入处于其内部"1"状态时,元件存储"0"。
　　当输入处于其内部"0"状态时,对元件不起作用。

也见符号 S01508:R=S=1 的作用不由符号规定,而可用 SET-/RESET-关联来表示。

S01508

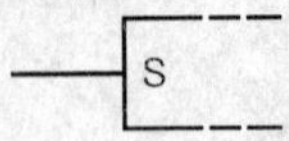

名称:S 输入
S-input
状态:标准
IEC 发布日期:2004-09-01
上版标准序号:GB/T 4728.12(ed. 2.0)12-09-16
关键词:二进制逻辑元件,组合元件
用于:S01663, S01659, S01666, S01664, S01665, S01668
应用注释:A00274, A00338
形状类别:字符
功能类别:功能要素或属性
应用类别:概念要素或限定符号
备注:当该输入处于其内部"1"状态时,元件存储"1"。
当输入处于其内部"0"状态时,对元件不起作用。
也见符号 S01507:R=S=1 的作用不由符号规定,而可用 SET-/RESET-关联来表示。

S01509

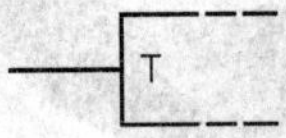

名称:T 输入
T-input
状态:标准
IEC 发布日期:2004-09-01
上版标准序号:GB/T 4728.12(ed. 2.0)12-09-17
关键词:二进制逻辑元件,组合元件
应用注释:A00274, A00338
形状类别:字符
功能类别:功能要素或属性
应用类别:概念要素或限定符号
备注:该输入每呈现其内部"1"状态一次,输出的内部逻辑状态就变为其补状态一次。当输入处于其内部"0"状态时,对元件不起作用。

S01510

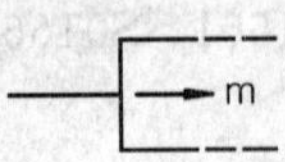

名称:从左到右或从上到下移位输入
Shifting input, left to right or top to bottom
状态:标准
IEC 发布日期:2004-09-01
上版标准序号:GB/T 4728.12(ed. 2.0)12-09-18

关键词:二进制逻辑元件,组合元件

应用注释:A00274, A00338

形状类别:箭头,字符

功能类别:功能要素或属性

应用类别:概念要素或限定符号

备注:该输入每呈现其内部"1"状态一次,存储在元件内的信息就按元件符号的指向,从左到右或从上到下移 m 位一次。

当输入处于其内部"0"状态时,对元件不起作用。

m 应该用相应的值代替,若 m=1,则 1 可省略。

上述移位方向都是相对于箭头指右的而言。

符号"→"定义为 GB/T 19679**"从左到右或从上到下移位输入符号"**的字符 5/1,相当于 ISO/IEC 10646**"向右箭头"**的 UCS 2192(表 59)。

S01511

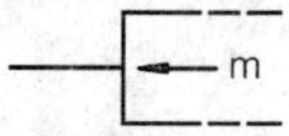

名称:从右到左或从下到上移位输入

Shifting input, right to left or bottom to top

状态:标准

IEC 发布日期:2004-09-01

上版标准序号:GB/T 4728.12(ed.2.0)12-09-19

关键词:二进制逻辑元件,组合元件

应用注释:A00274, A00338

形状类别:箭头

功能类别:功能要素或属性

应用类别:概念要素或限定符号

备注:该输入每呈现其内部"1"状态一次,存储在元件内的信息就按元件符号的指向,从右到左或从下到上移 m 位一次。

当输入处于其内部"0"状态时,对元件不起作用。

m 应该用相应的值代替,若 m=1,则 1 可省略。

注:上述移位方向都是相对于箭头指左的而言。

符号"←"定义为 GB/T 19679 **"从右到左或从下到上移位输入符号"**的字符 4/1,相当于 ISO/IEC 10646**"向左箭头"**的 UCS 2190(表 59)。

S01512

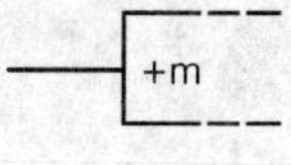

名称:加计数输入

Counting-up input

状态:标准

IEC 发布日期:2004-09-01

上版标准序号:GB/T 4728.12(ed.2.0)12-09-20

关键词:二进制逻辑元件,组合元件
应用注释:A00274，A00338
形状类别:字符
功能类别:功能要素或属性
应用类别:概念要素或限定符号
备注:该输入每呈现其内部“1”状态一次,元件的内容就增加 m 单位一次。当输入处于其内部“0”状态时,对元件不起作用。

m 应该用相应的值代替,若 m=1,则 1 可省略。

S01513

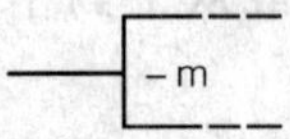

名称：减计数输入
Counting-down input
状态:标准
IEC 发布日期:2004-09-01
上版标准序号:GB/T 4728.12(ed.2.0)12-09-21
关键词:二进制逻辑元件,组合元件
应用注释:A00274，A00338
形状类别:字符
功能类别:功能要素或属性
应用类别:概念要素或限定符号
备注:该输入每呈现其内部“1”状态一次,元件的内容就减少 m 单位一次。当输入处于其内部“0”状态时,对元件不起作用。

m 应该用相应的值代替,若 m=1,则 1 可省略。

S01514

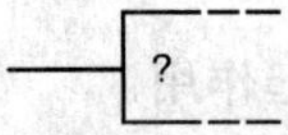

名称：联想存储器的询问输入
Query input of an associative memory
别名:联想存储器的询问输入
状态:标准
IEC 发布日期:2004-09-01
上版标准序号:GB/T 4728.12(ed.2.0)12-09-22
关键词:二进制逻辑元件,组合元件
应用注释:A00274，A00338
形状类别:字符
功能类别:功能要素或属性
应用类别:概念要素或限定符号
备注:若该输入呈现其内部“1”状态,就发生对该元件内容的询问。若输入处于内部“0”状态,则对元件不起作用。

S01515

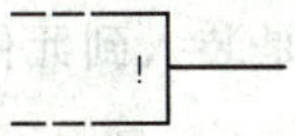

名称：联想存储器的比较输出
Compare output of an associative memory
状态:标准
IEC 发布日期:2004-09-01
上版标准序号:GB/T 4728.12(ed.2.0)12-09-23
别名:联想存储器的匹配输出
关键词:二进制逻辑元件,组合元件
形状类别:字符
功能类别:功能要素或属性
应用类别:概念要素或限定符号
备注:该输出的内部“1”状态表示匹配。

S01516

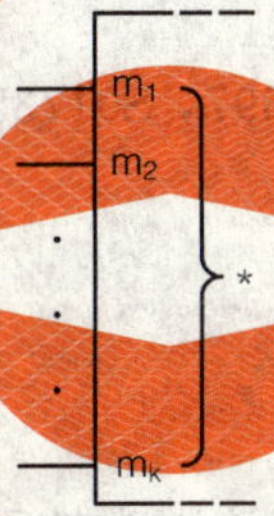

名称：多位输入的位组合,一般符号
Bit grouping for multibit input, general symbol
状态:标准
IEC 发布日期:2004-09-01
上版标准序号:GB/T 4728.12(ed.2.0)12-09-24
关键词:二进制逻辑元件,组合元件
用于:S01740, S01645, S01631, S01635, S01634, S01630, S01633, S01648, S01651, S01649, S01650, S01654, S01652, S01646, S01653, S01712, S01717, S01715, S01713, S01711, S01714, S01716, S01722, S01741
应用注释:A00339, A00351
形状类别:字符
功能类别:功能要素或属性
应用类别:概念要素或限定符号
备注:右该符号所组合的多个输入产生一个数,该数为处于内部“1”状态的各个输入的权之和。各个输入应按权的递增或递减顺序排列。

该数可是:

——执行数学操作的一个数,或

——定义关联标记的标识符号,或

——形成元件内容的值。

$m_1 \cdots m_k$应由实际权的十进制等效值来代替。若所有的权均为 2 的幂,$m_1 \cdots m_k$可用 2 的幂指数代替。m_1 和 m_k 之间的标记可以省略，以不引起混淆为原则。

星号应用数学操作数的适当标记来代替(例如 P 或 Q)，或者用适当的关联标记来代替，或者用 CT 来代替。在最后一种情况下，由输入产生的数是装入到元件的值。

S01517

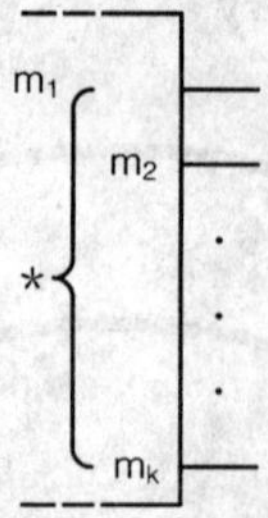

名称：多位输出位组合，一般符号

Bit grouping for multibit output, general symbol

状态：标准

IEC 发布日期：2004-09-01

上版标准序号：GB/T 4728.12(ed.2.0)12-09-25

关键词：二进制逻辑元件，组合元件

用于：S01645，S01648，S01649，S01646，S01697，S01735，S01743，S01742，S01747

应用注释：A00339，A00351

形状类别：字符

功能类别：功能要素或属性

应用类别：概念要素或限定符号

备注：由该符号所组合的多个输出表示一个数，该数为处于内部"1"状态的各个输出的权之和。各个输出应按权的递增或递减顺序排列。

该数可是：

——执行数学操作的结果，或

——元件内容的值。

$m_1 \cdots m_k$ 应由实际权的十进制等效值来代替。若所有的权均为 2 的幂，$m_1 \cdots m_k$ 可用 2 的幂指数代替。m_1 和 m_k 之间的标记可以省略，以不引起混淆为原则。

星号应用数学操作结果的适当标记来代替(例如 P 或 Q)，或者用 CT 来代替。在最后一种情况下，由处于内部"1"状态的各个输出所表示的数是元件内容的实际值。

S01518

名称：标记组合，一般符号

Label grouping, general symbol

状态：标准

IEC 发布日期:2004-09-01
关键词:二进制逻辑元件,运算元件,组合元件
用于:S01738, S01703, S01704, S01744, S01712, S01720, S01715, S01718, S01714, S01716, S01719, S01722, S01735, S01734, S01736, S01737, S01739, S01747, S01786, S01788, S01803
应用注释:A00340
形状类别:直线
功能类别:功能要素或属性
应用类别:概念要素或限定符号
备注:该符号示于输出边。

该符号表示标记部分相似的相邻和相关连接线的组合。

这些标记的不同部分(x_1,…, x_n)位于相对连接线的垂直边。共同部分(yy)只位于垂直线的另一边一次。如果不同部分是数字,连续组中的中间数字可以在不可能混淆的程度上省略。尽管不同部分可以是数字,其包含的数值不应视作各自输入和输出的权。例如,它们可能只标识输入或输出的相对顺序。

由于组合在一起的输入或输出不产生或表示数字而使位组合符号不适用时,可采用该符号。

S01519

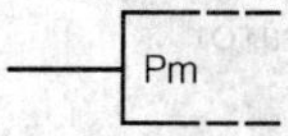

名称:操作数输入
Operand input
状态:标准
IEC 发布日期:2004-09-01
上版标准序号:GB/T 4728.12(ed.2.0)12-09-26
关键词:二进制逻辑元件,组合元件
应用注释:A00274
形状类别:字符
功能类别:功能要素或属性
应用类别:概念要素或限定符号
备注:示出 Pm 输入

该输入代表执行一位或多位数学操作数的一位数。

m 应由位权的十进制等效值来代替。若元件所有 Pm 输入的位权均为 2 的幂,则每个 Pm 输入的 m 可用 2 的幂指数代替。

若操作数由相邻输入线代表的两位或多位数组成时,则可以使用位组合符号 S01516。

操作数的优选字母为 P 和 Q。如果这两个字母不适合,或包含两个以上操作数时,只要不会引起混淆也可以用其他字母。

S01520

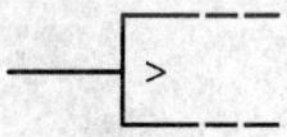

名称:数值比较器的"大于"输入
Greater-than input of a magnitude comparator
状态:标准

IEC 发布日期:2004-09-01
上版标准序号:GB/T 4728.12(ed.2.0)12-09-27
关键词:二进制逻辑元件,组合元件
用于:S01651
应用注释:A00274
形状类别:字符
功能类别:功能要素或属性
应用类别:概念要素或限定符号
备注:该符号供级联比较器之用,应用实例见符号 S01651。

为避免与动态输入指示符号 S01472 相混淆,该符号不应与框相接。

可用符合 ISO 31-11 的其他符号来限定数值比较器的其他输入,如:≥,≤,≠。

符号“≥”定义为 GB/T 19679“**大于或等于**”的字符 3/10,相当于 ISO/IEC 10646“**大于或等于**”的 UCS 2265(表 60)。

S01521

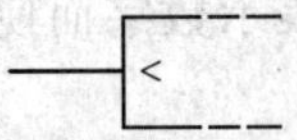

名称: 数值比较器的“小于”输入
Less-than input of a magnitude comparator
状态:标准
IEC 发布日期:2004-09-01
上版标准序号:GB/T 4728.12(ed.2.0)12-09-28
关键词:二进制逻辑元件,组合元件
用于:S01651
应用注释:A00274
形状类别:字符
功能类别:功能要素或属性
应用类别:概念要素或限定符号
备注:该符号供级联比较器之用,应用实例见符号 S01651。

可用符合 ISO 31-11 的其他符号来限定数值比较器的其他输入,如:≥,≤,≠。

符号“≥”定义为 GB/T 19679“**大于或等于**”的字符 3/10,相当于 ISO/IEC 10646“**大于或等于**”的 UCS 2265(表 60)。

符号“≤”定义为 GB/T 19679“**小于或等于**”的字符 2/10,相当于 ISO/IEC 10646“**小于或等于**”的 UCS 2264(表 60)。

符号“≠”定义为 GB/T 19679“**不等于**”的字符 3/6,相当于 ISO/IEC 10646“**不等于**”的 UCS 2260(表 60)。

S01522

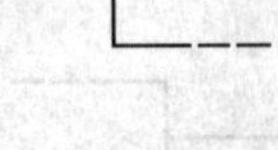

名称: 数值比较器的“等于”输入
Equal input of a magnitude comparator
状态:标准
IEC 发布日期:2004-09-01
上版标准序号:GB/T 4728.12(ed.2.0)12-09-29

关键词：二进制逻辑元件，组合元件
用于：S01651
应用注释：A00274
形状类别：字符
功能类别：功能要素或属性
应用类别：概念要素或限定符号
备注：该符号供级联比较器之用，应用实例见符号 S01651。

可用符合 ISO 31-11 的其他符号来限定数值比较器的其他输入，如：≥，≤，≠。

符号"≥"定义为 GB/T 19679 **"大于或等于"**的字符 3/10，相当于 ISO/IEC 10646**"大于或等于"**的 UCS 2265(表 60)。

符号"≤"定义为 GB/T 19679 **"小于或等于"**的字符 2/10，相当于 ISO/IEC 10646**"小于或等于"**的 UCS 2264(表 60)。

符号"≠"定义为 GB/T 19679 **"不等于"**的字符 3/6，相当于 ISO/IEC 10646**"不等于"**的 UCS 2260(表 60)。

S01523

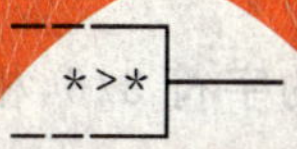

名称：数值比较器的"大于"输出
Greater-than output of a magnitude comparator
状态：标准
IEC 发布日期：2004-09-01
上版标准序号：GB/T 4728.12(ed.2.0)12-09-30
关键词：二进制逻辑元件，组合元件
用于：S01651，S01652，S01770
形状类别：字符
功能类别：功能要素或属性
应用类别：概念要素或限定符号
备注：星号应该用操作数字母代替，例如分别用 P 和 Q。

如果该符号出现在一系列级联比较器的一个元件中，标有该符号的输出不仅受操作数的影响，而且还受标有符号 S01520，S01521 或 S01522 的输入的影响。

可用符合 ISO 31-11 的其他符号来限定数值比较器的其他输出，如：≥，≤，≠。

符号"≥"定义为 GB/T 19679 **"大于或等于"**的字符 3/10，相当于 ISO/IEC 10646**"大于或等于"**的 UCS 2265(表 60)。

符号"≤"定义为 GB/T 19679 **"小于或等于"**的字符 2/10，相当于 ISO/IEC 10646**"小于或等于"**的 UCS 2264(表 60)。

符号"≠"定义为 GB/T 19679 **"不等于"**的字符 3/6，相当于 ISO/IEC 10646**"不等于"**的 UCS 2260(表 60)。

S01524

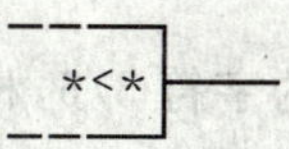

名称：数值比较器的"小于"输出
Less-than output of a magnitude comparator

状态:标准
IEC 发布日期:2004-09-01
上版标准序号:GB/T 4728.12(ed.2.0)12-09-31
关键词:二进制逻辑元件,组合元件
用于:S01651, S01652, S01771
形状类别:字符
功能类别:功能要素或属性
应用类别:概念要素或限定符号
备注:星号应该用操作数字母代替,例如分别用 P 和 Q。

如果该符号出现在一系列级联比较器的一个元件中,标有该符号的输出不仅受操作数的影响,而且还受标有符号 S01520, S01521 或 S01522 的输入的影响。

可用符合 ISO 31-11 的其他符号来限定数值比较器的其他输出,如:⩾,⩽,≠。

符号“⩾”定义为 GB/T 19679 **“大于或等于”**的字符 3/10,相当于 ISO/IEC 10646**“大于或等于”**的 UCS 2265(表 60)。

符号“⩽”定义为 GB/T 19679 **“小于或等于”**的字符 2/10,相当于 ISO/IEC 10646**“小于或等于”**的 UCS 2264(表 60)。

符号“≠”定义为 GB/T 19679 **“不等于”**的字符 3/6,相当于 ISO/IEC 10646**“不等于”**的 UCS 2260(表 60)。

S01525

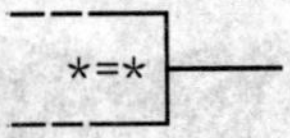

名称:数值比较器的“等于”输出
Equal output of a magnitude comparator
状态:标准
IEC 发布日期:2004-09-01
上版标准序号:GB/T 4728.12(ed.2.0)12-09-32
关键词:二进制逻辑元件,组合元件
用于:S01651, S01652, S01772
形状类别:字符
功能类别:功能要素或属性
应用类别:概念要素或限定符号
备注:星号应该用操作数字母代替,例如分别用 P 和 Q,或者省略,只要不会混淆。

如果该符号出现在一系列级联比较器的一个元件中,标有该符号的输出不仅受操作数的影响,而且还受标有符号 S01520, S01521 或 S01522 的输入的影响。

可用符合 ISO 31-11 的其他符号来限定数值比较器的其他输出,如:⩾,⩽,≠。

符号“⩾”定义为 GB/T 19679 **“大于或等于”**的字符 3/10,相当于 ISO/IEC 10646**“大于或等于”**的 UCS 2265(表 60)。

符号“⩽”定义为 GB/T 19679 **“小于或等于”**的字符 2/10,相当于 ISO/IEC 10646**“小于或等于”**的 UCS 2264(表 60)。

符号“≠”定义为 GB/T 19679 **“不等于”**的字符 3/6,相当于 ISO/IEC 10646**“不等于”**的 UCS 2260(表 60)。

S01526

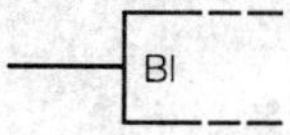

名称：运算元件的借位入输入

Borrow-in input of an arithmetic element

状态:标准

IEC 发布日期:2004-09-01

上版标准序号:GB/T 4728.12(ed.2.0)12-09-33

关键词:二进制逻辑元件,组合元件

用于:S01646

应用注释:A00274

形状类别:字符

功能类别:功能要素或属性

应用类别:概念要素或限定符号

备注:若该输入处于其内部“1”状态,则表示由低位运算元件所执行的减法运算产生一个运算借位。

可以加一个十进制数字权的标记作为该标记的后缀。若权是 2 的幂,只要不会引起混淆,则该数字标记可以用 2 的幂指数代替。

S01527

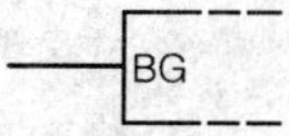

名称：运算元件的借位产生输入

Borrow-generate input of an arithmetic element

状态:标准

IEC 发布日期:2004-09-01

上版标准序号:GB/T 4728.12(ed.2.0)12-09-34

关键词:二进制逻辑元件,组合元件

应用注释:A00274

形状类别:字符

功能类别:功能要素或属性

应用类别:概念要素或限定符号

备注:若该输入处于其内部“1”状态,则对先行借位元件表示产生 BG 信号的运算元件处于借位产生状态(见符号 S01528 的描述)。为了减少时延,利用先行借位元件的 BG-、BP-、和 BI-输入信号来确定一组执行二进制减法运算元件的运算借位信号状态。

可以加一个十进制数字权的标记作为该标记的后缀。若权是 2 的幂,只要不会引起混淆,则该数字标记可以用 2 的幂指数代替。

S01528

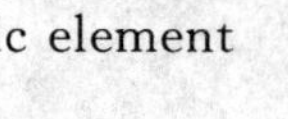

名称：运算元件的借位产生输出

Borrow-generate output of an arithmetic element

状态:标准

IEC 发布日期:2004-09-01
上版标准序号:GB/T 4728.12(ed.2.0)12-09-35
关键词:二进制逻辑元件,组合元件
形状类别:字符
功能类别:功能要素或属性
应用类别:概念要素或限定符号
备注:若该输出处于其内部“1”状态,则表示执行减法运算的元件处于借位产生状态,即:加于元件的减数大于被减数,引起从与 BI-输入状态无关的元件借位到该元件。

可以加一个十进制数字权的标记作为该标记的后缀。若权是 2 的幂,只要不会引起混淆,则该数字标记可以用 2 的幂指数代替。

S01529

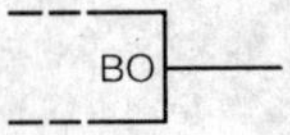

名称:借位元件的借位出输出
Borrow-out output of an arithmetic element
状态:标准
IEC 发布日期:2004-09-01
上版标准序号:GB/T 4728.12(ed.2.0)12-09-36
别名:运算元件的串行借位输出
关键词:二进制逻辑元件,组合元件
用于:S01646
形状类别:字符
功能类别:功能要素或属性
应用类别:概念要素或限定符号
备注:若该输出处于其内部“1”状态,则表示由运算元件执行的减法运算产生一个运算借位(见符号 S01526)。

可以加一个十进制数字权的标记作为该标记的后缀。若权是 2 的幂,只要不会引起混淆,则该数字标记可以用 2 的幂指数代替。

S01530

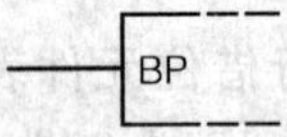

名称:运算元件的借位传播输入
Borrow-propagate input of an arithmetic element
状态:标准
IEC 发布日期:2004-09-01
上版标准序号:GB/T 4728.12(ed.2.0)12-09-37
应用注释:A00274
形状类别:字符
功能类别:功能要素或属性
应用类别:概念要素或限定符号
关键词:二进制逻辑元件,组合元件

备注：若该输入处于其内部“1”状态，则对先行借位元件表示：产生 BP 信号的运算元件处于借位传播状态（见符号 S01531 的说明）。

可以加一个十进制数字权的标记作为该标记的后缀。若权是 2 的幂，只要不会引起混淆，则该数字标记可以用 2 的幂指数代替。

S01531

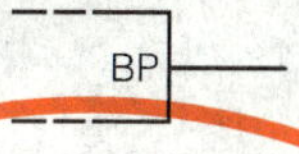

名称：运算元件的借位传播输出

Borrow-propagate output of an arithmetic element

状态：标准

IEC 发布日期：2004-09-01

上版标准序号：GB/T 4728.12(ed.2.0)12-09-38

关键词：二进制逻辑元件，组合元件

形状类别：字符

功能类别：功能要素或属性

应用类别：概念要素或限定符号

备注：若该输出处于其内部“1”状态，则表示执行减法运算的元件处于借位传播状态，即：加于元件的减数和被减数的数值相等。以至当且仅当 BI-输入处于其内部状态“1”时，BO 输出将处于内部“1”状态。

可以加一个十进制数字权的标记作为该标记的后缀。若权是 2 的幂，只要不会引起混淆，则该数字标记可以用 2 的幂指数代替。

S01532

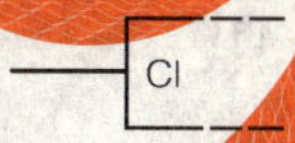

名称：运算元件的进位入输入

Carry-in input of an arithmetic element

状态：标准

IEC 发布日期：2004-09-01

上版标准序号：GB/T 4728.12(ed.2.0)12-09-39

关键词：二进制逻辑元件，组合元件

用于：S01643，S01647，S01654，S01653

应用注释：A00274

形状类别：字符

功能类别：功能要素或属性

应用类别：概念要素或限定符号

备注：若该输入处于其内部“1”状态，则表示由低位运算元件所执行的加法运算产生一个运算进位。

可以加一个十进制数字权的标记作为该标记的后缀。若权是 2 的幂，只要不会引起混淆，则该数字标记可以用 2 的幂指数代替。

S01533

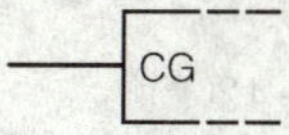

名称：运算元件的进位产生输入

Carry-generate input of an arithmetic element

状态:标准
IEC 发布日期:2004-09-01
上版标准序号:GB/T 4728.12(ed.2.0)12-09-40
关键词:二进制逻辑元件,组合元件
用于:S01647
应用注释:A00274
形状类别:字符
功能类别:功能要素或属性
应用类别:概念要素或限定符号
备注:若该输入处于其内部"1"状态,则对先行进位元件表示产生 CG 信号的运算元件处于进位产生状态(见符号 S01534 的描述)。为了减少时延,利用先行进位元件的 CG-、CP-、和 CI-输入信号来确定一组执行二进制加法运算元件的运算借位信号状态。

可以加一个十进制数字权的标记作为该标记的后缀。若权是 2 的幂,只要不会引起混淆,则该数字标记可以用 2 的幂指数代替。

S01534

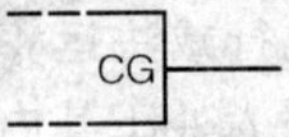

名称:运算元件的进位产生输出
Carry-generate output of an arithmetic element
状态:标准
IEC 发布日期:2004-09-01
上版标准序号:GB/T 4728.12(ed.2.0)12-09-41
关键词:二进制逻辑元件,组合元件
用于:S01647,S01654,S01653
形状类别:字符
功能类别:功能要素或属性
应用类别:概念要素或限定符号
备注:若该输出处于其内部"1"状态,则表示执行加法运算的元件处于进位产生状态,即:其各个加数之和足以引起进位,引起从与 CI-输入状态无关的元件进位到该元件。

可以加一个十进制数字权的标记作为该标记的后缀。若权是 2 的幂,只要不会引起混淆,则该数字标记可以用 2 的幂指数代替。

S01535

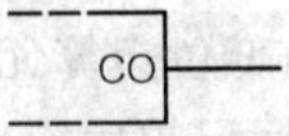

名称:运算元件的进位出输出
Carry-out output of an arithmetic element
状态:标准
IEC 发布日期:2004-09-01
上版标准序号:GB/T 4728.12(ed.2.0)12-09-42
别名:运算元件的串行输出
关键词:二进制逻辑元件,组合元件

用于:S01643，S01642，S01647，S01654，S01653

形状类别:字符

功能类别:功能要素或属性

应用类别:概念要素或限定符号

备注:若该输出处于其内部“1”状态,则表示由运算元件执行的加法运算产生一个运算进位(见符号S01532 说明)。

可以加一个十进制数字权的标记作为该标记的后缀。若权是 2 的幂,只要不会引起混淆,则该数字标记可以用 2 的幂指数代替。

S01536

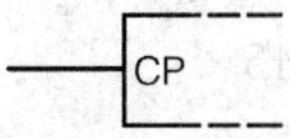

名称:运算元件的进位传播输入

Carry-propagate input of an arithmetic element

状态:标准

IEC 发布日期:2004-09-01

上版标准序号:GB/T 4728.12(ed.2.0)12-09-43

关键词:二进制逻辑元件,组合元件

用于:S01647

应用注释:A00274

形状类别:字符

功能类别:功能要素或属性

应用类别:概念要素或限定符号

备注:若该输入处于其内部“1”状态,则对先行进位元件表示:产生 CP 信号的运算元件处于进位传播状态(见符号 S01537 的说明)。

可以加一个十进制数字权的标记作为该标记的后缀。若权是 2 的幂,只要不会引起混淆,则该数字标记可以用 2 的幂指数代替。

S01537

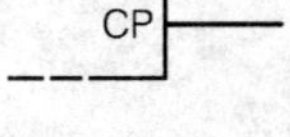

名称:运算元件的进位传播输出

Carry-propagate output of an arithmetic element

状态:标准

IEC 发布日期:2004-09-01

上版标准序号:GB/T 4728.12(ed.2.0)12-09-44

关键词:二进制逻辑元件,组合元件

用于:S01647，S01653

形状类别:字符

功能类别:功能要素或属性

应用类别:概念要素或限定符号

备注:若该输出处于其内部“1”状态,则表示执行加法运算的元件处于进位传播状态,即:各个加数之和是一个小于元件产生输出进位的值。因而,当且仅当 CT-输入处于其内部状态“1”时,CO 输出将处于内部“1”状态。

可以加一个十进制数字权的标记作为该标记的后缀。若权是 2 的幂，只要不会引起混淆，则该数字标记可以用 2 的幂指数代替。

S01538

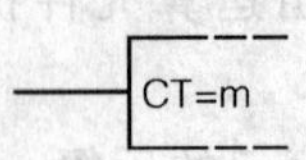

名称：内容输入

Content input

状态：标准

IEC 发布日期：2004-09-01

上版标准序号：GB/T 4728.12(ed.2.0)12-09-45

关键词：二进制逻辑元件，组合元件

用于：S01703

形状类别：字符

功能类别：功能要素或属性

应用类别：概念要素或限定符号

备注：m 应由元件(例如计数器)内容的适当标记来代替。每当该输入呈现内部“1”状态，该元件就产生以 m 指示的内容。

若该输入处于内部“0”状态，对元件不起作用。

S01539

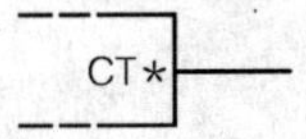

名称：内容输出

Content output

状态：标准

IEC 发布日期：2004-09-01

上版标准序号：GB/T 4728.12(ed.2.0)12-09-46

关键词：二进制逻辑元件，组合元件

用于：S01699，S01618

形状类别：字符

功能类别：功能要素或属性

应用类别：概念要素或限定符号

备注：星号应由元件(例如计数器)内容值的适当标记来代替。每当该输入呈现内部“1”状态，该元件就产生以 m 指示的内容。

S01540

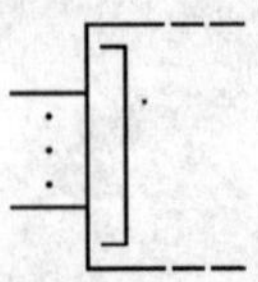

名称：输入侧的线组合

Line grouping at the input side

状态：标准

IEC 发布日期：2004-09-01
上版标准序号：GB/T 4728.12(ed.2.0)12-09-47
关键词：二进制逻辑元件，组合元件
用于：S01584，S01600，S01605，S01625，S01724，S01787
应用注释：A00351
形状类别：直线
功能类别：功能要素或属性
应用类别：概念要素或限定符号
备注：该符号表示实现一个逻辑输入需要两条或两条以上的引出线。
该符号组合的引出线的逻辑电平可能不同于其他输入和输出端的逻辑电平。见符号 S01600。
没有该符号并不必定表示没有特定放大作用。
符号 S01594 到 S01599 表明使用符号 S01457 作为元件的总限定符号。在输入端而不是作为一般限定符号使用它通常表明输入敏感而不是输出增加了驱动能力。

S01541

名称：输出侧的线组合
Line grouping at the output side
状态：标准
IEC 发布日期：2004-09-01
上版标准序号：GB/T 4728.12(ed.2.0)12-09-48
关键词：二进制逻辑元件，组合元件
用于：S01585
应用注释：A00351
形状类别：直线
功能类别：功能要素或属性
应用类别：概念要素或限定符号
备注：该符号表示实现一个逻辑输出需要两条或两条以上的引出线。
该符号组合的引出线的逻辑电平可能不同于其他输入和输出端的逻辑电平。

S01542

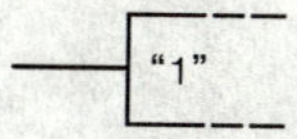

名称：固定方式输入
Fixed-mode input
状态：标准
IEC 发布日期：2004-09-01
上版标准序号：GB/T 4728.12(ed.2.0)12-09-49
关键词：二进制逻辑元件，组合元件
用于：S01695，S01694

形状类别:字符
功能类别:功能要素或属性
应用类别:概念要素或限定符号
备注:若元件能执行若干种功能,但只有几种功能感兴趣,则可采用此方法来标识执行感兴趣功能要素的输入,该输入必须处于内部“1”状态。

固定方式输入不应该受到关联标记的影响,也没有其他功能。

S01543

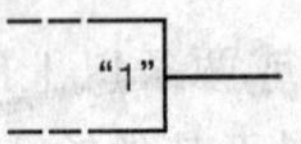

名称:固定“1”状态输出
Fixed-1-state output
状态:标准
IEC 发布日期:2004-09-01
上版标准序号:GB/T 4728.12(ed.2.0)12-09-50
关键词:二进制逻辑元件,组合元件
用于:S01489,S01622
应用注释:A00274
形状类别:字符
功能类别:功能要素或属性
应用类别:概念要素或限定符号
备注:此种表示方法可用来标识总是处于内部“1”状态的输出。

固定方式输入不应该受到关联标记的影响,也没有其他功能。

S01544

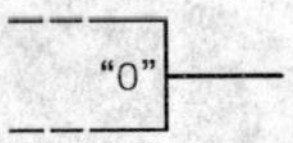

名称:固定“0”状态输出
Fixed-0-state output
状态:标准
IEC 发布日期:2004-09-01
关键词:二进制逻辑元件,组合元件
用于:S01490
应用注释:A00274
形状类别:字符
功能类别:功能要素或属性
应用类别:概念要素或限定符号
备注:此种表示方法可用来标识总是处于内部“0”状态的输出。

固定“0”状态输出不应该受到关联标记的影响,也没有其他功能。

S01545

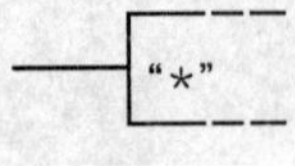

名称:必需连接线

Required connection

状态：标准

IEC 发布日期：2004-09-01

关键词：二进制逻辑元件，组合元件

用于：S01704，S01658

应用注释：A00274

形状类别：字符

功能类别：功能要素或属性

应用类别：概念要素或限定符号

备注：示于输入端。

该符号标识必须连接到同一元件中的一个或多个其他输入或输出端，以执行由该符号标明的另外功能。

星号应该用“0”或“1”之外的标记代替。每个(通过元件外部)连接到它的输入应该有相同的必需连接标记。

必需连接线不受关联标记的影响。然而，输入或输出可能有受关联标记影响的其他功能。

S01546

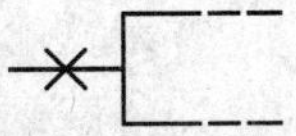

名称：非逻辑连接线

Non-logic connection

状态：标准

IEC 发布日期：2004-09-01

上版标准序号：GB/T 4728.12(ed.2.0)12-10-01

关键词：二进制逻辑元件，连接线

用于：S01683，S01676，S01684，S01677，S01752，S01785，S01792，S01799，S01798

形状类别：字符

功能类别：功能要素或属性

应用类别：概念要素或限定符号

备注：符号示于左面。

该符号可用来表示不载任何逻辑信息的连接线(例如基准电压连接线)。

与非逻辑连接引出线有关的补充信息可以示于框内，而不加括号。

该符号定义为 GB/T 19679“乘法符号”的字符 5/7，相当于 ISO/IEC“乘法符号”的 UCS 00D7 (表 3)。

S01547

名称：双向信号流

Bidirectional signal flow

状态：标准

IEC 发布日期：2004-09-01

上版标准序号：GB/T 4728.12(ed.2.0)12-10-02

关键词：二进制逻辑元件，信号流，流向

用于：S01604，S01603，S01605

采用符号:S00101
应用注释:A00275
形状类别:箭头
功能类别:功能要素或属性
应用类别:概念要素或限定符号

S01548

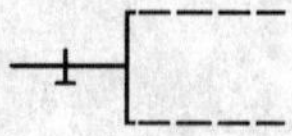

名称: 有内部下拉的输入
Input with internal pulldown
状态:标准
IEC 发布日期:2004-09-01
关键词:二进制逻辑元件
用于:S01705
应用注释:A00275
形状类别:直线
功能类别:功能要素或属性
应用类别:概念要素或限定符号
备注:当该输入没有外部连接时,外部逻辑电平是 L。
没有该符号未必表示没有内部下拉。

S01549

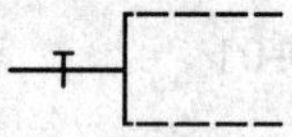

名称: 有内部上拉的输入
Input with internal pullup
状态:标准
IEC 发布日期:2004-09-01
关键词:二进制逻辑元件
形状类别:直线
功能类别:功能要素或属性
应用类别:概念要素或限定符号
备注:当该输入没有外部连接时,外部逻辑电平是 H。
没有该符号未必表示没有内部上拉。

S01811

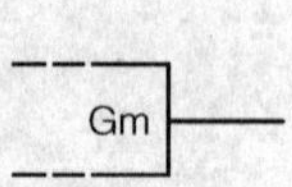

名称: Gm-输出
Gm-output
状态:标准
IEC 发布日期:2004-08-27
上版标准序号:GB/T 4728.12(ed. 2.0)12-14-02

关键词:二进制逻辑元件,与关联,关联标记
应用注释:A00276,A00277,A00288,A00289
形状类别:字符
功能类别:功能要素或属性
应用类别:概念要素或限定符号
备注:每个受 Gm-输出影响的输出处于与该 Gm-输出“与”关联。

若 Gm-输出处于其内部“1”状态,则受该 Gm-输出影响的所有输入和输出均处于其通常规定的内部逻辑状态。

若 Gm-输出处于其内部“0”状态,则受该 Gm-输出影响的所有输入和输出均处于其内部“0”状态。

m 应该用相关的标识序号代替。

A00276 表 1 的注适用。

S01550

名称:Vm-输入
Vm-input
状态:标准
IEC 发布日期:2004-09-01
上版标准序号:GB/T 4728.12(ed.2.0)12-15-01
关键词:二进制逻辑元件,关联标记,或关联
用于:S01617,S01618,S01622,S01802
应用注释:A00276,A00278,A00288,A00289
形状类别:字符
功能类别:功能要素或属性
应用类别:概念要素或限定符号
备注:若 Vm-输入处于其内部“1”状态,则受该 Gm-输入影响的所有输入和输出均处于其内部“1”状态。

若 Gm-输入处于其内部“0”状态,则受该 Gm-输入影响的所有输入和输出均处于其通常规定的内部逻辑状态。

m 应该用相关的标识序号代替。

A00276 表 1 的注适用。

S01551

名称:Vm-输出
Vm-output
状态:标准
IEC 发布日期:2004-09-01
上版标准序号:GB/T 4728.12(ed.2.0)12-15-02
关键词:二进制逻辑元件,关联标记,或关联
用于:S01665
应用注释:A00276,A00278,A00288,A00289

形状类别:字符
功能类别:功能要素或属性
应用类别:概念要素或限定符号
备注:若 Vm-输出处于其内部“1”状态,则受该 Gm-输出影响的所有输入和输出均处于其内部“1”状态。
　　若 Gm-输出处于其内部“0”状态,则受该 Gm-输出影响的所有输入和输出均处于其通常规定的内部逻辑状态。
　　m 应该用相关的标识序号代替。
　　A00276 表 1 的注适用。

S01552

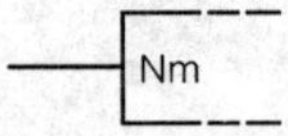

名称: Nm-输入
　　Nm-input
状态:标准
IEC 发布日期:2004-09-01
上版标准序号:GB/T 4728.12(ed.2.0)12-16-01
关键词:二进制逻辑元件,关联标记,非关联
用于:S01593, S01634, S01654, S01653
应用注释:A00276, A00279, A00288, A00289
形状类别:字符
功能类别:功能要素或属性
应用类别:概念要素或限定符号
备注:若 Nm-输入处于其内部“1”状态,则受该 Nm-输入影响的每个输入和每个输出的内部逻辑状态是该输入通常规定的内部逻辑状态的补状态。
　　若 Nm-输入处于其内部“0”状态,则受该 Nm-输入影响的所有输入和输出均处于其通常规定的内部逻辑状态。
　　m 应该用相关的标识序号代替。
　　A00276 表 1 的注适用。

S01553

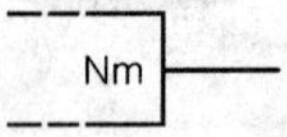

名称: Nm-输出
　　Nm-output
状态:标准
IEC 发布日期:2004-09-01
上版标准序号:GB/T 4728.12(ed.2.0)12-16-02
关键词:二进制逻辑元件,关联标记,非关联
应用注释:A00276, A00279, A00288, A00289
形状类别:字符
功能类别:功能要素或属性
应用类别:概念要素或限定符号

备注:若 Nm-输出处于其内部"1"状态,则受该 Nm-输出影响的每个输入和每个输出的内部逻辑状态是该输出通常规定的内部逻辑状态的补状态。

若 Nm-输出处于其内部"0"状态,则受该 Nm-输出影响的所有输入和输出均处于其通常规定的内部逻辑状态。

m 应该用相关的标识序号代替。

A00276 表 1 的注适用。

S01554

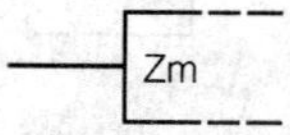

名称:Zm-输入

Zm-input

状态:标准

IEC 发布日期:2004-09-01

上版标准序号:GB/T 4728.12(ed.2.0)12-17-01

关键词:二进制逻辑元件,关联标记,**内部连接**关联

用于:S01591, S01617, S01670, S01721, S01729, S01766

应用注释:A00276, A00280, A00288, A00289

形状类别:字符

功能类别:功能要素或属性

应用类别:概念要素或限定符号

备注:若 Zm-输入处于其内部"1"状态,则受该 Zm-输入影响的所有输入和输出均处于其内部"1"状态,但另有其他关联标记限定者除外。

若 Zm-输入处于其内部"0"状态,则受该 Zm-输入影响的所有输入和输出均处于其内部"0"状态,但另有其他关联标记限定者除外。

m 应该用相关的标识序号代替。

A00276 表 1 的注适用。

S01555

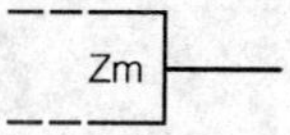

名称:Zm-输出

Zm-output

状态:标准

IEC 发布日期:2004-09-01

上版标准序号:GB/T 4728.12(ed.2.0)12-17-02

关键词:二进制逻辑元件,关联标记,**内部连接**关联

用于:S01683, S01689, S01696, S01767

应用注释:A00276, A00280, A00288, A00289

形状类别:字符

功能类别:功能要素或属性

应用类别:概念要素或限定符号

备注:若 Zm-输出处于其内部"1"状态,则受该 Zm-输出影响的所有输入和输出均处于其内部"1"状态,

但另有其他关联标记限定者除外。

若 Zm-输出处于其内部“0”状态，则受该 Zm-输出影响的所有输入和输出均处于其内部“0”状态，但另有其他关联标记限定者除外。

m 应该用相关的标识序号代替。

A00276 表 1 的注适用。

S01556

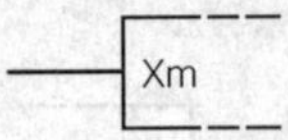

名称：Xm-输入
　　　Xm-input
状态：标准
IEC 发布日期：2004-09-01
上版标准序号：GB/T 4728.12(ed.2.0)12-17A-01
关键词：二进制逻辑元件，关联标记，传输关联
用于：S01604，S01605，S01606，S01776，S01805
应用注释：A00276，A00281，A00288，A00289
形状类别：字符
功能类别：功能要素或属性
应用类别：概念要素或限定符号
备注：若 Xm-输入处于其内部“1”状态，则建立了受该输入影响的全部端口的传输通路。然而，如一个端口受两个或两个以上标识序号用逗号分隔的 Xm-输入和/或 Xm-输出的影响，则只有当这些影响输入均处于其内部“1”状态时才与由这些 Xm-输入所建立的传输通路相连。如无另外标记(例如，其他的关联标记)的限制，连接到传输通路的全部端口处于同一模拟信号电平或同一内部逻辑状态。

若 Xm-输入处于其内部“0”状态，则该 Xm-输入或输出未建立传输通路。

若 Xm-输入受对元件功能不起作用的另一标记的限制，则不存在由该输入或输出建立的传输通路。

m 应该用相关的标识序号代替。

A00276 表 1 的注适用。

S01557

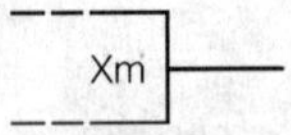

名称：Xm-输出
　　　Xm-output
状态：标准
IEC 发布日期：2004-09-01
上版标准序号：GB/T 4728.12(ed.2.0)12-17A-02
关键词：二进制逻辑元件，关联标记，传输关联
用于：S01635，S01777
应用注释：A00276，A00281，A00288，A00289
形状类别：字符
功能类别：功能要素或属性

应用类别:概念要素或限定符号

备注:若 Xm-输出处于其内部“1”状态,则建立了受该输出影响的全部端口的传输通路。然而,如一个端口受两个或两个以上标识序号用逗号分隔的 Xm-输入和/或 Xm-输出的影响,则只有当这些影响输出均处于其内部“1”状态时才与由这些 Xm-输出所建立的传输通路相连。如无另外标记(例如,其他的关联标记)的限制,连接到传输通路的全部端口处于同一模拟信号电平或同一内部逻辑状态。

若 Xm-输出处于其内部“0”状态,则该 Xm-输入或输出未建立传输通路。

若 Xm-输出受对元件功能不起作用的另一标记的限制,则不存在由该输入或输出建立的传输通路。

m 应该用相关的标识序号代替。

A00276 表 1 的注适用。

S01558

名称:Cm-输入
　　Cm-input
状态:标准
IEC 发布日期:2004-09-01
上版标准序号:GB/T 4728.12(ed.2.0)12-18-01
关键词:二进制逻辑元件,控制关联,关联标记
用于:S01701, S01702, S01654, S01660, S01663, S01662, S01666, S01661, S01669, S01668, S01676, S01677, S01690, S01692, S01698, S01689, S01693, S01688, S01695, S01694, S01717, S01718, S01713, S01727, S01716, S01721, S01722, S01792, S01806
应用注释:A00276, A00282, A00286
形状类别:字符
功能类别:功能要素或属性
应用类别:概念要素或限定符号
备注:若 Cm-输入处于其内部“1”状态,则受该 Cm-输入影响的输入对元件功能有其通常规定的作用。

若 Cm-输入处于其内部“0”状态,则受该 Cm-输入影响的输入对元件功能不起作用。

m 应该用相关的标识序号代替。

A00276 表 1 的注适用。

S01559

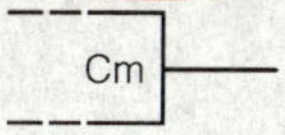

名称:Cm-输出
　　Cm-output
状态:标准
IEC 发布日期:2004-09-01
上版标准序号:GB/T 4728.12(ed.2.0)12-18-02
关键词:二进制逻辑元件,控制关联,关联标记
用于:S01676, S01677, S01737
应用注释:A00276, A00282, A00286, A00288, A00289

形状类别:字符
功能类别:功能要素或属性
应用类别:概念要素或限定符号
备注:若 Cm-输出处于其内部“1”状态,则受该 Cm-输出影响的输入对元件功能有其通常规定的作用。
若 Cm-输出处于其内部“0”状态,则受该 Cm-输出影响的输入对元件功能不起作用。
m 应该用相关的标识序号代替。
A00276 表 1 的注适用。

S01560

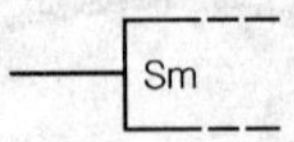

名称:Sm-输入
Sm-input
状态:标准
IEC 发布日期:2004-09-01
上版标准序号:GB/T 4728.12(ed.2.0)12-19-01
关键词:二进制逻辑元件,关联标记,复位关联
用于:S01806
应用注释:A00276, A00283, A00288, A00289
形状类别:字符
功能类别:功能要素或属性
应用类别:概念要素或限定符号
备注:若 Sm-输入处于其内部“1”状态,则受该 Sm-输入影响的输出将呈现其 S=1,R=0 时通常呈现的内部逻辑状态,而与 R 输入的状态无关。
若 Sm-输入处于其内部“0”状态,则它不起作用。
m 应该用相关的标识序号代替。
A00276 表 1 的注适用。

S01561

名称:Rm-输入
Rm-input
状态:标准
IEC 发布日期:2004-09-01
上版标准序号:GB/T 4728.12(ed.2.0)12-19-02
关键词:二进制逻辑元件,关联标记,重复位关联
用于:S01701, S01670, S01690, S01692, S01698, S01691, S01696, S01695, S01694, S01803
应用注释:A00276, A00283, A00288, A00289
形状类别:字符
功能类别:功能要素或属性
应用类别:概念要素或限定符号
备注:若 Rm-输入处于其内部“1”状态,则受该 Rm-输入影响的输出将呈现其 S=0,R=1 时通常呈现的

内部逻辑状态，而与S输入的状态无关。

若Rm-输入处于其内部“0”状态，则它不起作用。

m应该用相关的标识序号代替。

A00276表1的注适用。

S01562

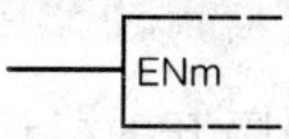

名称：ENm-输入
ENm-input

状态：标准

IEC发布日期：2004-09-01

上版标准序号：GB/T 4728.12(ed.2.0)12-20-01

关键词：二进制逻辑元件，关联标记，使能关联

其他形式：S01503，S01562

用于：S01702，S01596，S01603，S01599，S01606，S01615，S01617，S01670，S01721，S01746，S01793，S01805

采用符号：S01503，S01562

应用注释：A00276，A00284，A00286，A00288，A00289

形状类别：字符

功能类别：功能要素或属性

应用类别：概念要素或限定符号

备注：该输入对其影响输出的作用与EN输入相同(见符号S01503)。

该输入对其影响输入的作用与Mm输入相同(见符号S01503)。

m应该用相关的标识序号代替。

A00276表1的注适用。

S01563

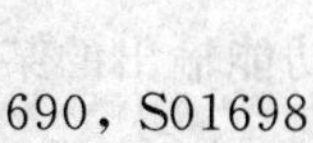

名称：Mm-输入
Mm-input

状态：标准

IEC发布日期：2004-09-01

上版标准序号：GB/T 4728.12(ed.2.0)12-21-01

关键词：二进制逻辑元件，关联标记，模式关联

用于：S01702，S01705，S01562，S01634，S01690，S01698，S01689，S01695，S01713

应用注释：A00276，A00285，A00286，A00288，A00289

形状类别：字符

功能类别：功能要素或属性

应用类别：概念要素或限定符号

备注：若Mm-输入处于其内部“1”状态，则受该Mm-输入影响的任何输入对元件功能有通常规定的作用。同时，受该Mm-输入影响的任何输出通常处于其规定的内部逻辑状态或模拟信号值。即允许输入

和输出。

若 Mm-输入处于其内部“0”状态,它对输入和输出作用如下:

——受该 Mm-输入影响的任何输入对元件功能不起作用;

——若受影响输入有若干个被斜线隔开的标记组,则含有 Mm-输入标识序号的任何标记组不起作用,并可以忽略,这表示多功能输入的某些功能被封锁;

——在受该 Mm-输入影响的每个输出端,含有该 Mm-输入标识序号的任何标记组不起作用,并可以忽略;

——若输出有若干个被斜线(见 A00289)隔开的标记组,则含有 Mm-输入标识序号的任何标记组应该忽略,这表示封锁或选择了多功能输出的某些功能,修改了输出的某些特性或关联关系。

m 应该用相关的标识序号代替。

A00276 表 1 的注适用。

S01564

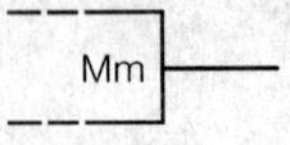

名称:Mm-输出
　　Mm-output

状态:标准

IEC 发布日期:2004-09-01

上版标准序号:GB/T 4728.12(ed.2.0)12-21-02

关键词:二进制逻辑元件,关联标记,模式关联

应用注释:A00276,A00285,A00286,A00288,A00289

形状类别:字符

功能类别:功能要素或属性

应用类别:概念要素或限定符号

备注:若 Mm-输出处于其内部“1”状态,则受该 Mm-输出影响的任何输入对元件功能有通常规定的作用。同时,受该 Mm-输出影响的任何输出通常处于其规定的内部逻辑状态或模拟信号值。即允许输入和输出。

若 Mm-输出处于其内部“0”状态,它对输入和输出作用如下:

——受该 Mm-输出影响的任何输入对元件功能不起作用;

——若受影响输入有若干个被斜线隔开的标记组,则含有 Mm-输出标识序号的任何标记组不起作用,并可以忽略,这表示多功能输入的某些功能被封锁;

——在受该 Mm-输出影响的每个输出端,含有该 Mm-输出标识序号的任何标记组不起作用,并可以忽略;

——若输出有若干个被斜线(见 A00289)隔开的标记组,则含有 Mm-输出标识序号的任何标记组应该忽略,这表示封锁或选择了多功能输出的某些功能,修改了输出的某些特性或关联关系。

m 应该用相关的标识序号代替。

A00276 表 1 的注适用。

S01565

名称:Am-输入

Am-input

状态:标准

IEC 发布日期:2004-09-01

上版标准序号:GB/T 4728.12(ed.2.0)12-23-01

关键词:二进制逻辑元件,**地址**关联,关联标记

用于:S01712,S01717,S01715,S01718,S01713,S01711,S01714,S01716,S01722,S01730

应用注释:A00276,A00286,A00288,A00289

形状类别:字符

功能类别:功能要素或属性

应用类别:概念要素或限定符号

备注:若该输出处于其内部“1”状态,则受该输入影响的输入(即由该输入所选择阵列区域的输入)对所选区域的元件有通常规定的作用,而受该输入影响的输出(即所选区域的输入)的内部逻辑状态对决定阵列输出内部逻辑状态的**“或”**功能(或所指明的功能)有其正常的作用。

若该输出处于其内部“0”状态,则受该输入影响的输入(即由该输入所选区域的输入)对该区域的元件不起作用,而受该输入影响的输出(即由该输入所选择阵列区域的输出)对阵列输出不起作用。

m 应该用相关的标识序号代替。

A00276 表 1 的注适用。

S01566

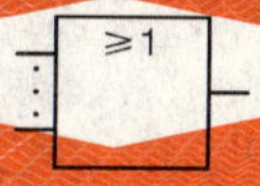

名称:**“或”**元件,一般符号

OR element, general symbol

状态:标准

IEC 发布日期:2004-09-01

上版标准序号:GB/T 4728.12(ed.2.0)12-27-01

关键词:二进制逻辑元件,组合元件

用于:S01580,S01583,S01581,S01586,S01584,S01587,S01617,S01618,S01632,S01644,S01670

采用符号:S01463

应用注释:A00291,A00348

形状类别:字符,矩形

功能类别:K 处理信号或信息

应用类别:电路图,功能图,概略图

备注:当且仅当一个或一个以上的输入处于其“1”状态时,输出才能处于“1”状态。

符号“≥”定义为 GB/T 19679 **“大于或等于”**的字符 3/10,相当于 ISO/IEC 10646“**大于或等于**”的 UCS 2265(表 60)。

若不会引起混淆,“≥1”可以用“1”代替。

S01567

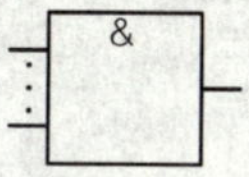

名称:**“与”**元件,一般符号

AND element, general symbol
状态:标准
IEC 发布日期:2004-09-01
上版标准序号:GB/T 4728.12(ed.2.0)12-27-02
关键词:二进制逻辑元件,组合元件
用于:S01700, S01704, S01579, S01583, S01581, S01582, S01584, S01585, S01595, S01602, S01619, S01615, S01618, S01620, S01624, S01634, S01644, S01633, S01648, S01649, S01652, S01666, S01670, S01683, S01676, S01692, S01693, S01688, S01718, S01711, S01721, S01722, S01789
采用符号:S01463
应用注释:A00291,A00348
形状类别:字符,矩形
功能类别:K 处理信号或信息
应用类别:电路图,功能图,概略图
备注:当且仅当所有输入处于其"1"状态时,输出才处于其"1"状态。

S01568

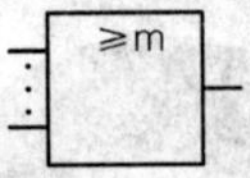

名称:逻辑门槛元件,一般符号
Logic threshold element, general symbol
状态:标准
IEC 发布日期:2004-09-01
上版标准序号:GB/T 4728.12(ed.2.0)12-27-03
关键词:二进制逻辑元件,组合元件
采用符号:S01463
形状类别:字符
功能类别:功能要素或属性
应用类别:概念要素或限定符号
备注:当且仅当处于其"1"状态的输入数等于或大于限定符号中以 m 表示的数时,输出才处于其"1"状态。

m 永远小于输入端个数。

m=1 的元件一般称为"或"元件(见符号 S01566)。

符号"≥"定义为 GB/T 19679 **"大于或等于"**的字符 3/10,相当于 ISO/IEC 10646**"大于或等于"**的 UCS 2265(表 60)。

S01569

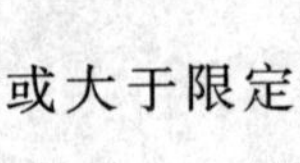

名称:等于 m 元件 一般符号
m and only m element, general symbol
状态:标准

IEC 发布日期:2004-09-01
上版标准序号:GB/T 4728.12(ed.2.0)12-27-04
关键词:二进制逻辑元件,组合元件
采用符号:S01463
应用注释:A00291
形状类别:字符,矩形
功能类别:K 处理信号或信息
应用类别:电路图,功能图,概略图
备注:当且仅当处于其“1”状态的输入数等于限定符号中以 m 表示的数时,输出才处于其“1”状态。
m=1 的 2 输入元件通常称为“异或”元件(见符号 S01574)。
m 永远小于输入端个数。

S01570

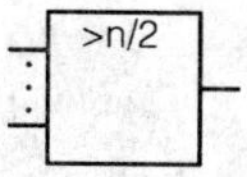

名称:多数元件,一般符号
MAJORITY element, general symbol
状态:标准
IEC 发布日期:2004-09-01
上版标准序号:GB/T 4728.12(ed.2.0)12-27-05
关键词:二进制逻辑元件,组合元件
采用符号:S01463
应用注释:A00291
形状类别:字符,矩形
功能类别:K 处理信号或信息
应用类别:电路图,功能图,概略图
备注:当且仅当多数输入处于其“1”状态时,输出才处于其“1”状态。

S01571

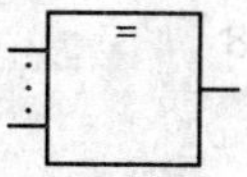

名称:逻辑恒等元件,一般符号
LOGIC IDENTITY element, general symbol
状态:标准
IEC 发布日期:2004-09-01
上版标准序号:GB/T 4728.12(ed.2.0)12-27-06
关键词:二进制逻辑元件,组合元件
用于:S01592, S01631
采用符号:S01463
应用注释:A00291
形状类别:字符,矩形
功能类别:K 处理信号或信息

应用类别:电路图,功能图,概略图

备注:当且仅当输入处于相同逻辑状态时,输出才处于其“1”状态。

S01572

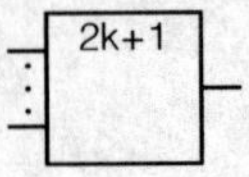

名称:奇数元件,一般符号

ODD element, general symbol

状态:标准

IEC 发布日期:2004-09-01

上版标准序号:GB/T 4728.12(ed.2.0)12-27-07

别名:奇数校验元件,一般符号;模 2 加元件,一般符号

关键词:二进制逻辑元件,组合元件

用于:S01591, S01589

采用符号:S01463

应用注释:A00291

形状类别:字符,矩形

功能类别:K 处理信号或信息

应用类别:电路图,功能图,概略图

备注:当且仅当处于“1”状态的输入个数是奇数时(1、3、5 等),输出才处于其“1”状态。

S01573

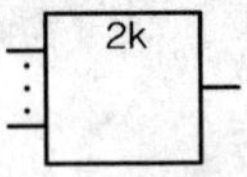

名称:偶数元件,一般符号

EVEN element, general symbol

别名:偶数校验元件,一般符号

状态:标准

IEC 发布日期:2004-09-01

上版标准序号:GB/T 4728.12(ed.2.0)12-27-08

关键词:二进制逻辑元件,组合元件

用于:S01590, S01592

采用符号:S01463

应用注释:A00291

形状类别:字符,矩形

功能类别:K 处理信号或信息

应用类别:电路图,功能图,概略图

备注:当且仅当处于“1”状态的输入个数是偶数时(0、2、4 等),输出才处于其“1”状态。

S01574

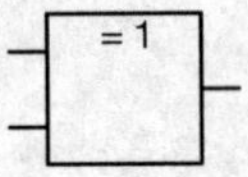

名称：异或元件
Exclusive-OR element
状态：标准
IEC 发布日期：2004-09-01
上版标准序号：GB/T 4728.12(ed.2.0)12-27-09
关键词：二进制逻辑元件，组合元件
用于：S01587，S01588，S01632
应用注释：A00291，A00348
形状类别：字符，矩形
功能类别：K 处理信号或信息
应用类别：电路图，功能图，概略图
备注：若两个输入中的一个且只有一个处于“1”状态时，输出才处于其“1”状态。
若输入多于两个，是使用 m=1 的符号 S01569 还是使用符号 S01572，由所含功能决定。

S01575

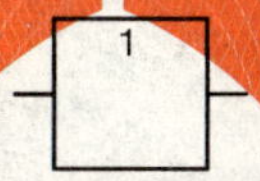

名称：无特殊放大输出的缓冲器
Buffer without specially amplified output
状态：标准
IEC 发布日期：2004-09-01
上版标准序号：GB/T 4728.12(ed.2.0)12-27-10
关键词：二进制逻辑元件，组合元件
用于：S01593，S01596，S01607
应用注释：A00291，A00348
形状类别：字符，矩形
功能类别：K 处理信号或信息
应用类别：电路图，功能图，概略图
备注：当且仅当输入处于其“1”状态时，输出才处于其“1”状态。

S01576

名称：非门
Negator
状态：标准
IEC 发布日期：2004-09-01
上版标准序号：GB/T 4728.12(ed.2.0)12-27-11
别名：反相器(在用逻辑非符号表示器件的情况下)
关键词：二进制逻辑元件，组合元件
应用注释：A00291 ，A00348
形状类别：字符，矩形

功能类别:K 处理信号或信息
应用类别:电路图,功能图,概略图
备注:当且仅当输入处于其外部“1”状态时,输出才处于其外部“0”状态。

S01577

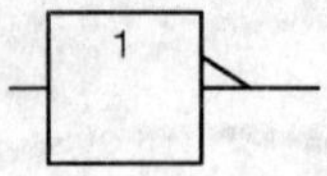

名称:反相器(在用逻辑极性限定符号表示器件的情况下)
Inverter (in the case of device representation using the qualifying symbol for logic polarity)
状态:标准
IEC 发布日期:2004-09-01
上版标准序号:GB/T 4728.12(ed.2.0)12-27-12
关键词:二进制逻辑元件,组合元件
用于:S01601
应用注释:A00291, A00348
形状类别:字符,矩形
功能类别:K 处理信号或信息
应用类别:电路图,功能图,概略图
备注:当且仅当输入处于其 H 电平时,输出才处于其 L 电平。

S01578

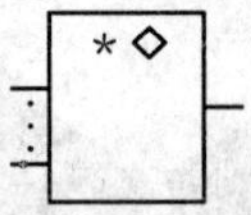

名称:分布连接,一般符号
Distributed connection, general symbol
状态:标准
IEC 发布日期:2004-09-01
上版标准序号:GB/T 4728.12(ed.2.0)12-27-13
别名:点功能,一般符号;线功能,一般符号
关键词:二进制逻辑元件,组合元件
采用符号:S01463, S01494, S01495, S01496, S01497
应用注释:A00291
形状类别:字符,矩形
功能类别:K 处理信号或信息
应用类别:电路图,功能图,概略图
备注:分布连接是把若干个元件的特定输出连接起来以实现“与”功能或“或”功能的一种连接。
星号应该用功能限定符号 & 或 1 代替。
该符号的另一种表示法可采用导线连接符号(S00019 和 S00020)之一来表示分布连接。在相交导线的每个交点下,若在其他地方会出现混淆,应注明功能符号,& 或 1。

S01579

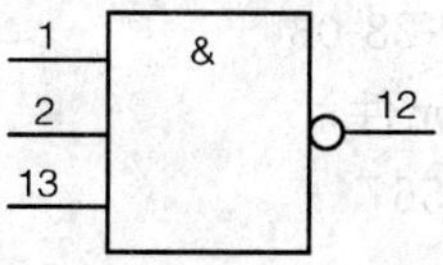

名称：有非输出的与门(与非门)
AND with negated output (NAND)
状态:标准
IEC 发布日期:2004-09-01
上版标准序号:GB/T 4728.12(ed.2.0)12-28-01
关键词:二进制逻辑元件,组合元件
采用符号:S01467, S01567
应用注释:A00348
形状类别:字符,矩形
功能类别:K 处理信号或信息
应用类别:电路图,功能图,概略图
备注:(例如 SN 7410 的一部分)

S01580

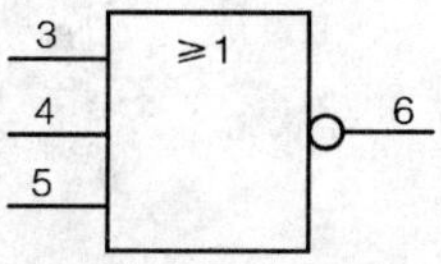

名称：有非输出的或门(或非门)
OR with negated output (NOR)
状态:标准
IEC 发布日期:2004-09-01
上版标准序号:GB/T 4728.12(ed.2.0)12-28-02
关键词:二进制逻辑元件,组合元件
采用符号:S01467, S01566
应用注释:A00348
形状类别:字符,矩形
功能类别:K 处理信号或信息
应用类别:电路图,功能图
备注:(例如 SN 7427 的一部分)

S01581

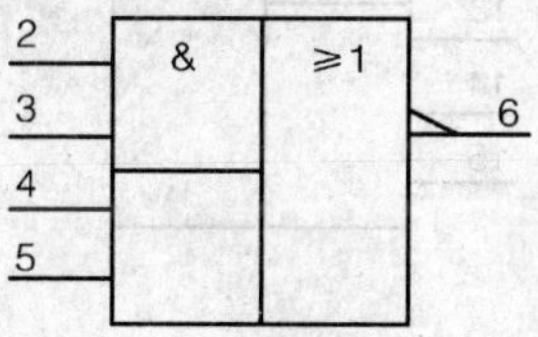

名称：AND-OR-转换
AND-OR-Invert
状态:标准

IEC 发布日期:2004-09-01
应用注释:A00340
上版标准序号:GB/T 4728.12(ed.2.0)12-28-03
关键词:二进制逻辑元件,运算元件,组合元件
采用符号:S01469,S01476,S01566,S01567
形状类别:字符,矩形
功能类别:K 处理信号或信息
应用类别:电路图,功能图
备注:(例如 SN 74L51 的一部分)

S01582

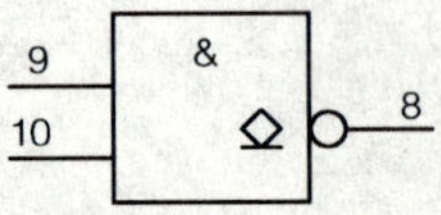

名称:有 L 型开路输出的与非门
NAND with open-circuit output of the L-type
状态:标准
IEC 发布日期:2004-09-01
上版标准序号:GB/T 4728.12(ed.2.0)12-28-04
关键词:二进制逻辑元件,组合元件
采用符号:S01467,S01495,S01567
应用注释:A00348
形状类别:字符,矩形
功能类别:K 处理信号或信息
应用类别:电路图,功能图
备注:(例如 SN 7403 的一部分)

S01583

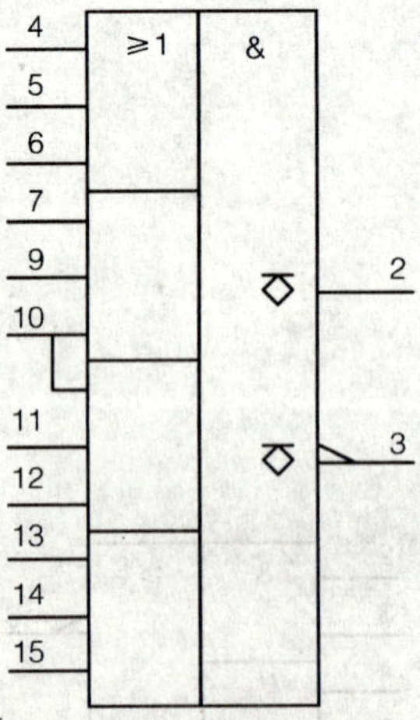

名称:有互补 H 型开路输出的或与门
OR-AND with complementary open-circuit outputs of the H-type
状态:标准
IEC 发布日期:2004-09-01

上版标准序号:GB/T 4728.12(ed.2.0)12-28-05
关键词:二进制逻辑元件,组合元件
采用符号:S01469，S01476，S01494，S01566，S01567
形状类别:字符,直线,矩形
功能类别:K 处理信号或信息
应用类别:电路图,功能图
备注:(例如 MC 10121)

S01584

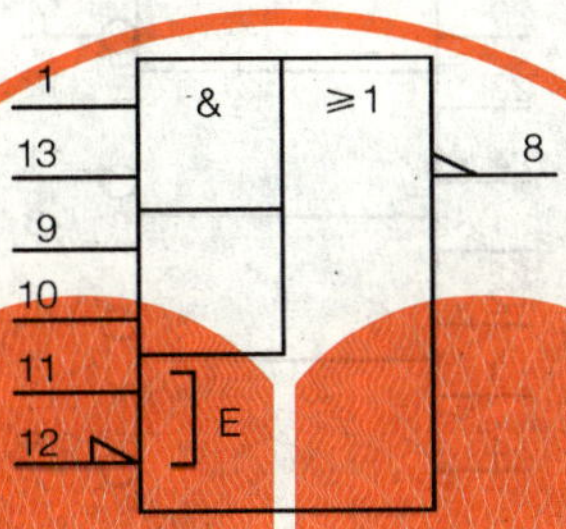

名称:可扩展的与或反相器
AND-OR-Invert，expandable
状态:标准
IEC 发布日期:2004-09-01
上版标准序号:GB/T 4728.12(ed.2.0)12-28-06
关键词:二进制逻辑元件,组合元件
采用符号:S01468，S01469，S01476，S01540，S01566，S01567
形状类别:字符,直线,矩形
功能类别:K 处理信号或信息
应用类别:电路图,功能图
备注:(例如 SN 7450 的一部分)
线组合符号(S01540)表示完成单一扩展连接需要两根线。

S01585

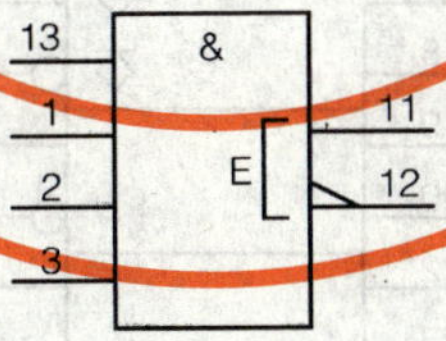

名称:扩展器
Expander
状态:标准
IEC 发布日期:2004-09-01
上版标准序号:GB/T 4728.12(ed.2.0)12-28-07
关键词:二进制逻辑元件,组合元件
采用符号:S01469，S01541，S01567
形状类别:字符,直线,矩形
功能类别:K 处理信号或信息

应用类别:电路图,功能图
备注:(例如 SN 7460 的一部分)

S01586

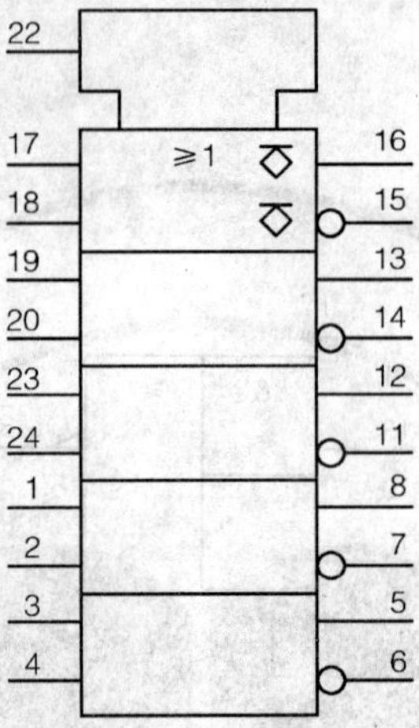

名称: 有一公共输入和互补输出的五或门
OR, with one common input and with complementary outputs, quintuple
状态:标准
IEC 发布日期:2004-09-01
上版标准序号:GB/T 4728.12(ed.2.0)12-28-08
关键词:二进制逻辑元件,组合元件
采用符号:S01464, S01467, S01494, S01566
形状类别:字符,矩形
功能类别:K 处理信号或信息
应用类别:电路图,功能图
备注:(例如 F 100102)

S01587

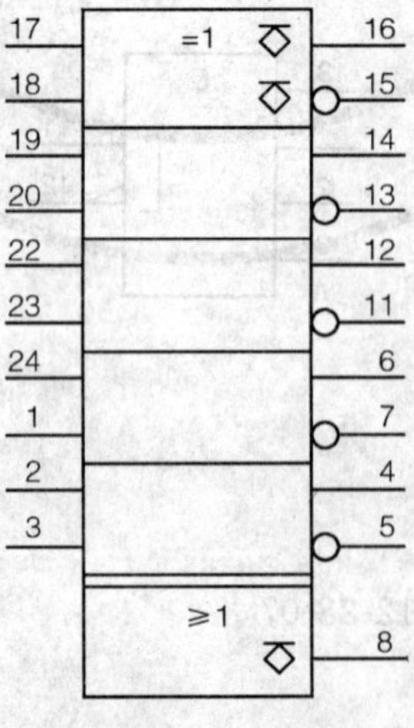

名称: 有互补输出和一公共输出的五异或门
Exclusive-OR, with complementary outputs and one common output, quintuple

状态:标准
IEC 发布日期:2004-09-01
上版标准序号:GB/T 4728.12(ed.2.0)12-28-09
关键词:二进制逻辑元件,组合元件
采用符号:S01465, S01494, S01566, S01574
应用注释:A00271
形状类别:字符,矩形
功能类别:K 处理信号或信息
应用类别:电路图,功能图
备注:(例如 F 100107)

五个元件中的每个元件有一输出内连到公共输出元件的输入。该输入的内部逻辑状态与它相连的输出的内部逻辑状态一致,而不取决于该输出的选择。因为每个元件的两个输出有相同的内部逻辑状态(见应用注释 A00271)。

S01588

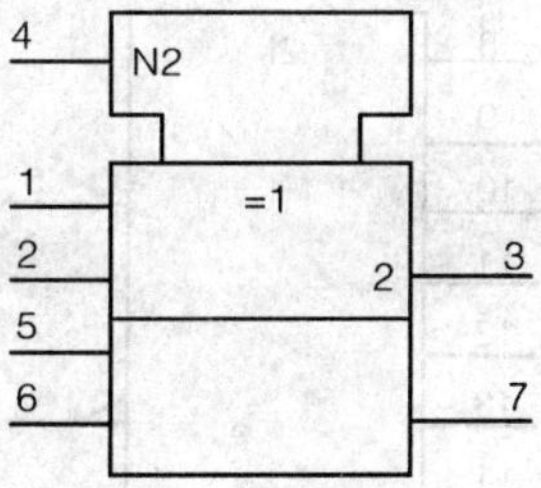

名称:双异或/异或非门
Exclusive-OR/NOR, dual
状态:标准
IEC 发布日期:2004-09-01
上版标准序号:GB/T 4728.12(ed.2.0)12-28-10
关键词:二进制逻辑元件,组合元件
其他形式:S01589
采用符号:S01464, S01574
形状类别:字符,矩形
功能类别:K 处理信号或信息
应用类别:电路图,功能图
备注:(例如 SN 74S135 的一部分)

符号 S01589 以另一种形式说明同一器件。

S01589

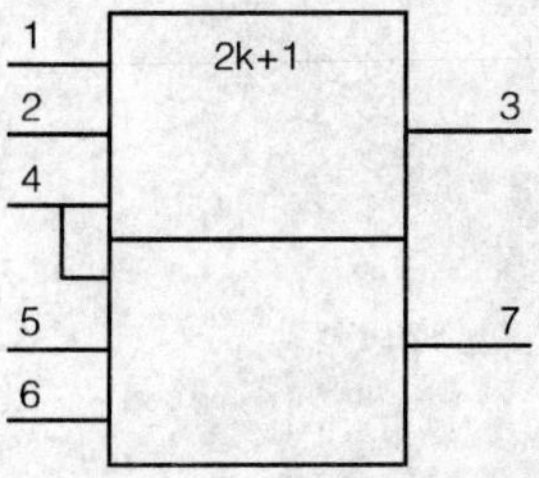

名称：有一公共输入的双奇数元件
　　ODD element, with one common input, dual
状态：标准
IEC 发布日期：2004-09-01
上版标准序号：GB/T 4728.12(ed. 2.0)12-28-11
关键词：二进制逻辑元件，组合元件
其他形式：S01588
采用符号：S01572
形状类别：字符，矩形
功能类别：K 处理信号或信息
应用类别：电路图，功能图
备注：(例如 SN 74S135 的一部分)
　　符号 S01588 以另一种形式说明同一器件。

S01590

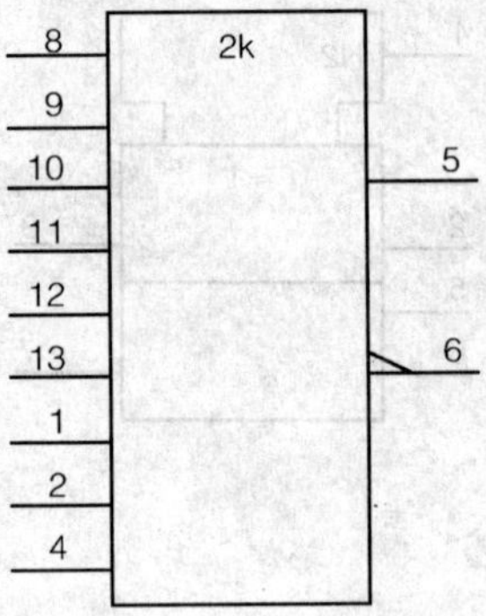

名称：有互补输出奇偶发生器/校验器
　　Parity generator/checker with complementary outputs
状态：标准
IEC 发布日期：2004-09-01
上版标准序号：GB/T 4728.12(ed. 2.0)12-28-12
关键词：二进制逻辑元件，组合元件
采用符号：S01469, S01573
形状类别：字符，矩形
功能类别：K 处理信号或信息
应用类别：电路图，功能图
备注：(例如 SN 74280)

S01591

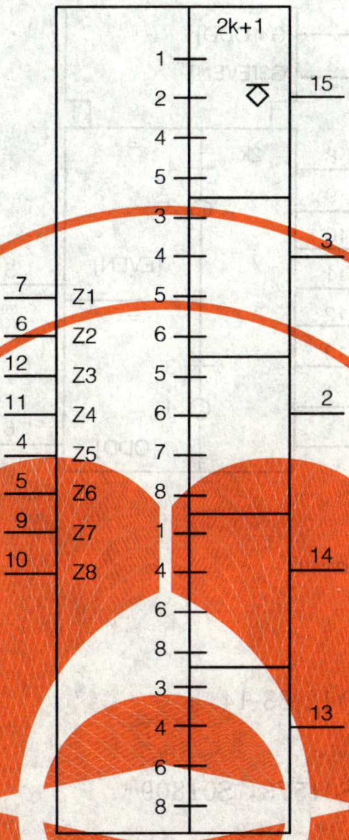

名称：检错/纠错元件

Error detection/correction element

状态：标准

IEC 发布日期：2004-09-01

上版标准序号：GB/T 4728.12(ed.2.0)12-28-13

关键词：二进制逻辑元件，组合元件

采用符号：S01475，S01494，S01554，S01572

形状类别：字符，直线，矩形

功能类别：K 处理信号或信息

应用类别：电路图，功能图

备注：(例如 MC 10163)

S01592

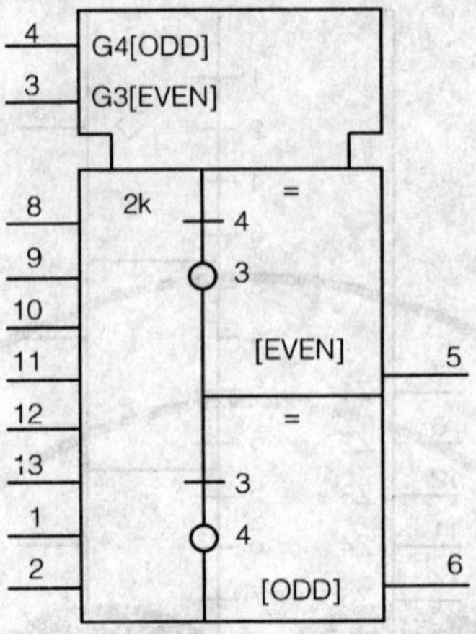

名称：奇偶发生器/校验器

Parity generator/checker，odd/even

状态：标准

IEC 发布日期：2004-09-01

上版标准序号：GB/T 4728.12(ed.2.0)12-28-14

关键词：二进制逻辑元件，组合元件

采用符号：S01464，S01475，S01571，S01573，S01809

形状类别：字符，直线，矩形

功能类别：K 处理信号或信息

应用类别：电路图，功能图

备注：(例如 SN 74180)

S01593

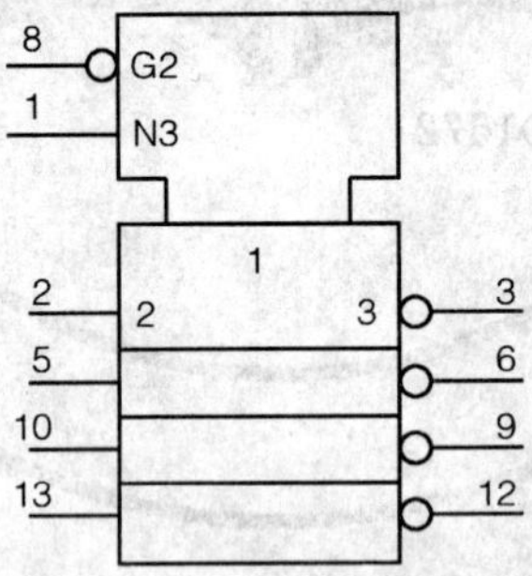

名称：四位原码/反码、0/1 元件

True/complement，zero/one element，quadruple

状态：标准

IEC 发布日期：2004-09-01

上版标准序号：GB/T 4728.12(ed.2.0)12-28-15

关键词：二进制逻辑元件，组合元件

采用符号：S01464，S01466，S01467，S01552，S01575，S01810

形状类别：字符，矩形

应用类别：电路图，功能图

功能类别:K 处理信号或信息
备注:(例如 SN 74H87)

S01594

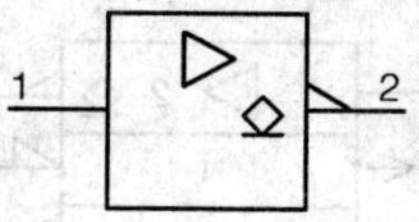

名称:反相 L 型开路输出的缓冲器/驱动器
Buffer/driver with inverted open-circuit output of the L-type
状态:标准
IEC 发布日期:2004-09-01
上版标准序号:GB/T 4728.12(ed.2.0)12-29-01
关键词:二进制逻辑元件,放大器、缓冲器、驱动器
采用符号:S01457, S01469, S01495
应用注释:A00293
形状类别:等边三角形,矩形
功能类别:K 处理信号或信息
应用类别:电路图,功能图
备注:(例如 SN 7406 的一部分)

S01595

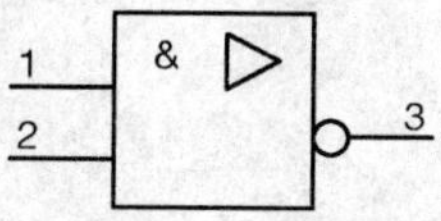

名称:与非缓冲器
NAND buffer
状态:标准
IEC 发布日期:2004-09-01
上版标准序号:GB/T 4728.12(ed.2.0)12-29-02
关键词:二进制逻辑元件,放大器、缓冲器、驱动器
采用符号:S01457, S01467, S01567
应用注释:A00293
形状类别:字符,等边三角形,矩形
功能类别:K 处理信号或信息
应用类别:电路图,功能图
备注:(例如 SN 7437 的一部分)

S01596

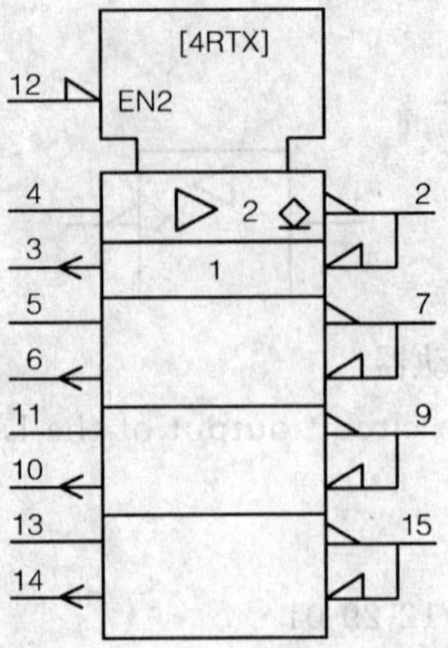

名称：四总线收发器

Bus transceiver，quadruple

状态:标准

IEC 发布日期:2004-09-01

上版标准序号:GB/T 4728.12(ed.2.0)12-29-03

关键词:二进制逻辑元件,驱动器,接收器,收发器

采用符号:S00099，S01457，S01468，S01469，S01470，S01495，S01562，S01575

应用注释:A00271，A00293

形状类别:箭头,字符,等边三角形,矩形

功能类别:K 处理信号或信息

应用类别:电路图,功能图

备注:(例如 Am 26S10)

构成阵列第一个元件的两分框中的总限定符号以及与输入和输出有关的限定符号,按照应用注释A00271 的规定在阵列的其他元件中省略。

S01597

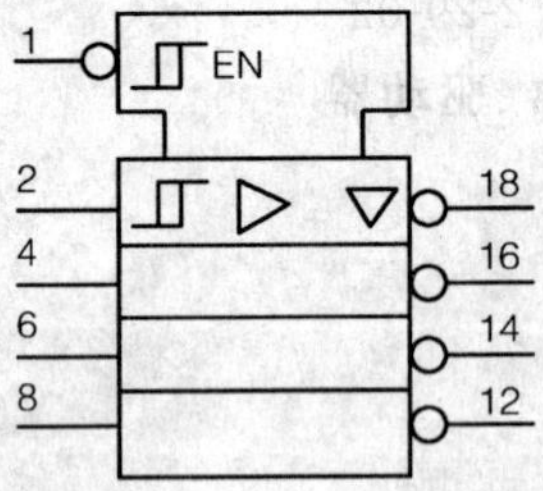

名称：四双门槛输入和 3 态输出的总线驱动器

Bus driver with bi-threshold inputs and 3-state outputs，quad

状态:标准

IEC 发布日期:2004-09-01

上版标准序号:GB/T 4728.12(ed.2.0)12-29-04

关键词:二进制逻辑元件,驱动器

采用符号:S01457，S01466，S01467，S01492，S01498，S01503

应用注释:A00293

形状类别：字符，等边三角形，矩形
功能类别：K 处理信号或信息
应用类别：电路图，功能图
备注：(例如 SN 74S240 的一部分)

S01598

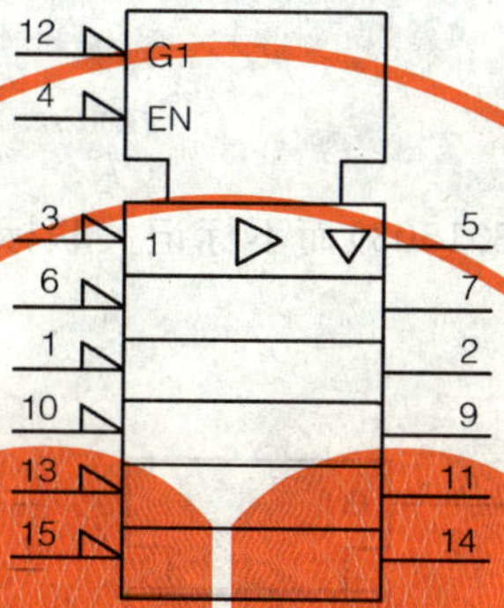

名称：六 3 态输出的反相缓冲器
　　Buffer，inverting，with 3-state outputs，hex
状态：标准
IEC 发布日期：2004-09-01
上版标准序号：GB/T 4728.12(ed.2.0)12-29-05
关键词：二进制逻辑元件，缓冲器，转换器
采用符号：S01457，S01464，S01468，S01498，S01503，S01810
形状类别：字符，等边三角形，矩形，直角三角形
功能类别：K 处理信号或信息
应用类别：电路图，功能图
备注：(例如 CD 4502B)

S01599

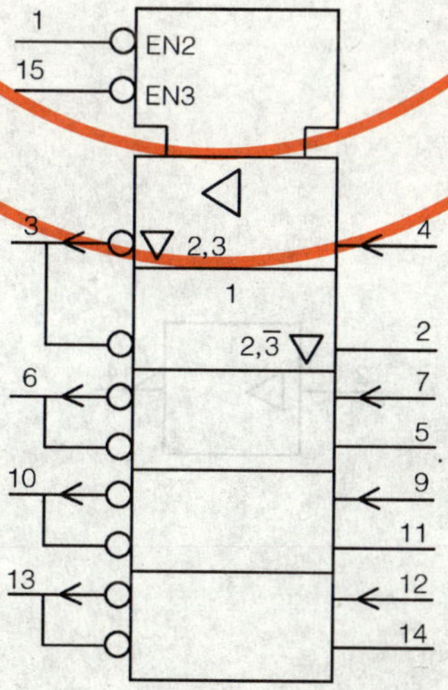

名称：四双向总线驱动器
　　Bus driver，bidirectional，quadruple

状态:标准
IEC 发布日期:2004-09-01
上版标准序号:GB/T 4728.12(ed.2.0)12-29-06
关键词:二进制逻辑元件,驱动器
采用符号:S00099, S01457, S01466, S01467, S01498, S01562
形状类别:箭头,字符,等边三角形,矩形
功能类别:K 处理信号或信息
应用类别:电路图,功能图
备注:(例如 8226)

引出端 1 也可标记 EN-输入(符号 S01503)而不标记关联标记,即标识序号 2 可在框内三处省略。

S01600

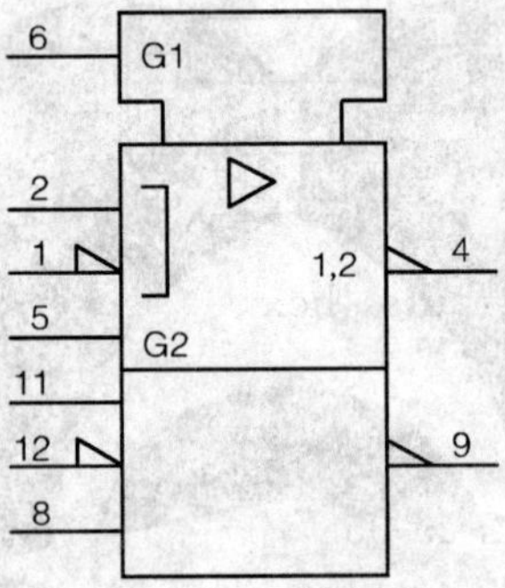

名称:双线接收器
Line receiver, dual
状态:标准
IEC 发布日期:2004-09-01
上版标准序号:GB/T 4728.12(ed.2.0)12-29-07
关键词:二进制逻辑元件,接收器
采用符号:S01457, S01468, S01469, S01540, S01810
形状类别:字符,等边三角形,矩形
功能类别:K 处理信号或信息
应用类别:电路图,功能图
备注:(例如 SN 75107)

S01601

名称:线接收器
Line receiver
状态:标准
IEC 发布日期:2004-09-01
上版标准序号:GB/T 4728.12(ed.2.0)12-29-07A
关键词:二进制逻辑元件,接收器

采用符号:S01457, S01577
形状类别:字符,等边三角形,矩形
功能类别:K 处理信号或信息
应用类别:电路图,功能图
备注:(例如 SN 75127 的一部分)

S01602

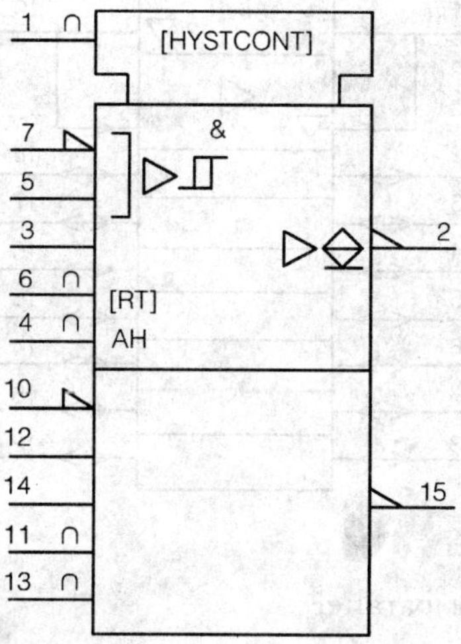

名称:双线接收器
Line receiver, dual
状态:标准
IEC 发布日期:2004-09-01
上版标准序号:GB/T 4728.12(ed.2.0)12-29-07B
关键词:二进制逻辑元件,接收器
采用符号:S01457, S01464, S01468, S01469, S01492, S01497, S01567, S01748, S01764
形状类别:字符,等边三角形,矩形,直角三角形
功能类别:K 处理信号或信息
应用类别:电路图,功能图
备注:(例如 SN 55152)

S01603

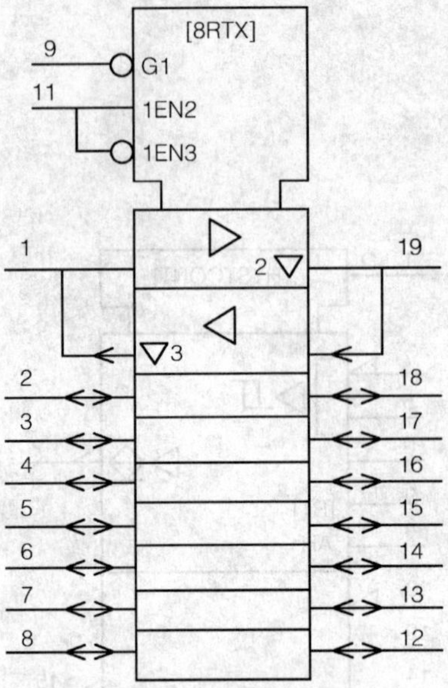

名称：8 位并行双向总线驱动器

Bus driver，bidirectional，8-bit parallel

状态：标准

IEC 发布日期：2004-09-01

上版标准序号：GB/T 4728.12(ed.2.0)12-29-08

关键词：二进制逻辑元件，驱动器

采用符号：S00099，S00101，S01457，S01466，S01498，S01547，S01562，S01810

形状类别：箭头，字符，等边三角形，直角三角形

功能类别：K 处理信号或信息

应用类别：电路图，功能图

备注：(例如 8286)

S01604

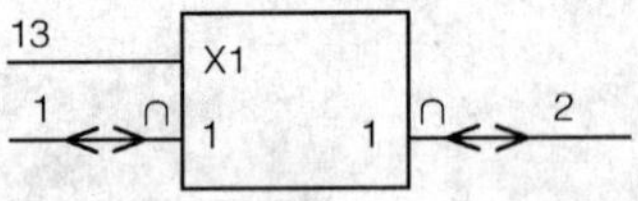

名称：双向开关

Bidirectional switch

状态：标准

IEC 发布日期：2004-09-01

上版标准序号：GB/T 4728.12(ed.2.0)12-29-09

关键词：二进制逻辑元件，静态开关、开关

采用符号：S01547，S01556，S01748，S01749

形状类别：箭头，字符，矩形

功能类别：K 处理信号或信息

应用类别：电路图，功能图

备注:(例如 CD 4016B 的一部分)

箭头(S01547)和/或符号 S01748 和 S01749 是选择的。

S01605

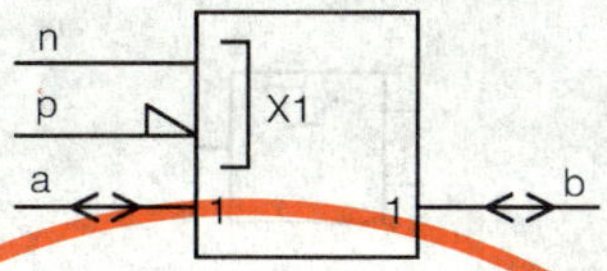

名称:CMOS 传输门

CMOS transmission gate

状态:标准

IEC 发布日期:2004-09-01

上版标准序号:GB/T 4728.12(ed.2.0)12-29-10

关键词:二进制逻辑元件,静态开关,开关

采用符号:S01468, S01540, S01547, S01556

应用注释:A00341

形状类别:箭头,字符,直线,矩形

功能类别:K 处理信号或信息

应用类别:电路图,功能图

备注:箭头(S01547)是选择的。

该符号表示内传输门,它用于如 CD 4013B 等多种集成电路,并等效于 A00341 示出的电路。

S01606

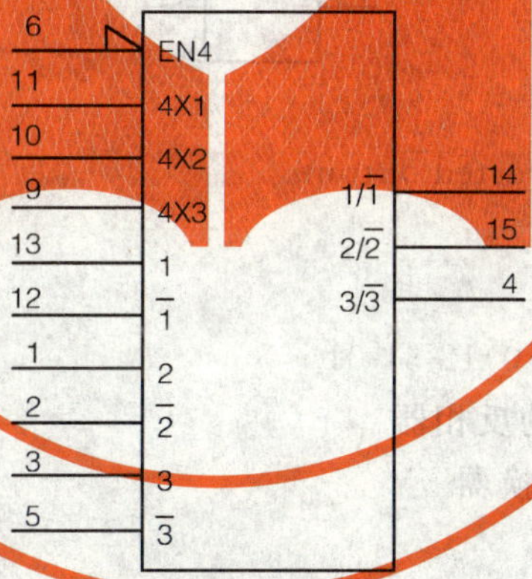

名称:具有公共使能的三双向开关

Bidirectional change-over switch with common enable, triple

状态:标准

IEC 发布日期:2004-09-01

上版标准序号:GB/T 4728.12(ed.2.0)12-29-11

关键词:二进制逻辑元件,开关

其他形式:S01805

采用符号:S01468, S01556, S01562

形状类别:字符,矩形,直角三角形

功能类别:K 处理信号或信息

应用类别:电路图,功能图
备注:(例如 74HC4053)
符号 S01805 以另一种形式说明同一器件。

S01607

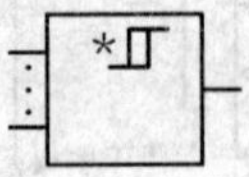

名称:有磁滞特性的元件,一般符号
Element with hysteresis, general symbol
状态:标准
IEC 发布日期:2004-09-01
上版标准序号:GB/T 4728.12(ed.2.0)12-30-01
关键词:二进制逻辑元件,组合元件,磁滞现象
采用符号:S01463, S01492, S01575
形状类别:字符,直线
功能类别:K 处理信号或信息
应用类别:电路图,功能图、概略图
备注:在元件内,用磁滞特性符号作总限定符号时,表示元件的输入/输出具有如符号 S01492 所述的磁滞特性。星号必须用表示元件逻辑功能的总限定符号代替,但是当限定符号为数字 1(符号 S01575 的)时,可以省略。

S01608

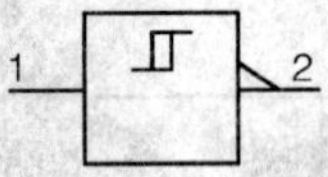

名称:具有反相输出的双门槛监测器
Bi-threshold detector with inverted output
状态:标准
IEC 发布日期:2004-09-01
上版标准序号:GB/T 4728.12(ed.2.0)12-31-01
别名:斯密特触发器;具有磁滞特性的反相器
关键词:二进制逻辑元件,监测器,转换器
采用符号:S01469, S01492
形状类别:直线,矩形
功能类别:K 处理信号或信息
应用类别:电路图,功能图
备注:(例如 SN 74LS14 的一部分)
按照符号 S01492、符号 S01608 的说明,符号 S01608 等效于有双门槛输入(S01492)的符号 S01577。

S01609

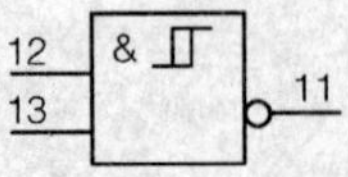

名称：斯密特触发器与非门
　　NAND Schmitt-trigger
状态:标准
IEC 发布日期:2004-09-01
上版标准序号:GB/T 4728.12(ed.2.0)12-31-02
别名:有磁滞特性的与非门
关键词:二进制逻辑元件,触发器
其他形式:S01467，S01492，S01567
形状类别:字符,直线,矩形
功能类别:K 处理信号或信息
应用类别:电路图,功能图
备注:(例如 SN 74132 的一部分)

仅当加于每个输入的外部电平达到其门槛值 V1(见符号 S01492 的说明)时,输出才处于其内部"1"状态。输出将保持内部"1"状态,直到加于其输入之一的外部电平达到其门槛值 V2 时止。

该符号不等效于有加于每个输入实例的磁滞特性功能的与门。

S01610

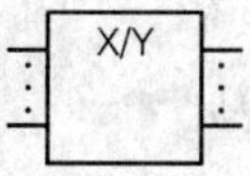

名称：编码器,一般符号
　　Coder, general symbol
状态:标准
IEC 发布日期:2004-09-01
上版标准序号:GB/T 4728.12(ed.2.0)12-32-01
别名:代码转换器,一般符号
关键词:二进制逻辑元件,代码转换器,编码器
用于：S01611，S01614，S01612，S01619，S01615，S01617，S01618，S01613，S01620，S01616，S01622，S01621，S01632
采用符号:S01463
应用注释:A00296
形状类别:字符,矩形
功能类别:T 已建立的信号保持信息内容不变的变换
应用类别:电路图,功能图、概略图
备注:输入和输出的关系由下面给出:

——输入和输出端有标记的总限定符号的指示,

——和/或参考的表。

X 和 Y 可分别用表示输入和输出信息代码的合适指示代替。

S01611

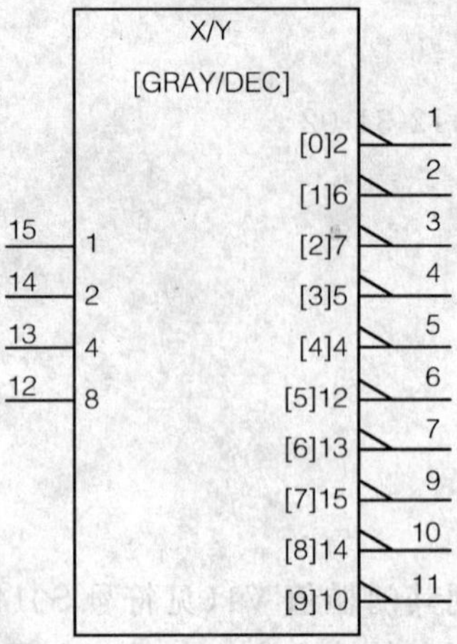

名称：格雷码-DEC 代码转换器

Code converter，Gray-to-decimal

状态:标准

IEC 发布日期:2004-09-01

上版标准序号:GB/T 4728.12(ed.2.0)12-33-01

关键词:二进制逻辑元件,代码转换器

采用符号:S01469，S01610

应用注释:A00296

形状类别:字符,矩形

功能类别:K 处理信号或信息,T 已建立的信号保持信息内容不变的变换

应用类别:电路图,功能图、概略图

备注:(例如 SN 7444)

由于不可能用表示格雷码的字符来标记输入,因此,此处按照 A00296 的 32.1.1 第二和第三段中的第一种替代方法示出了代码转换器的总限定符号。

增加补充信息来指明该器件实现特定格雷码的特殊应用。

S01612

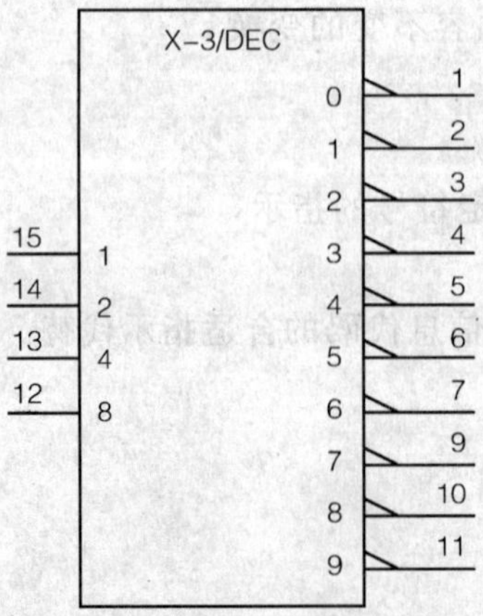

名称：余 3-十进制代码转换器

Code converter, excess-3-to-decimal
状态:标准
IEC 发布日期:2004-09-01
关键词:二进制逻辑元件、代码转换器
形式:形式 1
其他形式:S01613
采用符号:S01469, S01610
形状类别:字符,矩形
功能类别:K 处理信号或信息,T 已建立的信号保持信息内容不变的变换
应用类别:电路图,功能图
备注:(例如 SN 7443)

S01613

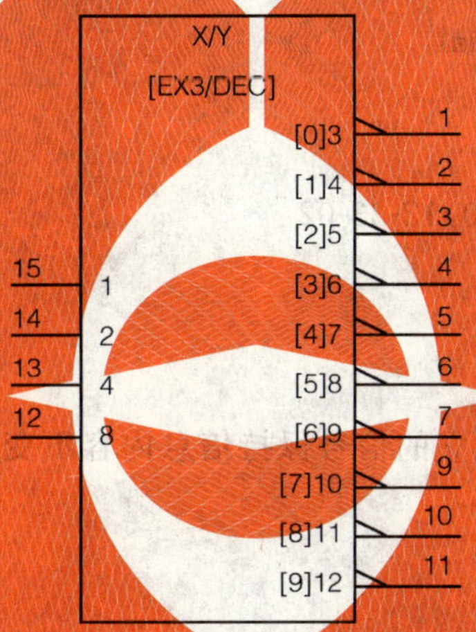

名称:余 3-十进制代码转换器
Code converter, excess-3-to-decimal
状态:标准
IEC 发布日期:2004-09-01
关键词:二进制逻辑元件,代码转换器
形式:形式 2
其他形式:S01612
采用符号:S01469, S01610
形状类别:字符,矩形
功能类别:K 处理信号或信息,T 已建立的信号保持信息内容不变的变换
应用类别:电路图,功能图
备注:(例如 SN 7443)

S01614

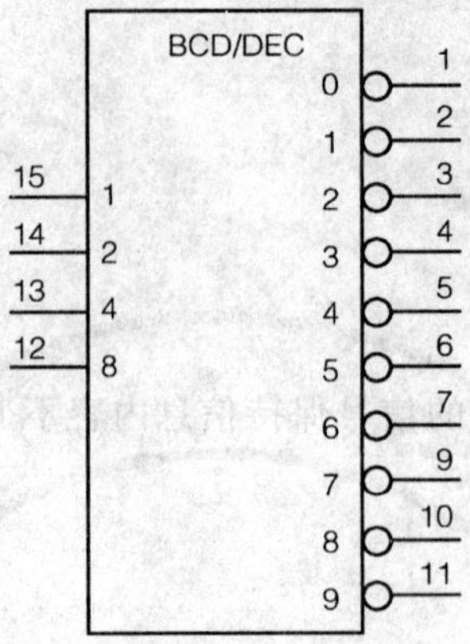

名称：BCD-十进制代码转换器

Code converter，BCD-to-decimal

状态:标准

IEC 发布日期:2004-09-01

上版标准序号:GB/T 4728.12(ed.2.0)12-33-02

关键词:二进制逻辑元件,代码转换器

采用符号:S01467，S01610

形状类别:字符,矩形

功能类别:K 处理信号或信息,T 已建立的信号保持信息内容不变的变换

应用类别:电路图,功能图

备注:(例如 SN 7442)

S01615

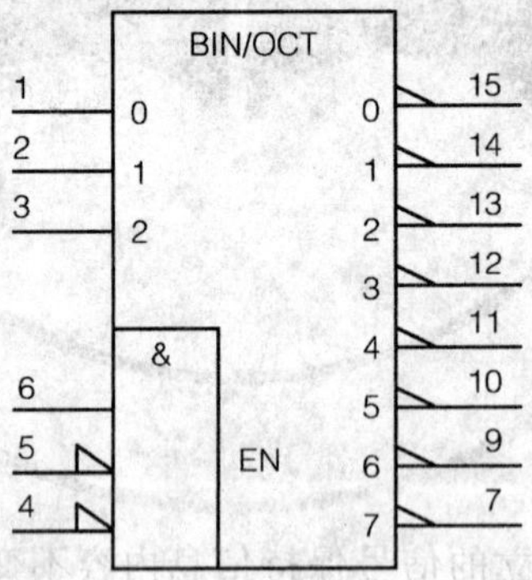

名称：3 线-8 线代码转换器

Code converter，three-to-eight-line

状态:标准

IEC 发布日期:2004-09-01

上版标准序号:GB/T 4728.12(ed.2.0)12-33-03

关键词:二进制逻辑元件,代码转换器

其他形式:S01633

采用符号:S01468，S01469，S01476，S01562，S01567，S01610

形状类别:字符,矩形,直角三角形

功能类别:K 处理信号或信息,T 已建立的信号保持信息内容不变的变换

应用类别:电路图,功能图

备注:(例如 SN 74LS138)

符号 S01633 以另一种形式说明同一器件。

S01616

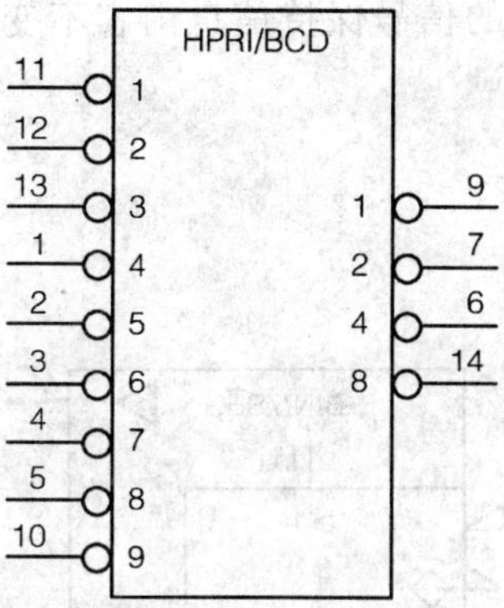

名称:9 线-4 线 BCD 优先编码器

Highest-priority encoder, encoding 9 data lines to 4-line BCD

状态:标准

IEC 发布日期:2004-09-01

上版标准序号:GB/T 4728.12(ed.2.0)12-33-04

关键词:二进制逻辑元件,编码器

采用符号:S01466, S01467, S01610

形状类别:字符,矩形

功能类别:K 处理信号或信息,T 已建立的信号保持信息内容不变的变换

应用类别:电路图,功能图

备注:(例如 SN 74147)

S01617

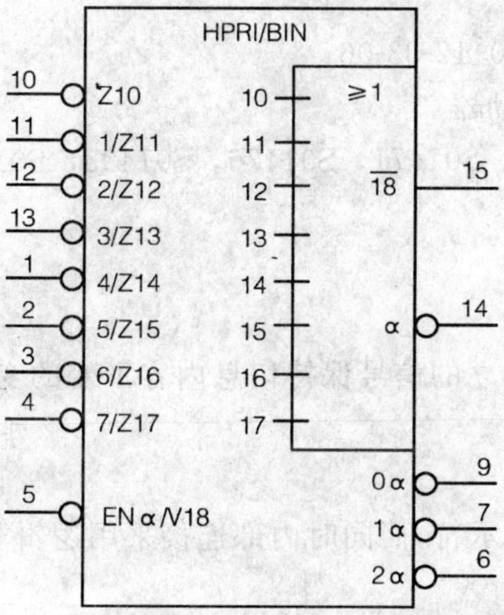

名称:8 线-3 线优先编码器(八进制)

Highest-priority encoder, encoding 8 data lines to 3-line binary (octal)
状态:标准
IEC 发布日期:2004-09-01
上版标准序号:GB/T 4728.12(ed.2.0)12-33-05
关键词:二进制逻辑元件,编码器
采用符号:S01479, S01550, S01554, S01562, S01566, S01610
形状类别:字符,矩形
功能类别:K 处理信号或信息,T 已建立的信号保持信息内容不变的变换
应用类别:电路图,功能图
备注:(例如 SN 74148)

S01618

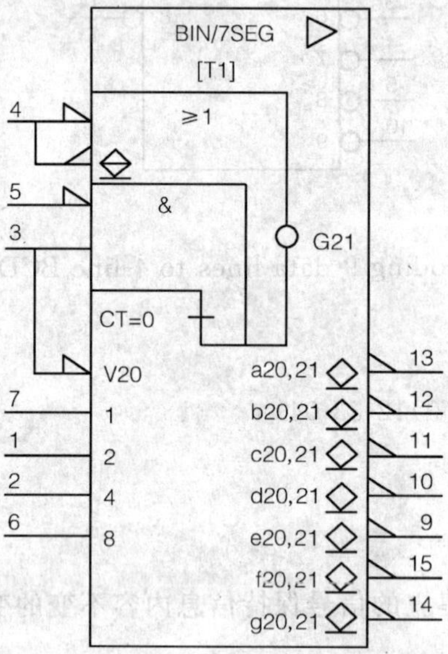

名称:二进制-7 段译码器/驱动器
Decoder/driver, binary-to-seven-segment
状态:标准
IEC 发布日期:2004-09-01
上版标准序号:GB/T 4728.12(ed.2.0)12-33-06
关键词:二进制逻辑元件,译码器,驱动器
采用符号:S01457, S01468, S01469, S01471, S01476, S01495, S01497, S01539, S01550, S01566, S01567, S01610, S01809, S01810
应用注释:A00297
形状类别:字符,矩形,直角三角形
功能类别:K 处理信号或信息,T 已建立的信号保持信息内容不变的变换
应用类别:电路图,功能图
备注:(例如 SN 74LS47)

该示例示出外部连接采用极性指示符,而同时内部连接采用逻辑非符号。

A00297 示出字型表 T1。

S01619

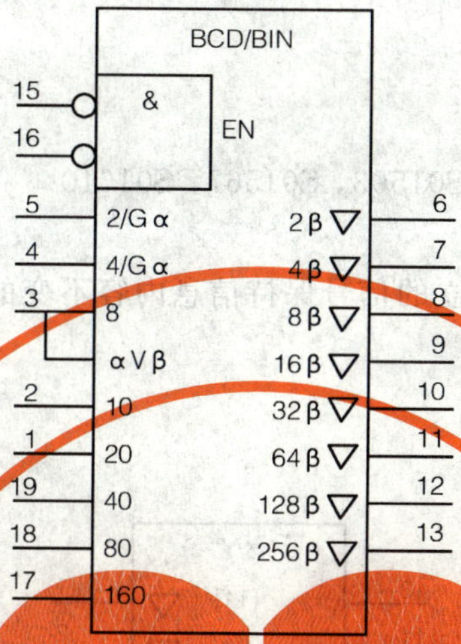

名称：BCD-BIN 代码转换器

Code converter，BCD-to-binary

状态：标准

IEC 发布日期：2004-09-01

上版标准序号：GB/T 4728.12(ed. 2. 0)12-33-07

关键词：二进制逻辑元件，代码转换器

其他形式：S01620

采用符号：S01466，S01476，S01498，S01503，S01567，S01610

形状类别：字符，矩形

应用类别：电路图，功能图

功能类别：K 处理信号或信息，T 已建立的信号保持信息内容不变的变换

备注：(例如 SN 74S484)

S01620

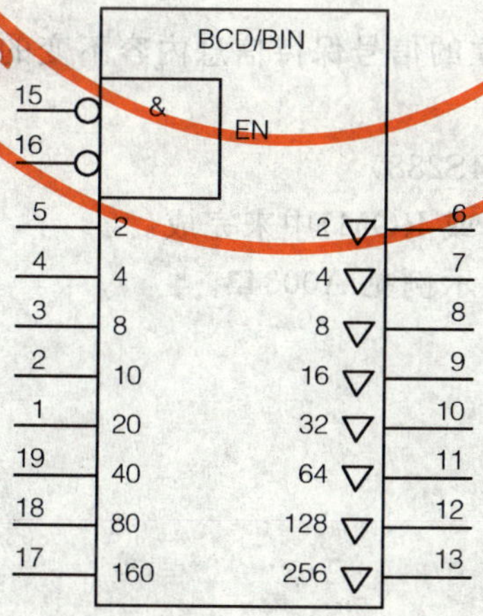

名称：BCD-BIN 代码转换器

Code converter，BCD-to-binary

状态：标准

IEC 发布日期:2004-09-01
上版标准序号:GB/T 4728.12(ed.2.0)12-33-08
关键词:二进制逻辑元件,编码器
形式:简化形式
其他形式:S01562, S01567, S01619
采用符号:S01466, S01476, S01498, S01503, S01567, S01610
形状类别:字符,矩形
功能类别:K 处理信号或信息,T 已建立的信号保持信息内容不变的变换
应用类别:电路图,功能图

S01621

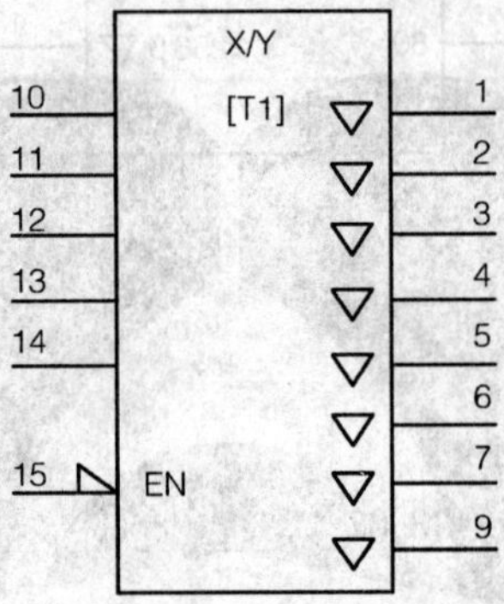

名称:任意代码转换器
　　Coder for arbitrary code
状态:标准
IEC 发布日期:2004-09-01
应用注释:A00343
上版标准序号:GB/T 4728.12(ed.2.0)12-33-09
关键词:二进制逻辑元件,编码器
采用符号:S01468, S01498, S01503, S01610
形状类别:字符,矩形
功能类别:K 处理信号或信息,T 已建立的信号保持信息内容不变的变换
应用类别:电路图,功能图
备注:(例如 TBP 18S030,以前的 SN 74S288)
　　输入和输出的组合关系在 PROM(或 ROM)中来完成。
　　“T1”为表示器件逻辑功能的表格,示例见 A00343。

S01622

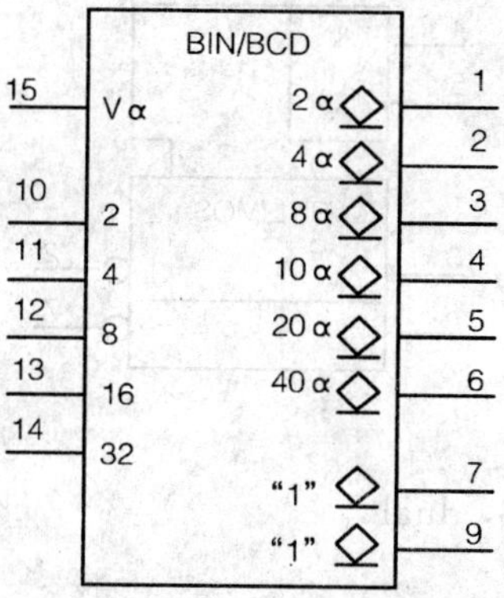

名称：BIN-BCD代码转换器

Code converter，binary-to-BCD

状态：标准

IEC 发布日期：2004-09-01

上版标准序号：GB/T 4728.12(ed.2.0)12-33-10

关键词：二进制逻辑元件，代码转换器

采用符号：S01495，S01543，S01550，S01610

形状类别：字符，矩形

功能类别：K 处理信号或信息，S 手动运算转换成信号

应用类别：电路图，功能图

备注：(例如 SN 74185)

S01623

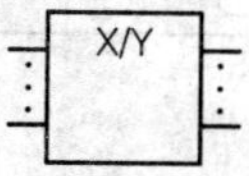

名称：信号电平变换器，一般符号

Signal-level converter，general symbol

状态：标准

IEC 发布日期：2004-09-01

上版标准序号：GB/T 4728.12(ed.2.0)12-34-01

关键词：二进制逻辑元件，转换器

用于：S01624，S01625

采用符号：S01463

形状类别：字符，矩形

功能类别：K 处理信号或信息，T 已建立的信号保持信息内容不变的变换

应用类别：电路图，功能图、概略图

备注：若可能与其他编码器混淆，可把电平的标记示于符号内，并代替 X 和 Y。

当需要表明电隔离时，可用 X/Y 代替总限定符号 X 和 Y。

S01624

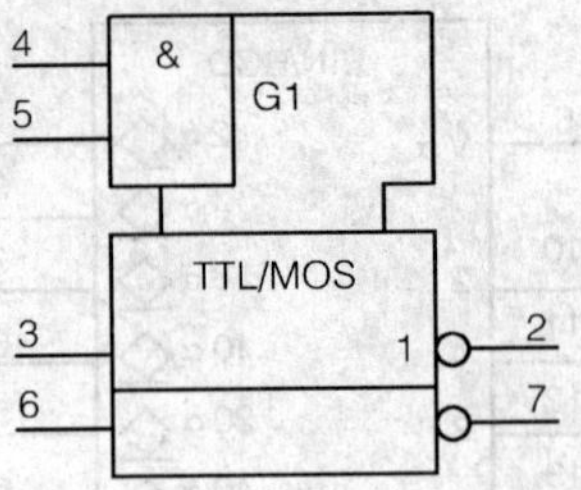

名称：双 TTL-MOS 电平转换器
Level converter, TTL-to-MOS, dual
状态:标准
IEC 发布日期:2004-09-01
上版标准序号:GB/T 4728.12(ed.2.0)12-35-01
关键词:二进制逻辑元件,转换器
采用符号:S01464, S01467, S01476, S01567, S01623, S01810
形状类别:字符,矩形
功能类别:K 处理信号或信息,T 已建立的信号保持信息内容不变的变换
应用类别:电路图,功能图
备注:例如:SN 75356 的一部分。

S01625

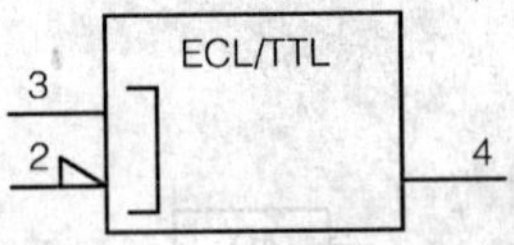

名称：ECL-TTL 电平转换器
Level converter, ECL-to-TTL
状态:标准
IEC 发布日期:2004-09-01
上版标准序号:GB/T 4728.12(ed.2.0)12-35-02
关键词:二进制逻辑元件,转换器
采用符号:S01468, S01540, S01623
形状类别:字符,直线,矩形
功能类别:K 处理信号或信息,T 已建立的信号保持信息内容不变的变换
应用类别:电路图,功能图
备注:例如:MC 10125 的一部分。

S01626

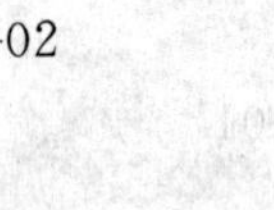

名称：多路选择器,一般符号

Multiplexer, general symbol

状态:标准

IEC 发布日期:2004-09-01

上版标准序号:GB/T 4728.12(ed.2.0)12-36-01

关键词:二进制逻辑元件,多路选择器

用于:S01629, S01628, S01631, S01632, S01630

采用符号:S01463

形状类别:字符,矩形

功能类别:K 处理信号或信息,T 已建立的信号保持信息内容不变的变换

应用类别:电路图,功能图,概略图

备注:若多路选择器的一个输入被选,则输出的内部逻辑状态处于被选输入的内部逻辑状态。

若无输入被选,则输出处于其内部“0”状态。

输入和控制选择动作的逻辑关系也必须示出,例如,在元件框内或公共控制框内示出那些输入和有关的关联标记。

S01627

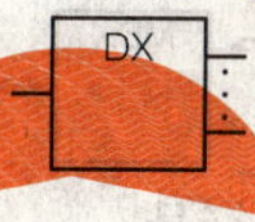

名称:多路分配器,一般符号

Demultiplexer, general symbol

状态:标准

IEC 发布日期:2004-09-01

上版标准序号:GB/T 4728.12(ed.2.0)12-36-02

关键词:二进制逻辑元件,多路分配器

用于:S01629, S01628, S01634, S01633

采用符号:S01463

形状类别:字符,矩形

功能类别:K 处理信号或信息,T 已建立的信号保持信息内容不变的变换

应用类别:电路图,功能图,概略图

备注:若多路分配器的一个输出被选,则该输出的内部逻辑状态处于输入的内部逻辑状态。否则,输出处于其内部“0”状态。

若会引起混淆,则可用 DMUX 代替 DX。

输入和控制选择动作的逻辑关系也必须示出,例如,在元件框内或公共控制框内示出那些输入和有关的关联标记。

S01628

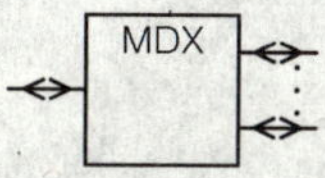

名称:双向多路选择器/分配器(选择器),一般符号

Bidirectional multiplexer/demultiplexer (selector), general symbol

状态:标准

IEC 发布日期:2004-09-01

上版标准序号:GB/T 4728.12(ed.2.0)12-36-03

关键词:二进制逻辑元件,多路分配器、多路选择器

用于:S01635

采用符号:S00101, S01463, S01626, S01627

形状类别:箭头, 字符,矩形

功能类别:K 处理信号或信息,T 已建立的信号保持信息内容不变的变换

应用类别:电路图,功能图

备注:该元件在一个输入-输出端口与从一组输入-输出端口选出的另一端口之间建立双向连接关系。

输入和控制选择动作的逻辑关系也必须示出,例如,在元件框内或公共控制框内示出那些输入和有关的关联标记。

箭头是随意的。

若会引起混淆,则可用 MUXDX 代替 MDX。

S01629

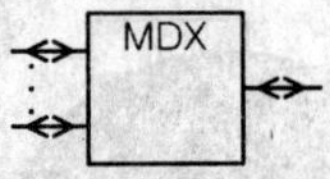

名称: 双向多路选择器/分配器(选择器),一般符号

Bidirectional multiplexer/demultiplexer (selector), general symbol

状态:标准

IEC 发布日期:2004-09-01

上版标准序号:GB/T 4728.12(ed.2.0)12-36-04

关键词:二进制逻辑元件

采用符号:S00101, S01463, S01626, S01627

形状类别:箭头, 字符,矩形

功能类别:K 处理信号或信息,T 已建立的信号保持信息内容不变的变换

应用类别:电路图,功能图

备注:该元件在一个输入-输出端口与从一组输入-输出端口选出的另一端口之间建立双向连接关系。

输入和控制选择动作的逻辑关系也必须示出,例如,在元件框内或公共控制框内示出那些输入和有关的关联标记。

若会引起混淆,则可用 DMUX 代替 DX。

箭头是随意的。

若会引起混淆,则可用 MUXDX 代替 MDX。

S01630

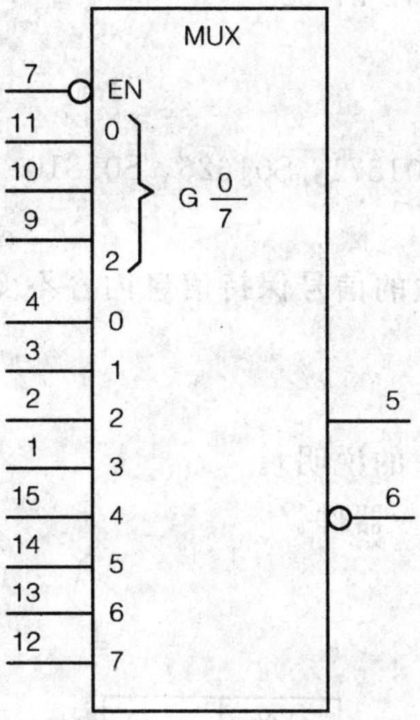

名称：数据选择器(8 选 1)

Multiplexer (one-of-eight)

状态:标准

IEC 发布日期:2004-09-01

上版标准序号:GB/T 4728.12(ed.2.0)12-37-01

关键词:二进制逻辑元件,多路选择器

采用符号:S01466，S01467，S01503，S01516，S01626，S01810

形状类别:矩形

功能类别:K 处理信号或信息,T 已建立的信号保持信息内容不变的变换

应用类别:电路图

备注:例如 SN 74151。

S01631

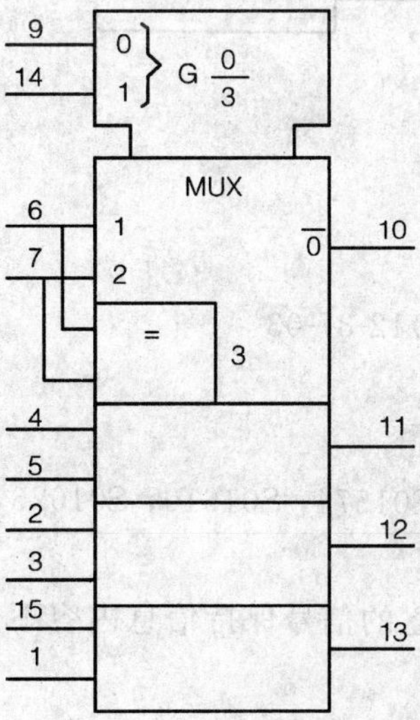

名称:四多路选择器

Multiplexer，quadruple

状态:标准
IEC 发布日期:2004-09-01
上版标准序号:GB/T 4728.12(ed.2.0)12-37-02
关键词:二进制逻辑元件,多路选择器
其他形式:S01632
采用符号:S01464,S01476,S01516,S01571,S01626,S01810
形状类别:字符,矩形
功能类别:K 处理信号或信息,T 已建立的信号保持信息内容不变的变换
应用类别:电路图,功能图
备注:(例如 MC 14519)
“非 0 线”是随意的(见符号 S01626 的说明)。
符号 S01632 用另一种形式说明同一器件。

S01632

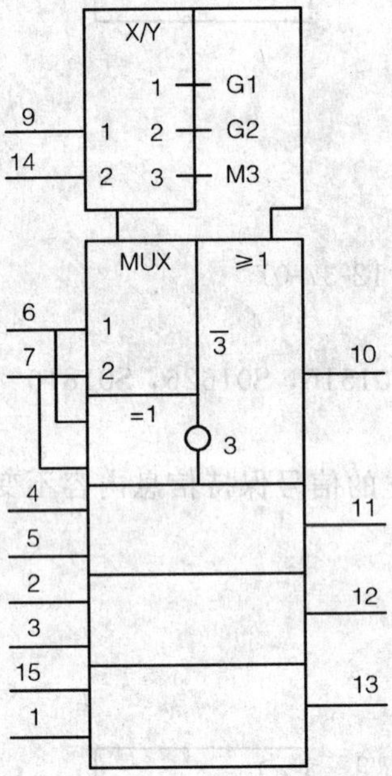

名称:四异或非门
Exclusive NOR,quadruple
状态:标准
IEC 发布日期:2004-09-01
上版标准序号:GB/T 4728.12(ed.2.0)12-37-03
关键词:二进制逻辑元件,组合元件
其他形式:S01631
采用符号:S01464,S01479,S01566,S01574,S01610,S01626,S01809,S01810
形状类别:字符,矩形
功能类别:K 处理信号或信息,T 已建立的信号保持信息内容不变的变换
应用类别:电路图,功能图
备注:(例如 MC 14519)
符号 S01631 用另一种形式说明同一器件。

S01633

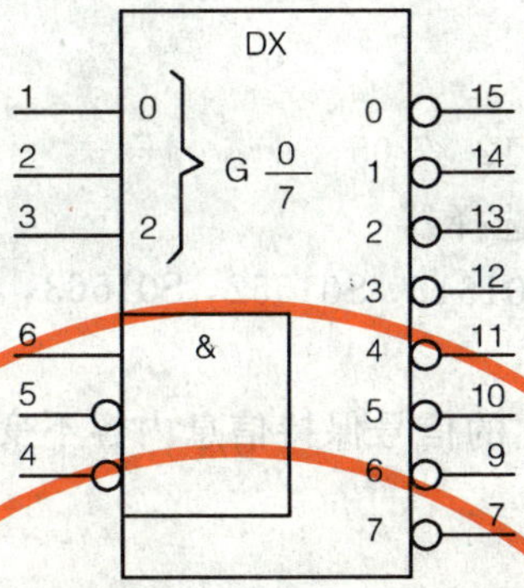

名称：多路分配器(1 对 8)

Demultiplexer (one-to-eight)

状态：标准

IEC 发布日期：2004-09-01

上版标准序号：GB/T 4728.12(ed.2.0)12-37-04

关键词：二进制逻辑元件，多路分配器

其他形式：S01615

采用符号：S01466，S01467，S01516，S01567，S01627，S01810

形状类别：字符，矩形

功能类别：K 处理信号或信息，T 已建立的信号保持信息内容不变的变换

应用类别：电路图，功能图

备注：(例如 SN 74LS138)

符号 S01615 用另一种形式说明同一器件。

S01634

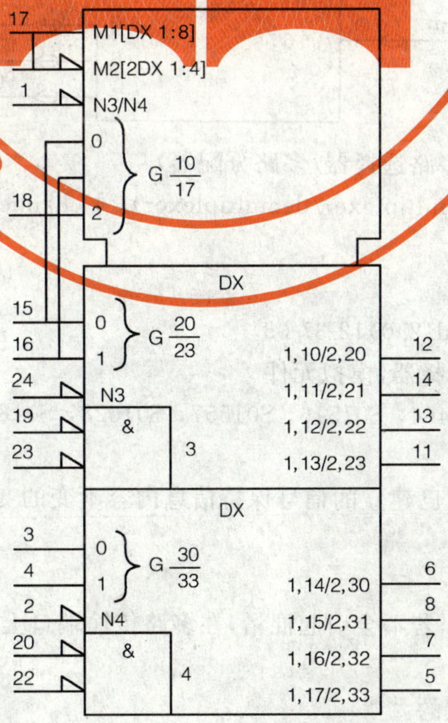

名称：双万用多路分配器/译码器

Demultiplexer/decoder, universal, dual

状态:标准

IEC 发布日期:2004-09-01

上版标准序号:GB/T 4728.12(ed.2.0)12-37-05

关键词:二进制逻辑元件,编码器、多路选择器

采用符号:S01464, S01468, S01494, S01516, S01552, S01563, S01567, S01627, S01810

形状类别:字符,矩形

功能类别:K 处理信号或信息,T 已建立的信号保持信息内容不变的变换

应用类别:电路图

备注:例如 F 100170。

为了正确执行 DX1:8 的功能,需要在引线 19 和 20 之间,以及引线 22 和 23 之间进行外连。

在此示例中,开路输出符号位未示出,这是因为 ECL 系列的 ECL 输出均为同一开路形式。

S01635

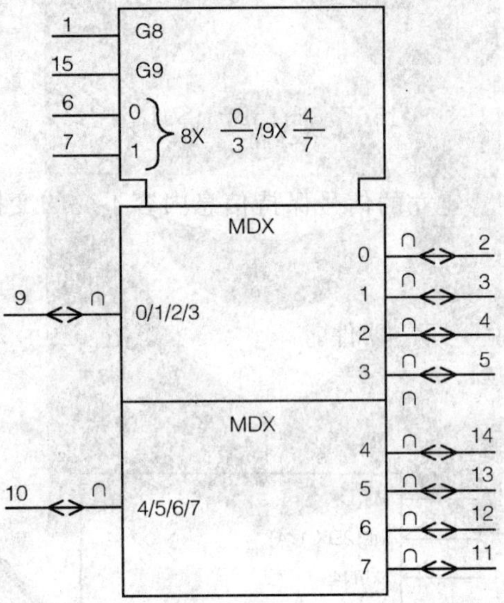

名称：双-4 路模拟数据选择器(多路选择器/多路分配器)

Analogue data selector (multiplexer/demultiplexer), 4-channel, dual

状态:标准

IEC 发布日期:2004-09-02

上版标准序号:GB/T 4728.12(ed.2.0)12-37-06

关键词:二进制逻辑元件,多路选择器,模拟元件

采用符号:S00101, S00216, S01464, S01516, S01557, S01628, S01810

形状类别:字符,矩形

功能类别:K 处理信号或信息,T 已建立的信号保持信息内容不变的变换

应用类别:电路图

备注:例如 MC 14529B。

当使用总限定符号 MDX 时,若不会引起混淆,在多路传输端口上,X-关联的标识序号(例如 0/1/2/3)可以省略。

箭头和模拟信号符号是随意的。

S01636

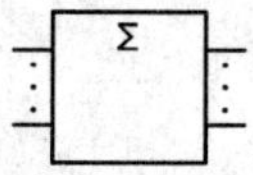

名称：加法器，一般符号

Adder，general symbol

状态：标准

IEC 发布日期：2004-09-02

上版标准序号：GB/T 4728.12(ed.2.0)12-38-01

关键词：二进制逻辑元件，运算元件

采用符号：S01463

用于：S01643，S01642

形状类别：字符，矩形

功能类别：K 处理信号或信息

应用类别：电路图，功能图，概略图

备注：符号"∑"定义为 GB/T 19679 "**大写字母符号 Σ**"的字符 5/3，相当于 ISO/IEC 10646"**大写希腊字母 Σ**"的 UCS03A3(表 10)。

S01637

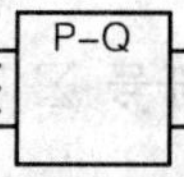

名称：减法器，一般符号

Subtractor，general symbol

状态：标准

IEC 发布日期：2004-09-02

上版标准序号：GB/T 4728.12(ed.2.0)12-38-02

关键词：二进制逻辑元件，运算元件

用于：S01646

采用符号：S01463

形状类别：字符，矩形

功能类别：K 处理信号或信息

应用类别：电路图，功能图，概略图

S01638

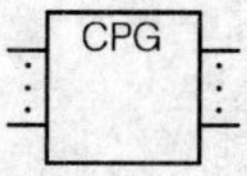

名称：先行进位产生器(进位传播和产生)，一般符号

Look-ahead carry generator (carry，propagate and generate)，general symbol

状态：标准

IEC 发布日期：2004-09-02

上版标准序号：GB/T 4728.12(ed.2.0)12-38-03

关键词：二进制逻辑元件，运算元件

用于:S01647
采用符号:S01463
形状类别:字符,矩形
功能类别:K 处理信号或信息
应用类别:电路图,功能图,概略图

S01639

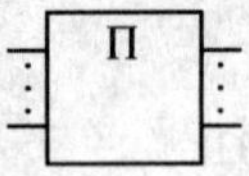

名称:乘法器,一般符号
Multiplier, general symbol
状态:标准
IEC 发布日期:2004-09-02
上版标准序号:GB/T 4728.12(ed.2.0)12-38-04
关键词:二进制逻辑元件,运算元件
用于:S01648, S01649
采用符号:S01463
形状类别:字符,矩形
功能类别:K 处理信号或信息
应用类别:电路图,功能图,概略图
备注:符号"Π"定义为 GB/T 19679 **"大写字母符号 ∑"**的字符 5/0,相当于 ISO/IEC 10646**"大写希腊字母 ∑"**的 UCS03A0(表 10)。

S01640

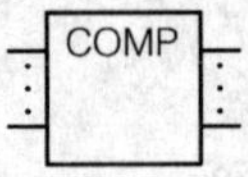

名称:数值比较器,一般符号
Magnitude comparator, general symbol
状态:标准
IEC 发布日期:2004-09-02
上版标准序号:GB/T 4728.12(ed.2.0)12-38-05
关键词:二进制逻辑元件,运算元件
用于:S01651, S01650, S01652
采用符号:S01463
形状类别:字符,矩形
功能类别:K 处理信号或信息
应用类别:电路图,功能图,概略图
备注:级联比较器被设定为:从低位到高位进行比较。否则,应另加说明,例如,用"[H - L]"来说明,并把它置于限定符号"COMP"之下。

S01641

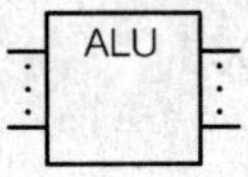

名称：运算器，一般符号

Arithmetic logic unit，general symbol

状态：标准

IEC 发布日期：2004-09-02

上版标准序号：GB/T 4728.12(ed.2.0)12-38-06

关键词：二进制逻辑元件，运算元件

用于：S01654，S01653

采用符号：S01463

形状类别：字符，矩形

功能类别：K 处理信号或信息

应用类别：电路图，功能图，概略图

备注：总限定符号应增加补充信息以说明元件的功能(示例见符号 S01453)。

S01642

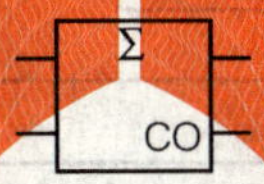

名称：半加器

Half adder

状态：标准

IEC 发布日期：2004-09-02

上版标准序号：GB/T 4728.12(ed.2.0)12-38-07

关键词：二进制逻辑元件，运算元件

采用符号：S01535，S01636

形状类别：字符，矩形

功能类别：K 处理信号或信息

应用类别：电路图，功能图，概略图

S01643

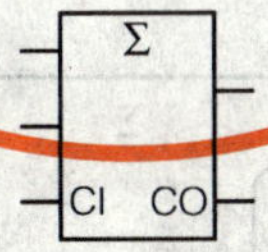

名称：1 位全加器

Single-bit full adder

状态：标准

IEC 发布日期：2004-09-02

上版标准序号：GB/T 4728.12(ed.2.0)12-38-08

关键词：二进制逻辑元件，运算元件

用于：S01645，S01644

采用符号：S01532，S01535，S01636

应用注释：A00301

形状类别：字符，矩形

功能类别:K 处理信号或信息
应用类别:电路图,功能图,概略图
备注:简单的 1 位全加器可用奇数元件(模 2 加法器)和 A00301 中示出的符号组合另加说明。

S01644

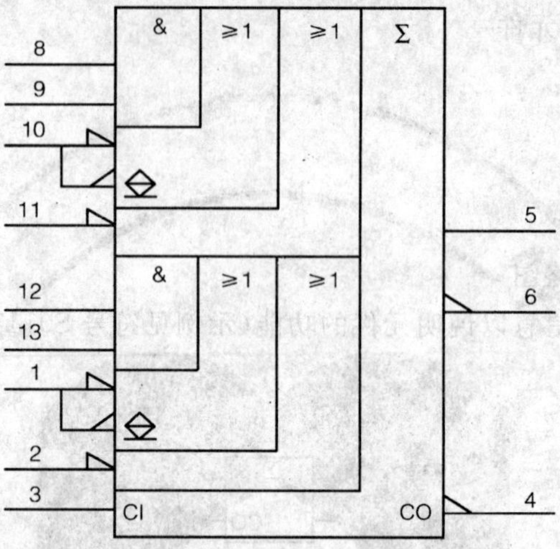

名称:具有互补和输出和反相进位输出的 1 位全加器
Single-bit full adder with complementary sum outputs and inverted carry output
状态:标准
IEC 发布日期:2004-09-02
上版标准序号:GB/T 4728.12(ed.2.0)12-39-01
关键词:二进制逻辑元件,运算元件
采用符号:S01468, S01469, S01497, S01566, S01567, S01643
形状类别:字符,矩形
功能类别:K 处理信号或信息
应用类别:电路图
备注:例如 SN 7480。

S01645

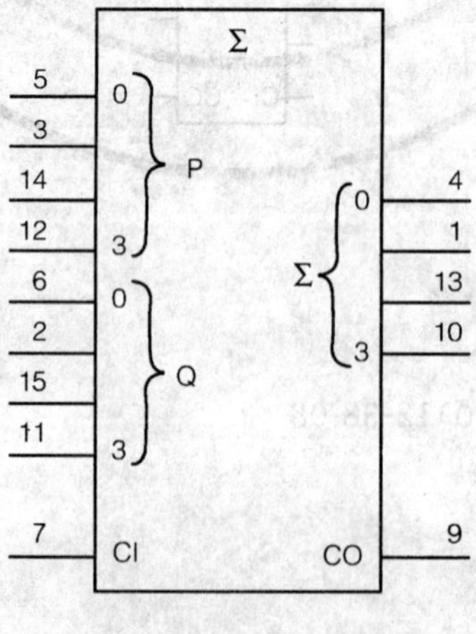

名称:4 位全加器
Full adder, 4-bit

状态:标准

IEC 发布日期:2004-09-02

上版标准序号:GB/T 4728.12(ed.2.0)12-39-02

关键词:二进制逻辑元件,运算元件

其他形式:S01646

采用符号:S01516, S01517, S01643

形状类别:字符,矩形

功能类别:K 处理信号或信息

应用类别:电路图

备注:例如 SN 74283。符号 S01646 用另一种形式说明同一器件。

S01646

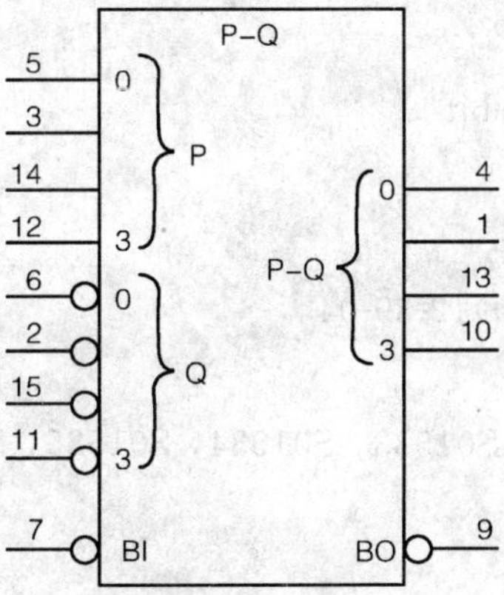

名称:4 位全减器

Full subtractor, 4-bit

状态:标准

IEC 发布日期:2004-09-02

上版标准序号:GB/T 4728.12(ed.2.0)12-39-03

关键词:二进制逻辑元件,运算元件

其他形式:S01645

采用符号:S01466, S01467, S01516, S01517, S01526, S01529, S01637

形状类别:字符,矩形

功能类别:K 处理信号或信息

应用类别:电路图

备注:例如 SN 74283。符号 S01645 用另一种形式说明同一器件。

S01647

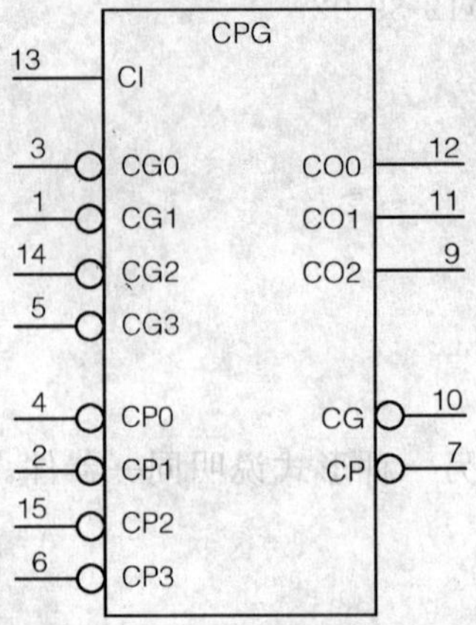

名称：4 位先行进位产生器

Look-ahead carry generator，4-bit

状态:标准

IEC 发布日期:2004-09-02

上版标准序号:GB/T 4728.12(ed.2.0)12-39-04

关键词:二进制逻辑元件,运算元件

采用符号:S01466，S01467，S01532，S01533，S01534，S01535，S01536，S01537，S01638

形状类别:字符,矩形

功能类别:K 处理信号或信息

应用类别:电路图,功能图

备注:(例如 SN 74182)

S01648

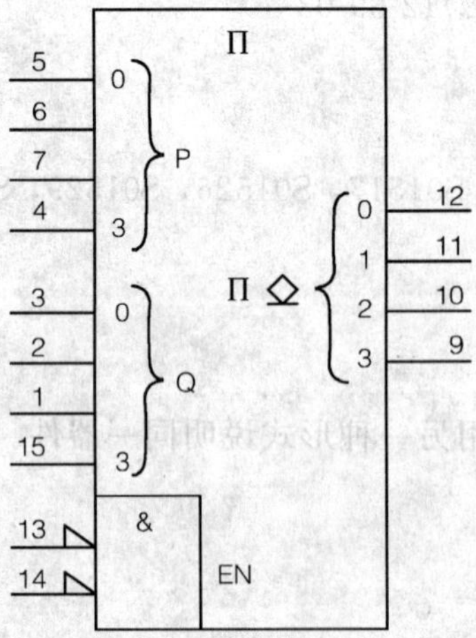

名称：4 位并行乘法器,产生乘积的 4 个最低有效位

Multiplier，4-bit parallel，generating the four least significant bits of the product

状态:标准

IEC 发布日期:2004-09-02

上版标准序号:GB/T 4728.12(ed.2.0)12-39-05
关键词:二进制逻辑元件,运算元件
采用符号:S01468, S01495, S01503, S01516, S01517, S01567, S01639
形状类别:字符,矩形
功能类别:K 处理信号或信息
应用类别:电路图,功能图
备注:(例如 SN 74285)

S01649

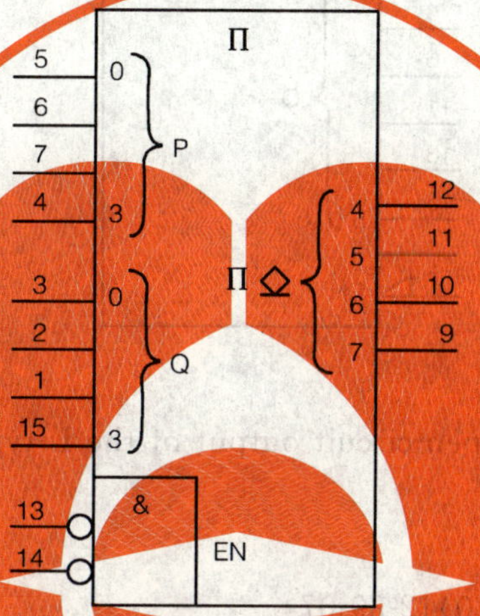

名称:4 位并行乘法器,产生乘积的 4 个最高有效位
Multiplier, 4-bit parallel, generating the four most significant bits of the product
状态:标准
IEC 发布日期:2004-09-02
上版标准序号:GB/T 4728.12(ed.2.0)12-39-06
关键词:二进制逻辑元件,运算元件
采用符号:S01466, S01495, S01503, S01516, S01517, S01567, S01639
形状类别:字符,矩形
功能类别:K 处理信号或信息
应用类别:电路图
备注:例如 SN 74284。

S01650

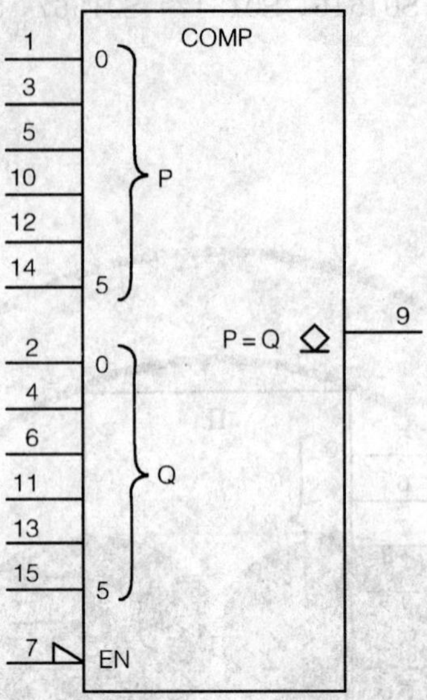

名称：L 型开路输出 6 位数值比较器

Magnitude comparator with open-circuit output of the L-type, 6-bit

状态:标准

IEC 发布日期:2004-09-02

上版标准序号:GB/T 4728.12(ed.2.0)12-39-07

关键词:二进制逻辑元件,运算元件

采用符号:S01468，S01495，S01503，S01516，S01640

形状类别:字符,矩形

功能类别:K 处理信号或信息

应用类别:电路图,功能图

备注:(例如 DM 7160)

S01651

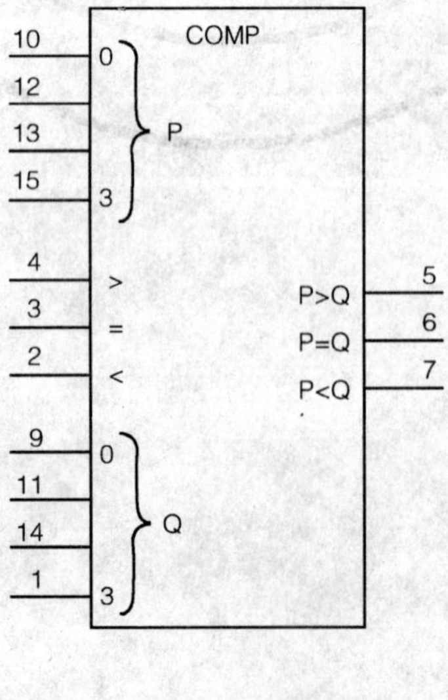

名称：4 位级联输入的数值比较器

Magnitude comparator with cascading inputs，4-bit

状态:标准

IEC 发布日期:2004-09-02

上版标准序号:GB/T 4728.12(ed.2.0)12-39-08

关键词:二进制逻辑元件,比较器

采用符号:S01516，S01520，S01521，S01522，S01523，S01524，S01525，S01640

形状类别:字符,矩形

功能类别:K 处理信号或信息

应用类别:电路图,功能图

备注:(例如 SN 7485)

S01652

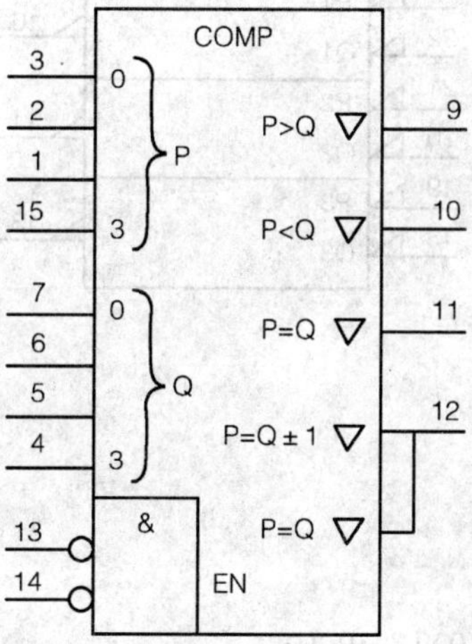

名称：三态输出的 4 位数值比较器

Magnitude comparator with 3-state outputs，4-bit

状态:标准

IEC 发布日期:2004-09-02

上版标准序号:GB/T 4728.12(ed.2.0)12-39-09

关键词:二进制逻辑元件,比较器

采用符号:S01466，S01498，S01503，S01516，S01523，S01524，S01525，S01567，S01640

形状类别:字符,矩形

功能类别:K 处理信号或信息

应用类别:电路图,功能图

备注:(例如 DM 76L24)

S01653

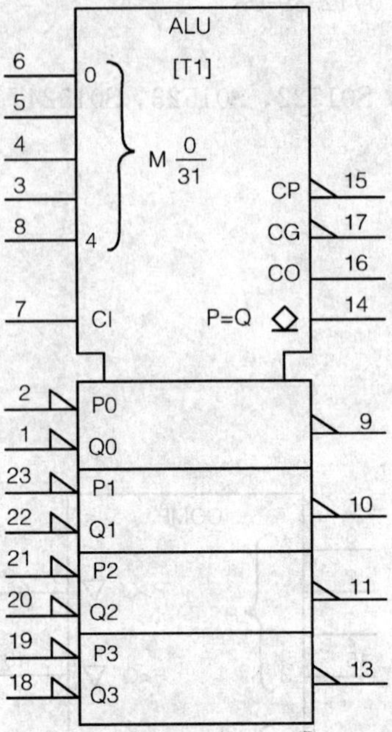

名称：4 位运算逻辑元件

Arithmetic logic unit，4-bit

状态：标准

IEC 发布日期：2004-09-02

上版标准序号：GB/T 4728.12(ed.2.0)12-39-10

关键词：二进制逻辑元件，运算元件

采用符号：S01464，S01468，S01495，S01516，S01532，S01534，S01535，S01537，S01552，S01641

形状类别：字符，矩形

功能类别：K 处理信号或信息

应用类别：电路图

备注：(例如 SN 74181)

[T1]为补充文件详细列出元件在各种方式下的功能。

在输出端的 M，按照应用注释 A00285 的规定予以省略。

S01654

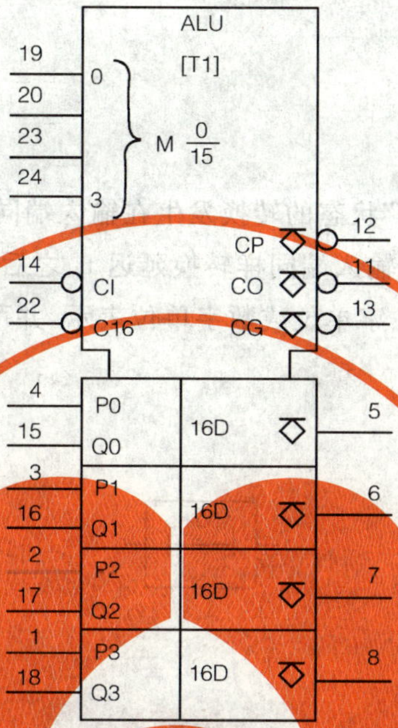

名称：4 位输出有锁存器的运算逻辑元件

Arithmetic logic unit with output latches，4-bit

状态：标准

IEC 发布日期：2004-09-02

上版标准序号：GB/T 4728.12(ed.2.0)12-39-11

关键词：二进制逻辑元件，运算元件

采用符号：S01464，S01466，S01467，S01494，S01516，S01532，S01534，S01535，S01552，S01558，S01641

应用注释：A00285

形状类别：字符，矩形

功能类别：K 处理信号或信息

应用类别：电路图，功能图

备注：(例如 F 100181)

[T1]为补充文件详细列出在各种方式下的功能。

在输出端的 M，按照应用注释 A00285 的规定予以省略。

S01655

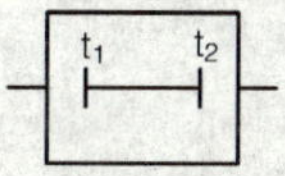

名称：给定延迟时间的延迟元件

Delay element with specified delay times

状态：标准

IEC 发布日期：2004-09-02

上版标准序号：GB/T 4728.12(ed.2.0)12-40-01

关键词：二进制逻辑元件，延迟运算，延迟元件

用于:S01657, S01656, S01658
采用符号:S00059, S00124
应用注释:A00303
形状类别:字符,直线
功能类别:K 处理信号或信息
应用类别:电路图,功能图,概略图
备注:输出端从内部“0”状态到内部“1”状态的转换发生在输入端同样转换延迟 t_1 之后。输出端从内部“1”状态到内部“0”状态的转换发生在输入端同样转换延迟 t_2 之后。

t_1 和 t_2 可用实际延迟代替,用秒、字单位或数字单位表示,并可标在框内或框外。若这两种延迟相等,则只标一个值即可。

S01656

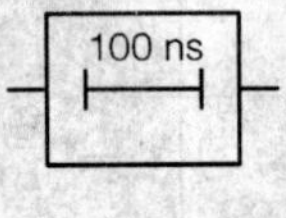

名称:延迟元件(100ns)
Delay element (100 ns)
状态:标准
IEC 发布日期:2004-09-02
上版标准序号:GB/T 4728.12(ed.2.0)12-40-02
关键词:二进制逻辑元件,延时运算、延时元件
采用符号:S01655
应用注释:A00303
形状类别:直线,矩形
功能类别:K 处理信号或信息
应用类别:电路图,功能图

S01657

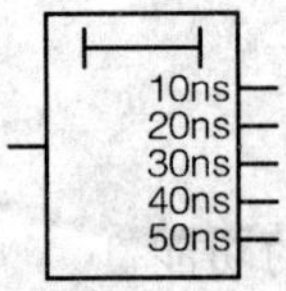

名称:带抽头的延迟元件(按 10ns 分级)
Tapped delay element (in steps of 10 ns)
状态:标准
IEC 发布日期:2004-09-02
上版标准序号:GB/T 4728.12(ed.2.0)12-40-03
关键词:二进制逻辑元件,延迟运算,延时元件
采用符号:S01655
形状类别:字符,直线,矩形
功能类别:K 处理信号或信息
应用类别:电路图,功能图,概略图

S01658

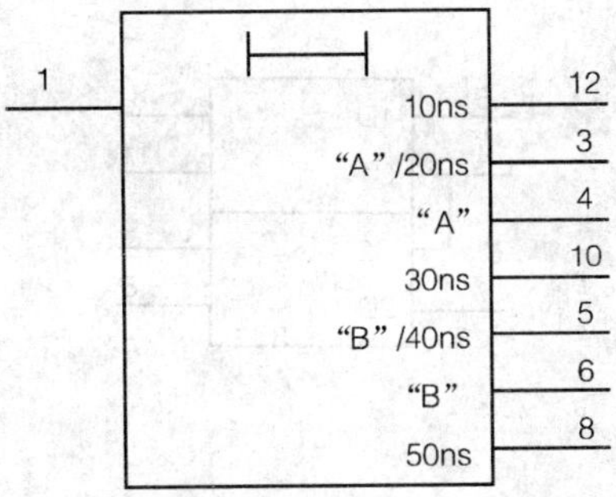

名称：5 抽头延迟线

Delay line，5 taps

状态：标准

IEC 发布日期：2004-09-01

关键词：二进制逻辑元件，延时元件，延时运算

采用符号：S01545，S01655

形状类别：字符，直线，矩形

功能类别：K 处理信号或信息

应用类别：电路图，功能图

备注：（例如 BEL FUSE S423-0050-02 和 Fil-Mag 77Z14A050 的合成表示）

该符号是具有相同功能但有不同引线排列的两个器件的合成表示。在印制电路板上，不同的"引脚"定义可以在一个通用封装上表示。用符号 S01545 图示说明。标出的引出端代号是通用的。

S01659

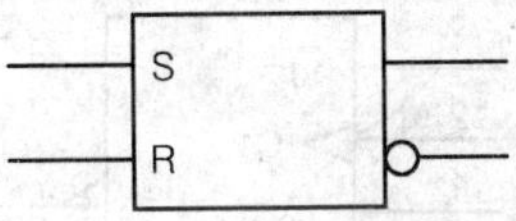

名称：R-S 触发器

RS-bistable

状态：标准

IEC 发布日期：2004-09-02

上版标准序号：GB/T 4728.12(ed.2.0)12-42-01

别名：R-S 锁存器

关键词：二进制逻辑元件，双稳元件

用于：S01671，S01673，S01672

采用符号：S01463，S01467，S01507，S01508

应用注释：A00304

形状类别：字符，矩形

功能类别：K 处理信号或信息

应用类别：电路图，功能图

S01660

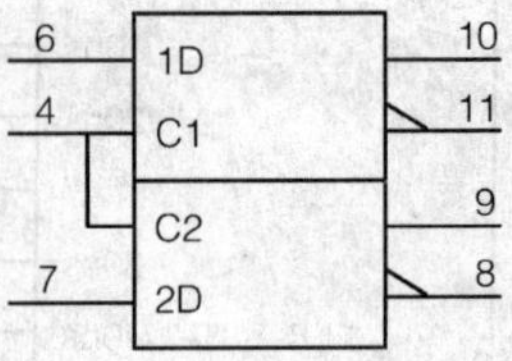

名称：双 D 锁存器
　　　D-latch，dual
状态:标准
IEC 发布日期:2004-09-02
上版标准序号:GB/T 4728.12(ed.2.0)12-42-02
关键词:二进制逻辑元件,双稳元件
采用符号:S01463，S01469，S01504，S01558
应用注释:A00304
形状类别:字符,矩形
功能类别:K 处理信号或信息
应用类别:电路图,功能图
备注:(例如 SN 7475 的一部分)

S01661

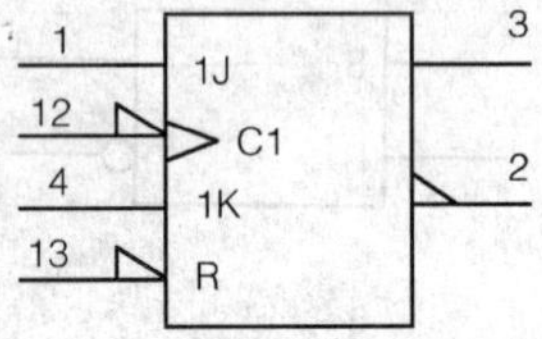

名称：边沿触发 J-K 触发器
　　　Edge-triggered JK-bistable
状态:标准
IEC 发布日期:2004-09-02
上版标准序号:GB/T 4728.12(ed.2.0)12-42-03
关键词:二进制逻辑元件,双稳元件
采用符号:S01463，S01469，S01472，S01505，S01506，S01507，S01558
应用注释:A00304
形状类别:字符,矩形，直角三角形
功能类别:K 处理信号或信息
应用类别:电路图,功能图
备注:(例如 SN 74LS107 的一部分)

S01662

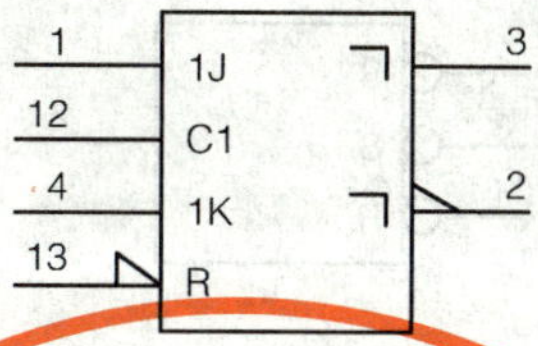

名称：脉冲触发 J-K 触发器

　　　Pulse-triggered JK-bistable

状态：标准

IEC 发布日期：2004-09-02

上版标准序号：GB/T 4728.12(ed.2.0)12-42-04

关键词：二进制逻辑元件，双稳元件

采用符号：S01463，S01469，S01491，S01505，S01506，S01507，S01558

应用注释：A00304

形状类别：字符，直线，矩形，直角三角形

功能类别：K 处理信号或信息

应用类别：电路图，功能图

备注：(例如 SN 74107 的一部分)

S01663

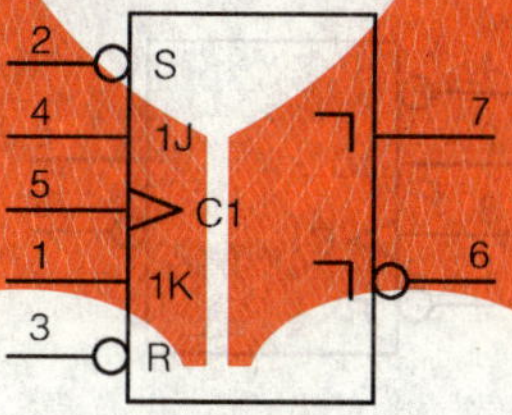

名称：数据锁定输出 J-K 触发器

　　　Data-lock-out JK-bistable

状态：标准

IEC 发布日期：2004-09-02

上版标准序号：GB/T 4728.12(ed.2.0)12-42-05

关键词：二进制逻辑元件，双稳元件 binary logic elements，bistable elements

采用符号：S01463，S01472，S01491，S01505，S01506，S01507，S01508，S01558

应用注释：A00304

形状类别：字符，等边三角形，矩形，直角三角形

功能类别：K 处理信号或信息

应用类别：电路图，功能图

备注：(例如 SN 74111 的一部分)

S01664

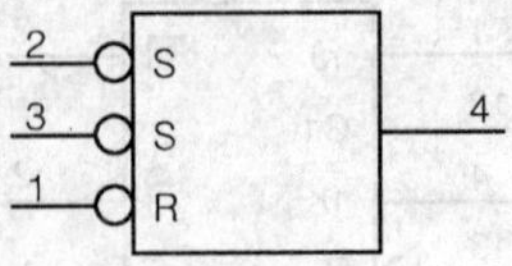

名称：具有逻辑非输入的 R-S 锁存器
RS-latch with negated inputs
状态:标准
IEC 发布日期:2004-09-02
上版标准序号:GB/T 4728.12(ed.2.0)12-42-06
关键词:二进制逻辑元件,双稳元件
采用符号:S01463，S01466，S01507，S01508
应用注释:A00304
形状类别:字符,矩形
功能类别:K 处理信号或信息
应用类别:电路图,功能图
备注:(例如 SN 74279 的一部分)

S01665

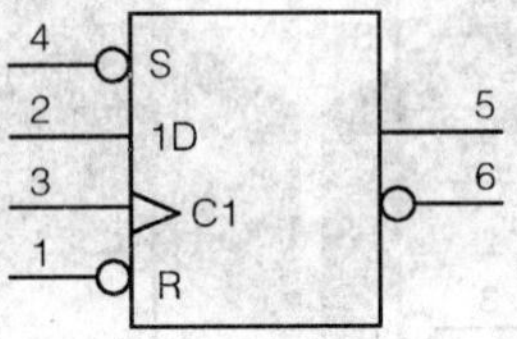

名称：边沿触发的 D 触发器
Edge-triggered D-bistable
状态:标准
IEC 发布日期:2004-09-02
上版标准序号:GB/T 4728.12(ed.2.0)12-42-07
关键词:二进制逻辑元件,双稳元件
采用符号:S01463，S01466，S01467，S01472，S01507，S01508，S01551
应用注释:A00304，A00305
形状类别:字符,等边三角形,矩形
功能类别:K 处理信号或信息
应用类别:电路图,功能图
备注:(例如 SN 7474 的一部分)
若规定了 S=R=1 组合的作用,该作用可用 S-和 R-的关联示出。

S01666

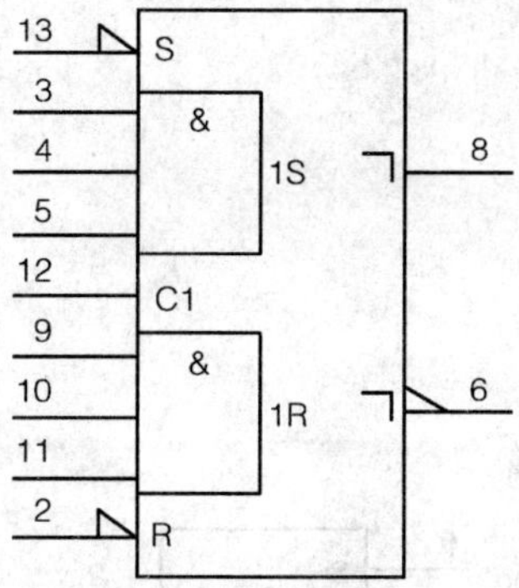

名称：脉冲触发 R-S 触发器

Pulse-triggered RS-bistable

状态：标准

IEC 发布日期：2004-09-02

上版标准序号：GB/T 4728.12(ed.2.0)12-42-08

关键词：二进制逻辑元件，双稳元件

采用符号：S01466，S01468，S01491，S01507，S01508，S01558，S01567

应用注释：A00304

形状类别：字符，矩形

功能类别：K 处理信号或信息

应用类别：电路图，功能图

备注：(例如 SN 74L71)

S01667

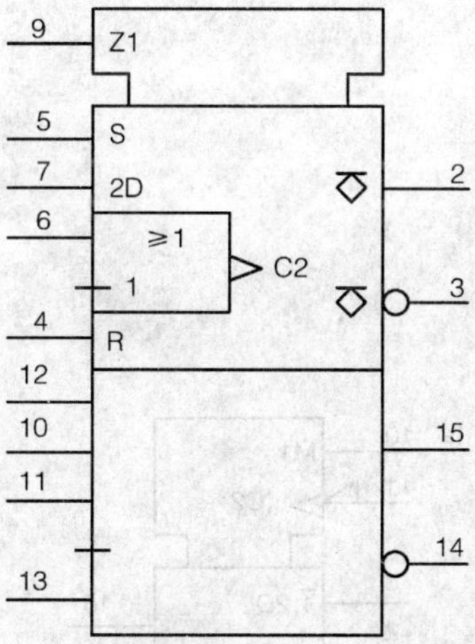

名称：双边沿触发 D 触发器

Edge-triggered D-bistable，dual

状态：标准

IEC 发布日期：2004-09-02

上版标准序号：GB/T 4728.12(ed.2.0)12-42-09

关键词：二进制逻辑元件，双稳元件

其他形式：S01463，S01464，S01467，S01472，S01479，S01494，S01504，S01507，S01508，S01554，S01558，S01566
应用注释：A00304
形状类别：字符，矩形
功能类别：K 处理信号或信息
应用类别：电路图，功能图
备注：(例如 MC 10131)

S01668

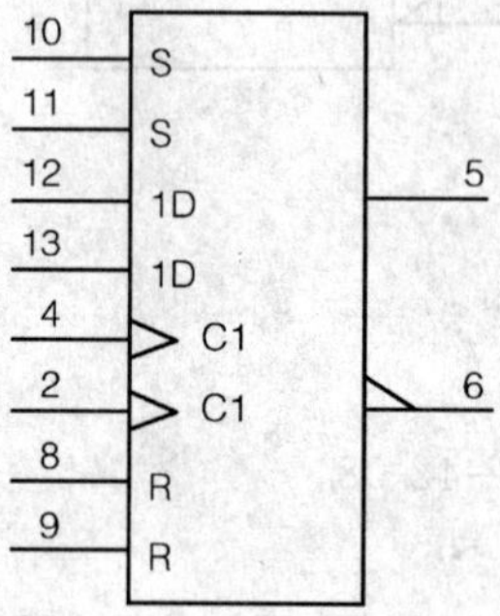

名称：边沿触发 D 触发器
Edge-triggered D-bistable
状态：标准
IEC 发布日期：2004-09-02
上版标准序号：GB/T 4728.12(ed.2.0)12-42-10
关键词：二进制逻辑元件，双稳元件
采用符号：S01463，S01469，S01472，S01504，S01508，S01558
应用注释：A00304
形状类别：字符，等边三角形，矩形
功能类别：K 处理信号或信息
应用类别：电路图，功能图
备注：(例如 MC 1222)

S01669

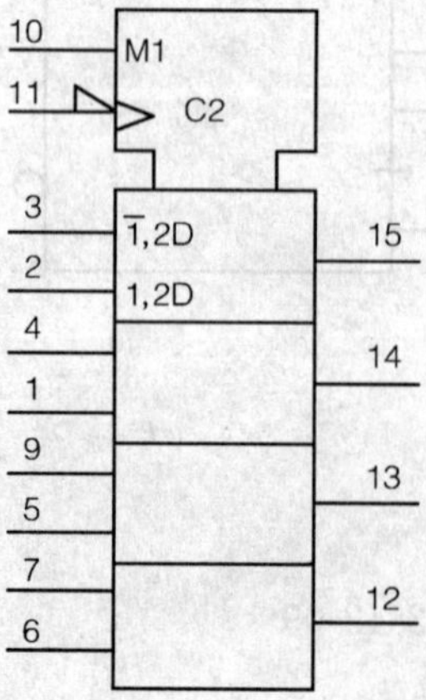

名称：四 2 输入有锁存功能的多路选择器

Multiplexer with storage，quadruple 2-input

状态:标准

IEC 发布日期:2004-09-02

上版标准序号:GB/T 4728.12(ed.2.0)12-42-11

关键词:二进制逻辑元件,双稳元件,多路选择器

采用符号:S01463，S01464，S01466，S01472，S01504，S01558

应用注释:A00304

形状类别:字符,矩形

功能类别:K 处理信号或信息

应用类别:电路图,功能图

备注:(例如 SN 74298)

引脚 10 上的“M1”可用“G1”代替。

S01670

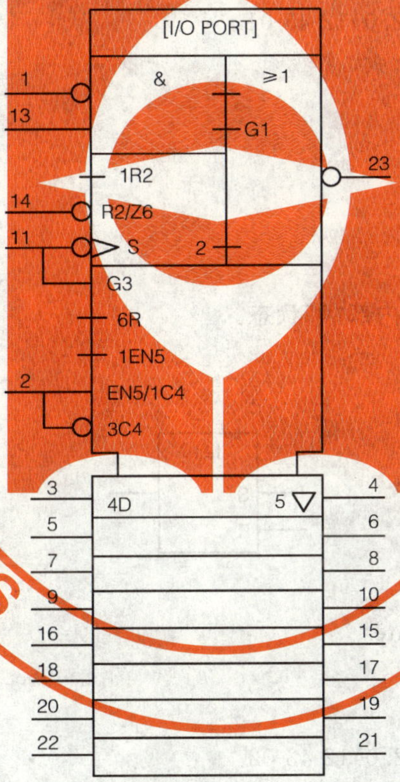

名称：8 位输入/输出端口

Input/output port，8-bit

状态:标准

IEC 发布日期:2004-09-02

上版标准序号:GB/T 4728.12(ed.2.0)12-42-12

关键词:二进制逻辑元件,双稳元件

采用符号:S01463，S01464，S01466，S01472，S01475，S01479，S01498，S01504，S01554，S01561，S01562，S01566，S01567

应用注释:A00304
形状类别:字符,矩形
功能类别:K 处理信号或信息
应用类别:电路图,功能图
备注:(例如 8212)

S01671

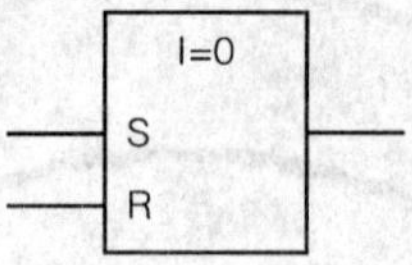

名称: 初始为"0"状态的 RS-双稳
RS-bistable with initial 0-state
状态:标准
IEC 发布日期:2004-09-02
上版标准序号:GB/T 4728.12(ed.2.0)12-43-01
关键词:二进制逻辑元件,双稳元件
采用符号:S01659
应用注释:A00304,A00306
形状类别:字符,矩形
功能类别:K 处理信号或信息
应用类别:电路图,功能图
备注:电源接通的瞬间,输出处于其内部"0"状态。

S01672

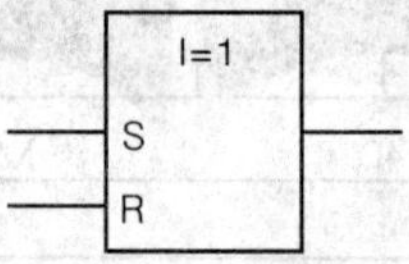

名称: 初始为"1"状态的 RS-双稳
RS-bistable with initial 1-state
状态:标准
IEC 发布日期:2004-09-02
上版标准序号:GB/T 4728.12(ed.2.0)12-43-02
关键词:二进制逻辑元件,双稳元件
采用符号:S01659
应用注释:A00304,A00306
形状类别:字符,矩形
功能类别:K 处理信号或信息
应用类别:电路图,功能图
备注:电源接通的瞬间,输出处于其内部"1"状态。

S01673

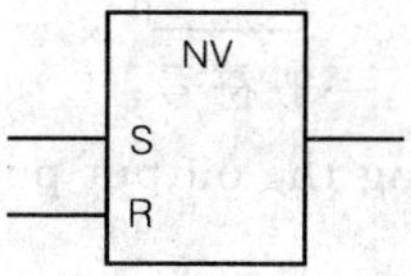

名称：非易失的 RS-双稳

RS-bistable，non-volatile

状态：标准

IEC 发布日期：2004-09-02

上版标准序号：GB/T 4728.12(ed.2.0)12-43-03

关键词：二进制逻辑元件，双稳元件

采用符号：S01659

应用注释：A00304，A00306

形状类别：字符，矩形

功能类别：K 处理信号或信息

应用类别：电路图，功能图

备注：电源接通的瞬间，输出的内部逻辑状态与电源端开时相同。

S01674

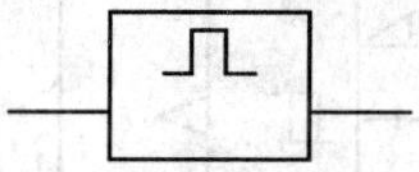

名称：可重复触发单稳(当有脉冲输出期间)，一般符号

Monostable，retriggerable (during the output pulse)，general symbol

状态：标准

IEC 发布日期：2004-08-27

上版标准序号：GB/T 4728.12(ed.2.0)12-44-01

别名：单一发射，一般符号

关键词：二进制逻辑元件，单稳

用于：S01676，S01806，S01721

采用符号：S00132，S01463，S01472

形状类别：直线，矩形

功能类别：K 处理信号或信息

应用类别：电路图，功能图

备注：每当输入变到其"1"状态，输出就变到或保持其"1"状态。经过由特定器件的特性决定的时间间隔后，输出回到其"0"状态，时间间隔从输入最后一次变到其"1"状态算起。

输入端应用动态符号(符号 S01472)是随意的(应用示例见符号 12-45-01)。

S01675

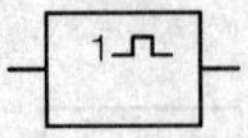

名称：非重复触发单稳（当有脉冲输出期间），一般符号

Monostable，non-retriggerable (during the output pulse)，general symbol

状态：标准

IEC 发布日期：2004-08-27

上版标准序号：GB/T 4728.12(ed.2.0)12-44-02

关键词：二进制逻辑元件，单稳

用于：S01677

采用符号：S00132，S01463，S01472

形状类别：字符，描述，矩形

功能类别：K 处理信号或信息

应用类别：电路图，功能图

备注：仅当输入变到其“1”状态，输出才变到其“1”状态。经过由特定器件的特性决定的时间间隔后，输出回到其“0”状态，而不管在此期间输入变量有何变化。

输入端应用动态符号（符号 S01472）是随意的（应用示例见符号 S01677）。

S01676

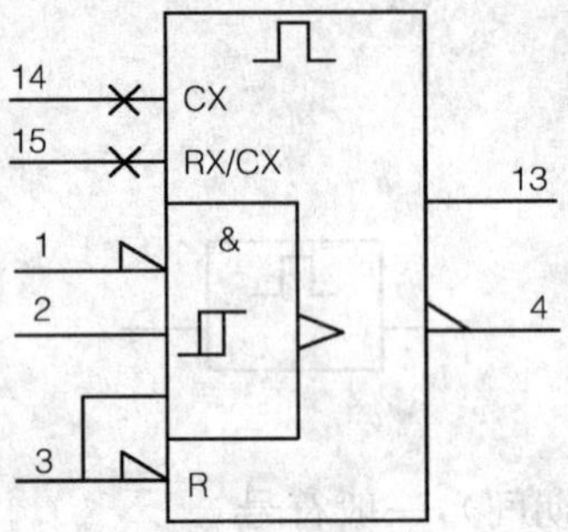

名称：可重复触发单稳触发器

Monostable，retriggerable

状态：标准

IEC 发布日期：2004-09-02

上版标准序号：GB/T 4728.12(ed.2.0)12-45-01

关键词：二进制逻辑元件，单稳

采用符号：S01468，S01469，S01472，S01492，S01507，S01546，S01558，S01559，S01567，S01674

应用注释：A00308

形状类别：字符，矩形

功能类别：K 处理信号活信息

应用类别：电路图

备注：例如，SN 74L123 的一部分。

见应用注释 A00308 的功能表图。

S01677

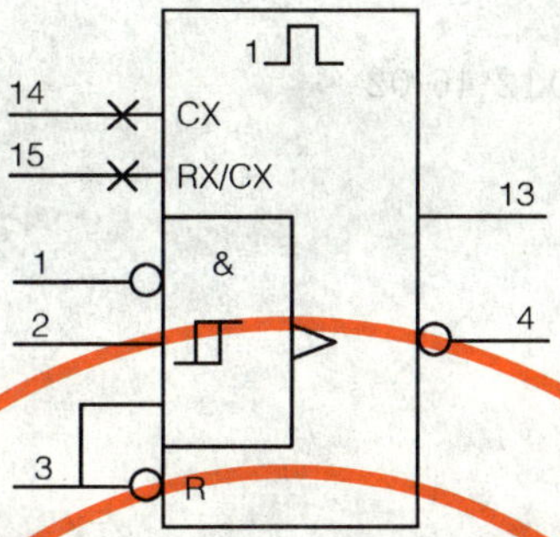

名称：非重复触发单稳触发器
Monostable，non-retriggerable
状态：标准
IEC 发布日期：2004-09-02
上版标准序号：GB/T 4728.12(ed.2.0)12-45-02
关键词：二进制逻辑元件，单稳
采用符号：S01466，S01467，S01472，S01507，S01546，S01558，S01559，S01675
形状类别：字符，矩形
功能类别：K 处理信号或信息
应用类别：电路图
备注：例如，SN 74221 的一部分。

S01678

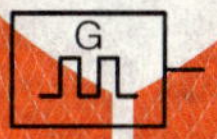

名称：非稳态元件，一般符号
Astable element，general symbol
状态：标准
IEC 发布日期：2004-09-02
上版标准序号：GB/T 4728.12(ed.2.0)12-46-01
别名：产生“0”和“1”交替序列的信号发生器
关键词：二进制逻辑元件，信号发生器
用于：S01679，S01683，S01734，S01742
采用符号：S01225，S01463
形状类别：字符，直线，矩形
功能类别：G 启动信号流
应用类别：电路图，功能图
备注：该符号中，字符 G 为发生器的限定符号。若波形明显时，该符号可以无附加符号示出。

S01679

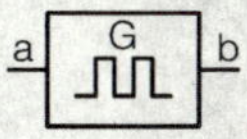

名称：可控非稳态元件，一般符号

Controlled astable element, general symbol
状态:标准
IEC 发布日期:2004-09-02
上版标准序号:GB/T 4728.12(ed.2.0)12-46-02
关键词:二进制逻辑元件,非稳态元件
用于:S01682, S01681
采用符号:S01678
应用注释:A00309
形状类别:字符,直线,矩形
功能类别:G 启动信号流
应用类别:电路图,概略图
备注:该符号中,字符 G 为发生器的限定符号。若波形明显时,该符号可以无附加符号示出。

S01680

名称:同步启动非稳态元件,一般符号
Astable element, synchronously starting, general symbol
状态:标准
IEC 发布日期:2004-09-02
上版标准序号:GB/T 4728.12(ed.2.0)12-46-03
关键词:二进制逻辑元件,非稳态元件
采用符号:S01684
形状类别:字符,描述,正方形
功能类别:G 启动信号流
应用类别:电路图,概略图
备注:输入呈现其内部"1"状态的瞬间,输出以一个完整的脉冲开始。
该符号中,字符 G 为发生器的限定符号。若波形明显时,该符号可以无附加符号示出。

S01681

名称:完成最后一个脉冲后停止输出的非稳态元件,一般符号
Astable element stopping after completing the last pulse, general symbol
状态:标准
IEC 发布日期:2004-09-02
上版标准序号:GB/T 4728.12(ed.2.0)12-46-04
关键词:二进制逻辑元件,非稳态元件
采用符号:S01679
应用注释:A00345
形状类别:字符,描述,矩形
功能类别:G 启动信号流
应用类别:电路图,功能图

备注：输入回到其内部“0”状态时，输出保持其内部“0”状态或完成其最后一个脉冲。

该符号中，字符 G 为发生器的限定符号。若波形明显时，该符号可以无附加符号示出。

S01682

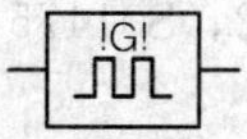

名称：同步启动，完成最后一个脉冲后停止输出的非稳态元件，一般符号

Astable element, synchronously starting, stopping after completing the last pulse, general symbol

状态：标准

IEC 发布日期：2004-09-02

上版标准序号：GB/T 4728.12(ed.2.0)12-46-05

关键词：二进制逻辑元件，非稳态元件

采用符号：S01679

应用注释：A00346

形状类别：字符，描述，矩形

功能类别：G 启动信号流

应用类别：电路图，功能图

备注：该符号中，字符 G 为发生器的限定符号。若波形明显时，该符号可以无附加符号示出。

S01683

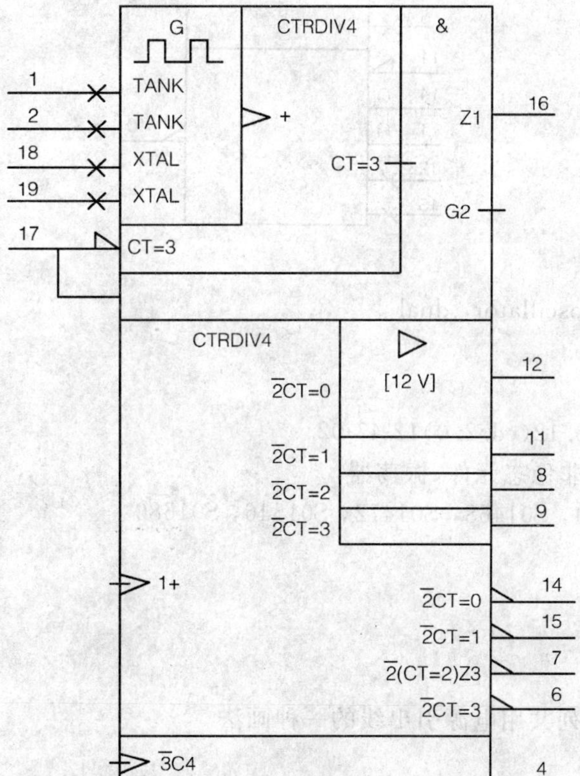

名称：4 相时钟发生器/启动器

Clock generator/driver, four-phase

状态:标准
IEC 发布日期:2004-09-02
上版标准序号:GB/T 4728.12(ed.2.0)12-47-01
关键词:二进制逻辑元件,非稳态元件,时钟发生器
采用符号:S01240, S01468, S01469, S01472, S01475, S01483, S01492,S01546, S01555, S01567, S01678, S01687, S01811
形状类别:字符,描述,等边三角形,矩形,直角三角形
功能类别:G 启动信号流
应用类别:电路图,功能图
备注:例如 TIM 9904,以前的 SN 74LS362。CTRDIV4 的用法见符号 S01687。

S01737 用复杂功能元件的规则说明同一器件。

S01684

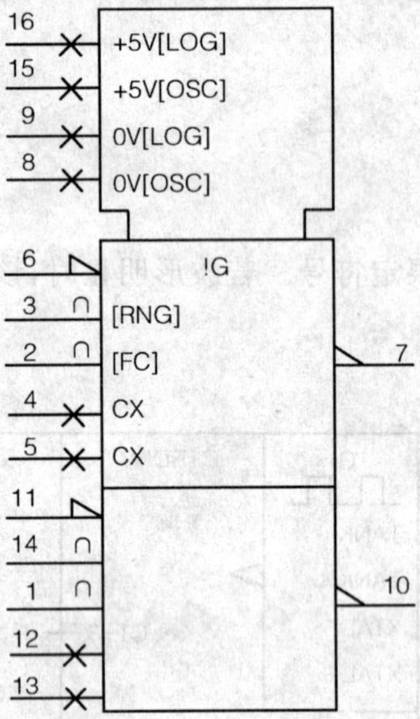

名称:双压控振荡器
Voltage-controlled oscillator, dual
状态:标准
IEC 发布日期:2004-09-02
上版标准序号:GB/T 4728.12(ed.2.0)12-47-02
关键词:二进制逻辑元件,非稳态元件,振荡器
采用符号:S00216, S01464, S01468, S01472, S01546, S01680
形状类别:字符,矩形
功能类别:G 启动信号流
应用类别:电路图,功能图
备注:例如 SN 74S124。

该符号说明了元件阵列共用电源引出线的一种画法。

S01685

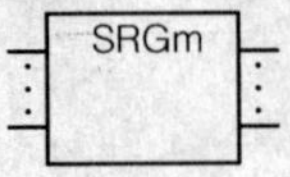

名称：移位寄存器，一般符号

Shift register, general symbol

状态：标准

IEC 发布日期：2004-09-03

上版标准序号：GB/T 4728.12(ed.2.0)12-48-01

关键词：二进制逻辑元件，寄存器

用于：S01690，S01692，S01691，S01689，S01688，S01695，S01694

采用符号：S01463

形状类别：字符，矩形

功能类别：K 处理信号或信息

应用类别：电路图，功能图，概略图

备注：m 应以位数代替。

S01686

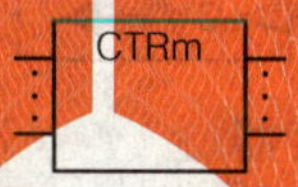

名称：循环长度为 2 的 m 次幂的计数器，一般符号

Counter with cycle length 2 to the power m, general symbol

状态：标准

IEC 发布日期：2004-09-03

上版标准序号：GB/T 4728.12(ed.2.0)12-48-02

别名：计数器模 2 的 m 次幂，一般符号

关键词：二进制逻辑元件，计数器

用于：S01702，S01703，S01704，S01697，S01696，S01720，S01719

采用符号：S01463

形状类别：字符，矩形

功能类别：C 存储，K 处理信号或信息

应用类别：电路图，功能图

备注：m 应以实际值代替。

为区别起见，可在波动计数器的总限定符号上加一前缀 R；例如 RCTRm。

S01687

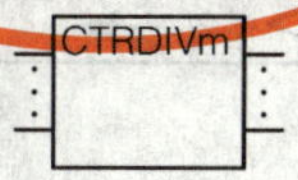

名称：循环长度为 m 的计数器，一般符号

Counter with cycle length m, general symbol

状态：标准

IEC 发布日期：2004-09-03

上版标准序号：GB/T 4728.12(ed.2.0)12-48-03

别名：计数器模 m，一般符号

关键词：二进制逻辑元件，计数器

用于：S01699，S01700，S01701，S01705，S01683，S01698

采用符号:S01463
形状类别:字符,矩形
功能类别:C 存储,K 处理信号或信息
应用类别:电路图,功能图
备注:m 应以实际值代替。

为区别起见,可在波动计数器的总限定符号上加一前缀 R;例如 RCTRm。

在一个有几种不同循环长度的元件阵列中,用于每个元件的循环长度,应在每个元件内用 DIVm 来表示。在此情况下,字母 CTR 只需在公共框中示出(应用示例见符号 S01699)。

S01688

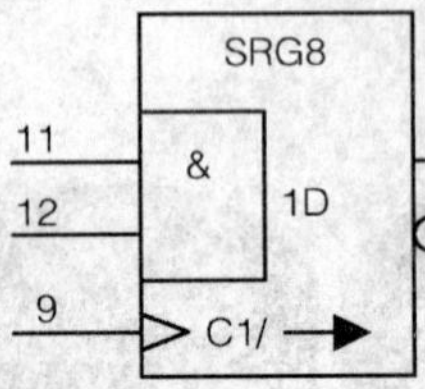

名称:8 位串行输入和互补串行输出移位寄存器
Shift register, 8-bit, with serial input and complementary serial outputs
状态:标准
IEC 发布日期:2004-09-03
上版标准序号:GB/T 4728.12(ed.2.0)12-49-01
关键词:二进制逻辑元件,寄存器
采用符号:S01467, S01472, S01558, S01567, S01685
形状类别:字符,矩形
功能类别:K 处理信号或信息
应用类别:电路图,功能图
备注:例如 SN 7491 的一部分。

S01689

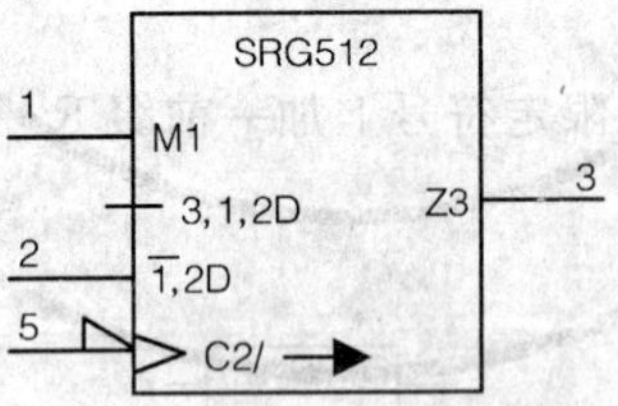

名称:512 位静态移位寄存器
Shift register, 512-bit, static
状态:标准
IEC 发布日期:2004-09-03
上版标准序号:GB/T 4728.12(ed.2.0)12-49-02
关键词:二进制逻辑元件,寄存器
采用符号:S01474, S01479, S01555, S01558, S01563, S01685
形状类别:字符,矩形
功能类别:K 处理信号或信息

应用类别:电路图,功能图
备注:例如 MM 4057。

S01690

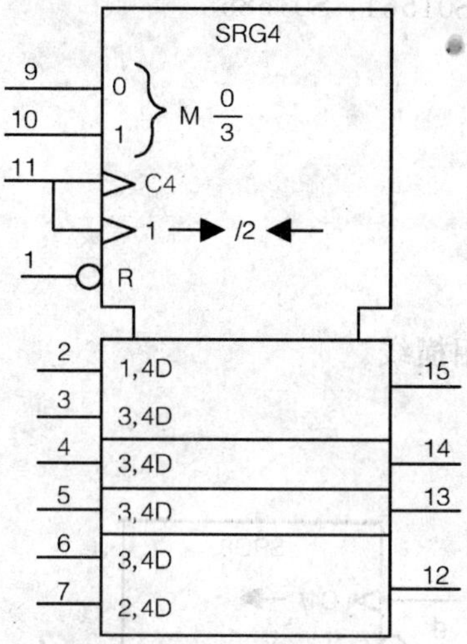

名称:4 位双向移位寄存器

Shift register, 4-bit, bidirectional

状态:标准
IEC 发布日期:2004-09-03
上版标准序号:GB/T 4728.12(ed.2.0)12-49-03
关键词:二进制逻辑元件,寄存器
形状类别:字符,矩形
功能类别:K 处理信号或信息
应用类别:电路图,功能图
备注:例如 SN 74LS194。

S01691

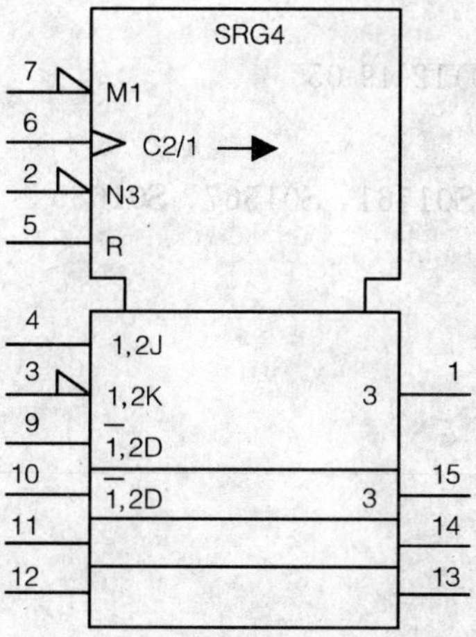

名称:4 位并行入/并行出移位寄存器

Shift register, 4-bit, parallel in/parallel out

状态:标准
IEC 发布日期:2004-09-03
上版标准序号:GB/T 4728.12(ed.2.0)12-49-04
关键词:二进制逻辑元件,寄存器
采用符号:S01464,S01472,S01474,S01561,S01685
应用注释:A00312
形状类别:字符,矩形
功能类别:K 处理信号或信息
应用类别:电路图,功能图
备注:例如 CD 4035A。
　　如在 A00312 中所示可以避免使用横线。

S01692

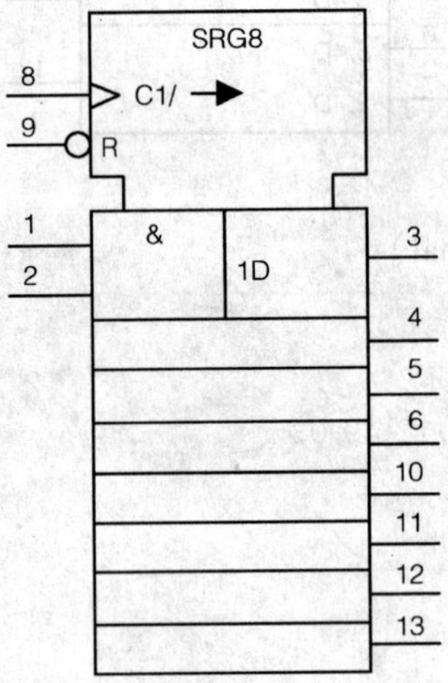

名称:8 位并行输出移位寄存器
　　Shift register, 8-bit, with parallel outputs
状态:标准
IEC 发布日期:2004-09-03
上版标准序号:GB/T 4728.12(ed.2.0)12-49-05
关键词:二进制逻辑元件,寄存器
采用符号:S01464,S01472,S01558,S01561,S01567,S01685
形状类别:字符,矩形
功能类别:K 处理信号或信息
应用类别:电路图,功能图
备注:例如 SN 74164。

S01693

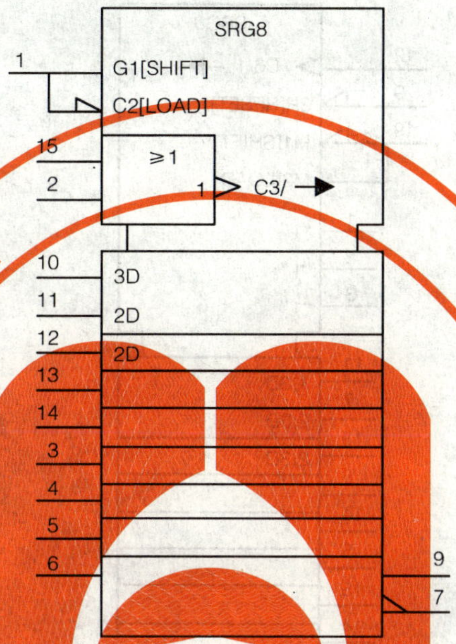

名称：8 位并行装入移位寄存器

Shift register with parallel load，8-bit

状态：标准

IEC 发布日期：2004-09-03

上版标准序号：GB/T 4728.12(ed.2.0)12-49-06

关键词：二进制逻辑元件，寄存器

采用符号：S01464，S01474，S01558，S01567，S01810

形状类别：字符，矩形

功能类别：K 处理信号或信息

应用类别：电路图，功能图

备注：例如 SN 74165。

S01694

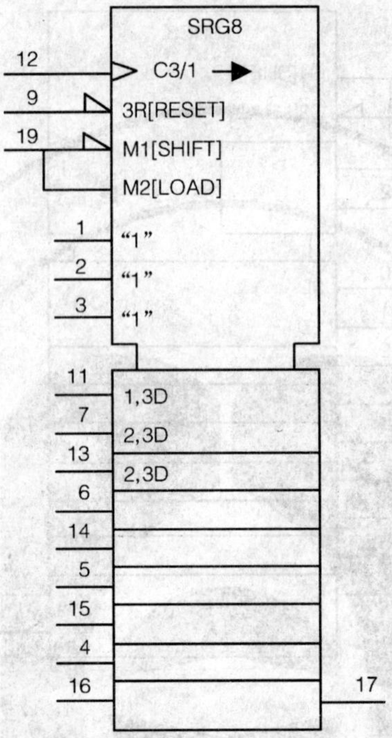

名称：8 位通用移位/存储寄存器

Register, universal shift/storage, 8-bit

状态:标准

IEC 发布日期:2004-09-03

上版标准序号:GB/T 4728.12(ed.2.0)12-49-07

关键词:二进制逻辑元件,寄存器

形式:形式 1

其他形式:S01695

采用符号:S01464, S01472, S01474, S01542, S01558, S01561, S01685

形状类别:字符,矩形

功能类别:K 处理信号或信息

应用类别:电路图,功能图

备注:例如 SN 74LS323,只示出复位、移位和并行装入方式。

该符号表明一种未完全使用的器件可用一种合适应用的符号表示。为此目的,采用了固定方式输入,见符号 S01542。

本符号为形式 1,其他形式为符号 S01695,说明执行其他功能的同一器件。

S01695

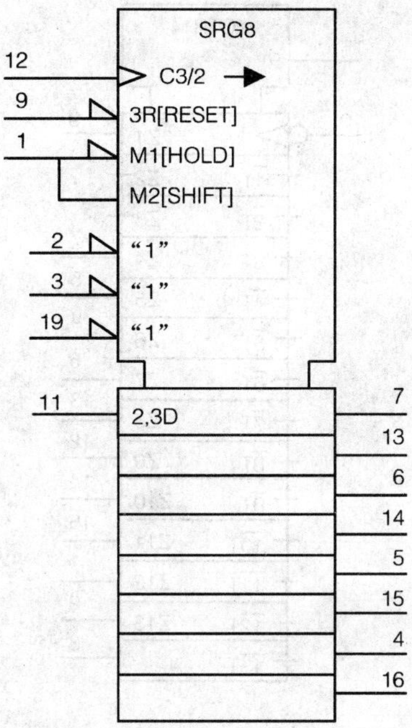

名称：8位通用移位/存储寄存器

Register, universal shift/storage, 8-bit

状态：标准

IEC发布日期：2004-09-03

上版标准序号：GB/T 4728.12(ed.2.0)12-49-08

关键词：二进制逻辑元件，寄存器

形式：形式2

其他形式：S01694

采用符号：S01474，S01542，S01558，S01561，S01563，S01685

形状类别：字符，矩形

功能类别：K 处理信号或信息

应用类别：电路图，功能图

备注：例如SN 74LS323只示出复位、移位和并行装入方式。

该符号表明一种未完全使用的器件可用一种合适应用的符号表示。为此目的，采用了固定方式输入，见符号S01542。

本符号为形式2，其他形式为符号S01694，说明执行其他功能的同一器件。

S01696

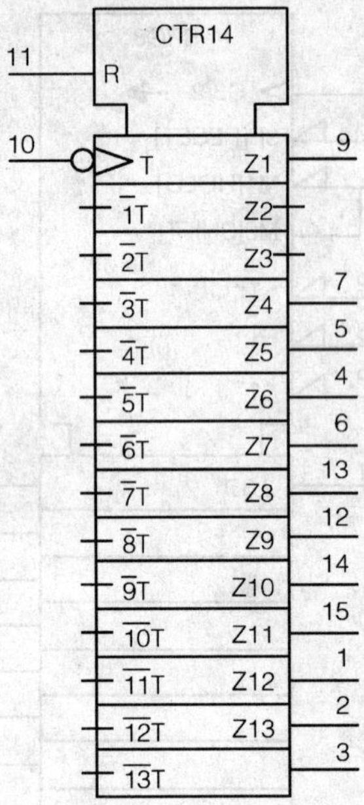

名称：14 位二进制行波计数器

Binary ripple counter，14-stage

状态:标准

IEC 发布日期:2004-09-03

上版标准序号:GB/T 4728.12(ed.2.0)12-49-09

关键词:二进制逻辑元件,计数器

形式:形式 1

采用符号:S01464，S01473，S01479，S01480，S01555，S01561，S01686

形状类别:字符,矩形

功能类别:K 处理信号或信息

应用类别:电路图,功能图

备注:例如 CD 4020。若不需要表示波动作用,则可采用符号 S01697。作为一种表示波动作用的简化方法,可以采用符号 S01697,并在其总限定符号上加一前缀 R。

S01697

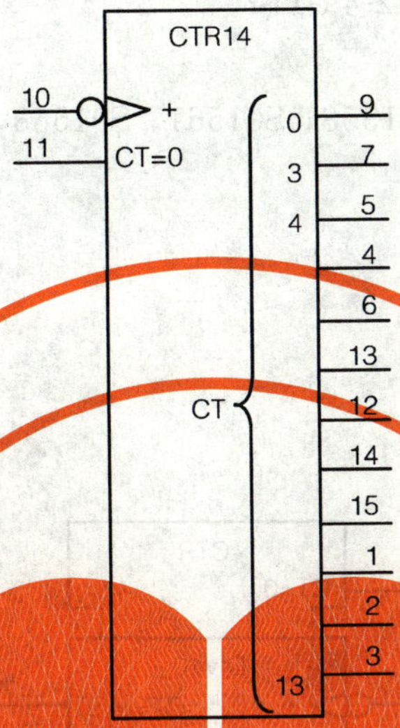

名称：14 位二进制行波计数器

Binary counter，14-stage

状态：标准

IEC 发布日期：2004-09-03

上版标准序号：GB/T 4728.12(ed.2.0)12-49-10

关键词：二进制逻辑元件，计数器

形式：形式 2

采用符号：S01473，S01517，S01686

形状类别：字符，矩形

功能类别：K 处理信号或信息

应用类别：电路图，功能图

备注：例如 CD 4020。

若需表示波动作用，则应在总限定符号上加前缀 R，或采用符号 S01696。

S01698

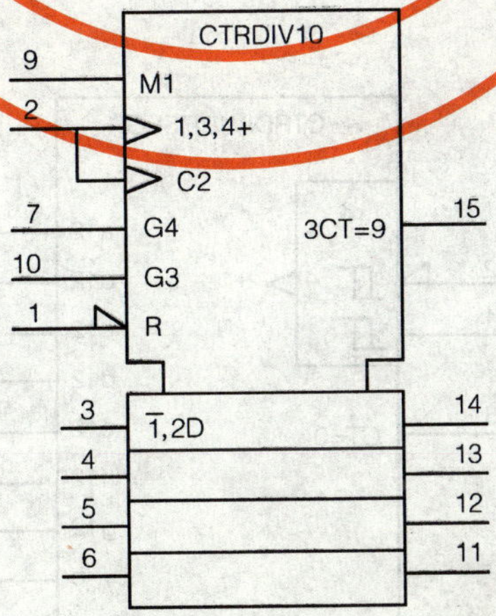

名称：同步十进制并行装入计数器

Counter，synchronous，decade，with parallel load

状态:标准
IEC 发布日期:2004-09-03
上版标准序号:GB/T 4728.12(ed.2.0)12-49-11
关键词:二进制逻辑元件,计数器
采用符号:S01464, S01468, S01472, S01558, S01561, S01563, S01687, S01810
形状类别:字符,矩形
功能类别:K 处理信号或信息
应用类别:电路图,功能图
备注:例如 SN 74LS160。

S01699

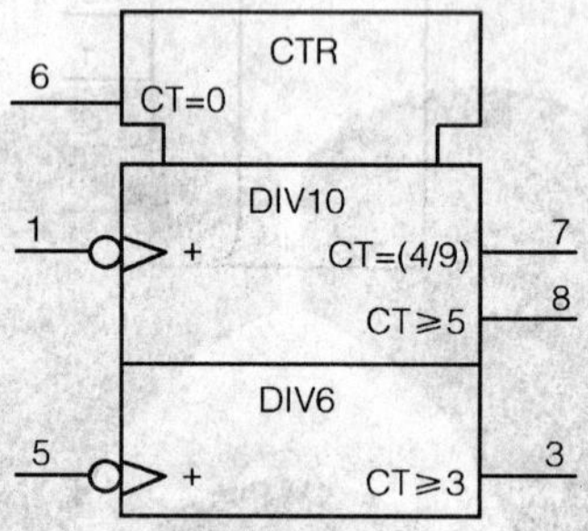

名称:一为 5 和 10 分频,另一为 6 分频的计数器
Counters, one dividing by 5 and 10 and the other by 6
状态:标准
IEC 发布日期:2004-09-03
上版标准序号:GB/T 4728.12(ed.2.0)12-49-12
关键词:二进制逻辑元件,计数器
采用符号:S01464, S01474, S01539, S01687, S01770, S01772
形状类别:字符,矩形
功能类别:K 处理信号或信息
应用类别:电路图,功能图
备注:例如 SN 74LS57。

S01700

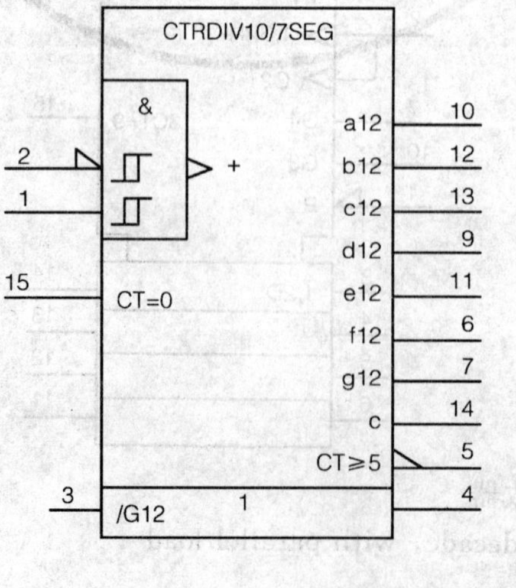

名称：7 断译码显示输出的十进制计数器/除法器

Decade counter/divider with decoded 7-segment-display outputs

状态：标准

IEC 发布日期：2004-09-03

上版标准序号：GB/T 4728.12(ed.2.0)12-49-13

关键词：二进制逻辑元件，计数器，除法器

采用符号：S01474，S01483，S01492，S01567，S01687，S01770，S01810

应用注释：A00347

形状类别：字符，矩形

功能类别：K 处理信号或信息

应用类别：电路图，功能图

备注：例如 CD 4026。

分段标记见 A00347。

S01701

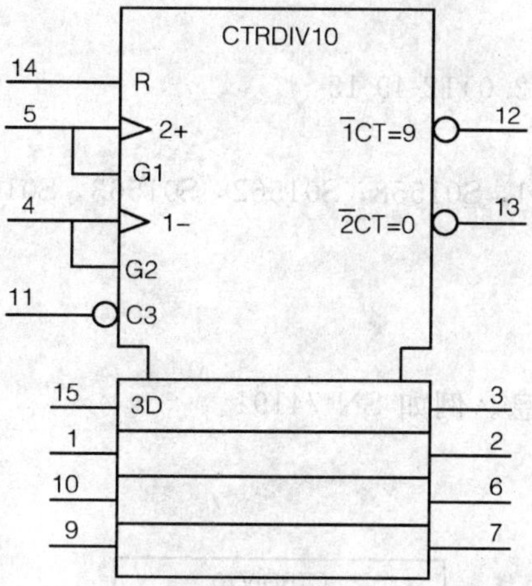

名称：十进制同步加/减计数器

Counter，decade，synchronous up/down

状态：标准

IEC 发布日期：2004-09-03

上版标准序号：GB/T 4728.12(ed.2.0)12-49-14

关键词：二进制逻辑元件，计数器

采用符号：S01464，S01472，S01558，S01561，S01687，S01772，S01810

形状类别：字符，矩形

功能类别：K 处理信号或信息

应用类别：电路图，功能图

备注：例如 SN 74192。

S01702

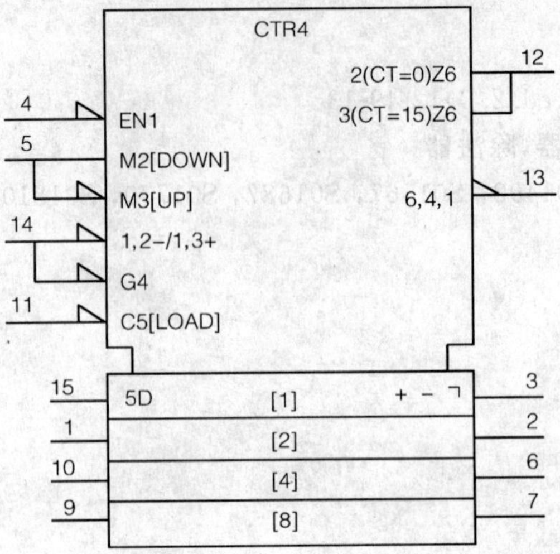

名称：4 位二进制同步加/减(上/下)计数器

Binary counter，4-bit，synchronous up/down

状态:标准

IEC 发布日期:2004-09-03

上版标准序号:GB/T 4728.12(ed.2.0)12-49-15

关键词:二进制逻辑元件,计数器

采用符号:S01474，S01475，S01491，S01558，S01562，S01563，S01686，S01810

形状类别:字符,矩形

功能类别:K 处理信号或信息

应用类别:电路图,功能图

备注:在阵列中补充了说明性的信息。例如 SN 74191。

S01703

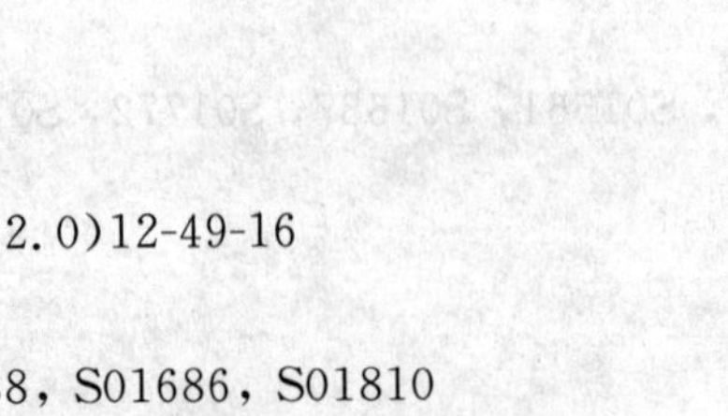

名称：十进制计数器

Counter，decade

状态:标准

IEC 发布日期:2004-09-03

上版标准序号:GB/T 4728.12(ed.2.0)12-49-16

关键词:二进制逻辑元件,计数器

采用符号:S01473，S01518，S01538，S01686，S01810

形状类别:字符,矩形

功能类别:C 存储,K 处理信号或信息

应用类别:电路图,功能图

备注:例如 part of SN 74490。

S01704

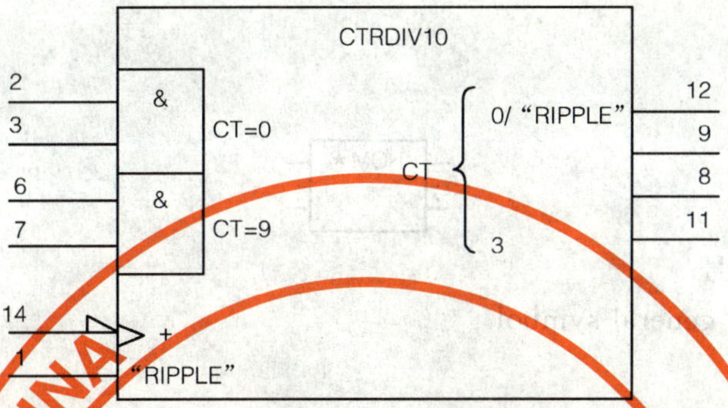

名称:十进制计数器

　　Counter, decade

状态:标准

IEC 发布日期:2004-09-03

关键字:二进制逻辑元件,计数器

采用符号:S01474,S01476,S01518,S01545,S01567,S01686

形状类别:字符,矩形

功能类别:C 存储,K 处理信号或信息

应用类别:电路图,功能图

备注:例如 SN 7490。

该符号说明器件怎样用适合应用的符号表达。这里用符号 S01545 来指明只有终端 1 和 12 之间有外部连接时,符号是有效的表达。

S01705

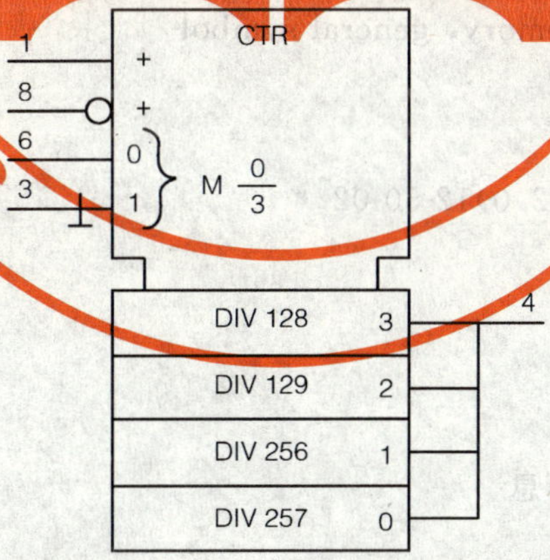

名称:带四种因子(步长)可预置计数器

　　Prescaler with four scaling factors

状态:标准

IEC 发布日期:2004-09-03

关键字:二进制逻辑元件,寄存器

采用符号:S01466,S01548,S01563,S01687

形状类别:字符,矩形
功能类别:C 存储,K 处理信号或信息
应用类别:电路图,功能图
备注:E.g. MB507。

S01706

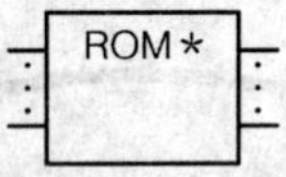

名称: 只读存储器,一般符号
Read-only memory, general symbol
状态:标准
IEC 发布日期:2004-09-03
上版标准序号:GB/T 4728.12(ed.2.0)12-50-01
关键词:二进制逻辑元件,存储器
用于:S01712, S01711
采用符号:S01463
形状类别:字符, 矩形
功能类别:C 存储,K 处理信号或信息
应用类别:电路图,功能图,概略图
备注:星号应用地址和位的适当数字来代替。其中 1k 代表 1 024(=1ki)和 1M 代表 1 048 576(=1Mi)。即 k(ki)和 M(Mi)可用作倍增因数。

S01707

名称: 可编程只读存储器,一般符号
Programmable read-only memory, general symbol
状态:标准
IEC 发布日期:2004-09-03
上版标准序号:GB/T 4728.12(ed.2.0)12-50-02
关键词:二进制逻辑元件,存储器
用于:S01715, S01713
采用符号:S01463
形状类别:字符, 矩形
功能类别:C 存储,K 处理信号或信息
应用类别:电路图,功能图
备注:星号应用地址和位的适当数字来代替。其中 1k 代表 1 024(=1ki)和 1M 代表 1 048 576(=1Mi)。即 k(ki)和 M(Mi)可用作倍增因数。

S01708

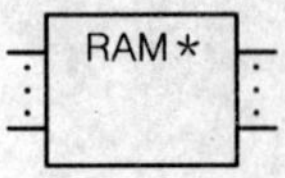

名称：随机存取存储器，一般符号

Random-access memory, general symbol

状态：标准

IEC 发布日期：2004-09-03

上版标准序号：GB/T 4728.12(ed.2.0)12-50-03

别名：读/写存储器，一般符号

关键词：二进制逻辑元件，存储器

用于：S01717，S01718，S01716，S01722

采用符号：S01463

形状类别：字符，矩形

功能类别：C 存储，K 处理信号或信息

应用类别：电路图，功能图

备注：星号应用地址和位的适当数字来代替。其中 1k 代表 1 024(＝1ki)和 1M 代表 1 048 576(＝1Mi)。即 k(ki)和 M(Mi)可用作倍增因数。

S01709

名称：内容可寻址存储器，一般符号

Content-addressable memory, general symbol

状态：标准

IEC 发布日期：2004-09-03

上版标准序号：GB/T 4728.12(ed.2.0)12-50-04

别名：联想存储器，一般符号

关键词：二进制逻辑元件，存储器

采用符号：S01463

形状类别：字符，矩形

功能类别：C 存储，K 处理信号或信息

应用类别：电路图，功能图

备注：星号应用地址和位的适当数字来代替。其中 1k 代表 1 024(＝1ki)和 1M 代表 1 048 576(＝1Mi)。即 k(ki)和 M(Mi)可用作倍增因数。

S01710

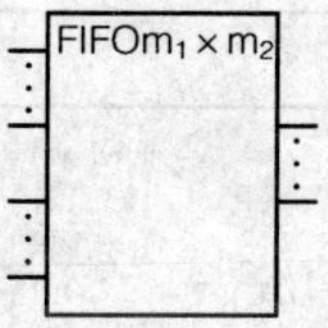

名称：先入先出存储器，一般符号

First-in first-out memory, general symbol

状态：标准

IEC 发布日期：2004-09-03

上版标准序号:GB/T 4728.12(ed.2.0)12-50-05

关键词:二进制逻辑元件,存储器

用于:S01720, S01719, S01721

采用符号:S01463

形状类别:字符,矩形

功能类别:C 存储,K 处理信号或信息

应用类别:电路图,功能图

备注:总限定符号表示,如同在所有的存储元件中一样,尽管地址关联在先入先出存储器符号中常常不被采用,每个相关元件仍代表着多维阵列各区域的通用部分。

m_2 数据输出的内部逻辑状态,与现存的那些字中先输入的各个数位的值相对应。由于每个字都是按时钟输出的,后面存储的字都可按照它们输入的顺序在输出端收到。若无现存的字,则数据输出的内部逻辑状态不由总限定符确定。

m_1 应由可存储最大字数代替,m_2 应由数据输出的数目代替。

该符号通常需要把一个计数器示作镶嵌符号,尽管这种表示方法可能不一定是实际情况。计数器的内容代表现存的字数,即按时钟已输入的字数减去按时钟已输出的字数。计数器循环长度标记从限定符号 CTR 中被略去,因为按照定义,计数器存储的字数不可能增加到超出 m_1 才开始一个新的循环。

S01711

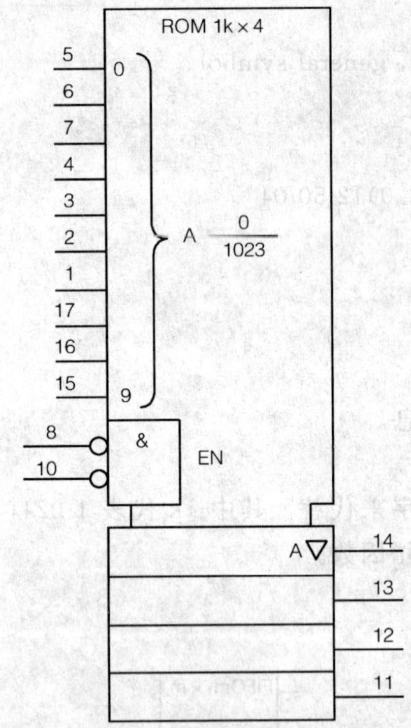

名称:1024×4 位只读存储器

Read-only memory (ROM), 1024×4-bit

状态:标准

IEC 发布日期:2004-09-03

上版标准序号:GB/T 4728.12(ed.2.0)12-51-01

关键词:二进制逻辑元件,存储器

其他形式:S01712

采用符号:S01464，S01466，S01498，S01516，S01565，S01567，S01706

形状类别:字符

功能类别:C 存储

应用类别:电路图,功能图

备注:例如 INTEL 3625。

S01712

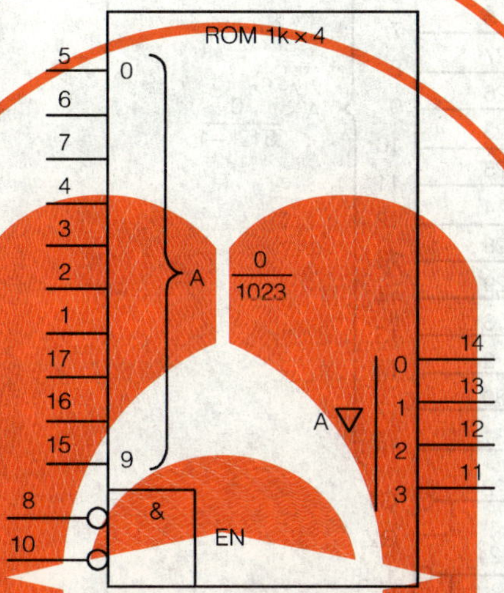

名称：1024×4 位只读存储器(ROM)

Read-only memory (ROM)，1024×4-bit

状态:标准

IEC 发布日期:2004-09-03

上版标准序号:GB/T 4728.12(ed.2.0)12-51-02

关键词:二进制逻辑元件,存储器

形式:简化形式

其他形式:S01711

采用符号:S01466，S01468，S01498，S01516，S01518，S01565，S01706

形状类别:字符

功能类别:C 存储

应用类别:电路图,功能图

备注:例如 INTEL 3625。

因为数据输入和数据输出之间的对应关系不可能混淆,并且因为每一区只有一个输出,故没有必要示出陈列。

使用标记分组实现简化输出标记;见符号 S01518。各个输出的相对次序用与通过标记分组的连接线相邻的数字标识。该简化形式中,省略了数字周围的方括号。

S01713

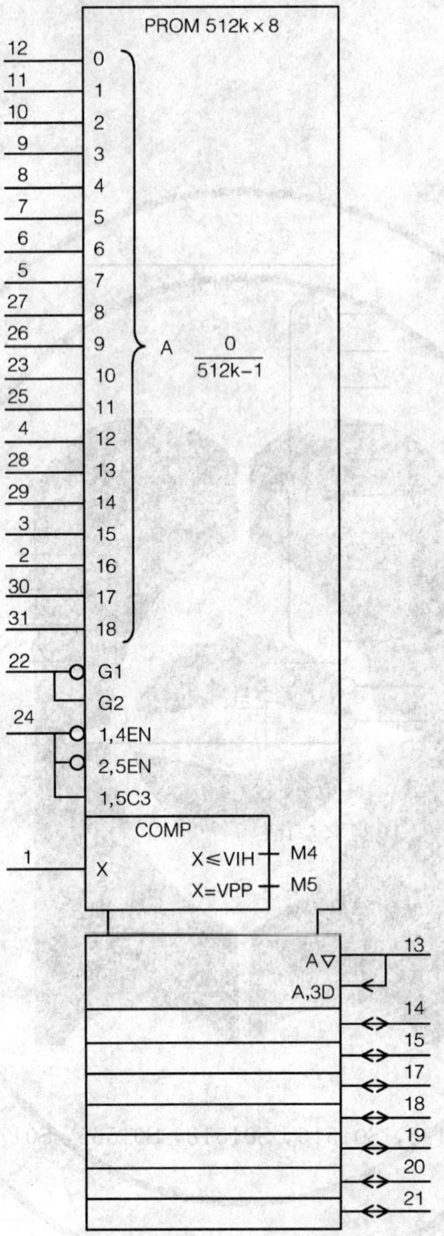

名称：512k×8 位可编程只读存储器

Programmable read-only memory (PROM)，512k×8-bit

状态:标准

IEC 发布日期:2004-09-03

上版标准序号:GB/T 4728.12(ed.2.0)12-51-03

关键词:二进制逻辑元件,存储器

其他形式:S01714

采用符号:S00099，S00101，S01464，S01468，S01475，S01498，S01516，S01558，S01563，S01565，S01707，S01800，S01801

形状类别:字符

功能类别:C 存储
应用类别:电路图,功能图
备注:示出“读”和“写”功能。例如 M27C4001。

S01714

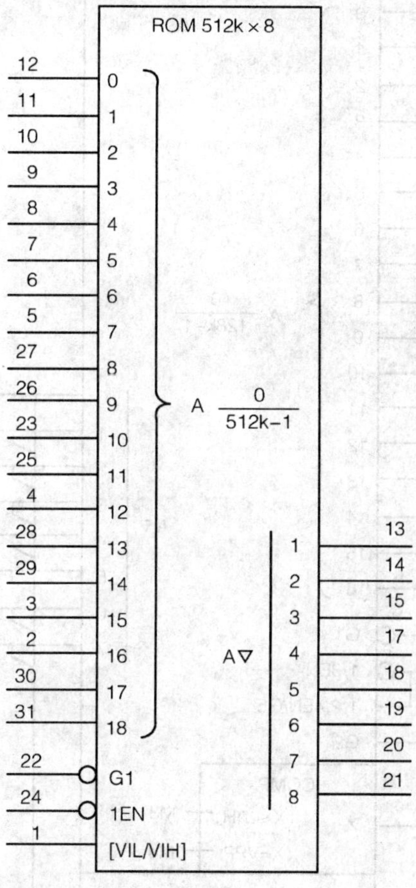

名称:512k×8 位可编程只读存储器(PROM)

Programmable read-only memory (PROM), 512k×8-bit

状态:标准
IEC 发布日期:2004-09-03
上版标准序号:GB/T 4728.12(ed.2.0)12-51-04
关键词:二进制逻辑元件,存储器
形式:简化形式
其他形式:S01713
采用符号:S01466, S01498, S01503, S01516, S01518, S01565, S01810
形状类别:字符
功能类别:C 存储
应用类别:电路图,功能图
备注:该简化形式只示出“只读”功能。

例如 M27C4001。

因为数据输入和数据输出之间的对应关系不可能混淆,并且因为每一区只有一个输出,故没有必要示出陈列。

使用标记分组实现简化输出标记;见符号 S01518。各个输出的相对次序用与通过标记分组的连接线相邻的数字标识。该简化形式中,省略了数字周围的方括号。

S01715

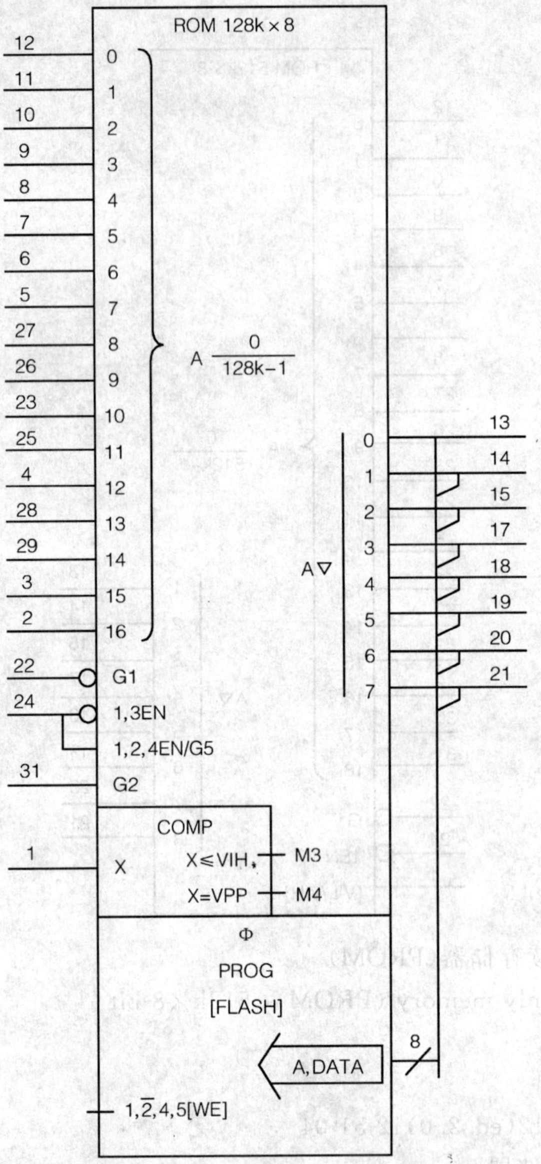

名称:128k×8 位电可擦写可编程只读存储器

Programmable read-only memory, electrically alterable, 128k×8-bit

状态:标准

IEC 发布日期:2004-09-03

别名:128k×8 闪存

Flash memory, 128k×8-bit

关键字:二进制逻辑元件,存储器

采用符号:S01466, S01468, S01475, S01479, S01498, S01516, S01518, S01565, S01707, S01731, S01732, S01800, S01810

形状类别:字符

功能类别:C 存储
应用类别:电路图,功能图
备注:E.g. AM28F010。

S01716

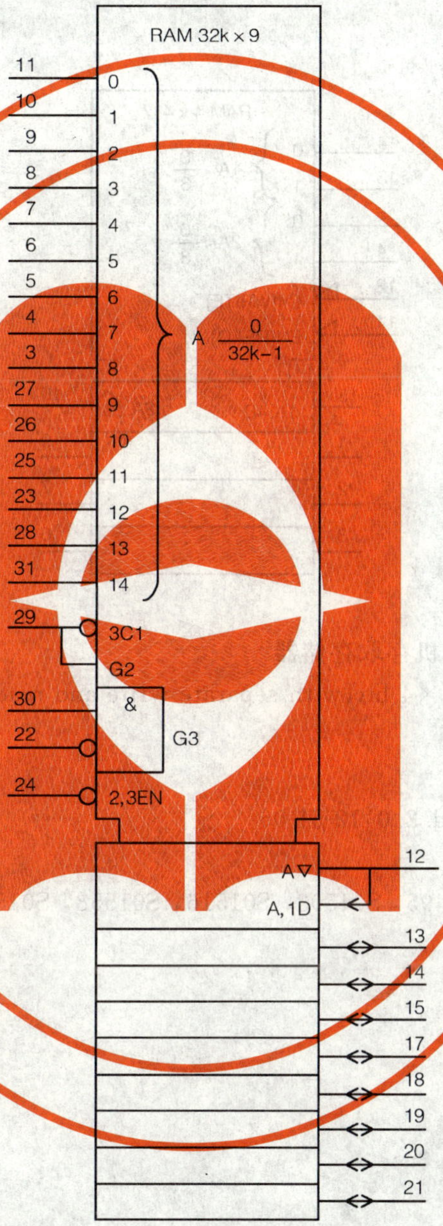

名称:32k×9 位、随机存取存储器(RAM)
Random-access memory (RAM),32k×9-bit
状态:标准
IEC 发布日期:2004-09-03
上版标准序号:GB/T 4728.12(ed.2.0)12-51-05
关键词:二进制逻辑元件,存储器
采用符号:S00099,S00101,S01466,S01503,S01516,S01518,S01558,S01565,S01708,S01810
形状类别:字符,矩形

功能类别:C 存储
应用类别:电路图,功能图
备注:例如 TC55329。

S01717

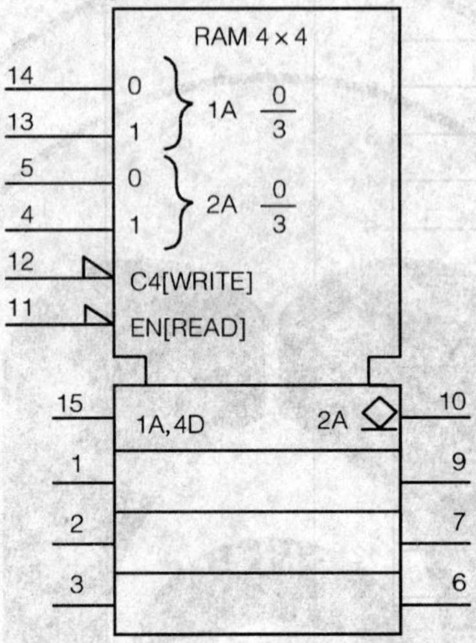

名称:4×4 位读写地址分开的随机存取存储器

Random-access memory,4×4-bit,with separate write and read addresses

状态:标准
IEC 发布日期:2004-09-03
上版标准序号:GB/T 4728.12(ed.2.0)12-51-06
关键词:二进制逻辑元件,存储器
采用符号:S01464,S01468,S01495,S01503,S01516,S01558,S01565,S01708
形状类别:字符,矩形
功能类别:C 存储
应用类别:电路图,功能图
备注:例如 SN 74170。

S01718

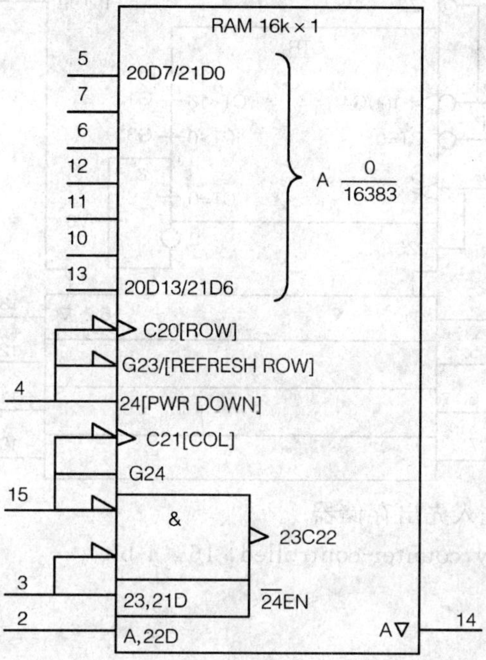

名称：16384×1 位动态随机存取存储器

Random-access memory，16384×1-bit

状态：标准

IEC 发布日期：2004-09-03

上版标准序号：GB/T 4728.12(ed.2.0)12-51-07

关键词：二进制逻辑元件，存储器

采用符号：S01468，S01474，S01477，S01518，S01558，S01565，S01567，S01708，S01810

形状类别：矩形

功能类别：C 存储

应用类别：电路图，功能图

备注：例如 TMS 4116。

S01719

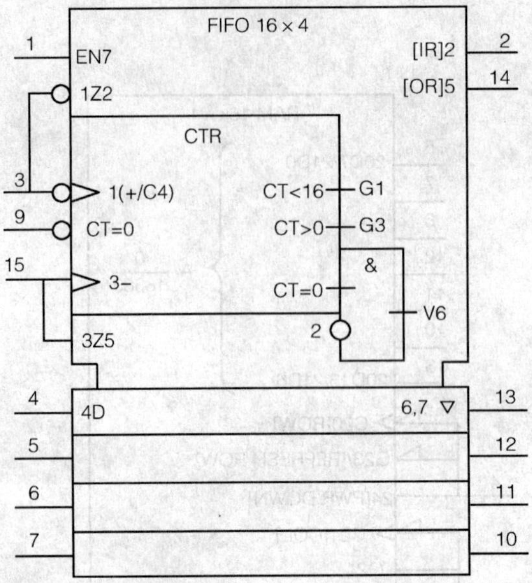

名称：16×4 位计数器控制的先入先出存储器

First-in first-out memory, counter-controlled，16×4-bit

状态:标准

IEC 发布日期:2004-09-03

上版标准序号:GB/T 4728.12(ed.2.0)12-51-08

关键词:二进制逻辑元件,存储器

采用符号:S01462，S01464，S01468，S01469，S01472，S01518，S01686,S01710，S01772，S01811

形状类别:字符,矩形

功能类别:C 存储

应用类别:电路图,功能图

备注:例如 SN 74LS224。

S01720

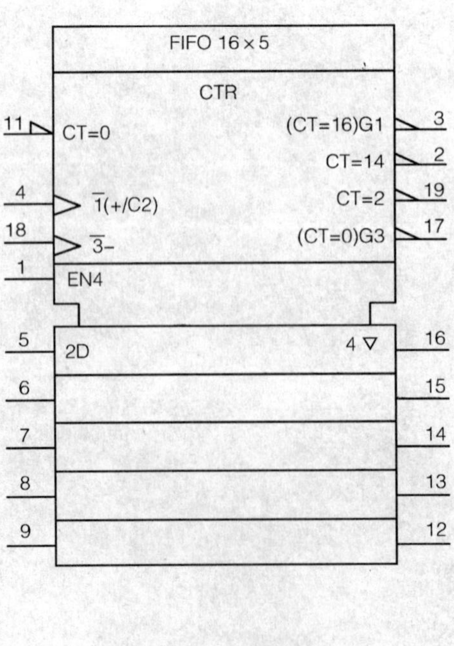

名称：16×5 位计数器控制的先入先出存储器

First-in first-out memory, counter-controlled, 16×5-bit

状态：标准

IEC 发布日期：2004-09-03

上版标准序号：GB/T 4728.12(ed.2.0)12-51-09

关键词：二进制逻辑元件，存储器

采用符号：S01462，S01464，S01468，S01469，S01472，S01518，S01686，S01710，S01811

形状类别：字符，矩形

功能类别：C 存储

应用类别：电路图，功能图

备注：例如 SN 74ALS229。

S01721

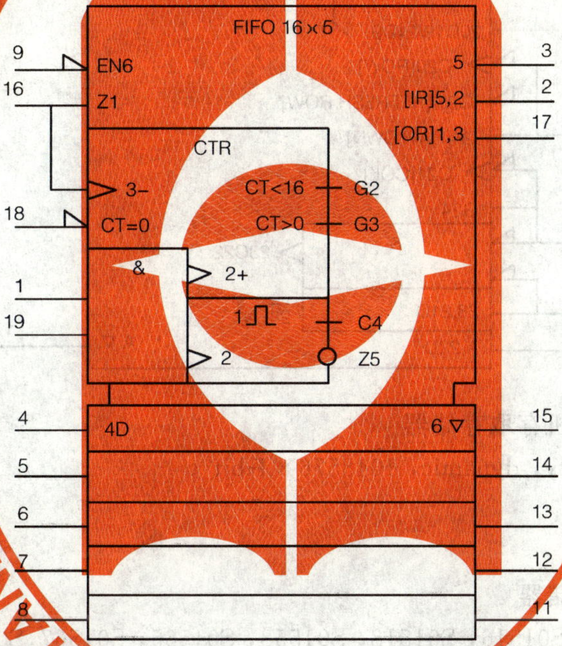

名称：16×5 位下行先入先出存储器

First-in first-out memory, fall-through, 16×5-bit

状态：标准

IEC 发布日期：2004-09-03

上版标准序号：GB/T 4728.12(ed.2.0)12-51-10

关键词：二进制逻辑元件，存储器

形式：形式 1

其他形式：S01744

采用符号：S01464，S01468，S01472，S01475，S01486，S01554，S01558，S01562，S01567，S01674，S01710，S01770，S01771，S01772

形状类别：字符，矩形

功能类别：C 存储

应用类别：电路图，功能图

备注:例如 SN 74S225。

符号 S01744 用复杂功能元件说明同一器件。

S01722

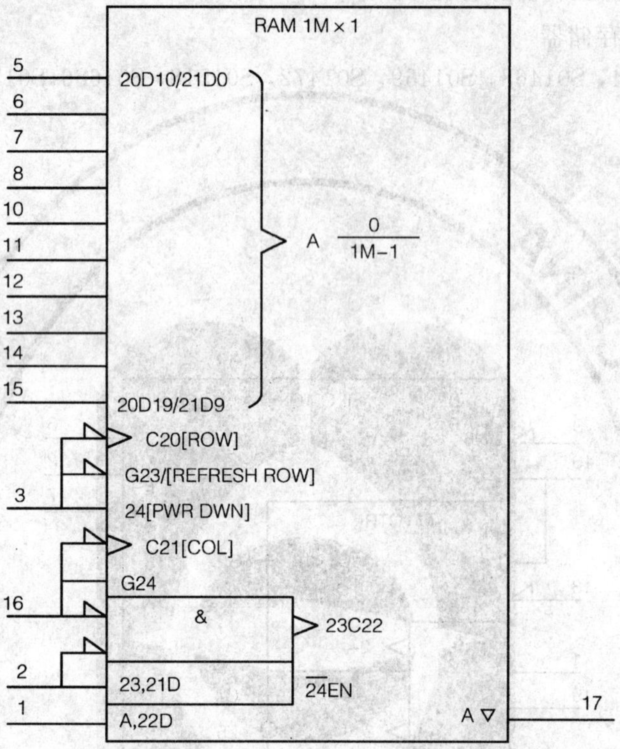

名称：1048576×1 位动态随机存取存储器

Random-access memory, dynamic, 1048576×1-bit

状态:标准

IEC 发布日期:2004-09-03

关键字:二进制逻辑元件,存储器

采用符号:S01472, S01474, S01516, S01518, S01558, S01565, S01567,S01708, S01810

形状类别:字符,矩形

功能类别:C 存储

应用类别:电路图,功能图

备注:E. g. TMS 4C1024。

S01723

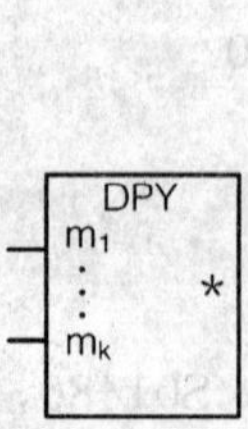

名称：显示元件,一般符号

Display element, general symbol

状态:标准

IEC 发布日期:2004-09-03

上版标准序号:GB/T 4728.12(ed.2.0)12-52-01
关键词:二进制逻辑元件,显示元件
用于:S01726,S01728,S01725,S01724,S01727,S01730,S01729,S01746,S01745
采用符号:S01463
应用注释:A00315
形状类别:字符,矩形
功能类别:K 处理信号或信息
应用类别:电路图,功能图
备注:星号应该由下列标记之一来代替:
——适当的显示标记,和/或
——参考表。

组成显示器的各个元件,总是按其正确的彼此相对应的实际位置来表示。旋转符号要保持对读者相对的显示方向常常是必要的。

$m_1 \cdots m_k$ 中的每一个应该由下列标记之一代替:
——由输入控制的可视信号的适当标记;或
——列入表中的适当代号。

若参考表已作标记,而表中采用了引出端代号来标记输入,则这些代号可以省略。

应该清楚,显示元件产生的视觉(光学)信号,例如:LED 或 LCD、光带或点阵,是那些元件的外部输出。

要表示复杂功能显示元件,见符号 S01745 和 S01746。

S01724

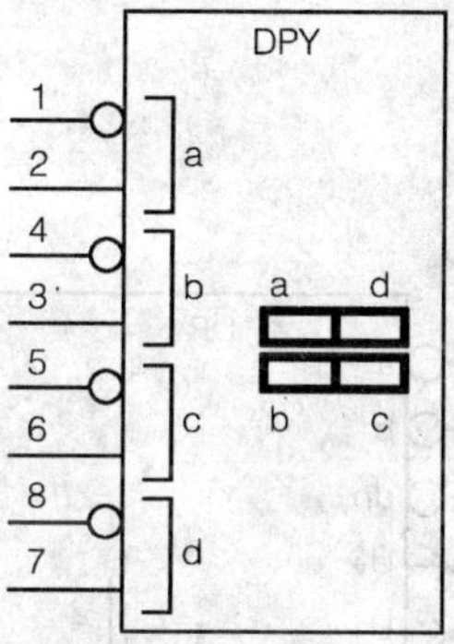

名称:LED 光带
LED light bars
状态:标准
IEC 发布日期:2004-09-03
上版标准序号:GB/T 4728.12(ed.2.0)12-53-01
关键词:二进制逻辑元件,显示元件
采用符号:S01540,S01723
形状类别:字符
功能类别:P 表示信息
应用类别:电路图,功能图
备注:例如 HLMP 2600。

S01725

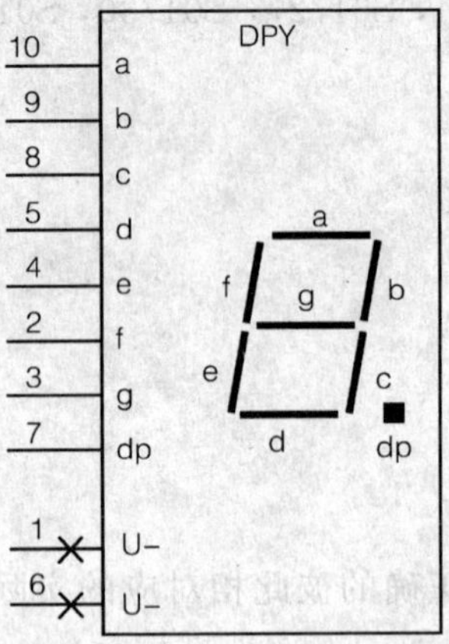

名称：7 段显示

7-segment display

状态：标准

IEC 发布日期：2004-09-03

上版标准序号：GB/T 4728.12(ed.2.0)12-53-02

关键词：二进制逻辑元件，显示元件

采用符号：S01723，S01753

形状类别：字符

功能类别：P 表示信息

应用类别：电路图，功能图

备注：例如 HDSP 3603。

S01726

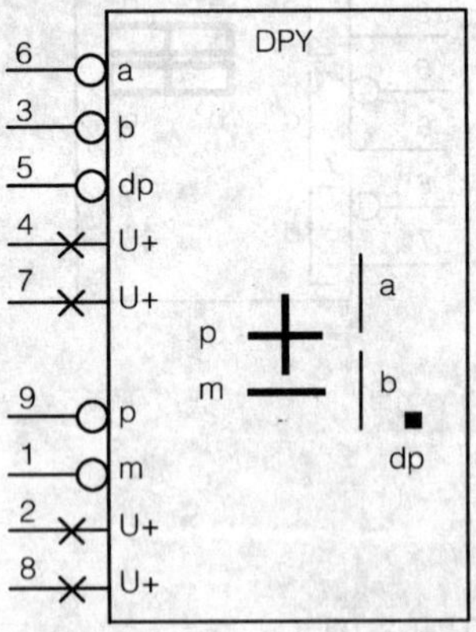

名称：溢出显示

Overflow display

状态：标准

IEC 发布日期：2004-09-03

上版标准序号：GB/T 4728.12(ed.2.0)12-53-03

关键词：二进制逻辑元件，显示元件

采用符号：S01466，S01723，S01753

形状类别:字符
功能类别:P 表示信息
应用类别:电路图,功能图
备注:例如 HDSP 5607。

S01727

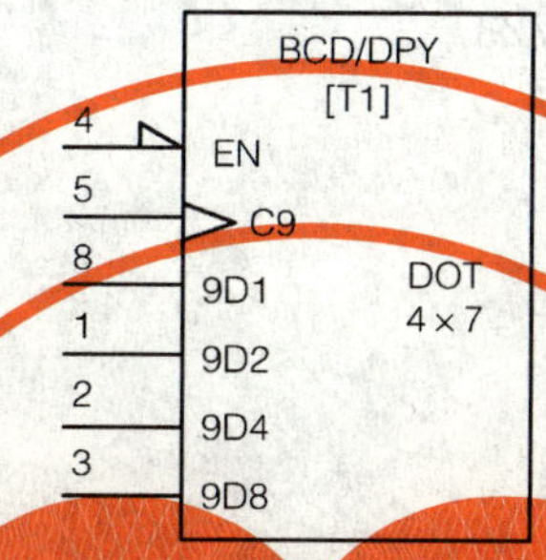

名称:十六进制显示
Hexadecimal display
状态:标准
IEC 发布日期:2004-09-03
上版标准序号:GB/T 4728.12(ed.2.0)12-53-04
关键词:二进制逻辑元件,显示元件
采用符号:S01468,S01472,S01503,S01558,S01610,S01723
形状类别:字符
功能类别:P 表示信息
应用类别:电路图,功能图
备注:例如 5082-7340。
[T1]指的是光源表,说明将 BCD 码译为 4×7 点阵。
可视信号只当 EN 输入处于其内部“1”状态时可见。而数据锁存不由 EN 输入控制。

S01728

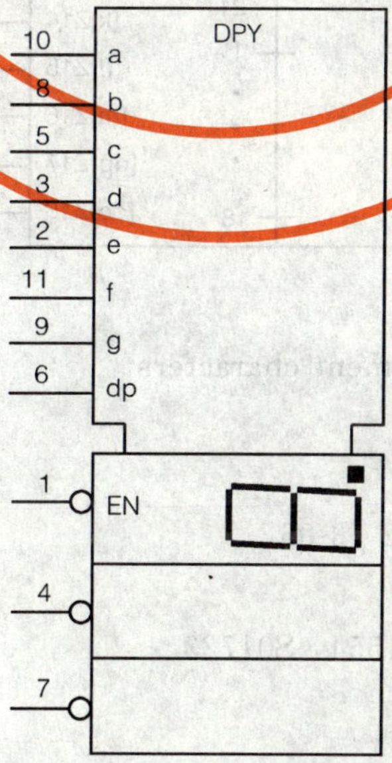

名称：三个带小数点的 7 段字符数字显示

Numeric display, three 7-segment characters with decimal point

状态：标准

IEC 发布日期：2004-09-03

上版标准序号：GB/T 4728.12(ed.2.0)12-53-05

关键词：二进制逻辑元件，显示元件

采用符号：S01464，S01466，S01503，S01723

形状类别：字符

功能类别：P 表示信息

应用类别：电路图，功能图

备注：例如 5082-7433。

S01729

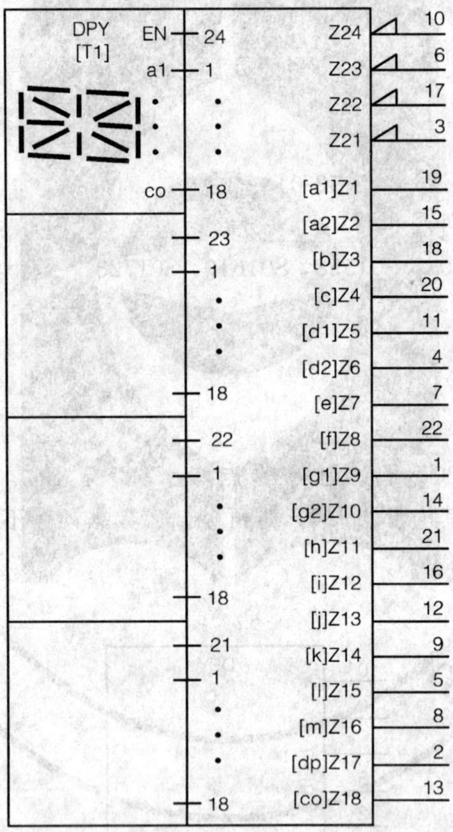

名称：四个 16 段符号的字符显示

Alphanumeric display, four 16-segment characters

状态：标准

IEC 发布日期：2004-09-03

上版标准序号：GB/T 4728.12(ed.2.0)12-53-06

关键词：二进制逻辑元件，显示元件

采用符号：S01468，S01475，S01503，S01554，S01723

应用注释：A00316

形状类别：字符

功能类别:P 表示信息
应用类别:电路图,功能图
备注:例如 HDSP 6504。

S01730

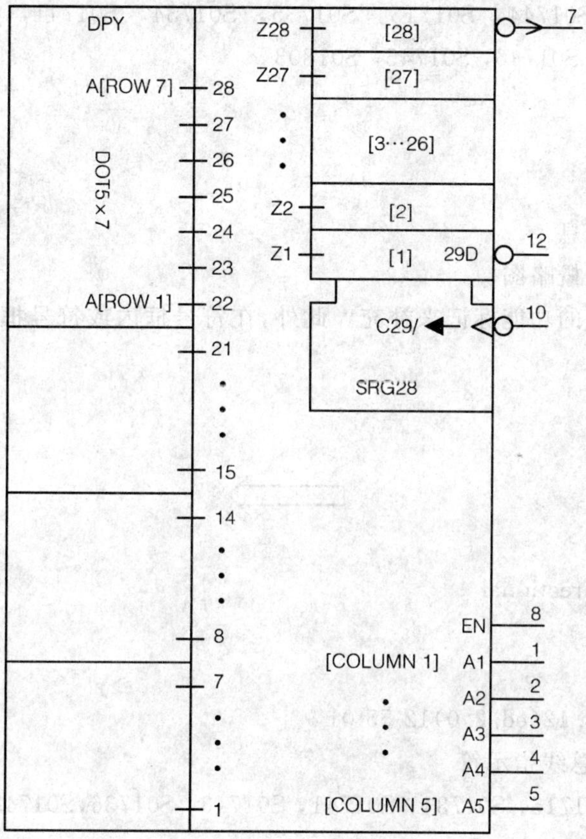

名称：四个 5×7 点符号的字符显示

Alphanumeric display, four 5×7-dot characters

状态:标准
IEC 发布日期:2004-09-03
上版标准序号:GB/T 4728.12(ed.2.0)12-53-07
关键词:二进制逻辑元件,显示元件
采用符号:S01464,S01466,S01467,S01475,S01503,S01565,S01723
形状类别:字符
功能类别:P 表示信息
应用类别:电路图,功能图
备注:例如 HDSP 2000。

S01731

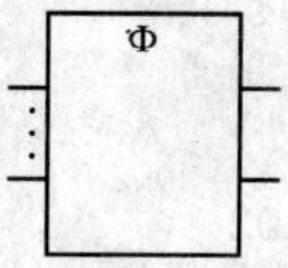

名称：复杂功能元件("灰盒子"),一般符号

Complex-function element (“gray box”), general symbol

状态:标准

IEC 发布日期:2004-09-01

上版标准序号:GB/T 4728.12(ed.2.0)12-54-01

关键词:二进制逻辑元件,运算元件,组合元件

用于:S01740, S01738, S01744, S01715, S01735, S01734, S01741, S01743, S01736, S01737, S01739, S01742, S01747, S01746, S01745, S01803

采用符号:S01463, S01808

应用注释:A00317

形状类别:字符,矩形

功能类别:K 处理信号或信息

应用类别:电路图,功能图,概略图

备注:字母应以尽可能简短的功能标记来补充。此外,在符号框内或符号框旁,还应补充有关的参考信息(如型号或项目代号)。

S01732

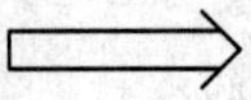

名称:单向总线指示符

Bus indicator, unidirectional

状态:标准

IEC 发布日期:2004-09-03

上版标准序号:GB/T 4728.12(ed.2.0)12-55-01

关键词:二进制逻辑元件,总线指示符

用于:S01740, S01744, S01715, S01734, S01741, S01743, S01736, S01747, S01745

应用注释:A00318

形状类别:箭头

功能类别:功能要素或属性

应用类别:概念要素或限定符号

备注:信号流从左到右符号。

位组合符号(符号 S01516 或符号 S01517)或标记组合符号(见符号 S01518)若与引出端有关,适用时,应示于总线指示符和符号框之间。此时,组合在一起的连接线无需加箭头以指示信号流方向。

如果标出总线名称或相关引出端标记的公共部分,该名称或公共部分应位于总线指示符内。

S01733

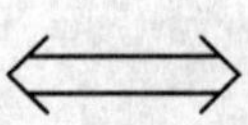

名称:双向总线指示符

Bus indicator, bidirectional

状态:标准

IEC 发布日期:2004-09-03

上版标准序号:GB/T 4728.12(ed.2.0)12-55-02

关键词:二进制逻辑元件,总线指示符

用于:S01735,S01734,S01736,S01742,S01747

应用注释:A00318

形状类别:箭头

功能类别:功能要素或属性

应用类别:概念要素或限定符号

备注:位组合符号(符号 S01516 或符号 S01517)或标记组合符号(见符号 S01518)若与引出端有关,适用时,应示于总线指示符和符号框之间。此时,组合在一起的连接线无需加箭头以指示信号流方向。

如果标出总线名称或相关引出端标记的公共部分,该名称或公共部分应位于总线指示符内。

S01734

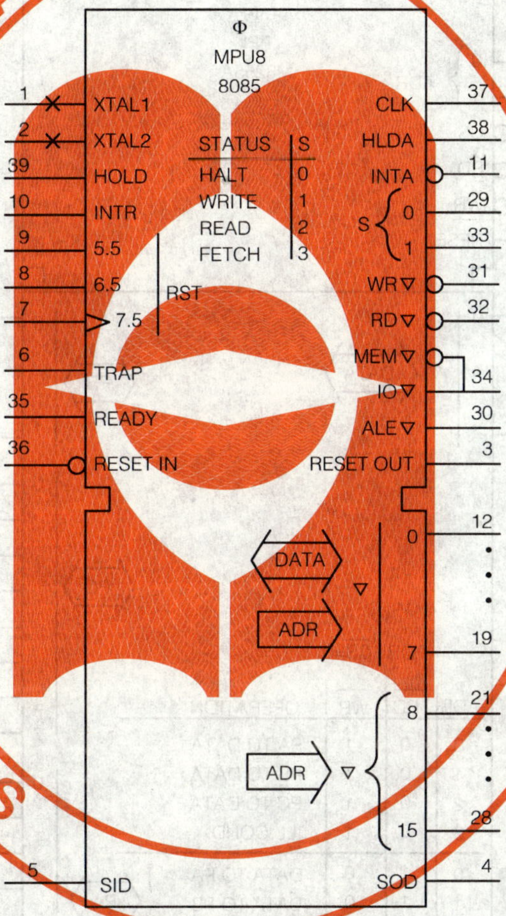

名称:8 位微处理器

Microprocessor,8-bit

状态:标准

IEC 发布日期:2004-09-13

上版标准序号:GB/T 4728.12(ed.2.0)12-56-01

关键词:二进制逻辑元件,微处理器

采用符号:S01463,S01464,S01466,S01467,S01472,S01498,S01518,S01678,S01731,S01732,S01733

应用注释:A00317

形状类别:字符,矩形

功能类别:K 处理信号或信息

应用类别:电路图,功能图

备注:例如 INTEL 8085。

按照 A00317 中 54.2 的说明:

以 ADR 代替 A;

以 ADR 和 DATA 代替 AD;和

以 MEM 代替 M。

c 给出表格是为了帮助读者理解,但是可以省略。

S01735

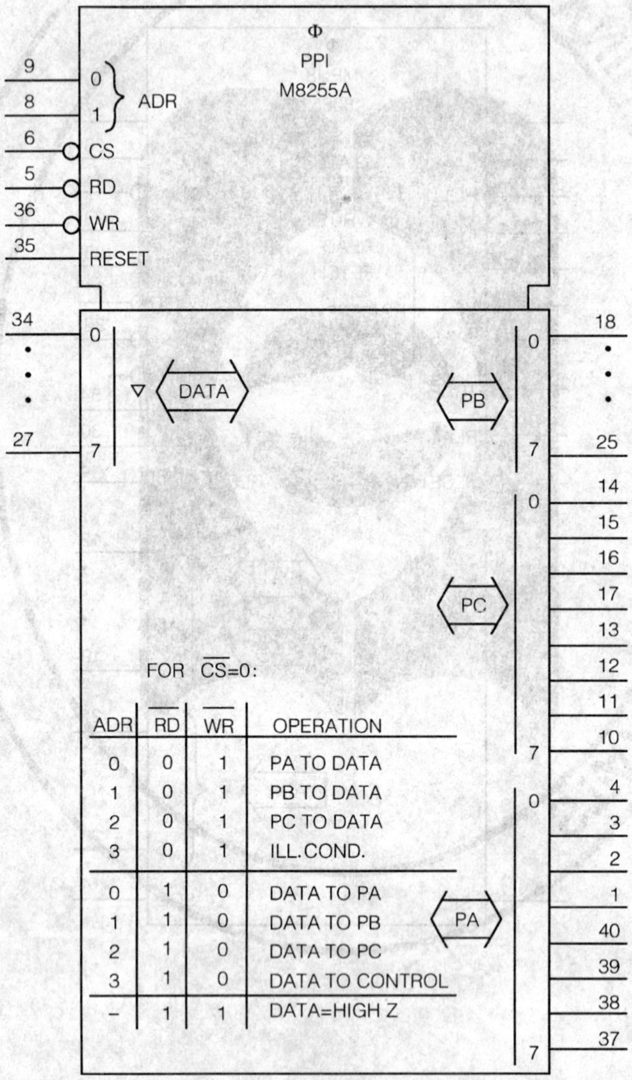

名称:可编程外设接口

Programmable peripheral interface

状态:标准

IEC 发布日期:2004-09-13

上版标准序号:GB/T 4728.12(ed.2.0)12-56-02

关键词:二进制逻辑元件,接口、微处理器

采用符号:S01466, S01498, S01517, S01518, S01731, S01733

应用注释:A00317

形状类别:字符,矩形

功能类别:K 处理信号或信息

应用类别:电路图,功能图

备注:例如 INTEL M8255A。

给出表格是为了帮助读者理解,但是可以省略。

按照 A00317 中 54.2 的说明:

以 ADR 代替 A;

以 DATA 代替 D。

S01736

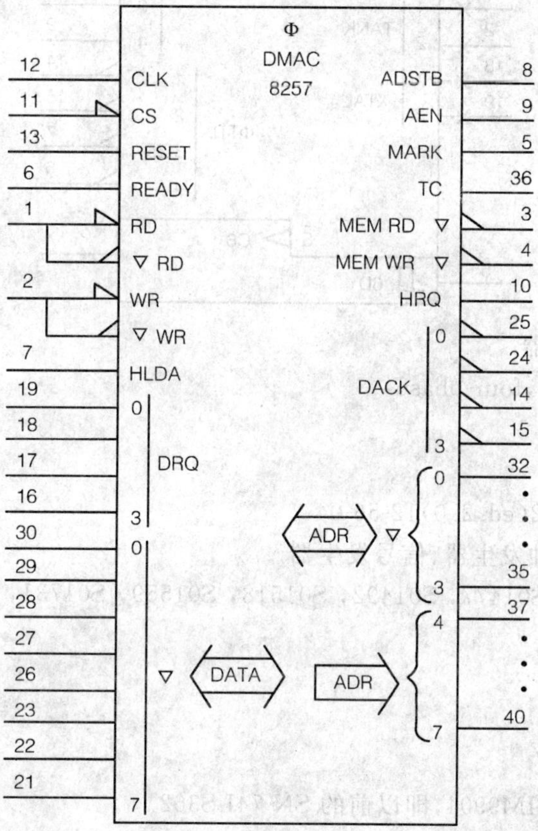

名称:可编程 DMA 控制器

Programmable DMA controller

状态:标准

IEC 发布日期:2004-09-13

上版标准序号:GB/T 4728.12(ed.2.0)12-56-03

关键词:二进制逻辑元件,复杂功能、微处理器

采用符号:S01468, S01469, S01471, S01498, S01518, S01731, S01732, S01733

应用注释:A00317

形状类别:字符,矩形

功能类别:K 处理信号或信息

应用类别:电路图,功能图
备注:按照 A00317 中 54.2 的说明:
以 ADR 代替 A;
以 DATA 代替 D。

S01737

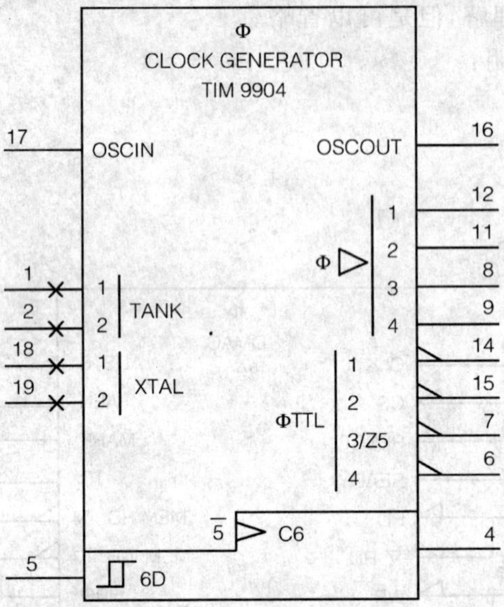

名称:四相时钟发生器/驱动器
Clock generator/driver,four-phase
状态:标准
IEC 发布日期:2004-09-13
上版标准序号:GB/T 4728.12(ed.2.0)12-56-04
关键词:二进制逻辑元件,时钟发生器、信号发生器
采用符号:S01457, S01469, S01477, S01492, S01518, S01559, S01731, S01752
应用注释:A00317
形状类别:字符,矩形
功能类别:G 启动信号流
应用类别:电路图,功能图
备注:例如德州仪器公司的 TIM9904,即以前的 SN 74LS362。
符号 S01683 说明同一器件。

S01738

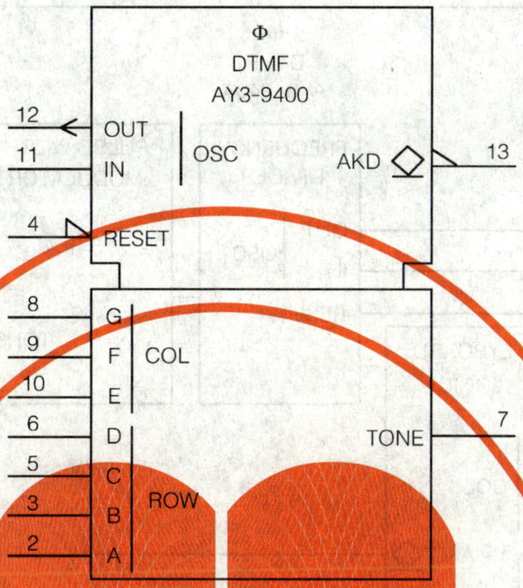

名称：双音多频发生器(产生 12 个音对)

Dual-tone multi-frequency generator (generators 12 tone-pairs)

状态:标准

IEC 发布日期:2004-09-13

上版标准序号:GB/T 4728.12(ed.2.0)12-56-05

关键词:二进制逻辑元件,时钟发生器、信号发生器

其他形式:S01739

采用符号:S00099,S01464,S01468,S01495,S01518,S01731

应用注释:A00317

形状类别:字符,矩形

功能类别:G 启动信号流

应用类别:电路图,功能图

备注:例如通用仪器公司 AY3-9400。

也见其他形式:S01739。

S01739

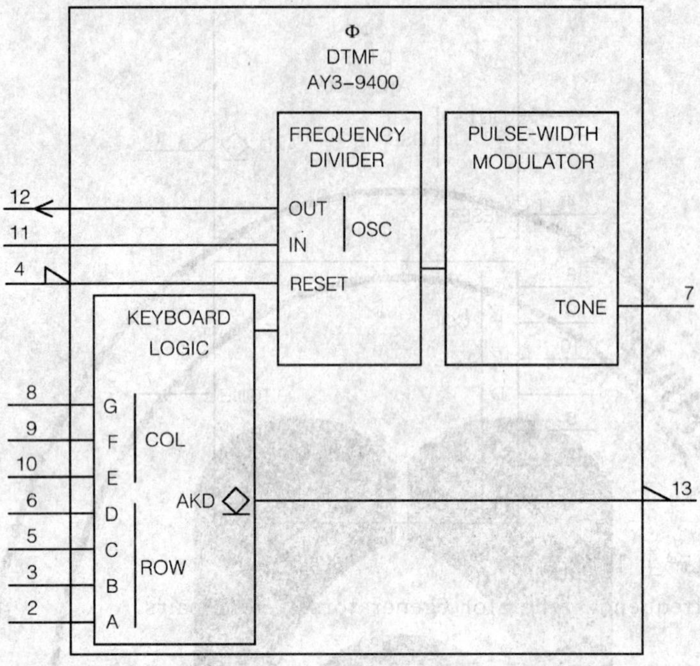

名称：双音多频发生器(产生 12 个音对)

Dual-tone multi-frequency generator (generators 12 tone-pairs)

状态：标准

IEC 发布日期：2004-09-13

上版标准序号：GB/T 4728.12(ed.2.0)12-56-06

关键词：二进制逻辑元件，时钟发生器、信号发生器

其他形式：S01738

采用符号：S00099，S01468，S01495，S01518，S01731

应用注释：A00317

形状类别：字符，矩形

功能类别：G 启动信号流

应用类别：电路图，功能图

备注：例如通用仪器公司 AY3-9400。

也见其他形式：S01738。

S01740

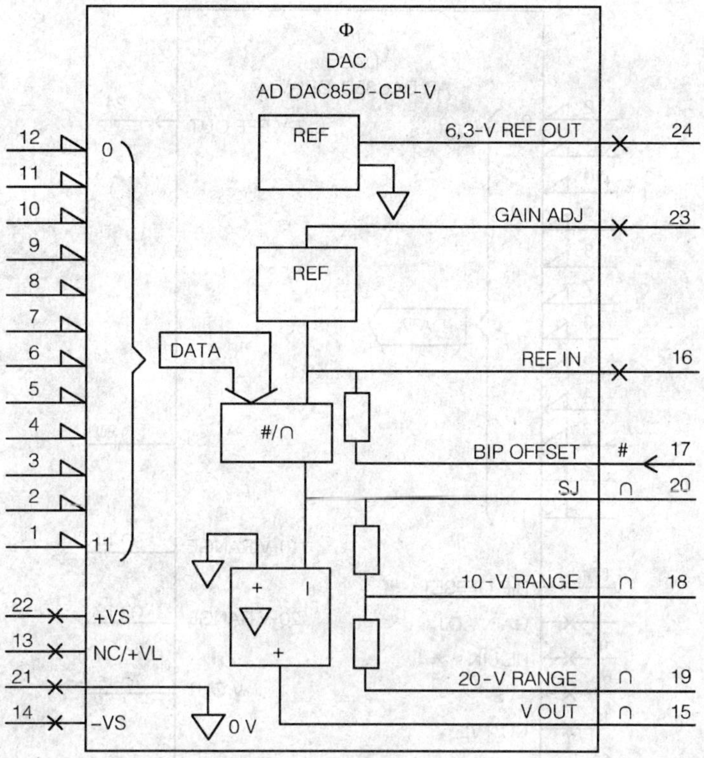

名称：12 位数-模转换器

Digital-to-analogue converter, 12-bit

状态:标准

IEC 发布日期:2004-09-13

上版标准序号:GB/T 4728.12(ed.2.0)12-56-07

关键词:模拟元件、二进制逻辑元件,转换器、信号转换器

其他形式:S01741

采用符号:S00555, S01231, S01468, S01516, S01731, S01732, S01749, S01750, S01752, S01753, S01782

应用注释:A00317

形状类别:字符,矩形

功能类别:K 处理信号或信息

应用类别:电路图,功能图

备注:例如模拟器件公司的 AD DAC85D-CBI-V)。

也见其他形式:S01741。

因为逻辑输入产生的是一个数,故使用了位组合符号。这些输入的标记因而与制造厂的不同。

若不会引起混淆,输入和输出端的符号“∩”可以省略。

根据使用情况,引出端 18,19 和 20 可以加箭头。

标识数-模转换器和模-数转换器的其他方法可参见 S01791、S01782、S01793。

S01741

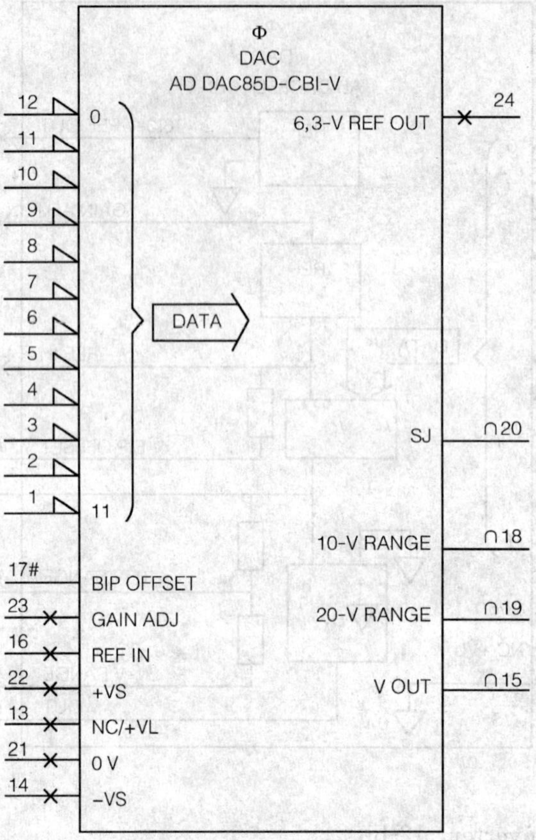

名称：12 位数-模转换器

Digital-to-analogue converter，12-bit

状态：标准

IEC 发布日期：2004-09-13

上版标准序号：GB/T 4728.12(ed.2.0)12-56-08

关键词：模拟元件、二进制逻辑元件，转换器、信号转换器

形式：简化形式

其他形式：S01740

采用符号：S01468，S01516，S01731，S01732，S01749，S01752，S01753，S01757

应用注释：A00317

形状类别：字符，矩形

功能类别：K 处理信号或信息

应用类别：电路图，功能图

备注：例如模拟器件公司的 AD DAC85D-CBI-V。

也见其他形式的符号 S01740。

因为逻辑输入产生的是一个数，故使用了位组合符号。这些输入的标记因而与制造厂的不同。

若不会引起混淆，输入和输出端的符号“∩”可以省略。

根据使用情况，引出端 18，19 和 20 可以加箭头。

标识数-模转换器和模-数转换器的其他方法可参见 S01791、S01782、S01793。

S01742

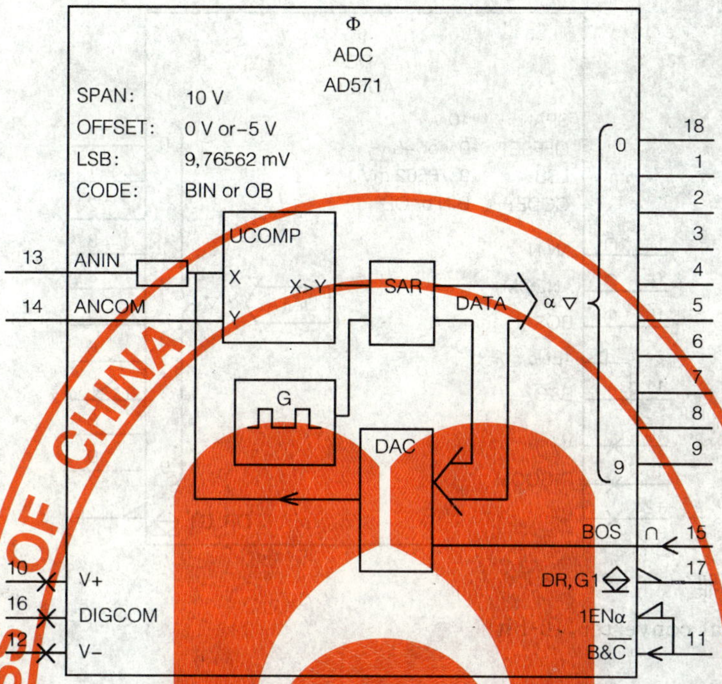

名称：10 位模-数转换器

Analog-to-digital converter，10-bit

状态：标准

IEC 发布日期：2004-09-13

上版标准序号：GB/T 4728.12(ed.2.0)12-56-09

关键词：模拟元件、二进制逻辑元件，转换器、信号转换器

其他形式：S01743

采用符号：S01469，S01497，S01498，S01517，S01678，S01731，S01733，S01752，S01753，S01801

应用注释：A00317

形状类别：字符，矩形

功能类别：K 处理信号或信息

应用类别：电路图，功能图

备注：例如模拟器件公司的 AD 571。

也见其他形式：S01743。

该符号中，内部图布局的选择是为了强调内部数-模转换器的反馈功能。

因为逻辑输入产生的是一个数，故使用了位组合符号。这些输入的标记因而与制造厂的不同。

若不会引起混淆，输入和输出端的符号“∩”可以省略。

标识数-模转换器和模-数转换器的其他方法可参见 S01791、S01782、S01793。

S01743

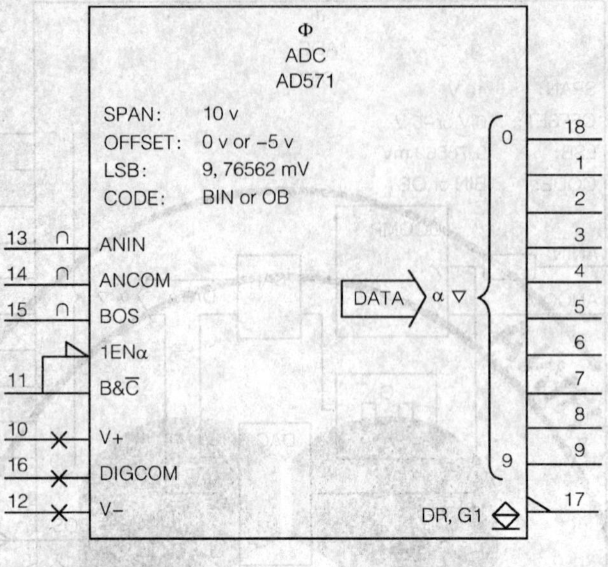

名称：10 位模-数转换器

Analog-to-digital converter，10-bit

状态：标准

IEC 发布日期：2004-09-13

上版标准序号：GB/T 4728.12(ed.2.0)12-56-10

关键词：模拟元件、二进制逻辑元件，转换器、信号转换器

形式：简化形式

其他形式：S01742

采用符号：S01468，S01498，S01517，S01731，S01732，S01749，S01750，S01752，S01753

应用注释：A00317

形状类别：字符，矩形

功能类别：K 处理信号或信息

应用类别：电路图，功能图

备注：例如模拟器件公司的 AD 571。

也见其他形式：S01742。

该符号中，内部图布局的选择是为了强调内部数-模转换器的反馈功能。

因为逻辑输入产生的是一个数，故使用了位组合符号。这些输入的标记因而与制造厂的不同。

若不会引起混淆，输入和输出端的符号“∩”可以省略。

标识数-模转换器和模-数转换器的其他方法可参见 S01791、S01782、S01793。

S01744

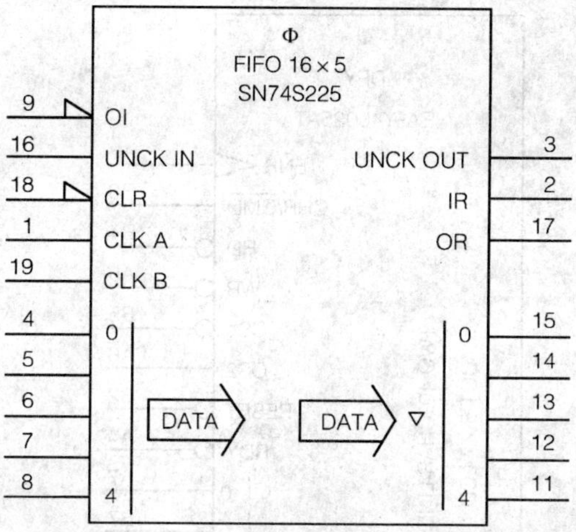

名称：16×5 位下行先入先出存储器

First-in first-out,fall-through,16×5-bit

状态:标准

IEC 发布日期:2004-09-13

上版标准序号:GB/T 4728.12(ed.2.0)12-56-11

关键词:二进制逻辑元件,存储器

形式:形式 2

其他形式:S01721

采用符号:S01468, S01498, S01518, S01731, S01732

应用注释:A00317

形状类别:字符,矩形

功能类别:C 存储

应用类别:电路图,功能图

备注:例如德州仪器公司的 SN 74S225 符号 S01721 说明同一器件。

S01745

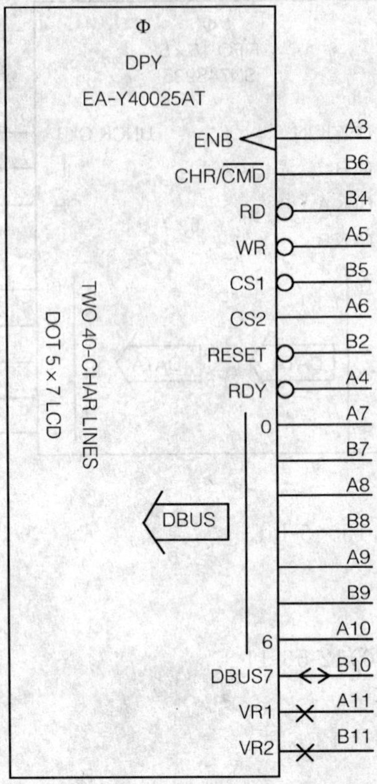

名称：双线字符点阵显示元件，每线包含 40 个字符

Display element, dot matrix, alphanumeric, with two 40-character lines

状态：标准

IEC 发布日期：2004-09-13

上版标准序号：GB/T 4728.12(ed.2.0)12-56-12

关键词：二进制逻辑元件，显示元件

采用符号：S01466，S01472，S01498，S01723，S01731，S01732

形状类别：字符，矩形

功能类别：P 处理信息

应用类别：电路图，功能图

备注：例如 ESPON EA-Y40025AT。

S01746

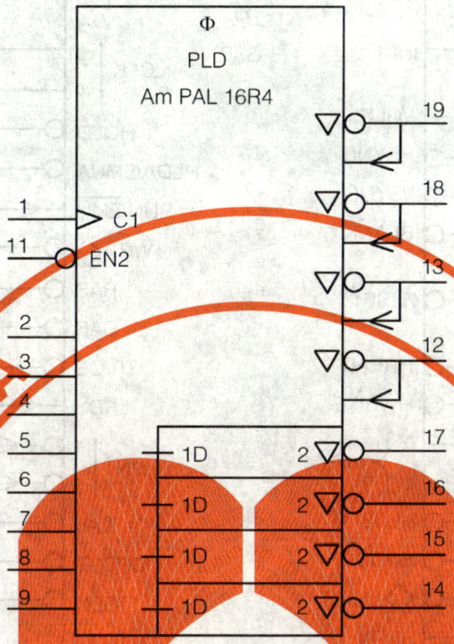

名称：可编程逻辑器件

Programmable logic device (PLD)

状态：标准

IEC 发布日期：2004-09-13

关键字：二进制逻辑元件

采用符号：S00099，S01466，S01467，S01472，S01562，S01723，S01731

形状类别：字符，矩形

功能类别：K 处理信号或信息

应用类别：电路图，功能图

备注：举例：AMD 公司 Am PAL 16R4。

这个符号中共有 16 个输入。其中 8 个是直连单向输入，4 个是双向输入/输出，还有 4 个是内部锁存反馈。最后 4 个在符号中没有标识出来。

由于制造商的电路数据手册中，除了管脚号外没有其他的标注，所以符号中也没有显示出引出端的名称。

符号表示的是器件未经过编程的状态。如果要表示器件编程后的状态，图中的标注和/或功能指示根据编程后器件的技术支持文档来进行相应的改变。

S01747

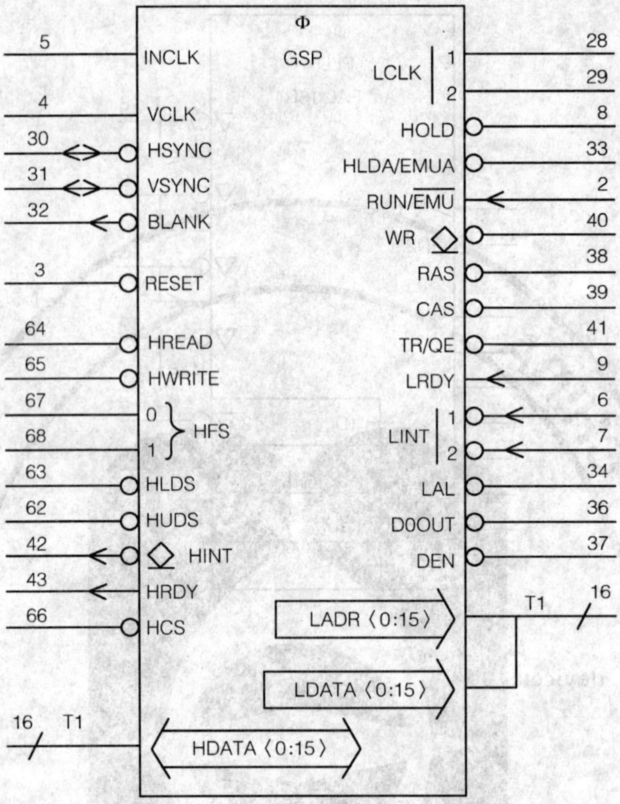

名称：图形系统处理器

　　Graphics system processor

状态：标准

IEC 发布日期：2004-09-13

关键字：二进制逻辑元件，图形处理器、微处理器

采用符号：S01495，S01517，S01518，S01731，S01732，S01733

形状类别：箭头，字符，矩形

功能类别：K 处理信号或信息

应用类别：电路图，功能图

备注：例如：德州仪器公司的 TMS34010。

　　表 T1 认为是符号的一部分并应示于电路图上或支持文件中。

　　用 IEC 61082-1 7.4.7 条描述的方法简化两条 16 位宽的总线。

S01808

Φ

名称：复杂功能

　　Complex function

状态：标准

IEC 发布日期：2003-07-20

关键词：复杂功能

用于：S01454，S01731

形状类别:字符

功能类别:——功能要素或属性

应用类别:概念要素或限定符号

备注:本字符应以尽可能简短的功能标记来补充。

本符号规定为 GB/T 19679“大写字母符号 Φ”字符的 5/6,等同于 ISO/IEC 10646 的(表 10)UCS03A6“希腊大写字母 Φ”

S01810

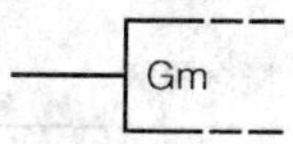

名称:Gm-输入

Gm- input

状态:标准

IEC 发布日期:2004-08-27

上版标准序号:GB/T 4728.12(ed.2.0)12-14-01

关键词:二进制逻辑元件,与关联,关联标记

用于:S01700, S01701, S01702, S01703, S01598, S01593, S01603, S01600, S01618, S01624, S01631, S01632, S01635, S01634, S01630, S01633, S01698, S01693, S01715, S01718, S01714, S01716, S01722, S01790, S01792

应用注释:A00276, A00277, A00288, A00289

形状类别:字符

功能类别:功能要素或属性

应用类别:概念要素或限定符号

备注:若 Gm-输入处于其内部“1”状态,则受该 Gm-输入影响的所有输入和输出均处于其通常规定的内部逻辑状态。

若 Gm-输入处于其内部“0”状态,则受该 Gm-输入影响的所有输入和输出均处于其内部“0”状态。

m 应该用相关的标识序号代替。

A00276 表 1 的注适用。

应用注释 A00269

1 一般说明

1.1 对于符合被替代的 IEC 60117-15 的符号,要求延长过渡期,但应逐步地用本标准规定的符号代替。使用一些国家标准公认的其他符号,例如形状特别的那些符号来代替 S01566、S01567、S01574、S01575、S01576、S01577、S01579、S01580 和 S01582,虽然不推荐,也不应视为与本标准相抵触。但是不允许用来组合复杂符号(例如用作镶嵌符号)。

1.2 有关“逻辑状态”、“逻辑电平”等的解释,见 GB/T 4728.2。

1.3 本标准采用符号“0”和“1”来表示二进制变量的两种逻辑状态。这两种状态称之为“0”状态和“1”状态。

1.4 一个二进制变量可以用任何一种可定义两个不同值域物理量来表示。在本标准中,这两个值域的物理量为逻辑电平,并分别以 H 和 L 表示。H 用来表示具有正得较多的代数值的逻辑电平,L 用来表示具有正得较少的代数值的逻辑电平。

1.5 如果一个系统的逻辑状态用物理量的其他特性(例如:正脉冲和负脉冲、有脉冲和无脉冲)来表示,仍可以用 H 和 L 来表示这些特性,或者用更适当的符号代替。

2 术语解释

定义三个术语对于方便理解其他部分中的描述非常有用。

2.1 “内部状态”指的是在符号框内输入端或输出端设想存在的逻辑状态。

2.2 “外部状态”指的是在符号框外设想存在的逻辑状态。

——对于输入端,是指输入线上任何外部限定符号之前的逻辑状态;

——对于输出端,是指输出线上任何外部限定符号之后的逻辑状态。

2.3 “逻辑电平”指的是设想用来代表二进制变量的物理量(见 1.3 和 1.4)。

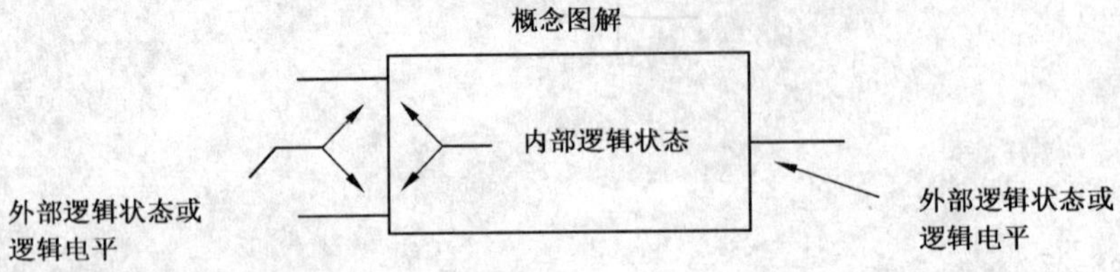

3 符号的组成

3.1 符号由一个框或几个框组合和一个或几个限定符号组成。

应用符号时要求补加输入线和输出线。

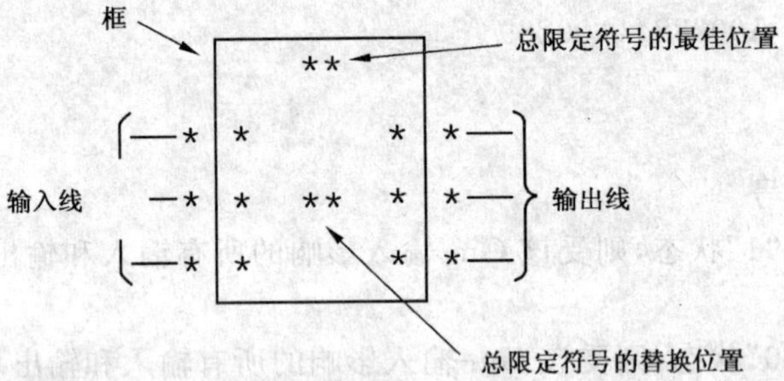

单个星号(*)表示与输入和输出有关的限定符号的放置位置。

当且仅当元件的功能完全由与输入和输出有关的限定符号决定时,才不需要总限定符号。

3.2 一般附加信息可按 IEC 61082-1 的规定注在符号框内。

3.3 与特定输入(输出)有关而在本标准中未标准化的信息,可以标在与相关输入(输出)相邻的框内的方括号内,并置于该输入(输出)的限定符号之后(前),如符号 S01592 所示。

与元件总逻辑功能有关的附加信息,可以标在框内的方括号内。

3.4 由不可再分的一个符号所表示的元件,在符号内若无其他相关的限定符号或标记,则其所有输出总是存在相同的由该元件功能所决定的内部逻辑状态。这里所说的符号和限定符号的再分包括明显示出和按说明 A00271 6.3 简化规则隐含的。

3.5 在有的图中,把一些不是符号组成部分的小写字母标在框外,目的仅仅是为了说明该符号时便于区分其多个输入和输出。

3.6 本标准中的符号和描述是针对信号流从左向右的。如果符号用作信号流从右向左的,应该在符号的描述中明显指出或在符号本身中指明。

说明符号时,除非另有指明,应该假设示于符号内标记的正常读法方向左边的终端为输入,而右边示出的为输出。如果有助于简图的布局或更好的表达器件的结构,输入也可示于右边和输出示于左边。

信号流的方向应该清楚地暗示或指明。可以用本身指明信号流方向的限定符号(例如,仅为输入或仅为输出定义的限定符号,或指明信号流向的总限定符号)或简图中连接到终端的其他符号作为明显指示。

如果终端线上信号流的方向不是很明显，该线应该用适用的指向信号流方向的箭头（IEC 60617-02 的符号 S00099）或用双向信号流的符号（符号 S01547）标明。箭头不得和框或任何其他终端线接触。例子见符号 S01599。

应用于：S01463，S01464，S01465

应用注释 A00270

框架的长宽比是任意的。

框架组合见 A00271。

应用于：S01463，S01464，S01465

应用注释 A00271

6 框的应用和组合

6.1 为了缩小表示一组相邻元件所需的幅面，各元件的框可遵循下述规则邻接或镶嵌。

6.1.1 当各元件框公共线沿着信号流方向时，这些元件框之间无逻辑连接。

概念图解

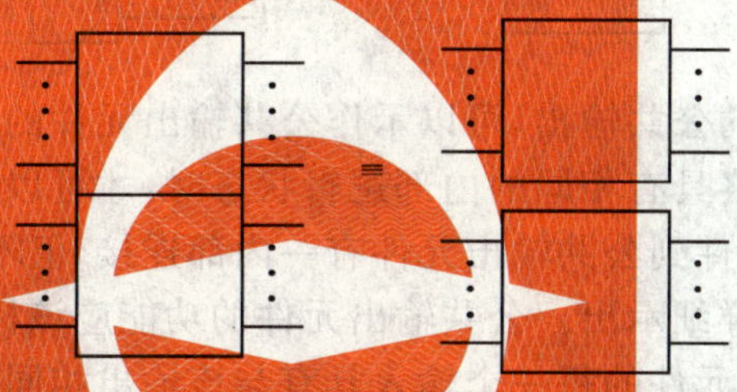

注：此规则不一定适用于有两种或两种以上信号流方向的那些阵列，例如，由公共控制框、公共输出元件框或由关联标记指明多种信号流方向的阵列。

6.1.2 如果两框的公共线垂直于信号流方向，则它们之间至少有一种逻辑连接。

由于公共控制框不是逻辑元件框，因此，到公共控制框去的或从公共控制框来的连接线，都不存在逻辑连接，但与阵列相连并详细示出连接关系的除外。

每一种逻辑连接可以由标注在公共线一侧或两侧的限定符号表示。如果这种方法会引起逻辑连接数目混乱时，则可使用内部连接符号（符号 S01475）。

如果在公共线的两侧均无限定符号，则可认为元件框间仅存在一种逻辑连接。

概念图解

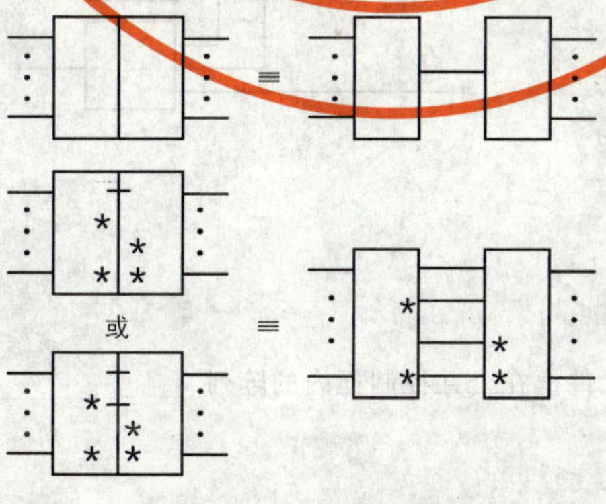

每一个星号表示一个限定符号的位置

6.2 公共控制框可以与相关元件阵列连接。与阵列的一个以上元件有关的输入或输出，或者与阵列元件无关的输入和输出均可画在公共控制框上。如果合适这类输入和输出应加注标记。

6.2.1 如果示于公共控制框的输入是关联标记中的影响输入（见第 11 章和第 12 章），则它仅仅是阵列中标有该输入标识序号的各个元件所共有的输入。如果示于公共控制框的输入不是关联标记中的影响输入，则它是阵列所有元件共有的或对所有元件起作用的输入。

公共控制框画在相关元件阵列的一端，除非另有说明，与公共控制框相邻接的元件是阵列中最低位的元件。

概念图解

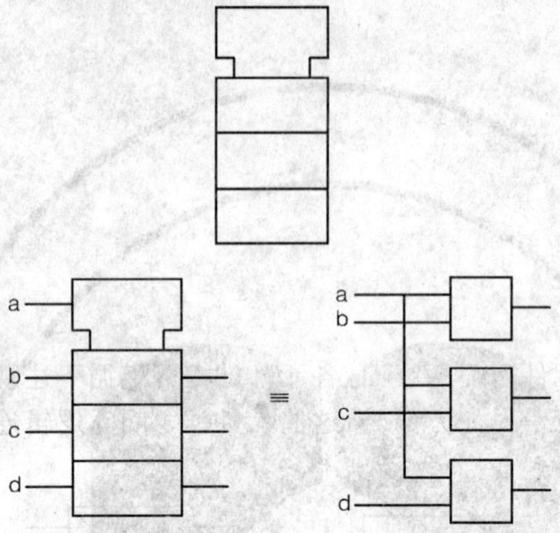

6.2.2　与阵列中全部元件有关的公共输出，可以示作公共输出元件的输出。在阵列元件有一个以上输出的情况下，只有当这些输出始终具有相同的内部逻辑状态时，才可以采用公共输出元件。采用公共输出元件意味着从阵列的每一个元件到公共输出元件有一内部连接，但不必示出。此外，公共输出元件可以有其他的输入，这些输入必须详细示出。公共输出元件的功能应该标明。

与阵列输出对应的公共输出元件的每一个输入具有与该输出相同的内部逻辑状态。

公共输出元件框示于：

——公共控制框内，或

——阵列的末端，如有公共控制框时，则在其相对的位置。

对于一个阵列适于有多个公共输出元件框的场合，只需在一处画双线。

概念图解

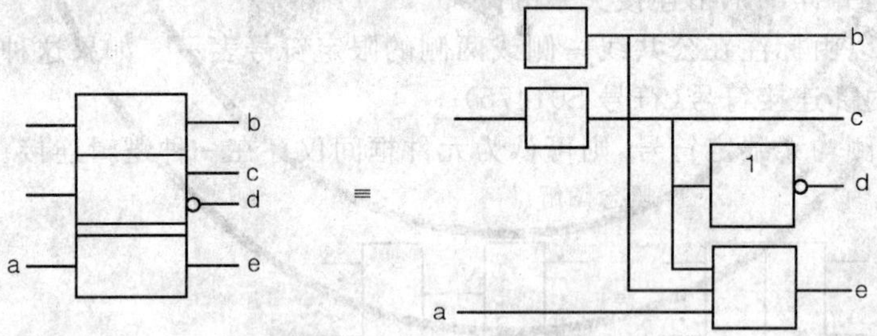

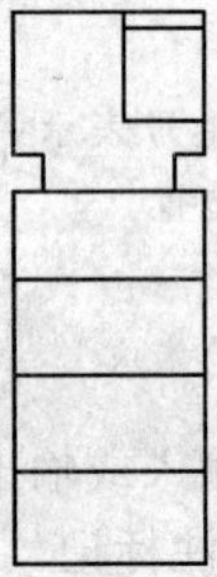

公共输出元件框在公共控制框内的阵列

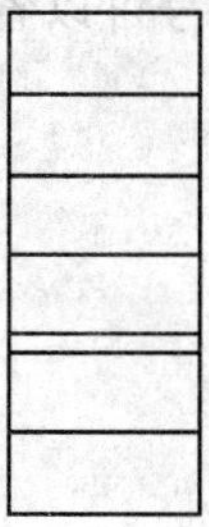

有两个公共输出元件框的阵列

6.3 对于由若干个具有相同限定符号的元件框构成的阵列，只要不会引起混乱，绘图时只在第一个框内标出限定符号即可。同样，当构成阵列的每个元件框又由几个相同的子阵列组成时，只详细画出第一个子阵列，其余的用简单的框表示即可。即使在阵列的每个元件框中，关联标记的影响输入（输出）与受影响输入（输出）的标识序号不同（概念图解见第14章）。同样可见运用关联标记使之简化。

概念图解

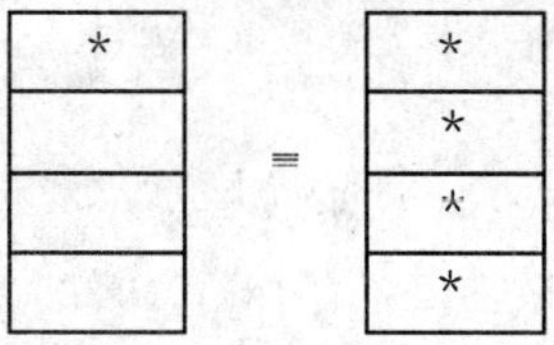

具有相同总限定符号的元件阵列

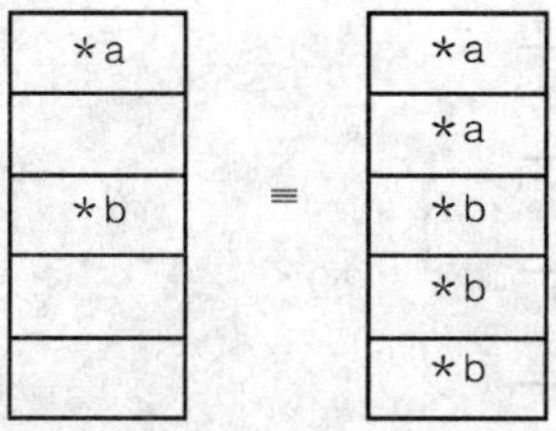

两个邻接的元件阵列

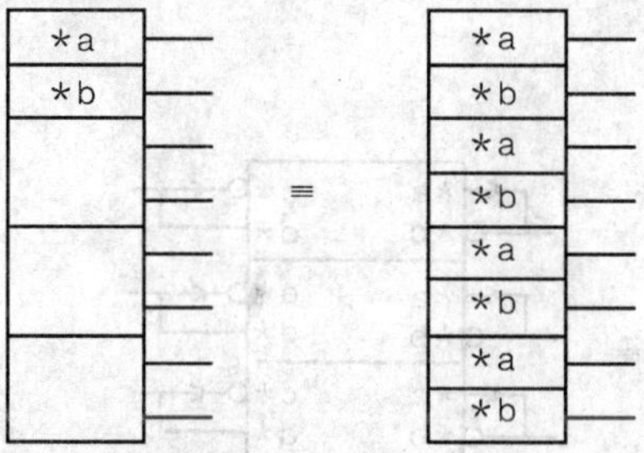

两个交错组合的元件阵列

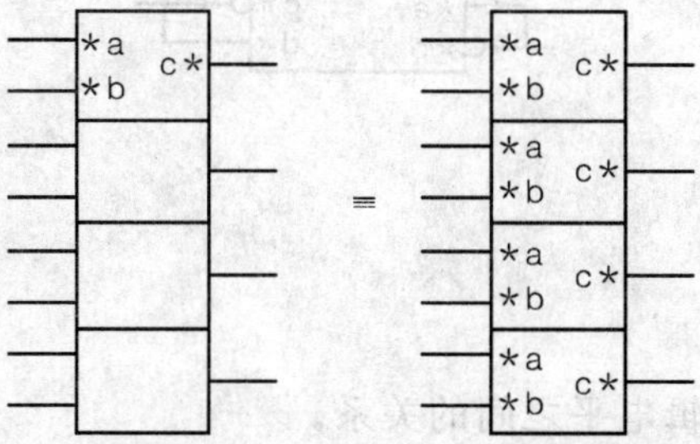

无公共控制框的具有相同的与输入和输出有关的限定符号的元件阵列

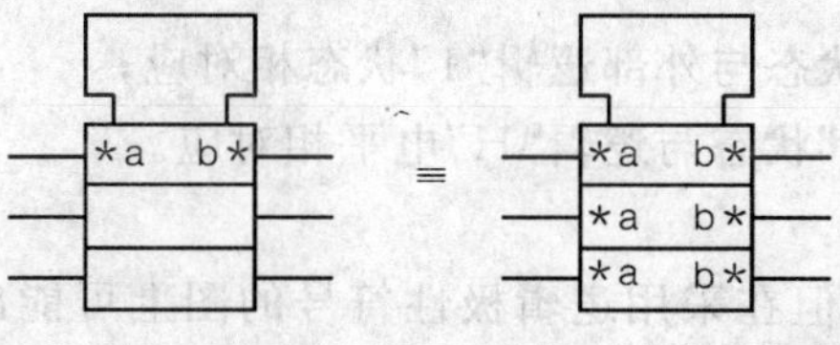

有公共控制框的具有相同的与输入和输出有关的限定符号的元件阵列

6.4 在简化表示的由若干相同元件框组成的阵列中，若一个引起端的功能需要用两条或两条以上的引出线在框外连接在一起表示时，则需要在第一个元件框详细示出，其余元件框可以简化，用单线表示。

属于连接在一起的所有引出线共有的框外符号，应示于单线上，而非共有的符号可以省略或示出。

概念图解

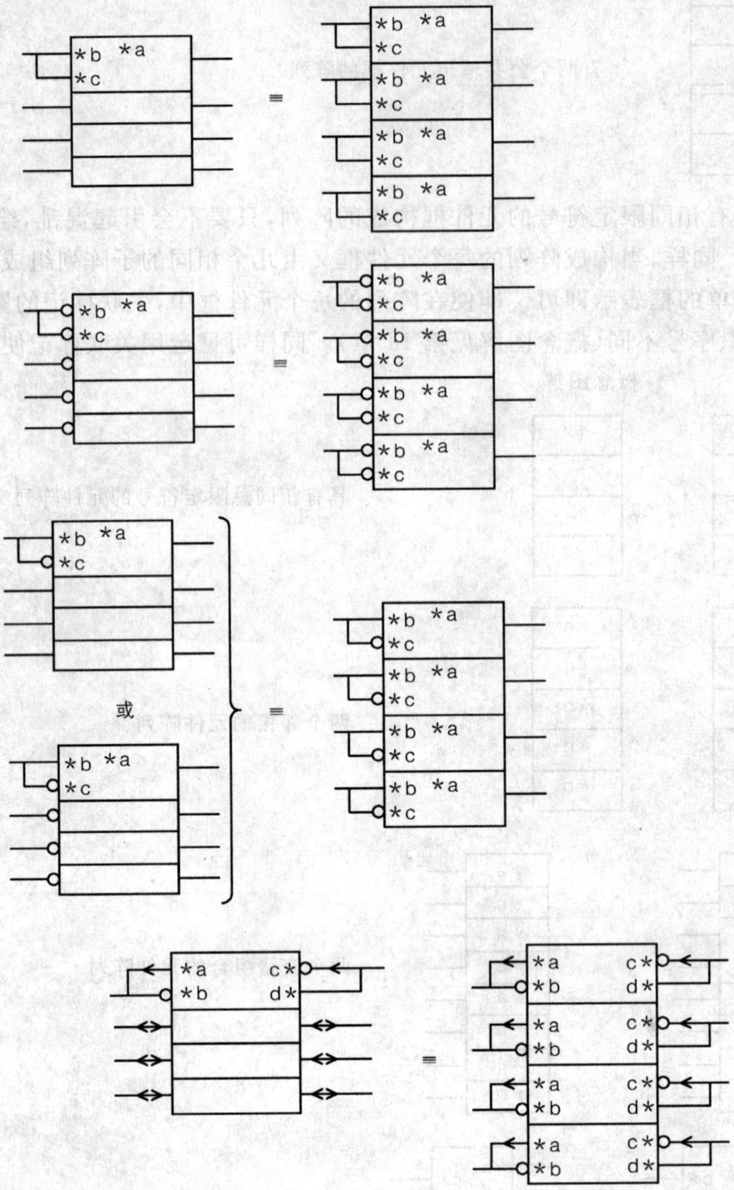

应用于：S01463，S01464，S01465，S01587，S01596

应用注释 A00272

该符号用来确定内部逻辑状态和外部逻辑状态或逻辑电平之间的关系。

若在输入或输出端无符号，则认为：

——在采用逻辑非符号的图上，内部逻辑“1”状态与外部逻辑“1”状态相对应；

——在采用逻辑极性符号的图上，内部逻辑“1”状态与逻辑“H”电平相对应。

在采用逻辑极性符号的图上，不存在外部逻辑状态。

逻辑非和逻辑极性符号不应在同一图上一起使用，但在采用逻辑极性符号的图上可能出现逻辑非作为内部连接的情况除外，见符号 S01809 和 S01478，也可见 IEC 61082。

应用于：S01466，S01467，S01468，S01469，S01470，S01471，S01472，S01473，S01474

应用注释 A00273

内部连接是指逻辑元件内部的连接。为了表示框组合在一起的元件之间的逻辑关系,用符号来表示此种连接是很有用的。在多数应用中,采用本条中的符号表示复杂元件的功能也是方便的。在此种情况下,应该使用关联标记(见 A00276 和 A00277)来确定内部输入和输出的作用。

概念图解

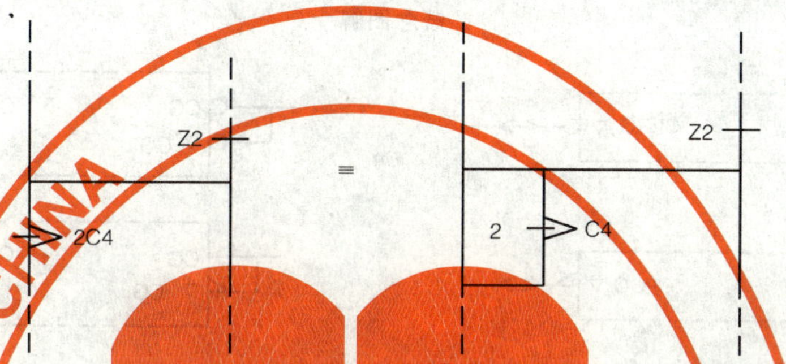

应用于:S01475, S01476, S01477, S01478, S01479, S01480, S01481, S01482, S01483, S01484, S01485, S01486, S01487, S01488, S01489, S01490, S01809

应用注释 A00274

若两个或两个以上的输入有相同的符号以表示这些输入端的功能,则这些输入被认为处于"或"关系。示例见符号 S01664。

应用于:S01503, S01504, S01505, S01506, S01507, S01508, S01509, S01510, S01511, S01512, S01513, S01514, S01519, S01520, S01521, S01522, S01526, S01527, S01530, S01532, S01533, S01536, S01543, S01544, S01545

应用注释 A00275

10 非逻辑连接和信号流指示符,内部上拉和内部下拉

10.1 IEC 60617-13 中的符号 S01748 至 S01751 可分别用来标注载有模拟信号和数字信号的输入或输出。

10.2 电源电压输入可采用 IEC 60617-13 中的符号 S01753。

10.3 原则上,信号流方向是从左到右和从上到下。如果不能保持此规则以及信号流方向不明显时,应在信息线上标注指示信号流方向的箭头。这些箭头不应触及框线或任何限定符号。示例见符号 S01599。

双向信号流

注 1:应用示例见符号 S01603。

注 2:在载有双向信号流的连接线上,极性指示符号应指向右或指向下,例如:

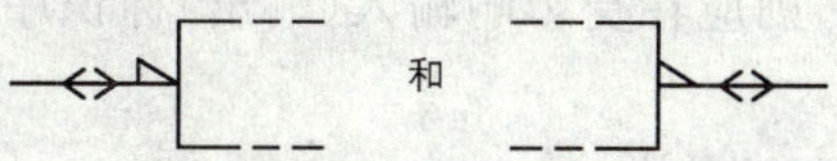

注 3:当出现极性指示符的情况下,无需使用双向信号流符号,例如:

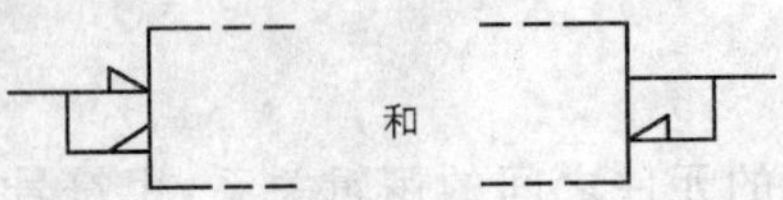

注 4：在下述任一情况下，双向信号流不应示于单一的输入、输出线上：

——逻辑非或极性指示符对输入和输出的功能不相同(6.4 允许的除外)，或者

——与输入和输出功能相关的标记不相同，并且难以区分标记的哪一部分适用于输入，哪一部分适用于输出。

概念图解

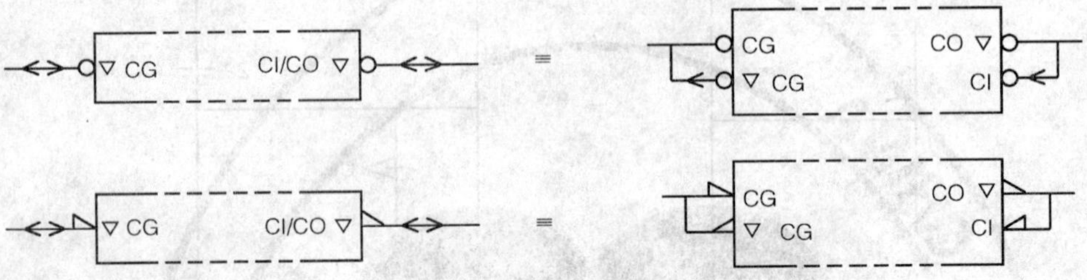

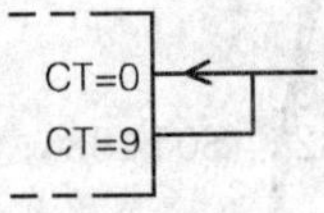

在此情况下，为避免引起混淆，双向信号流不应示于单线上。

应用于：S01547，S01548

应用注释 A00276

11　一般说明

关联标记是标明输入之间、输出之间或输入与输出之间关系的一种方法。采用此方法，无需实际示出所包含的全部元件和互连线。

注：除了复杂元件外，关联标记不应用来代替组合元件的符号。

关联标记所提供的信息是对元件功能限定符号提供信息的补充。

在有关关联标记的约定中，将采用"影响的"和"受影响的"两条术语。在不能明显地肯定哪些输入是"影响的"和"受影响的"的情况下(例如，若它们处于相与的关系)，可用任何方便的方法进行选择。

在某些复杂元件中，有的输出可能对输入和其他输出有影响。为简化起见，第 12 章和第 13 章只涉及"影响输入"，但应理解为所介绍的标记也适用于影响输出。

12　约定

关联标记常常用来确定内部逻辑状态之间的关系。但是，在三态输出、无源下拉输出、无源上拉输出和开路输出(符号 S01493 至 S01498)的情况下，使能关联(见第 20 章)规定影响输入的内部逻辑状态和受影响输出的外部逻辑状态之间的关系。

关联标记的标注方法如下：

——用一个表达其内在关系的特定字母后加标识序号来标记影响其他输入或输出的输入；

——用相同的标识序号来标记受该影响输入影响的每一个输入或输出。

若起影响的是影响输入(输出)内部逻辑状态的补状态，则应在受影响输入(输出)标识序号的上方加一条横线。

注：应用示例见符号 S01669。避免使用横线的方法，见符号 S01691 的注。

若受影响输入或输出具有一个表示对元件起作用的标记，则该标记应以影响输入的标识序号为

前缀。

若一个输入或输出受一个以上影响输入的影响，则每一个影响输入的标识序号都应出现在受影响输入或输出的标记中，而且以逗号隔开。这些标识序号从左到右排列次序与影响关系的顺序相同(见第25章)。

两个用不同字母标识的影响输入，除了字母A外，不应有相同的标识序号(见第23章)。

若两个影响输入有相同的字母和相同的标识序号，则它们彼此处于相或的关系。

若表示受影响输入或输出功能的标记必须是数字(如编码器的输出)，则影响输入和受影响输入或输出两者相关联的标识序号应选择其他标记，如用希腊字母来代替，以避免混淆。

影响输入只影响符号中相应的受影响输入和输出。

13 关联类型

以下定义了几种关联。

与(AND)关联或(OR)关联和非(NEGATE)关联用于表示输入和/或输出之间的布尔代数关系。

互连(INTERCONNECTION)关联用于表示一个输入或输出将其逻辑状态强加于一个或一个以上的其他输入和/或输出。

传输(TRANSMISSION)关联用于表示各个受影响端口之间的可控传输通路。

控制(CONTROL)关联用于标识时序元件的定时输入或时钟输入，并表示哪些输入受其控制。

置位(SET)和复位(RESET)关联用于规定R-S双稳元件当R输入和S输入二者均处于其内部"1"状态时的内部逻辑状态。

使能(ENABLE)关联用于标识使能输入，并表示哪些输入和/或输出受其控制(例如哪些输出呈现其高阻抗状态)。

方式(MODE)关联用于标识，并表示与该方式相关联的输入和/或输出。

地址(ADDRESS)关联用于标识存储器的地址输入。表1列举了各种关联并概述了它们的作用。更详细的定义连同概念图解见下面各条。在这些图解中，采用了第五篇中所述的一般符号。

在表1中，"动作"一词的含义是：

——受影响输入对元件的功能有其通常规定的作用；

——受影响输出呈现由元件功能所决定的内部逻辑状态。

表1 关联的类别

关联类型	字母	对受影响输入或输出的作用当影响输入处于其：		参见条款
		"1"状态	"0"状态	
地址	A	允许动作(被选地址)	禁止动作(未选地址)	23
控制	C	允许动作	禁止动作	18
使能	EN	允许动作	——禁止受影响输入动作 ——置开路和三态输出于外部高阻抗状态(三态输出内部状态不受影响) ——置无源下拉输出于高阻抗L电平和无源上拉输出于高阻抗H电平 ——置其他输出于"0"状态	20
与	G	允许动作	置"0"状态	14
方式	M	允许动作(被选方式)	禁止动作(未选方式)	21
非	N	求反状态	无作用	16
复位	R	受影响输出呈现S=0，R=1的状态	无作用	19

表 1（续）

关联类型	字母	对受影响输入或输出的作用当影响输入处于其：		参见条款
		“1”状态	“0”状态	
置位	S	受影响输出呈现 S=1，R=0 的状态	无作用	19
或	V	置“1”状态	允许动作	15
传输	X	已建立传输通路	未建立传输通路	17A
互连	Z	置“1”状态	置“0”状态	17

注：具有标识序号上方加一条横线的受影响输入（输出），受上表所示影响输入补状态的影响。

应用于：S01550，S01551，S01552，S01553，S01554，S01555，S01556，S01557，S01558，S01559，S01560，S01561，S01562，S01563，S01564，S01565，S01766，S01767，S01773，S01774，S01775，S01776，S01777，S01810，S01811

应用注释 A00277

14　与(G)关联

受 Gm 输入或 Gm 输出的影响的每一个输入或输出与该 Gm 输入或输出处于“与”关系。

概念图解

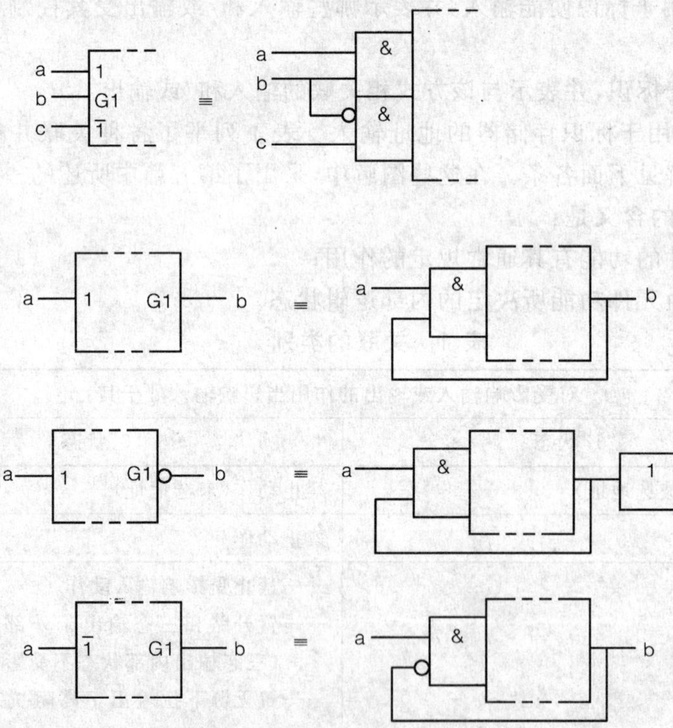

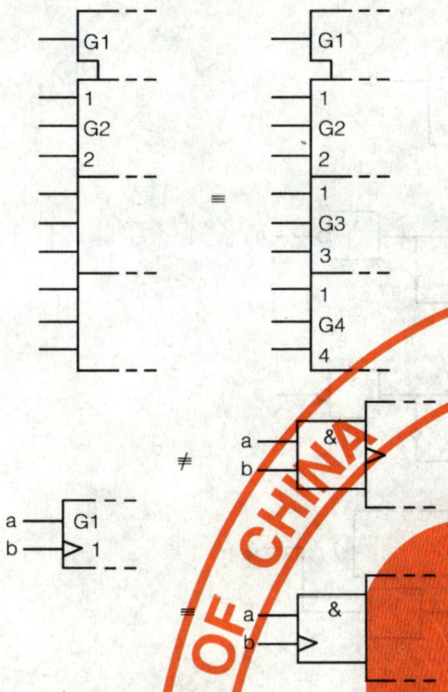

应用于：S01810，S01811

应用注释 A00278

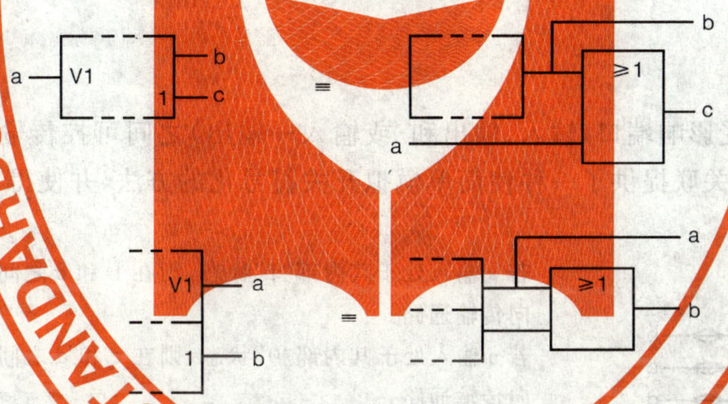

应用于：S01550，S01551

应用注释 A00280

17　互连(Z)关联

互连关联用于表示一个输入或输出将其内部逻辑状态强加于一个或多个其他输入和/或输出。应用示例见符号 S01581。

受 Zm 输入或 Zm 输出影响的输入或输出的内部逻辑状态，与该 Zm 输入或 Zm 输出的内部逻辑状态相同，但另有其他关联标记限定者除外。

概念图解

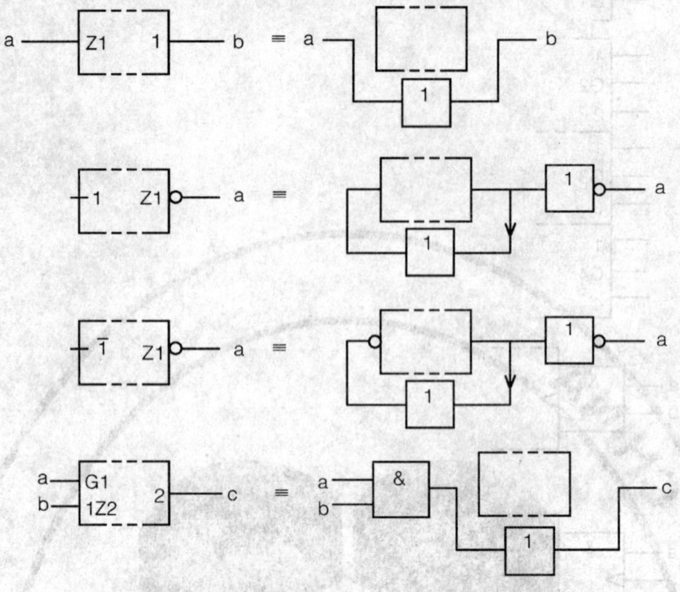

应用于：S01554，S01555

应用注释 A00281

17A 传输(X)关联

传输关联用于表示受影响端口(输入、输出和/或输入一输出)之间可控传输通路。除非另有说明，传输通路是双向的，传输关联提供了一种使简单模拟开关符号化的方法，并使得有可能以简明的方法来描述较复杂的器件。

概念图解

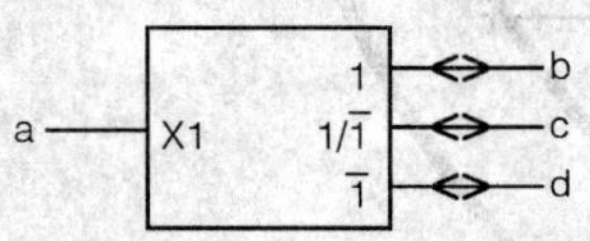

若 a 输入处于其内部“1”状态，则在 b 和 c 之间存在双向传输通路。

若 a 输入处于其内部“0”状态，则在 c 和 d 之间存在双向传输通路。

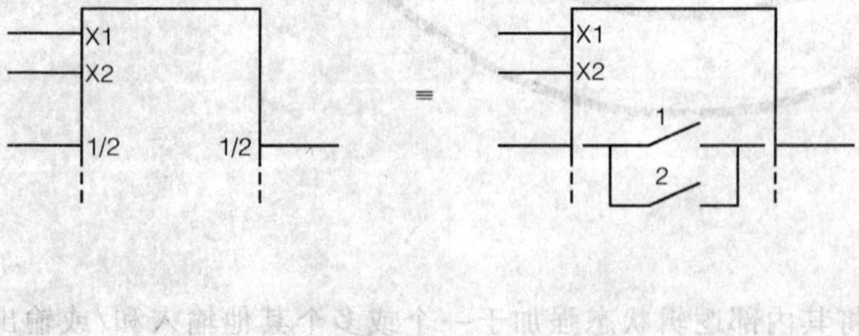

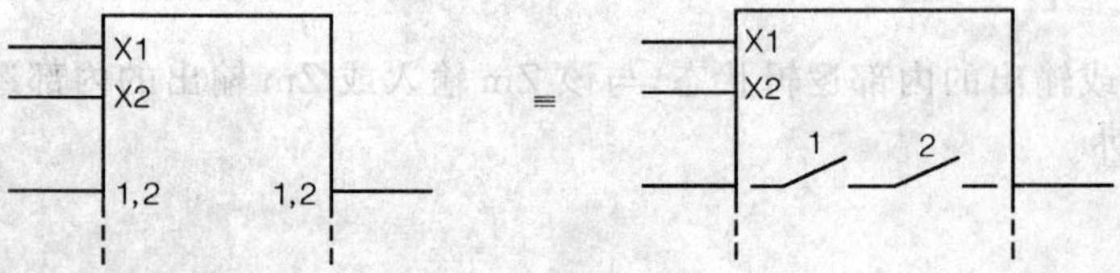

使用虚拟输入和输出能够使另一种较复杂的关联标记链得到简化。

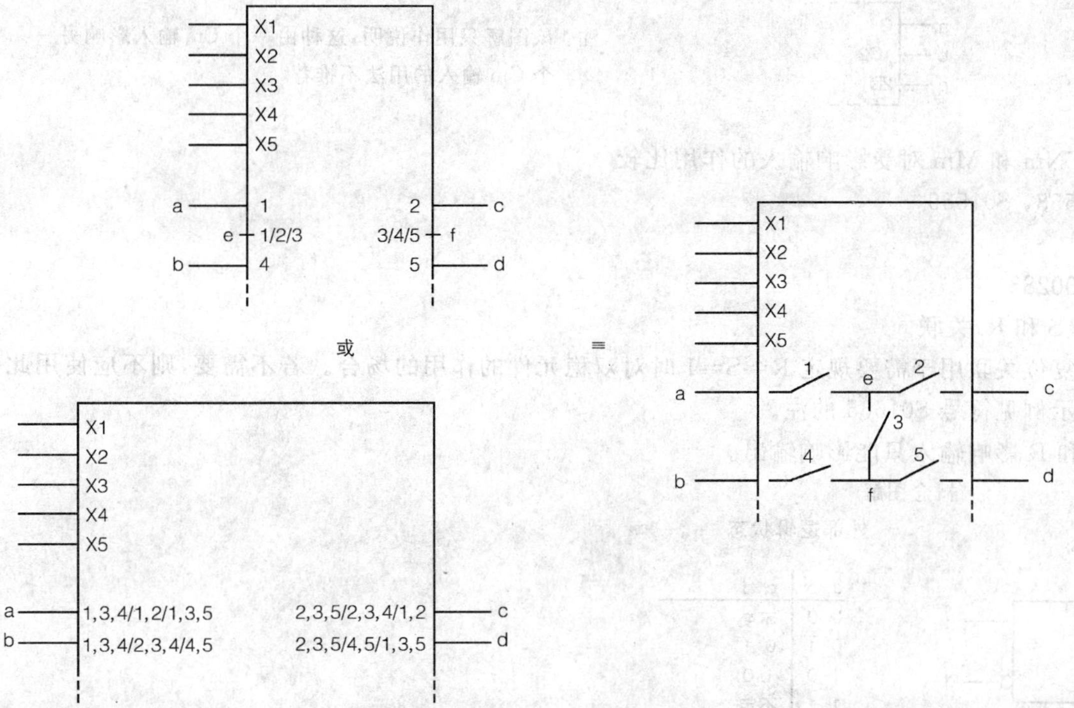

应用于：S01556，S01557，S01776，S01777，S01804，S01805

应用注释 A00282

控制关联只应用于时序元件，并可隐含一个以上的"与"关系。它被用来标识产生动作的输入。例如，边沿触发双稳电路的时钟或电平操作透明锁存器的数据启动。

概念图解

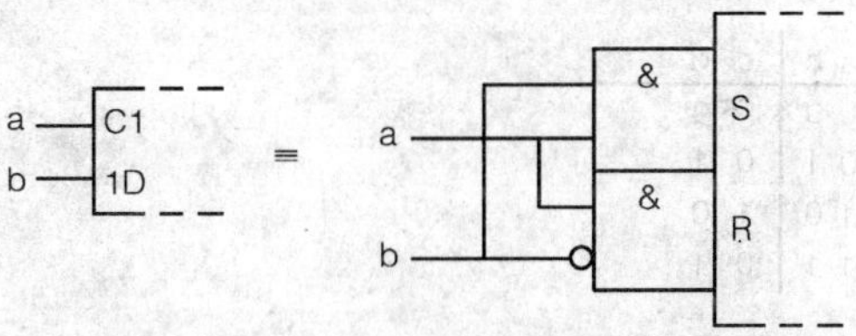

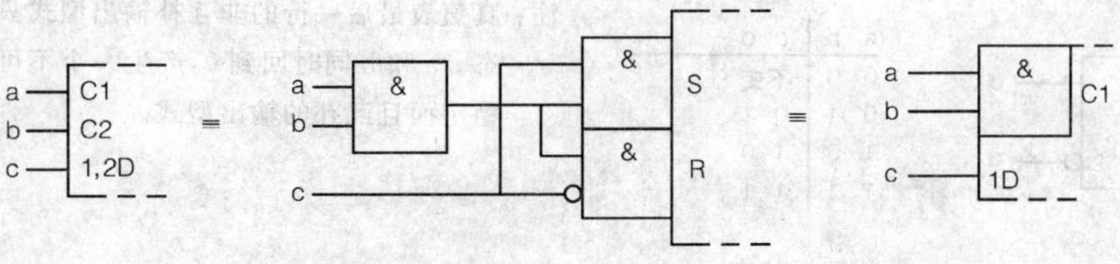

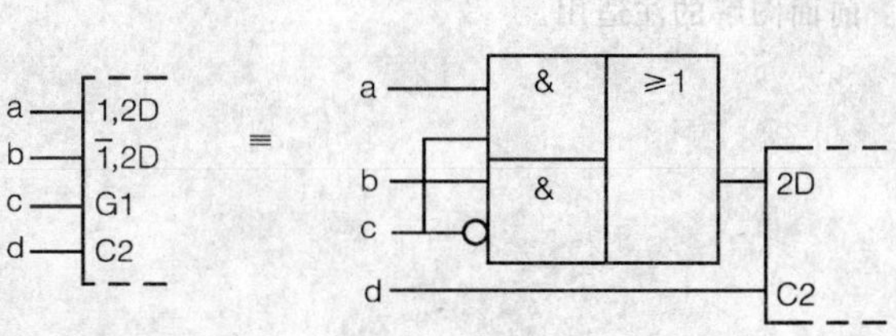

采用 A00274

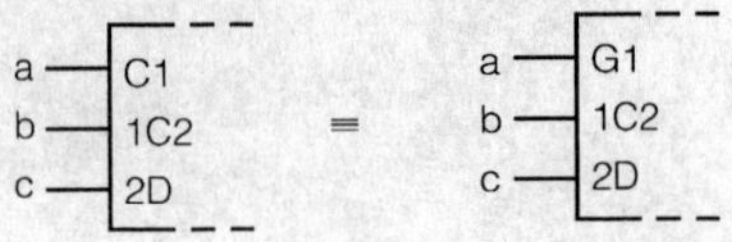

注：该图解只用作说明，这种由一个 Cm 输入影响另一个 Cm 输入的用法不推荐

d Cm、ENm 和 Mm 对受影响输入的作用比较

应用于：S01558，S01559

应用注释 A00283

置位和复位(S 和 R)关联

置位关联和复位关联用于需要规定 R=S=1 时对双稳元件的作用的场合。若不需要，则不应使用此种关联。应用示例见符号 S01665 的注。

S 影响输入和 R 影响输入只能影响输出。

概念图解

外部逻辑状态

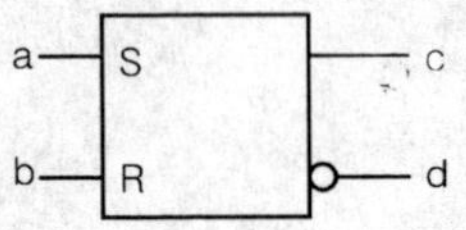

a b	c d
0 0	不变
0 1	0 1
1 0	1 0
1 1	不定

外部逻辑状态

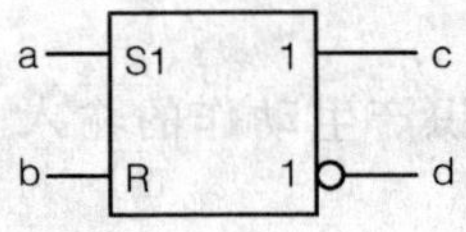

a b	c d
0 0	不变
0 1	0 1
1 0	1 0
1 1	1 0

外部逻辑状态

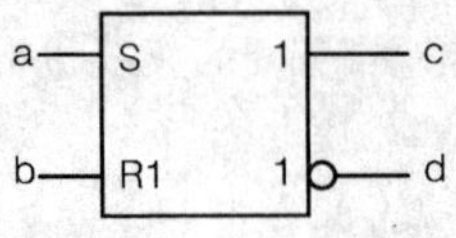

a b	c d
0 0	不变
0 1	0 1
1 0	1 0
1 1	0 1

外部逻辑状态

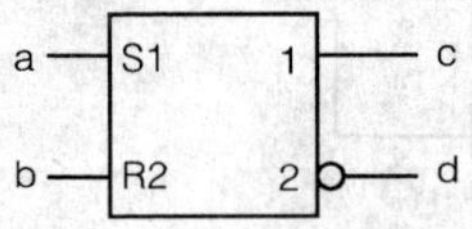

a b	c d
0 0	不变
0 1	0 1
1 0	1 0
1 1	1 1

注：真值表最后一行的非互补输出型式只是暂稳态。a 和 b 同时回到 0，产生一个不可预知的稳定而且互补的输出型式。

外部逻辑状态

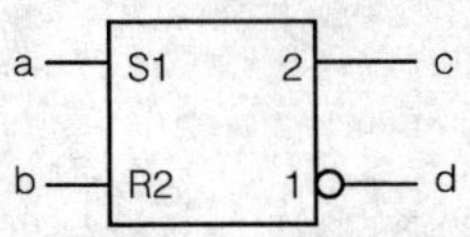

a b	c d
0 0	不变
0 1	0 1
1 0	1 0
1 1	0 0

注：前面图解的注适用。

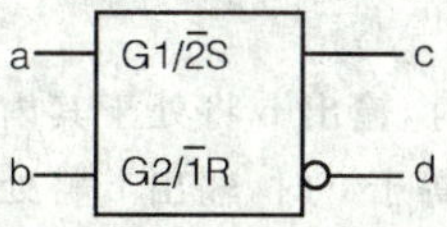

外部逻辑状态

a b	c d
0 0	不变
0 1	0 1
1 0	1 0
1 1	不变

注:该示例未采用 S 关联和 R 关联,而用一组替换符号解决不确定状态问题,并说明 S 关联和 R 关联不能影响输入。

应用于:S01560, S01561

应用注释 A00284

使能(EN)关联

使能关联用于表示不影响元件全部输出的使能输入。若要影响的是元件的一个或多个输入,则可以使用此种关联。

概念图解

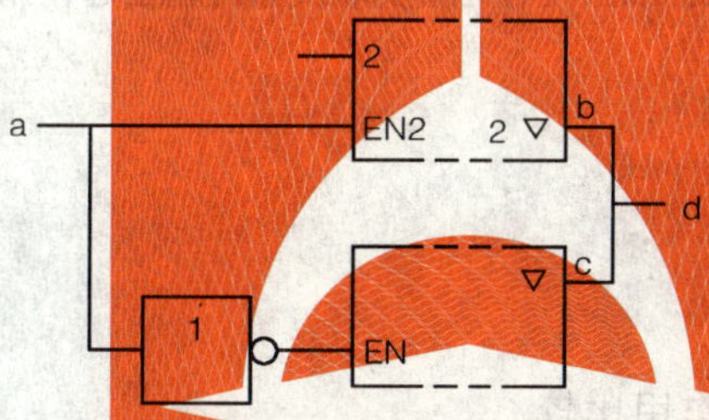

外部逻辑状态

a	d
0	c
1	b

Cm、Enm 和 Mm 对受影响输入作用的比较见 A00286。

应用于:S01562

应用注释 A00285

方式关联用于表示元件的特定输入和输出的作用取决于该元件的操作方式。Cm、Enm 和 Mm 对受影响输入作用的比较见 A00286。

——位组合符号和斜线的用法分别在 A00288 和 A00289 中说明。

方式关联影响输入:

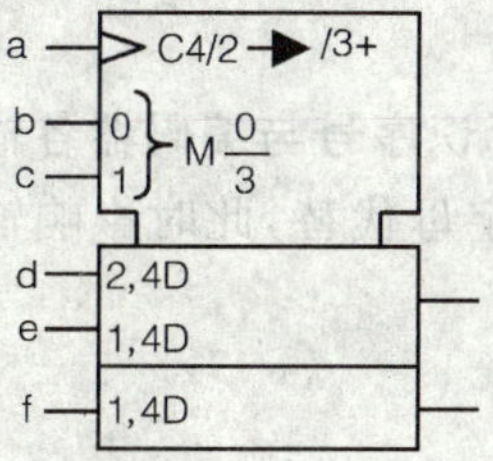

方式 0(b=0,c=0):由于没有一个输入起作用,输出维持原有状态

方式 1(b=1,c=0):通过输入 e 和 f,发生并行装入

方式 2(b=0,c=1):通过输入 d 发生下移和串行输入

方式 3(b=1,c=1):按每一时钟脉冲加 1 的加法计数(输入 a)

决定输出功能：

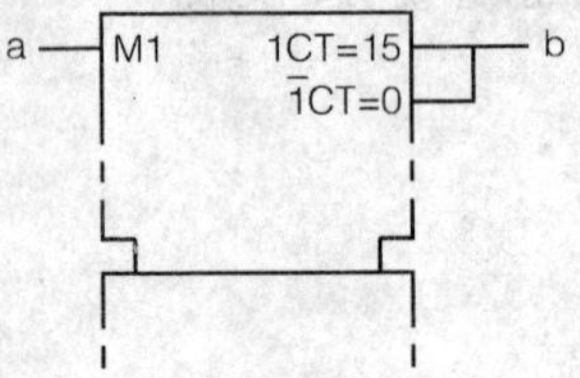

若输入 a 处于其内部“1”状态，则当寄存器的存数等于 15 时，输出 b 将处于其内部“1”状态。若输入 a 处于其内部“0”状态，则当寄存器的存数等于 0 时，输出 b 将处于其内部“1”状态。说明见 S01493 的说明 b。

修改输出的依赖关系：

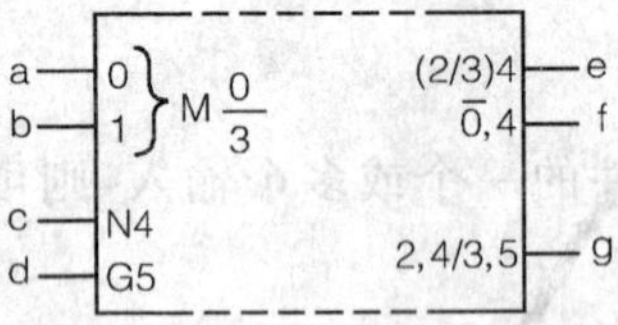

在输出 e 端，引起非(若 c=1)的标记组只在方式 2 和方式 3 时有效。在方式 0 和方式 1 时，该输出处于和无标记一样的通常规定的状态。

在输出 f 端，当方式为非 0 时，标记组起作用，因而输出 f 在方式 1、2 和 3 时被否定(若 c=1)。在方式 0 时，标记组不起作用，因而输出处于其通常规定的状态。在该示例中，$\overline{0}$,4 等效于(1/2/3)4。

在输出 g 端有两个标记组，第一个是引起非的标记组，只在方式 2 时有效。第二个是使 g 端与 d 端服从与关联的标记组，只在方式 3 时有效。

请注意，在方式 0 时，没有一个关联关系对输出起作用，因此，此时 e、f 和 g 都处于同一状态。

应用于：S01563，S01564，S01654

应用注释 A00286

Cm、ENm 和 Mm 对受影响输入的作用比较

对于受影响输入，Cm、ENm 和 Mm 输入都有相同的作用，但它们预定的用途不同：

——Cm 应该用于标识产生动作的输入；

——ENm 应该用于标识产生单一准备作用的输入；

——Mm 应该用于标识单独产生或一起产生交替准备作用的一个或多个输入。

应用于：S01558，S01559，S01562，S01563，S01564，S01565

应用注释 A00288

标注关联标记的特殊方法

1) 编码器产生影响输入的用法

——若一组影响输入的作用是由编码器输入信号译码产生，则编码器的符号(S01610)可以作镶嵌符号。

概念图解

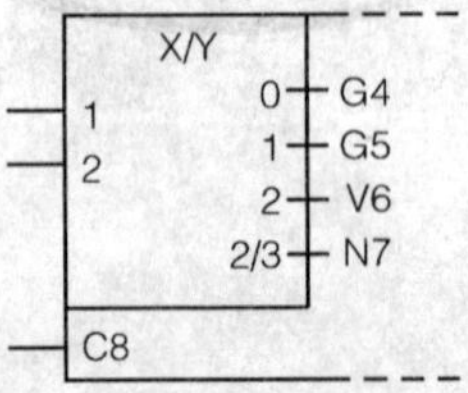

——若由编码器产生的全部影响输入是同一类型的，并且，若它们的标识序号与编码器各输出端的序号一致时，则限定符号 X/Y 中的 Y 可用表示关联种类的字母代替，此时影响输入的标记应省略。

概念图解

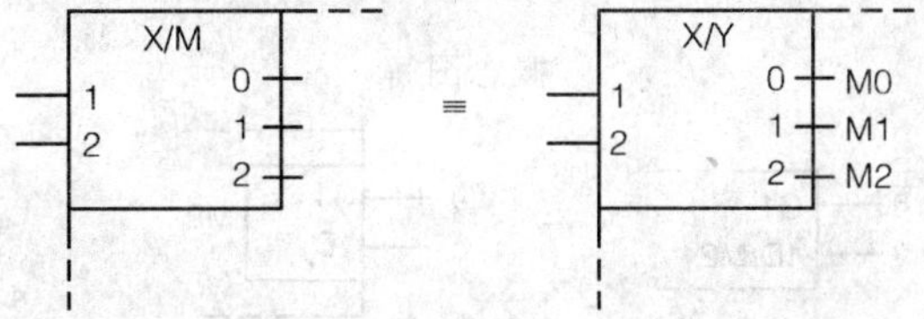

2） 位组合表示的影响输入的用法

——若由编码器产生的全部影响输入是一种类型的，并且有连续的标识序号(不必与编码器输出端所标序号一致)，则可以采用位组合符号(符号 S01516(12-09-24))。此时，星号应该用表示关联类别的字母后加 M1/M2 代替。M1 应由最小的标识序号代替，而 M2 由最大的标识序号代替。标识序号的范围(M2－M1＋1)必须等于编码器输出的数目。

——为了缩小所示的数字，即 2 的指数并且大于 3 个比特位所需的幅面，M1 和 M2 可能被 1～3个数字代替，该数是 2 的指数后跟 k，表示乘以一个乘积因子 1024，或跟上 M，表示乘以一个乘积因子 1048576。例如，1024 可用 1k 表示，65536 表示成 64k，1048575 表示成 1M。

概念图解

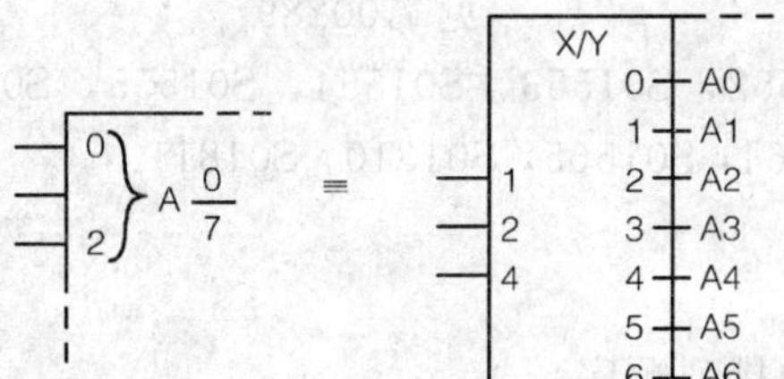

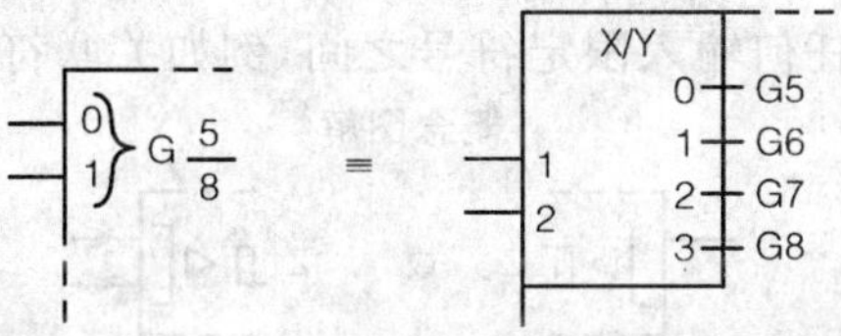

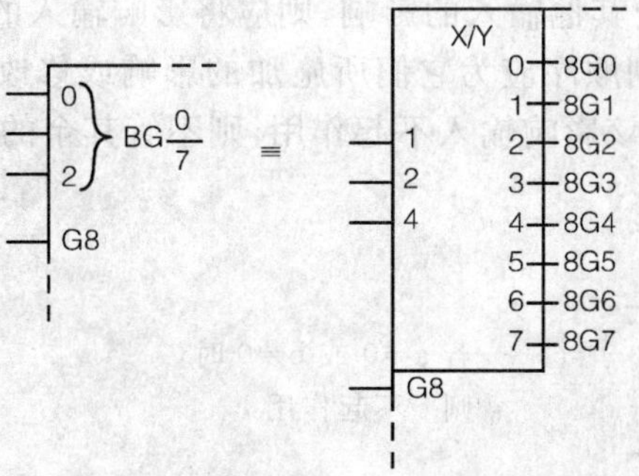

3） 具有固有存储特性输入的标注方法常常遇到一种不同于 D 输入而具有固有存储特性的输入。这样一种输入可以标注为：

mD，*

其中：

——m 应由影响存储操作的诸输入的标识序号代替；

——星号应由表示存储输入功能的符号代替。若该符号是一个数字，则加在 D 后面的逗号可以省略。

概念图解

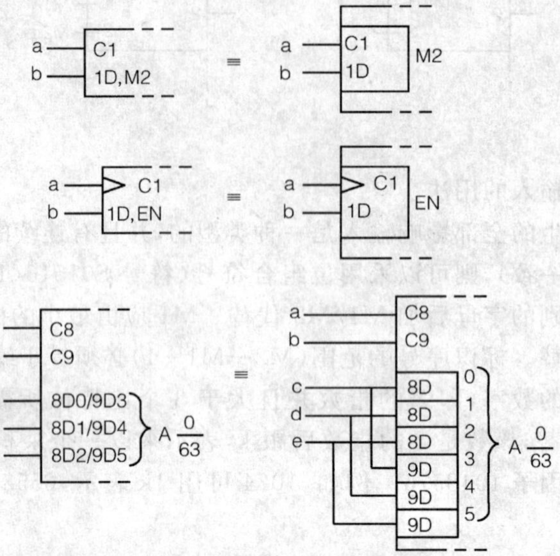

见 A00289

应用于：S01550，S01551，S01552，S01553，S01554，S01555，S01556，S01557，S01559，S01560，S01561，S01562，S01563，S01564，S01565，S01810，S01811

应用注释 A00289

与输入和输出有关的标记的排列顺序

1） 输入标记的顺序

25.1.0 如果输入需要一个或更多的符号 S01540，S01500 及 S01492，根据所需，它们将以内部元件的输入读取顺序（S01540，S01500，S01492）来表示。

这些符号应绘制在输入线和任何输入限定符号之间，例如关联符号。

概念图解

25.1.1 若单一功能的输入受其他输入的影响，则应将影响输入的标识序号置于该功能限定符号之前，这些标识序号自左而右的排列顺序应为它们所施加的影响或修改的顺序。若影响输入或输出中任何一个的逻辑状态（分开考虑）使该影响输入不起作用，则不管其余的影响输入的逻辑状态如何，该受影响的输入不起作用。

概念图解

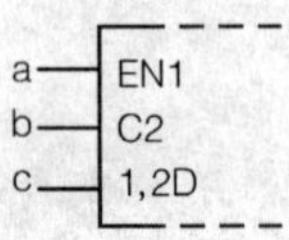

若 a=0 或 b=0 时，
则 c 不起作用

25.1.2 若有一个输入存在一个以上的功能或有一个以上的影响输入标记组，则这些功能标记或标记组可示于不同的输入线上。而把输入线在框外连在一起（见示例 S01619、S01698、S01702），然而此种表示方法不够简便，比较好的标注法输入可以只用一条线，而将不同的标记组用斜线隔开，标记组的顺序不附加任何意义。输入的功能之一是无标记的功能，则应在第一个标记组之前加一条斜线（见示例 S01700）。

概念图解

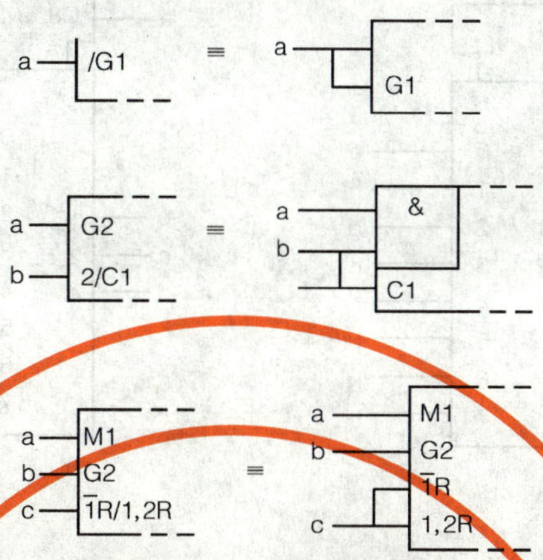

25.1.3 若组合元件的全部输入被禁止(对元件功能不起作用),则元件各输出的内部逻辑状态不由符号决定。

若时序元件的全部输入被禁止(对元件功能不起作用),则该元件的内容不变,并且各输出保持其原来的内部逻辑状态。

25.1.4 标记可用代数法提取公因子。

概念图解

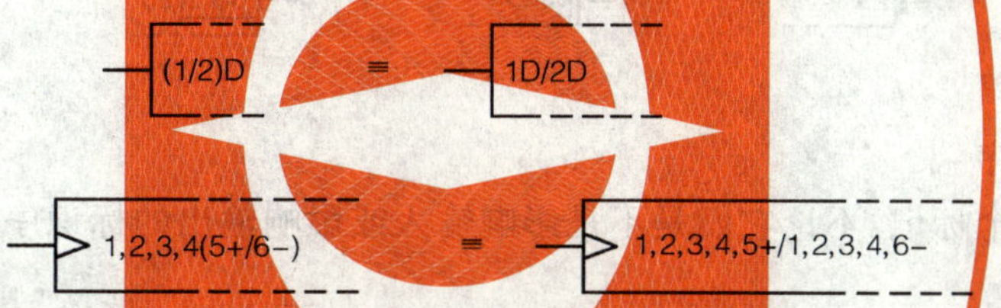

25.1.5 通常,比特群符号左边的输入所示的关联符号应用于编码器的输入,比特群符号后所示的关联符号应用于编码器输出所提供的输入。

但是,对于内存储的输入,见25.1.6。

概念图解

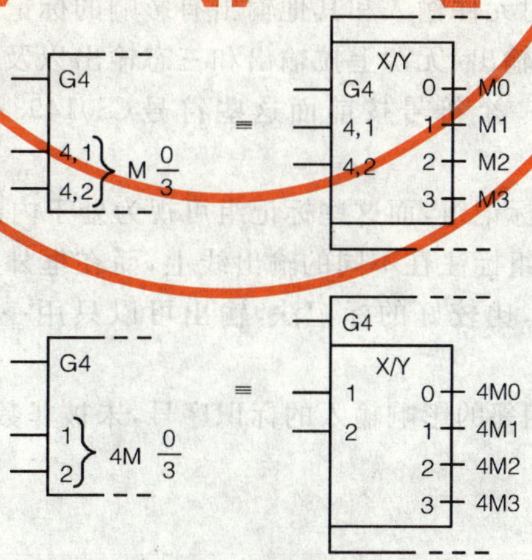

25.1.6 所有输入端的存储寄存器的任何组合逻辑元件在功能上等效于所有输出端的存储寄存器的相同逻辑元件。所以,下图的逻辑元件A功能上和元件B等效。

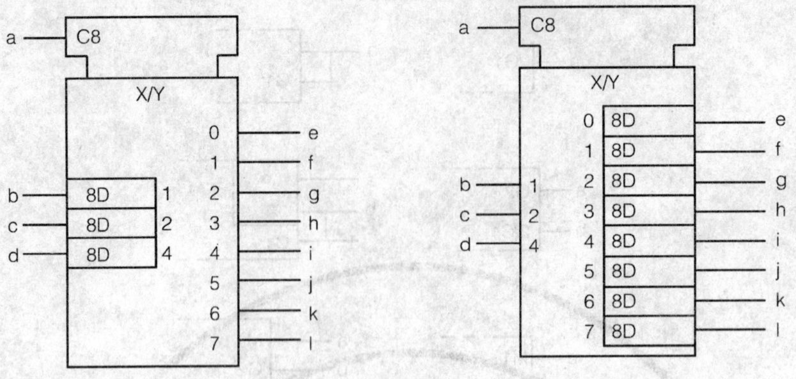

A　　　　　　　　B

因此，在具有固有存储特性的输入端，可按 A00288 3)的规定标记"MD"，既可位于符号群和表示存储功能的符号之间，也可直接置于输入端。

概念图解

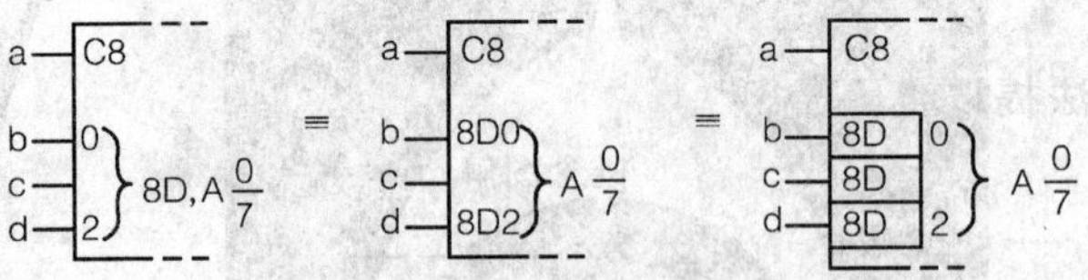

2)　输出标记的顺序

——若输出有若干个标记，不论它们是不是影响输入或影响输出的标识序号，则这些标记按如下顺序标注：

- 若具有延迟输出符号(S01491)，则应置于首位，必要时，把作用于该符号的输入标记置于其前；
- 其后为决定或修改输出内部逻辑状态的限定符号，这些标记自左而右的顺序应与其作用的顺序一致，应用示例见符号 S01702；
- 其后为表示该输出对元件输入和其他输出有影响的标记；
- 开路输出、无源下拉输出、无源上拉输出和三态输出以及具有特殊放大作用(驱动能力)的输出等符号中的每一个符号按前面这些符号(S01493…S01499)的说明都应紧靠其输出线。

——若输出需要几个不同的标记组，而这些标记组可视为处于内部相"或"的关系(例如取决于动作方式)，则可把这些标记组标注在不同的输出线上，而在框外把这些输出线连在一起。然而用这种表示方法不够简便，比较好的标记法，输出可以只用一条线，而将不同的标记组用斜线隔开。

——在标记组中，如果两个相邻的影响输入的标识序号，未被非数字标记隔开，则应用逗号隔开(见 A00276 12)。

概念图解

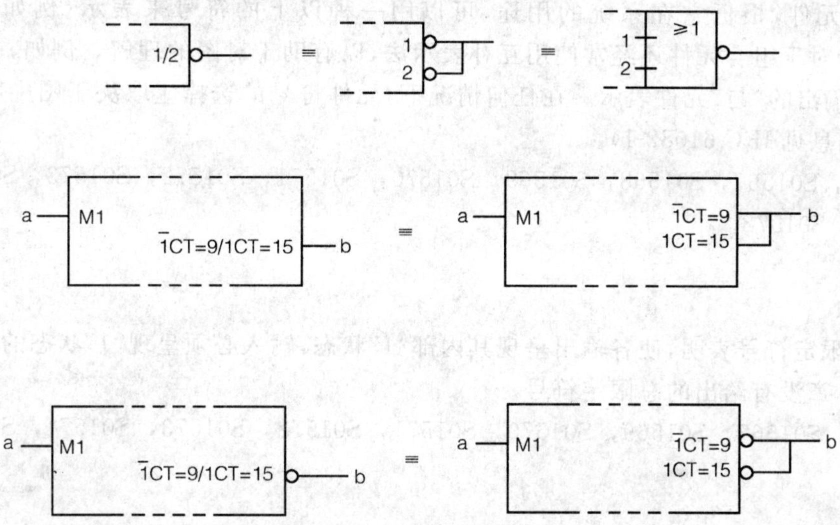

——输出标记也可用代数法提取公因子

概念图解

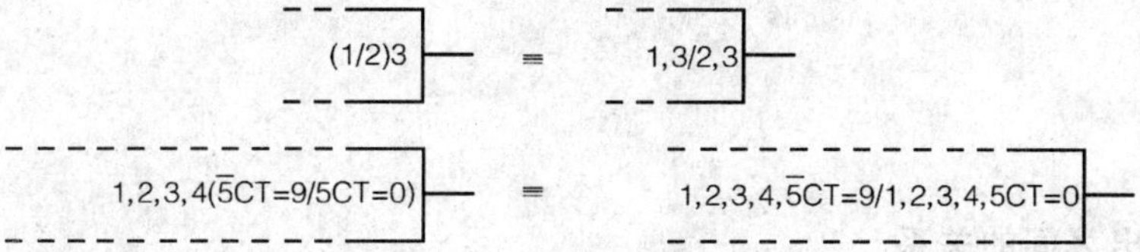

——若采用输出位组合符号(符号 S01517),并且全部组合在一起的输出标记组仅权的标记不同,除了位组合符号和权以外,只要保持各标记的适当顺序,包括开路输出、无源上拉输出、无源下拉输出和三态输出以及具有特殊放大作用的输出(驱动能力)等符号(S01493…S01499),但不包括权的标记,可以只在代替星号的符号和位组合符号之间标注一次即可,同时,除了位组合符号和权以外,应保持标记的适当顺序。

概念图解

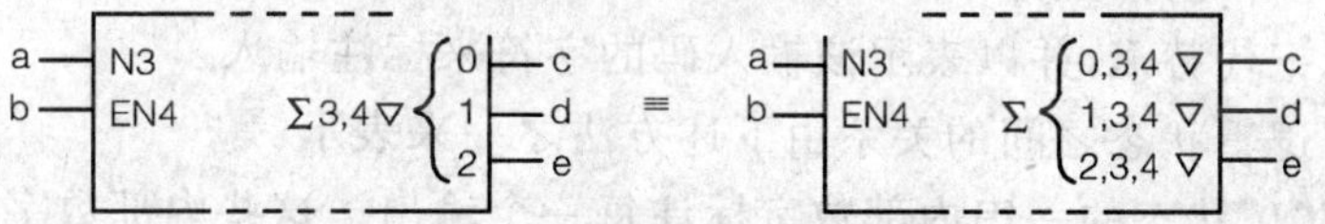

注:Σ的含义见符号 12—39—02

应用于:S01493,S01550,S01551,S01552,S01553,S01554,S01555,S01556,S01557,S01559,S01560,S01561,S01562,S01563,S01564,S01565,S01766,S01767,S01773,S01774,S01775,S01776,S01777,S01810,S01811

应用注释 A00290

组合元件和时序元件

一般说明

1) 框内全部限定符号均依据相关输入和输出的内部逻辑状态来确定(见 A00269 的 1、2)。

2) 示例的绝大多数均以商品器件为依据,为方便读者,并且示出了引出线号(适应于一种未特定指出的封装形式)。此处的型号指的是特定厂家的产品。这样做的目的是为了防止同类器件之间因功能上的差异而引起的不准确性。这些同类器件型号的一般部分相同,而且由不同的厂家制造。

3) 凡未采用逻辑极性指示符的图形符号,一律采用正逻辑约定。

4) 对一个给定元件,根据它在系统的用途,可以用一种以上的符号来表示(例如符号 S01588 和 S01589)。特别是对于组合元件还经常使用互补表示法,以有助于对图的理解。例如,一个"或"元件可以用非输入和非输出的"与"元件表示。在任何情况下,元件符号的选择应取决于图中所示逻辑功能的有关应用(详细信息见 IEC 61082-1)。

应用于:S01566,S01567,S01568,S01569,S01570,S01571,S01572,S01573,S01574,S01575,S01576,S01577,S01578

应用注释 A00291

组合元件功能总限定符号表明,使各输出呈现其内部"1"状态,输入必须呈现"1"状态的数目。根据此规则,可以派生出本章没有给出的总限定符号。

应用于:S01566,S01567,S01569,S01570,S01571,S01572,S01573,S01574,S01575,S01576,S01577,S01578

应用注释 A00293

放大器符号(S01457)可以与其他功能符号组合使用。没有此符号未必表明没有特殊放大功能。

应用于:S01594,S01595,S01596,S01597

应用注释 A00296

编码器、代码转换器

1 编码器输入和输出之间的关系

1.1 一般限定符号中输入和输出符号的表示

代码转换的表示法遵循下述规则:

依照输入码各输入的内部逻辑状态,确定一内部数(或其等值)。依照输出码该内部数由各输出的内部逻辑状态重现。

各输入内部逻辑状态和内部数之间的关系由下述方法之一来表示:

——以数字标注输入,此时,内部数等于处于"1"状态的各输入字之和。或

——用输入码的适当标记代替 X,并以表示该输入码的字符来标注输入。

内部数字与各输出内部逻辑状态之间的关系由下述方法之一来表示:

——用导致输出为内部"1"状态的一串内部数字标注每一个输出。这些内部数字应该用斜线隔开。此种标注方法也适用于由关联类型的字母代替 Y 的情况(见 A00288)。若一串连续的内部数字产生某一输出的内部"1"状态,则可用始末两数,中间用三个点隔开,例如 4…9=4/5/6/7/8/9。

——用一输出码的适当符号代替 Y,并且用表示该输出码的字符来标注各输出。

概念图解

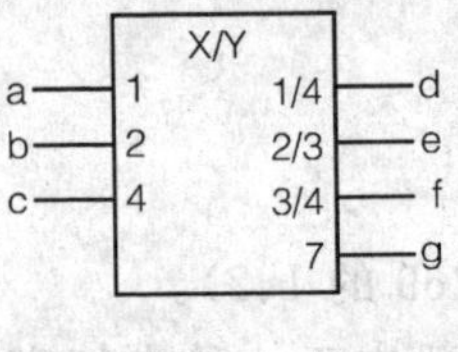

输入 a、b、c 的内部逻辑状态为下列组合时,输出 d 处于其内部"1"状态:

a=1 b=0 c=0

a=0 b=0 c=1

注:作为选择,一般限定符号 BIN/6 可用 X/Y 代替。见 1.1.1 和 1.1.2。

如果 X 或 Y 用特定的代码表示代替,更多的规则适用。

在下面的文本中,代码分成三类:

——求和码，

——直接表示码，和

——标识码。

1.1.1 求和码

这些代码，像"X"，有一个对应处于其内部"1"状态的输入（输出）权和的内部数值。

表示输入（输出）内部逻辑状态和输入数之间的关系应由用输入（输出）代码的适当表示代替一般限定符号的 X(Y)和用表示它们单个权的数字标注输入（输出）完成。

定义下面的求和码：

——BIN 二进制代码

数字代码中单个数字权全部为 2 的幂。输入（输出）应该用十进制权或 2 的幂的十进制指数标注。

——BCD 二进制编码十进制数

数字代码中数字十进制表示法中的每位编码为相对权为 8、4、2 和 1 的 4 位二进制数。

例如：

十进制数	BCD 代码
0	0000
1	0001
8	1000
9	1001
10	0001 0000
11	0001 0001
175	0001 0111 0101

输入（输出）用十进制权标注，例如：1，2，4，8，10，20，等等。

注：对于输入，如果 4 位输入的任何设置产生的内部数超过 $9(\times 10^n)$。符号不规定元件的任何动作。对于输出，如果内部数要求的位数超过输出提供的。符号不规定元件的任何动作。

——X-3 余 3 码

每 4 个输入（输出）的内部值中的 BCD 码是 $3(\times 10^n)$ 比那些输入（输出）的和小。见 BCD 的注：

概念图解

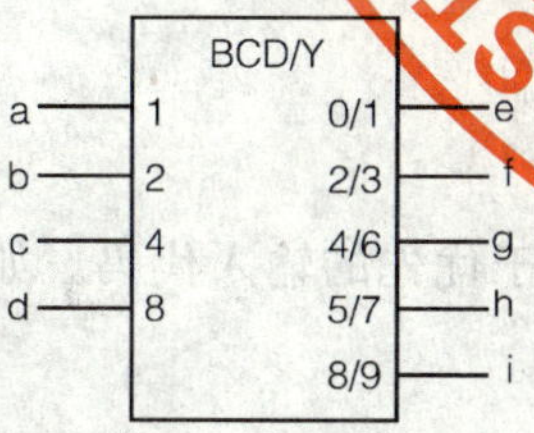

输入 a、b、c、d 的内部逻辑状态为下列组合时，输出 i 处于其内部"1"状态：

a=0 b=0 c=0 d=1

a=1 b=0 c=0 d=1

注：作为选择，一般限定符号 BIN/5 可用 X/Y 代替。

见 1.1.2。

对于无效的 BCD，即：产生大于 9 的内部值的那些，产生的输出状态不由该符号规定。如果一般限定符号位 BIN/Y，则符号将表明：内部值大于 9 的所有输出处于其内部"0"状态。

——2CMPL 2 补码

表示范围为 $-2^{k+n-1} \leqslant y \leqslant 2^{k+n-1}-2^k$ 中数字 y 的 n 位数字代码 $(x_{n-1},\cdots,x_0)$。（对于整数，k=0，对于固定-浮点小数，k 位负数。）

x_0 到 x_{n-2} 的单个权是 2 的幂（2^k 至 2^{k+n-2}）。附加位 x_{n-1} 表示 -2^{k+n-1}。单个位与 y 的关系可以用下式表示：

$y=-2^{k+n-1}$

$x_{n-1}+\sum 2^{k+i}x_i$

负(正)数用 2^k 加对应正(负)数的 1 补码(逻辑补码)表示。

例如：	十进制数	4 位 2 补码
	7	0111
	2	0010
	1	0001
	0	0000
	−1	1111
	−2	1110
	−7	1001
	−8	1000

输入(输出)应该用十进制权或包括最高级(符号)位的 2 的幂的指数标注。

概念图解

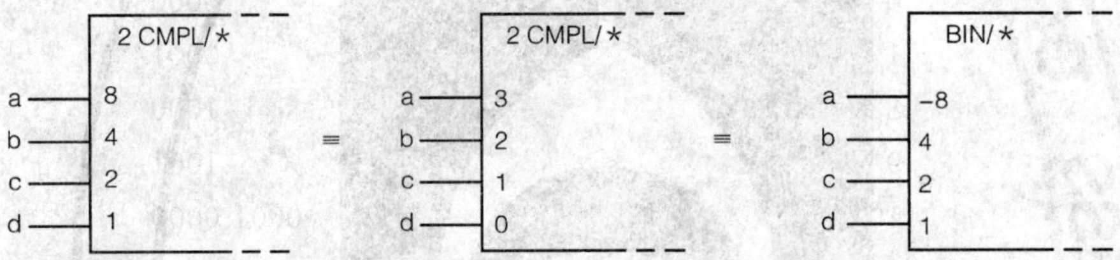

1.1.2 直接表示码

这些代码，像“Y”，内部数值与每个输入(输出)的内部逻辑状态之间的关系由用输入(输出)代码的适当表示代替一般限定符号的 X(Y)和用表示产生的内部数的数字标注每个输入，或用表示导致该输出内部“1”状态的那些内部数的数列表标注每个输出表示。这些数用斜线分开。

如果内部数的连续范围产生输出的内部“1”状态，它可用包括范围头尾、用三个点隔开的两个数表示，例如：

4…9＝4/5/6/7/8/9。

定义了下面的代码：

——m 有 m 个状态的一般代码(m 应该用数字代替)

为输入或可能为输出定义了 m 种内部逻辑状态的代码。

——HPRI 最高优先级输入代码

如果不止一个输入处于其内部“1”状态，具有最高权的输入处于优先的输入代码。如果没有输入处于其内部“1”状态，内部数是“0”。

——DEC 十进制代码

有 10 个输入(输出)并且权是 0 到 9 的代码。

注：如果忽略权 0 的输入(输出)，0 的内部数对应处于其内部“0”状态的所有输入(输出)。

——OCT 八进制代码

有 8 个输入(输出)并且权是 0 到 7 的代码。见 DEC 的注。

——HEX 十六进制代码

有 16 个输入(输出)并且权是 0 到 15 的代码。见 DEC 的注。

除 HPRI 外，如果这些代码用作输入并且不止一个输入处于其内部“1”状态，则符号不规定元件的动作。

概念图解

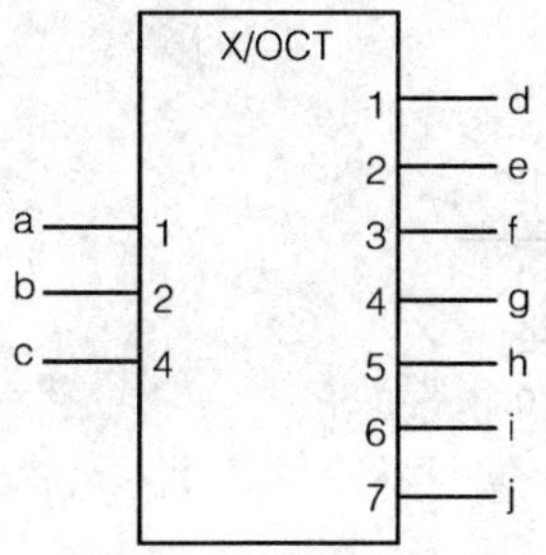

输入 a、b、c 的内部逻辑状态为下列组合时，输出 h 处于其内部“1”状态：

a=1 b=0 c=1

注：作为选择，一般限定符号 BIN/OCT 可用 X/OCT 代替。

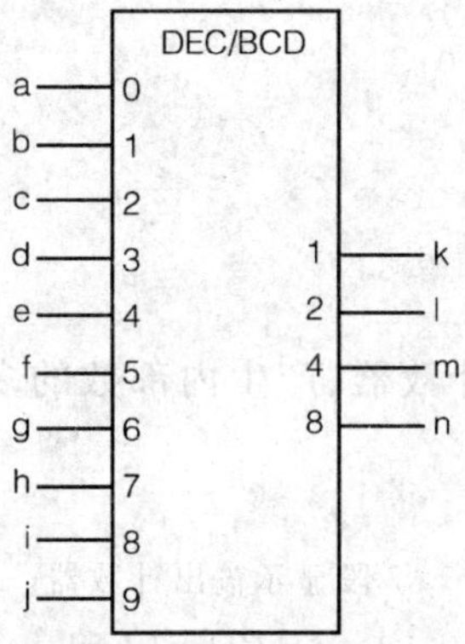

如果输入 j 处于其内部“1”状态，输出 k 和 n 处于其内部“1”状态。

1.1.3 标识码

没有内部数字值的代码。换言之，每个输入(输出)格式标识一个符号(例如字母“E”)或根据命名编码模式的其他对象。内部数字值的相当值是由输入(输出)格式标识的符号或对象。这些代码的例子是 ISO 拉丁语-1、ASCII、EBCDID 和 7 段显示。内部符号或对象与每个输入(输出)的内部逻辑状态之间的关系由用输入(输出)代码的适当表示代替一般限定符号的 X(Y)和用代码内其位位置的适当表示标注每个输入(输出)来表示。

标识符号的代码和与内部数字值相关的代码一起用于编码器，转换到这些代码或来自于这些代码的转换以那些内部数字值的符号十进制表示法为基础。如果代码中的值没有符号表示法，元件的符号不为该值规定元件的动作。

概念图解

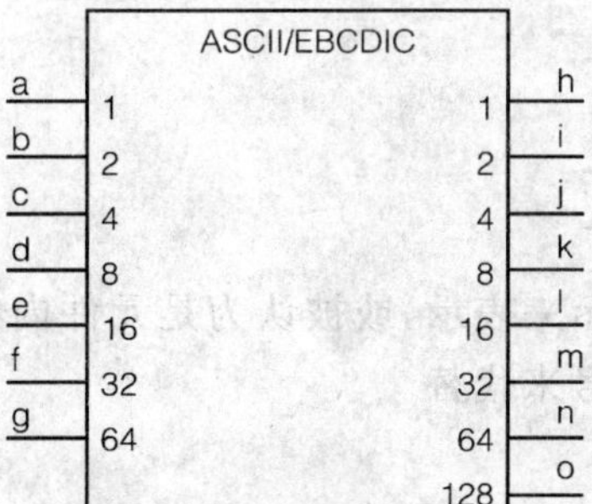

1.2 使用编码表

作为使用前面定义的代码和标注的替换方法，总限定符号 X/Y(更恰当地说，或另一个限定符号)可与表示输出和输入之间关系的、适当的参照表(例如，像符号 S01621 中的)一起使用。输入(输出)和表中列的关系可用任何方便的方式给出，例如，用引出端号。在此种情况下，必须避免使用可能与其他方法相混淆的任何内部标记。

概念图解

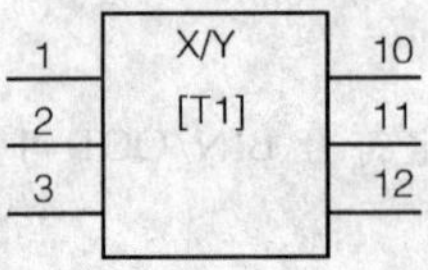

T1

输入			输出		
1	2	3	10	11	12
0	0	0	1	0	0
0	0	1	0	0	0
0	1	0	0	1	0
0	1	1	0	0	0
1	0	0	0	0	0
1	0	1	0	0	0
1	1	0	0	0	1
1	1	1	0	0	0

2 用输入码或输出码标记以外的其他符号代替 X 和 Y

2.1 编码器的内部数也可以用其他方法产生，例如利用内部数计数的计数器、产生内部数的多位置开关等。在此种情况下，X 应该由所用方法的适当标记代替。

概念图解

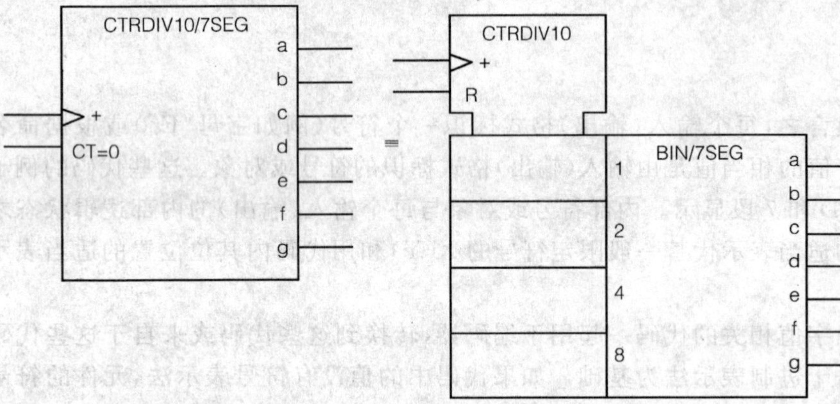

7 段显示输出计数器

注：CTRDIV10 的含义见符号 S01687

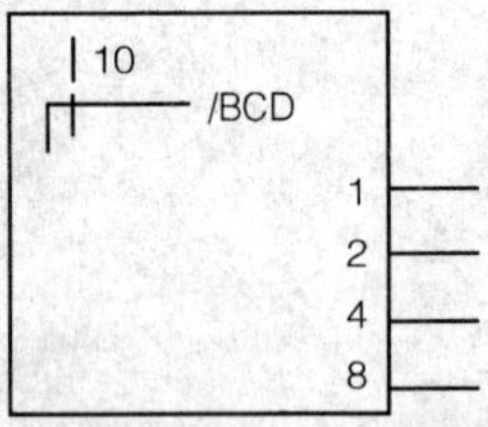

产生 BCD 输出的 10 位开关

2.2 编码器的内部数也可用可视显示来表示，或被认为是元件内容的值，或作为执行数学运算的一个数。此时，Y 应由有关功能总限定符号来代替。

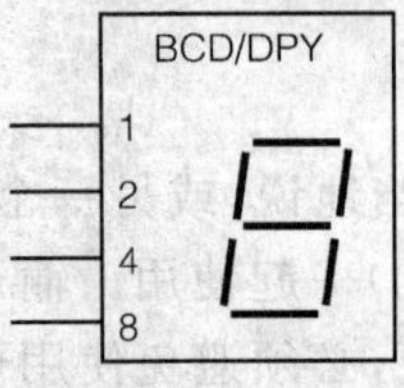

BCD 码输入的 7 段显示

2.3 在一些情况下，特别是在符号内包含内部寄存器时，不仅要说明输入码和输出码，而且还要将寄存器的类型置于输入和输出码之间，例如，“BCD/CTRDIV100/BIN”。

概念图解

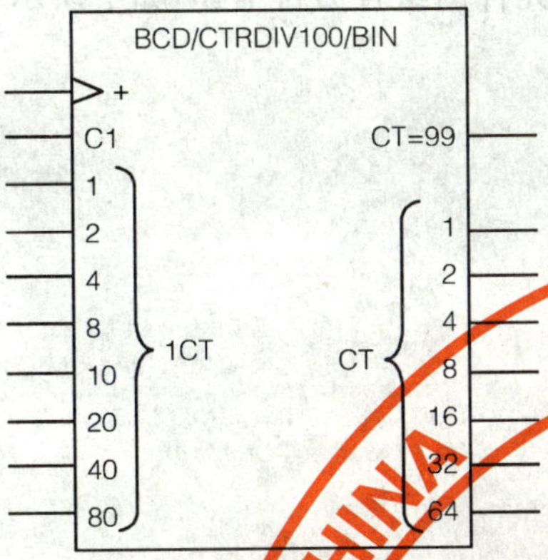

除以 100 的 BCD 码输入、二进制码输出的计数器

应用于：S01610，S01611，S01791

应用注释 A00297

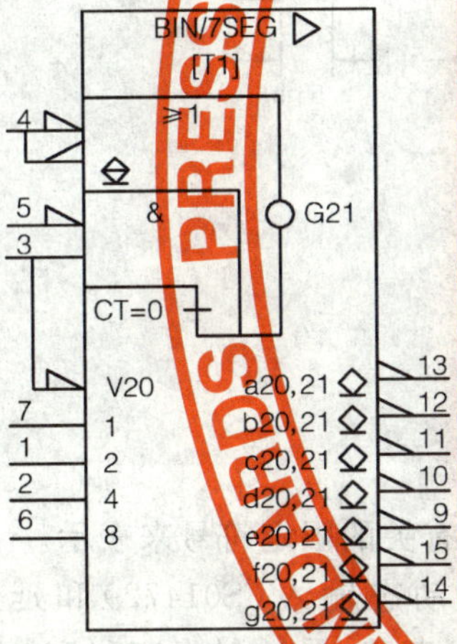

4 线-7 线译码器/驱动器

（例如 SN 74LS47）

注：该示例示出外部连接采用极性指示符，而同时内部连接采用逻辑非符号

字型表 T1

数字代号和合成显示

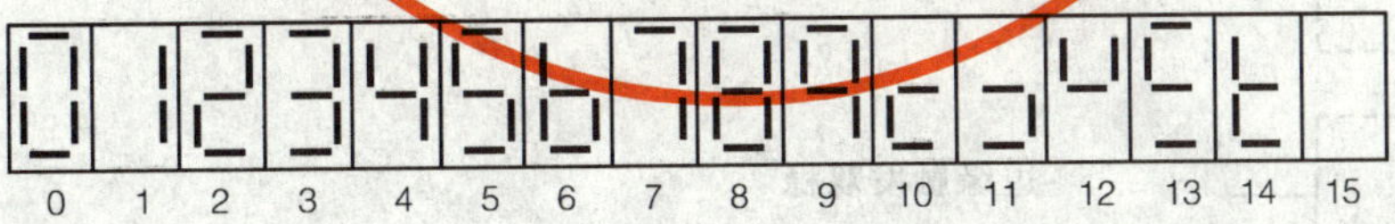

分段标记

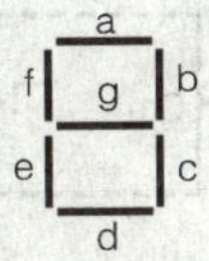

应用于：S01618

应用注释 A00301

简单的1位全加器可用奇数元件(模2加法器)和逻辑门槛元件的组合另行描述,如下所示:

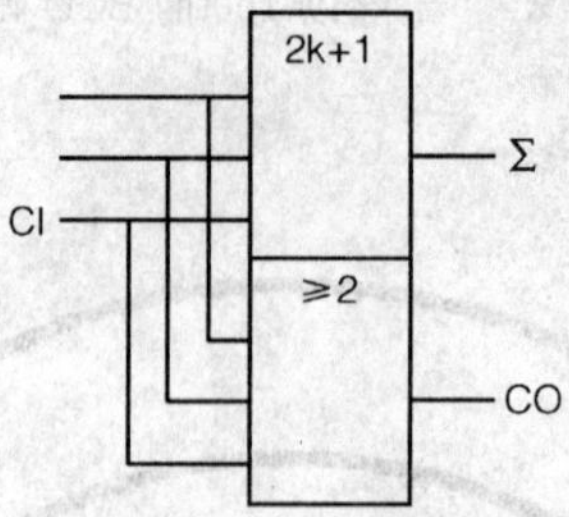

应用于:S01643

应用注释 A00303

概念图解

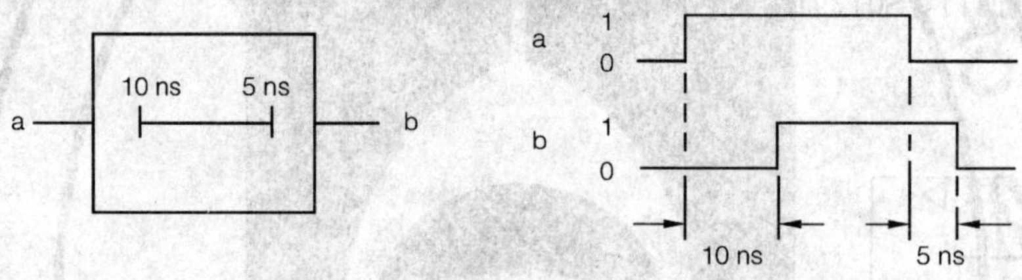

应用于:S01655, S01656

应用注释 A00304

双稳元件

——双稳元件的符号不含功能总限定符号,其功能输入和输出由有关的限定符号来表示。

——对由Cm输入(符号S01558)控制的双稳元件,必须按照动态输入(S01472)和延迟输出(S01491)符号的说明来区分四种类型,即:锁存器、边缘触发双稳、脉冲触发双稳和数据锁定输出双稳。

锁存器

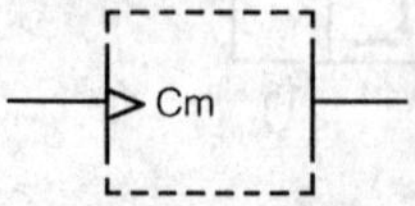

边缘触发双稳

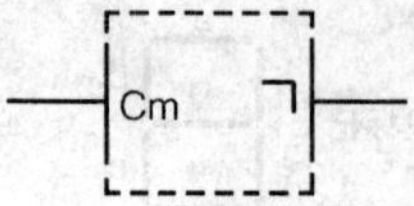

脉冲触发双稳

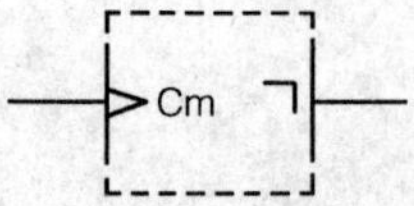

数据锁定输出双稳

——对边缘触发双稳、脉冲触发双稳和数据锁定输出双稳，受 Cm 输入影响的输入，在 Cm 输入处于其内部“1”状态期间被假定是稳定的。在此期间若它们改变其状态，则元件的功能不由符号来规定。

——上述符号，当用于较复杂的元件，如移位寄存器和计数器，以表明它们是边缘触发型、脉冲触发型和数据锁定输出型元件。对脉冲触发和数据锁定输出元件，若涉及的内容(例如 CT 输出)，则应认为是延迟输出符号之后的内容。

应用于：S01491，S01659，S01660，S01661，S01662，S01663，S01664，S01665，S01666，S01667，S01668，S01669，S01670，S01671，S01672，S01673

应用注释 A00305

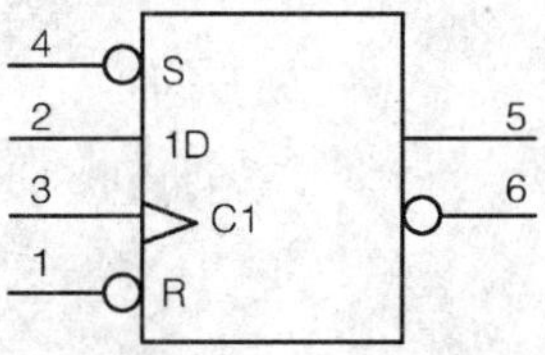

边沿触发的 D 触发器

(例如 SN 7474 的一部分)

注：若规定了 S=R=1 组合的作用，该作用可用 S-和 R-的关联示出(S01560 的说明 c)。

例如：

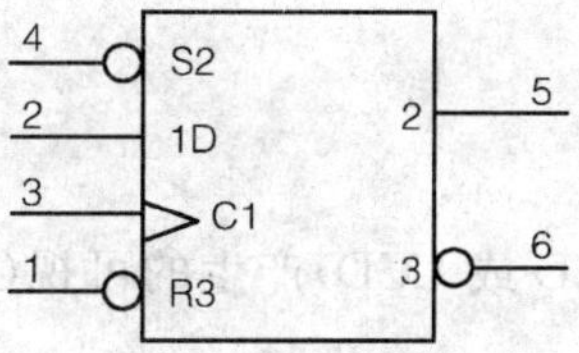

应用于：S01665

应用注释 A00306

在一些应用中(如失效安全系统)，需要表示双稳元件输出在接通电源瞬间的内部逻辑状态。其中，限定符号也可用于其他类型中的双稳元件。

应用于：S01671，S01672，S01673

应用注释 A00308

功能表如下：

输入			输出	
1	2	3	13	4
–	–	L	L	H
H	–	H	L	H
–	L	H	L	H
L	┌	H	⎍	⊔
┐	H	H	⎍	⊔
L	H	┌	⎍	⊔

注：功能表的第 2 行和第 3 行各自表明，各输出在相关输入呈现其所示电平之前所触发的输出脉冲完整后将呈现的逻辑电平。

应用于：S01676

应用注释 A00309

概念图解

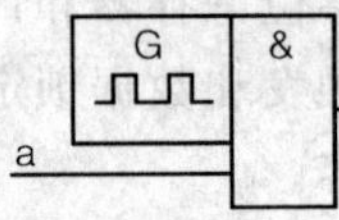

应用于：S01679

应用注释 A00312

例如 CD 4035A。

以 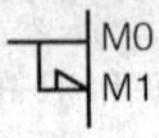 代替 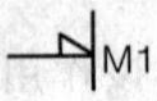 和以 0 代替 $\overline{1}$，则可避免使用横线。

应用于：S01691

应用注释 A00315

52 显示元件

52.1 应该认为，由显示元件（如 LED 或 LCD）产生的可视（光）信号，线矩阵或点矩阵是显示元件的外部输出。

52.2 复杂功能显示元件的表示方法见第 6 章。

应用于：S01723

应用注释 A00316

例如 HDSP6504。

[T1]段识别标志

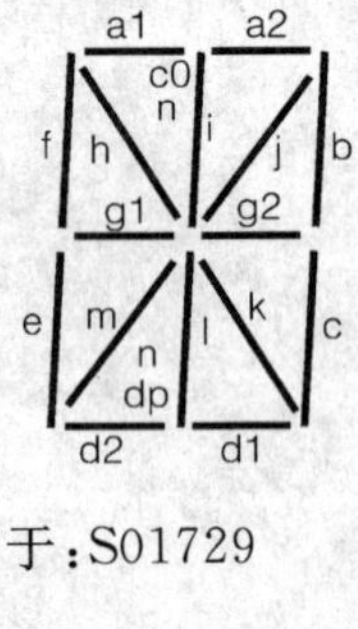

应用于：S01729

应用注释 A00317

1） 总则

以前各章的所有规则和概念都可以应用。但是，对于关联标记，只有当它们不会与其他标记发生混淆时，才可能应用。

2） 输入和输出标记

在符号框内，所有输入端和输出端都应标注符号 S01731 说明中所选数据单或其他相关文件上出现的引出端名称。它们最好是一种，都取自引出端命名标准中的名称。只有当名称过长时，才应考虑将这些名称进一步缩短。为清楚起见，也可将名称加长或增加补充说明。

若数据单上的标记与第三篇至第五篇规定的标记相同而含义不同时，则应把标记加长，以防发生混淆(例如以 DBUS 代替 D)。

当制造厂的标记方法妨碍使用位组合符号时，为了清晰地表示总线，可以适当修改这些标记，使得仍有可能看清与数据单的对应关系。

3） 否定的引出端名称

符号内否定的引出端名称可以变为非否定的名称，这可以依据有效的规则，采用逻辑非或极性指示符号来完成。若一个输入或输出在相反的两种极性上用于两种功能时，允许将连接线分支，分别示出两种功能标记，以避免使用否定横线。

概念图解

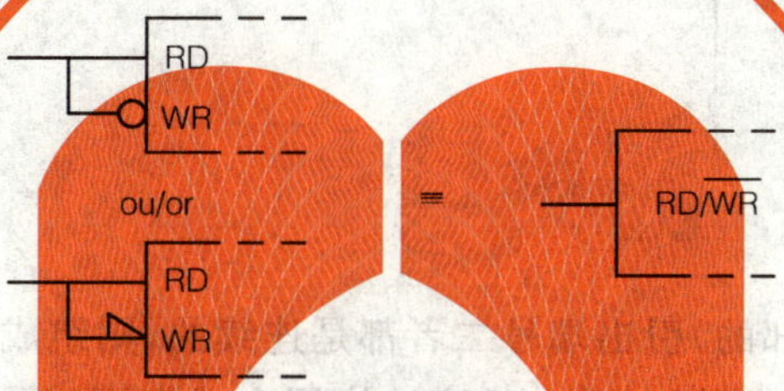

4） 单行否定符号

在只有单行书写的场合，应以符号¬（ISO 31-11 中的符号 12-2.3)代替 A00276 的 12 中定义的否定横线。

若该符号之后为关联标记的标识序号，则该符号仅适用于标识序号。

若该符号之后不是关联标记的标识序号，则该符号仅适用于其右面的标记串，直到下述符号之前：

——单括号；

——在该符号右面不在双括号内的分隔符；

——符号串尾。

概念图解

¬ RASEN	≡	$\overline{RASEN}$
(¬ RAS)EN	≡	$\overline{RAS}\cdot EN$
(¬ RAS)¬ EN	≡	$\overline{RAS}\cdot\overline{EN}$
¬(¬ RAS)EN	≡	$\overline{\overline{RAS}\cdot EN}$
¬ RAS/EN	≡	$\overline{RAS}/EN$
¬ (RAS/EN)	≡	$\overline{RAS/EN}$
¬ (¬ (RAS/EN)/CAS)	≡	$\overline{\overline{RAS/EN}/CAS}$

5） 功能分组

连接线应该按功能分组，如果适当，应分为控制线和数据线。控制线可出现在第五章描述的“公共控制框”上。

6） 长字符串

与输入线或输出线相关联的长字符串可以变窄(牺牲高度)，并置于开口框内，如下面所示。框应在输入或输出线的相反方向开口。拆开的字符串应与开口框的封闭边对齐，并注意留出镶嵌的间隙。为了避免因否定横线连贯不清而引起的混淆，在一条线下的多个字符不应拆开。拆开字符串不应破坏可读性或缩小预留的间隙。

概念图解

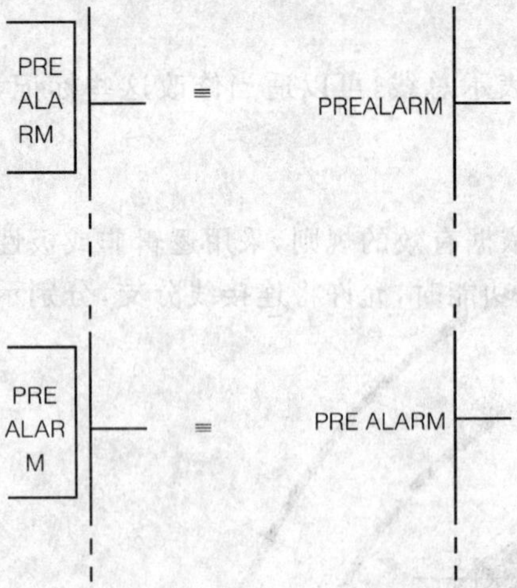

注：PREALARM 来源于"before alarm"。

PRE ALARM 来源于"Present alarm"。

7） 连续的标记和引出端

若符号框内部的标记和(外部的)引出端号二者都是连续的，则组成的输入(输出)的画法可以简化，只要表示出首尾两条连接线及各自的标记，并且连接线用点或短画线隔开即可。点或短画线也可以画在符号框内。

概念图解

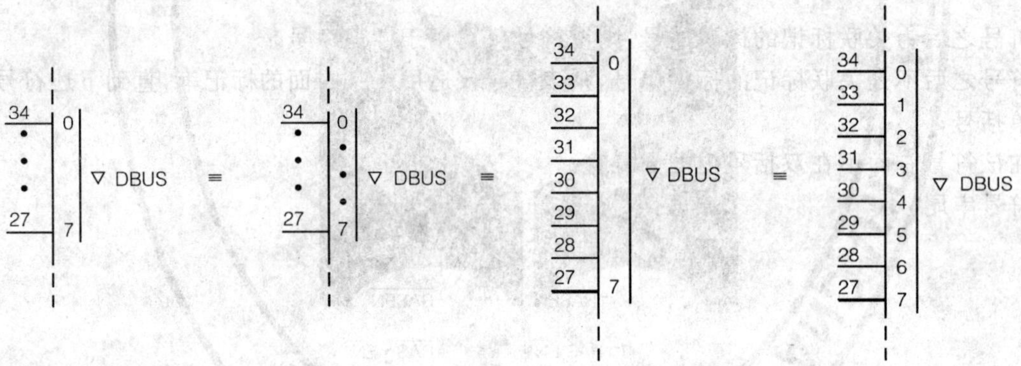

8） 功能表和真值表

当以表格形式提供电路性能的附加信息时，表中所列栏目必然涉及逻辑电平或外部逻辑状态。

在理论逻辑图或采用单一逻辑约定的图中，若表格的栏目涉及外部逻辑状态，则此时从带逻辑非符号输入或输出端引出符号内的任何标记，都必须在其上加横线或取消横线。而所有其他的标记在表格中不必修改。应用示例见符号 S01735。

9） 内部图

为了说明复杂功能元件的功能特性，可以采用一种符号框内的简图(称为内部图)。此时应遵循以下规则：

——在符号框内某些输入(输出)端，应当根据需要示出逻辑非符号或极性指示符号，以表示这些输入(输出)内部逻辑状态与外部逻辑状态或逻辑电平之间的关系。

——按照定义，在符号框内只存在逻辑状态，不存在逻辑电平。因此，在内部图中不能使用极性指示符号，而只能根据需要采用逻辑非符号。

——输入和输出标记应标注在符号框内并靠近框线，内部图也应如此。含有关联标识序号的标记，仅标注在这种标记使用于内部图的符号框内，当标注在逻辑非符号之后再出现时，应在标记上加一横线或取消横线。

——纯属内部图各元件之间的连接不必加任何标记。

概念图解

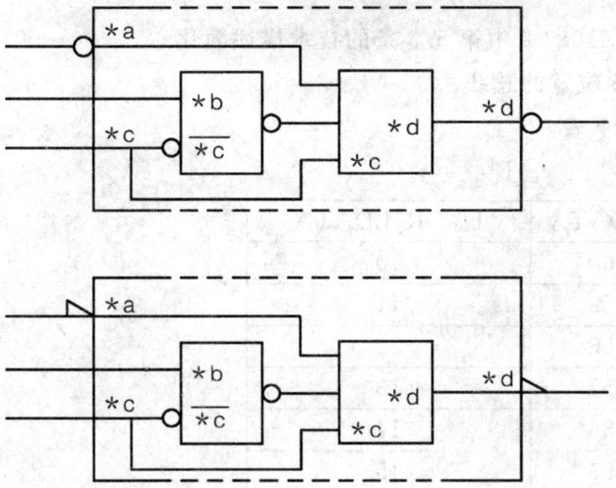

*a … *d 标识四种不同的标记。

应用于：S01731，S01734，S01735，S01736，S01737，S01738，S01739，S01740，S01741，S01742，S01743，S01744

应用注释 A00318

概念图解

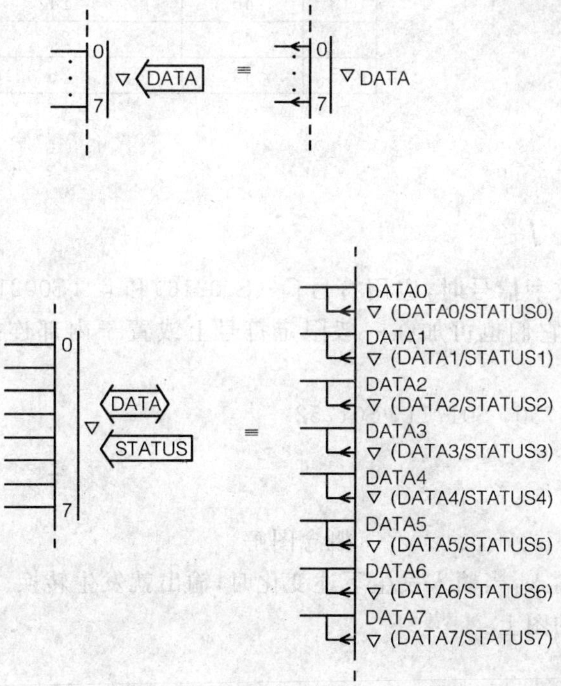

应用于：S01732，S01733

应用注释 A00319

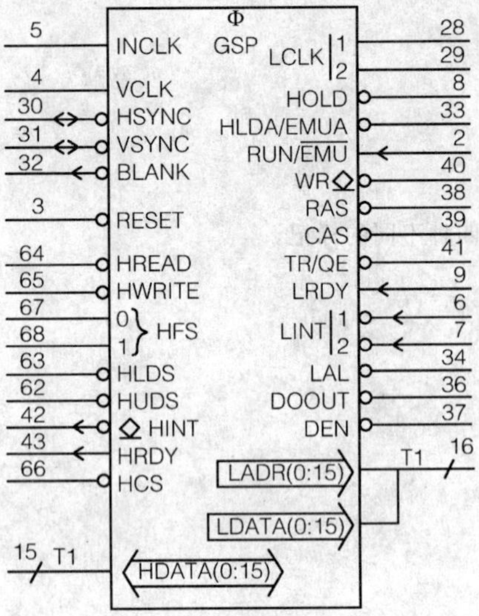

图形系统处理器

(例如德克萨斯仪器公司的 TVS34010)

表 T1 被认为是符号的一部分，且应用于电路图或支持文档中。

注 1：用 IEC 61082-2 中第 5.3 条的技术描述简化两条 16 位宽的总线。

注 2：可参考下表。

T1

BIT	HDATA	LADR/LDATA
0	60	10
1	59	11
2	58	12
3	57	13
4	56	14
5	55	15
6	54	16
7	53	17
8	51	19
9	50	20
10	49	21
11	48	22
12	47	23
13	46	24
14	45	25
15	44	26

应用注释 A00321

当需要区别模拟信号或数字信号时，应用符号∩（S00216）和♯（S00217）。当功能或信号是数字的还是模拟的会引起混淆时，它们也可加在一般限定符号上或置于内部连接符号（S01475，S01479 和 S01481）附近。

应用于：S01748，S01749，S01750，S01751，S01752

应用注释 A00335

概念图解

若无其他起主要作用的输入，当输入发生下述变化时，输出就发生转换。

——在采用逻辑非符号的图上：

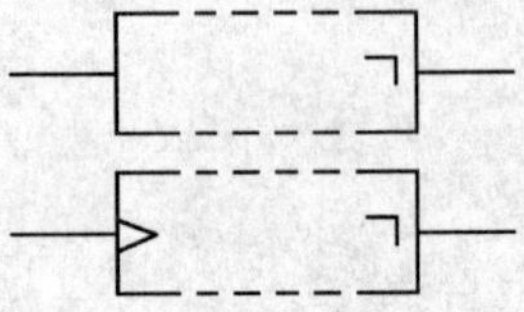

从外部“1”状态到外部“0”状态

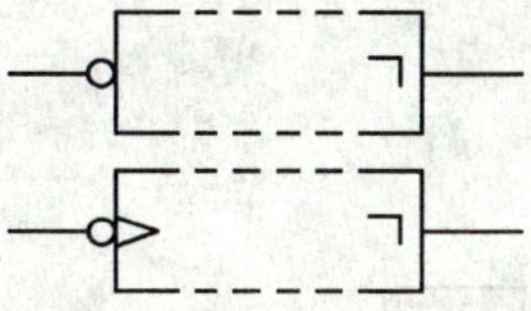

从外部“0”状态到外部“1”状态

——在采用极性指示符号的图上：

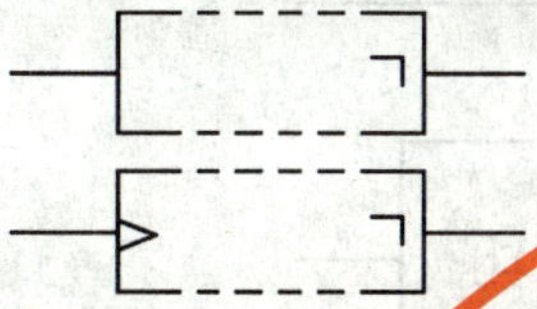

从“H”电平到“L”电平

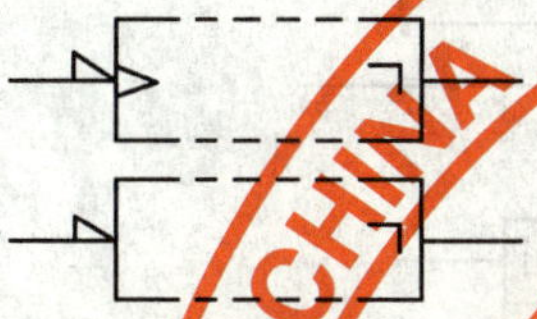

从“L”电平到“H”电平

应用于：S01491

应用注释 A00336

序号	符号	说　明
12-09-02		双向门槛输入 具有磁滞现象的输入 当外部信号电平达到某一门槛值 V1 时，输入呈现其内部“1”状态。此状态维持到外部信号电平返回并经 V1 达到另一门槛值 V0 为止。如果该符号(无逻辑非符号或无极性指示符号)出现在采用极性指示符号或正逻辑约定的图上，则 V1 比 V0 正得较多。若该符号出现在采用负逻辑约定的图上，则 V1 比 V0 负得较多。 输入端有逻辑非符号或极性指示符号，则 V1 和 V0 的关系与此相反。 第 30 章说明了符号⎍作为元件一般限定符号的用法。 外部信号(正逻辑约定，无逻辑非符号) 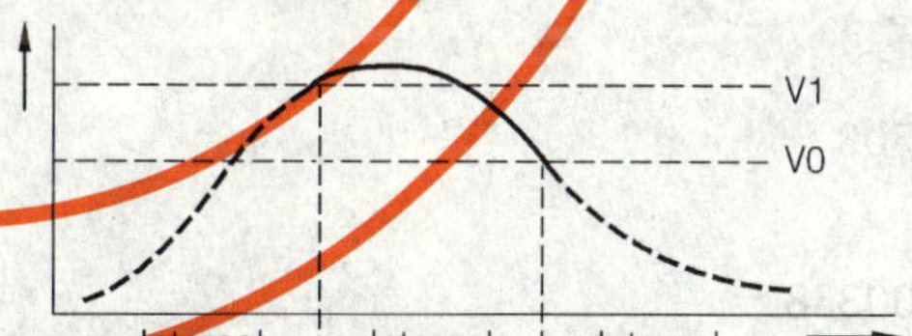 注：没有该符号并不说明不存在磁滞。大多数实用的器件在某种程度上展示了这种特性。在器件运用时，只有当该特性的识别非常重要才使用这个符号。

应用于：S01492

应用注释 A00337

概念图解

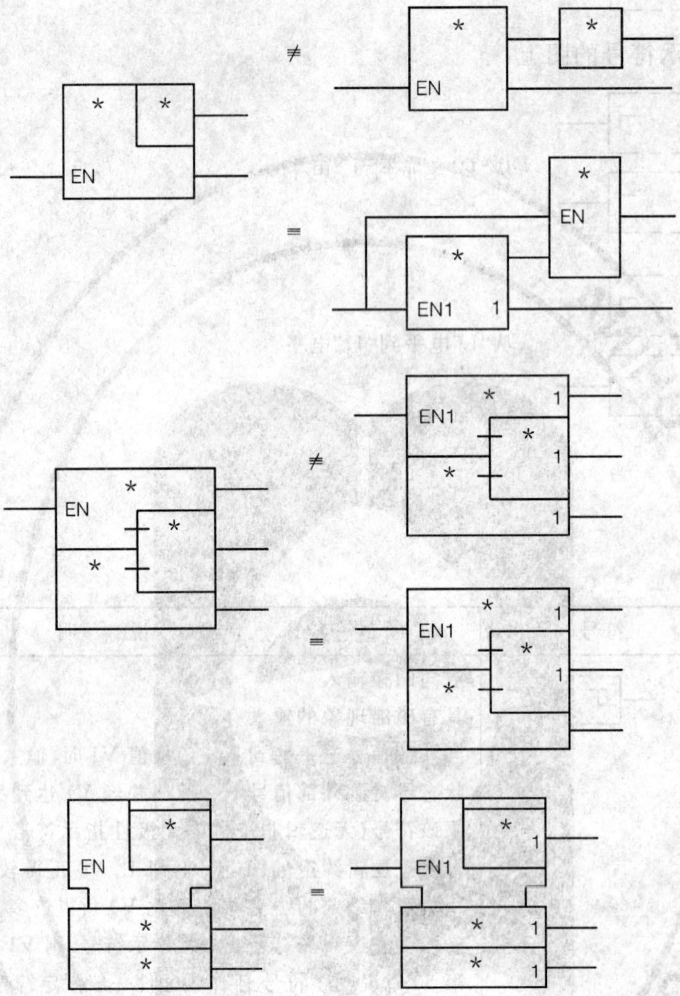

应用于：S01503

应用注释 A00338

对于该符号的描述可能使读者获得这样一种印象，即该符号是动态输入。事实并非总是如此，必须提醒的一点是内部逻辑状态或电平有可能受到其他输入（例如 Cm 输入）的影响而改变。若符号 S01505 至 S01514 表示的输入具有动态特征，则应当另外使用符号 S01472。示例见符号 S01683。

应用于：S01505，S01506，S01507，S01508，S01509，S01510，S01511，S01512，S01513，S01514

应用注释 A00339

概念图解

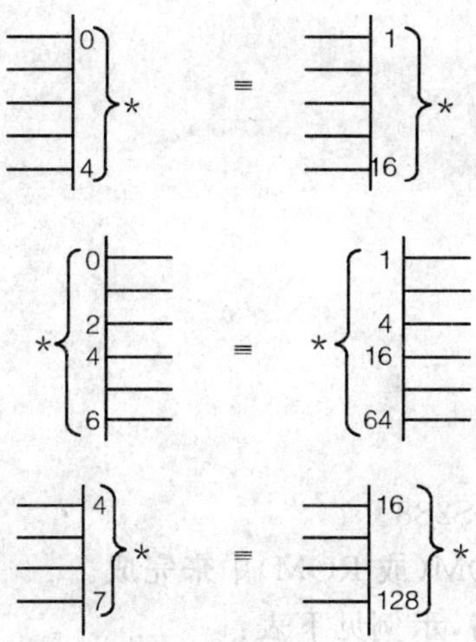

应用于:S01516，S01517

应用注释 A00340

概念图解

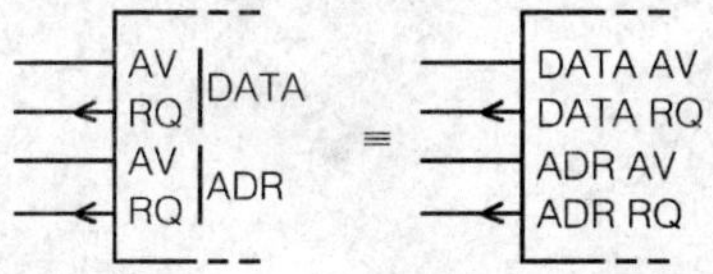

从关联符号的意义上说,仅当权或数字标识不可能混淆时,左边的数字 0,…,3 的括号才能省略。

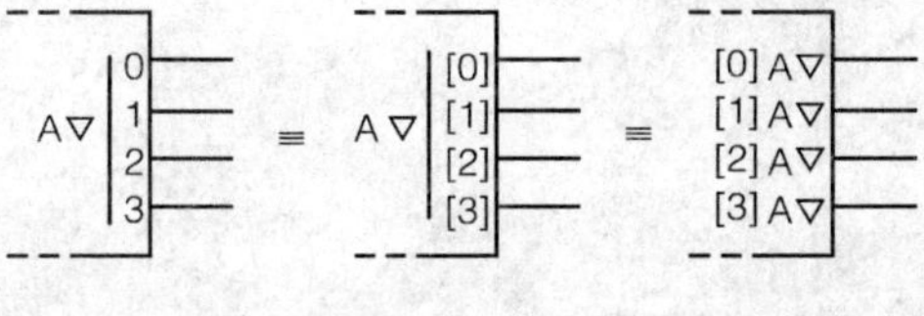

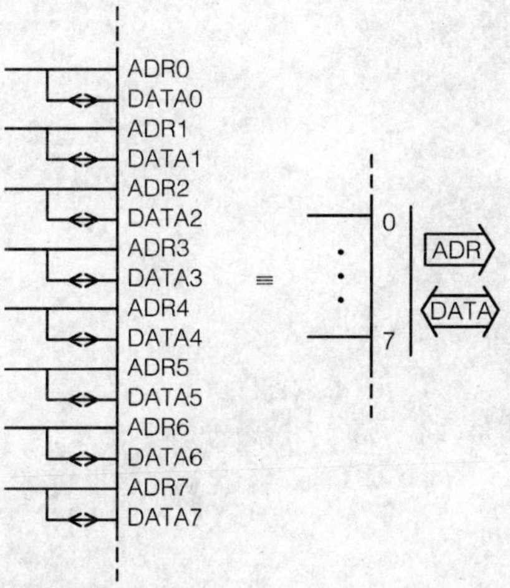

尽管地址输入产生一个数字,但如果数据输入和数据输出不产生一个数字或代表一个数字,标签组符号在这里仍是合适的。

应用于:S01518

应用注释 A00341

该符号表示内传输门，它用于如 CD 4013B 等多种集成电路，并等效于下面示出的电路。

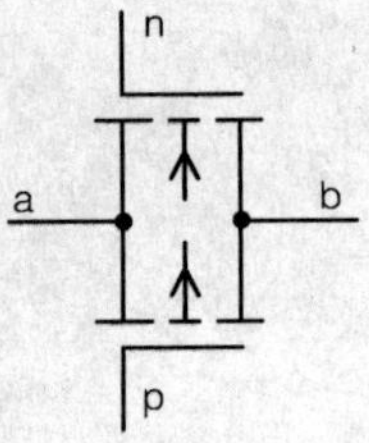

应用于：S01605

应用注释 A00343

例如 TBP 18S030，以前的 SN 74S288。

b 输入和输出的组合关系在 PROM(或 ROM)中来完成。

“T1”为表示器件逻辑功能的表格，示例见下表：

T1

输入					输出（具有使能端的器件）							
14	13	12	11	10	9	7	6	5	4	3	2	1
L	L	L	–	–	H	L	H	L	L	L	L	L
L	L	H	L	L	H	L	H	L	L	L	L	L
L	L	H	L	H	H	L	H	L	L	L	L	H
L	L	H	H	–	H	H	L	L	L	L	L	H
L	H	L	L	L	H	L	H	L	L	L	L	L
L	H	L	L	H	H	L	H	L	L	L	H	L
L	H	L	H	–	H	H	L	L	L	L	H	L
L	H	H	L	L	H	L	H	L	L	L	L	L
L	H	H	L	H	H	L	H	L	L	H	L	L
L	H	H	H	–	H	H	L	L	L	H	L	L
H	L	L	–	–	L	L	H	L	L	L	L	L
H	L	H	–	–	L	L	H	L	H	L	L	H
H	H	L	–	–	L	L	H	H	L	L	H	L
H	H	H	–	–	L	L	H	H	H	H	L	L

“—”：无关

应用于：S01621

应用注释 A00344

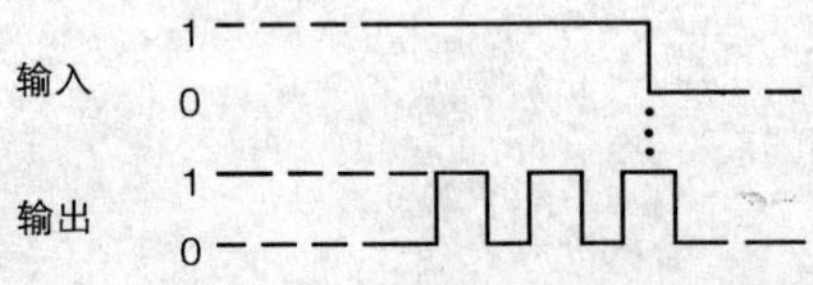

应用于：S01680

应用注释 A00345

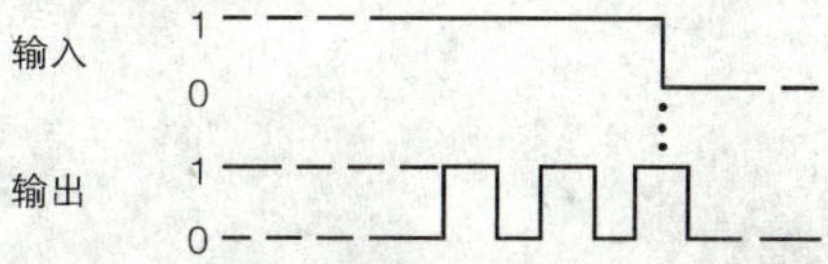

应用于:S01681

应用注释 A00346

应用于:S01682

应用注释 A00347

例如 CD 4206。

分段标记

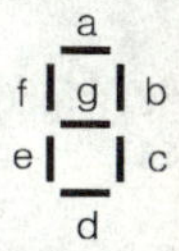

应用于:S01700

应用注释 A00348

对于符合被替代的 IEC 60117-15 的符号,要求延长过渡期,但应逐步地用本标准规定的符号代替。使用一些国家标准公认的其他符号,例如形状特别的那些符号来代替 S01566、S01567、S01574、S01575、S01576、S01577、S01579、S01580 和 S01582,虽然不推荐,也不应视为与本标准相抵触。但是不允许用来组合复杂符号(例如用作镶嵌符号)。

应用于:S01566, S01567, S01574, S01575, S01576, S01577, S01579, S01580, S01582

应用注释 A00351

下列符号应该按本标准内描述或示出的在输入、输出和它们出现的要素框上标明方向。即:当信号流方向相反时,这些符号及其相关的终端线应该被反映出。

S01239 (10-15-01)　放大器,一般符号(见 GB 4728.10)

S01466 (12-07-01)　逻辑非,输入端

S01467 (12-07-02)　逻辑非,输出端

S01468 (12-07-03)　极性指示符,输入端

S01469 (12-07-04)　极性指示符,输出端

S01470 (12-07-05)　极性指示符,从右向左输入端

S01471 (12-07-06)　极性指示符,从右向左输出端

S01472 (12-07-07)　动态输入

S01473 (12-07-08)　逻辑非动态输入

S01474 (12-07-09)　有极性指示符的动态输入

S01475（12-08-01） 内部连接
S01477（12-08-03） 动态特征内部连接
S01478（12-08-04） 有逻辑非和动态特性的内部连接
S01479（12-08-05） 内部输入(左边)
S01480（12-08-05A） 内部输入(右边)
S01481（12-08-06） 内部输出(右边)
S01482（12-08-07） 内部输出(左边)
S01499（12-09-08A） 具有特殊放大作用的输出
S01500（12-09-08B） 具有特殊放大作用的输入
S01516（12-09-24） 多位输入位组合
S01517（12-09-25） 多位输出位组合
S01540（12-09-47） 输入侧的线组合
S01541（12-09-48） 输出侧的线组合

应用于：S01239，S01466，S01467，S01468，S01469，S01470，S01471，S01472，S01473，S01474，S01475，S01477，S01478，S01479，S01480，S01481，S01482，S01499，S01500，S01516，S01517，S01540，S01541

ICS 29.020
K 04

中华人民共和国国家标准

GB/T 4728.13—2008/IEC 60617database
代替 GB/T 4728.13—1996

电气简图用图形符号 第13部分：模拟元件

Graphical symbols for diagrams—Part 13：Analogue elements

（IEC 60617database，IDT）

2008-05-28 发布

2009-01-01 实施

中华人民共和国国家质量监督检验检疫总局
中国国家标准化管理委员会
发布

前　言

GB/T 4728《电气简图用图形符号》分为十三个部分：

——第1部分：一般要求；

——第2部分：符号要素、限定符号和其他常用符号；

——第3部分：导体和连接件；

——第4部分：基本无源元件；

——第5部分：半导体管和电子管；

——第6部分：电能的发生与转换；

——第7部分：开关、控制和保护器件；

——第8部分：测量仪表、灯和信号器件；

——第9部分：电信：交换和外围设备；

——第10部分：电信：传输；

——第11部分：建筑安装平面布置图；

——第12部分：二进制逻辑元件；

——第13部分：模拟元件。

本部分为GB/T 4728的第13部分，等同采用IEC 60617database《电气简图用图形符号》数据库标准(IEC 60617_Snapshot_2007-08-03英文版)。

本部分代替GB/T 4728.13—1996《电气简图用图形符号　第13部分：模拟元件》。同GB/T 4728.13—1996相比，有如下变化：

——增加了新符号S01457；

——根据IEC 60617数据库标准，各符号列出的信息较旧版增加了多项内容。

本部分由全国电气信息结构、文件编制和图形符号标准化技术委员会提出并归口。

本部分主要起草单位：机械科学研究总院中机生产力促进中心。

参加起草的单位还有：国电华北电力设计院工程有限公司、中国航天科工集团二院23所、中国航天科工集团二院、中国航空综合技术研究所、中国电子工业标准化所、邮电工业标准化所、中国电力企业联合会、五洲工程设计研究院、中国纺织工业设计院、中国船舶工业综合技术经济研究院、中国航空工业规划设计研究院、上海电器科学研究所、许昌继电器研究所等。

本部分主要起草人：郭汀、高惠民、李萍、李旭亮、沈兵、徐云驰、武冰梅、谭泳、于明、王素英、李道本、武晶、陈泽毅、季慧玉、李志勇、高永梅。

本部分所代替标准的历次版本发布情况为：

——GB 4728.13—1985、GB/T 4728.13—1996。

电气简图用图形符号
第 13 部分：模拟元件

S01457

名　　　称：放大，一般符号
　　　　　　Amplification，general symbol
状　　　态：标准
IEC发布日期：2003-03-31
关　键　词：放大，放大器
用　　　于：S01499，S01500，S01598，S01595，S01594，S01596，S01601，S01597，S01602，S01603，S01600，S01599，S01618，S01781，S01240，S01239
应用注释：A00238
形状类别：等边三角形
功能类别：功能要素或属性
应用类别：概念要素或限定符号
备　　　注：从左到右指示的符号形状规定为 GB/T 19679“放大符号 左到右”字符的 4/7，等同于 ISO/IEC 10646 的 UCS 25B7（表 69）“白色指向右的三角形”。从右到左指示的符号形状规定为 GB/T 19679“放大符号 右到左”字符的 4/5，等同于 ISO/IEC 10646 的 UCS 25B7（表 69）“白色指向左的三角形”。

S01748

名　　　称：模拟输入
　　　　　　Analogue input
状　　　态：标准
IEC发布日期：2004-09-13
上版标准序号：GB/T 4728.13 13-04-01
关　键　词：模拟，模拟元件，连接
用　　　于：S01604，S01602，S01793，S01792
采用符号：S00216
应用注释：A00321
形状类别：字符
功能类别：功能要素或属性
应用类别：概念要素或限定符号
备　　　注：本符号被定义为 GB/T 19679“模拟符号”的字符 4/9，等同于 ISO/IEC 10646“交集”的 UCS2229（表 61）。

S01749

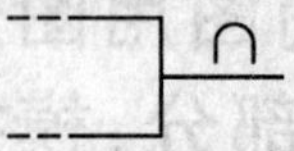

名　　　　称:模拟输出
　　　　　　Analogue output
状　　　　态:标准
IEC发布日期:2004-09-13
上版标准序号:GB/T 4728.13 13-04-02
关　　键　词:模拟,模拟元件,连接
用　　　　于:S01740,S01604,S01741,S01743,S01803
采　用　符　号:S00216
应　用　注　释:A00321
形　状　类　别:字符
功　能　类　别:功能要素或属性
应　用　类　别:概念要素或限定符号
备　　　　注:本符号被定义为 GB/T 19679“模拟符号”的字符 4/9,等同于 ISO/IEC 10646“交集”的 UCS2229(表 61)。

S01750

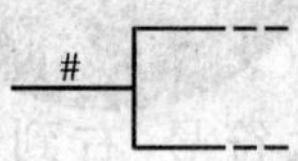

名　　　　称:数字输入
　　　　　　Digital input
状　　　　态:标准
IEC发布日期:2004-09-13
上版标准序号:GB/T 4728.13 13-04-03
关　　键　词:二进制,连接,数字
用　　　　于:S01740,S01743,S01790
采　用　符　号:S00217
应　用　注　释:A00321
形　状　类　别:字符
功　能　类　别:功能要素或属性
应　用　类　别:概念要素或限定符号

S01751

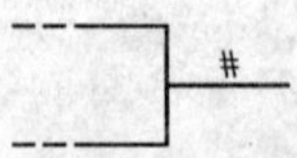

名　　　　称:数字输出
　　　　　　Digital output
状　　　　态:标准

IEC发布日期:2004-09-13
上版标准序号:GB/T 4728.13 13-04-04
关　　键　　词:二进制,连接,数字
采 用 符 号:S00217
应 用 注 释:A00321
形 状 类 别:字符
功 能 类 别:功能要素或属性
应 用 类 别:概念要素或限定符号

S01752

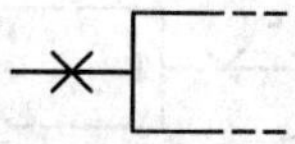

名　　　　称:辅助连接
Subsidiary connection
状　　　　态:标准
IEC发布日期:2004-09-13
上版标准序号:GB/T 4728.13 13-04-05
关　　键　　词:连接
用　　　　于:S01740,S01741,S01743,S01737,S01742,S01753,S01754,S01763,S01762
采 用 符 号:S01546
应 用 注 释:A00321
形 状 类 别:字符
功 能 类 别:功能要素或属性
应 用 类 别:概念要素或限定符号
备　　　　注:器件的电源输入线,或某种连接,其电平对了解元件的功能或电路无关紧要(如外接辅助电阻器或电容器)。

S01753

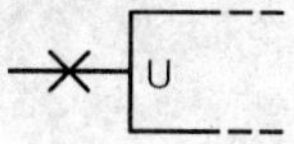

名　　　　称:电源—电压端
Supply-voltage terminal
状　　　　态:标准
IEC发布日期:2004-09-13
上版标准序号:GB/T 4728.13 13-05-01
关　　键　　词:连接,端
其 他 形 式:S01754
用　　　　于:S01740,S01726,S01725,S01741,S01743,S01742,S01779,S01780,S01790,S01793,S01794,S01795,S01792,S01803,S01806
采 用 符 号:S01752
应 用 注 释:A00322

形 状 类 别:字符
功 能 类 别:功能要素或属性
应 用 类 别:概念要素或限定符号
备　　　注:符号示于左边。
U后可附加极性符号,也可用下列之一代替:
——带正负号的额定值(如:+5 V);
——适当的助记符(如:VCC,GND)。
在图中,电源引出端通常不表示出来。

S01754

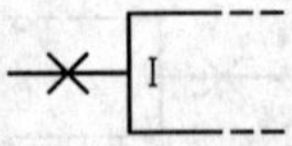

名　　　称:电源—电流端
Supply-current terminal
状　　　态:标准
IEC发布日期:2004-09-13
上版标准序号:GB/T 4728.13 13-05-02
关　键　词:连接,端
其 他 形 式:S01753
采 用 符 号:S01752
应 用 注 释:A00322
形 状 类 别:字符
功 能 类 别:功能要素或属性
应 用 类 别:概念要素或限定符号
备　　　注:符号示于左边。
I后可附加极性符号,也可用下列之一代替:
——带正负号的额定值(如:10 mA);
——适当的助记符(如:VCC,GND)。
在图中,电源引出端通常不表示出来。

S01755

名　　　称:电源—电压输出
Supply-voltage output
状　　　态:标准
IEC发布日期:2004-09-13
上版标准序号:GB/T 4728.13 13-05-03
应 用 注 释:A00322
形 状 类 别:字符
功 能 类 别:功能要素或属性

应 用 类 别:概念要素或限定符号
备　　　注:连接电源的输出端。
　　　　　U 或 I 后可附加极性符号,也可用下列之一代替:
　　　　　——带正负号的额定值(如:+5V PWR,1 A PWR);
　　　　　——适当的助记符(如:VCCPWR,GNDPWR)。
　　　　　如不需要强调是电源输出,可采用符号 S01760。

S01756

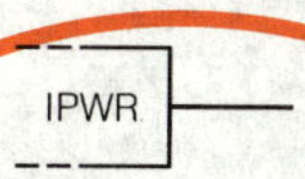

名　　　称:电源—电流输出
　　　　　Supply-current output
状　　　态:标准
IEC发布日期:2004-09-13
上版标准序号:GB/T 4728.13 13-05-04
应 用 注 释:A00322
形 状 类 别:字符
功 能 类 别:功能要素或属性
应 用 类 别:概念要素或限定符号
备　　　注:连接电源的输出端。
　　　　　U 或 I 后可附加极性符号,也可用下列之一代替:
　　　　　——带正负号的额定值(如:+5 V PWR,1 A PWR);
　　　　　——适当的助记符(如:VCCPWR,GNDPWR)。
　　　　　如不需要强调是电源输出,可采用符号 S01760。

S01757

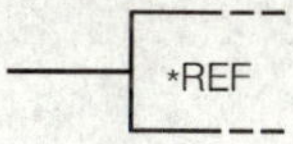

名　　　称:基准输入
　　　　　Reference input
状　　　态:标准
IEC发布日期:2004-09-13
上版标准序号:IEC 60617(ed.2.0) 13-05-05
用　　　于:S01741
应 用 注 释:A00322
形 状 类 别:字符
功 能 类 别:功能要素或属性
应 用 类 别:概念要素或限定符号
备　　　注:接到基准源的输入端。
　　　　　星号应用表示基准源参数符号代替(如:U、I、f)。
　　　　　参数符号后可加附加极性符号,也可用下列之一代替:

——带正负号的额定值(如:+5 V REF,10 mA REF);
——适当的助记符(如:VCCREF,GNDREF)。
如不需要强调示基准源输入端,可采用符号 S01759。

S01758

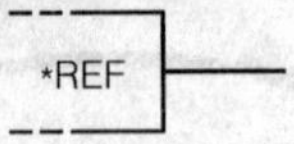

名　　　称:基准输出
Reference output
状　　　态:标准
IEC发布日期:2004-09-13
上版标准序号:GB/T 4728.13 13-05-06
形 状 类 别:字符
功 能 类 别:功能要素或属性
应 用 类 别:概念要素或限定符号
备　　　注:基准源的输出端。
星号应用表示基准源参数符号代替(如:U、I、f)。
参数符号后可加附加极性符号,也可用下列之一代替:
——带正负号的额定值(如:+5 V REF,10 mA REF);
——适当的助记符(如:VCCREF,GNDREF)。
如不需要强调示基准源输出端,可采用 S01760 符号。

S01759

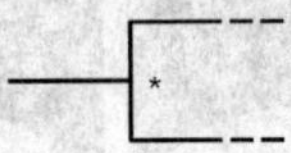

名　　　称:量值输入
Quantity-sensing input
状　　　态:标准
IEC发布日期:2004-09-13
上版标准序号:GB/T 4728.13 13-05-07
应 用 注 释:A00322
形 状 类 别:字符
功 能 类 别:功能要素或属性
应 用 类 别:概念要素或限定符号
备　　　注:所示量值表示信息的输入。
星号应用表示信息的量值符号代替(如:U、I、f)。
量值符号后可附加极性符号,或用下列范围标记或固定值标记之一代替:
——带正负号的一个或多个额定值(如:+5 V、0 mA…20 mA、440 Hz);
——适当的助记符(如:VCC、GND、A#)。
如不标出极性符号,则 U 应省略,否则会引起混淆。
如此符号与其他符号(如 S01761)组合,则应写在其他符号后面,必要时加方括号。

S01760

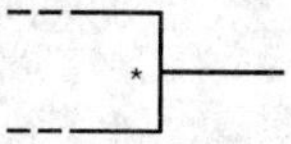

名　　　称:量值输出
Quantity output
状　　　态:标准
IEC发布日期:2004-09-13
上版标准序号:GB/T 4728.13 13-05-08
应 用 注 释:A00322
形 状 类 别:字符
功 能 类 别:功能要素或属性
应 用 类 别:概念要素或限定符号
备　　　注:所示量值表示信息的输出。
星号应用表示信息的量值符号代替(如:U、I、f)。
量值符号后可附加极性符号,或用下列范围标记或固定值标记之一代替:
——带正负号的一个或多个额定值(如:+5 V、0 mA…20 mA、440 Hz);
——适当的助记符(如:VCC、GND、A#)。
如不标出极性符号,则U应省略,否则会引起混淆。
如此符号与其他符号(如S01761)组合,则应写在其他符号后面,必要时加方括号。

S01761

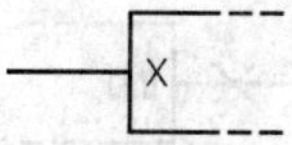

名　　　称:模拟操作数输入
Analogue operand input
状　　　态:标准
IEC发布日期:2004-09-13
上版标准序号:GB/T 4728.13 13-05-09
用　　　于:S01779,S01780
应 用 注 释:A00322
形 状 类 别:字符
功 能 类 别:功能要素或属性
应 用 类 别:概念要素或限定符号
备　　　注:示出X输入。
此输入表示一个可执行一个或多个模拟功能的操作数。
对于模拟操作数,应用字母X和Y表示。如有两个以上操作数,也可以用其他字母,在不会引起混淆的情况下,也可加后缀。

S01762

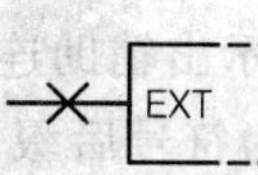

名　　　称:外接辅助电路或电路元件的引出端
　　　　Terminal to be externally connected to a subsidiary circuit or circuit element
状　　　态:标准
IEC发布日期:2004-09-13
上版标准序号:GB/T 4728.13 13-05-10
采 用 符 号:S01752
应 用 注 释:A00322
形 状 类 别:字符
功 能 类 别:功能要素或属性
应 用 类 别:概念要素或限定符号
备　　　注:(引出端)示于左面。
EXT 应以其他代号代替,如:
RX 电阻器;
CX 电容器;
RCX 电阻器和电容器;
XTAL 晶体。
如不会引起混淆,本符号也可不示出辅助连接符号(符号 S01752)。
如需指明极性,可加 ＋ 或 － 作为符号后缀。

S01763

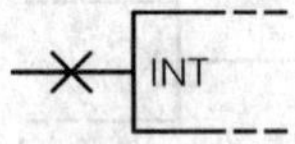

名　　　称:内接辅助电路或电路元件的引出端
　　　　Terminal of a subsidiary internal circuit or circuit component
状　　　态:标准
IEC发布日期:2004-09-13
上版标准序号:GB/T 4728.13 13-05-11
采 用 符 号:S01752
应 用 注 释:A00322
形 状 类 别:字符
功 能 类 别:功能要素或属性
应 用 类 别:概念要素或限定符号
备　　　注:(引出端)示于左面。
INT 应以其他代号代替,如:
RINT 电阻器;
CINT 电容器;
RCINT 电阻器和电容器;
XTALINT 晶体。
如不会引起混淆,本符号也可不示出辅助连接符号(符号 S01752)。
如需指明极性,可加 ＋ 或 - 作为符号后缀。

S01764

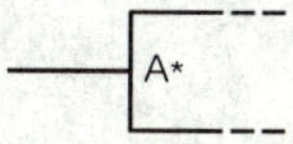

名　　　称：调整端
　　　　　Adjustment terminal
状　　　态：标准
IEC发布日期：2004-09-13
上版标准序号：GB/T 4728.13 13-05-12
用　　　于：S01602，S01779，S01784，S01780，S01783，S01787，S01786，S01785，S01788，S01794，S01799
应用注释：A00322
形状类别：字符
功能类别：功能要素或属性
应用类别：概念要素或限定符号
备　　　注：(引出端)示于左面。
A＊应用ADJ代替，或只把星号以受到调整的量值符号代替。
推荐用下列符号来表示所列量值：
B——偏置；
CL——限流；
f——频率；
H——滞后；
m——放大系数；
OFS——失调，偏移；
P——功率；
SR——转换或变化；
SYM——对称；
T——温度；
U或V——电压；
WF——波形；
Z——阻抗；
Ψ或ϕ——相位。

S01765

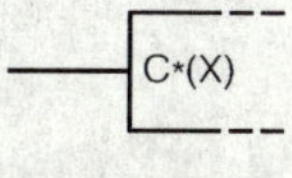

名　　　称：补偿端
　　　　　Compensation terminal
状　　　态：标准
IEC发布日期：2004-09-13
上版标准序号：GB/T 4728.13 13-05-13
用　　　于：S01784，S01787，S01786，S01790，S01794，S01803

应 用 注 释:A00322
形 状 类 别:字符
功 能 类 别:功能要素或属性
应 用 类 别:概念要素或限定符号
备 注:(引出端)示于左面。
C∗应用CPN代替,或只把星号以受调整的量值符号代替。
X应以产生需要调整或补偿的量值符号代替。
建议用下面的符号来代替星号或X:
B——偏置;
CL——限流;
f——频率;
H——滞后;
m——放大系数;
OFS——失调,偏移;
P——功率;
SR——转换或变化;
SYM——对称;
T——温度;
U或V——电压;
WF——波形;
Z——阻抗;
Ψ或ϕ——相位。

S01766

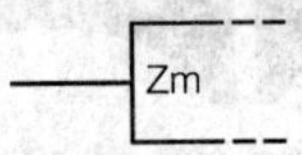

名 称:Zm输入(模拟)
Zm-input (analogue)
状 态:标准
IEC发布日期:2004-09-13
上版标准序号:GB/T 4728.13 13-05-14
关 键 词:关联标记,互联关联
采 用 符 号:S01554
应 用 注 释:A00276,A00289,A00322
形 状 类 别:字符
功 能 类 别:功能要素或属性
应 用 类 别:概念要素或限定符号
备 注:模拟影响Zm输入或Zm输出将其信号电平强加于受其影响的模拟输入或模拟输出。
这些符号含有用标识序号取代“m”的关联标记的应用,方法说明见A00276和A00289。
数字影响Zm输入和Zm输出,见S01554。

S01767

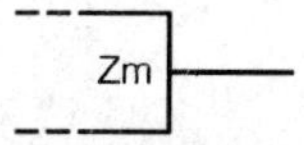

名　　　称:Zm 输出(模拟)
　　　　　Zm-output (analogue)
状　　　态:标准
IEC发布日期:2004-09-13
上版标准序号:GB/T 4728.13 13-05-15
关　键　词:关联标记,互联关联
采 用 符 号:S01555
应 用 注 释:A00276,A00289,A00322
形 状 类 别:字符
功 能 类 别:功能要素或属性
应 用 类 别:概念要素或限定符号
备　　　注:模拟影响 Zm 输入或 Zm 输出将其信号电平强加于受其影响的模拟输入或模拟输出。
　　　　　这些符号含有用标识序号取代“m”的关联标记的应用,方法说明见 A00276 和 A00289。
　　　　　数字影响 Zm 输入和 Zm 输出,见 S01555。

S01768

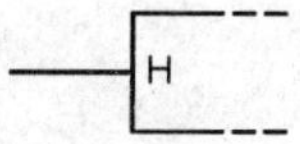

名　　　称:保持输入
　　　　　Hold input
状　　　态:标准
IEC发布日期:2004-09-13
上版标准序号:GB/T 4728.13 13-05-16
用　　　于:S01787,S01789
应 用 注 释:A00322
形 状 类 别:字符
功 能 类 别:功能要素或属性
应 用 类 别:概念要素或限定符号
备　　　注:当此输入呈现其内部“1”状态时,模拟输出保持其值不变。
　　　　　当此输入为“0”状态时,对元件不起作用。

S01769

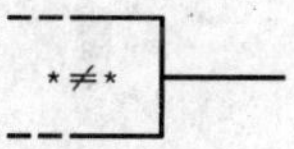

名　　　称:比较器的不等输出
　　　　　Not-equal output of a comparator
状　　　态:标准

IEC发布日期:2004-09-13
上版标准序号:GB/T 4728.13 13-05-17
应 用 注 释:A00322
形 状 类 别:字符
功 能 类 别:功能要素或属性
应 用 类 别:概念要素或限定符号
备　　　　注:星号应以与之相比较的量值或操作数的代号代替。
本符号被定义为 GB/T 19679"不等于"的字符 3/6,等同于 ISO/IEC 10646"不等于"的 UCS2260(表 60)。

S01770

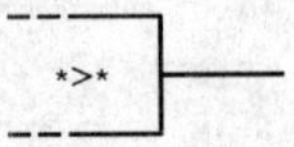

名　　　　称:比较器的大于输出
Greater-than output of a comparator
状　　　　态:标准
IEC发布日期:2004-09-13
上版标准序号:GB/T 4728.13 13-05-18
用　　　　于:S01699,S01700,S01721,S01802,S01801
采 用 符 号:S01523
应 用 注 释:A00322
形 状 类 别:字符
功 能 类 别:功能要素或属性
应 用 类 别:概念要素或限定符号
备　　　　注:星号应以与之相比较的量值或操作数的代号代替

S01771

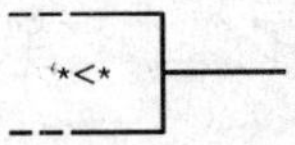

名　　　　称:比较器的小于输出
Less-than output of a comparator
状　　　　态:标准
IEC发布日期:2004-09-13
上版标准序号:GB/T 4728.13 13-05-19
用　　　　于:S01721
采 用 符 号:S01524
应 用 注 释:A00322
形 状 类 别:字符
功 能 类 别:功能要素或属性
应 用 类 别:概念要素或限定符号
备　　　　注:星号应以与之相比较的量值或操作数的代号代替。

S01772

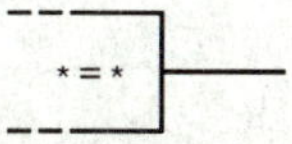

名　　　称：比较器的等于输出
Equal output of a comparator
状　　　态：标准
IEC发布日期：2004-09-13
上版标准序号：GB/T 4728.13 13-05-20
用　　　于：S01699，S01701，S01719，S01721
采 用 符 号：S01525
应 用 注 释：A00322
形 状 类 别：字符
功 能 类 别：功能要素或属性
应 用 类 别：概念要素或限定符号
备　　　注：星号应以与之相比较的量值或操作数的代号代替。

S01773

名　　　称：Mm 输入
Mm-input
状　　　态：标准
IEC发布日期：2004-09-13
上版标准序号：GB/T 4728.13 13-05-21
用　　　于：S01775，S01790
应 用 注 释：A00276，A00289
形 状 类 别：字符，矩形
功 能 类 别：K 处理信号或信息
应 用 类 别：电路图，功能图，概略图
备　　　注：使用方法的解释见 A00276 和 A00289。
这些符号含有用标识序号取代“m”的关联标记的应用。
若 Mm 输入（Mm 输出）处于其内部“1”状态，则受此 Mm 输入（Mm 输出）影响的任何输入对器件功能的作用如常，受此 Mm 输入（Mm 输出）影响的任何输出将处于其正常的逻辑状态或模拟信号电平。换言之，输入和输出都被选通。
若 Mm 输入（Mm 输出）处于内部“0”状态，则它对输入和输出的作用如下：
——受此 Mm 输入（Mm 输出）影响的任何输入对元件的功能不起作用。
——如受影响的输入有数组由斜线隔开的标记组，则含有 Mm 输入（Mm 输出）标识序号的任何一组无效并可以忽略。这表示对多功能输入中的某些功能进行封锁。
——在受此 Mm 输入（Mm 输出）影响的各个输出，含有该 Mm 输入（Mm 输出）标识序号的任何标记组无效，且可忽略。
——如某输出有数组被斜线隔开的标记（见 GB/T 4728.12 中 25 章），则含有此 Mm 输入(Mm 输出)标识序号任何一组可以忽略。这表示对多功能输出中的某些功能进行封锁或选择。或对输出的某些特性或相关关系加以修改。

S01774

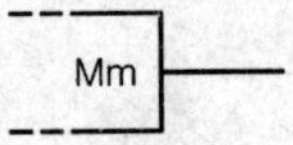

名　　　称:Mm 输出
Mm-output

状　　　态:标准

IEC发布日期:2004-09-13

上版标准序号:GB/T 4728.13 13-05-22

应 用 注 释:A00276,A00289

形 状 类 别:字符

功 能 类 别:功能要素或属性

应 用 类 别:概念要素或限定符号

备　　　注:使用方法的解释见 A00276 和 A00289。

这些符号含有用标识序号取代“m”的关联标记的应用。

若 Mm 输入(Mm 输出)处于其内部“1”状态,则受此 Mm 输入(Mm 输出)影响的任何输入对器件功能的作用如常,受此 Mm 输入(Mm 输出)影响的任何输出将处于其正常的逻辑状态或模拟信号电平。换言之,输入和输出都被选通。

若 Mm 输入(Mm 输出)处于内部“0”状态,则它对输入和输出的作用如下:

——受此 Mm 输入(Mm 输出)影响的任何输入对元件的功能不起作用。

——如受影响的输入有数组由斜线隔开的标记组,则含有 Mm 输入(Mm 输出)标识序号的任何一组无效并可以忽略。这表示对多功能输入中的某些功能进行封锁。

——在受此 Mm 输入(Mm 输出)影响的各个输出,含有该 Mm 输入(Mm 输出)标识序号的任何标记组无效,且可忽略。

——如某输出有数组被斜线隔开的标记(见 GB/T 4728.12 中 25 章),则含有此 Mm 输入(Mm 输出)标识序号任何一组可以忽略。这表示对多功能输出中的某些功能进行封锁或选择。或对输出的某些特性或相关关系加以修改。

S01775

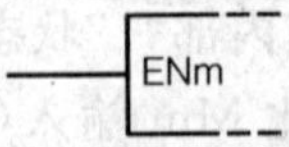

名　　　称:ENm 输入
ENm-input

状　　　态:标准

IEC发布日期:2004-09-13

上版标准序号:GB/T 4728.13 13-05-23

采 用 符 号:S01503,S01773

应 用 注 释:A00276,A00289

形 状 类 别:字符

功 能 类 别:功能要素或属性
应 用 类 别:概念要素或限定符号
备　　　注:此输入对受其影响的输入的作用和 Mm 输入相同(见符号 S01773)。
此输入对受其影响的数字输出的作用和 EN 输入相同(见符号 S01503)。
对于任何一受影响的模拟输出,如 ENm 输入处于其内部“1”状态,则输出为通常规定的功能或模拟信号电平。否则,功能和电平不由此符号规定如 ENm 输入像在符号 S01503 中定义的那样只对所有输出影响,而不影响任何输入,则标识序号(m)可省略。
这些符号含有用标识序号取代“m”的关联标记的应用,方法说明见 A00276 和 A00289。

S01776

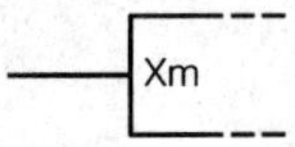

名　　　称:Xm 输入
Xm input
状　　　态:标准
IEC发布日期:2004-09-13
上版标准序号:GB/T 4728.13 13-05-24
关 键 词:关联标记
用　　　于:S01804
采 用 符 号:S01556
应 用 注 释:A00276,A00281,A00289
形 状 类 别:字符
功 能 类 别:功能要素或属性
应 用 类 别:概念要素或限定符号
备　　　注:见符号 S01556 和 A281 的说明。
这些符号含有用标识序号取代“m”的关联标记的应用,方法说明见 A00276 和 A00289。

S01777

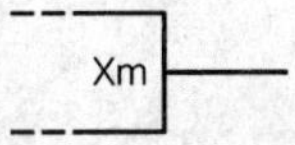

名　　　称:Xm 输出
Xm-output
状　　　态:标准
IEC发布日期:2004-09-13
上版标准序号:GB/T 4728.13 13-05-25
关 键 词:关联标记
采 用 符 号:S01557
应 用 注 释:A00276,A00281,A00289
形 状 类 别:字符
功 能 类 别:功能要素或属性
应 用 类 别:概念要素或限定符号

备　　注：见符号 S01556 和 A281 的说明。

这些符号含有用标识序号取代"m"的关联标记的应用，方法说明见 A00276 和 A00289。

S01778

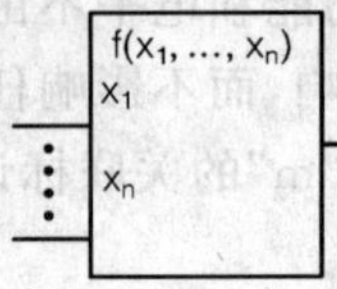

名　　称：函数—运算元件，一般符号

Function-computing element，general symbol

状　　态：标准

IEC发布日期：2004-09-13

上版标准序号：GB/T 4728.13 13-06-01

关　键　词：模拟元件

用　　于：S01779，S01780，S01792

采 用 符 号：S01463

应 用 注 释：A00323

形 状 类 别：字符，矩形

功 能 类 别：K 处理信号或信息

应 用 类 别：电路图，功能图，概略图

备　　注：$f(x_1, \cdots, x_n)$ 用函数适当的标记（符号或图形）代替。

$x_1, \cdots, x_n$ 应用函数自变量代替。

为了避免与电平转换器和代码转换器混淆，不应使用斜线表示除法。

S01779

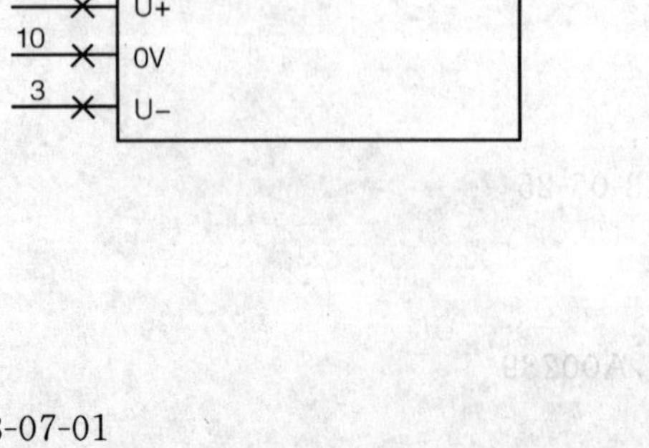

名　　称：乘法器

Multiplier

状　　态：标准

IEC发布日期：2004-09-13

上版标准序号：GB/T 4728.13 13-07-01

关　键　词：数学元件

其 他 形 式：S01780

采 用 符 号:S01753,S01761,S01764,S01778
形 状 类 别:字符,矩形
功 能 类 别:K 处理信号或信息
应 用 类 别:电路图
备 注:如 AD532D。
符号 S01780 表示同一器件但执行另一功能。

S01780

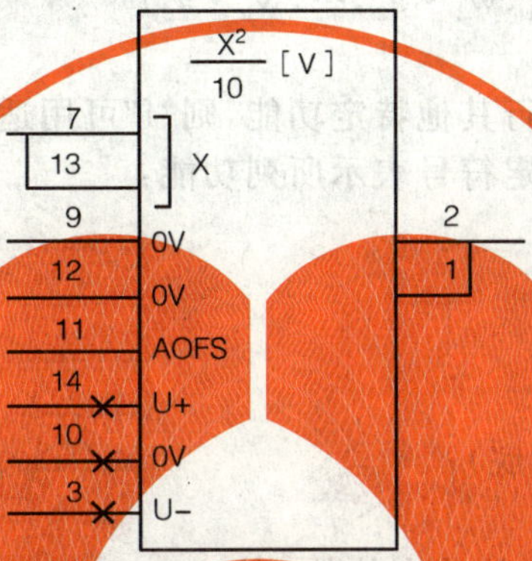

名 称:平方器
Squarer
状 态:标准
IEC发布日期:2004-09-13
上版标准序号:GB/T 4728.13 13-07-02
关 键 词:数学元件
其 他 形 式:S01779
采 用 符 号:S01753,S01761,S01764,S01778
形 状 类 别:字符,矩形
功 能 类 别:K 处理信号或信息
应 用 类 别:电路图
备 注:如 AD532D。
符号 S01779 表示同一器件但执行另一功能。

S01781

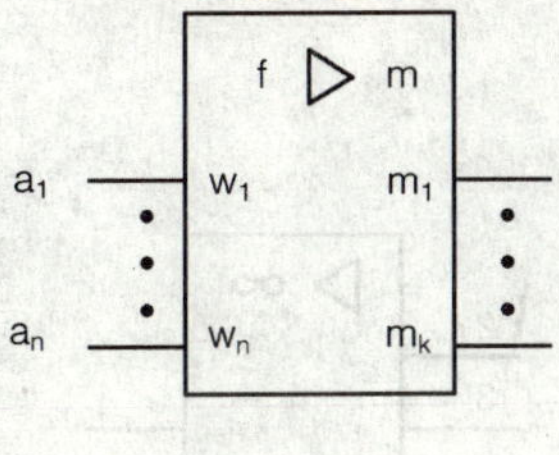

名 称:放大器,一般符号
Amplifier,general symbol
状 态:标准
IEC发布日期:2004-09-13
上版标准序号:GB/T 4728.13 13-08-01

关　键　词:放大器
形　　　式:形式 3
其 他 形 式:S01239,S01240
用　　　于:S01782,S01784,S01783,S01787,S01786,S01790,S01789,S01785,S01788
采 用 符 号:S01457,S01463
应 用 注 释:A00325
形 状 类 别:字符,矩形
功 能 类 别:K 处理信号或信息
应 用 类 别:电路图,功能图,概略图
备　　　注:$u_i = m \cdot m_i \cdot f(w_1 \cdot a_1, w_2 \cdot a_2, \cdots, w_n \cdot a_n)$

式中 $i=1,2,\cdots,k$

如元件除放大外还执行其他特定功能,则“f”可用适当的限定符号代替。否则“f”应被略去。应该采用下列限定符号表示所列功能:

Σ——求和;

∫——积分;

d/d*t*——对时间微分;

exp——指数;

log——对数(以 10 为底);

SH——采样;

$m \cdot m_i$——等于输出 i 的放大倍数;

m——代表放大倍数的公因子。

如所表示的公因子为固定值,则“m”将用一个数,或一个给出公因子绝对值或范围固定的表达式代替。

如所表示的公因子为一变量,则“m”应示出,并且决定 m 值的方法应在符号内或在有关文件中示出,否则“m”应被略去。

以下标记推荐用来表示固定公因子:

∞——当公因子很大时。

1——当公因子为 1 时。

一个数——当需精确地表示公因子时。

＊1…＊2——当公因子固定在＊1…＊2 范围内时＊1 和＊2 应分别用范围内最小和最大的公因子代替。

$m_1 \cdots m_k$——代表含正负号的输出放大系数。如输出放大系数为 1,则“1”可省略。

如只有一个无标记的输出端且其含正负号的输出放大系数为＋1 时,则“1”可省略。

$w_1, \cdots, w_n$ 代表含正负号的加权系数的值,如加权系数等于 1,则“1”可省略。

S01782

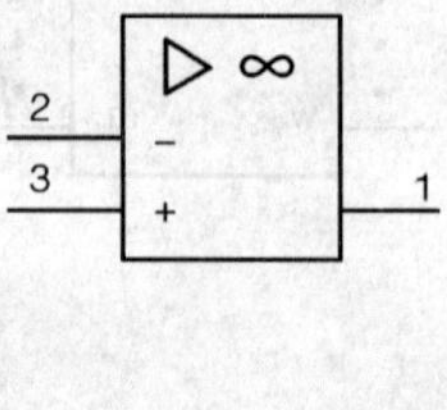

名　　　称:运算放大器

Operational amplifier

状　　　态:标准
IEC发布日期:2004-09-13

上版标准序号:GB/T 4728.13 13-09-01
关　　键　　词:放大器
用　　　　　于:S01740
采　用　符　号:S01781
形　状　类　别:等边三角形,矩形
功　能　类　别:K 处理信号或信息
应　用　类　别:电路图,功能图
备　　　　　注:如 LM324 的一部分。

S01783

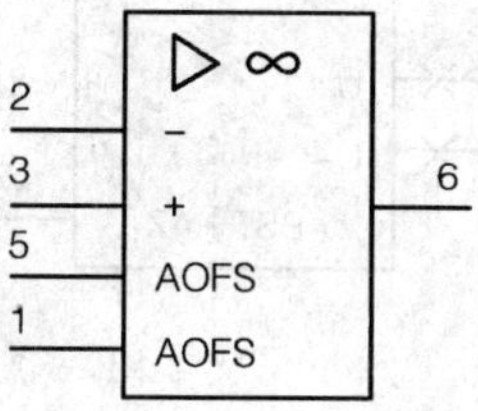

名　　　　　称:运算放大器
Operational amplifier
状　　　　　态:标准
IEC发布日期:2004-09-13
上版标准序号:GB/T 4728.13 13-09-02
关　　键　　词:放大器
采　用　符　号:S01764,S01781
形　状　类　别:等边三角形,矩形
功　能　类　别:K 处理信号或信息
应　用　类　别:电路图,功能图
备　　　　　注:如 LM741。

S01784

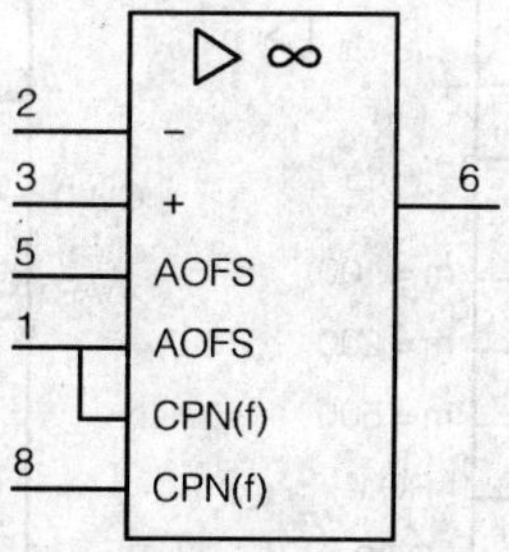

名　　　　　称:运算放大器
Operational amplifier
状　　　　　态:标准
IEC发布日期:2004-09-13
上版标准序号:GB/T 4728.13 13-09-03
关　　键　　词:放大器
采　用　符　号:S01764,S01765,S01781

形 状 类 别:等边三角形,矩形
功 能 类 别:K 处理信号或信息
应 用 类 别:电路图,功能图
备 注:如 LM301A。

S01785

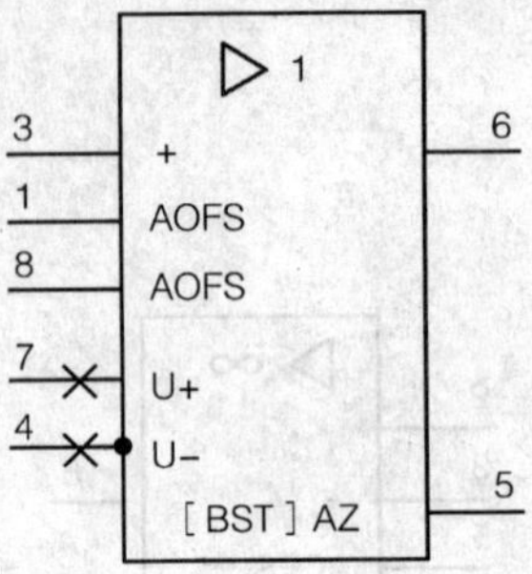

名 称:电压跟随器
Voltage follower
状 态:标准
IEC发布日期:2004-09-13
上版标准序号:GB/T 4728.13 13-09-04
关 键 词:放大器
采 用 符 号:S00016,S01546,S01764,S01781
形 状 类 别:字符,等边三角形,矩形
功 能 类 别:K 处理信号或信息
应 用 类 别:电路图,功能图
备 注:如 LM310,金属壳封装。
此处采用符号 S00016 中符号黑点表示引出端与外壳连接。

S01786

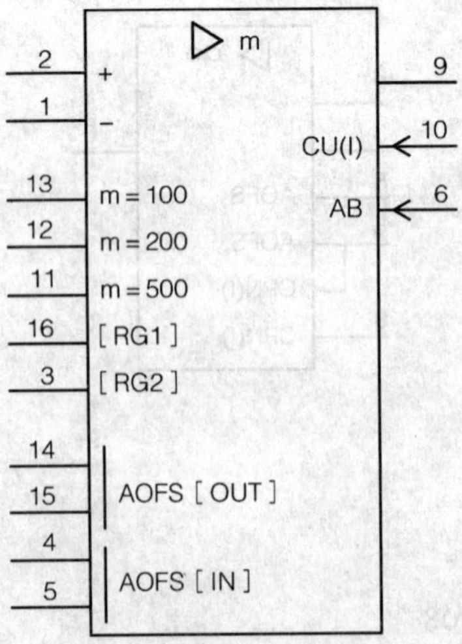

名 称:放大系数可选放大器
Amplifier with selectable amplification

状　　　　态:标准
IEC发布日期:2004-09-13
上版标准序号:GB/T 4728.13 13-09-05
关　　键　　词:放大器
采　用　符　号:S01518,S01764,S01765,S01781
形　状　类　别:等边三角形,矩形
功　能　类　别:K 处理信号或信息
应　用　类　别:电路图,功能图
备　　　　注:如 AD624。

S01787

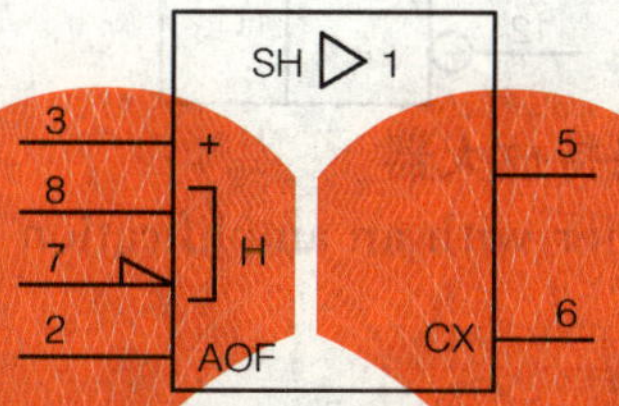

名　　　　称:放大系数为 1 的采样-保持放大器
Sample-and-hold amplifier with an amplification factor of one
状　　　　态:标准
IEC发布日期:2004-09-13
上版标准序号:GB/T 4728.13 13-09-06
关　　键　　词:放大器
采　用　符　号:S01468,S01540,S01764,S01765,S01768,S01781
形　状　类　别:字符,等边三角形,矩形
功　能　类　别:K 处理信号或信息
应　用　类　别:电路图,功能图
备　　　　注:如 LF398。

S01788

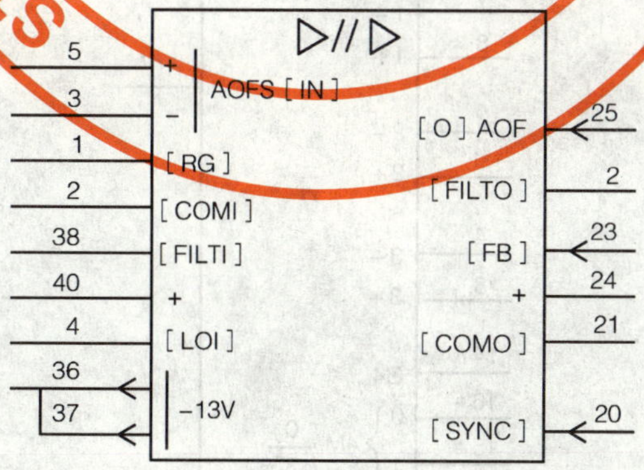

名　　　　称:隔离放大器
Amplifier,isolating
状　　　　态:标准
IEC发布日期:2004-09-13
上版标准序号:GB/T 4728.13 13-09-07

关　键　词:放大器
采 用 符 号:S01407,S01518,S01764,S01781
形 状 类 别:字符,等边三角形,矩形
功 能 类 别:K 处理信号或信息
应 用 类 别:电路图,功能图
备　　　注:如 AD293。

S01789

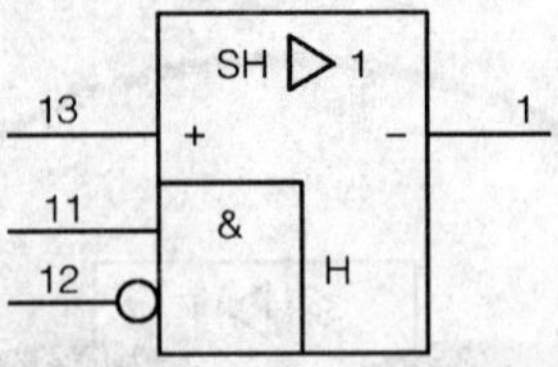

名　　　称:放大系数为 1 的采样-保持放大器
Sample-and-hold amplifier with an amplification factor of one
状　　　态:标准
IEC发布日期:2004-09-13
上版标准序号:GB/T 4728.13 13-09-08
关　键　词:放大器
采 用 符 号:S001466,S01476,S01567,S01768,S01781
形 状 类 别:字符,等边三角形,矩形
功 能 类 别:K 处理信号或信息
应 用 类 别:电路图,功能图
备　　　注:如 4860。

S01790

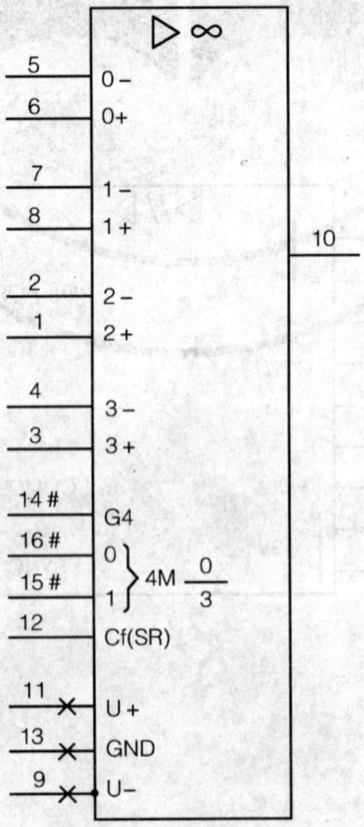

名　　　称:多路选择输入运算放大器(四选一)

Operational amplifier with multiplexed inputs (one of four)

状　　　态:标准

IEC发布日期:2004-09-13

上版标准序号:GB/T 4728.13 13-09-09

关　键　词:放大器

采 用 符 号:S00016,S01750,S01753,S01765,S01773,S01781,S01810

形 状 类 别:字符,等边三角形,矩形

功 能 类 别:K 处理信号或信息

应 用 类 别:电路图,功能图

备　　　注:如 HA-2400。

此处采用符号 S00016 中符号黑点表示引出端与外壳连接。

S01791

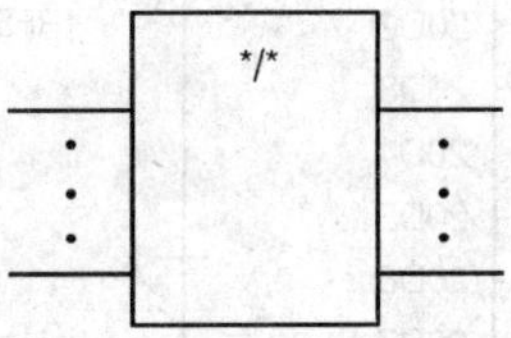

名　　　称:转换器,一般符号

Converter, general symbol

状　　　态:标准

IEC发布日期:2004-09-13

上版标准序号:GB/T 4728.13 13-10-01

关　键　词:转换器

用　　　于:S01793,S01794,S01795,S01792

采 用 符 号:S00214,S01407,S01463

应 用 注 释:A00296,A00327

形 状 类 别:字符,矩形

功 能 类 别:K 处理信号或信息,T 已建立的信号保持信息内容不变的变换

应 用 类 别:电路图,功能图,概略图

备　　　注:若需要表示电气上是隔离的,则总限定符号*/*可用*//*代替。

星号应用有关的量值或适当的符号代替。

左星号指输入,右星号指输出。

以下符号推荐用来表示所列项目:

#——数字的,未限定代码;

∩——模拟的,函数未限定代码;

U 或 V——电压;

f——频率;

Ψ 或 Φ——相位；

I——电流；

T——温度。

总限定符号♯/∩和∩/♯和分别用 DAC 和 ADC 代替。

在总限定符号♯/∩和∩/♯中，“♯”可由输入[输出]所用代码适当的代号代替，该代码是用来决定[或表示]其内部值的。在这种情况下，数字输入[输出]应标上与该代码有关的字符。详见 A296 的 32.1。

S01792

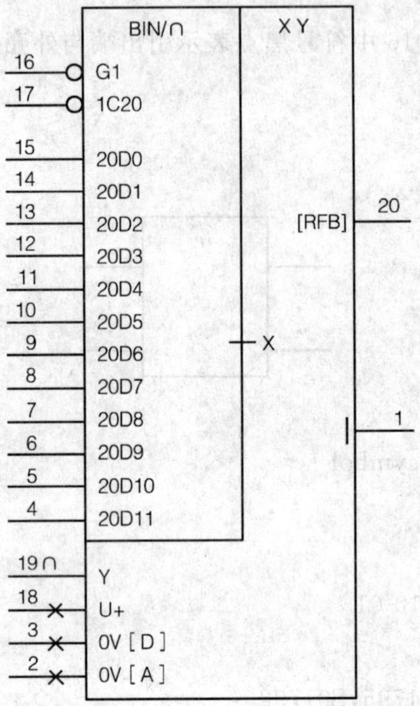

名　　　称：乘法运算的数模转换器(DAC)

Converter, digital to analogue(DAC), multiplying

状　　　态：标准

IEC发布日期：2004-09-13

上版标准序号：GB/T 4728.13 13-11-01

关　键　词：模拟元件，运算元件，转换器

采 用 符 号：S01466，S01475，S01546，S01558，S01748，S01753，S01778，S01791，S01810

形 状 类 别：字符，矩形

功 能 类 别：K 处理信号或信息

应 用 类 别：电路图，功能图

备　　　注：如 AD7545。

S01793

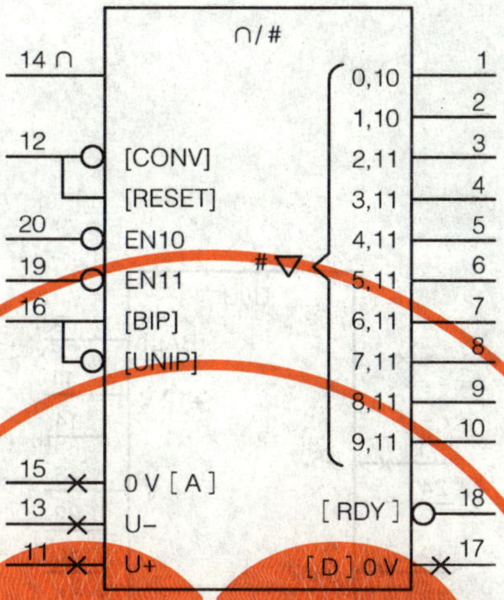

名　　　称：模数转换器(ADC)

Converter, analogue to digital(ADC)

状　　　态：标准

IEC发布日期：2004-09-13

上版标准序号：GB/T 4728.13 13-11-02

关　键　词：转换器

采 用 符 号：S01466,S01467,S01498,S01562,S01748,S01753,S01791

形 状 类 别：字符,直线,矩形

功 能 类 别：K 处理信号或信息,T 已建立的信号保持信息内容不变的变换

应 用 类 别：电路图,功能图

备　　　注：如 AD573。

总限定符号 #/∩和∩/#和分别用 DAC 和 ADC 代替。

S01794

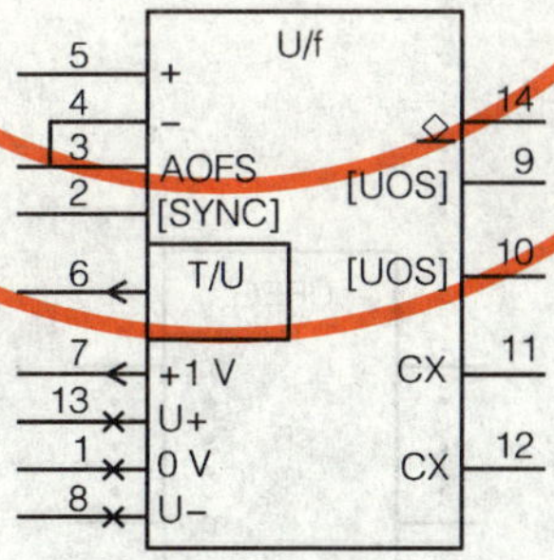

名　　　称：电压频率转换器

Converter, voltage to frequency

状　　　态：标准

IEC发布日期：2004-09-13

上版标准序号：GB/T 4728.13 13-11-03

关　键　词：转换器

采 用 符 号：S01495,S01753,S01764,S01765,S01791

形 状 类 别:字符,矩形
功 能 类 别:K 处理信号或信息
应 用 类 别:电路图,功能图
备　　　注:如 AD537。

S01795

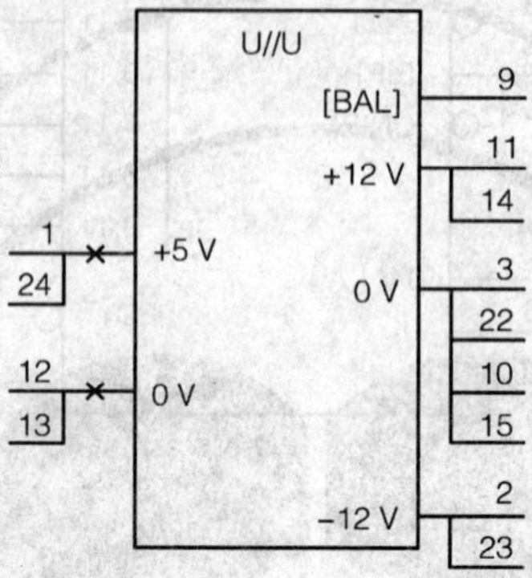

名　　　称:隔离的直流-直流转换器
Converter,d. c. -to-d. c. ,isolating
状　　　态:标准
IEC发布日期:2004-09-13
上版标准序号:GB/T 4728.13 13-11-04
关　键　词:转换器
采 用 符 号:S01753,S01791
应 用 注 释:A00328
形 状 类 别:字符,矩形
功 能 类 别:K 处理信号或信息
应 用 类 别:电路图,功能图
备　　　注:如 PM671P。
示出内部连接,如引出端 2 和 23。若对此不强调,也可采用标记组合符号。

S01796

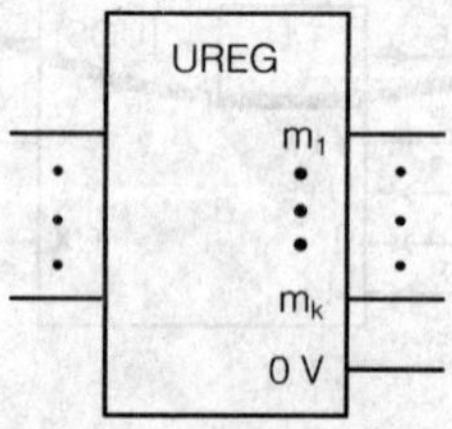

名　　　称:电压调整器,一般符号
Voltage regulator,general symbol
状　　　态:标准
IEC发布日期:2004-09-13
上版标准序号:GB/T 4728.13 13-12-01
关　键　词:调整器,稳定器

用　　　于:S01797,S01799,S01798
采 用 符 号:S01463
形 状 类 别:字符,矩形
功 能 类 别:G 启动能量流
应 用 类 别:电路图,功能图,概略图
备　　　注:$m_1 \cdots m_k$ 代表相对于公共端(0 V)的调整(稳定)电压。
$m_1 \cdots m_k$ 应代之以:
——$U_1 \cdots U_k$ 各带一极性符号,或
——调整电压的实际电压值或范围。

S01797

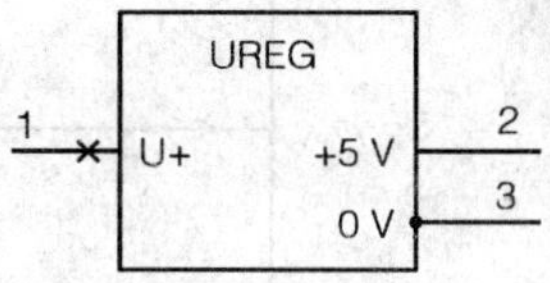

名　　　称:固定正电压调整器
Voltage regulator,positive,fixed
状　　　态:标准
IEC发布日期:2004-09-13
上版标准序号:GB/T 4728.13 13-13-01
关　键　词:电压调整器,电压稳定器
采 用 符 号:S00016,S01796
形 状 类 别:字符,矩形
功 能 类 别:G 启动能量流
应 用 类 别:电路图,功能图
备　　　注:如 LM309H。
此处采用符号 S00016 中符号,黑点表示引出端与外壳连接。

S01798

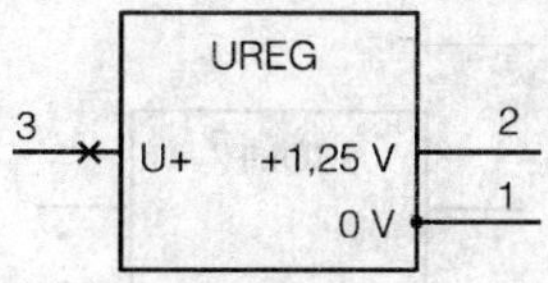

名　　　称:可调整正电压调整器
Voltage regulator,positive,adjustable
状　　　态:标准
上版标准序号:GB/T 4728.13 13-13-02
关　键　词:电压调整器
采 用 符 号:S00016,S01546,S01796
应 用 注 释:A00330
形 状 类 别:字符,矩形
功 能 类 别:K 处理信号或信息

应 用 类 别:电路图,功能图
备　　　　注:如 LM317T
此处采用符号 S00016 中符号,黑点表示引出端与外壳连接。
1、2 引出端电压值虽然固定,仍可采用一个外接网络,在引出端 2 和网络其他点之间获得不同的稳定电压。

S01799

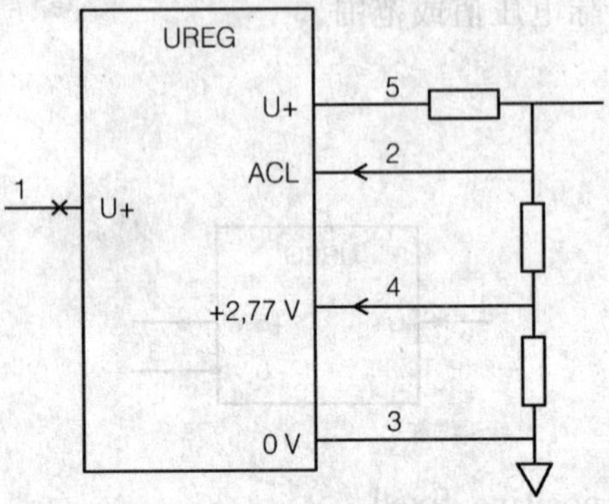

名　　　　称:带限流的可调正电压调整器
Voltage regulator, positive, adjustable, with current limiting
状　　　　态:标准
IEC发布日期:2004-09-13
上版标准序号:GB/T 4728.13 13-13-03
关　键　词:电压调整器
采 用 符 号:S00204,S00555,S01546,S01764,S01796
形 状 类 别:字符,矩形
功 能 类 别:K 处理信号或信息
应 用 类 别:电路图,功能图
备　　　　注:如 L200CV。

S01800

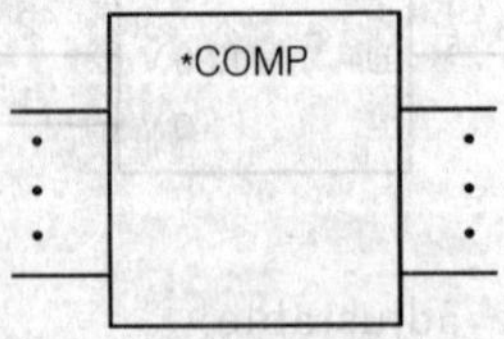

名　　　　称:比较器,一般符号
Comparator, general symbol
状　　　　态:标准
IEC发布日期:2004-09-13
上版标准序号:GB/T 4728.13 13-14-01
关　键　词:比较器
用　　　　于:S01715,S01713,S01802,S01801,S01806

采 用 符 号:S01463
形 状 类 别:字符,矩形
功 能 类 别:K 处理信号或信息
应 用 类 别:电路图,功能图,概略图
备 注:星号应用表示被比较的数值或操作数适当的文字符号代替。如不会引起混淆,此文字符号也可略去。

S01801

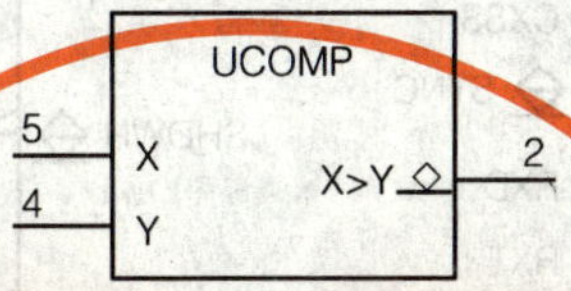

名 称:电压比较器
Voltage comparator
状 态:标准
IEC发布日期:2004-09-13
上版标准序号:GB/T 4728.13 13-15-01
关 键 词:比较器
用 于:S01713,S01742
采 用 符 号:S01495,S01770,S01800
形 状 类 别:字符,矩形
功 能 类 别:K 处理信号或信息
应 用 类 别:电路图,功能图
备 注:如 LM339 的一部分。

S01802

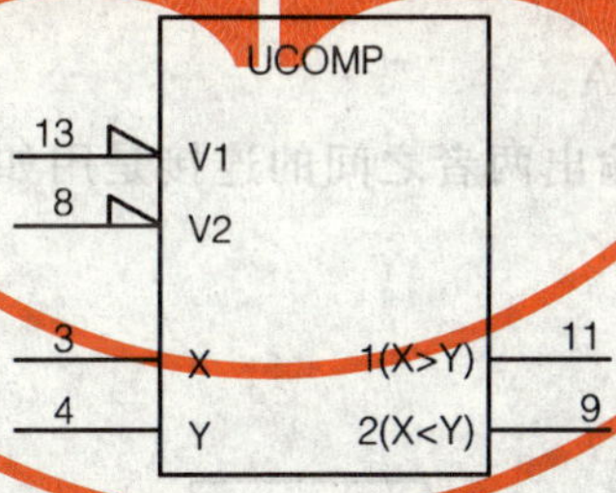

名 称:电压比较器
Voltage comparator
状 态:标准
IEC发布日期:2004-09-13
上版标准序号:GB/T 4728.13 13-15-02
关 键 词:比较器
采 用 符 号:S01468,S01550,S01770,S01800
形 状 类 别:字符,矩形
功 能 类 别:K 处理信号或信息
应 用 类 别:电路图,功能图
备 注:如 LM361。

S01803

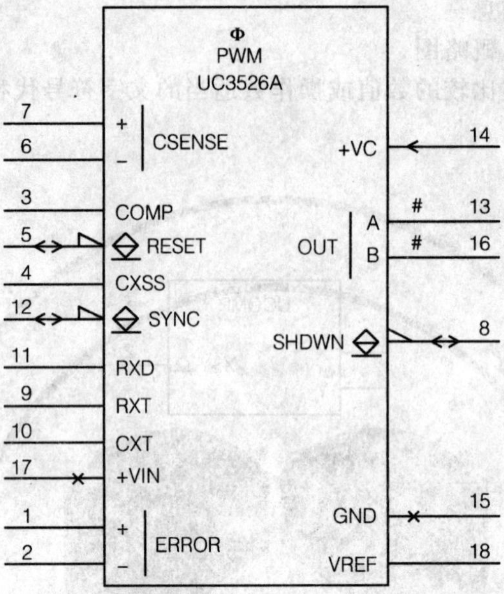

名　　　称:脉宽调制器

Pulse-width modulator

状　　　态:标准

IEC发布日期:2004-09-13

上版标准序号:GB/T 4728.13 13-16-01

关　键　词:调制器

采 用 符 号:S00100,S01468,S01497,S01518,S01561,S01731,S01749,S01753,S01765

形 状 类 别:字符,矩形

功 能 类 别:K 处理信号或信息

应 用 类 别:电路图,功能图

备　　　注:如 Unitrode 之 UC3526A。

在电子开关中,输入和输出两者之间的连接是用如 A00281 描述的传输(Xm)来表示。

S01804

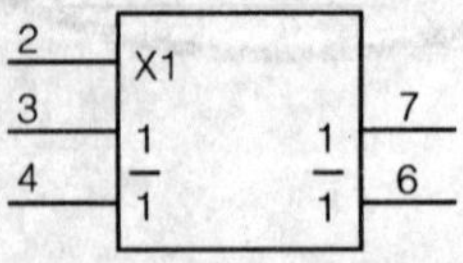

名　　　称:模拟开关

Analogue switch

状　　　态:标准

IEC发布日期:2004-09-13

上版标准序号:GB/T 4728.13 13-17-01

关　键　词:开关

采 用 符 号:S01776

应 用 注 释:A00281
形 状 类 别:字符,矩形
功 能 类 别:K 处理信号或信息
应 用 类 别:电路图,功能图
备　　　注:如 TL604。

S01805

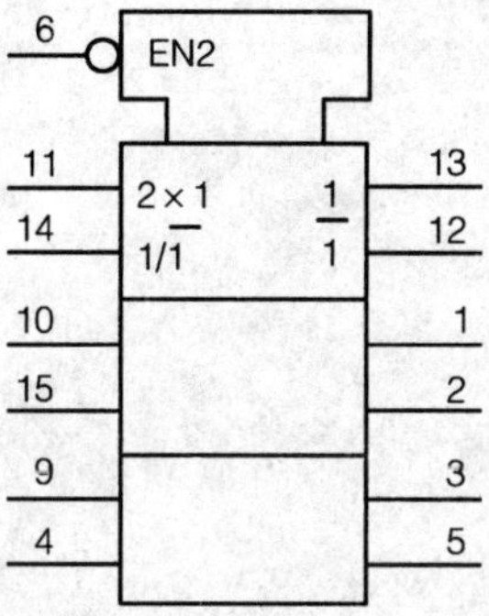

名　　　称:模拟多路选择器/多路分配器(三路)
Analogue multiplexer/demultiplexer,triple
状　　　态:标准
IEC发布日期:2004-09-13
上版标准序号:GB/T 4728.13 13-17-02
关　键　词:多路选择器
其 他 形 式:S01606
采 用 符 号:S01466,S01556,S01562
应 用 注 释:A00281
形 状 类 别:字符,矩形
功 能 类 别:K 处理信号或信息
应 用 类 别:电路图,功能图
备　　　注:如 74HC4053。
符号 S01606 用另一种方式描述同一器件。

S01806

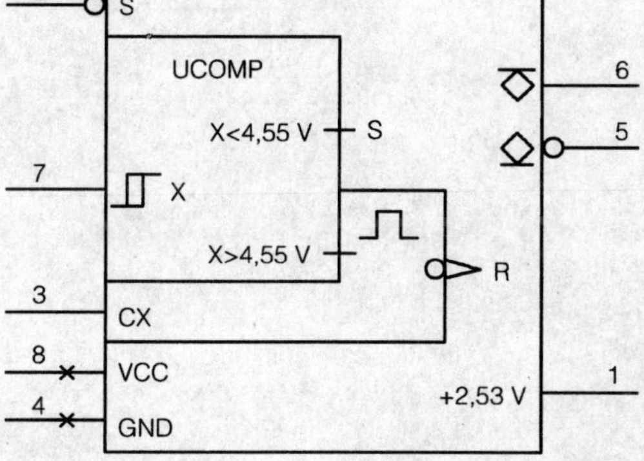

名　　　称：电压监控器

Voltage supervisor

状　　　态：标准

IEC发布日期：2004-09-13

上版标准序号：GB/T 4728.13 13-18-01

关　键　词：监控器

采 用 符 号：S01466，S01475，S01477，S01492，S01494，S01495，S01558，S01560，S01674，S01753，S01800

形 状 类 别：字符，矩形

功 能 类 别：K 处理信号或信息

应 用 类 别：电路图，功能图

备　　　注：如 TL7705A。

应用注释

应用注释 A00276

11 一般说明

关联标记是标明输入之间、输出之间或输入与输出之间关系的一种方法。采用此方法，无需实际示出所包含的全部元件和互连线。

注：除了复杂元件外，关联标记不应用来代替组合元件的符号。

关联标记所提供的信息是对元件功能限定符号提供信息的补充。

在有关关联标记的约定中，将采用"影响的"和"受影响的"两条术语。在不能明显地肯定哪些输入是"影响的"和"受影响的"的情况下(例如，若它们处于相与的关系)，可用任何方便的方法进行选择。

在某些复杂元件中，有的输出可能对输入和其他输出有影响。为简化起见，第12章和第13章只涉及"影响输入"，但应理解为所介绍的标记也适用于影响输出。

12 约定

关联标记常常用来确定内部逻辑状态之间的关系。但是，在三态输出、无源下拉输出、无源上拉输出和开路输出(符号S01493至S01498)的情况下，使能关联(见第20章)规定影响输入的内部逻辑状态和受影响输出的外部逻辑状态之间的关系。

关联标记的标注方法如下：

——用一个表达其内在关系的特定字母后加标识序号来标记影响其他输入或输出的输入；

——用相同的标识序号来标记受该影响输入影响的每一个输入或输出。

若起影响的是影响输入(输出)内部逻辑状态的补状态，则应在受影响输入(输出)标识序号的上方加一条横线。

注：应用示例见符号S01669。避免使用横线的方法，见符号S01691的注。

若受影响输入或输出具有一个表示对元件起作用的标记，则该标记应以影响输入的标识序号为前缀。

若一个输入或输出受一个以上影响输入的影响，则每一个影响输入的标识序号都应出现在受影响输入或输出的标记中，而且以逗号隔开。这些标识序号从左到右排列次序与影响关系的顺序相同(见第25章)。

两个用不同字母标识的影响输入，除了字母A外，不应有相同的标识序号(见第23章)。

若两个影响输入有相同的字母和相同的标识序号，则它们彼此处于相或的关系。

若表示受影响输入或输出功能的标记必须是数字(如编码器的输出)，则影响输入和受影响输入或输出两者相关联的标识序号应选择其他标记，如用希腊字母来代替，以避免混淆。

影响输入只影响符号中相应的受影响输入和输出。

13 关联类型

以下定义了几种关联。

与(AND)关联、或(OR)关联和非(NEGATE)关联用于表示输入和/或输出之间的布尔代数关系。

互连(INTERCONNECTION)关联用于表示一个输入或输出将其逻辑状态强加于一个或一个以

上的其他输入和/或输出。

传输(TRANSMISSION)关联用于表示各个受影响端口之间的可控传输通路。

控制(CONTROL)关联用于标识时序元件的定时输入或时钟输入,并表示哪些输入受其控制。

置位(SET)和复位(RESET)关联用于规定R-S双稳元件当R输入和S输入二者均处于其内部"1"状态时的内部逻辑状态。

使能(ENABLE)关联用于标识使能输入,并表示哪些输入和/或输出受其控制(例如哪些输出呈现其高阻抗状态)。

方式(MODE)关联用于标识,并表示与该方式相关联的输入和/或输出。

地址(ADDRESS)关联用于标识存储器的地址输入。表1列举了各种关联并概述了它们的作用。更详细的定义连同概念图解见下面各条。在这些图解中,采用了第五篇中所述的一般符号。

在表1中,"动作"一词的含义是:

——受影响输入对元件的功能有其通常规定的作用;

——受影响输出呈现由元件功能所决定的内部逻辑状态。

表1 关联的类别

关联类型	字母	对受影响输入或输出的作用当影响输入处于其:		参见条款
		"1"状态	"0"状态	
地址	A	允许动作(被选地址)	禁止动作(未选地址)	23
控制	C	允许动作	禁止动作	18
使能	EN	允许动作	——禁止受影响输入动作; ——置开路和三态输出于外部高阻抗状态(三态输出内部状态不受影响); ——置无源下拉输出于高阻抗L电平和无源上拉输出于高阻抗H电平; ——置其他输出于"0"状态	20
与	G	允许动作	置"0"状态	14
方式	M	允许动作(被选方式)	禁止动作(未选方式)	21
非	N	求补状态	无作用	16
复位	R	受影响输出呈现S=0,R=1的状态	无作用	19
置位	S	受影响输出呈现S=1,R=0的状态	无作用	19
或	V	置"1"状态	允许动作	15
传输	X	已建立传输通路	未建立传输通路	17A
互连	Z	置"1"状态	置"0"状态	17

注:具有标识序号上方加一条横线的受影响输入(输出),受上表所示影响输入补状态的影响。

应用于:S01550,S01551,S01552,S01553,S01554,S01555,S01556,S01557,S01558,S01559,S01560,S01561,S01562,S01563,S01564,S01565,S01766,S01767,S01773,S01774,S01775,S01776,S01777,S01810,S01811

应用注释 A00281

17A 传输(X)关联

传输关联用于表示受影响端口(输入、输出和/或输入—输出)之间可控传输通路。除非另有说明，传输通路是双向的，传输关联提供了一种使简单模拟开关符号化的方法，并使得有可能以简明的方法来描述较复杂的器件。

概念图解

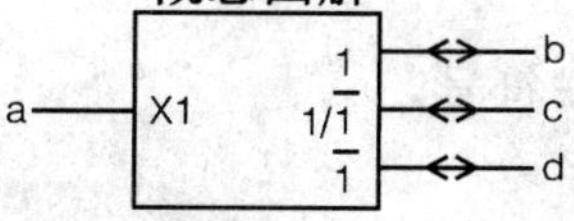

若 a 输入处于其内部“1”状态，则在 b 和 c 之间存在双向传输通路。

若 a 输入处于其内部“0”状态，则在 c 和 d 之间存在双向传输通路。

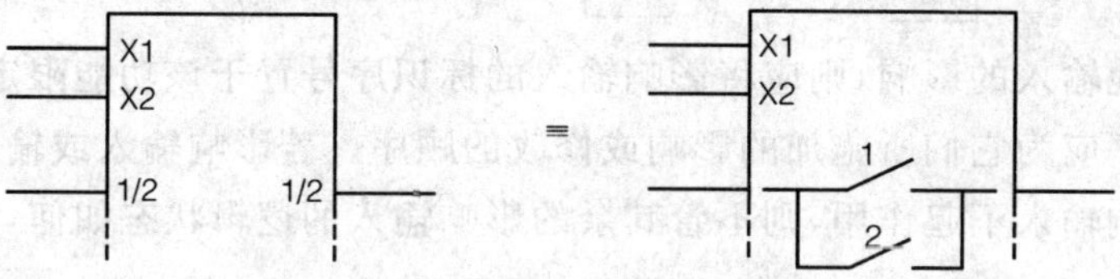

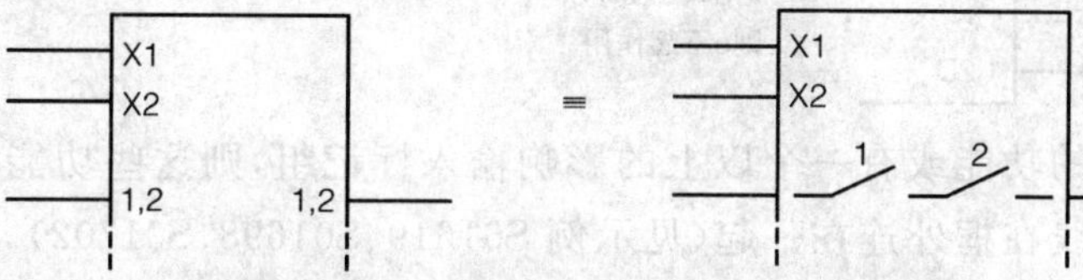

使用虚拟输入和输出能够使另一种较复杂的关联标记链得到简化。

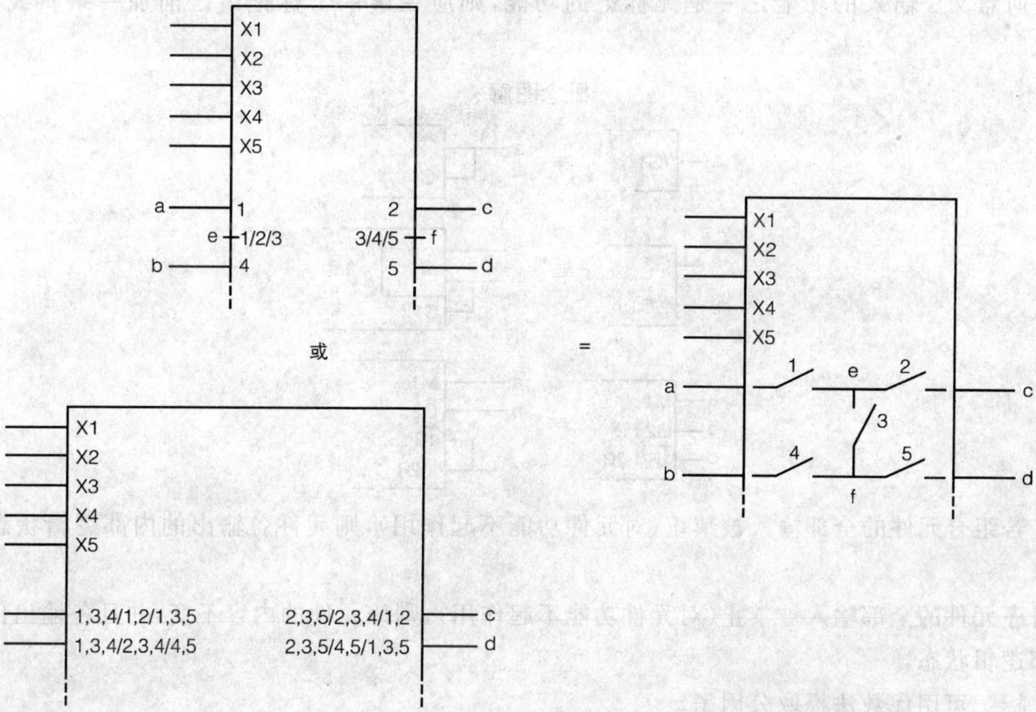

应用于：S01556，S01557，S01776，S01777，S01804，S01805

应用注释 A00289

25 与输入和输出有关的标记的排列顺序

25.1 输入标记的顺序

25.1.0 如果输入需要一个或更多的符号 S01540,S01500 及 S01492,根据所需,它们将以内部元件的输入读取顺序(S01540,S01500,S01492)来表示。

这些符号应绘制在输入线和任何输入限定符号之间,例如关联符号。

概念图解

25.1.1 若单一功能的输入受其他输入的影响,则应将影响输入的标识序号置于该功能限定符号之前,这些标识序号自左而右的排列顺序应为它们所施加的影响或修改的顺序。若影响输入或输出中任何一个的逻辑状态(分开考虑)使该影响输入不起作用,则不管其余的影响输入的逻辑状态如何,该受影响的输入不起作用。

概念图解

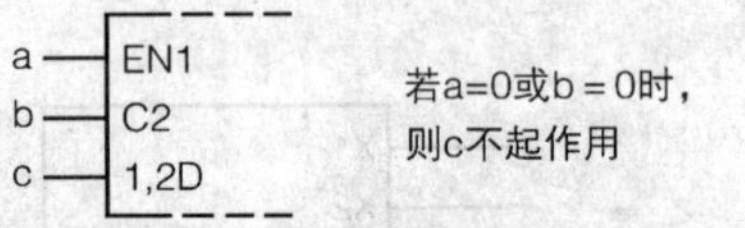

25.1.2 若有一个输入存在一个以上的功能或有一个以上的影响输入标记组,则这些功能标记或标记组可示于不同的输入线上。而把输入线在框外连在一起(见示例 S01619、S01698、S01702),然而此种表示方法不够简便,比较好的标注法输入可以只用一条线,而将不同的标记组用斜线隔开,标记组的顺序不附加任何意义。输入的功能之一是无标记的功能,则应在第一个标记组之前加一条斜线(见示例 S01700)。

概念图解

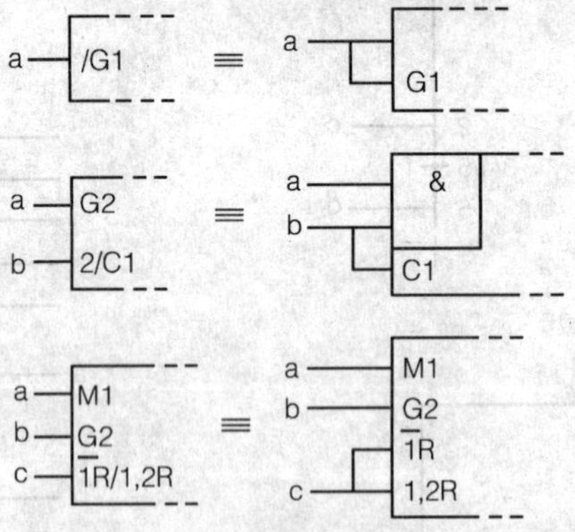

25.1.3 若组合元件的全部输入被禁止(对元件功能不起作用),则元件各输出的内部逻辑状态不由符号决定。

若时序元件的全部输入被禁止(对元件功能不起作用),则该元件的内容不变,并且各输出保持其原来的内部逻辑状态。

25.1.4 标记可用代数法提取公因子

概念图解

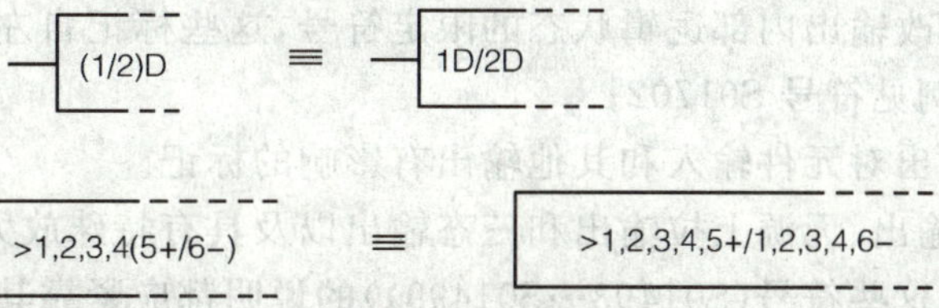

25.1.5 通常，比特群符号左边的输入所示的关联符号应用于编码器的输入，比特群符号后所示的关联符号应用于编码器输出所提供的输入。但是，对于内存储的输入，见 25.1.6。

概念图解

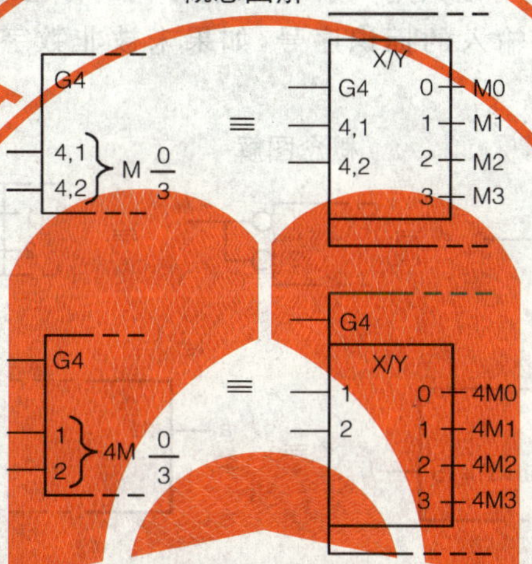

25.1.6 所有输入端的存储寄存器的任何组合逻辑元件在功能上等效于所有输出端的存储寄存器的相同逻辑元件。所以，下图的逻辑元件 A 功能上和元件 B 等效。

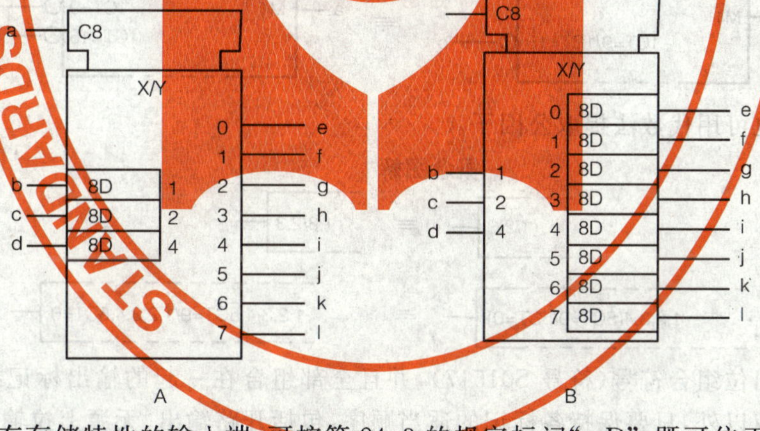

因此，在具有固有存储特性的输入端，可按第 24.3 的规定标记“mD”，既可位于符号群和表示存储功能的符号之间，也可直接置于输入端。

概念图解

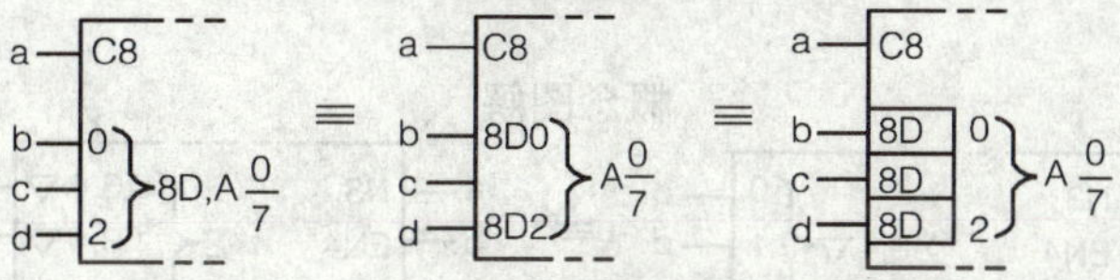

25.2 输出标记的顺序

25.2.1 若输出有若干个标记，不论它们是不是影响输入或影响输出的标识序号，这些标记按如下顺序标注：

——若具有延迟输出符号（S01491），则应置于首位，必要时，把作用于该符号的输入标记置于其前；

——其后为决定或修改输出内部逻辑状态的限定符号，这些标记自左而右的顺序应与其作用的顺序一致，应用示例见符号 S01702；

——其后为表示该输出对元件输入和其他输出有影响的标记。

开路输出、无源下拉输出、无源上拉输出和三态输出以及具有特殊放大作用（驱动能力）的输出等符号中的每一个符号按前面这些符号（S01493…S01499））的说明都应紧靠其输出线。

若输出需要几个不同的标记组，而这些标记组可视为处于内部相“或”的关系（例如取决于动作方式），则可把这些标记组标注在不同的输出线上，而在框外把这些输出线连在一起。然而用这种表示方法不够简便，比较好的标记法，输出可以只用一条线，而将不同的标记组用斜线隔开。

在标记组中，两个相邻的影响输入的标识序号，如果未被非数字标记隔开，则应用逗号隔开（见 A00276 12）。

概念图解

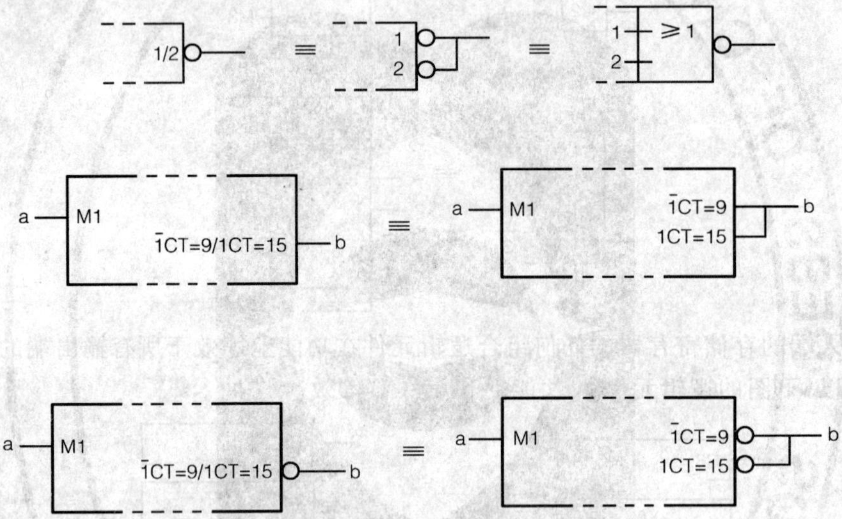

25.2.2　输出标记也可用代数法提取公因子。

概念图解

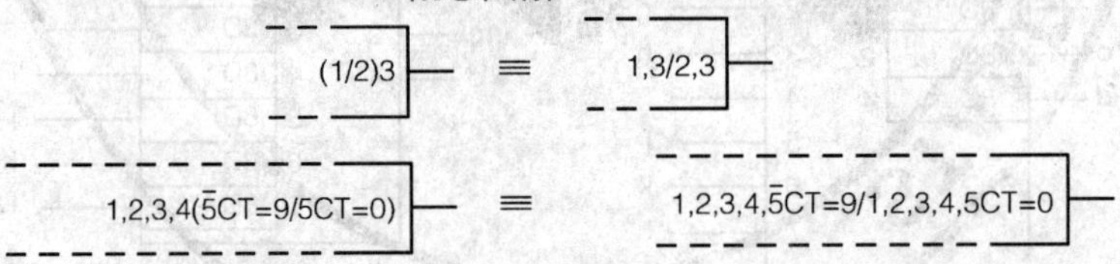

25.2.3　若采用输出位组合符号（符号 S01517），并且全部组合在一起的输出标记组仅权的标记不同，除了位组合符号和权以外，只要保持各标记的适当顺序，包括开路输出、无源上拉输出、无源下拉输出和三态输出以及具有特殊放大作用的输出（驱动能力）等符号（S01493…S01499），但不包括权的标记，可以只在代替星号的符号和位组合符号之间标注一次即可，同时，除了位组合符号和权以外，应保持标记的适当顺序。

概念图解

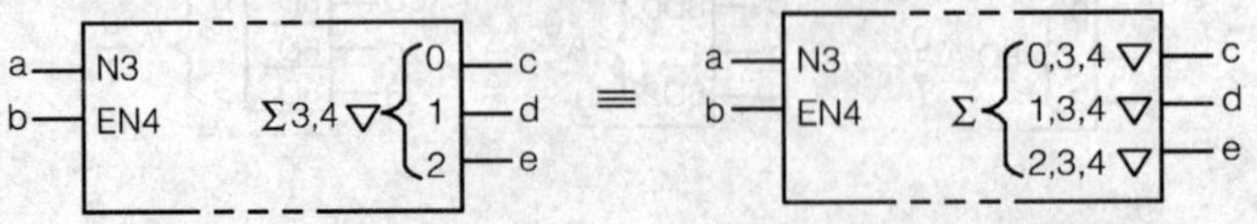

注：Σ的含义见符号 S01645。

应用于：S01493，S01550，S01551，S01552，S01553，S01554，S01555，S01556，S01557，S01559，S01560，S01561，S01562，S01563，S01564，S01565，S01766，S01767，S01773，S01774，S01775，S01776，S01777，

S01810,S01811

应用注释 A00296

编码器、代码转换器

1 编码器输入和输出之间的关系

1.1 一般限定符号中输入和输出符号的表示

代码转换的表示法遵循下述规则：

依照输入码各输入的内部逻辑状态，确定一内部数(或其等值)。依照输出码该内部数由各输出的内部逻辑状态重现。

各输入内部逻辑状态和内部数之间的关系由下述方法之一来表示：

——以数字标注输入，此时，内部数等于处于“1”状态的各输入字之和。或

——用输入码的适当标记代替 X，并以表示该输入码的字符来标注输入。

内部数字与各输出内部逻辑状态之间的关系由下述方法之一来表示：

——用导致输出为内部“1”状态的一串内部数字标注每一个输出。这些内部数字应该用斜线隔开。此种标注方法也适用于由关联类型的字母代替 Y 的情况(见 A00288)。若一串连续的内部数字产生某一输出的内部“1”状态，则可用始末两数，中间用三个点隔开，例如 4…9=4/5/6/7/8/9。

——用一输出码的适当符号代替 Y，并且用表示该输出码的字符来标注各输出。

概念图解

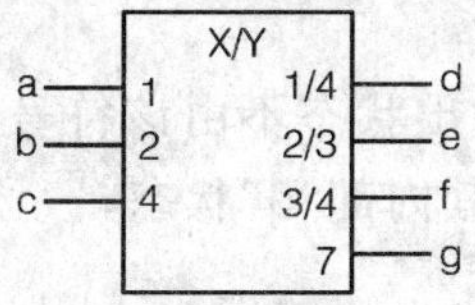

输入 a、b、c 的内部逻辑状态为下列组合时，输出 d 处于其内部“1”状态：

a=1 b=0 c=0

a=0 b=0 c=1

注：作为选择，一般限定符号 BIN/6 可用 X/Y 代替。见 1.1.1 和 1.1.2。

如果 X 或 Y 用特定的代码表示代替，更多的规则适用。

在下面的文本中，代码分成三类：

——求和码，

——直接表示码，和

——标识码。

1.1.1 求和码

这些代码，像“X”，有一个对应处于其内部“1”状态的输入(输出)权和的内部数值。

表示输入(输出)内部逻辑状态和输入数之间的关系应由用输入(输出)代码的适当表示代替一般限定符号的 X(Y)和用表示它们单个权的数字标注输入(输出)完成。

定义下面的求和码：

——BIN 二进制代码

数字代码中单个数字权全部为 2 的幂。输入(输出)应该用十进制权或 2 的幂的十进制指数标注。

——BCD 二进制编码十进制数

数字代码中数字十进制表示法中的每位编码为相对权为 8、4、2 和 1 的 4 位二进制数。

例如：

十进制数	BCD 代码
0	0000
1	0001
8	1000
9	1001
10	0001 0000
11	0001 0001
175	0001 0111 0101

输入(输出)用十进制权标注，例如：1，2，4，8，10，20，等等。

注：对于输入，如果 4 位输入的任何设置产生的内部数超过 9(×10ⁿ)。符号不规定元件的任何动作。对于输出，如果内部数要求的位数超过输出提供的。符号不规定元件的任何动作。

——X-3 余 3 码

每 4 个输入(输出)的内部值中的 BCD 码是 3(×10ⁿ)，比那些输入(输出)的和小。见 BCD 的注：

概念图解

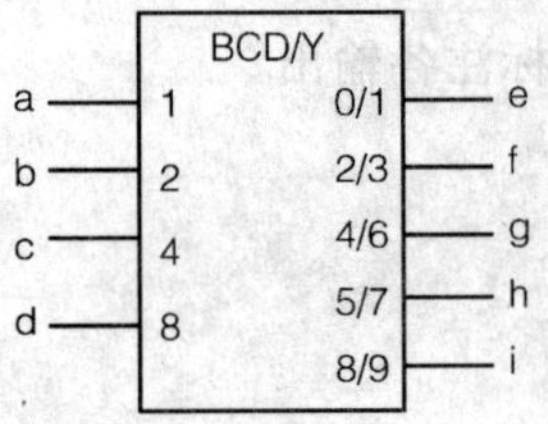

输入 a、b、c、d 的内部逻辑状态为下列组合时，

输出 i 处于其内部“1”状态；

a=0 b=0 c=0 d=1

a=1 b=0 c=0 d=1

注：作为选择，一般限定符号 BIN/5 可用 X/Y 代替。

见 1.1.2。

对于无效的 BCD，即：产生大于 9 的内部值的那些，产生的输出状态不由该符号规定。如果一般限定符号位 BIN/Y，则符号将表明：内部值大于 9 的所有输出处于其内部“0”状态。

——2CMPL 2 补码

表示范围为 $-2^{k+n-1} \leqslant y \leqslant 2^{k+n-1}-2^k$ 中数字 y 的 n 位数字代码($x_{n-1}, \cdots, x_0$)。(对于整数，$k=0$，对于固定-浮点小数，k 为负数。)

x_0 到 x_{n-2} 的单个权是 2 的幂(2^k 至 2^{k+n-2})。附加位 x_{n-1} 表示 -2^{k+n-1}。单个位与 y 的关系可以用下式表示：

$$y=-2^{k+n-1}$$

$$x_{n-1}+\sum 2^{k+i} x_i$$

负(正)数用 2^k 加对应正(负)数的 1 补码(逻辑补码)表示。

例如：

十进制数	4 位 2 补码
7	0111
2	0010
1	0001
0	0000
−1	1111
−2	1110
−7	1001
−8	1000

输入(输出)应该用十进制权或包括最高级(符号)位的 2 的幂的指数标注。

概念图解

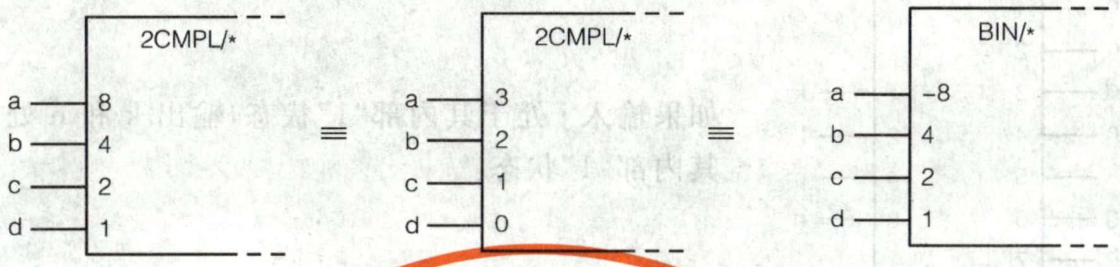

1.1.2 直接表示码

这些代码,像"Y",内部数值与每个输入(输出)的内部逻辑状态之间的关系由用输入(输出)代码的适当表示代替一般限定符号的 X(Y)和用表示产生的内部数的数字标注每个输入,或用表示导致该输出内部"1"状态的那些内部数的数列表标注每个输出表示。这些数用斜线分开。

如果内部数的连续范围产生输出的内部"1"状态,它可用包括范围头尾、用三个点隔开的两个数表示,例如:

4…9=4/5/6/7/8/9。

定义了下面的代码:

——m 有 m 个状态的一般代码(m 应该用数字代替)

为输入或可能为输出定义了 m 种内部逻辑状态的代码。

——HPRI 最高优先级输入代码

如果不止一个输入处于其内部"1"状态,具有最高权的输入处于优先的输入代码。如果没有输入处于其内部"1"状态,内部数是"0"。

——DEC 十进制代码

有 10 个输入(输出)并且权是 0 到 9 的代码。

注:如果忽略权 0 的输入(输出),0 的内部数对应处于其内部"0"状态的所有输入(输出)。

——OCT 八进制代码

有 8 个输入(输出)并且权是 0 到 7 的代码。见 DEC 的注。

——HEX 十六进制代码

有 16 个输入(输出)并且权是 0 到 15 的代码。见 DEC 的注。

除 HPRI 外,如果这些代码用作输入并且不止一个输入处于其内部"1"状态,则符号不规定元件的动作。

概念图解

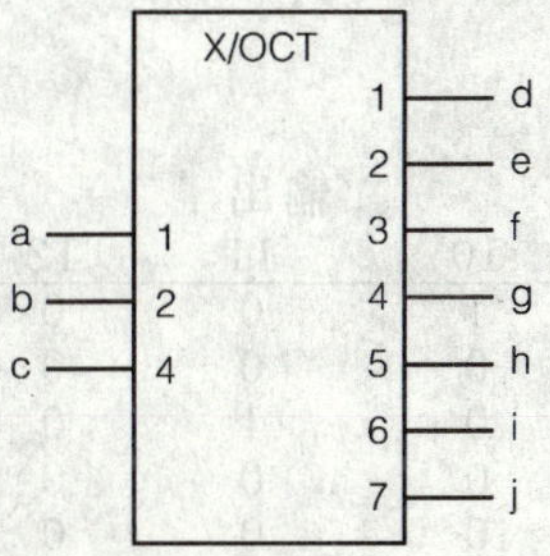

输入 a、b、c 的内部逻辑状态为下列组合时,输出 h 处于其内部"1"状态:

a=1 b=0 c=1

注:作为选择,一般限定符号 BIN/OCT 可用 X/OCT 代替。

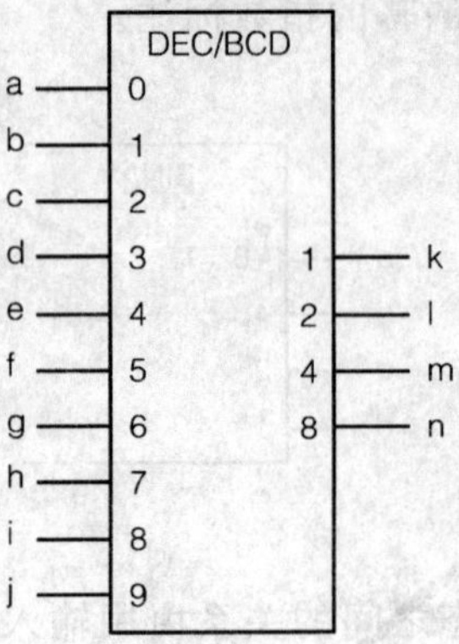

如果输入 j 处于其内部“1”状态，输出 k 和 n 处于其内部“1”状态：

1.1.3 标识码

没有内部数字值的代码。换言之，每个输入(输出)格式标识一个符号(例如字母“E”)或根据命名编码模式的其他对象。内部数字值的相当值是由输入(输出)格式标识的符号或对象。这些代码的例子是 ISO 拉丁语-1、ADSCII、EBCDID 和 7 段显示。内部符号或对象与每个输入(输出)的内部逻辑状态之间的关系由用输入(输出)代码的适当表示代替一般限定符号的 X(Y)和用代码内其位位置的适当表示标注每个输入(输出)来表示。

标识符号的代码和与内部数字值相关的代码一起用于编码器，转换到这些代码或来自于这些代码的转换以那些内部数字值的符号十进制表示法为基础。如果代码中的值没有符号表示法，元件的符号不为该值规定元件的动作。

概念图解

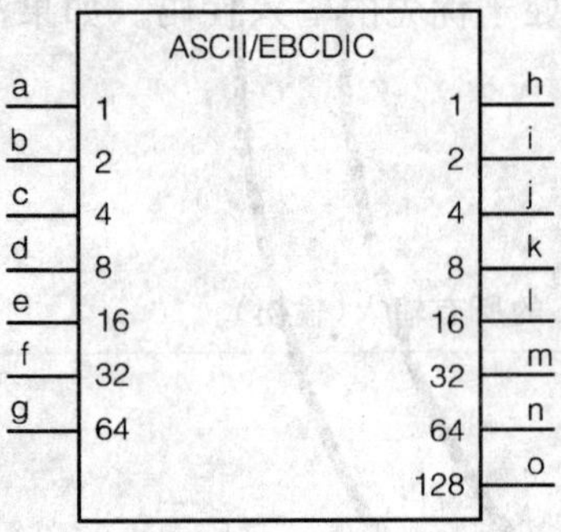

1.2 使用编码表

作为使用前面定义的代码和标注的替换方法，总限定符号 X/Y(更恰当地说，或另一个限定符号)可与表示输出和输入之间关系的、适当的参照表(例如，像符号 S01621 中的)一起使用。输入(输出)和表中列的关系可用任何方便的方式给出，例如，用引出端号。在此种情况下，必须避免使用可能与其他方法相混淆的任何内部标记。

概念图解

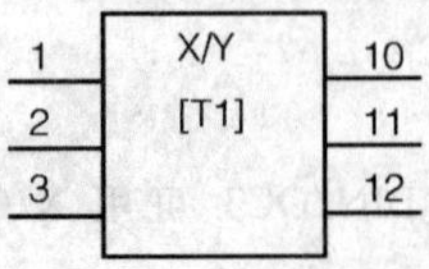

T1

输入			输出		
1	2	3	10	11	12
0	0	0	1	0	0
0	0	1	0	0	0
0	1	0	0	1	0
0	1	1	0	0	0
1	0	0	0	0	0
1	0	1	0	0	0
1	1	0	0	0	1
1	1	1	0	0	0

2 用输入码或输出码标记以外的其他符号代替 X 和 Y

2.1 编码器的内部数也可以用其他方法产生,例如利用内部数计数的计数器、产生内部数的多位置开关等。在此种情况下,X 应该由所用方法的适当标记代替。

概念图解

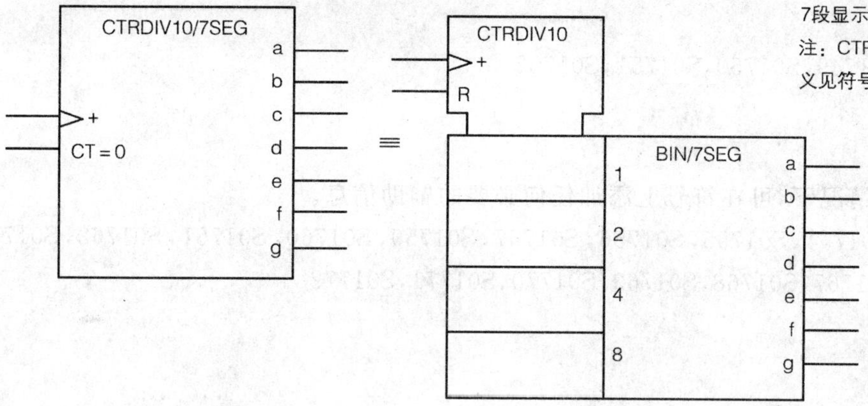

7段显示输出计数器
注:CTRDIV10的含义见符号12-48-03

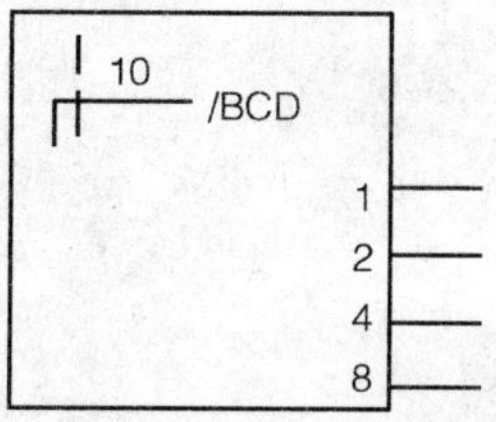

产生BCD输出的10位开关

2.2 编码器的内部数也可用可视显示来表示,或被认为是元件内容的值,或作为执行数学运算的一个数。此时,Y 应由有关功能总限定符号来代替。

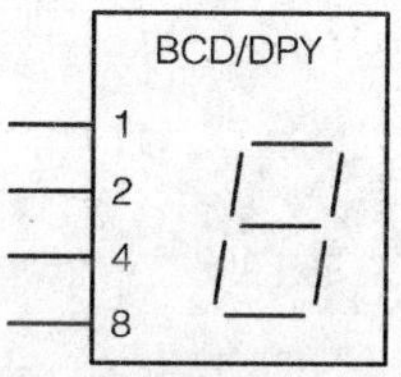

BCD 码输入的 7 段显示

2.3 在一些情况下,特别是在符号内包含内部寄存器时,不仅要说明输入码和输出码,而且还要将寄存器的类型置于输入和输出码之间,例如,“BCD/CTRDIV100/BIN”。

概念图解

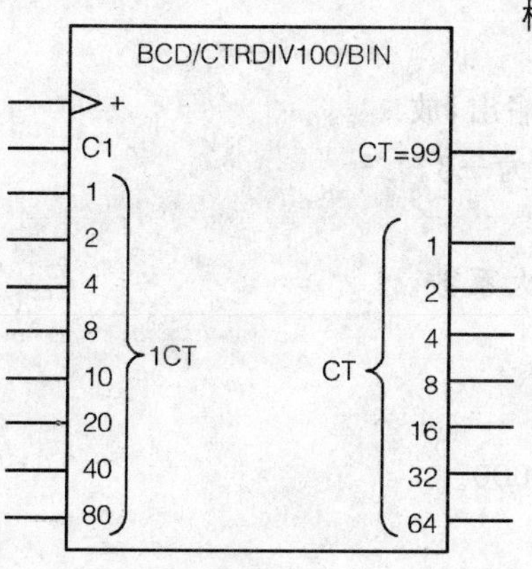

除以 100 的 BCD 码输入、二进制码输出的计数器

应用于：S01610，S01611，S01791

应用注释 A00321

当需要区别模拟信号或数字信号时，应用符号∩（S00216）和#（S00217）。当功能或信号是数字的还是模拟的会引起混淆时，它们也可加在一般限定符号上或置于内部连接符号（S01475，S01479 和 S01481）附近。

应用于：S01748，S01749，S01750，S01751，S01752

应用注释 A00322

在不致引起混淆的情况下，可在符号上添加任何必要的辅助信息。

应用于：S01753，S01754，S01755，S01756，S01757，S01759，S01760，S01761，S01762，S01763，S01764，S01765，S01766，S01767，S01768，S01769，S01770，S01771，S01772

应用注释 A00323

概念图解

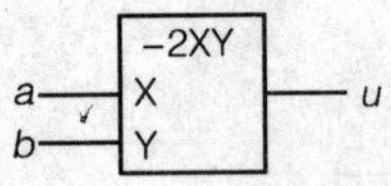

乘法器

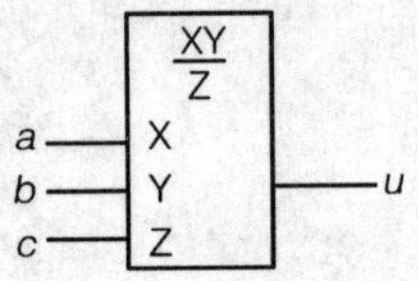

乘法—除法器

$u=\frac{ab}{c}$

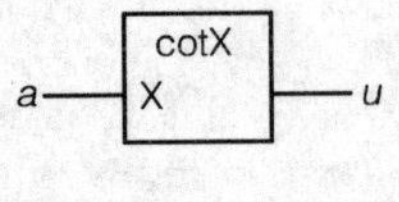

余切函数

$u=\cot a$

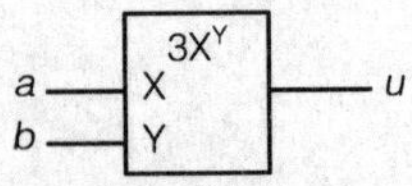

指数函数

$u=3a^{b}$

应用于：S01778

应用注释 A00325

概念图解

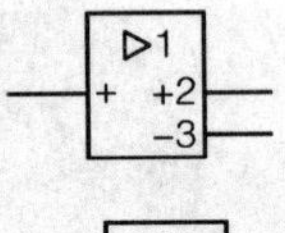

有两个输出端的放大器，上端为非反相输出，放大系数为 2，下端为反相输出，放大系数为−3。

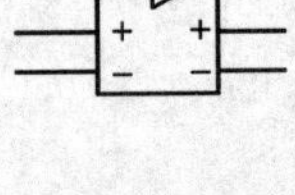

有两个输出端的差分放大器，未指明放大系数。

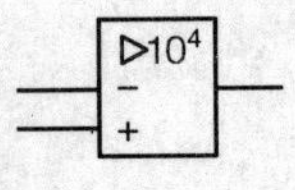

高增益差分放大器，标称放大系数为 10000。

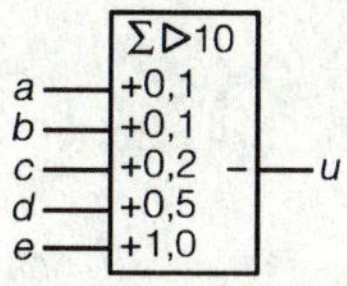

求和放大器

$$u = -10(0.1a + 0.1b + 0.2c + 0.5d + 1.0e) = -(a + b + 2c + 5d + 10a)$$

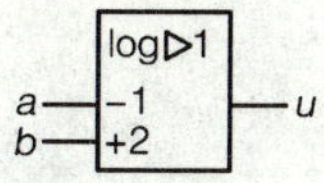

对数放大器

$$u = -\log(-a + 2b)$$

应用于：S01781

应用注释 A00327

概念图解

模-数转换器，把输入值转换为 4 位加权二进制码。

应用于：S01791

应用注释 A00328

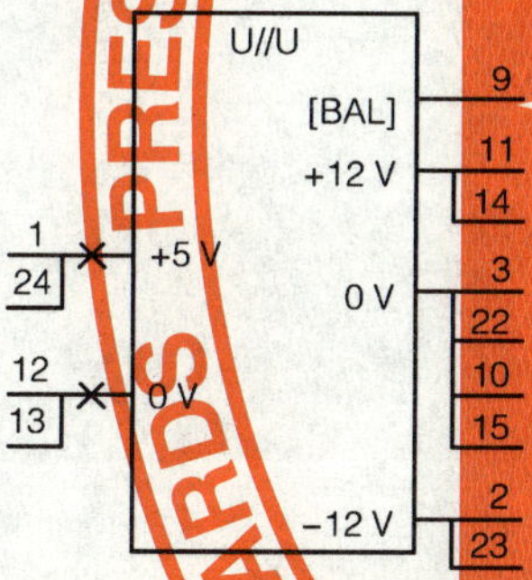

隔离的直流-直流转换器

（例如 PM671P）

示出内部连接，例如引出端 2 和 23。若对此不强调，也可采用标记组合符号。如：

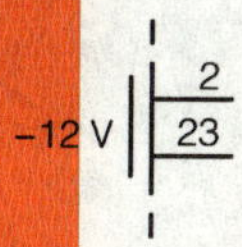

应用于：S01795

应用注释 A00330

注：1、2 引出端电压值虽然固定，仍可采用一个外接网络，在引出端 2 和网络其他点之间获得不同的稳定电压。

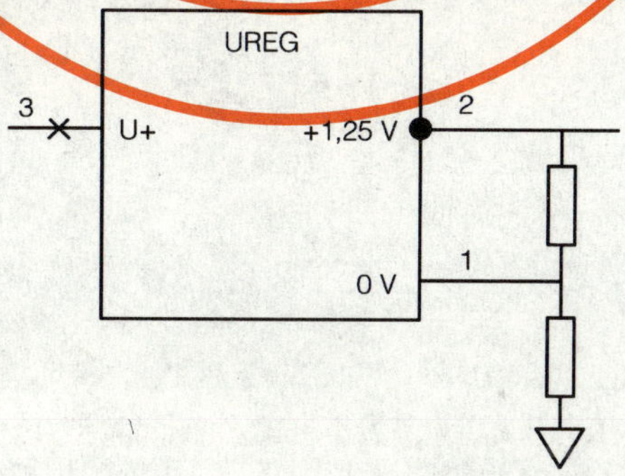

应用于：S01798

ICS 35.040
A 24

中华人民共和国国家标准

GB/T 4761—2008
代替 GB/T 4761—1984

家庭关系代码

Codes for family relationship

2008-08-06 发布　　2009-01-01 实施

中华人民共和国国家质量监督检验检疫总局
中国国家标准化管理委员会　发布

前　言

本标准代替 GB/T 4761—1984《家庭关系代码》。

本标准与 GB/T 4761—1984 相比主要变化如下：

——对标准格式重新编辑；

——删除小集体户户主、保姆两项指标。

本标准由中国标准化研究院提出并归口。

本标准起草单位：中国标准化研究院，中共中央组织部信息管理中心，人力资源与社会保障部信息中心。

本标准主要起草人：张爱、刘晓沙、孙广芝、戴北、戴瑞敏、刘长生。

本标准于 1984 年首次发布，本次为第一次修订。

家庭关系代码

1 范围

本标准规定了家庭关系代码。

本标准适用于人力资源管理、社会调查、统计、户籍管理工作等方面的信息处理和信息交换。

2 编码方法

本标准包括两种代码，分别用一位数字代码和二位数字代码表示。代码的排列顺序是按先直系后旁系，先近亲后远亲的原则进行编制。

3 代码使用方法

3.1 一位数字代码和二位数字代码为基本代码，一位数字代码和二位数字代码可分别单独使用

一位数字代码	0	本人或户主
	1	配偶
	2	子
	3	女
二位数字代码	10	配偶
	11	夫
	12	妻

3.2 一位数字代码和二位数字代码也可组配使用

当二位数字代码仍不足以表示家庭关系或需要更详尽的表达时，也可用下列方法将两种代码组配为三位或四位数字代码。

3.2.1 三位数字代码组配方法

X X	X
二位数字代码	一位数字代码
（主要关系）	（次要关系）

例：126……妻的祖父母或外祖父母

222……长子之子

470……曾孙子或外曾孙子

注：“0”是为了保持等长码而补加的。

3.2.2 四位数字代码组配方法

X X	X X
二位数字代码	二位数字代码
（主要关系）	（次要关系）

例：3211……长女之夫

5281……母亲之伯父

4700……曾孙子或外曾孙子

注：“00”是为了保持等长码而补加的。

4 代码表

4.1 一位数字代码表

一位数字代码见表1。

表1 一位数字代码表

代码	家庭关系	代码	家庭关系
0	本人或户主	5	父母
1	配偶	6	祖父母或外祖父母
2	子	7	兄、弟、姐、妹
3	女	8	其他
4	孙子、孙女，或外孙子、外孙女		

4.2 二位数字代码表

二位数字代码见表2。

表2 二位数字代码表

代码	家庭关系	代码	家庭关系
01	本人	34	三女
02	户主	35	四女
		36	五女
10	配偶	37	养女或继女
11	夫	38	儿媳
12	妻	39	其他女儿
20	子	40	孙子、孙女或外孙子、外孙女
21	独生子	41	孙子
22	长子	42	孙女
23	次子	43	外孙子
24	三子	44	外孙女
25	四子	45	孙媳妇或外孙媳妇
26	五子	46	孙女婿或外孙女婿
27	养子或继子	47	曾孙子或外曾孙子
28	女婿	48	曾孙女或外曾孙女
29	其他儿子	49	其他孙子、孙女或外孙子、外孙女
30	女	50	父母
31	独生女	51	父亲
32	长女	52	母亲
33	次女	53	公公

表 2（续）

代码	家庭关系	代码	家庭关系
54	婆婆	76	姐夫
55	岳父	77	妹妹
56	岳母	78	妹夫
57	继父或养父	79	其他兄弟姐妹
58	继母或养母		
59	其他父母关系	80	其他
		81	伯父
60	祖父母或外祖父母	82	伯母
61	祖父	83	叔父
62	祖母	84	婶母
63	外祖父	85	舅父
64	外祖母	86	舅母
65	配偶的祖父母或外祖父母	87	姨父
66	曾祖父	88	姨母
67	曾祖母	89	姑父
68	配偶的曾祖父母或外曾祖父母	90	姑母
69	其他祖父母或外祖父母关系	91	堂兄弟、堂姐妹
		92	表兄弟、表姐妹
70	兄弟姐妹	93	侄子
71	兄	94	侄女
72	嫂	95	外甥
73	弟	96	外甥女
74	弟媳	97	其他亲属
75	姐姐	99	非亲属

ICS 35.040
A 24

中华人民共和国国家标准

GB/T 4763—2008
代替 GB/T 4763—1984

党、派代码

Codes for political parties and groups

2008-08-06 发布　　2009-01-01 实施

中华人民共和国国家质量监督检验检疫总局
中国国家标准化管理委员会　发布

前　言

本标准代替 GB/T 4763—1984《党、派代码》。

本标准与 GB/T 4763—1984 相比主要变化如下：

——对标准格式重新编辑。

本标准由中国标准化研究院提出并归口。

本标准起草单位：中国标准化研究院、中共中央组织部信息管理中心、人力资源与社会保障部信息中心。

本标准的主要起草人：张爱、刘晓沙、孙广芝、刘长生、戴瑞敏、戴北。

本标准于 1984 年首次发布，本次为第一次修订。

党、派代码

1 范围

本标准规定了党、派名称的代码。

本标准适用于人力资源管理、社会调查、统计、户籍管理等方面工作的信息处理和信息交换。

2 编码方法

本标准采用两位数字代码表示。

3 代码表

党、派代码及其名称见表1。

表1 党、派代码

代码	名称	简称
01	中国共产党	中共
04	中国国民党革命委员会	民革
05	中国民主同盟	民盟
06	中国民主建国会	民建
07	中国民主促进会	民进
08	中国农工民主党	农工党
09	中国致公党	致公党
10	九三学社	
11	台湾民主自治同盟	台盟
12	无党派	

ICS 55.020
A 83

中华人民共和国国家标准

GB/T 4768—2008
代替 GB/T 4768—1995,GB/T 4857.21—1995

防霉包装

Mould-proof packaging

2008-07-18 发布　　　　2009-01-01 实施

中华人民共和国国家质量监督检验检疫总局
中国国家标准化管理委员会　发布

前 言

本标准代替 GB/T 4768—1995《防霉包装》、GB/T 4857.21—1995《包装 运输包装件 防霉试验方法》。

本标准与 GB/T 4768—1995、GB/T 4857.21—1995 相比主要变化如下：

——对标准的范围进行了修改；

——根据 GB/T 4798.2—1996 的规定，将原标准表 1 中的 aB1、aB2、aB3 改成 2B1、2B2、2B3；

——根据防霉包装的适用条件、要求，划分防霉等级；

——对原标准中的“质量要求、材料要求、包装环境条件”进行整合，形成第 5 章“技术要求”；

——对试验室设备的描述按技术要求进行了整合和修改。

本标准的附录 A 为资料性附录。

本标准由全国包装标准化技术委员会提出并归口。

本标准主要起草单位：国家包装产品质量监督检验中心（济南）、广东省佛山市南海东兴塑料制罐有限公司、深圳职业技术学院。

本标准主要起草人：王兴东、罗陈、罗意自、王立、肖遇春。

本标准所代替标准的历次版本发布情况为：

——GB 4768—1984、GB/T 4768—1995；

——GB 4769—1984、GB/T 4857.21—1995。

防霉包装

1 范围

本标准规定了防霉包装的等级、技术要求、试验方法、检验规则。

本标准适用于产品在流通过程中防止霉菌侵袭的包装。

本标准不适用于食品、医药等产品在流通过程中防止霉菌侵袭的包装。

2 规范性引用文件

下列文件中的条款通过本标准的引用而成为本标准的条款。凡是注日期的引用文件，其随后所有的修改单(不包括勘误的内容)或修订版均不适用于本标准，然而，鼓励根据本标准达成协议的各方研究是否可使用这些文件的最新版本。凡是不注日期的引用文件，其最新版本适用于本标准。

GB/T 191 包装储运图示标志(GB/T 191—2008，ISO 780：1997，MOD)

GB/T 4797.3—1986 电工电子产品自然环境条件 生物

GB/T 4798.2—1996 电工电子产品应用环境条件 运输(neq IEC 721-3-2：1985)

GB/T 5048 防潮包装

3 术语和定义

下列术语和定义适用于本标准。

3.1

防霉剂 fungicide

对霉菌生长发育具有抑制或杀灭作用的化学物质，在工业中常用的有残效性防霉剂与挥发性防霉剂两大类。

3.2

霉菌 mould

属真菌类，体呈丝状，可产生多种形式的孢子，多腐生，种类很多，常见的有青霉、曲霉与不完全菌类。工业中可以利用其生产工业原料，部分菌类可危害人类、动物、植物及工业产品与原料。

3.3

孢子 spore

是真菌的繁殖体，一般很小，由于它的性状、发生过程和结构的差异而有种种名称，如无性孢子(分生孢子、孢囊孢子等)，有性孢子(结合孢子、子囊孢子等)。直接由营养细胞通过细胞壁加厚和积贮养料而形成的能抵抗不良环境条件的孢子叫“厚垣孢子”、“休眠孢子”等。

3.4

培养基 medium

能提供霉菌生长的营养物质，一般都含氮、碳水化合物、矿质盐类(包括微量元素)和水等。按所用原料不同分天然培养基与合成培养基两类。

3.5

模拟件 imitation item

由于霉菌试验是破坏性试验，贵重而复杂的包装件在试验后无法再用，或者由于试验样品过大，不能提供大型试验设备时，则采用能代表产品或包装件的材料组成及制造工艺的试验样品进行试验，这种样品称为模拟件。

4 等级

4.1 凡产品要求防霉包装时,应在产品技术文件中规定产品的防霉包装等级要求。

4.2 防霉包装的等级应根据产品抗霉菌侵蚀能力,运输、贮存所涉及的环境条件、包装结构、选用的包装材料的抗霉性能以及样品霉菌试验的结果等因素来确定。

4.3 防霉包装等级分为4个等级,见表1。

表1 防霉包装等级

包装等级	适用条件	要求
Ⅰ级	在两年内经常处于GB/T 4797.3—1986所规定B4区中或相应的环境条件下(如:海边、坑道等)。在运输过程中常处于GB/T 4798.2—1996所规定的2B1区或有霉菌生长条件的2B2、2B3区域内。	经28 d霉菌试验,均未发现霉菌生长。
Ⅱ级	经常处于GB/T 4797.3—1986所规定的B2、B3区或相应于B2、B3区的环境条件下。	经28 d霉菌试验后,内包装密封完好,产品表面及内包装薄膜表面均未发现霉菌生长。外包装(以天然材料组成)局部区域有霉菌生长,生长面积不应超过内外表面的10%,且不应因长霉影响包装的使用性能。
Ⅲ级	适用于GB/T 4797.3—1986规定的B1区与GB/T 4798.2—1996中规定的2B1区或相应环境条件下。	经28 d霉菌试验后,产品及内外包装允许出现局部少量长霉现象。试验样品长霉面积不应超过其内外表面的25%。
Ⅳ级	不适于湿热季节在GB/T 4797.3—1986所规定的B2、B3及B4区之间或相应环境条件下进行长时间的运输和储存。	进行28 d霉菌试验后,试验样品局部或整件出现严重长霉现象,长霉面积占其内外表面积25%以上。若试验延长至84 d,试验期内包装材料机械性能下降,产生霉斑影响外观。

5 技术要求

5.1 根据被包装产品的性质、结构、贮运和装卸条件,以及被包装产品生产的工艺等条件进行防霉包装设计(参见附录A),使产品包装在有效期内符合包装件要求的相应防霉包装等级的要求。采用密封包装时,在有效期内包装容器或内包装袋内的相对湿度应控制在60%以内,相对湿度的检查按照GB/T 5048规定进行。

5.2 被包装的产品,在包装前应按有关规定经过严格检查,确认产品是干燥、清洁的,产品外观无霉菌生长痕迹,无直接引起长霉的有机物质的污染。

5.3 产品包装按其他专业包装标准的规定采取相应防护措施时,应注意所采用的措施不应对防霉产生不良影响。

5.4 用于防霉包装的材料,应选择耐霉性能强的材料。经防潮、防霉处理的材料对被包装产品不应产生腐蚀等不良影响。包装材料在使用前,应按规定进行干燥处理,不应有长霉现象、长霉斑痕。

5.5 应按照GB/T 5048的规定对产品进行包装,包装环境条件中相对湿度不能超过规定范围,保持环境清洁,避免有利于霉菌生长的介质带入包装内。包装过程中避免手汗和油脂等有机污染物污染被包装产品与包装。

5.6 防霉包装的印刷标志采用GB/T 191中规定的标志,并注明包装日期与有效时间。

6 试验方法

6.1 试验原理

本试验方法是在模拟自然界霉菌生长环境条件，按霉菌生长的生理特点进行设计的试验箱(室)内进行试验，以考核包装件或包装材料抗霉侵袭的能力。

6.2 试验设备

6.2.1 试验箱(室)的有效空间各点温度应在 28 ℃～30 ℃之间，每小时温度波动不应超过 1 ℃，相对湿度应大于 96%；指示点的温度应控制在 29 ℃±1 ℃，相对湿度应控制在 97%±1%。

6.2.2 试验箱(室)内每 7 d 换气 1 次。换气期间箱(室)内温度不低于 25 ℃，相对湿度不低于 80%，指示点温度允许波动于 25 ℃～32 ℃。在换气结束后 2 h 内达到 6.2.1 的规定。

6.2.3 试验箱内的风速为 0.5 m/s～2 m/s。使用风速的大小应不影响霉菌正常生长，并满足 6.2.1 的规定。

6.3 试验样品的准备

6.3.1 试验样品可根据产品标准与流通过程中环境条件的要求，选用包装件或有代表性的包装部件、模拟件、内包装件和包装材料进行抗霉性能试验。

6.3.2 试验样品应与产品最终使用的形式一致，并能代表包装件的包装工艺。在试验样品准备的全过程中应保证试验样品不受人为污染。

6.3.3 试验样品为包装材料时，每种材料的试验样品数量不少于 3 件。试验样品为包装件或包装部件等大件样品时，试验样品数量由委托单位与试验单位双方协商确定。

6.4 试验菌种的准备

6.4.1 进行防霉包装试验时，应全部使用黑曲霉、土曲霉、出芽短梗霉、宛氏拟青霉、绳状青霉、赭绿青霉、短帚霉、绿色木霉八种霉菌。若对包装材料或特殊包装件进行试验时，可增加相应的具有腐蚀能力的菌种，但必须在报告中注明。

6.4.2 试验中使用的菌种应是重新培养 14 d～21 d 的新鲜菌株。

6.5 孢子悬浮液的制备

制备孢子悬浮液应按微生物操作规程进行，采用 6.4.1 规定的菌种，将重新培养好的菌种孢子接入 200 mL 无菌水中，加入湿润剂(吐温-60 或吐温-80)1 滴。每种菌种的孢子数不应低于 0.5×10^6 个/mL。使用孢子悬浮液喷射样品时不应产生水滴。

6.6 试验对照样品的制备

6.6.1 试验的对照样品分为检测孢子活力与测定试验箱内试验条件的对照试验样品。

6.6.2 检验孢子活力的对照试验样品为试验所用的各种菌种分别制成单一的孢子悬浮液，混入固体培养基内，在 25 ℃恒温培养箱内培养，若 7 d 内各种菌种生长良好，该试验有效。

6.6.3 测定试验箱内试验条件的对照样品为含液体培养基的纯棉布条或纸片。与 6.3 准备的试样随机放置于试验箱内，若 7 d 内对照样品霉菌生长良好，该试验有效，否则应重新进行试验。

6.7 试验条件

6.7.1 试验期间霉菌试验箱各点温度应在 28 ℃～30 ℃之间，相对湿度应大于 96%。

6.7.2 试验期间每 7 d 换气一次。

6.8 试验周期

试验周期一般为 28 d。如果需要，可以将试验周期延长至 84 d。

6.9 试验步骤

6.9.1 按要求调节试验箱至箱内温、湿度稳定，符合要求为止。

6.9.2 将试验样品与试验对照样品悬挂于箱内。

6.9.3 将孢子悬浮液均匀喷在箱内样品上。

6.9.4 若采用模拟件或非密封包装件进行试验时，内包装内应感染霉菌孢子。若采用正常包装件或密封包装，则不必在包装密封件内感染霉菌孢子。

6.9.5 关闭试验箱门，开始计算试验时间，至 28 d 或 84 d 周期结束时进行全面检查。

6.10 结果评定

6.10.1 试验样品试验后应按防霉包装等级要求，详细记录试样长霉或不长霉以及长霉面积。

6.10.2 对长霉样品应分析长霉原因，提供对试验分析的依据。

6.11 试验报告

6.11.1 为完备试验报告和便于对试验结果进行分析，试验前应具备下列文件：

a) 样品来源、检验目的、数量和生产批号等；

b) 包装件的设计、结构和包装工艺；

c) 防霉包装等级要求；

d) 若样品经过防霉处理，应提供防霉处理工艺。

6.11.2 试验报告应包括下列项目：

a) 样品名称、来源和数量；

b) 霉菌试验箱的型号；

c) 试验温度和相对湿度；

d) 试验周期；

e) 试验菌种的名称与菌种的增减情况；

f) 霉菌生长状态的描述和长菌程度的记录；

g) 分析、结论与建议；

h) 试验操作人员及审批人签字。

7 检验规则

7.1 包装件应按相应标准和有关产品技术文件规定的防霉等级要求进行检验。

7.2 凡属下列情况的包装件应作防霉包装试验：

a) 根据产品要求采用新设计的防霉包装件；

b) 在包装方法、包装材料和防霉工艺有变动时；

c) 正常生产的包装件，根据各专业标准的规定抽检包装件进行霉菌试验。

7.3 经试验后，防霉包装试验结果达不到技术文件规定的等级要求时，应加倍抽样重复试验一次。如重复试验后仍达不到技术文件规定的要求时，则判为不合格。

附 录 A
（资料性附录）
防霉包装设计

A.1 设计原则

根据产品技术要求与霉菌生长、发育的条件，合理地选用包装材料与包装技术，使包装件达到防霉包装等级的要求。

A.2 霉菌生长控制

A.2.1 霉菌生长要素

A.2.1.1 霉菌生长对温度要求：试验使用的霉菌生长发育的最适温度范围为 24 ℃～30 ℃，有些真菌在－5 ℃～＋8 ℃时仍能生长，有些真菌在 37 ℃时发育良好，但在高温条件下菌丝体不能存活。

A.2.1.2 霉菌生长对湿度要求：霉菌生长相对湿度的适宜范围是 70%～99%，相对湿度低于 65%以下时很难生长发育。

A.2.1.3 霉菌生长的养料：天然有机物质可作为霉菌的营养物。

A.2.1.4 有害菌种的存在：霉菌的孢子传播是引起长菌的主要途径，在自然界几乎任何空间的空气中都存在一定数量的孢子，可以感染物体，但腐蚀材料的菌种其腐蚀性能具有专一性。

A.2.1.5 影响生长的其他因素：自然环境条件的光、风、氧和 pH 值，以及贮存和使用的微气候环境条件等，都能影响霉菌的生长。

A.2.1.6 上述诸因素对霉菌生长的影响是相互关联和相互制约的。

A.2.2 霉菌的控制

A.2.2.1 在包装件中控制霉菌生长要素中的任何一种，均可达到防止或迟缓霉菌对包装件的影响。

A.2.2.2 包装件中控制霉菌生长的防霉措施是包装件包装工艺的组成部分，但所采取的防霉措施不得对包装件的其他工艺措施和被包装产品性能产生不良影响。

A.3 包装材料的选择

在设计防霉包装时就应注意选用不易被霉菌利用的材料。包装材料按耐霉程度可分为下列三种。

A.3.1 耐霉材料：此类材料大部分为人工合成材料与无机材料，不能给霉菌提供营养物质。

A.3.2 半耐霉材料：这类材料应用最广，由耐霉与不耐霉物质混合组成，耐霉性能不稳定。其耐霉程度主要取决于组成物质、添加剂以及混合组成时的生产工艺，例如以木粉为填料的热压塑料件、环氧漆、聚乙烯膜、聚氯乙烯制品和人工合成橡胶等。

A.3.3 非耐霉材料：在霉菌试验时其长霉程度严重，此类材料大都是天然有机材料及其制成品，能提供霉菌生长的养料，如纸张、木材、棉纺织品、天然橡胶、皮革以及含有这些材料的制品等。

A.4 防霉包装方法

A.4.1 密封包装

控制密封件内部环境，如采用抽真空、充惰性气体、除氧和使用防潮剂等工艺措施，使用这些工艺措施应与包装件防潮、防锈综合考虑。应指出上述方法优势只能在短期内推迟或抑制霉菌生长，正确使用挥发性防霉剂可以在较长时间内抑制霉菌生长。上述几种方法的效果与包装件密封的可靠程度有着密切关系。

A.4.2　非密封包装

包装件中易发霉部分按技术条件要求防霉时，可用防霉剂处理易发霉材料，但要注意选用合适的防霉剂与防霉处理工艺，因为不同工艺的防霉有效时间不同，就现有结果证明其差别可达几个月至十几年之多。加强包装管理，严格执行防潮和防腐等有关标准，控制生产流通环境，严密包装设计，这些措施均可以防止包装件受霉菌侵蚀的影响，达到防霉的目的。

A.5　包装件流通时环境条件的控制

A.5.1　应重视包装环境，实行文明生产，防止有机物质和已长霉材料混入包装件中。

A.5.2　在包装件储存运输过程中力求干燥和通风，发现长霉现象应及时处理，以免传染其他包装件。

ICS 01.020
K 04

中华人民共和国国家标准

GB/T 4776—2008
代替 GB/T 4776—1984

电气安全术语

Electrical safety terminology

2008-04-24 发布　　2008-12-01 实施

中华人民共和国国家质量监督检验检疫总局
中国国家标准化管理委员会　发布

前　言

本标准代替 GB/T 4776—1984《电气安全名词术语》。

本标准与 GB/T 4776—1984 标准相比，主要差异如下：

1) 在原标准的基础上对标准进行了修订。

——标准名称修改为《电气安全术语》；

——根据 GB/T 2900 系列标准，对与 GB/T 4776—1984 标准中相同的术语名称、解释进行了规范和统一。

——对于 GB/T 2900 系列标准中未定义的术语，则根据 IEC 60050 系列标准，对相关术语进行了修订。

——根据行业的使用习惯和术语的实际应用情况，删除了“保安性”，修改“触电”为“电击”。

2) 以 IEC 60050 系列标准的发展为主线，补充电气安全共性、通用术语。

——根据 IEC 60050 系列标准，同时对比我国相关 GB/T 2900 系列标准，增补部分术语。

——根据相关专业采用 IEC 标准的通用性国家标准，增补部分基础通用术语，如增加了“安全”、“风险”、“伤害”、“剩余电流”等术语。

3) 参照我国电气安全基础标准，如 GB 19517—2004《国家电气设备安全技术规范》中的基础术语，增加“爆炸”、“辐射”等术语。

本标准由全国电气安全标准化技术委员会(SAC/TC 25)提出并归口。

本标准负责起草单位：机械工业北京电工技术经济研究所。

本标准参加起草单位：中国质量认证中心、上海电动工具研究所、上海电器科学研究所(集团)有限公司、常熟开关制造有限公司、北京突破电气有限公司、德力西集团有限公司、施耐德电气(中国)投资有限公司。

本标准主要起草人：王克娇、方晓燕、曾雁鸿、李邦协、季慧玉、徐元凤、周建兴、金卫东、黄蓉蓉、何才夫。

本标准所代替标准的历次版本发布情况为：

——GB/T 4776—1984。

电气安全术语

1 范围

本标准规定了电气安全中安全概念、安全要素、安全措施、保护元器件、试验和其他相关术语。

2 规范性引用文件

下列文件中的条款通过本标准的引用而成为本标准的条款。凡是注日期的引用文件，其随后所有的修改单(不包括勘误的内容)或修订版均不适用于本标准，然而，鼓励根据本标准达成协议的各方研究是否可使用这些文件的最新版本。凡是不注日期的引用文件，其最新版本适用于本标准。

GB/T 2900.1—1992 电工术语 基本术语

GB/T 2900.35—1998 电工术语 爆炸性环境用电气设备(neq IEC 60050-426:1990)

GB/T 2900.49—2004 电工术语 电力系统保护(IEC 60050-448:1995,IDT)

GB/T 2900.57—2002 电工术语 发电、输电及配电 运行(eqv IEC 60050-604:1987)

GB/T 4365—2003 电工术语 电磁兼容(IEC 60050(161):1990,IDT)

GB/T 16935.1—1997 低压系统内设备的绝缘配合 第一部分:原理、要求和试验(idt IEC 60664-1:1992)

GB/T 18379—2001 建筑物电气装置的电压区段(IEC 60449:1973,IDT)

GB/T 20000.4—2003 标准化工作指南 第4部分:标准中涉及安全的内容(ISO/IEC Guide 51:1999,MOD)

IEC 60050-826:2004 国际电工词汇 第826部分:电气装置

3 术语

3.1 安全概念

3.1.1

正常状态 normal condition

所有用于防止危险的设施均无损坏的状态。

3.1.2

电气事故 electric accident

由电流、电磁场、雷电、静电和某些电路故障等直接或间接造成建筑设施、电气设备毁坏，人、动物伤亡，以及引起火灾和爆炸等后果的事件。

3.1.3

电击 electric shock

电流通过人体或动物体而引起的病理、生理效应。

[IEC 60050-826:2004，定义826-12-01]

3.1.4

破坏性放电 disruptive discharge; dielectric breakdown

固体、液体、气体介质及其组合介质在高电压作用下，介质强度丧失的现象。破坏性放电时，电极间的电压迅速下降到零或接近于零。

3.1.5

短路　short circuit

通过比较小的电阻或阻抗，偶然地或有意地对一个电路中在正常情况下处于不同电位下的两点或几点之间进行的连接。

3.1.6

绝缘故障　insulation fault

绝缘电阻的不正常下降而引起的故障。

3.1.7

接地故障　earth fault

由于导体与地连接或地绝缘电阻变得小于规定值而引起的故障。

[GB/T 2900.1—1992，定义 5.3.39]

3.1.8

导电部分　conductive part

能导电，但不一定承载工作电流的部分。

[GB/T 2900.1—1992，定义 6.0.1]

3.1.9

带电部分　live part

正常使用时被通电的导体或导电部分，它包括中性导体，但按惯例，不包括保护中性导体(PEN 导体)。

[GB/T 2900.1—1992，定义 6.0.2]

注：此术语不一定意味着电击危险。

3.1.10

外露可导电部分　exposed conductive part

容易触及的导电部分和虽不是带电部分但在故障情况下可变为带电的部分。

[GB/T 2900.1—1992，定义 6.0.3]

3.1.11

外部可导电部分　extraneous conductive part

不是电气装置组成部分，且易引入电位(通常是地电位)的导电部分。

[IEC 60050-826:2004，定义 826-12-11]

3.1.12

同时可触及部分　simultaneously accessible parts

人或动物能同时触及的导体或导电部分。

注：同时可触及部分可以是：

① 带电部分；

② 外露导电部分；

③ 外部导电部分；

④ 保护导体；

⑤ 接地极。

3.1.13

直接接触　direct contact

人或动物与带电部分的接触。

[IEC 60050-826:2004，定义 826-12-03]

3.1.14

间接接触　indirect contact

人或动物与故障情况下变为带电的外露导电部分的接触。

[IEC 60050-826:2004,定义 826-12-04]

3.1.15

耐故障能力　fault withstandability

电气装置承受规定的电气故障电流的作用而不超出规定的损坏程度的能力。

3.1.16

安全　safety

免除了不可接受的风险的状态。

[GB/T 20000.4—2003,定义 3.1]

3.1.17

风险　risk

对伤害的一种综合衡量,包括伤害发生的概率和伤害的严重程度。

[GB/T 20000.4—2003,定义 3.2]

3.1.18

伤害　harm

对物质的损伤,或对人体健康、财产或环境的损害。

[GB/T 20000.4—2003,定义 3.3]

3.1.19

伤害事件　harmful event

危险情况造成了伤害的结果。

[GB/T 20000.4—2003,定义 3.4]

3.1.20

危险[源]　hazard

可能导致伤害的潜在根源。

[GB/T 20000.4—2003,定义 3.5]

3.1.21

可容许风险　tolerable risk

按当今社会价值取向,在一定范围内可以接受的风险。

[GB/T 20000.4—2003,定义 3.7]

3.1.22

防护措施　protective measure

降低风险的方法。

[GB/T 20000.4—2003,定义 3.8]

注:防护措施包括是危险降低的固有安全设计、防护装置、人员防护设备、使用和安装信息、以及培训等。

3.1.23

残余风险　residual risk

实施防护措施后还存在的风险。

[GB/T 20000.4—2003,定义 3.9]

3.1.24

风险分析　risk analysis

系统地运用现有信息确定危险(源)和估价风险的过程。

[GB/T 20000.4—2003,定义 3.10]

3.1.25

风险评价　risk evaluation

根据风险分析的结果确定实现可容许风险的过程。

[GB/T 20000.4—2003,定义 3.11]

3.1.26

风险评定　risk assessment

包括风险分析和风险评价的全过程。

[GB/T 20000.4—2003,定义 3.12]

3.1.27

预期使用　intended use

按供方提供的信息对产品、过程或服务的使用。

[GB/T 20000.4—2003,定义 3.13]

3.1.28

可合理预见的误使用　reasonably foreseeable misuse

未按供方的规定对产品、过程或服务的使用,但这种结果是由很容易预见的人为活动所引起的。

[GB/T 20000.4—2003,定义 3.14]

3.1.29

宏观环境　macro-environment

设备安置或使用的房间或其他场所的环境。

[GB/T 16935.1—1997,定义 1.3.12.1]

3.1.30

微观环境　micro-environment

特别会影响确定爬电距离尺寸的绝缘的紧密(直接)环境。

[GB/T 16935.1—1997,定义 1.3.12.2]

3.1.31

绝缘配合　insulation co-ordination

考虑了预期微观环境及其他影响作用的情况下,电气设备绝缘特性的相互关系。

[GB/T 16935.1—1997,定义 1.3.1]

3.1.32

污染　pollution

任何外来物质(固体、液体或气体)可使绝缘的介电强度和表面电阻率下降的现象。

[GB/T 16935.1—1997,定义 1.3.11]

3.1.33

污染等级　pollution degree

用数字表征微观环境受预期污染的程度。

[GB/T 16935.1—1997,定义 1.3.13]

注:因为采用诸如外壳或防止潮气吸收或凝露的内部加热提供的保护,设备暴露环境的污染等级可能与设备位于场所宏观环境污染等级不同。

3.1.34

爆炸　explosion

因氧化反应或其他放热反应而引起的压力和温度骤升的现象。

[GB/T 2900.35—1998,定义 3.14]

3.1.35

防护等级 degree of protection

按标准规定的检验方法，外壳对接近危险部件、防止固体异物进入或水进入所提供的保护程度。

3.1.36

IP 代码 IP code

表明外壳对人接近危险部件、防止固体异物或水进入的防护等级以及与这些防护有关的附加信息的代码系统。

3.1.37

绝缘性能 insulation property

导体由于被绝缘而获得的全部性能。

[GB/T 2900.1—1992，定义 5.3.27]

3.1.38

绝缘材料 insulation material

所有用于使器件绝缘的材料。

[GB/T 2900.1—1992，定义 5.3.26]

3.1.39

绝缘结构 insulation system

一种或几种绝缘材料的组合。根据电气设备的特点和尺寸要求，将它与导体部件设计成为一个整体，用以隔绝有电位差的导电部分。

注：一台电气设备中允许有几种不同的绝缘结构。

3.1.40

基本绝缘 basic insulation

带电部分上对防触电起基本保护作用的绝缘。

[GB/T 2900.1—1992，定义 6.0.15]

3.1.41

附加绝缘 supplementary insulation

为了在基本绝缘损坏的情况下防止触电，而在基本绝缘之外使用的独立绝缘。

[GB/T 2900.1—1992，定义 6.0.16]

3.1.42

双重绝缘 double insulation

同时具有基本绝缘和附加绝缘的绝缘。

[GB/T 2900.1—1992，定义 6.0.17]

3.1.43

加强绝缘 reinforced insulation

相当于双重绝缘保护程度的单独绝缘结构。

[GB/T 2900.1—1992，定义 6.0.18]

3.1.44

外壳 enclosure

能防止设备受到某些外部影响，并在各个方向防止直接接触的设备部件。

3.1.45

防护罩 protective cover

为防止意外接触可能发现危险的部件所提供的外壳的一部分或挡板。

3.1.46

保护遮栏 barrier

保护拦

对任何经常接近的方向的直接接触起防护作用的部件或设施。

[IEC 60050-826:2004,定义 826-12-23]

3.1.47

保护阻挡物 obstacle

防止无意识的直接接触,但不防止有意识的直接接触的部件。

[IEC 60050-826:2004,定义 826-12-24]

3.1.48

隔离 isolate

a) 使一个器件或电路与另外的器件或电路完全断开。

b) 用隔开的办法)提供一种规定的防护等级以隔开任何带电的电路。

3.1.49

绝缘材料正常工作条件 normal duty conditions of insulating material

没有导电材料沉积且承受长时间电气应力的,或有轻微导电材料沉积且承受短时电气应力的工作条件。

3.1.50

绝缘材料严酷工作条件 severe duty conditions of insulating material

有轻微导电材料沉积且承受长时间电气应力的,或有严重导电材料沉积且承受短时电气应力的工作条件。

3.1.51

绝缘材料特别严酷工作条件 extra-severe duty conditions of insulating material

有严重导电材料沉积且承受长时间电气应力的,或有特别严重导电材料沉积且承受短时电气应力的工作条件。

3.1.52

安全标志 safety marking

由安全色、几何图形、图形符号和文字构成的标志,用以表达特定的安全信息。

3.1.53

补充标志 supplementary marking

必须与安全标志同时使用,对安全标志进行文字说明的标志。

3.1.54

安全色 safety colour

表达安全信息的颜色,如表示禁止、警告、指令、提示等。

3.1.55

电磁环境 electromagnetic environment

存在于给定场所的所有电磁现象的总和。

[GB/T 4365—2003,定义 161-01-01]

3.1.56

电磁噪声 electromagnetic noise

一种明显不传送信息的时变电磁现象,它可能与有用信号叠加或组合。

[GB/T 4365—2003,定义 161-01-02]

3.1.57

电磁骚扰　electromagnetic disturbance

任何可能引起装置、设备或系统性能降低或者对生物或非生物产生不良影响的电磁现象。

[GB/T 4365—2003,定义 161-01-05]

3.1.58

电磁干扰　electromagnetic interference

EMI

电磁骚扰引起的设备、传输通道或系统性能的下降。

[GB/T 4365—2003,定义 161-01-06]

3.1.59

电磁兼容性　electromagnetic compatibility

EMC

设备或系统在其电磁环境中能正常工作且不对该环境中任何事物构成不能承受的电磁骚扰的能力。

[GB/T 4365—2003,定义 161-01-07]

3.1.60

电磁辐射　electromagnetic radiation

a)　能量以电磁波形式由源发射到空间的现象。

b)　能量以电磁波形式在空间传播。

[GB/T 4365—2003,定义 161-01-10]

3.1.61

保护的可靠性　reliability of protection

在给定条件下的给定时间间隔内,保护能完成所需功能的概率。

[GB/T 2900.49—2004,定义 448-12-05]

3.1.62

危险带电部分　hazardous-live-part

在特定条件下可以导致伤害性电击的带电部分。

[IEC 60050-826:2004,定义 826-12-13]

3.1.63

线对地短路　line-to-earth short-circuit

在稳定接地中性系统或阻抗接地中性系统中,线导体和大地之间的短路。

注:例如,可以通过接地导体和接地电极形成线对地短路。

3.1.64

线间短路　line-to-line short-circuit

两个或多个线导体之间的短路,无论是否与线对地短路在同一位置发生。

[IEC 60050-826:2004,定义 826-14-12]

3.1.65

安全技术措施　safety technical measures

所有为了避免危险而采取结构上和/或说明的措施。分为直接、间接和提示性安全技术措施。

3.1.66

专门安全技术措施　professional safety technical measures

专门安全技术手段

所有在电气设备中,不设附加功能就能达到和保证无危险应用的措施。

3.2 安全要素

3.2.1

过电流 over-current

其值超过最高额定值的电流。

[GB/T 2900.1—1992,定义 5.3.20]

3.2.2

过电压 over-voltage

其值超过最高额定值的电压。

[GB/T 2900.1—1992,定义 5.3.19]

3.2.3

过载量 overload quantity

实际负载超过额定负载的部分。

[GB/T 2900.1—1992,定义 5.4.42]

3.2.4

接触电压 touch voltage

人体同时触及的两点之间意外出现的电压。

[GB/T 2900.1—1992,定义 6.0.4]

注 1:按惯例,此术语仅用在与间接接触保护有关的方面。

注 2:在某些情况下,接触电压值可能受到触及这些部分的人的阻抗的明显影响。

3.2.5

跨步电压 step voltage

人站立在有电流流过的大地上,加于两足之间的电压。

[GB/T 2900.1—1992,定义 6.0.5]

3.2.6

特低电压 extra-low voltage

ELV

不超过 GB/T 18379 所规定的区段Ⅰ(band Ⅰ)相关电压限值的电压。

3.2.7

安全特低电压 safety extra-low voltage

SELV

用安全隔离变压器或具有独立绕组的变流器与供电干线隔离开的电路中,导体之间或任何一个导体与地之间有效值不超过 50 V 的交流电压。

[GB/T 2900.1—1992,定义 6.0.6]

3.2.8

对地电压 voltage to earth

带电体与大地之间的电位差(大地电位为零)。

3.2.9

对地过电压 overvoltage to earth

高于正常对地峰值电压(对应于最高系统电压),以峰值电压表示的对地电压。

3.2.10

电击电流 shock current

通过人体或动物体并具有可能引起病理、生理效应特征的电流。

3.2.11

故障电流　fault current

由绝缘损坏或绝缘被短接而造成的电流。

3.2.12

剩余电流　residual current

存在于所有带电导体,在电气装置电路中特定点上的电流代数值总和。

3.2.13

过载电流(电路的)　**overload current** (of a circuit)

在没有电气故障情况下电路中发生的过电流。

3.2.14

短路电流　short-circuit current

在电路中,由于故障而造成短路时所产生的过电流。

3.2.15

人体总阻抗　total impedance of the human body

人的体内阻抗与皮肤阻抗的矢量和。

3.2.16

安全阻抗　safety impedance

连接于带电部分与易导电部分之间的阻抗,其值可在设备正常使用和可能发生故障的情况下,把电流限制在安全值以内,并在设备的整个寿命期间保持其可靠性。

[GB/T 2900.1—1992,定义 6.0.19]

3.2.17

绝缘电阻　insulation resistance

用绝缘材料隔开的两个导电体之间,在规定条件下的电阻。

[GB/T 2900.1—1992,定义 5.3.28]

3.2.18

介质强度　dielectric strength

材料能承受而不致遭到破坏的最高电场强度。

[GB/T 2900.1—1992,定义 3.4.60]

3.2.19

泄漏电流　leakage current

由于绝缘不良而在不应通电的路径中流过的电流。

[GB/T 2900.1—1992,定义 5.3.31]

3.2.20

介质损耗　dielectric loss

电介质从时变电场中吸收并以热的形式耗散的功率。

[GB/T 2900.1—1992,定义 3.4.14]

3.2.21

损耗角(在正弦波的情况下)　**loss angle** (under sinusoidal condition)

其正切为有功功率与无功功率绝对值之比。

3.2.22

品质因数　quality factor

Q 因数　Q factor

无功功率的绝对值与有功功率之比,即损耗角正切的倒数。

[GB/T 2900.1—1992,定义 5.3.30]

3.2.23

电气间隙　clearance

两导电部分之间在空气中的最短距离。

3.2.24

保护间隙　protective gap

带电部分与地之间用以限制可能发生最大过电压的间隙。

3.2.25

爬电距离　creepage distance

两导电部分之间沿绝缘材料表面的最短距离。

3.2.26

安全距离　safe distance

为防止人体触及或接近带电体,防止车辆或其他物体碰撞或接近带电体等造成的危害,需要保持一定的空间隔离来实现安全防护。

3.2.27

伸臂范围　arm's reach

从一个人经常站立或走动的表面上任何一点算起,到他在不需要帮助的情况下,任何方向手所能达到的界限为止的范围。

3.2.28

载流量(导体的)　**current-carrying capacity** (of a conductor)

在规定条件下,导体能够连续承载而不致使其稳定温度超过规定值的最大电流。

3.2.29

接地电阻　resistance of an earthed conductor;earth resistance

被接地体与地下零电位面之间接地引线电阻、接地器电阻、接地器与土壤之间的过渡电阻和土壤的溢流电阻之和。

[GB/T 2900.1—1992,定义 5.1.8]

3.2.30

接地故障因数　earth fault factor

在一定的系统结构下,接地故障时(系统中任一点的一相或多相接地故障),三相系统中的某选定点(一般指设备安装点)完好相的对地最高工频电压与无故障时该选定点对地工频电压有效值之比。

3.2.31

接地故障电流　earth fault current

流向大地的故障电流。

3.2.32

接地短路电流　earth short circuit current

系统接地导致系统发生短路的电流。

3.2.33

剩余动作电流　residual operating current

使 RCM 在规定条件下动作的剩余电流值。

3.2.34

剩余不动作电流　residual non-operating current

在该电流或低于该电流时,RCM 在规定条件下不动作的剩余电流值。

3.2.35

干扰限值　limit of interference

装置、设备或系统在电磁骚扰经由除常规输入端或天线以外的途径侵入的情况下，能正常工作无性能降低的能力。

3.2.36

心室纤维性颤动电流阈值　threshold of ventricular fibrillating (current)

引起心室纤维性颤动的最小电流值。

[GB/T 2900.57—2002，定义 2.4.20]

3.2.37

痉挛电流阈值　tetanization threshold-current

对一固定频率和波形的电流，引起肌肉持续、无意识、不可克服地痉挛时的最小值。

[GB/T 2900.57—2002，定义 2.4.21]

3.2.38

摆脱电流阈值　let-go-threshold-current

人体能自主摆脱的通过人体的最大电流值。

[GB/T 2900.57—2002，定义 2.4.22]

3.2.39

感知电流阈值　perception-threshold-current

人体或动物能感知的流过其身体的最小电流值。

[GB/T 2900.57—2002，定义 2.4.23]

3.3　安全措施

3.3.1

措施(保护系统)

3.3.1.1

TN 系统　TN system

电源系统有一点直接接地，负载设备的外露导电部分通过保护导体连接到此接地点的系统。

3.3.1.2

TT 系统　TT system

电源系统有一点直接接地，设备外露导电部分的接地与电源系统的接地电气上无关的系统。

3.3.1.3

IT 系统　IT system

电源系统的带电部分不接地或通过阻抗接地，电气设备的外露导电部分接地的系统。

3.3.1.4

中性点有效接地系统　system with effectively earthed neutral

中性点直接接地或经一低值阻抗接地的系统。

3.3.1.5

中性点非有效接地系统　system with non-effectively earthed neutral

中性点不接地，或经高值阻抗接地或谐振接地的系统。本系统也可称为小接地电流系统。

3.3.1.6

保护电路　protective circuit

以保护为目的的特殊电路或控制电路的一部分。

3.3.1.7

限流电路 limited current circuit

通过采取保护措施，在正常情况或某种可能的故障情况下，所流过的电流都不会发生危险的电路。

3.3.2 措施(安全技术)

3.3.2.1

检修接地 inspection earthing

在检修设备和线路时，切断电源，临时将检修的设备和线路的导电部分与大地连接起来，以防止电击事故的接地。

3.3.2.2

工作接地 working earthing

为了电路或设备达到运行要求的接地，如变压器低压中性点的接地。

3.3.2.3

保护接地 protective earthing

为安全目的在设备、装置或系统上设置的一点或多点接地。

[IEC 60050-826:2004,定义 826-13-09]

3.3.2.4

重复接地 iterative earth

保护中性导体上一处或多处通过接地装置与大地再次连接的接地。

3.3.2.5

故障接地 fault earthing

导体与大地的意外连接。当连接的阻抗小到可以忽略时，这种连接叫做“完全接地”。

3.3.2.6

功能接地 functional earthing

为正常运行而非安全目的在设备、装置或系统上设置的一点或多点接地。

[IEC 60050-826:2004,定义 826-13-10]

3.3.2.7

过[电]流保护 overcurrent protection

电流超过预定值时，使保护装置动作的一种保护方式。

3.3.2.8

过[电]压保护 overvoltage protection

电压超过预定值时，使电源断开或使受控设备电压降低的一种保护方式。

3.3.2.9

断相保护 open-phase protection

依靠多相电路的一相导线中电流的消失而断开被保护设备，或依靠多相系统的一相或几相失压来防止将电源施加到被保护设备上的一种保护方式。

3.3.2.10

基本防护 basic protection

无故障条件下的电击防护。

[IEC 60050-826:2004,定义 826-12-05]

注：总体上，对于低压安装，系统和设备的基本防护主要是对直接接触的防护。

3.3.2.11

故障防护 fault protection

单一故障条件下的电击防护。

[IEC 60050-826:2004,定义 826-12-06]

注：总体上，对于低压安装、系统和设备的故障防护主要是对直接接触的防护，多是针对基本安装的故障。

3.3.2.12

等电位联结 equipotential bonding

在外露导电部分和外部导电部分之间实现电位相等的电气连接。

[IEC 60050-826:2004,定义 826-13-19]

3.3.2.13

防尘 dust-protected

防止灰尘进入外壳的量达到对电气产品产生有害影响的防护。

3.3.2.14

防溅 protected against splashing water

有外壳，承受任何方向的溅水对电器应无有害的影响。

3.3.2.15

防滴 protected against dripping water

有外壳，在垂直滴水或使电器与铅垂线相对成15°角范围内滴水应不能进入电器的内部。

3.3.2.16

防浸水 protected against the effects of immersion

有外壳，当电器浸入在规定的压力的水中经规定时间后，电器的进水量应不致达到有害的影响。

3.3.2.17

防潜水 protected against submersion

有外壳，电器在规定的压力下，长时间潜水时，水应不进入壳内。

3.3.2.18

接地电路 earthed circuit

有一点或几点永久接地的导体的组合。

[GB/T 2900.1—1992,定义 5.1.7]

3.3.2.19

附加防护 additional protection

基本和/或故障防护之外的防护措施。

[IEC 60050-826:2004,定义 826-12-07]

注：总体上，附加防护用于应对特定条件下的特殊外部影响或区域，例如，通过附加防护可以避免或消除由于用电疏忽导致的严重情况。

3.3.2.20

电气分隔 electrical separation

通过防护措施，使危险带电零部件与所有其他电路和零部件隔离，使设备不会接地，人员也不能接触。

[IEC 60050-826:2004,定义 826-12-27]

3.3.2.21

紧急分闸 emergency switching-off

打开开关器械的操作，切断电气装置的电源，以转移或减轻危险情况。

[IEC 60050-826:2004,定义 826-17-03]

3.3.3 措施(保护装备和器件)

3.3.3.1

0类设备 class 0 equipment

依靠基本绝缘进行防电击保护，即在易接近的导电部分(如果有的话)和设备固定布线中的保护导体之间没有连接措施，在基本绝缘损坏的情况下便依赖于周围环境进行防护的设备。

3.3.3.2

Ⅰ类设备　class Ⅰ equipment

不仅依靠基本绝缘进行防电击保护，而且还包括一个附加的安全措施，即把易电击的导电部分连接到设备固定布线中的保护（接地）导体上，使易触及导电部分在基本绝缘失效时，也不会成为带电部分的设备。

3.3.3.3

Ⅱ类设备　class Ⅱ equipment

不仅依靠基本绝缘进行防电击保护，而且还包括附加的安全措施（例如双重绝缘或加强绝缘），但对保护接地或依赖设备条件未作规定的设备。

3.3.3.4

Ⅲ类设备　class Ⅲ equipment

依靠安全特低电压供电进行防电击保护，而且在其中产生的电压不会高于安全特低电压的设备。

3.3.3.5

[单相中性点]接地电抗器　(single-phase neutral) earthing reactor

连接在变压器中性点与地点之间的电抗器，用于在系统发生故障时限制线对地电流。

3.3.3.6

联锁机构　interlocking device

在几个开关电器或部件之间，为保护开关电器或其部件按规定的次序动作或防止误动作而设计的机械连接机构。

3.3.3.7

灭弧装置　arc control device

围绕开关电器的弧触头，用以限制电弧并加速电弧熄灭的装置。

3.3.3.8

安全隔离变压器　safety isolating transformer

通过至少相当于双重绝缘或加强绝缘的绝缘使输入绕组与输出绕组在电气上分开的变压器。这种变压器是以安全特低电压向配电电路、电器或其他设备供电而设计的。

3.3.3.9

接地导体　earthing conductor; grounding conductor

用于在设备、装置或系统给定点和接地极之间的电气连接，并具有低阻抗的导体。

[GB/T 2900.57—2002，定义 2.4.5]

3.3.3.10

保护导体　protective conductor

PE

用于在故障情况下防止电击所采用保护措施的导体。

[IEC 60050-826:2004，定义 826-13-22]

3.3.3.11

中性导体　neutral conductor

N

连接到系统中性点上并能提供传输电能的导体。

3.3.3.12

保护联结导体　protective bonding conductor

用于提供等电位连接保护的导体。

[IEC 60050-826:2004,定义 826-13-24]

3.3.3.13

保护接地中性导体　PEN conductor

PEN 导体

同时具有保护接地导体和中性导体功能的导体。

[IEC 60050-826:2004,定义 826-13-25]

3.3.3.14

保护接地中间导体　PEM conductor

PEM 导体

同时具有保护接地导体和中间导体功能的导体。

[IEC 60050-826:2004,定义 826-13-26]

3.3.3.15

火花间隙[保护]　spark gap (protective)

由一个带电电极或多个串联带电电极和一个接地电极之间组成的敞开式空气间隙所构成的保护装置。

3.4　电器附件及元器件

3.4.1

插头　plug

带有设计用于与插座的插套插合的插销、同时带有用于与软电缆或软线电气连接和机械定位部件的电器附件。

3.4.2

插座　socket-outlet

带有设计用于与插头的插销插合的插套、同时带有用于与电缆或电线连接的端子的电器附件。

3.4.3

可拆线插头或连接器　rewirable plug or connector

可更换软电缆的这种结构的电器附件。

3.4.4

不可拆线插头或连接器　non-rewirable plug or connector

若不使电器附件永久失效便不能使软电线与电器附件分离的这种结构的电器附件。

3.4.5

防护器件　protective device

在正常使用时防止造成对人体可能的机械伤害的器件。如保护罩、保护环及类似物件。

3.4.6

安全电路和装置　safety circuit and device

为防止在不正常和意外运行时危及人、动物和损坏设备而设计的电路和装置。

3.4.7

连接器　connector

与连接到电源的一根软电缆成一整体的或预定与该电缆连接的那一部分。

3.4.8

器具耦合器　appliance coupler

能将软电缆随意连接到设备的器件,由连接器和器具输入插座组成。

3.4.9

限温器　temperature limiter

动作温度可固定或可调的温度敏感装置，在正常工作期间，当被控零件的温度达到预先确定值时，以断开或接通电路的方式来工作。在工具的正常循环期间，它不会造成相反的操作。

3.4.10

控温器　thermostat

动作温度可固定或可调的温度敏感装置，在正常工作期间，通过自动接通或断开电路让被控件的温度保持在某限值之间。

3.4.11

热断路器　thermal cut-out

在不正常工作期间，通过自动切断电路或减小电流来限制被控件温度的装置，其结构使用户不能改变其整定值。

3.4.11.1

自复位热断路器　self-resetting thermal cut-out

工具的有关部分冷却到规定值，能自动恢复电流的热断路器。

3.4.11.2

非自复位热断路器　non-self-resetting thermal cut-out

要求手动复位或更换零件来恢复电流的热断路器。

3.4.12

热熔体　thermal link

只能一次性工作，事后要求部分或全部更换的熔断器。

3.4.13

端子　terminal

用以将导线连接到电器附件的导电部件。

3.4.14

夹紧件　clamping unit

端子中导线机械夹紧及电气连接所必需的部件。

3.4.15

可拆卸零件　detachable part

不需借助于工具即可拆除或打开的零件，或按使用说明书规定要拆除的零件(即使需要使用工具)。

3.4.16

不可拆卸零件　non detachable part

只有借助于工具才能拆卸的零件。

3.4.17

总接地端子　main earthing teminal

总接地母线　main earthing busbar

作为电气安装接地部分的端子或母线，用于导体电气联接的接地。

3.4.18

过[电]流保护器　overcurrent protective device

当电路导体电流在一定时期内超过预定值的情况下，可以中断电路的器械。

3.4.19

脱扣器(机械式开关装置的)　**release** (of a mechanical switching device)

用来释放保持机构而使开关断开或闭合的，与机械式开关在机械上连接在一起的器件。

3.4.20

保护继电器　protective relay

可以单独组成保护装置,也可以与其他量度继电器相结合组成保护装置的一种量度继电器。保护继电器反应被保护对象的异常情况,按预定要求动作,发出警报信号或切除故障。

3.4.21

接地开关　earthing switch

用于电路接地部分的机械式开关,它能在一定时间内承载非正常条件下的电流(例如短路电流),但不要求它承载正常电路条件下的电流。

3.4.22

主接地端子　main earthing teminal

将保护导体,包括等电位连接导体和工作接地的导体(如果有的话)与接地装置连接的端子或接地排。

3.4.23

剩余电流断路器　residual current circuit breaker

在规定的条件下,电路中剩余电流达到或超过预定值时能自动断开电路的断路器。

3.4.24

断路器　circuit-breaker

能接通、承载和分断正常电路条件下的电流,也能在所规定的非正常电路条件(例如短路)下接通、承载一定时间和分断电流的机械式开关。

3.4.25

熔断器　fuse

当电流超过规定值一定时间后,以它本身产生的热量使熔体熔化而分断电路的电器。

3.4.26

避雷器　surge arrester

保护电气设备免受瞬态过电压的危害,限制续流的持续时间和幅值的一种装置。

3.4.27

保护电容器　capacitor for voltage protection

接于电力线路与地之间,用以抑制冲击过电压的电容器。

3.4.28

保护用电流[电压]互感器　protective current [voltage] transformer

传递一种信息供给保护装置和控制装置以电流[电压]的互感器。

3.4.29

绝缘监视和报警装置　insulation monitoring and warning device

对地绝缘电阻下降时发出信号的装置。

3.4.30

保护阻抗器　protective impedance device

部件或部件的组件,其阻抗和结构可以将稳定状态接电击流和电荷限定在无危险等级。

3.4.31

保护装置　protection equipment;relay system

一个或多个保护继电器和逻辑元件按需要结合在一起,完成某项特定保护功能的装置。

3.4.32

避雷针　lightning conductor

安装在构架上、通过引线和接地装置将雷电电流释放到大地中的金属棒或金属线。

3.5 试验

3.5.1

介质强度试验 dielectric test

检验介质电气特性的各种试验的总称。

3.5.2

人工污秽试验 artificial pollution test

空气中绝缘表面的介质试验，该表面按一定程序覆盖着规定特性的人工污秽层。

[GB/T 2900.57—2002，定义 2.3.43]

3.5.3

介质干试验 dielectric dry test

空气中绝缘表面呈干燥和清洁状态下的介质试验。

[GB/T 2900.57—2002，定义 2.3.41]

3.5.4

介质湿试验 dielectric wet test

空气中绝缘表面在规定特性的人工淋雨条件下的介质试验。

[GB/T 2900.57—2002，定义 2.3.42]

3.6 其他（人员和场所）

3.6.1

专业人员 skilled person

受过专业教育并具备经验，有能力识别风险并能够避免电气危险的人员。

[IEC 60050-826:2004，定义 826-18-01]

注：为评价专业教育程度，也可以把在有关技术领域上的多年实践活动计算在内。

3.6.2

非专业人员 unskilled person

既不是专业人员，也没受过初级训练的人员。

3.6.3

受过培训的人员（电气） instructed person (electrically)

在熟练电气技术人员建议或监督下，有能力识别风险并能够避免电气危险的人员。

[IEC 60050-826:2004，定义 826-18-02]

3.6.4

限制接近区域 restricted access area

只限于专业人员和受过培训的（电气）人员才可以接触的区域。

[IEC 60050-826:2004，定义 826-18-04]

中 文 索 引

英 文 索 引

E

F

G

H

I

M

N

ICS 07.100.30
C 53

中华人民共和国国家标准

GB/T 4789.1—2008
代替 GB/T 4789.1—2003

食品卫生微生物学检验　总则

Microbiological examination of food hygiene—General guidelines

2008-11-21 发布　　2009-03-01 实施

中华人民共和国卫生部
中国国家标准化管理委员会　发布

前　言

本标准代替 GB/T 4789.1—2003《食品卫生微生物学检验 总则》。

本标准与 GB/T 4789.1—2003 相比主要修改如下：

——增加了微生物实验室的基本要求，包括环境、人员、设备；

——修改了样品的采集，增加了采样方案的类型及判定；

——修改了样品检验，增加了质量控制；

——增加了检验后样品的处理。

本标准由中华人民共和国卫生部提出并归口。

本标准由中华人民共和国卫生部负责解释。

本标准负责起草单位：中国疾病预防控制中心营养与食品安全所。

本标准参加起草单位：中华人民共和国内蒙古出入境检验检疫局、上海市疾病预防控制中心、中华人民共和国江苏出入境检验检疫局、浙江省疾病预防控制中心、中华人民共和国辽宁出入境检验检疫局。

本标准主要起草人：刘秀梅、刘中学、刘弘、田静、郭云昌、祝长青、程苏云、卢行安、王君。

本标准所代替标准的历年版本发布情况为：

——GB 4789.1—1984、GB/T 4789.1—1994、GB/T 4789.1—2003。

食品卫生微生物学检验　总则

1　范围

本标准规定了食品卫生微生物学检验基本原则和要求。

本标准适用于食品卫生微生物学检验。

2　规范性引用文件

下列文件中的条款通过本标准的引用而成为本标准的条款。凡是注日期的引用文件，其随后所有的修改单(不包括勘误的内容)或修订版均不适用于本标准，然而，鼓励根据本标准达成协议的各方研究是否可使用这些文件的最新版本。凡是不注日期的引用文件，其最新版本适用于本标准。

GB/T 4789(所有部分)　食品卫生微生物学检验

GB/T 4789.28　食品卫生微生物学检验　染色法、培养基和试剂

GB 14938　食物中毒诊断标准及技术处理总则

GB 19489　实验室生物安全通用要求

3　实验室基本要求

3.1　环境

3.1.1　实验室环境不应影响检验结果的准确性。

3.1.2　实验室的工作区域应与办公室区域明显分开。

3.1.3　实验室工作面积和总体布局应能满足从事检验工作的需要，实验室布局应采用单方向工作流程，避免交叉污染。

3.1.4　实验室内环境的温度、湿度、照度、噪声和洁净度等应符合工作要求。

3.1.5　一般样品检验应在洁净区域[包括超净工作台或洁净实验室(局部百级)]进行，洁净区域应有明显的标识。

3.1.6　病原微生物分离鉴定工作应在二级生物安全实验室(biosafety level 2,BSL-2)中进行。

3.2　人员

3.2.1　检验人员应具有相应的教育、微生物专业培训经历，具备相应的资质，能够理解并正确实施检验。

3.2.2　检验人员应掌握实验室生物检验安全操作知识和消毒知识。

3.2.3　检验人员应在检验过程中保持个人整洁与卫生，防止人为污染样品。

3.2.4　检验人员应在检验过程中遵守相关预防措施的规定，保证自身安全。

3.2.5　有颜色视觉障碍的人员不能执行涉及到辨色的实验。

3.3　设备

3.3.1　实验设备应满足检验工作的需要。

3.3.2　实验设备应放置于适宜的环境条件下，便于维护、清洁、消毒与校准，并保持整洁与良好的工作状态。

3.3.3　实验设备应定期进行检查、检定(加贴标识)、维护和保养，以确保工作性能和操作安全。

3.3.4　实验设备应有日常性监控记录和使用记录。

3.4　检验用品

3.4.1　常规检验用品主要有接种环(针)、酒精灯、镊子、剪刀、药匙、消毒棉球、硅胶(棉)塞、微量移液

器、吸管、吸球、试管、平皿、微孔板、广口瓶、量筒、玻棒及 L 形玻棒等。

3.4.2 检验用品在使用前应保持清洁和(或)无菌。常用的灭菌方法包括湿热法、干热法、化学法等。

3.4.3 需要灭菌的检验用品应放置在特定容器内或用合适的材料(如专用包装纸、铝箔纸等)包裹或加塞,应保证灭菌效果。

3.4.4 可选择适用于微生物检验的一次性用品来替代反复使用的物品与材料(如培养皿、吸管、吸头、试管、接种环等)。

3.4.5 检验用品的储存环境应保持干燥和清洁,已灭菌与未灭菌的用品应分开存放并明确标识。

3.4.6 灭菌检验用品应记录灭菌/消毒的温度与持续时间。

3.5 培养基和试剂

3.5.1 培养基

培养基的制备和质量控制按照 GB/T 4789.28 的规定执行。

3.5.2 试剂

检验试剂的质量及配制应适用于相关检验。对检验结果有重要影响的关键试剂(如血清、抗生素等)应进行适用性验证。

3.6 菌株

3.6.1 应使用微生物菌种保藏专门机构或同行认可机构保存的、可溯源的标准或参考菌株。

3.6.2 应对从食品、环境或人体分离、纯化、鉴定的,未在微生物菌种保藏专门机构登记注册的原始分离菌株(野生菌株)进行系统、完整的菌株信息记录,包括分离时间、来源、表型及分子鉴定的主要特征等。

3.6.3 实验室应保存能满足实验需要的标准或参考菌株,在购入和传代保藏过程中,应进行验证试验,并进行文件化管理。

4 样品的采集

4.1 采样原则

4.1.1 根据检验目的、食品特点、批量、检验方法、微生物的危害程度等确定采样方案。

4.1.2 应采用随机原则进行采样,确保所采集的样品具有代表性。

4.1.3 采样过程遵循无菌操作程序,防止一切可能的外来污染。

4.1.4 样品在保存和运输的过程中,应采取必要的措施防止样品中原有微生物的数量变化,保持样品的原有状态。

4.2 采样方案

4.2.1 类型

分为二级和三级采样方案。二级采样方案设有 n、c 和 m 值,三级采样方案设有 n、c、m 和 M 值。

n:同一批次产品应采集的样品件数;

c:最大可允许超出 m 值的样品数;

m:微生物指标可接受水平的限量值;

M:微生物指标的最高安全限量值。

注 1:按照二级采样方案设定的指标,在 n 个样品中,允许有 $\leqslant c$ 个样品其相应微生物指标检验值大于 m 值。

注 2:按照三级采样方案设定的指标,在 n 个样品中,允许全部样品中相应微生物指标检验值小于或等于 m 值;允许有 $\leqslant c$ 个样品其相应微生物指标检验值在 m 值和 M 值之间;不允许有样品相应微生物指标检验值大于 M 值。

例如:$n=5$,$c=2$,$m=100$ CFU/g,$M=1\,000$ CFU/g,含义是从一批产品中采集 5 个样品,若 5 个样品的检验结果均小于或等于 m 值($\leqslant 100$ CFU/g),则这种情况是允许的;若 $\leqslant 2$ 个样品的结果(X)位于 m 值和 M 值之间(100 CFU/g $< X \leqslant 1\,000$ CFU/g),则这种情况也是允许的;若有 3 个及以上样品的检验结果位于 m 值和 M 值之间,则这种情况是不允许的;若有任一样品的检验结果大于 M 值

(＞1 000 CFU/g)，则这种情况也是不允许的。

4.2.2 各类食品的采样方案

按相应产品标准中的规定执行。

4.2.3 食源性疾病及食品安全事件中食品样品的采集

4.2.3.1 由工业化批量生产加工的食品污染导致的食源性疾病或食品安全事件，食品样品的采集和判定原则按 4.2.1 和 4.2.2 执行。同时，确保采集现场剩余食品样品。

4.2.3.2 由餐饮单位或家庭烹调加工的食品导致的食源性疾病或食品安全事件，食品样品的采集按 GB 14938 中卫生学检验的要求执行。

4.3 各类食品的采样方法

采样应遵循无菌操作程序，采样工具和容器应无菌、干燥、防漏，形状及大小适宜。

4.3.1 即食类预包装食品

取相同批次的最小零售原包装，检验前要保持包装的完整，避免污染。

4.3.2 非即食类预包装食品

原包装小于 500 g 的固态食品或小于 500 mL 的液态食品，取相同批次的最小零售原包装；大于 500 mL 的液态食品，应在采样前摇动或用无菌棒搅拌液体，使其达到均质后分别从相同批次的 n 个容器中采集 5 倍或以上检验单位的样品；大于 500 g 的固态食品，应用无菌采样器从同一包装的几个不同部位分别采取适量样品，放入同一个无菌采样容器内，采样总量应满足微生物指标检验的要求。

4.3.3 散装食品或现场制作食品

根据不同食品的种类和状态及相应检验方法中规定的检验单位，用无菌采样器现场采集 5 倍或以上检验单位的样品，放入无菌采样容器内，采样总量应满足微生物指标检验的要求。

4.3.4 食源性疾病及食品安全事件的食品样品

采样量应满足食源性疾病诊断和食品安全事件病因判定的检验要求。

4.4 采集样品的标记

应对采集的样品进行及时、准确的记录和标记，采样人应清晰填写采样单(包括采样人、采样地点、时间，样品名称、来源、批号、数量、保存条件等信息)。

4.5 采集样品的贮存和运输

采样后，应将样品在接近原有贮存温度条件下尽快送往实验室检验。运输时应保持样品完整。如不能及时运送，应在接近原有贮存温度条件下贮存。

5 样品检验

5.1 样品处理

5.1.1 实验室接到送检样品后，应认真核对登记，确保样品的相关信息完整并符合检验要求。

5.1.2 实验室应按要求尽快检验。若不能及时检验，应采取必要的措施保持样品的原有状态，防止样品中目标微生物因客观条件的干扰而发生变化。

5.1.3 冷冻食品应在 45 ℃以下不超过 15 min，或 2 ℃～5 ℃不超过 18 h 解冻后进行检验。

5.2 检验方法的选择

5.2.1 应选择现行有效的标准方法，如 GB/T 4789。

5.2.2 GB/T 4789 中对同一检验项目有两个以上检验方法时，应以第一法为基准方法。

6 生物安全与质量控制

6.1 实验室生物安全要求

应符合 GB 19489 的规定。

6.2 质量控制

6.2.1 实验室应定期对实验用菌株、培养基、试剂和水等设置阳性对照、阴性对照和空白对照。

6.2.2 实验室应对重要的检验设备(特别是自动化检验仪器)设置仪器比对。

6.2.3 实验室应定期对实验人员进行技术考核和人员比对。

6.2.4 两个或两个以上实验室承担相同微生物检验项目时,应在技术培训的基础上进行实验室间比对。

7 记录与报告

7.1 记录

检验过程中应即时、准确地记录观察到的现象、结果和数据等信息。

7.2 报告

实验室应按照检验方法中规定的要求,准确、客观地报告每一项检验结果。

8 检验后样品的处理

检验结果报告后，被检样品方能处理。检出致病菌的样品要经过无害化处理。

ICS 07.100.30
C 53

GB

中华人民共和国国家标准

GB/T 4789.2—2008
代替 GB/T 4789.2—2003

食品卫生微生物学检验
菌落总数测定

Microbiological examination of food hygiene—
Aerobic plate count

2008-11-21 发布 2009-03-01 实施

中华人民共和国卫生部
中国国家标准化管理委员会 发布

前　言

本标准的第一法修改采用美国食品药品管理局(FDA)《细菌学分析手册》第3章菌落总数(2001年)(Bacteriological Analytical Manual,Chapter 3:Aerobic plate count,2001),第二法修改采用国际分析家学会(AOAC INTERNATIONAL)AOAC 990.12《食品中菌落总数　Petrifilm 测试片法》(1994年)(AOAC Offical Method 990.12,Aerobic plate count in foods dry rehydratable film Petrifilm aerobic count plate method,1994)。

本标准的第一法与FDA/BAM方法的区别如下:

——平板菌落计数的适宜范围由25 CFU～250 CFU改为30 CFU～300 CFU;

——培养温度由35 ℃±1 ℃改为36 ℃±1 ℃;

——10倍稀释,由10 mL样品匀液加入到90 mL稀释液,改为1 mL样品匀液加入到9 mL稀释液;

——未采用螺旋平板计数法。

本标准的第二法与AOAC 990.12的区别为:培养温度由35 ℃±1 ℃改为36 ℃±1 ℃。

本标准代替GB/T 4789.2—2003《食品卫生微生物学检验　菌落总数测定》。

本标准与GB/T 4789.2—2003相比主要修改如下:

——培养基由营养琼脂改为平板计数琼脂;

——对菌落总数的计算公式进行了修改;

——增加了第二法"菌落总数Petrifilm™测试片法"。

本标准的附录A为规范性附录。

本标准由中华人民共和国卫生部提出并归口。

本标准由中华人民共和国卫生部负责解释。

本标准负责起草单位:中国疾病预防控制中心营养与食品安全所。

本标准参与起草单位:中华人民共和国辽宁出入境检验检疫局、中华人民共和国内蒙古出入境检验检疫局、江苏省疾病预防控制中心、上海市疾病预防控制中心。

本标准主要起草人:刘秀梅、卢行安、刘中学、袁宝君、刘弘、陈敏、田静。

本标准所代替标准的历次版本发布情况为:

——GB 4789.2—1984、GB/T 4789.2—1994、GB/T 4789.2—2003。

食品卫生微生物学检验
菌落总数测定

1 范围

本标准规定了食品中菌落总数的测定方法。

本标准适用于各类食品中菌落总数的测定。

2 术语和定义

下列术语和定义适用于本标准。

2.1

菌落总数 aerobic plate count

食品检样经过处理,在一定条件下培养后(如培养基成分、培养温度和时间、pH、需氧性质等),所得1 mL(或1 g)检样中形成菌落的总数。本标准规定的培养条件下所得结果,只包括一群在平板计数琼脂上生长发育的嗜中温需氧菌或兼性厌氧菌的菌落总数。

3 设备和材料

除微生物实验室常规灭菌及培养设备外,其他设备和材料如下:

3.1 恒温培养箱:36 ℃±1 ℃,30 ℃±1 ℃。

3.2 冰箱:2 ℃～5 ℃。

3.3 恒温水浴箱:46 ℃±1 ℃。

3.4 天平:感量0.1 g。

3.5 均质器。

3.6 振荡器。

3.7 无菌吸管:1 mL(具0.01 mL刻度)、10 mL(具0.1 mL刻度)或微量移液器及吸头。

3.8 无菌锥形瓶:容量250 mL、500 mL。

3.9 无菌培养皿:直径90 mm。

3.10 pH计或pH比色管或精密pH试纸。

3.11 放大镜或(和)菌落计数器或Petrifilm™ 1) 自动判读仪。

4 培养基和试剂

4.1 平板计数琼脂培养基:见第A.1章。

4.2 磷酸盐缓冲液:见第A.2章。

4.3 无菌生理盐水:称取8.5 g氯化钠溶于1 000 mL蒸馏水中,121 ℃高压灭菌15 min。

4.4 1 mol/L氢氧化钠(NaOH):称取40 g氢氧化钠溶于1 000 mL蒸馏水中。

4.5 1 mol/L盐酸(HCl):移取浓盐酸90 mL,用蒸馏水稀释至1 000 mL。

4.6 Petrifilm™菌落总数测试片和压板。

1) Petrifilm™是由3M公司提供的产品的商品名。给出这一信息是为了方便本标准的使用者,并不表示对该产品的认可。如果其他等效产品具有相同的效果,则可使用这些等效的产品。

第一法　平板菌落计数法

5　检验程序

菌落总数的检验程序见图 1。

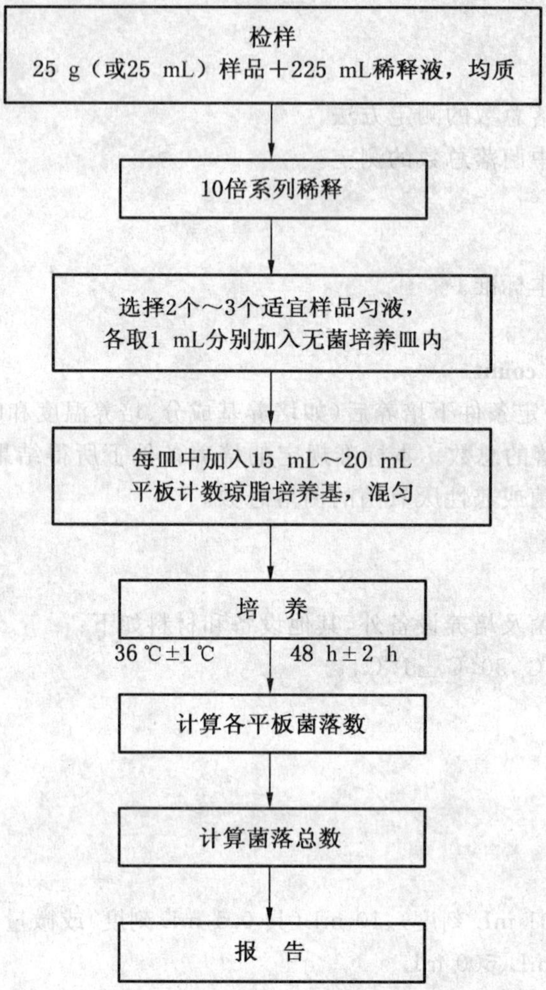

图 1　菌落总数的检验程序

6　操作步骤

6.1　样品的稀释

6.1.1　固体和半固体样品：称取 25 g 样品置盛有 225 mL 磷酸盐缓冲液或生理盐水的无菌均质杯内，8 000 r/min～10 000 r/min 均质 1 min～2 min，或放入盛有 225 mL 稀释液的无菌均质袋中，用拍击式均质器拍打 1 min～2 min，制成 1∶10 的样品匀液。

6.1.2　液体样品：以无菌吸管吸取 25 mL 样品置盛有 225 mL 磷酸盐缓冲液或生理盐水的无菌锥形瓶（瓶内预置适当数量的无菌玻璃珠）中，充分混匀，制成 1∶10 的样品匀液。

6.1.3　用 1 mL 无菌吸管或微量移液器吸取 1∶10 样品匀液 1 mL，沿管壁缓慢注于盛有 9 mL 稀释液的无菌试管中（注意吸管或吸头尖端不要触及稀释液面），振摇试管或换用一支无菌吸管反复吹打使其混合均匀，制成 1∶100 的样品匀液。

6.1.4　按 6.1.3 操作程序，制备 10 倍系列稀释样品匀液。每递增稀释一次，换用一次 1 mL 无菌吸管或吸头。

6.1.5 根据对样品污染状况的估计，选择 2 个～3 个适宜稀释度的样品匀液（液体样品可包括原液），在进行 10 倍递增稀释时，每个稀释度分别吸取 1 mL 样品匀液加入两个无菌平皿内。同时分别取1 mL 稀释液加入两个无菌平皿作空白对照。

6.1.6 及时将 15 mL～20 mL 冷却至 46 ℃的平板计数琼脂培养基（可放置于 46 ℃±1 ℃恒温水浴箱中保温）倾注平皿，并转动平皿使其混合均匀。

6.2 培养

6.2.1 琼脂凝固后，将平板翻转，36 ℃±1 ℃培养 48 h±2 h。水产品 30 ℃±1 ℃培养 72 h±3 h。

6.2.2 如果样品中可能含有在琼脂培养基表面弥漫生长的菌落时，可在凝固后的琼脂表面覆盖一薄层琼脂培养基（约 4 mL），凝固后翻转平板，按 6.2.1 条件进行培养。

6.3 菌落计数

可用肉眼观察，必要时用放大镜或菌落计数器，记录稀释倍数和相应的菌落数量。菌落计数以菌落形成单位（colony-forming units，CFU）表示。

6.3.1 选取菌落数在 30 CFU～300 CFU 之间、无蔓延菌落生长的平板计数菌落总数。低于 30 CFU 的平板记录具体菌落数，大于 300 的可记录为多不可计。每个稀释度的菌落数应采用两个平板的平均数。

6.3.2 其中一个平板有较大片状菌落生长时，则不宜采用，而应以无片状菌落生长的平板作为该稀释度的菌落数；若片状菌落不到平板的一半，而其余一半中菌落分布又很均匀，即可计算半个平板后乘以 2，代表一个平板菌落数。

6.3.3 当平板上出现菌落间无明显界线的链状生长时，则将每条单链作为一个菌落计数。

7 结果的表述

7.1 菌落总数的计算方法

7.1.1 若只有一个稀释度平板上的菌落数在适宜计数范围内，计算两个平板菌落数的平均值，再将平均值乘以相应稀释倍数，作为每克（或毫升）中菌落总数结果。

7.1.2 若有两个连续稀释度的平板菌落数在适宜计数范围内时，按式（1）计算：

$$N = \sum C/(n_1 + 0.1n_2)d \qquad \cdots\cdots(1)$$

式中：

N——样品中菌落数；

$\sum C$——平板（含适宜范围菌落数的平板）菌落数之和；

n_1——第一个适宜稀释度平板上的菌落数；

n_2——第二个适宜稀释度平板上的菌落数；

d——稀释因子（第一稀释度）。

示例：

稀释度	1∶100（第一稀释度）	1∶1 000（第二稀释度）
菌落数	232，244	33，35

$$N = \sum C/(n_1 + 0.1n_2)d$$

$$= \frac{232+244+33+35}{[2+(0.1\times 2)]\times 10^{-2}} = \frac{544}{0.022} = 24\ 727$$

上述数据经“四舍五入”后，表示为 25 000 或 2.5×10^4。

7.1.3 若所有稀释度的平板上菌落数均大于300，则对稀释度最高的平板进行计数，其他平板可记录为多不可计，结果按平均菌落数乘以最高稀释倍数计算。

7.1.4 若所有稀释度的平板菌落数均小于30，则应按稀释度最低的平均菌落数乘以稀释倍数计算。

7.1.5 若所有稀释度(包括液体样品原液)平板均无菌落生长，则以小于1乘以最低稀释倍数计算。

7.1.6 若所有稀释度的平板菌落数均不在30～300之间，其中一部分小于30或大于300时，则以最接近30或300的平均菌落数乘以稀释倍数计算。

7.2 菌落总数的报告

7.2.1 菌落数在100以内时，按"四舍五入"原则修约，采用两位有效数字报告。

7.2.2 大于或等于100时，第三位数字采用"四舍五入"原则修约后，取前两位数字，后面用0代替位数；也可用10的指数形式来表示，按"四舍五入"原则修约后，采用两位有效数字。

7.2.3 若所有平板上为蔓延菌落而无法计数，则报告菌落蔓延。

7.2.4 若空白对照上有菌落生长，则此次检测结果无效。

7.2.5 称重取样以CFU/g为单位报告，体积取样以CFU/mL为单位报告。

第二法 菌落总数 Petrifilm™测试片法

8 检验程序

除将平板计数琼脂培养基改成Petrifilm™菌落总数测试片外，其他与第5章相同。

9 操作步骤

9.1 样品的稀释

按照6.1.1～6.1.2制备1∶10的样品匀液后，用1 mol/L氢氧化钠(NaOH)或1 mol/L盐酸(HCl)调节pH至6.6～7.2。

9.2 接种

根据对样本污染状况的估计，选择2个～3个适宜稀释度的样品匀液进行检验。将测试片置于平坦实验台表面，揭开上层膜，用吸管或微量移液器吸取1 mL样品匀液，垂直滴加在测试片的中央，将上层膜盖下，允许上层膜直接落下，但不要滚动上层膜，将压板(凹面底朝下)放置在上层膜中央，轻轻地压下，使样液均匀覆盖于圆形的培养膜上，切勿扭转压板。拿起压板，静置至少1 min以使培养基凝固。每个稀释度接种两张测试片。

9.3 培养

将测试片的透明面朝上，水平置于培养箱内。可堆叠至20片，培养温度和时间同6.2。

9.4 计数

9.4.1 培养结束后立即计数，可肉眼观察计数，或用菌落计数器、放大镜、Petrifilm™自动判读仪计数。选取菌落数在30～300之间的测试片计数。

9.4.2 计数所有红色菌落。细菌浓度很高时，整个测试片会变成红色或粉红色，将结果记录为"多不可计"。

9.4.3 有时，当细菌浓度很高时，测试片中央没有可见菌落，但圆形培养膜的边缘有许多小的菌落，其结果也记录为"多不可计"；进一步稀释样品可获得准确的读数。

9.4.4 某些微生物会液化凝胶，造成局部扩散或菌落模糊的现象。如果液化现象干扰计数，可以计数未液化的面积来估算菌落数。

10 结果的表述

同第7章。

附 录 A
（规范性附录）
培养基和试剂

A.1 平板计数琼脂(plate count agar,PCA)培养基

A.1.1 成分

胰蛋白胨	5.0 g
酵母浸膏	2.5 g
葡萄糖	1.0 g
琼脂	15.0 g
蒸馏水	1 000 mL

pH 7.0±0.2

A.1.2 制法

将上述成分加于蒸馏水中，煮沸溶解，调节 pH。分装试管或锥形瓶，121 ℃高压灭菌 15 min。

A.2 磷酸盐缓冲液

A.2.1 成分

磷酸二氢钾(KH_2PO_4)	34.0 g
蒸馏水	500 mL

pH 7.2

A.2.2 制法

贮存液：称取 34.0 g 的磷酸二氢钾溶于 500 mL 蒸馏水中，用大约 175 mL 的 1 mol/L 氢氧化钠溶液调节 pH 至 7.2，用蒸馏水稀释至 1 000 mL 后贮存于冰箱。

稀释液：取贮存液 1.25 mL，用蒸馏水稀释至 1 000 mL，分装于适宜容器中，121 ℃高压灭菌 15 min。

ICS 07.100.30
C 53

GB

中华人民共和国国家标准

GB/T 4789.3—2008
代替 GB/T 4789.3—2003

食品卫生微生物学检验 大肠菌群计数

Microbiological examination of food hygiene—Enumeration of coliforms

2008-11-21 发布　　2009-03-01 实施

中华人民共和国卫生部
中国国家标准化管理委员会　发布

前 言

本标准的第一法和第二法修改采用美国食品药品管理局(FDA)《细菌学分析手册》第4章大肠杆菌和大肠菌群计数(2002年)(Bacteriological Analytical Manual, Chapter 4: Enumeration of *Escherichia coli* and the coliform bacteria, 2002),第三法修改采用国际分析家学会(AOAC INTERNATIONAL)AOAC 991.14《食品中大肠菌群和大肠杆菌计数 Petrifilm 测试片法》(1994年)(AOAC Official Method 991.14, Coliform and *Escherichia coli* counts in foods—Dry rehydratable film Petrifilm *E. coli* count plate and Petrifilm coliform count plate methods)。

本标准与FDA和AOAC方法的主要区别是:

——将样品制备时取样量50 g(或50 mL)修改为25 g(或25 mL);

——将培养温度由35 ℃±1 ℃修改为36 ℃±1 ℃。

本标准代替GB/T 4789.3—2003《食品卫生微生物学检验 大肠菌群测定》。

本标准与GB/T 4789.3—2003相比主要修改如下:

——将标准名称改为"食品卫生微生物学检验 大肠菌群计数";

——增加了大肠菌群的平板计数法和纸片检测方法;

——大肠菌群的MPN(most probable number)法从以乳糖胆盐为主要培养基的MPN法,修改为以月桂基硫酸盐胰蛋白胨(lauryl sulfate tryptose, LST)肉汤为主要培养基的MPN法;

——大肠菌群MPN法中原"报告每100 mL(g)大肠菌群的MPN值",修改为"报告每1 mL(或1 g)大肠菌群的MPN值"。

本标准的附录A、附录B为规范性附录。

本标准由中华人民共和国卫生部提出并归口。

本标准由中华人民共和国卫生部负责解释。

本标准负责起草单位:中国疾病预防控制中心营养与食品安全所。

本标准参与起草单位:江苏省疾病预防控制中心、中华人民共和国内蒙古出入境检验检疫局、上海市疾病预防控制中心、中华人民共和国辽宁出入境检验检疫局。

本标准主要起草人:刘秀梅、袁宝君、刘中学、刘弘、陈敏、卢行安、田静。

本标准所代替标准的历次版本发布情况为:

——GB 4789.3—1984、GB/T 4789.3—1994、GB/T 4789.3—2003。

食品卫生微生物学检验
大肠菌群计数

1 范围

本标准规定了食品中大肠菌群计数的方法。

本标准适用于各类食品中大肠菌群的计数。

2 术语和定义

下列术语和定义适用于本标准。

2.1

大肠菌群 coliforms

一群在 36 ℃条件下培养 48 h 能发酵乳糖、产酸产气的需氧和兼性厌氧革兰氏阴性无芽胞杆菌。该菌群主要来源于人畜粪便，作为粪便污染指标评价食品的卫生状况，推断食品中肠道致病菌污染的可能。

2.2

最可能数 most probable number;MPN

基于泊松分布的一种间接计数方法。

3 设备和材料

除微生物实验室常规灭菌及培养设备外,其他设备和材料如下：

3.1 恒温培养箱:36 ℃±1 ℃。

3.2 冰箱:2 ℃～5 ℃。

3.3 恒温水浴箱:46 ℃±1 ℃。

3.4 天平:感量 0.1 g。

3.5 均质器。

3.6 振荡器。

3.7 无菌吸管:1 mL(具 0.01 mL 刻度)、10 mL(具 0.1 mL 刻度)或微量移液器及吸头。

3.8 无菌锥形瓶:容量 500 mL。

3.9 无菌培养皿:直径 90 mm。

3.10 pH 计或 pH 比色管或精密 pH 试纸。

3.11 菌落计数器或 Petrifilm™[1)] 自动判读仪。

4 培养基和试剂

4.1 月桂基硫酸盐胰蛋白胨(lauryl sulfate tryptose,LST)肉汤:见第 A.1 章。

4.2 煌绿乳糖胆盐(brilliant green lactose bile,BGLB)肉汤:见第 A.2 章。

4.3 结晶紫中性红胆盐琼脂(violet red bile agar,VRBA):见第 A.3 章。

4.4 磷酸盐缓冲液:见第 A.4 章。

---

1) Petrifilm™是由 3M 公司提供的产品的商品名。给出这一信息是为了方便本标准的使用者,并不表示对该产品的认可。如果其他等效产品具有相同的效果,则可使用这些等效的产品。

4.5 无菌生理盐水:称取 8.5 g 氯化钠溶于 1 000 mL 蒸馏水中,121 ℃高压灭菌 15 min。

4.6 1 mol/L 氢氧化钠(NaOH):称取 40 g 氢氧化钠溶于 1 000 mL 蒸馏水中。

4.7 1 mol/L 盐酸(HCl):移取浓盐酸 90 mL,用蒸馏水稀释至 1 000 mL。

4.8 Petrifilm™大肠菌群检验测试片和压板。

第一法 大肠菌群 MPN 计数

5 检验程序

大肠菌群 MPN 计数的检验程序见图 1。

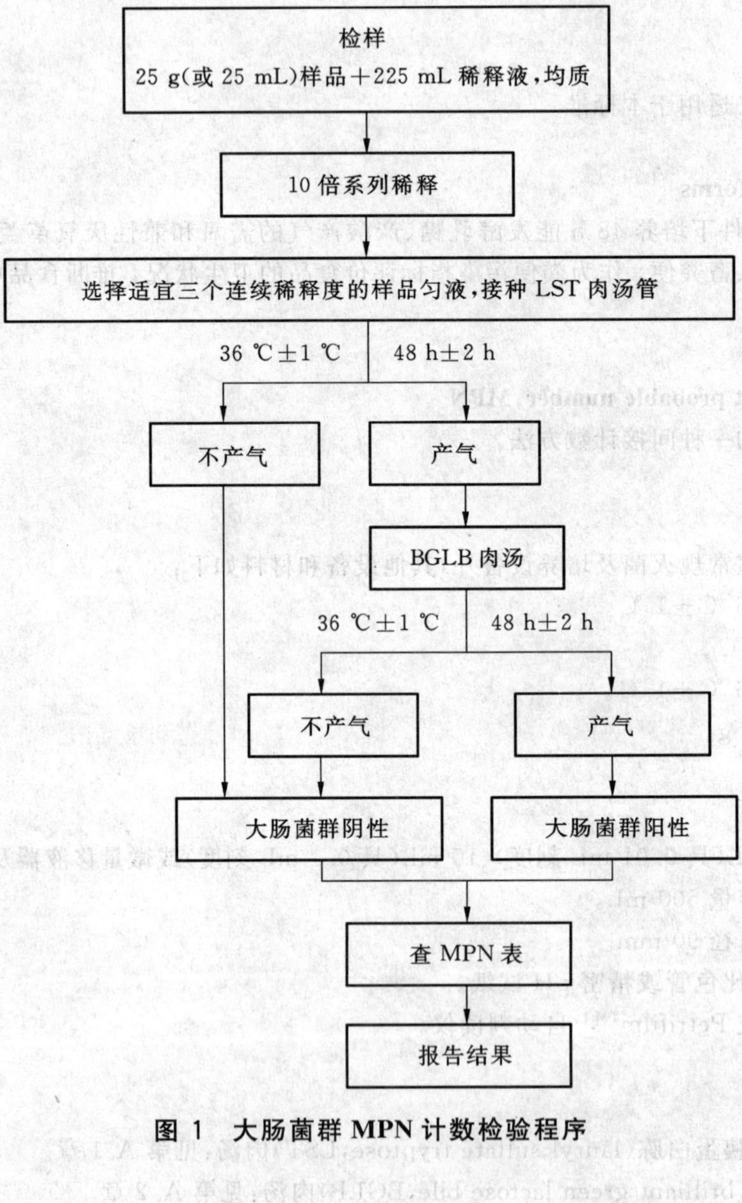

图 1 大肠菌群 MPN 计数检验程序

6 操作步骤

6.1 样品的稀释

6.1.1 固体和半固体样品:称取 25 g 样品,放入盛有 225 mL 磷酸盐缓冲液或生理盐水的无菌均质杯内,8 000 r/min~10 000 r/min 均质 1 min~2 min,或放入盛有 225 mL 磷酸盐缓冲液或生理盐水的无菌均质袋中,用拍击式均质器拍打 1 min~2 min,制成 1:10 的样品匀液。

6.1.2 液体样品：以无菌吸管吸取 25 mL 样品，置盛有 225 mL 磷酸盐缓冲液或生理盐水的无菌锥形瓶（瓶内预置适当数量的无菌玻璃珠）中，充分混匀，制成 1：10 的样品匀液。

6.1.3 样品匀液的 pH 值应在 6.5～7.5 之间，必要时分别用 1 mol/L 氢氧化钠（NaOH）或 1 mol/L 盐酸（HCl）调节。

6.1.4 用 1 mL 无菌吸管或微量移液器吸取 1：10 样品匀液 1 mL，沿管壁缓缓注入 9 mL 磷酸盐缓冲液或生理盐水的无菌试管中（注意吸管或吸头尖端不要触及稀释液面），振摇试管或换用 1 支 1 mL 无菌吸管反复吹打，使其混合均匀，制成 1：100 的样品匀液。

6.1.5 根据对样品污染状况的估计，按上述操作，依次制成 10 倍递增系列稀释样品匀液。每递增稀释 1 次，换用 1 支 1 mL 无菌吸管或吸头。从制备样品匀液至样品接种完毕，全过程不得超过 15 min。

6.2 初发酵试验

每个样品，选择 3 个适宜的连续稀释度的样品匀液（液体样品可以选择原液），每个稀释度接种 3 管月桂基硫酸盐胰蛋白胨（LST）肉汤，每管接种 1 mL（如接种量超过 1 mL，则用双料 LST 肉汤），36 ℃±1 ℃培养 24 h±2 h，观察倒管内是否有气泡产生，如未产气则继续培养至 48 h±2 h。记录在 24 h 和 48 h 内产气的 LST 肉汤管数。未产气者为大肠菌群阴性，产气者则进行复发酵试验。

6.3 复发酵试验

用接种环从所有 48 h±2 h 内发酵产气的 LST 肉汤管中分别取培养物 1 环，移种于煌绿乳糖胆盐（BGLB）肉汤管中，36 ℃±1 ℃培养 48 h±2 h，观察产气情况。产气者，计为大肠菌群阳性管。

6.4 大肠菌群最可能数（MPN）的报告

根据大肠菌群阳性管数，检索 MPN 表（见附录 B），报告每克（或毫升）样品中大肠菌群的 MPN 值。

第二法 大肠菌群平板计数

7 检验程序

大肠菌群平板计数的检验程序见图 2。

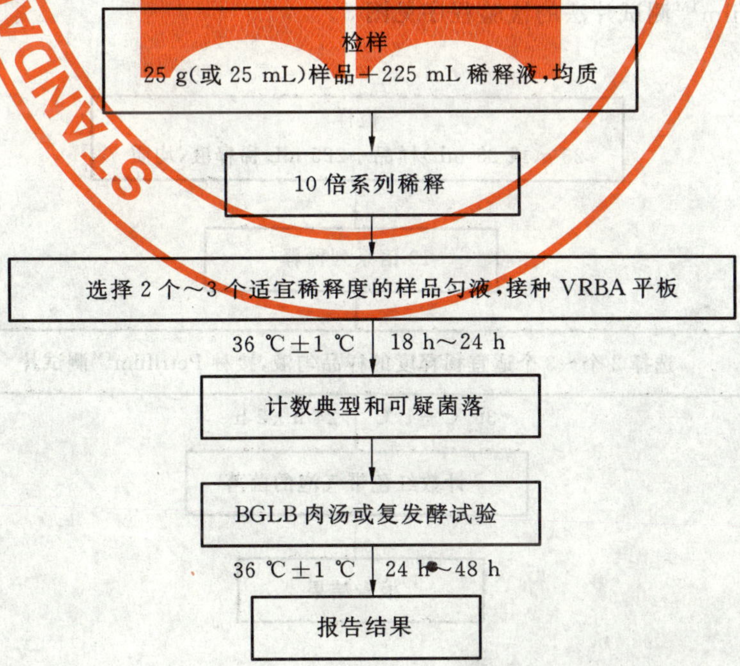

图 2 大肠菌群平板计数检验程序

8 操作步骤

8.1 样品的稀释

按6.1进行。

8.2 平板计数

8.2.1 选取2个～3个适宜的连续稀释度，每个稀释度接种两个无菌平皿，每皿1 mL。同时分别取1 mL生理盐水加入两个无菌平皿作空白对照。

8.2.2 及时将15 mL～20 mL冷至46 ℃的结晶紫中性红胆盐琼脂(VRBA)约倾注于每个平皿中。小心旋转平皿，将培养基与样液充分混匀，待琼脂凝固后，再加3 mL～4 mL VRBA覆盖平板表层。翻转平板，置于36 ℃±1 ℃培养18 h～24 h。

8.3 平板菌落数的选择

选取菌落数在30～150之间的平板，分别计数平板上出现的典型和可疑大肠菌群菌落。典型菌落为紫红色，菌落周围有红色的胆盐沉淀环，菌落直径为0.5 mm或更大。

8.4 证实试验

从VRBA平板上挑取10个不同类型的典型和可疑菌落，分别移种于BGLB肉汤管内，36 ℃±1 ℃培养24 h～48 h，观察产气情况。凡BGLB肉汤管产气，即可报告为大肠菌群阳性。

8.5 大肠菌群平板计数的报告

经最后证实为大肠菌群阳性的试管比例乘以8.3中计数的平板菌落数，再乘以稀释倍数，即为每克(或毫升)样品中大肠菌群数。例：10^{-4}样品稀释液1 mL，在VRBA平板上有100个典型和可疑菌落，挑取其中10个接种BGLB肉汤管，证实有6个阳性管，则该样品的大肠菌群数为：$100\times6/10\times10^{4}$/g(mL)=$6.0\times10^{5}$ CFU/g(CFU/mL)。

第三法 大肠菌群Petrifilm™测试片法

9 检验程序

大肠菌群Petrifilm™测试片法的检验程序见图3。

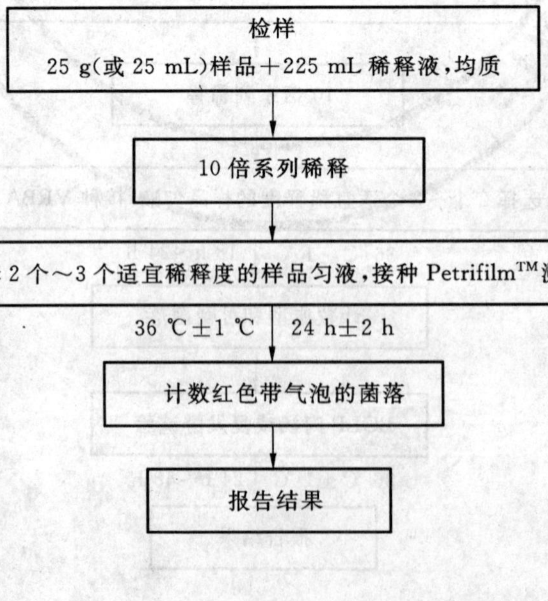

图3 大肠菌群Petrifilm™测试片计数法程序图

10 操作步骤

10.1 样品的稀释

按 6.1 进行。

10.2 测定

10.2.1 样品接种及培养

将待检样品选取 2 个～3 个适宜的连续稀释度，每个稀释度接种两张测试片。将 Petrifilm™ 大肠菌群测试片置于平坦实验台面，揭开上层膜，用吸管吸取 1 mL 样液垂直滴加在测试片的中央，将上层膜缓慢盖下，避免气泡产生和上层膜直接落下。把压板（平面底朝下）放置在上层膜中央，轻轻地压下，使样液均匀覆盖于圆形的培养面积上，切勿扭转压板。拿起压板，静置至少 1 min 以使培养基凝固。

将测试片的透明面朝上置于培养箱内，堆叠片数不超过 20 片，36 ℃±1 ℃培养 24 h±2 h。

10.2.2 判读

培养 24 h±2 h 后应立即计数，可目测或用标准菌落计数器、放大镜或 Petrifilm™ 自动判读仪来计数。红色有气泡的菌落确认为大肠菌群。圆形培养区边缘上及边缘以外的菌落不作计数。当培养区域出现大量气泡，大量不明显小菌落或培养区呈暗红色三种情况，表明大肠菌群的浓度较高，需要进一步稀释样品以获得更准确的读数。

10.3 大肠菌群测试片计数的报告

选取菌落数在 15～150 之间的测试片，计数其红色有气泡的菌落数，两个测试片的平均菌落数乘以稀释倍数即为每克（或毫升）样品中的大肠菌群菌落形成单位（CFU）数。如果所有稀释度测试片上的菌落数都小于 15，则计数稀释度最低的测试片上的平均菌落数乘以稀释倍数报告；如果所有稀释度的测试片上均无菌落生长，则以小于 1 乘以最低稀释倍数报告；如果最高稀释度的菌落数大于 150，计数最高稀释度的测试片上的平均菌落数乘以稀释倍数报告。计数菌落数大于 150 的测试片时，可计数一个或两个具有代表性的方格内的菌落数，换算成单个方格内的菌落数后乘以 20 即为测试片上估算的菌落数（圆形生长面积为 20 cm^2）。报告单位以 CFU/g（或 CFU/mL）表示。

附　录　A
（规范性附录）
培养基和试剂

A.1　月桂基硫酸盐胰蛋白胨(LST)肉汤

A.1.1　成分

胰蛋白胨或胰酪胨	20.0 g
氯化钠	5.0 g
乳糖	5.0 g
磷酸氢二钾(K_2HPO_4)	2.75 g
磷酸二氢钾(KH_2PO_4)	2.75 g
月桂基磺酸钠	0.1 g
蒸馏水	1 000 mL

pH6.8±0.2

A.1.2　制法

将上述成分溶解于蒸馏水中，调节 pH。分装到有玻璃小倒管的试管中，每管 10 mL。121 ℃高压灭菌 15 min。

A.2　煌绿乳糖胆盐(BGLB)肉汤

A.2.1　成分

蛋白胨	10.0 g
乳糖	10.0 g
牛胆粉(oxgall 或 oxbile)溶液	200.0 mL
0.1%煌绿水溶液	13.3 mL
蒸馏水	1 000 mL

pH7.2±0.1

A.2.2　制法

将蛋白胨、乳糖溶于约 500 mL 蒸馏水中，加入牛胆粉溶液 200 mL(将 20.0 g 脱水牛胆粉溶于 200 mL 蒸馏水中，pH7.0～7.5)用蒸馏水稀释到 975 mL，调节 pH 至 7.4，再加入 0.1%煌绿水溶液 13.3 mL，用蒸馏水补足到 1 000 mL，用棉花过滤后，分装到有玻璃小倒管的试管中，每管 10 mL。121 ℃高压灭菌 15 min。

A.3　结晶紫中性红胆盐琼脂(VRBA)

A.3.1　成分

蛋白胨	7.0 g
酵母膏	3.0 g
乳糖	10.0 g
氯化钠	5.0 g
胆盐或 3 号胆盐	1.5 g
中性红	0.03 g
结晶紫	0.002 g

琼脂　　15 g～18 g

蒸馏水　　1 000 mL

pH7.4±0.1

A.3.2　制法

将上述成分溶于蒸馏水中，静置几分钟，充分搅拌，调节 pH。煮沸 2 min，将培养基冷却至 45 ℃～50 ℃倾注平板。使用前临时制备，不得超过 3 h。

A.4　磷酸盐缓冲液

A.4.1　成分

磷酸二氢钾(KH_2PO_4)　　34.0 g

蒸馏水　　500 mL

pH7.2

A.4.2　制法

贮存液：称取 34.0 g 的磷酸二氢钾溶于 500 mL 蒸馏水中，用大约 175 mL 的 1 mol/L 氢氧化钠溶液调节 pH 至 7.2，用蒸馏水稀释至 1 000 mL 后贮存于冰箱。

稀释液：取贮存液 1.25 mL，用蒸馏水稀释至 1 000 mL，分装于适宜容器中，121 ℃高压灭菌 15 min。

附　录　B
(规范性附录)
大肠菌群最可能数(MPN)检索表

每克(或毫升)检样中大肠菌群最可能数(MPN)的检索见表 B.1。

表 B.1　大肠菌群最可能数(MPN)检索表

阳性管数			MPN	95%可信限		阳性管数			MPN	95%可信限	
0.10	0.01	0.001		下限	上限	0.10	0.01	0.001		下限	上限
0	0	0	<3.0	—	9.5	2	2	0	21	4.5	42
0	0	1	3.0	0.15	9.6	2	2	1	28	8.7	94
0	1	0	3.0	0.15	11	2	2	2	35	8.7	94
0	1	1	6.1	1.2	18	2	3	0	29	8.7	94
0	2	0	6.2	1.2	18	2	3	1	36	8.7	94
0	3	0	9.4	3.6	38	3	0	0	23	4.6	94
1	0	0	3.6	0.17	18	3	0	1	38	8.7	110
1	0	1	7.2	1.3	18	3	0	2	64	17	180
1	0	2	11	3.6	38	3	1	0	43	9	180
1	1	0	7.4	1.3	20	3	1	1	75	17	200
1	1	1	11	3.6	38	3	1	2	120	37	420
1	2	0	11	3.6	42	3	1	3	160	40	420
1	2	1	15	4.5	42	3	2	0	93	18	420
1	3	0	16	4.5	42	3	2	1	150	37	420
2	0	0	9.2	1.4	38	3	2	2	210	40	430
2	0	1	14	3.6	42	3	2	3	290	90	1 000
2	0	2	20	4.5	42	3	3	0	240	42	1 000
2	1	0	15	3.7	42	3	3	1	460	90	2 000
2	1	1	20	4.5	42	3	3	2	1 100	180	4 100
2	1	2	27	8.7	94	3	3	3	>1 100	420	—

注 1：本表采用 3 个稀释度[0.1 g(或 0.1 mL)、0.01 g(或 0.01 mL)和 0.001 g(或 0.001 mL)]，每个稀释度接种 3 管。

注 2：表内所列检样量如改用 1 g(或 1 mL)、0.1 g(或 0.1 mL)和 0.01 g(或 0.01 mL)时，表内数字应相应降低 10 倍；如改用 0.01 g(或 0.01 mL)、0.001 g(或 0.001 mL)、0.000 1 g(或 0.000 1 mL)时，则表内数字应相应增高 10 倍，其余类推。

ICS 07.100.30
C 53

中华人民共和国国家标准

GB/T 4789.4—2008
代替 GB/T 4789.4—2003

食品卫生微生物学检验 沙门氏菌检验

Microbiological examination of food hygiene— Examination of *Salmonella*

2008-05-16 发布　　2008-11-01 实施

中华人民共和国卫生部
中国国家标准化管理委员会　发布

前　言

本标准参考采用了国际分析家学会(AOAC INTERNATIONAL) AOAC Official Method 967.26，967.27，967.28；国际标准化组织(ISO)ISO 6579：2002；美国食品药品管理局(FDA)《细菌分析手册》第5章：沙门氏菌(2003年)(Bacteriological Analytical Manual，Chapter 5：*Salmonella*，2003)。

本标准代替GB/T 4789.4—2003《食品卫生微生物学检验　沙门氏菌检验》。本标准自实施之日起，GB/T 4789.4—2003同时废止。

本标准与GB/T 4789.4—2003相比主要变化如下：

——规范了样品制备过程；

——修改了原标准中前增菌和增菌部分；

——修改了原标准中分离部分；

——修改了原标准中生化试验部分。

本标准的附录A、附录B为规范性附录。

本标准由中华人民共和国卫生部提出并归口。

本标准负责起草单位：中国疾病预防控制中心营养与食品安全所。

本标准参加起草单位：吉林省疾病预防控制中心、河南省疾病预防控制中心、广西壮族自治区疾病预防控制中心、福建省疾病预防控制中心、浙江省疾病预防控制中心。

本标准主要起草人：刘秀梅、郭云昌、刘桂华、李秀桂、廖兴广、马群飞、程苏云、田静。

本标准所代替标准的历次版本发布情况为：

——GB 4789.4—1984，GB/T 4789.4—1994，GB/T 4789.4—2003。

食品卫生微生物学检验
沙门氏菌检验

1 范围

本标准规定了食品中沙门氏菌的检验方法。

本标准适用于各类食品和食物中毒样品中沙门氏菌的检验。

2 设备和材料

除微生物实验室常规灭菌及培养设备外,其他设备和材料如下。

2.1 冰箱:2℃～5℃。

2.2 恒温培养箱:36℃±1℃,42℃±1℃。

2.3 均质器。

2.4 振荡器。

2.5 电子天平:感量 0.1 g。

2.6 无菌锥形瓶:容量 500 mL,250 mL。

2.7 无菌吸管:1 mL(具 0.01 mL 刻度)、10 mL(具 0.1 mL 刻度)或微量移液器及吸头。

2.8 无菌培养皿:直径 90 mm。

2.9 无菌试管:3 mm×50 mm、10 mm×75 mm。

2.10 无菌毛细管。

2.11 pH 计或 pH 比色管或精密 pH 试纸。

2.12 全自动微生物鉴定系统(VITEK)[1]。

3 培养基和试剂

3.1 缓冲蛋白胨水(BPW):见第 A.1 章。

3.2 四硫磺酸钠煌绿(TTB)增菌液:见第 A.2 章。

3.3 亚硒酸盐胱氨酸(SC)增菌液:见第 A.3 章。

3.4 亚硫酸铋(BS)琼脂:见第 A.4 章。

3.5 HE(Hektoen Enteric)琼脂:见第 A.5 章。

3.6 木糖赖氨酸脱氧胆盐(XLD)琼脂:见第 A.6 章。

3.7 科玛嘉沙门氏菌属显色培养基[2]。

3.8 三糖铁(TSI)琼脂:见第 A.7 章。

3.9 蛋白胨水、靛基质试剂:见第 A.8 章。

3.10 尿素琼脂(pH7.2):见第 A.9 章。

3.11 氰化钾 (KCN) 培养基:见第 A.10 章。

3.12 赖氨酸脱羧酶试验培养基:见第 A.11 章。

---

1) 由法国生物梅里埃公司提供的产品的商品名。给出这一信息是为了方便本标准的使用者,并不表示对该产品的认可。如果其他等效产品具有相同的效果,则可使用这些等效的产品。

2) 由法国科玛嘉公司提供的产品的商品名。给出这一信息是为了方便本标准的使用者,并不表示对该产品的认可。如果其他等效产品具有相同的效果,则可使用这些等效的产品。

3.13　糖发酵管:见第 A.12 章。

3.14　邻硝基酚 β-D 半乳糖苷(ONPG)培养基:见第 A.13 章。

3.15　半固体琼脂:见第 A.14 章。

3.16　丙二酸钠培养基:见第 A.15 章。

3.17　沙门氏菌 O 和 H 诊断血清。

3.18　API 20E 生化鉴定试剂盒或 VITEK GNI+ 生化鉴定卡[1)]。

4　检验程序

沙门氏菌检验程序见图 1。

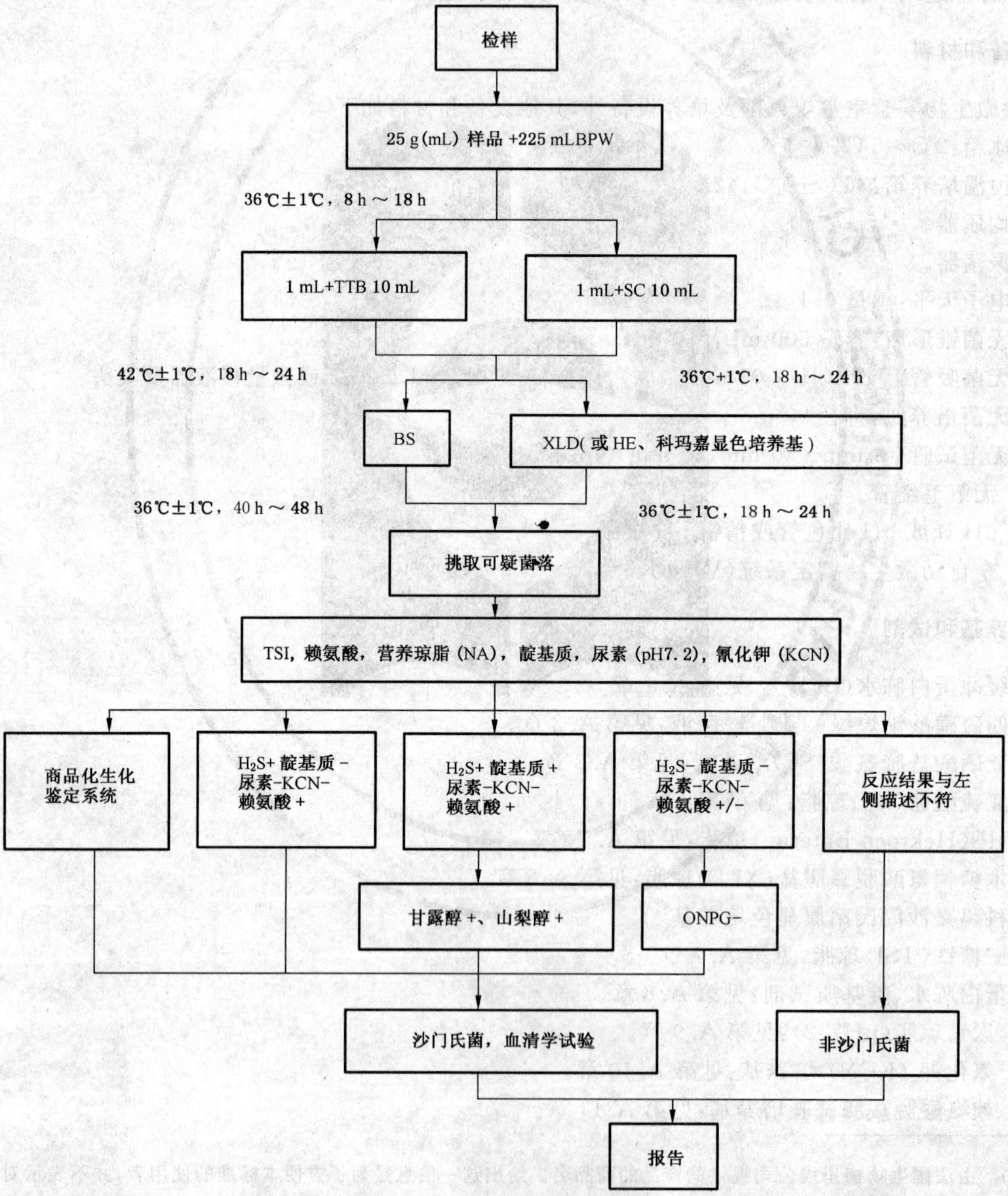

图 1　沙门氏菌检验程序

5 操作步骤

5.1 前增菌

称取 25 g(mL)样品放入盛有 225 mL BPW 的无菌均质杯中，以 8 000 r/min～10 000 r/min 均质 1 min～2 min，或置于盛有 225 mL BPW 的无菌均质袋中，用拍击式均质器拍打 1 min～2 min。若样品为液态，不需要均质，振荡混匀。如需要，测定 pH 值，用 1 mol/mL 无菌氢氧化钠或盐酸调 pH 至 6.8±0.2。无菌操作将样品转至 500 mL 锥形瓶中，如使用均质袋，可直接进行培养，于 36℃±1℃培养 8 h～18 h。

如为冷冻产品，应在 45℃以下不超过 15 min，或 2℃～5℃不超过 18 h 解冻。

5.2 增菌

轻轻摇动培养过的样品混合物，移取 1 mL，转种于 10 mL TTB 内，于 42℃±1℃培养 18 h～24 h。同时，另取 1 mL，转种于 10 mL SC 内，于 36℃±1℃培养 18 h～24 h。

5.3 分离

分别用接种环取增菌液 1 环，划线接种于一个 BS 琼脂平板和一个 XLD 琼脂平板（或 HE 琼脂平板或科玛嘉显色培养基平板）。于 36℃±1℃分别培养 18 h～24 h（XLD 琼脂平板、HE 琼脂平板、科玛嘉显色培养基平板）或 40 h～48 h（BS 琼脂平板），观察各个平板上生长的菌落，各个平板上的菌落特征见表 1。

表 1 沙门氏菌属在不同选择性琼脂平板上的菌落特征

选择性琼脂平板	沙门氏菌
BS 琼脂	菌落为黑色有金属光泽、棕褐色或灰色，菌落周围培养基可呈黑色或棕色；有些菌株形成灰绿色的菌落，周围培养基不变
HE 琼脂	蓝绿色或蓝色，多数菌落中心黑色或几乎全黑色；有些菌株为黄色，中心黑色或几乎全黑色
XLD 琼脂	菌落呈粉红色，带或不带黑色中心，有些菌株可呈现大的带光泽的黑色中心，或呈现全部黑色的菌落；有些菌株为黄色菌落，带或不带黑色中心
科玛嘉显色培养基	菌落为紫红色

5.4 生化试验

5.4.1 自选择性琼脂平板上分别挑取两个以上典型或可疑菌落，接种三糖铁琼脂，先在斜面划线，再于底层穿刺；接种针不要灭菌，直接接种赖氨酸脱羧酶试验培养基和营养琼脂平板，于 36℃±1℃培养 18 h～24 h，必要时可延长至 48 h。在三糖铁琼脂和赖氨酸脱羧酶试验培养基内，沙门氏菌属的反应结果见表 2。

表 2 沙门氏菌属在三糖铁琼脂和赖氨酸脱羧酶试验培养基内的反应结果

三糖铁琼脂				赖氨酸脱羧酶试验培养基	初步判断
斜面	底层	产气	硫化氢		
－	＋	＋(－)	＋(－)	＋	可疑沙门氏菌属
－	＋	＋(－)	＋(－)	－	可疑沙门氏菌属
＋	＋	＋(－)	＋(－)	＋	可疑沙门氏菌属
＋	＋	＋/－	＋/－	－	非沙门氏菌

注：＋阳性，－阴性；＋(－)多数阳性，少数阴性；＋/－阳性或阴性。

表 2 说明，在三糖铁琼脂内斜面产酸，底层产酸，同时赖氨酸脱羧酶试验阴性的菌株可以排除。其他的反应结果均有沙门氏菌属的可能，同时也均有不是沙门氏菌属的可能。

5.4.2 接种三糖铁琼脂和赖氨酸脱羧酶试验培养基的同时，可直接接种蛋白胨水（供做靛基质试验）、尿素琼脂（pH7.2）、氰化钾（KCN）培养基，也可在初步判断结果后从营养琼脂平板上挑取可疑菌落接种。于 36℃±1℃培养 18 h～24 h，必要时可延长至 48 h，按表 3 判定结果。将已挑菌落的平板储存于 2℃～5℃或室温至少保留 24 h，以备必要时复查。

表 3 沙门氏菌属生化反应初步鉴别表

反应序号	硫化氢（H_2S）	靛基质	pH7.2 尿素	氰化钾（KCN）	赖氨酸脱羧酶
A1	+	−	−	−	+
A2	+	+	−	−	+
A3	−	−	−	−	+/−

注：+阳性；−阴性；+/−阳性或阴性。

5.4.2.1 反应序号 A1：典型反应判定为沙门氏菌属。如尿素、氰化钾和赖氨酸脱羧酶 3 项中有 1 项异常，按表 4 可判定为沙门氏菌。如有 2 项异常为非沙门氏菌。

表 4 沙门氏菌属生化反应初步鉴别表

pH7.2 尿素	氰化钾（KCN）	赖氨酸脱羧酶	判定结果
−	−	−	甲型副伤寒沙门氏菌（要求血清学鉴定结果）
−	+	+	沙门氏菌Ⅳ或Ⅴ（要求符合本群生化特性）
+	−	+	沙门氏菌个别变体（要求血清学鉴定结果）

注：+表示阳性；+表示阴性。

5.4.2.2 反应序号 A2：补做甘露醇和山梨醇试验，沙门氏菌靛基质阳性变体两项试验结果均为阳性，但需要结合血清学鉴定结果进行判定。

5.4.2.3 反应序号 A3：补做 ONPG。ONPG 阴性为沙门氏菌，同时赖氨酸脱羧酶阳性，甲型副伤寒沙门氏菌为赖氨酸脱羧酶阴性。

5.4.2.4 必要时按表 5 进行沙门氏菌生化群的鉴别。

表 5 沙门氏菌属各生化群的鉴别

项　目	Ⅰ	Ⅱ	Ⅲ	Ⅳ	Ⅴ	Ⅵ
卫矛醇	+	+	−	−	+	−
山梨醇	+	+	+	+	+	−
水杨苷	−	−	−	+	−	−
ONPG	−	−	+	−	+	−
丙二酸盐	−	+	+	−	−	−
氰化钾（KCN）	−	−	−	+	+	−

注：+表示阳性；−表示阴性。

5.4.3 如选择 API 20E 生化鉴定试剂盒或 VITEK 全自动微生物鉴定系统，可根据 5.4.1 的初步判断结果，从营养琼脂平板上挑取可疑菌落，用生理盐水制备成浊度适当的菌悬液，使用 API 20E 生化鉴定试剂盒或 VITEK 全自动微生物鉴定系统进行鉴定。

5.5 血清学鉴定

5.5.1 抗原的准备

一般采用1.2%～1.5%琼脂培养物作为玻片凝集试验用的抗原。

O血清不凝集时，将菌株接种在琼脂量较高的（如2%～3%）培养基上再检查；如果是由于Vi抗原的存在而阻止了O凝集反应时，可挑取菌苔于1 mL生理盐水中做成浓菌液，于酒精灯火焰上煮沸后再检查。H抗原发育不良时，将菌株接种在0.55%～0.65%半固体琼脂平板的中央，俟菌落蔓延生长时，在其边缘部分取菌检查；或将菌株通过装有0.3%～0.4%半固体琼脂的小玻管1次～2次，自远端取菌培养后再检查。

5.5.2 多价菌体抗原(O)鉴定

在玻片上划出两个约1 cm×2 cm的区域，挑取1环待测菌，各放1/2环于玻片上的每一区域上部，在其中一个区域下部加1滴多价菌体(O)抗血清，在另一区域下部加入1滴生理盐水，作为对照。再用无菌的接种环或针分别将两个区域内的菌落研成乳状液。将玻片倾斜摇动混合1 min，并对着黑暗背景进行观察，任何程度的凝集现象皆为阳性反应。

5.5.3 多价鞭毛抗原(H)鉴定

同5.5.2。

5.5.4 血清学分型（选做项目）

5.5.4.1 O抗原的鉴定

用A～F多价O血清做玻片凝集试验，同时用生理盐水做对照。在生理盐水中自凝者为粗糙形菌株，不能分型。

被A～F多价O血清凝集者，依次用O4；O3、O10；O7；O8；O9；O2和O11因子血清做凝集试验。根据试验结果，判定O群。被O3、O10血清凝集的菌株，再用O10、O15、O34、O19单因子血清做凝集试验，判定E1、E2、E3、E4各亚群，每一个O抗原成分的最后确定均应根据O单因子血清的检查结果，没有O单因子血清的要用两个O复合因子血清进行核对。

不被A～F多价O血清凝集者，先用9种多价O血清检查，如有其中一种血清凝集，则用这种血清所包括的O群血清逐一检查，以确定O群。每种多价O血清所包括的O因子如下：

O多价1　A，B，C，D，E，F群（并包括6，14群）

O多价2　13，16，17，18，21群

O多价3　28，30，35，38，39群

O多价4　40，41，42，43群

O多价5　44，45，47，48群

O多价6　50，51，52，53群

O多价7　55，56，57，58群

O多价8　59，60，61，62群

O多价9　63，65，66，67群

5.5.4.2 H抗原的鉴定

属于A～F各O群的常见菌型，依次用表6所述H因子血清检查第1相和第2相的H抗原。

表6　A～F群常见菌型H抗原表

O群	第1相	第2相
A	a	无
B	g,f,s	无
B	i,b,d	2

表 6（续）

O 群	第 1 相	第 2 相
C1	k,v,r,c	5,Z15
C2	b,d,r	2,5
D(不产气的)	d	无
D(产气的)	g,m,p,q	无
E1	h,v	6,w,x
E4	g,s,t	无
E4	i	无

不常见的菌型，先用 8 种多价 H 血清检查，如有其中一种或两种血清凝集，则再用这一种或两种血清所包括的各种 H 因子血清逐一检查，以第 1 相和第 2 项的 H 抗原。8 种多价 H 血清所包括的 H 因子如下：

H 多价 1　a,b,c,d,i

H 多价 2　eh,enx,enz_{15},fg,gms,gpu,gp,gq,mt,gz_{51}

H 多价 3　k,r,y,z,z_{10},lv,lw,lz_{13},lz_{28},lz_{40}

H 多价 4　1,2;1,5;1,6;1,7;z_6

H 多价 5　z_4z_{23},z_4z_{24},z_4z_{32},z_{29},z_{35},z_{36},z_{38}

H 多价 6　z_{39},z_{41},z_{42},z_{44}

H 多价 7　z_{52},z_{53},z_{54},z_{55}

H 多价 8　z_{56},z_{57},z_{60},z_{61},z_{62}

每一个 H 抗原成分的最后确定均应根据 H 单因子血清的检查结果，没有 H 单因子血清的要用两个 H 复合因子血清进行核对。

检出第 1 相 H 抗原而未检出第 2 相 H 抗原的或检出第 2 相 H 抗原而未检出第 1 相 H 抗原的，可在琼脂斜面上移种 1 代～2 代后再检查。如仍只检出一个相的 H 抗原，要用位相变异的方法检查其另一个相。单相菌不必做位相变异检查。

位相变异试验方法如下：

小玻管法：将半固体管（每管约 1 mL～2 mL）在酒精灯上熔化并冷至 50℃，取已知相的 H 因子血清 0.05 mL～0.1 mL，加入于熔化的半固体内，混匀后，用毛细吸管吸取分装于供位相变异试验的小玻管内，俟凝固后，用接种针挑取待检菌，接种于一端。将小玻管平放在平皿内，并在其旁放一团湿棉花，以防琼脂中水分蒸发而干缩，每天检查结果，待另一相细菌解离后，可以从另一端挑取细菌进行检查。培养基内血清的浓度应有适当的比例，过高时细菌不能生长，过低时同一相细菌的动力不能抑制。一般按原血清 1∶200～1∶800 的量加入。

小倒管法：将两端开口的小玻管（下端开口要留一个缺口，不要平齐）放在半固体管内，小玻管的上端应高出于培养基的表面，灭菌后备用。临用时在酒精灯上加热熔化，冷至 50℃，挑取因子血清 1 环，加入小套管中的半固体内，略加搅动，使其混匀，俟凝固后，将待检菌株接种于小套管中的半固体表层内，每天检查结果，待另一相细菌解离后，可从套管外的半固体表面取菌检查，或转种 1% 软琼脂斜面，于 37℃培养后再做凝集试验。

简易平板法：将 0.7%～0.8% 半固体琼脂平板烘干表面水分，挑取因子血清 1 环，滴在半固体平板表面，放置片刻，待血清吸收到琼脂内，在血清部位的中央点种待检菌株，培养后，在形成蔓延生长的菌苔边缘取菌检查。

5.5.4.3 **Vi 抗原的鉴定**

用 Vi 因子血清检查。已知具有 Vi 抗原的菌型有:伤寒沙门氏菌，丙型副伤寒沙门氏菌,都柏林沙门氏菌。

5.5.4.4 **菌型的判定**

根据血清学分型鉴定的结果，按照附录 B 或有关沙门氏菌属抗原表判定菌型。

5.6 结果报告

综合以上生化试验和血清学鉴定的结果,报告 25 g 样品中检出或未检出沙门氏菌属。

附 录 A
（规范性附录）
培养基和试剂

A.1 缓冲蛋白胨水(BPW)

A.1.1 成分

蛋白胨	10.0 g
氯化钠	5.0 g
磷酸氢二钠(含 12 个结晶水)	9.0 g
磷酸二氢钾	1.5 g
蒸馏水	1 000.0 mL

A.1.2 制备

将各成分加入蒸馏水中，搅混均匀，静置约 10 min，加热煮沸至完全溶解，调至 pH7.2±0.1，高压灭菌 121℃，15 min。

A.2 四硫磺酸钠煌绿(TTB)增菌液

A.2.1 基础液

蛋白胨	10.0 g
牛肉膏	5.0 g
氯化钠	3.0 g
碳酸钙	45.0 g
蒸馏水	1 000.0 mL

除碳酸钙外，将各成分加入蒸馏水中，搅混均匀，静置约 10 min，加热煮沸至完全溶解，再加入碳酸钙，调至 pH7.0±0.1，高压灭菌 121℃，20 min。

A.2.2 硫代硫酸钠溶液

硫代硫酸钠(含 5 个结晶水)	50.0 g
蒸馏水	加至 100.0 mL

高压灭菌 121℃，20 min。

A.2.3 碘溶液

碘片	20.0 g
碘化钾	25.0 g
蒸馏水	加至 100.0 mL

将碘化钾充分溶解于少量的蒸馏水中，再投入碘片，振摇玻瓶至碘片全部溶解为止，然后加蒸馏水至规定的总量，贮存于棕色瓶内，塞紧瓶盖备用。

A.2.4 0.5%煌绿水溶液

煌绿	0.5 g
蒸馏水	100.0 mL

溶解后，存放暗处，不少于 1 d，使其自然灭菌。

A.2.5 牛胆盐溶液

牛胆盐	10.0 g
蒸馏水	100.0 mL

加热煮沸至完全溶解，高压灭菌 121℃，20 min。

A.2.6 制备

基础液	900.0 mL
硫代硫酸钠溶液	100.0 mL
碘溶液	20.0 mL
煌绿水溶液	2.0 mL
牛胆盐溶液	50.0 mL

临用前，按上列顺序，以无菌操作依次加入基础液中，每加入一种成分，均应摇匀后再加入另一种成分。

A.3 亚硒酸盐胱氨酸(SC)增菌液

A.3.1 成分

蛋白胨	5.0 g
乳糖	4.0 g
磷酸氢二钠(含12个结晶水)	10.0 g
亚硒酸氢钠	4.0 g
L-胱氨酸	0.01 g
蒸馏水	1 000.0 mL

A.3.2 制备

除亚硒酸氢钠和L-胱氨酸外，将各成分加入蒸馏水中，搅混均匀，静置约10 min，加热煮沸5 min至完全溶解，冷至55℃以下，以无菌操作加入亚硒酸氢钠和1 g/L L-胱氨酸溶液10 mL(称取0.1 g L-胱氨酸，加1 mol/L 氢氧化钠溶液15 mL，使溶解，再加无菌蒸馏水至100 mL 即成，如为DL-胱氨酸，用量应加倍)。摇匀，调至pH7.0±0.1。

A.4 亚硫酸铋(BS)琼脂

A.4.1 成分

蛋白胨	10.0 g
牛肉膏	5.0 g
葡萄糖	5.0 g
硫酸亚铁	0.3 g
磷酸氢二钠	4.0g
煌绿	0.025 g 或 5.0 g/L 水溶液 5.0 mL
柠檬酸铋铵	2.0 g
亚硫酸钠	6.0 g
琼脂	18.0 g
蒸馏水	1 000.0 mL

A.4.2 制备

将前三种成分加入300 mL蒸馏水(制作基础液)，硫酸亚铁和磷酸氢二钠分别加入20 mL和30 mL蒸馏水中，柠檬酸铋铵和亚硫酸钠分别加入另一20 mL和30 mL蒸馏水中，琼脂加入600 mL蒸馏水中。然后分别搅拌均匀，静置约30 min，加热煮沸至完全溶解。冷至80℃左右时，先将硫酸亚铁和磷酸氢二钠混匀，倒入基础液中，混匀。将柠檬酸铋铵和亚硫酸钠混匀，倒入基础液中，再混匀。调至pH7.5±0.1，随即倾入琼脂液中，混合均匀，冷至50℃～55℃。加入煌绿溶液，充分混匀后立即倾注平皿，每皿约20 mL。

注：本培养基不需要高压灭菌，在制备过程中不宜过分加热，避免降低其选择性，贮于室温暗处，超过48 h会降低其选择性，本培养基宜于当天制备，第二天使用。

A.5 HE（Hektoen Enteric）琼脂

A.5.1 成分

牛肉膏	3.0 g
乳糖	12.0 g
蔗糖	12.0 g
水杨素	2.0 g
胆盐	20.0 g
氯化钠	5.0 g
琼脂	18.0 g～20.0 g
蒸馏水	1 000.0 mL
0.4％溴麝香草酚蓝溶液	16.0 mL
Andrade 指示剂	20.0 mL
甲液	20.0 mL
乙液	20.0 mL

A.5.2 制备

将前面七种成分溶解于400 mL蒸馏水内作为基础液；将琼脂加入于600 mL蒸馏水内，加热溶解。加入甲液和乙液于基础液内，调至pH7.5±0.1。再加入指示剂，并与琼脂液合并，待冷至50℃～55℃倾注平皿。

注：①本培养基不需要高压灭菌，在制备过程中不宜过分加热，避免降低其选择性。

②甲液的配制：

硫代硫酸钠	34.0 g
柠檬酸铁铵	4.0 g
蒸馏水	100.0 mL

③乙液的配制：

去氧胆酸钠	10.0 g
蒸馏水	100.0 mL

④ Andrade 指示剂：

酸性复红	0.5 g
1 mol/L 氢氧化钠溶液	16.0 mL
蒸馏水	100.0 mL

将复红溶解于蒸馏水中，加入氢氧化钠溶液。数小时后如复红褪色不全，再加氢氧化钠溶液1 mL～2 mL。

A.6 木糖赖氨酸脱氧胆盐(XLD)琼脂

A.6.1 成分

酵母膏	3.0 g
L-赖氨酸	5.0 g
木糖	3.75 g
乳糖	7.5 g
蔗糖	7.5 g
去氧胆酸钠	2.5 g
柠檬酸铁铵	0.8 g
硫代硫酸钠	6.8 g
氯化钠	5.0 g

琼脂	15.0 g
酚红	0.08 g
蒸馏水	1 000.0 mL

A.6.2 制备

将上述成分(酚红除外)溶解于 1 000 mL 蒸馏水,加热溶解。调至 pH7.4±0.2。再加入指示剂,待冷至 50℃~55℃倾注平皿。

注:本培养基不需要高压灭菌,在制备过程中不宜过分加热,避免降低其选择性,贮于室温暗处。本培养基宜于当天制备,第二天使用。

A.7 三糖铁(TSI)琼脂

A.7.1 成分

蛋白胨	20.0 g
牛肉膏	3.0 g
乳糖	10.0 g
蔗糖	10.0 g
葡萄糖	1.0 g
硫酸亚铁铵(含 6 个结晶水)	0.5 g
酚红	0.025 g 或 5.0 g/L 溶液 5.0 mL
氯化钠	5.0 g
硫代硫酸钠	0.5 g
琼脂	12.0 g
蒸馏水	1 000.0 mL

A.7.2 制备

除酚红和琼脂外,将其他成分加入 400 mL 蒸馏水中,搅拌均匀,静置约 10 min,加热煮沸至完全溶解,调至 pH7.4±0.1。另将琼脂加入 600 mL 蒸馏水中,搅拌均匀,静置约 10 min,加热煮沸至完全溶解。

将上述两溶液混合均匀后,再加入酚红指示剂,混匀,分装试管,每管约 2 mL~4 mL,高压灭菌 121℃ 10 min 或 115℃ 15 min,灭菌后置成高层斜面,呈橘红色。

A.8 蛋白胨水、靛基质试剂

A.8.1 蛋白胨水

蛋白胨(或胰蛋白胨)	20.0 g
氯化钠	5.0 g
蒸馏水	1 000.0 mL

按上述成分配制,分装小试管,121℃高压灭菌 15 min。

A.8.2 靛基质试剂

A.8.2.1 柯凡克试剂:将 5 g 对二甲氨基甲醛溶解于 75 mL 戊醇中,然后缓慢加入浓盐酸 25 mL。

A.8.2.2 欧-波试剂:将 1 g 对二甲氨基苯甲醛溶解于 95 mL 95%乙醇内。然后缓慢加入浓盐酸 20 mL。

A.8.3 试验方法

挑取小量培养物接种,在 36℃±1℃培养 1 d~2 d,必要时可培养 4 d~5 d。加入柯凡克试剂约 0.5 mL,轻摇试管,阳性者于试剂层呈深红色;或加入欧-波试剂约 0.5 mL,沿管壁流下,覆盖于培养液表面,阳性者于液面接触处呈玫瑰红色。

注:蛋白胨中应含有丰富的色氨酸。每批蛋白胨买来后,应先用已知菌种鉴定后方可使用。

A.9 尿素琼脂(pH7.2)

A.9.1 成分

蛋白胨	1.0 g
氯化钠	5.0 g
葡萄糖	1.0 g
磷酸二氢钾	2.0 g
乳糖	1.0 g
0.4%酚红	3.0 mL
琼脂	20.0 g
蒸馏水	100.0 mL

A.9.2 制备

将除尿素和琼脂以外的成分配好,并校正 pH,加入琼脂,加热溶化后分装,121℃高压灭菌 15 min。冷至 50℃～55℃,加入经除菌过滤的尿素溶液。尿素的最终浓度为 2%,最终 pH 应为 7.2±0.1。分装于无菌试管内,放成斜面备用。

A.9.3 试验方法

挑取琼脂培养物接种,在 36℃±1℃培养 24 h,观察结果。尿素酶阳性者由于产碱而使培养基变为红色。

A.10 氰化钾(KCN)培养基

A.10.1 成分

蛋白胨	10.0 g
氯化钠	5.0 g
磷酸二氢钾	0.225 g
磷酸二氢钠	5.64 g
蒸馏水	1 000.0 mL
0.5%氰化钾	20.0 mL

A.10.2 制备

将除氰化钾以外的成分配好后分装,121℃高压灭菌 15 min。放在冰箱内使其充分冷却。每 100 mL 培养基加入 0.5%氰化钾溶液 2.0 mL(最后浓度为 1∶10 000),分装于无菌试管内,每管约 4 mL,立刻用无菌橡皮塞塞紧,放在 4℃冰箱内,至少可保存两个月。同时,将不加氰化钾的培养基作为对照培养基,分装试管备用。

A.10.3 试验方法

将琼脂培养物接种于蛋白胨水内成为稀释菌液,挑取 1 环接种于氰化钾(KCN)培养基。并另挑取 1 环接种于对照培养基。在 36℃±1℃培养 1 d～2 d,观察结果。如有细菌生长即为阳性(不抑制),经 2 d 细菌不生长为阴性(抑制)。

注:氰化钾是剧毒药,使用时应小心,切勿沾染,以免中毒。夏天分装培养基应在冰箱内进行。试验失败的主要原因是封口不严,氰化钾逐渐分解,产生氢氰酸气体逸出,以致药物浓度降低,细菌生长,因而造成假阳性反应。试验时对每一环节都要特别注意。

A.11 赖氨酸脱羧酶试验培养基

A.11.1 成分

蛋白胨	5.0 g

酵母浸膏	3.0 g
葡萄糖	1.0 g
蒸馏水	1 000.0 mL
1.6%溴甲酚紫-乙醇溶液	1.0 mL
L-赖氨酸或 DL-赖氨酸	0.5 g/100 mL 或 1.0 g/100 mL

A.11.2 制备

除赖氨酸以外的成分加热溶解后，分装每瓶 100 mL，分别加入赖氨酸。L-赖氨酸按 0.5%加入，DL-赖氨酸按 1%加入。再行校正 pH 至 6.8。对照培养基不加赖氨酸。分装于无菌的小试管内，每管 0.5 mL，上面滴加一层液体石蜡，115℃高压灭菌 10 min。

A.11.3 试验方法

从琼脂斜面上挑取培养物接种，于 36℃±1℃培养 18 h～24 h，观察结果。氨基酸脱羧酶阳性者由于产碱，培养基应呈紫色。阴性者无碱性产物，但因葡萄糖产酸而使培养基变为黄色。对照管应为黄色。

A.12 糖发酵管

A.12.1 成分

牛肉膏	5.0 g
蛋白胨	10.0 g
氯化钠	3.0 g
磷酸氢二钠(含 12 个结晶水)	2.0 g
0.2%溴麝香草酚蓝溶液	12.0 mL
蒸馏水	1 000.0 mL

A.12.2 制备

A.12.2.1 葡萄糖发酵管按上述成分配好后，并校正 pH 至 7.4±0.1。按 0.5%加入葡萄糖，分装于有一个倒置小管的小试管内，121℃高压灭菌 15 min。

A.12.2.2 其他各种糖发酵管可按上述成分配好后，分装每瓶 100 mL，121℃高压灭菌 15 min。另将各种糖类分别配好 10%溶液，同时高压灭菌。将 5 mL 糖溶液加入于 100 mL 培养基内，以无菌操作分装小试管。

注：蔗糖不纯，加热后会自行水解者，应采用过滤法除菌。

A.12.3 试验方法

从琼脂斜面上挑取小量培养物接种，于 36℃±1℃培养，一般 2 d～3 d。迟缓反应需观察 14 d～30 d。

A.13 邻硝基酚 β-D 半乳糖苷(ONPG)培养基

A.13.1 成分

邻硝基酚 β-D 半乳糖苷(ONPG)	60.0 mg
0.01 mol/L 磷酸钠缓冲液(pH7.5)	10.0 mL
1%蛋白胨水(pH7.5)	30.0 mL

A.13.2 制备

将 ONPG 溶于缓冲液内，加入蛋白胨水，以过滤法除菌，分装于无菌的小试管内，每管 0.5 mL，用橡皮塞塞紧。

A.13.3 试验方法

自琼脂斜面上挑取培养物 1 满环接种于 36℃±1℃培养 1 h～3 h 和 24 h 观察结果。如果 β-半乳糖苷酶产生，则于 1 h～3 h 变黄色，如无此酶则 24 h 不变色。

A.14 半固体琼脂

A.14.1 成分

牛肉膏	0.3 g
蛋白胨	1.0 g
氯化钠	0.5 g
琼脂	0.35～0.4 g
蒸馏水	100.0 mL

A.14.2 制备

按以上成分配好，煮沸使溶解，并校正 pH 至 7.4±0.1。分装小试管。121℃高压灭菌 15 min。直立凝固备用。

注：供动力观察、菌种保存、H 抗原位相变异试验等用。

A.15 丙二酸钠培养基

A.15.1 成分

酵母浸膏	1.0 g
硫酸铵	2.0 g
磷酸氢二钾	0.6 g
磷酸二氢钾	0.4 g
氯化钠	2.0 g
丙二酸钠	3.0 g
0.2%溴麝香草酚蓝溶液	12.0 mL
蒸馏水	1 000.0 mL

A.15.2 制备

先将酵母浸膏和盐类溶解于水，校正 pH 至 6.8±0.1 后再加入指示剂，分装试管，121℃高压灭菌 15 min。

A.15.3 试验方法

用新鲜的琼脂培养物接种，于 36℃±1℃培养 48 h，观察结果。阳性者由绿色变为蓝色。

附 录 B
（规范性附录）
常见沙门氏菌抗原

B.1 常见沙门氏菌抗原

常见沙门氏菌抗原见表B.1。

表 B.1 常见沙门氏菌抗原表

菌 名	原 名	O 抗 原	H抗原	
			第1相	第2相
A 群				
甲型副伤寒沙门氏菌	*S. paratyphi* A	[1],2,12	a	[1,5]
B 群				
基桑加尼沙门氏菌	*S. kisangani*	[1],4,[5],12	a	1,2
阿雷查瓦莱塔沙门氏菌	*S. arechavaleta*	4,[5],12	a	1,7
马流产沙门氏菌	*S. abortusequi*	4,12	—	e,n,x,
乙型副伤寒沙门氏菌	*S. paratyphi* B	[1],4,[5],12	b	1,2
利密特沙门氏菌	*S. limete*	[1],4,12,[27]	b	1,5
阿邦尼沙门氏菌	*S. abony*	[1],4,[5],12,27	b	e,n,x
维也钠沙门氏菌	*S. wien*	[1],4,12,[27]	b	l,w
伯里沙门氏菌	*S. bury*	4,12,[27]	c	z_6
斯坦利沙门氏菌	*S. stanley*	[1],4,[5],12,[27]	d	1,2
圣保罗沙门氏菌	*S. saintpaul*	[1],4,[5],12	e,h	1,2
里定沙门氏菌	*S. reading*	[1],4,[5],12	e,h	1,5
彻斯特沙门氏菌	*S. chester*	[1],4,[5],12	e,h	e,n,x
德尔卑沙门氏菌	*S. derby*	[1],4,[5],12	f,g	[1,2]
阿贡纳沙门氏菌	*S. agona*	[1],4,[5],12	f,g,s	[1,2]
埃森沙门氏菌	*S. essen*	4,12	g,m	—
加利福尼亚沙门氏菌	*S. california*	4,12	g,m,t	[z_{67}]
金斯敦沙门氏菌	*S. kingston*	[1],4,[5],12,[27]	g,s,t	[1,2]
布达佩斯沙门氏菌	*S. budapest*	[1],4,12,[27]	g,t	—
鼠伤寒沙门氏菌	*S. typhimurium*	[1],4,[5],12	i	1,2
拉古什沙门氏菌	*S. Lagos*	[1],4,[5],12	i	1,5
布雷登尼沙门氏菌	*S. bredeney*	[1],4,12,[27]	l,v	1,7
基尔瓦沙门氏菌Ⅱ	*S. kilwa* Ⅱ	4,12	l,w	e,n,x
海德尔堡沙门氏菌	*S. heidelberg*	[1],4,[15],12	r	1,2
印地安纳沙门氏菌	*S. indiana*	[1],4,12	z	1,7

表 B.1（续）

菌　　名	原　　名	O 抗 原	H 抗原	
			第 1 相	第 2 相
斯坦利维尔沙门氏菌	*S. stanleyville*	[1],4,[5],12,[27]	z_4,z_{23}	[1,2]
伊图里沙门氏菌	*S. ituri*	[1],4,12	z_{10}	1,5
C1　群				
奥斯陆沙门氏菌	*S. oslo*	6,7,[14]	a	e,n,x
爱丁保沙门氏菌	*S. edinburg*	6,7,[14]	b	1,5
布隆方丹沙门氏菌Ⅱ	*S. bloemfontein* Ⅱ	6,7	b	[e,n,x]:z_{42}
丙型副伤寒沙门氏菌	*S. paratyphi C*	6,7,[Vi]	c	1,5
猪霍乱沙门氏菌	*S. choleraesuis*	6,7	c	1,5
猪伤寒沙门氏菌	*S. typhisuis*	6,7	c	1,5
罗米他沙门氏菌	*S. lomita*	6,7	e,h	1,5
布伦登卢普沙门氏菌	*S. braenderup*	6,7,[14]	e,h	e,n,z_{15}
里森沙门氏菌	*S. rissen*	6,7,[14]	f,g	—
蒙得维的亚沙门氏菌	*S. montevideo*	6,7,[14]	g,m,[p],s	[1,2,7]
里吉尔沙门氏菌	*S. riggil*	6,7	g,[t]	—
奥雷宁堡沙门氏菌	*S. oranieburg*	6,7,[14]	m,t	[2,5,7]
奥里塔蔓林沙门氏菌	*S. oritamerin*	6,7	i	1,5
汤卜逊沙门氏菌	*S. thompson*	6,7,[14]	k	1,5
康科德沙门氏菌	*S. concord*	6,7	l,v	1,2
伊鲁木沙门氏菌	*S. irumu*	6,7	l,v	1,5
姆卡巴沙门氏菌	*S. mkamba*	6,7	l,v	1,6
波恩沙门氏菌	*S. bonn*	6,7	l,v	e,n,x
波茨坦沙门氏菌	*S. potsdam*	6,7,[14]	l,v	e,n,z_{15}
格但斯克沙门氏菌	*S. gdansk*	6,7,[14]	l,v	z_6
维尔肖沙门氏菌	*S. virchow*	6,7,[14]	r	1,2
婴儿沙门氏菌	*S. infantis*	6,7,[14]	r	1,5
巴布亚沙门氏菌	*S. papuana*	6,7	r	e,n,z_{15}
巴累利沙门氏菌	*S. bareilly*	6,7,[14]	y	1,5
哈特福德沙门氏菌	*S. hartford*	6,7	y	e,n,x
三河岛沙门氏菌	*S. mikawasima*	6,7,[14]	y	e,n,z_{15}
姆班达卡沙门氏菌	*S. mbandaka*	6,7,[14]	z_{10}	e,n,z_{15}
田纳西沙门氏菌	*S. tennessee*	6,7,[14]	z_{29}	[1,2,7]
C2　群				
习志野沙门氏菌	*S. narashino*	6.8	a	e,n,x
名古屋沙门氏菌	*S. nagoya*	6,8	b	1,5

表 B.1（续）

菌　名	原　名	O 抗　原	H 抗原	
			第 1 相	第 2 相
加瓦尼沙门氏菌	*S. gatuni*	6,8	b	e,n,x
慕尼黑沙门氏菌	*S. muenchen*	6,8	d	1,2
蔓哈顿沙门氏菌	*S. manhattan*	6,8	d	1,5
纽波特沙门氏菌	*S. newport*	6,8,[20]	e,h	1,2
科特布斯沙门氏菌	*S. kottbus*	6,8	e,h	1,5
茨昂威沙门氏菌	*S. tshiongwe*	6,8	e,h	e,n,z_{15}
林登堡沙门氏菌	*S. lindenburg*	6,8	i	1,2
塔科拉迪沙门氏菌	*S. takoradi*	6,8	i	1,5
波那雷恩沙门氏菌	*S. bonariensis*	6,8	i	e,n,x
利齐菲尔德沙门氏菌	*S. litchfield*	6,8	l,v	1,2
病牛沙门氏菌	*S. bovismorbificans*	6,8,[20]	r,[i]	1,5
查理沙门氏菌	*S. chailey*	6,8	z_4,z_{23}	e,n,z_{15}
		C3　群		
巴尔多沙门氏菌	*S. bardo*	8	e,h	1,2
依麦克沙门氏菌	*S. emek*	8,[20]	g,m,s	—
肯塔基沙门氏菌	*S. kentucky*	8,[20]	i	z_6
		C4　群		
布伦登卢普沙门氏菌	*S. braenderup*	6,7,[14]	e,h	e,n,z_{15}
14⁺ 变种	var. 14⁺	—	—	—
耶路撒冷沙门氏菌	*S. jerusalem*	6,7,[14]	z_{10}	l,w
		D　群		
仙台沙门氏菌	*S. sendai*	[1],9,12	a	1,5
伤寒沙门氏菌	*S. typhi*	9,12,[Vi]	d	—
塔西沙门氏菌	*S. tarshyne*	9,12	d	1,6
伊斯特本沙门氏菌	*S. eastbourne*	[1],9,12	e,h	1,5
以色列沙门氏菌	*S. israel*	9,12	e,h	e,n,z_{15}
肠炎沙门氏菌	*S. enteritidis*	[1],9,12	g,m	[1,7]
布利丹沙门氏菌	*S. blegdam*	9,12	g,m,q	—
沙门氏菌 Ⅱ	*Salmonella* Ⅱ	[1],9,12	g,m[s],t	[1,5,7]
都柏林沙门氏菌	*S. dublin*	[1],9,12,[Vi]	g,p	—
芙蓉沙门氏菌	*S. seremban*	9,12	i	1,5
巴拿马沙门氏菌	*S. panama*	[1],9,12	l,v	1,5
戈丁根沙门氏菌	*S. goettingen*	9,12	l,v	e,n,z_{15}
爪哇安纳沙门氏菌	*S. javiana*	[1],9,12	L,z_{28}	1,5

表 B.1（续）

菌 名	原 名	O 抗 原	H抗原	
			第1相	第2相
鸡-雏沙门氏菌	*S. gallinarum-pullorum*	[1],9,12	—	—
E1 群				
奥凯福科沙门氏菌	*S. okefoko*	3,10	c	z_6
瓦伊勒沙门氏菌	*S. vejle*	3,10[15]	e,h	1,2
明斯特沙门氏菌	*S. muenster*	3,10[15][15,34]	e,h	1.5
鸭沙门氏菌	*S. anatum*	3,10[15][15,34]	e,h	1,6
纽兰沙门氏菌	*S. newlands*	3,10[15,34]	e,h	e,n,x
火鸡沙门氏菌	*S. meleagridis*	3,10[15][15,34]	e,h	l,w
雷根特沙门氏菌	*S. regent*	3,10	f,g,[s]	[1,6]
西翰普顿沙门氏菌	*S. westhampton*	3,10[15][15,34]	g,s,t	—
阿姆德尔尼斯沙门氏菌	*S. amounderness*	3,10	i	1,5
新罗歇尔沙门氏菌	*S. new-rochelle*	3,10	k	l,w
恩昌加沙门氏菌	*S. nchanga*	3,10[15]	l,v	1,2
新斯托夫沙门氏菌	*S. sinstorf*	3,10	l,v	1,5
伦敦沙门氏菌	*S. london*	3,10[15]	l,v	1,6
吉韦沙门氏菌	*S. give*	3,10[15][15,34]	l,v[d]	1,7
鲁齐齐沙门氏菌	*S. ruzizi*	3,10	l,v	e,n,z_{15}
乌干达沙门氏菌	*S. uganda*	3,10[15]	l,z_{13}	1,5
乌盖利沙门氏菌	*S. ughelli*	3,10	r	1,5
韦太夫雷登沙门氏菌	*S. weltevreden*	3,10[15]	r	z_6
克勒肯威尔沙门氏菌	*S. clerkenwell*	3,10	z	l,w
列克星敦沙门氏菌	*S. lexington*	3,10[15][15,34]	z_{10}	1,5
E4 群				
萨奥沙门氏菌	*S. sao*	1,3,19	e,h	e,n,z_{15}
卡拉巴尔沙门氏菌	*S. calabar*	1,3,19	e,h	l,w
山夫登堡沙门氏菌	*S. senftenberg*	1,3,19	g,[s],t	—
斯特拉特福沙门氏菌	*S. stratford*	1,3,19	i	1,2
塔克松尼沙门氏菌	*S. taksony*	1,3,19	i	z_6
索恩保沙门氏菌	*S. schoeneberg*	1,3,19	z	e,n,z_{15}
F 群				
昌丹斯沙门氏菌	*S. chandans*	11	d	[e,n,x]
阿柏丁沙门氏菌	*S. aberdeen*	11	i	1,2
布里赫姆沙门氏菌	*S. brijbhumi*	11	i	1,5
威尼斯沙门氏菌	*S. veneziana*	11	i	e,n,x

表 B.1（续）

菌　名	原　名	O 抗 原	H 抗原	
			第 1 相	第 2 相
阿巴特图巴沙门氏菌	*S. abaetetuba*	11	k	1,5
鲁比斯劳沙门氏菌	*S. rubislaw*	11	r	e,n,x
其他群				
浦那沙门氏菌	*S. poona*	[1],13,22	z	1,6
里特沙门氏菌	*S. ried*	[1],13,22	z_4,z_{23}	[e,n,z_{15}]
亚特兰大沙门氏菌	*S. atlanta*	13,23	b	—
密西西比沙门氏菌	*S. mississippi*	[1],13,23	b	1,5
古巴沙门氏菌	*S. cubana*	[1],13,23	z_{29}	—
苏拉特沙门氏菌	*S. surat*	[1],6,14,[25]	r,[i]	e,n,z_{15}
松兹瓦尔沙门氏菌	*S. sundsvall*	[1],6,14,[25]	z	e,n,x
非丁伏斯沙门氏菌	*S. hvittingfoss*	16	b	e,n,x
威斯敦沙门氏菌	*S. weston*	16	e,h	z_6
上海沙门氏菌	*S. shanghai*	16	l,v	1,6
自贡沙门氏菌	*S. zigong*	16	l,w	1,5
巴圭达沙门氏菌	*S. baguida*	21	z_4,z_{23}	—
迪尤波尔沙门氏菌	*S. dieuoppeul*	28	i	1,7
卢肯瓦尔德沙门氏菌	*S. luckenwalde*	28	z_{10}	e,n,z_{15}
拉马特根沙门氏菌	*S. ramatgan*	30	k	1,5
阿德莱沙门氏菌	*S. adelaide*	35	f,g	—
旺兹沃思沙门氏菌	*S. wandsworth*	39	b	1,2
雷俄格伦德沙门氏菌	*S. riogrande*	40	b	1,5
莱瑟沙门氏菌Ⅱ	*S. lethe* Ⅱ	41	g,t	—
达莱姆沙门氏菌	*S. dahlem*	48	k	e,n,z_{15}
沙门氏菌Ⅲ	*Salmonella* Ⅲ	61	l,v	1,5,7:[z_{57}]

ICS 07.100.30
C 53

中华人民共和国国家标准

GB/T 4789.7—2008
代替 GB/T 4789.7—2003

食品卫生微生物学检验 副溶血性弧菌检验

Microbiological examination of food hygiene—Examination of *Vibrio parahaemolyticus*

2008-05-16 发布　　2008-11-01 实施

中华人民共和国卫生部
中国国家标准化管理委员会　发布

前　言

本标准修改采用了美国食品药品管理局(FDA)《细菌学分析手册》第9章：霍乱弧菌、副溶血性弧菌、创伤弧菌和其他弧菌(Bacteriological Analytical Manual，Chapter 9：*Vibrio cholerae*，*V. parahaemolyticus*，*V. vulnificus* and other vibrio spp.)。

本标准与FDA方法相比主要区别如下：

——将样品制备时取样量50 g(mL)修改为25 g(mL)；

——将增菌时间16 h～18 h修改为8 h～18 h；

——增加科玛嘉弧菌选择性平板；

——增加全自动细菌生化鉴定仪VITEK；

——抗原表中增加了新的血清型。

本标准代替GB/T 4789.7—2003《食品卫生微生物学检验　副溶血性弧菌检验》。本标准自实施之日起，GB/T 4789.7—2003同时废止。

本标准与GB/T 4789.7—2003相比主要变化如下：

——将选择性增菌液由氯化钠结晶紫增菌液改为3%氯化钠碱性蛋白胨水；

——将选择性分离培养基由氯化钠蔗糖琼脂和嗜盐菌选择性琼脂改为硫代硫酸盐-柠檬酸盐-胆盐-蔗糖琼脂和科玛嘉弧菌显色培养基；

——增加API 20E诊断试剂条及全自动细菌生化鉴定仪VITEK；

——增加血清学分型；

——将动物试验改为神奈川试验；

——增加最可能数检索表。

本标准的附录A、附录B为规范性附录。

本标准由中华人民共和国卫生部提出并归口。

本标准负责起草单位：中国疾病预防控制中心营养与食品安全所。

本标准参加起草单位：福建省疾病预防控制中心、浙江省疾病预防控制中心、中国检验检疫科学研究院、北京市疾病预防控制中心。

本标准主要起草人：刘秀梅、陈艳、马群飞、程苏云、陈彦长、陈倩。

本标准所代替标准的历次版本发布情况为：

——GB 4789.7—1984，GB/T 4789.7—1994，GB/T 4789.7—2003。

食品卫生微生物学检验
副溶血性弧菌检验

1 范围

本标准规定了食品中副溶血性弧菌(*Vibrio parahaemolyticus*)的检验方法。

本标准适用于水产品及食物中毒样品中副溶血性弧菌的检验,其他食品可参照使用。

2 设备和材料

除微生物实验室常规灭菌及培养设备外,其他设备和材料如下。

2.1 恒温培养箱:36℃±1℃。

2.2 冰箱:2℃~5℃。

2.3 均质器或无菌乳钵。

2.4 天平:感量 0.1 g。

2.5 无菌试管:18 mm×180 mm,15 mm×100 mm。

2.6 无菌吸管:1 mL(具 0.01 mL 刻度),10 mL(具 0.1 mL 刻度)或微量移液器及吸头。

2.7 无菌锥形瓶:500 mL,250 mL。

2.8 无菌培养皿:直径 90 mm。

2.9 全自动微生物鉴定系统(VITEK)[1]。

2.10 无菌手术剪、镊子。

3 培养基和试剂

3.1 3%氯化钠碱性蛋白胨水(APW):见第 A.1 章。

3.2 硫代硫酸盐-柠檬酸盐-胆盐-蔗糖(TCBS)琼脂:见第 A.2 章。

3.3 3%氯化钠胰蛋白胨大豆(TSA)琼脂:见第 A.3 章。

3.4 3%氯化钠三糖铁(TSI)琼脂:见第 A.4 章。

3.5 嗜盐性试验培养基:见第 A.5 章。

3.6 3%氯化钠甘露醇试验培养基:见第 A.6 章。

3.7 3%氯化钠赖氨酸脱羧酶试验培养基:见第 A.7 章。

3.8 3%氯化钠 MR-VP 培养基:见第 A.8 章。

3.9 我妻氏血琼脂:见第 A.9 章。

3.10 氧化酶试剂:见第 A.10 章。

3.11 革兰氏染色液:见第 A.11 章。

3.12 ONPG 试剂:见第 A.12 章。

3.13 Voges-Proskauer(V-P)试剂:见第 A.13 章。

3.14 科玛嘉(CHROMagar)弧菌显色培养基[2]。

3.15 API 20E 生化鉴定试剂盒或 VITEK NFC 生化鉴定卡[1]。

---

1) 由法国生物梅里埃公司提供的产品的商品名。给出这一信息是为了方便本标准的使用者,并不表示对该产品的认可。如果其他等效产品具有相同的效果,则可使用这些等效的产品。

2) 由法国科玛嘉公司提供的产品的商品名。给出这一信息是为了方便本标准的使用者,并不表示对该产品的认可。如果其他等效产品具有相同的效果,则可使用这些等效的产品。

4 检验程序

副溶血性弧菌检验程序见图 1。

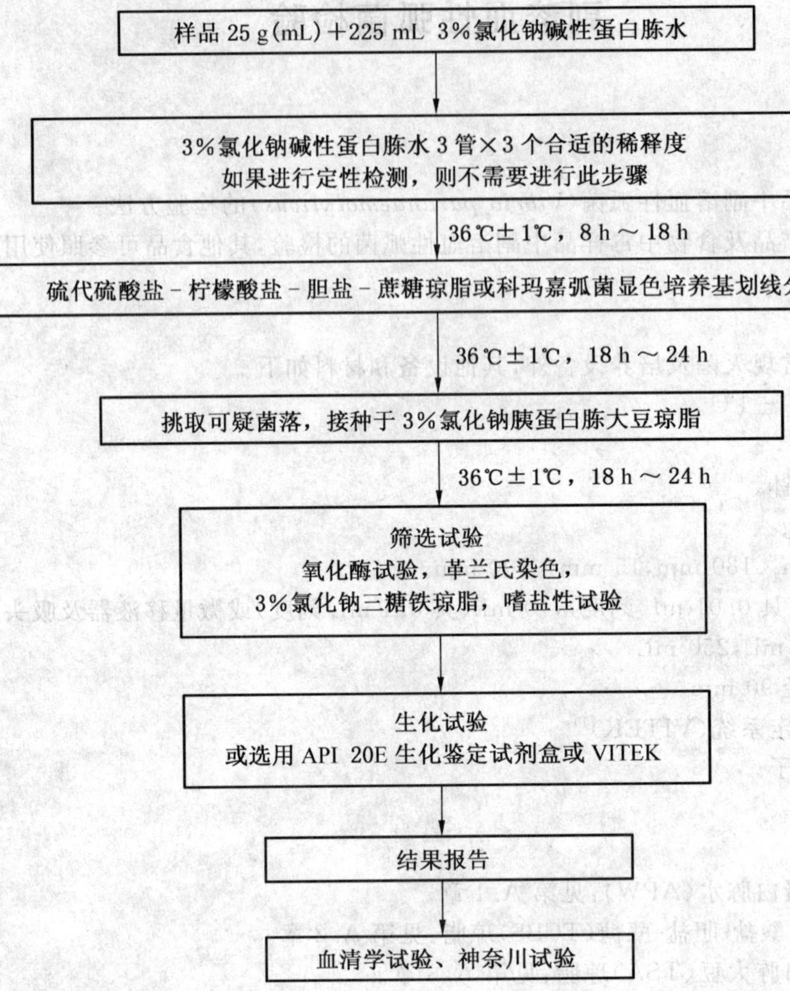

图 1 副溶血性弧菌检验程序

5 操作步骤

5.1 样品制备

5.1.1 冷冻样品应在 45℃以下不超过 15 min 或在 2℃～5℃不超过 18 h 解冻，若不能及时检验，应放于－15℃左右保存；非冷冻而易腐的样品应尽可能及时检验，若不能及时检验，应置 2℃～5℃冰箱保存，在 24 h 内检验。

5.1.2 鱼类和头足类动物取表面组织、肠或鳃。贝类取全部内容物，包括贝肉和体液；甲壳类取整个动物，或者动物的中心部分，包括肠和鳃。如为带壳贝类或甲壳类，则应先在自来水中洗刷外壳并甩干表面水分，然后以无菌操作打开外壳，按上述要求取相应部分。

5.1.3 以无菌操作取检样 25 g(mL)，加入 3%氯化钠碱性蛋白胨水 225 mL，用旋转刀片式均质器以 8 000 r/min 均质 1 min，或拍击式均质器拍击 2 min，制备成 1∶10 的均匀稀释液。如无均质器，则将样品放入无菌乳钵中磨碎，然后放在 500 mL 的灭菌容器内，加 225 mL 3%氯化钠碱性蛋白胨水，并充分振荡。

5.2 增菌

5.2.1 定性检测

将上述 1∶10 稀释液于 36℃±1℃培养 8 h～18 h。

5.2.2 **定量检测**

5.2.2.1 用灭菌吸管吸取1∶10稀释液1 mL，注入含有9 mL 3%氯化钠碱性蛋白胨水的试管内，振摇试管混匀，制备1∶100的稀释液。

5.2.2.2 另取1 mL灭菌吸管，按上条操作依次制备10倍递增稀释液，每递增稀释一次，换用一支1 mL灭菌吸管。

5.2.2.3 根据对检样污染情况的估计，选择三个连续的适宜稀释度，每个稀释度接种三支含有9 mL 3%氯化钠碱性蛋白胨水的试管，每管接种1 mL。置36℃±1℃恒温箱内，培养8 h～18 h。

5.3 **分离**

5.3.1 在所有显示生长的试管或增菌液中用接种环沾取一环，于TCBS平板或科玛嘉弧菌显色培养基平板上划线分离。一支试管划线一块平板，于36℃±1℃培养18 h～24 h。

5.3.2 典型的副溶血性弧菌在TCBS上呈圆形、半透明、表面光滑的绿色菌落，用接种环轻触，有类似口香糖的质感，直径2 mm～3 mm。从培养箱取出TCBS平板后，应尽快(不超过1 h)挑取菌落或标记要挑取的菌落。典型的副溶血性弧菌在科玛嘉弧菌显色培养基上呈圆形、半透明、表面光滑的粉紫色菌落，直径2 mm～3 mm。

5.4 **纯培养**

挑取三个或以上可疑菌落，划线3%氯化钠胰蛋白胨大豆琼脂平板，36℃±1℃培养18 h～24 h。

5.5 **初步鉴定**

5.5.1 氧化酶试验：挑选纯培养的单个菌落进行氧化酶试验，副溶血性弧菌为氧化酶阳性。

5.5.2 涂片镜检：将可疑菌落涂片，进行革兰氏染色，镜检观察形态。副溶血性弧菌为革兰氏阴性，呈棒状、弧状、卵圆状等多形态，无芽胞，有鞭毛。

5.5.3 挑取纯培养的单个可疑菌落，转种3%氯化钠三糖铁琼脂斜面并穿刺底层，36℃±1℃培养24 h观察结果。副溶血性弧菌在3%氯化钠三糖铁琼脂中的反应为底层变黄不变黑，无气泡，斜面颜色不变或红色加深，有动力。

5.5.4 嗜盐性试验：挑取纯培养的单个可疑菌落，分别接种于不同氯化钠浓度的胰胨水，36℃±1℃培养24 h，观察液体混浊情况。副溶血性弧菌在无氯化钠和10%氯化钠的胰胨水中不生长或微弱生长，在7%氯化钠的胰胨水中生长旺盛。

5.6 **确定鉴定**

5.6.1 生化试验：取纯培养物分别接种含3%氯化钠的甘露醇、赖氨酸、MR-VP培养基，36℃±1℃培养24 h～48 h后观察结果。隔夜培养物进行ONPG试验。

5.6.2 API 20E生化鉴定试剂盒或VITEK：刮取3%氯化钠胰蛋白胨大豆琼脂平板上的单个菌落，用生理盐水制备成浊度适当的细胞悬浮液，使用API 20E生化鉴定试剂盒或VITEK鉴定。

5.7 **报告**

当检出的可疑菌落生化性状符合表1要求时，报告25 g(mL)样品中检出副溶血性弧菌。如果进行定量检测，根据证实为副溶血性弧菌阳性的试管管数，查最可能数(MPN)检索表，报告每克(毫升)副溶血性弧菌的MPN值。副溶血性弧菌主要性状与其他弧菌的鉴别见表2。

表1 副溶血性弧菌的生化性状

试验项目	结果
革兰氏染色镜检	阴性，无芽孢
氧化酶	+
动力	+
蔗糖	−

表 1（续）

试验项目	结果
葡萄糖	＋
甘露醇	＋
分解葡萄糖产气	－
乳糖	－
硫化氢	－
赖氨酸脱羧酶	＋
V-P	－
ONPG	－
注：＋阳性；－阴性。	

表 2　副溶血性弧菌主要性状与其他弧菌的鉴别

名称	氧化酶	赖氨酸	精氨酸	鸟氨酸	明胶	脲酶	V-P	42℃生长	蔗糖	D-纤维二糖	乳糖	阿拉伯糖	D-甘露糖	D-甘露醇	ONPG	嗜盐性试验 氯化钠含量/%				
																0	3	6	8	10
副溶血性弧菌 *V. parahaemolyticus*	＋	＋	－	＋	＋	V	－	＋	－	V	－	＋	＋	＋	－	－	＋	＋	＋	－
创伤弧菌 *V. vulnificus*	＋	＋	－	＋	＋	－	－	＋	－	＋	＋	－	＋	V	＋	－	＋	＋	－	－
溶藻弧菌 *V. alginolyticus*	＋	＋	－	＋	＋	－	＋	＋	＋	－	－	－	＋	＋	－	－	＋	＋	＋	＋
霍乱弧菌 *V. cholerae*	＋	＋	－	＋	＋	－	V	＋	＋	－	－	－	＋	＋	＋	＋	＋	－	－	－
拟态弧菌 *V. mimicus*	＋	＋	－	＋	＋	－	－	＋	－	－	－	－	＋	＋	＋	＋	＋	－	－	－
河弧菌 *V. fluvialis*	＋	－	＋	－	＋	－	－	V	＋	＋	－	＋	＋	＋	＋	－	＋	＋	V	－
弗氏弧菌 *V. furnissii*	＋	－	＋	－	＋	－	－	－	＋	－	－	＋	±	＋	＋	－	＋	＋	＋	－
梅氏弧菌 *V. metschnikovii*	－	＋	＋	－	＋	－	＋	V	＋	－	－	－	＋	＋	＋	－	＋	＋	V	－
霍利斯弧菌 *V. hollisae*	＋	－	－	－	－	－	－	nd	－	－	－	＋	＋	－	－	－	＋	＋	－	－
注：nd 表示未试验；V 表示可变。																				

6　血清学分型（可选择）

6.1　制备：接种两管 3%氯化钠胰蛋白胨大豆琼脂试管斜面，36℃±1℃培养 18 h～24 h。用含 3%氯化钠的 5%甘油溶液冲洗 3%氯化钠胰蛋白胨大豆琼脂斜面培养物，获得浓厚的菌悬液。

6.2　K 抗原的鉴定：取一管上述制备好的菌悬液，首先用多价 K 抗血清进行检测，出现凝集反应时再用单个的抗血清进行检测。用蜡笔在一张玻片上划出适当数量的间隔和一个对照间隔。在每个间隔内各滴加一滴菌悬液,并加一滴相当的K血清。在对照间隔内加一滴3%氯化钠溶液。轻微倾斜玻片,使各成分相混合,再前后倾动玻片1 min。阳性凝集反应应可以立即观察到。

6.3 O抗原的鉴定:将另外一管的菌悬液转移到离心管内,121℃灭菌1 h。灭菌后4 000 r/min离心15 min,弃去上层液体,沉淀用生理盐水洗三次,每次4 000 r/min离心15 min,最后一次离心后留少许上层液体,将细胞浆弹起制成菌悬液。用蜡笔将玻片划分成相等的间隔。在每个间隔内加入一滴菌悬液,将O群血清分别加一滴到间隔内,最后一个间隔加一滴生理盐水作为自凝对照。轻微倾斜玻片,使各成分相混合,再前后倾动玻片1 min。阳性凝集反应应可以立即观察到。如果未见到与O群血清的凝集反应,将菌悬液121℃再次高压1 h后,重新检测。如果仍旧为阴性,则培养物的O抗原属于未知。根据表3报告血清学分型结果。

表3 副溶血性弧菌的抗原

O群	K 型
1	1,5,20,25,26,32,38,41,56,58,60,64,69
2	3,28
3	4,5,6,7,25,29,30,31,33,37,43,45,48,54,56,57,58,59,72,75
4	4,8,9,10,11,12,13,34,42,49,53,55,63,67,68,73
5	15,17,30,47,60,61,68
6	18,46
7	19
8	20,21,22,39,41,70,74
9	23,44
10	24,71
11	19,36,40,46,50,51,61
12	19,52,61,66
13	65

7 神奈川试验

神奈川试验是在我妻氏琼脂上测试是否存在特定溶血素。神奈川试验阳性结果与副溶血性弧菌分离株的致病性显著相关。

用接种环将测试菌株的3%氯化钠胰蛋白胨大豆琼脂18 h培养物点种表面干燥的我妻氏血琼脂平板。每个平板上可以环状点种几个菌。36℃±1℃培养不超过24 h,并立即观察。阳性结果为菌落周围呈半透明环的β溶血。

附 录 A
（规范性附录）
培养基和试剂

A.1 3%氯化钠碱性蛋白胨水(APW)

A.1.1 成分

蛋白胨	10.0 g
氯化钠	30.0 g
蒸馏水	1 000.0 mL

pH 8.5±0.2

A.1.2 制法

将上述成分混合，121℃高压灭菌 10 min。

A.2 硫代硫酸盐-柠檬酸盐-胆盐-蔗糖(TCBS)琼脂

A.2.1 成分

多价蛋白胨	10.0 g
酵母浸膏	5.0 g
柠檬酸钠($C_6H_5O_7Na_3 \cdot 2H_2O$)	10.0 g
硫代硫酸钠($Na_2S_2O_3 \cdot 5H_2O$)	10.0 g
氯化钠	10.0 g
牛胆汁粉	5.0 g
柠檬酸铁	1.0 g
胆酸钠	3.0 g
蔗糖	20.0 g
溴麝香草酚蓝	0.04 g
麝香草酚蓝	0.04 g
琼脂	15.0 g
蒸馏水	1 000.0 mL

A.2.2 制法

加热煮沸至完全溶解，最终的 pH 应为 8.6±0.2。冷至 50℃倾注平板备用。

A.3 3%氯化钠胰蛋白胨大豆(TSA)琼脂

A.3.1 成分

胰蛋白胨	15.0 g
大豆蛋白胨	5.0 g
氯化钠	30.0 g
琼脂	15.0 g
蒸馏水	1 000.0 mL

A.3.2 制法

将上述成分混合，加热并轻轻搅拌至溶解，121℃高压灭菌 15 min，调节 pH 至 7.3±0.2。

A.4 3%氯化钠三糖铁(TSI)琼脂

A.4.1 成分

蛋白胨	15.0 g
月示蛋白胨	5.0 g
牛肉膏	3.0 g
酵母浸膏	3.0 g
氯化钠	30.0 g
乳糖	10.0 g
蔗糖	10.0 g
葡萄糖	1.0 g
硫酸亚铁($FeSO_4$)	0.2 g
苯酚红	0.024 g
硫代硫酸钠($Na_2S_2O_3$)	0.3 g
琼脂	12.0 g
水	1 000.0 mL

A.4.2 制法

调节 pH,使灭菌后为 7.4±0.2。分装到适当容量的试管中。121℃高压灭菌 15 min,制成斜面,斜面长 4 cm～5 cm,底部深度为 2 cm～3 cm。

A.5 嗜盐性试验培养基

A.5.1 成分

胰蛋白胨	10.0 g
氯化钠	按不同量加入
蒸馏水	1 000.0 mL
pH 7.2±0.2	

A.5.2 制法

配置胰蛋白胨水,校正 pH,共配制四瓶,每瓶 100 mL。每瓶分别加入不同量的氯化钠:(1) 不加;(2) 3 g;(3) 6 g;(4) 10 g。121℃高压灭菌 15 min,在无菌条件下分装试管。

A.6 3%氯化钠甘露醇试验培养基

A.6.1 成分

牛肉膏	5.0 g
蛋白胨	10.0 g
氯化钠	3.0 g
磷酸氢二钠($Na_2HPO_4 \cdot 12H_2O$)	2.0 g
0.2%溴麝香草酚蓝溶液	12.0 mL
蒸馏水	1 000.0 mL
pH 7.4	

A.6.2 制法

将上述成分配好后,分装每瓶 100 mL,121℃高压灭菌 15 min。另配 10%甘露醇溶液,同时高压灭菌。将 5 mL 糖溶液加入于 100 mL 培养基内,以无菌操作分装小试管。

A.6.3 试验方法

从琼脂斜面上挑取培养物接种，于36℃±1℃培养不少于24 h，观察结果。甘露醇阳性者培养物呈黄色，阴性者为紫色。

A.7 3%氯化钠赖氨酸脱羧酶试验培养基

A.7.1 成分

蛋白胨	5.0 g
酵母浸膏	3.0 g
葡萄糖	1.0 g
蒸馏水	1 000.0 mL
1.6%溴甲酚紫-乙醇溶液	1.0 mL
L-赖氨酸	0.5 g/100 mL 或 1.0 g/100 mL
氯化钠	30.0 g
水	1 000.0 mL

A.7.2 制法

除赖氨酸以外的成分加热溶解后，分装每瓶100 mL，校正pH至6.8。再按0.5%的比例加入赖氨酸，对照培养基不加赖氨酸。分装于灭菌的小试管内，每管0.5 mL，上面滴加一层液体石蜡，115℃高压灭菌10 min。

A.7.3 试验方法

从琼脂斜面上挑取培养物接种，于36℃±1℃培养不少于24 h，观察结果。赖氨酸脱羧酶阳性者由于产碱中和葡萄糖产酸，故培养基仍应呈紫色。阴性者无碱性产物，但因葡萄糖产酸而使培养基变为黄色。对照管应为黄色。

A.8 3%氯化钠 MR-VP 培养基

A.8.1 成分

多胨	7.0 g
葡萄糖	5.0 g
磷酸氢二钾（K_2HPO_4）	5.0 g
氯化钠	30.0 g
蒸馏水	1 000.0 mL

pH 6.9±0.2

A.8.2 制法

将各成分溶于蒸馏水中，分装试管，121℃高压灭菌15 min。

A.9 我妻氏血琼脂

A.9.1 成分

酵母浸膏	3.0 g
蛋白胨	10.0 g
氯化钠	70.0 g
磷酸氢二钾（K_2HPO_4）	5.0 g
甘露醇	10.0 g
结晶紫	0.001 g
琼脂	15.0 g

蒸馏水	1 000.0 mL

pH 8.0±0.2

A.9.2 制法

将上述成分混合，加热至100℃，保持30 min，冷至46℃～50℃，与50 mL预先洗涤的新鲜人或兔红细胞(含抗凝血剂)混合，倾注平板。彻底干燥平板，尽快使用。

A.10 氧化酶试剂

A.10.1 试剂

A.10.1.1 1%盐酸二甲基对苯二胺溶液：少量新鲜配制，于冰箱内避光保存。

A.10.1.2 1% α-萘酚-乙醇溶液。

A.10.2 试验方法

A.10.2.1 取白色洁净滤纸沾取菌落，加盐酸二甲基对苯二胺溶液一滴，阳性者呈现粉红色，并逐渐加深；再加α-萘酚-乙醇溶液一滴，阳性者于0.5 min内呈现鲜蓝色。阴性于2 min内不变色。

A.10.2.2 以毛细吸管吸取试剂，直接滴加于菌落上，其显色反应与以上相同。

A.11 革兰氏染色液

A.11.1 结晶紫染色液

A.11.1.1 成分

结晶紫	1.0 g
95%乙醇	20.0 mL
1%草酸铵水溶液	80.0 mL

A.11.1.2 制法

将结晶紫完全溶解于乙醇中，然后与草酸铵溶液混合。

A.11.2 革兰氏碘液

A.11.2.1 成分

碘	1.0 g
碘化钾	2.0 g
蒸馏水	300.0 mL

A.11.2.2 制法

将碘与碘化钾先进行混合，加入蒸馏水少许充分振摇，待完全溶解后，再加蒸馏水至300 mL。

A.11.3 沙黄复染液

A.11.3.1 成分

沙黄	0.25 g
95%乙醇	10.0mL
蒸馏水	90.0 mL

A.11.3.2 制法

将沙黄溶解于乙醇中，然后用蒸馏水稀释。

A.11.4 染色法

a) 将涂片在酒精灯火焰上固定，滴加结晶紫染色液，染1 min，水洗。

b) 滴加革兰氏碘液，作用1 min，水洗。

c) 滴加95%乙醇脱色，约15 s～30 s，直至染色液被洗掉，不要过分脱色，水洗。

d) 滴加复染液，复染1 min。水洗、待干、镜检。

A.12 ONPG 试剂

A.12.1 缓冲液

A.12.1.1 成分

磷酸二氢钠($NaH_2PO_4 \cdot H_2O$)	6.9 g
用蒸馏水加至	50.0 mL

A.12.1.2 制法

将磷酸二氢钠溶于蒸馏水中,调节 pH 值至 7.0。缓冲液置冰箱保存。

A.12.2 ONPG 溶液

A.12.2.1 成分

邻硝基酚-β-D-半乳糖苷(ONPG)	0.08 g
蒸馏水	15.0 mL
缓冲液	5.0 mL

A.12.2.2 制法

将 ONPG 在 37℃的蒸馏水中溶解,加入缓冲液。ONPG 溶液置冰箱保存,试验前,将所需用量的 ONPG 溶液加热至 37℃。

A.12.3 3%氯化钠溶液

A.12.3.1 成分

氯化钠	30.0 g
蒸馏水	1 000.0 mL

A.12.3.2 制备

将氯化钠溶于蒸馏水中,121℃高压灭菌 20 min。

A.12.4 试验方法

将待检培养物接种 3%氯化钠三糖铁琼脂,36℃±1℃培养 18 h。挑取 1 满环新鲜培养物接种于 0.25 mL 3%氯化钠溶液,在通风橱中,滴加 1 滴甲苯,摇匀后置 37℃水浴 5 min。加 0.25 mL ONPG 溶液,36℃±1℃培养观察 24 h。阳性结果呈黄色,阴性结果则 24 h 不变色。

A.13 Voges-Proskauer(V-P)试剂

A.13.1 成分

甲液:

α-萘酚	5.0 g
无水乙醇	100.0 mL

乙液:

氢氧化钾	40.0 g
用蒸馏水加至	100.0 mL

A.13.2 试验方法

将 3%氯化钠胰蛋白胨大豆琼脂生长物接种 3%氯化钠 MR-VP 培养基,36℃±1℃培养 48 h。取 1 mL 培养物,转放到一个试管内,加 0.6 mL 甲液,摇动。加 0.2 mL 乙液,摇动。随意加一点肌酸结晶,4 h 后观察结果。阳性结果呈现伊红的粉红色。

附 录 B
（规范性附录）
1 g(mL)检样中最可能数(MPN)检索表

1 g(mL)检样中最可能数(MPN)检索表见表 B.1。

表 B.1 1 g(mL)检样中最可能数(MPN)检索表

阳性管数			MPN	95%可信限		阳性管数			MPN	95%可信限	
0.10	0.01	0.001		下限	上限	0.10	0.01	0.001		下限	上限
0	0	0	<3.0	—	9.5	2	2	0	21	4.5	42
0	0	1	3.0	0.15	9.6	2	2	1	28	8.7	94
0	1	0	3.0	0.15	11	2	2	2	35	8.7	94
0	1	1	6.1	1.2	18	2	3	0	29	8.7	94
0	2	0	6.2	1.2	18	2	3	1	36	8.7	94
0	3	0	9.4	3.6	38	3	0	0	23	4.6	94
1	0	0	3.6	0.17	18	3	0	1	38	8.7	110
1	0	1	7.2	1.3	18	3	0	2	64	17	180
1	0	2	11	3.6	38	3	1	0	43	9	180
1	1	0	7.4	1.3	20	3	1	1	75	17	200
1	1	1	11	3.6	38	3	1	2	120	37	420
1	2	0	11	3.6	42	3	1	3	160	40	420
1	2	1	15	4.5	42	3	2	0	93	18	420
1	3	0	16	4.5	42	3	2	1	150	37	420
2	0	0	9.2	1.4	38	3	2	2	210	40	430
2	0	1	14	3.6	42	3	2	3	290	90	1 000
2	0	2	20	4.5	42	3	3	0	240	42	1 000
2	1	0	15	3.7	42	3	3	1	460	90	2 000
2	1	1	20	4.5	42	3	3	2	1 100	180	4 100
2	1	2	27	8.7	94	3	3	3	>1 100	420	—

注 1：本表采用 3 个稀释度[0.1 g(mL)、0.01 g(mL)和 0.001 g(mL)]，每个稀释度接种 3 管。

注 2：表内所列检样量如改用 1 g(mL)、0.1 g(mL)和 0.01 g(mL)时，表内数字应相应降低 10 倍；如改用 0.01 g(mL)、0.001 g(mL)、0.000 1 g(mL)时，则表内数字应相应增加 10 倍，其余类推。

ICS 07.100.30
C 53

中华人民共和国国家标准

GB/T 4789.8—2008
代替 GB/T 4789.8—2003

食品卫生微生物学检验
小肠结肠炎耶尔森氏菌检验

Microbiological examination of food hygiene—
Examination of *Yersinia enterocolitica*

2008-11-21 发布　　　　2009-03-01 实施

中华人民共和国卫生部
中国国家标准化管理委员会　发布

前　言

本标准代替 GB/T 4789.8—2003《食品卫生微生物学检验　小肠结肠炎耶尔森氏菌检验》。

本标准与 GB/T 4789.8—2003 相比主要修改如下：

——操作步骤 6.1 中 4 ℃冰箱冷增菌改为 26 ℃±1 ℃，48 h～72 h；

——操作步骤 6.7 生化鉴定增加了：API 20E 和 VITEK GNI^+；

——增加了附录 A“培养基和试剂”。

本标准的附录 A 为规范性附录。

本标准由中华人民共和国卫生部提出并归口。

本标准由中华人民共和国卫生部负责解释。

本标准负责起草单位：江苏省疾病预防控制中心、中国疾病预防控制中心营养与食品安全所。

本标准参加起草单位：浙江省疾病预防控制中心、河南省疾病预防控制中心、中华人民共和国江苏出入境检验检疫局、南京市疾病预防控制中心。

本标准主要起草人：袁宝君、刘秀梅、戴建华、沈赟 、梅玲玲、廖兴广、祝长青、陈晓蔚、田静。

本标准所代替标准的历次版本发布情况为：

——GB 4789.8—1984、GB/T 4789.8—1994、GB/T 4789.8—2003。

食品卫生微生物学检验
小肠结肠炎耶尔森氏菌检验

1 范围

本标准规定了食品中小肠结肠炎耶尔森氏菌(*Yersinia enterocolitica*)的检验方法。

本标准适用于食品和食源性疾病样品中小肠结肠炎耶尔森氏菌的检验。

2 规范性引用文件

下列文件中的条款通过本标准的引用而成为本标准的条款。凡是注日期的引用文件,其随后所有的修改单(不包括勘误的内容)或修订版均不适用于本标准,然而,鼓励根据本标准达成协议的各方研究是否可使用这些文件的最新版本。凡是不注日期的引用文件,其最新版本适用于本标准。

GB/T 4789.4 食品卫生微生物学检验 沙门氏菌检验

3 设备和材料

除微生物实验室常规无菌及培养设备外,其他设备和材料如下:

3.1 冰箱:2 ℃~5 ℃。

3.2 恒温培养箱:26 ℃±1 ℃、36 ℃±1 ℃。

3.3 显微镜:10×~100×。

3.4 均质器或灭菌乳钵。

3.5 天平:感量 0.1 g。

3.6 灭菌试管:16 mm×160 mm、15 mm×100 mm。

3.7 灭菌吸管:1 mL(具 0.01 mL 刻度)、10 mL(具 0.1 mL 刻度)。

3.8 灭菌锥形瓶:200 mL、500 mL。

3.9 灭菌培养皿:直径 90 mm。

3.10 全自动细菌生化鉴定仪,如 VITEK[1]。

4 培养基和试剂

4.1 改良磷酸盐缓冲液:见第 A.1 章。

4.2 CIN-1 培养基:见第 A.2 章。

4.3 改良 Y 培养基:见第 A.3 章。

4.4 改良克氏双糖培养基:见第 A.4 章。

4.5 糖发酵管:见第 A.5 章。

4.6 鸟氨酸脱羧酶试验培养基:见第 A.6 章。

4.7 半固体琼脂:见第 A.7 章。

4.8 缓冲葡萄糖蛋白胨水[甲基红(MR)和 V-P 试验用]:见第 A.8 章。

4.9 碱处理液:见第 A.9 章。

4.10 尿素培养基:见第 A.10 章。

4.11 API 20E 生化鉴定试剂盒或 VITEK GNI+ 生化鉴定卡[1]。

---

1) 由法国生物梅里埃公司提供的产品商品名。给出这一信息是为了方便本标准的使用者,并不表示对该产品的认可。如果其他等效产品具有相同的效果,则可使用这些等效的产品。

5 检验程序

小肠结肠炎耶尔森氏菌检验程序见图 1。

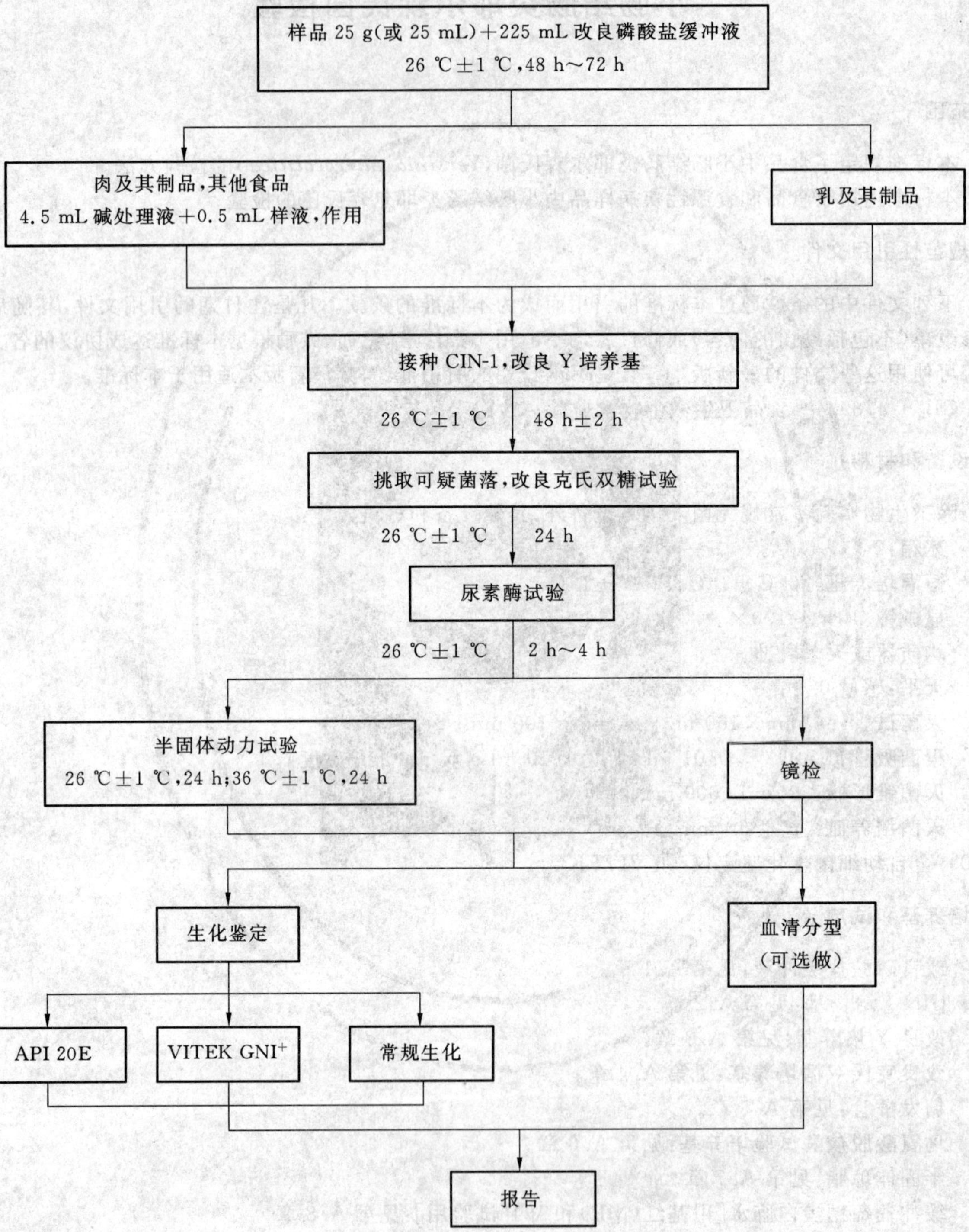

图 1 小肠结肠炎耶尔森氏菌检验程序

6 操作步骤

6.1 增菌

以无菌操作称取 25 g(或 25 mL)样品放入含有 225 mL 改良磷酸盐缓冲液的无菌均质杯或均质袋

中,以 8 000 r/min 均质 1 min 或拍击式均质器均质 1 min。液体样品或粉末状样品,应振荡混匀。于 26 ℃±1 ℃增菌 48 h～72 h。

6.2 碱处理

除乳及其制品外,其他食品的增菌液 0.5 mL 与碱处理液 4.5 mL 充分混合 15 s。

6.3 分离

将乳及其制品增菌液或经过碱处理的其他食品增菌液分别接种 CIN-1 琼脂平板和改良 Y 琼脂平板,于 26 ℃±1 ℃培养 48 h±2 h,典型菌落在 CIN-1 琼脂平板上为红色牛眼状菌落,在改良 Y 琼脂平板上为无色透明、不粘稠的菌落。

6.4 改良克氏双糖试验

分别挑取上述可疑菌落 3 个～5 个,接种改良克氏双糖斜面,于 26 ℃±1 ℃培养 24 h ,将斜面和底部皆变黄不产气者做进一步的生化鉴定。

6.5 尿素酶试验和动力观察

将改良克氏双糖上的可疑培养物接种到尿素培养基上,注意接种量要大,挑取一接种环,振摇几秒钟,于 26 ℃±1 ℃培养 2 h～4 h,然后将阳性者接种两管半固体,分别于 26 ℃±1 ℃和 36 ℃±1 ℃恒温培养箱中培养 24 h。将 26 ℃有动力的可疑菌落接种营养琼脂平板,进行革兰氏染色和生化试验。

6.6 革兰氏染色镜检

小肠结肠炎耶尔森氏菌呈革兰氏阴性球杆菌,有时呈椭圆或杆状,大小为(0.8 μm～3.0 μm)×0.8 μm。

6.7 生化鉴定

6.7.1 常规生化鉴定:从营养琼脂平板上挑取单个菌落做生化试验,所有的生化反应皆在 26 ℃±1 ℃培养。小肠结肠炎耶尔森氏菌的主要生化特性以及与其他菌的区别见表 1。

表 1 小肠结肠炎耶尔森氏菌与其他相似菌的生化性状鉴别表

项目	小肠结肠炎耶尔森氏菌 *Yersinia enterocolitica*	中间型耶尔森氏菌 *Yersinia intermedia*	弗氏耶尔森氏菌 *Yersinia frederiksenii*	克氏耶尔森氏菌 *Yersinia kristensenii*	假结核耶尔森氏菌 *Yersinia pseudotuberculosis*	鼠疫耶尔森氏菌 *Yersinia pestis*
动力(26 ℃)	+	+	+	+	+	−
尿素酶	+	+	+	+	+	−
V-P 试验(26 ℃)	+	+	+	−	−	−
鸟氨酸脱羧酶	+	+	+	+	−	−
蔗糖	d	+	+	−	−	−
棉子糖	−	+	−	−	−	d
山梨醇	+	+	+	+	−	−
甘露醇	+	+	+	+	+	+
鼠李糖	−	+	+	−	−	+
注:+阳性;−阴性;d 有不同生化型。						

6.7.2 生化鉴定系统

可选择使用两种生化鉴定系统(API 20E 或 VITEK GNI^{+})中任一种,代替常规的生化鉴定。

6.7.2.1 API 20E:从营养琼脂平板上挑取单个菌落,按照 API 20E 操作手册进行并判读结果。

6.7.2.2 VITEK 全自动细菌生化分析仪:从营养琼脂平板上挑取单个菌落,按照 VITEK GNI^{+} 操作手册进行并判定结果。

6.8　**血清型鉴定**

除进行生化鉴定外，可选择做血清型鉴定。具体操作方法按GB/T 4789.4中沙门氏菌O因子血清分型。

7　结果报告

综合以上生化特性报告结果，报告25 g(或25 mL)样品中检出或未检出小肠结肠炎耶尔森氏菌。

附　录　A
（规范性附录）
培养基和试剂

A.1　改良磷酸盐缓冲液

A.1.1　成分

磷酸氢二钠（Na_2HPO_4）	8.23 g
磷酸二氢钠（$NaH_2PO_4 \cdot H_2O$）	1.2 g
氯化钠（NaCl）	5.0 g
三号胆盐	1.5 g
山梨醇	20 g

A.1.2　制法

将磷酸盐及氯化钠溶于蒸馏水中，再加入三号胆盐及山梨醇，溶解后校正 pH 为 7.6，分装试管，于 121 ℃高压灭菌 15 min，备用。

A.2　CIN-1 培养基

A.2.1　基础培养基：

胰胨	20.0 g
酵母浸膏	2.0 g
甘露醇	20.0 g
氯化钠	1.0 g
去氧胆酸钠	2.0 g
硫酸镁（$MgSO_4 \cdot 7H_2O$）	0.01 g
琼脂	12.0 g
蒸馏水	950 mL
pH7.5±0.1	

将基础培养基于 121 ℃高压灭菌 15 min，备用。

A.2.2　Irgasan：以 95％的乙醇作溶剂，溶解二苯醚，配成 0.4％的溶液，待基础培养及冷至 80 ℃时，加入 1 mL 混匀。

A.2.3　冷至 50 ℃时，加入：

中性红（3 mg/mL）	10.0 mL
结晶紫（0.1 mg/mL）	10.0 mL
头孢菌素（1.5 mg/mL）	10.0 mL
新生霉素（0.25 mg/mL）	10.0 mL

最后不断搅拌加入 10.0 mL 的 10％氯化锶，倾注平皿。

A.3　改良 Y 培养基

A.3.1　成分

蛋白胨	15.0 g
氯化钠	5.0 g
乳糖	10.0 g
草酸钠	2.0 g

去氧胆酸钠	6.0 g
三号胆盐	5.0 g
丙酮酸钠	2.0 g
孟加拉红	40 mg
水解酪蛋白	5.0 g
琼脂	17 g
蒸馏水	1 000 mL

A.3.2 制法

将上述成分混合，校正 pH7.4±0.1。于 121 ℃高压灭菌 15 min，待冷至 45 ℃左右时，倾注平皿。

A.4 改良克氏双糖培养基

A.4.1 成分

蛋白胨	20 g
牛肉膏	3 g
酵母膏	3 g
山梨醇	20 g
葡萄糖	1 g
氯化钠	5 g
柠檬酸铁铵	0.5 g
硫代硫酸钠	0.5 g
琼脂	12 g
酚红	0.025 g
蒸馏水	1 000 mL
pH7.4	

A.4.2 制法

将除琼脂和酚红以外的各成分溶解于蒸馏水中，校正 pH。加入 0.02%的酚红水溶液 12.5 mL，摇匀，分装试管，装量宜多些，以便得到比较高的底层。121 ℃高压灭菌 15 min，放置高层斜面备用。

A.5 糖发酵管

A.5.1 成分

牛肉膏	5 g
蛋白胨	10 g
氯化钠	3 g
磷酸氢二钠（$Na_2HPO_4 \cdot 12H_2O$）	2 g
0.2%溴麝香草酚蓝溶液	12 mL
蒸馏水	1 000 mL
pH7.4	

A.5.2 制法

A.5.2.1 葡萄糖发酵管按上述成分配好后，按 0.5%加入葡萄糖，分装于有一个倒置小管的小试管内，121 ℃高压灭菌 15 min。

A.5.2.2 其他各种糖发酵管可按上述成分配好后，分装每瓶 100 mL，121 ℃高压灭菌 15 min。另将各种糖类分别配好 10%溶液，同时高压灭菌。将 5 mL 糖溶液加入 100 mL 培养基内，以无菌操作分装小试管。

注：蔗糖不纯，加热后会自行水解者，应采用过滤法除菌。

A.5.3 试验方法

从琼脂斜面上挑取少量培养物接种于 26 ℃±1 ℃培养，一般观察 2 d～3 d。迟缓反应需观察 14 d～30 d。

A.6 鸟氨酸脱羧酶试验培养基

A.6.1 成分

蛋白胨	5 g
酵母浸膏	3 g
葡萄糖	1 g
蒸馏水	1 000 mL
1.6%溴甲酚紫-乙醇溶液	1 mL
L-鸟氨酸或 DL-鸟氨酸	0.5 g/100 mL 或 1 g/100 mL

pH6.8

A.6.2 制法

除鸟氨酸以外的成分加热溶解后，分装，每瓶 100 mL，分别加入鸟氨酸。L-鸟氨酸按 0.5%加入，DL-鸟氨酸按 1%加入。再校正 pH 至 6.8。对照培养基不加鸟氨酸。分装于无菌的小试管内，每管 0.5 mL，上面滴加一层液体石蜡，115 ℃高压灭菌 10 min。

A.6.3 试验方法

从琼脂斜面上挑取培养物接种，于 26 ℃±1 ℃培养 18 h～24 h，观察结果。鸟氨酸脱羧酶阳性者由于产碱，培养基呈紫色。阴性者无碱性产物，但因葡萄糖产酸而使培养基变为黄色。对照管为黄色。

A.7 半固体琼脂

A.7.1 成分

蛋白胨	1 g
牛肉膏	0.3 g
氯化钠	0.5 g
琼脂	0.35 g～0.4 g
蒸馏水	100 mL

pH7.4

A.7.2 制法

按以上成分配好，煮沸使溶解，并校正 pH。分装小试管，121 ℃高压灭菌 15 min，直立凝固备用。

注：供动力观察、菌种保存、H 抗原位相变异试验等用。

A.8 缓冲葡萄糖蛋白胨水（MR 和 V-P 试验用）

A.8.1 成分

磷酸氢二钾	5 g
多胨	7 g
葡萄糖	5 g
蒸馏水	1 000 mL

pH7.0

A.8.2 制法

溶化后校正 pH，分装试管，每管 1 mL，121 ℃高压灭菌 15 min。

A.8.3 甲基红(MR)试验

自琼脂斜面挑取少量培养物接种本培养基中，于 26 ℃±1 ℃培养 2 d～5 d，哈夫尼亚菌则应在 22 ℃～25 ℃培养。滴加甲基红试剂一滴，立即观察结果。鲜红色为阳性，黄色为阴性。甲基红试剂配法：10 mg 甲基红溶于 30 mL 95%乙醇中，然后加入 20 mL 蒸馏水。

A.8.4 V-P 试验

用琼脂培养物接种本培养基中，于 26 ℃±1 ℃培养 2 d～4 d。哈夫尼亚菌则应在 22 ℃～25 ℃培养。加入 6%α-萘酚-乙醇溶液 0.5 mL 和 40%氢氧化钾溶液 0.2 mL，充分振摇试管，观察结果。阳性反应立刻或于数分钟内出现红色，如为阴性，应放在 36 ℃±1 ℃培养 4 h 再进行观察。

A.9 碱处理液

A.9.1 0.5%氯化钠溶液

氯化钠	0.5 g
蒸馏水	100 mL

A.9.2 0.5%氢氧化钾溶液

氢氧化钾	0.5 g
蒸馏水	100 mL

A.9.3 制法

将 0.5%氯化钠及 0.5%氢氧化钾等量混合。

A.10 尿素培养基

A.10.1 成分

尿素	20.0 g
酵母浸膏	0.1 g
磷酸二氢钾(KH_2PO_4)	0.091 g
磷酸氢二钠(Na_2HPO_4)	0.095 g
酚红	0.01 g
蒸馏水	1 000 mL

A.10.2 制法

将上述成分于蒸馏水中溶解，校正 pH 为 6.8±0.2。不要加热，过滤除菌，无菌分装于灭菌小试管中，每管为约 3 mL。

A.10.3 试验方法

挑取琼脂培养物接种在尿素培养基，26 ℃±1 ℃培养 24 h。尿素酶阳性者由于产碱而使培养基变为红色。

ICS 07.100.30
C 53

中华人民共和国国家标准

GB/T 4789.9—2008
代替 GB/T 4789.9—2003

食品卫生微生物学检验 空肠弯曲菌检验

Microbiological examination of food hygiene—Examination of *Campylobacter jejuni*

2008-11-21 发布

2009-03-01 实施

中华人民共和国卫生部
中国国家标准化管理委员会 发布

前言

本标准的第一法修改采用 ISO 10272-1:2006《食品和动物饲料的微生物学　检验和计数弯曲菌的等同方法　第 1 部分:检验方法》(Microbiology of food and animal feeding stuffs—Horizontal method for detection and enumeration of *Campylobacter* spp.—Part 1:Detection method)。

本标准的第一法与 ISO 10272-1:2006 的主要区别如下:

——删除了规范性引用文件、术语和定义、检验原理;

——增加并完善了各类样品的处理、增菌培养;

——增加了 Skirrow 琼脂与 0.1%蛋白胨水。

本标准代替 GB/T 4789.9—2003《食品卫生微生物学检验　空肠弯曲菌检验》。

本标准与 GB/T 4789.9—2003 相比主要修改如下:

——删除了规范性引用文件;

——修改并完善了操作步骤;

——增加了弯曲菌的酶联荧光免疫检验方法作为筛选检验法;

——删除了生物分型、血清分型、菌株保存与注意事项的内容;

——增加了附录 A“培养基与试剂”。

本标准的附录 A 为规范性附录。

本标准由中华人民共和国卫生部提出并归口。

本标准由中华人民共和国卫生部负责解释。

本标准负责起草单位:中华人民共和国江苏出入境检验检疫局、中国疾病预防控制中心营养与食品安全所。

本标准参加起草单位:河南省疾病预防控制中心、江苏省疾病预防控制中心、浙江省疾病预防控制中心。

本标准主要起草人:蒋原、刘秀梅、祝长青、郭云昌、廖兴广、栾军、袁宝君、程苏云、田静。

本标准所代替标准的历次版本发布情况为:

——GB 4789.9—1984、GB/T 4789.9—1994、GB/T 4789.9—2003。

食品卫生微生物学检验
空肠弯曲菌检验

1 范围

本标准规定了食品中空肠弯曲菌(*Campylobacter jejuni*)的检验方法。

本标准适用于食品和食源性疾病样品中空肠弯曲菌的检验。

2 设备和材料

除微生物实验室常规灭菌与培养设备外,其他设备与材料如下:

2.1 冰箱:2 ℃~8 ℃。

2.2 恒温培养箱:25 ℃±1 ℃,36 ℃±1 ℃,42 ℃±1 ℃。

2.3 恒温振荡培养箱:36 ℃±1 ℃,42 ℃±1 ℃。

2.4 水浴装置:36 ℃±1 ℃,100 ℃。

2.5 微需氧培养装置:提供微需氧条件(5%氧气、10%二氧化碳和85%氮气)。

2.6 均质器。

2.7 电子天平:感量0.1 g。

2.8 过滤装置及滤膜(0.22 μm,0.45 μm)。

2.9 显微镜:10×~100×,有相差功能。

2.10 离心机:离心力≥20 000×g。

2.11 全自动微生物鉴定系统(VITEK 2)[1)]。

2.12 全自动酶联荧光免疫分析仪(VIDAS或mini VIDAS)[1)]。

3 培养基和试剂

3.1 Bolton肉汤:按第A.1章规定。

3.2 改良CCD(mCCD)琼脂:按第A.2章规定。

3.3 哥伦比亚琼脂:按第A.3章规定。

3.4 布氏肉汤:按第A.4章规定。

3.5 氧化酶试剂:按第A.5章规定。

3.6 马尿酸钠水解试剂:按第A.6章规定。

3.7 Mueller Hinton琼脂:按第A.7章规定。

3.8 吲哚乙酸酯纸片:按第A.8章规定。

3.9 Skirrow琼脂:按第A.9章规定。

3.10 0.1%蛋白胨水:按第A.10章规定。

3.11 CFA显色平板[1)]。

3.12 1 mol/L碳酸氢钠($NaHCO_3$)溶液。

3.13 3%过氧化氢溶液。

3.14 API Campy生化鉴定试剂盒[1)]。

3.15 VITEK 2 NH生化鉴定卡[1)]。

---

1) 由法国生物梅里埃(bioMerieux)公司提供的产品的商品名。给出这一信息是为了方便本标准的使用者,并不表示对该产品的认可。如果其他等效产品具有相同的效果,则可使用这些等效的产品。

第一法 常规培养法

4 检验程序

空肠弯曲菌检验程序见图 1。

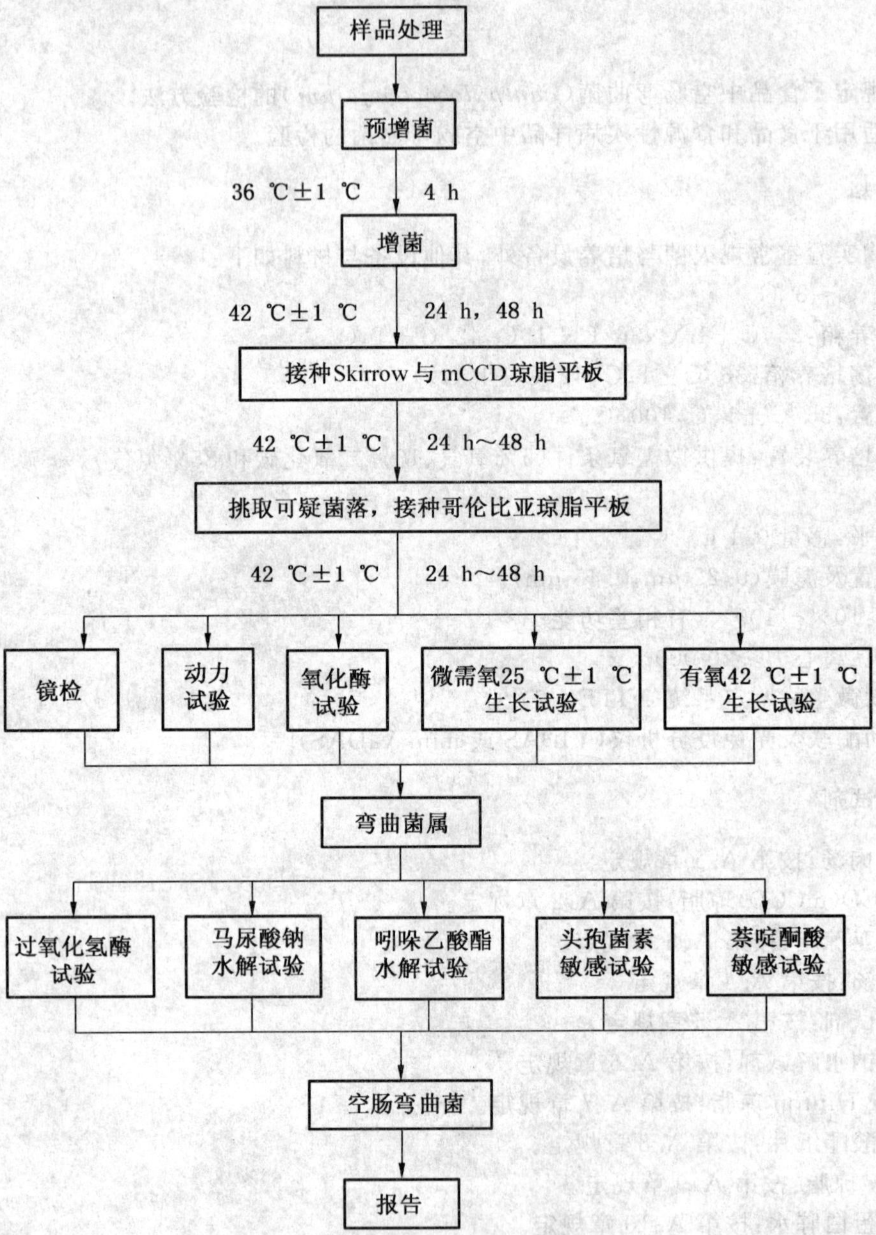

图 1 空肠弯曲菌检验程序

5 操作步骤

5.1 样品处理

5.1.1 一般样品

取 25 g(或 25 mL)样品(水果、蔬菜、水产品为 50 g)加入盛有 100 mL Bolton 肉汤的有滤网的均质袋中(无滤网的均质袋可使用无菌纱布过滤),用拍击式均质器均质 1 min~2 min;或加入盛有 100 mL Bolton 肉汤的均质杯中,以 8 000 r/min~10 000 r/min 均质 1 min~2 min,经滤网或无菌纱布过滤。将滤液进行培养。

5.1.2 鲜乳、冰淇淋、奶酪等

取 50 g 样品加入盛有 50 mL 0.1%蛋白胨水的有滤网均质袋中,必要时调整 pH 值至 7.2±0.2,用拍击式均质器均质 15 s~30 s,将滤液以 20 000×g 离心 30 min 后弃去上清,用 10 mL Bolton 肉汤悬浮沉淀(尽量避免带入油层),再转移至 90 mL 不含抗生素的 Bolton 肉汤进行培养。

5.1.3 贝类

取至少 12 个带壳样品,除去外壳后将所有内容物放到均质袋中,用拍击式均质器均质 1 min~2 min,取 25 g 样品于 225 mL Bolton 肉汤中(1∶10 稀释),再转移 25 mL~225 mL Bolton 肉汤中(1∶100稀释),将 1∶10 和 1∶100 稀释的 Bolton 肉汤同时进行培养。

5.1.4 蛋黄液或蛋浆

取 25 g(或 25 mL)样品于 125 mL Bolton 肉汤中并搅匀(1∶6 稀释),再转移 25 mL~100 mL Bolton肉汤中并搅匀(1∶30 稀释),同时将 1∶6 和 1∶30 稀释的 Bolton 肉汤进行培养。

5.1.5 整禽等样品

用 200 mL 0.1%的蛋白胨水充分冲洗样品的内外部,并振荡 2 min~3 min,经无菌纱布过滤至 250 mL离心管中,16 000×g 离心 15 min 后弃去上清,用 10 mL 0.1%蛋白胨水悬浮沉淀,吸取 3 mL~100 mL Bolton 肉汤中进行培养。

5.1.6 需表面涂拭检测的样品

无菌棉签涂布样品表面(面积为 50 cm^2~100 cm^2),将棉签头剪落到 100 mL Bolton 肉汤中进行培养。

5.1.7 水样

将 4 L 的水(对于氯处理的水,在过滤前每升水中加入 5 mL 1 mol/L 硫代硫酸钠溶液)经 0.45 μm 滤膜过滤,将滤膜浸没在 100 mL Bolton 肉汤中进行培养。

5.2 预增菌与增菌

在微需氧条件下,以 100 r/min 的振荡速度,36 ℃±1 ℃培养 4 h。必要时测定增菌液的 pH 值并调整至 7.2±0.2。42 ℃±1 ℃继续培养 48 h。

5.3 分离

将 24 h 增菌液、48 h 增菌液以及相应的 1∶50 稀释液分别划线接种于 Skirrow 与 mCCD 琼脂平板上,微需氧条件下 42 ℃±1 ℃培养 24 h~48 h。另外,可同时选择使用 CFA 显色平板。

观察 24 h 培养与 48 h 培养的琼脂平板上的菌落形态。mCCD 琼脂平板上的可疑菌落通常有光泽、潮湿、扁平,呈扩散生长的倾向,直径约为 1 mm~2 mm。Skirrow 琼脂平板上的可疑菌落为灰色、扁平、湿润有光泽,呈沿接种线向外扩散的倾向;有些可疑菌落常呈分散凸起的单个菌落,直径约为 1 mm~2 mm,边缘整齐、发亮。CFA 显色平板上的可疑菌落为红色、突起、湿润,菌落直径约为 2 mm~3 mm,边缘有一圈红色的透明环,中间有一个圆形的、不透明、颜色较深的红色小点的菌落。

5.4 鉴定

5.4.1 弯曲菌属的鉴定

挑取 5 个或更多的可疑菌落接种到哥伦比亚琼脂平板上,微需氧条件下 42 ℃±1 ℃培养 24 h~48 h,按照 5.4.1.1~5.4.1.5 进行鉴定,结果符合表 1 的可疑菌落确定为弯曲菌属。

表 1 弯曲菌属的鉴定

项　　目	弯曲菌属特性
形态观察	革兰氏阴性，菌体弯曲如小逗点状，两菌体的末端相接时呈 S 形、螺旋状或海鸥展翅状[a]
动力观察	呈现螺旋状运动[b]
氧化酶实验	阳性
微需氧条件下 25 ℃±1 ℃生长试验	不生长
有氧条件下 42 ℃±1 ℃生长实验	不生长

a 有些菌株的形态不典型。

b 有些菌株的运动不明显。

5.4.1.1 形态观察

挑取可疑菌落进行革兰氏染色，镜检。

5.4.1.2 动力观察

挑取可疑菌落用 1 mL 布氏肉汤悬浮，用相差显微镜观察运动状态。

5.4.1.3 氧化酶试验

用铂/铱接种环或玻璃棒挑取可疑菌落至氧化酶试剂润湿的滤纸上，如果在 10 s 内出现紫红色、紫罗兰或深蓝色为阳性。

5.4.1.4 微需氧条件下 25 ℃±1 ℃生长试验

挑取可疑菌落，接种到哥伦比亚琼脂平板上，微需氧条件下 25 ℃±1 ℃培养 44 h±4 h，观察细菌生长情况。

5.4.1.5 有氧条件下 42 ℃±1 ℃生长试验

挑取可疑菌落，接种到哥伦比亚琼脂平板上，有氧条件下 42 ℃±1 ℃培养 44 h±4 h，观察细菌生长情况。

5.4.2 空肠弯曲菌的鉴定

5.4.2.1 过氧化氢酶试验：挑取菌落，加到干净玻片上的 3%过氧化氢溶液中，如果在 30 s 内出现气泡则判定结果为阳性。

5.4.2.2 马尿酸钠水解试验：挑取菌落，加到盛有 0.4 mL 1%马尿酸钠的试管中制成菌悬液。混合均匀后在 36 ℃±1 ℃水浴放置 2 h 或 36 ℃±1 ℃培养箱中放置 4 h。沿着试管壁缓缓加入 0.2 mL 茚三酮溶液，不要振荡，在 36 ℃±1 ℃的水浴或培养箱中放置 10 min 后判读结果。若出现深紫色则为阳性；若出现淡紫色或没有颜色变化则为阴性。

5.4.2.3 吲哚乙酸酯水解试验：挑取菌落至吲哚乙酸酯纸片上，再滴加一滴灭菌水。如果吲哚乙酸酯水解，则在 5 min～10 min 内出现深蓝色；若无颜色变化则没有发生水解。

5.4.2.4 药物敏感性试验(可选择)：挑取菌落，在布氏肉汤中制备成浓度为 0.5 McFarland 的菌悬液，再用布氏肉汤制备 1∶10 的稀释液，在 5% Mueller Hinton 琼脂平板上进行涂布，静置 5 min 后去除多余液体，将平板在 36 ℃±1 ℃培养箱中放置 10 min 进行干燥。将头孢霉素(30 μg)和萘啶酮酸(30 μg)药敏纸片放在琼脂表面。将平板在微需氧条件下 36 ℃±1 ℃培养 22 h±2 h。如果细菌紧贴着纸片生长则为有抗性；如果纸片周围出现不同程度的细菌抑制生长则为敏感。空肠弯曲菌的鉴定结果见表 2。

表 2　空肠弯曲菌的鉴定

特　征	空肠弯曲菌 (*C. jejuni*)	结肠弯曲菌 (*C. coli*)	海鸥弯曲菌 (*C. lari*)	乌普萨拉弯曲菌 (*C. upsaliensis*)
过氧化氢酶试验	+	+	+	— 或微弱
马尿酸盐水解试验	+	—	—	—
吲哚乙酸酯水解试验	+	+	—	+
头孢菌素敏感试验	R	R	R	S
萘啶酮酸敏感试验	S[a]	S[a]	R/S[b]	S
注：+阳性；—阴性；S 敏感；R 抗性。				
[a] 空肠弯曲菌和结肠弯曲菌对萘啶酮酸的耐药性呈现出增长趋势。				
[b] 海鸥弯曲菌的不同菌株，分别表现为敏感或抗性。				

5.4.2.5　对于确定为弯曲菌属的菌落，可使用 API Campy 生化鉴定试剂盒或 VITEK 2 NH 生化鉴定卡来替代 5.4.2.1～5.4.2.4 的鉴定，具体操作按照产品说明书进行。

5.5　结果报告

综合以上试验结果，报告检样单位中检出空肠弯曲菌或未检出空肠弯曲菌。

第二法　全自动酶联荧光免疫分析仪筛选法

6　原理

弯曲菌的酶联荧光免疫筛选法是在全自动酶联荧光免疫分析仪上进行的双抗体夹心酶联荧光免疫检验方法。固相容器(SPR)用抗弯曲菌抗体包被，各种试剂均封闭在试剂条内。煮沸过的增菌肉汤加入试条孔，在特定时间内样本在 SPR 内外反复循环，使得弯曲菌抗原与包被在 SPR 内部的弯曲菌抗体结合，洗涤去除未结合的其他成分。接着标记有碱性磷酸酶的抗体与固定在 SPR 壁上的弯曲菌抗原相结合，洗去未结合的抗体标记物。结合在 SPR 壁上的碱性磷酸酶将催化底物磷酸 4-甲基伞型物转变成具有荧光的 4-甲基伞形酮，以 450 nm 波长处检测荧光强度，由仪器分析后得出检验结果。

7　仪器

mini VIDAS 或 VIDAS。

8　试剂

8.1　弯曲菌试剂条(VIDAS CAM)。

8.2　校正液：纯化灭活的弯曲菌抗原标准溶液。

8.3　阳性对照。

8.4　阴性对照。

8.5　MLE 卡。

9　操作步骤

9.1　增菌液处理

取 1 mL 24 h 培养的 Bolton 增菌液加入试管中，100 ℃水浴 15 min。剩余增菌液继续培养至 48 h。

9.2 仪器操作

9.2.1 输入 MLE 卡信息

每个试剂盒在使用之前，首先要用试剂盒中的 MLE 卡向仪器输入试剂规格(或曲线数据)。每盒试剂只需输入一次。

9.2.2 校正

在输入 MLE 卡信息后，使用试剂盒内的校正液进行校正，校正应做双份测试。以后每 14 d 进行一次校正。

9.3 检测

取出试剂条，待恢复至室温后进行样本编号。建立工作表格，输入样本编号。

分别吸取 500 μL 阴性、阳性对照和样本(冷却至室温)加入到试剂条样本孔中央。依照屏幕提示，将 VIDAS CAM 试剂条放入仪器的相应位置。

所有分析过程由仪器自动完成。

9.4 结果报告

9.4.1 检测值(X)是样品的相对荧光值(RFV_1)与标准溶液的相对荧光值(RFV_2)的比值，见式(1)。

$$X = \frac{RFV_1}{RFV_2} \quad \cdots\cdots\cdots\cdots(1)$$

若检测值<0.10，则检测结果为阴性；若检测值≥0.10，则检测结果为阳性。

9.4.2 检测结果阴性，可直接报告检验单位中未检出空肠弯曲菌。检测结果阳性的样品，应按照5.3～5.4 对剩余增菌液进行确认并报告。

附 录 A
（规范性附录）
培养基与试剂

A.1 Bolton 肉汤（Bolton broth）

A.1.1 基础培养基

A.1.1.1 成分

动物组织酶解物（enzymatic digest of animal tissues）	10.0 g
乳白蛋白水解物（lactalbumin hydrolysate）	5.0 g
酵母浸膏	5.0 g
氯化钠	5.0 g
丙酮酸钠	0.5 g
偏亚硫酸氢钠	0.5 g
碳酸钠	0.6 g
α-酮戊二酸	1.0 g
水	1 000 mL

A.1.1.2 制法

用水溶解基础培养基成分，如需要可使用加热促其溶解。将基础培养基分装至合适的锥形瓶内，121 ℃灭菌 15 min。

A.1.2 无菌裂解脱纤维绵羊或马血

对无菌脱纤维绵羊或马血通过反复冻融进行裂解或使用皂角苷进行裂解。

A.1.3 抗生素溶液

A.1.3.1 成分

头孢哌酮（cefoperazone）	0.02 g
万古霉素（vancomycin）	0.02 g
三甲氧苄胺嘧啶乳酸盐（trimethoprim lactate）	0.02 g
两性霉素 B（amphotercin B）	0.01 g
多粘菌素 B（polymyxin B）	0.01 g
乙醇 / 灭菌水（50 /50，体积比）	5 mL

A.1.3.2 制法

将上述成分溶解于乙醇/灭菌水混合溶液中。

A.1.4 完全培养基

A.1.4.1 成分

基础培养基（A.1.1）	1 000 mL
无菌裂解脱纤维绵羊或马血（A.1.2）	50mL
抗生素溶液（A.1.3）	5 mL

A.1.4.2 制法

当基础培养基的温度约为 45 ℃左右时，无菌加入绵羊或马血和抗生素溶液，混匀，将完全培养基的 pH 值调至 7.2±0.2（25 ℃），将培养基无菌分装至合适的试管或锥形瓶中备用。配制的增菌液在常温下放置不得超过 4 h，或在 4 ℃左右避光保存不得超过 7 d。

A.2 改良 CCD 琼脂（modified charcoal cefoperazone deoxycholate agar，mCCDA）

A.2.1 基础培养基

A.2.1.1 成分

肉浸液	10.0 g
动物组织酶解物	10.0 g
氯化钠	5.0 g
木炭	4.0 g
酪蛋白酶解物	3.0 g
去氧胆酸钠	1.0 g
硫酸亚铁	0.25 g
丙酮酸钠	0.25 g
琼脂	8.0 g～18.0 g
水	1 000 mL

A.2.1.2 制法

用水溶解基础培养基成分，煮沸。分装至合适的三角瓶内，121 ℃高压灭菌 15 min。

A.2.2 抗生素溶液

A.2.2.1 成分

头孢哌酮（cefoperazone）	0.032 g
两性霉素 B（amphotericin B）	0.01 g
利福平（rifampicin）	0.01 g
乙醇 / 灭菌水（50 /50，体积比）	5 mL

A.2.2.2 制法

将上述成分溶解于乙醇/灭菌水混合溶液中。

A.2.3 完全培养基

A.2.3.1 成分

基础培养基（A.2.1）	1 000 mL
抗生素溶液（A.2.2）	5 mL

A.2.3.2 制法

当基础培养基的温度约为 45 ℃左右时，加入抗生素溶液，混匀。将完全培养基的 pH 值调至 7.2±0.2（25 ℃）。倾注约 15 mL 于无菌平皿中，静置至培养基凝固。使用前需预先干燥平板。可将平皿盖打开，使培养基面朝下，置于干燥箱中约 30 min，直到琼脂表面干燥。预先制备的平板未干燥时在室温放置不得超过 4 h，或在 4 ℃左右冷藏不得超过 7 d。

A.3 哥伦比亚琼脂（Columbia blood agar）

A.3.1 基础培养基

A.3.1.1 成分

动物组织酶解物	23.0 g
淀粉	1.0 g
氯化钠	5.0 g
琼脂	8.0 g～18.0 g
水	1 000 mL

A.3.1.2 制法

将基础培养基成分溶解于水中,加热促其溶解。分装至合适的三角瓶内,121 ℃ 高压灭菌 15 min。

A.3.2 无菌脱纤维绵羊血

无菌操作条件下,将绵羊血加入到盛有灭菌玻璃珠的容器中,振摇约 10 min,静置后除去附有血纤维的玻璃珠即可。

A.3.3 完全培养基

A.3.3.1 组分

基础培养基(A.3.1)	1 000 mL
无菌脱纤维绵羊血(A.3.2)	50 mL

A.3.3.2 制法

当基础培养基的温度为 45 ℃左右时,无菌加入绵羊血,混匀。将完全培养基的 pH 值调至 7.2±0.2(25 ℃)。倾注 15 mL 于无菌平皿中,静置至培养基凝固。使用前需预先干燥平板。可将平皿盖打开,使培养基面朝下,置于干燥箱中约 30 min,直到琼脂表面干燥。预先制备的平板未干燥时在室温放置不得超过 4 h,或在 4 ℃左右冷藏不得超过 7 d。

A.4 布氏肉汤(Brucella broth)

A.4.1 成分

酪蛋白酶解物	10.0 g
动物组织酶解物	10.0 g
葡萄糖	1.0 g
酵母浸膏	2.0 g
氯化钠	5.0 g
亚硫酸氢钠	0.1 g
水	1 000 mL

A.4.2 制法

将基础培养基成分溶解于水中,如需要可加热促其溶解。将高压灭菌后培养基的 pH 值调至7.0±0.2(25 ℃)。将培养基分装至合适的试管中,每管 10 mL,121 ℃高压灭菌 15 min。

A.5 氧化酶试剂(reagent for the detection of oxidase)

A.5.1 成分

四甲基对苯二胺盐酸盐(N,N,N′,N′-tetramethyl-1,4-phenylenediamine dihydrochloride)	1.0 g
蒸馏水	100 mL

A.5.2 制法

使用前迅速将上述成分溶于水中。

A.6 马尿酸钠水解试剂(reagents for the detection of hydrolysis of hippurate)

A.6.1 马尿酸钠溶液

A.6.1.1 成分

马尿酸钠	10.0 g
磷酸盐缓冲液(PBS)组分:	
氯化钠(NaCl)	8.5 g
磷酸氢二钠($Na_2HPO_4 \cdot 2H_2O$)	8.98 g

磷酸二氢钠($NaH_2PO_4 \cdot H_2O$)	2.71 g
蒸馏水	1 000 mL

A.6.1.2 制法

将马尿酸钠溶于磷酸盐缓冲溶液中,过滤除菌。用合适的试管进行无菌分装,每管 0.4 mL,储存于 −20 ℃。

A.6.2 3.5%(水合)茚三酮溶液(质量/体积)

A.6.2.1 成分

(水合)茚三酮 (nin hydrin)	1.75 g
丙酮	25 mL
丁醇	25 mL

A.6.2.2 制备

将(水合)茚三酮溶解于丙酮/丁醇混合液中。该溶液在避光冷藏时最多不超过 7 d。

A.7 Mueller Hinton 琼脂(Mueller Hinton blood agar)

A.7.1 基础培养基

A.7.1.1 成分

动物组织酶解物	6.0 g
酪蛋白酶解物	17.5 g
可溶性淀粉	1.5 g
琼脂	8.0 g～18.0 g
水	1 000 mL

A.7.1.2 制法

将基础培养基成分溶解于水中,煮沸。将基础培养基分装于合适的三角瓶中,121 ℃高压灭菌 15 min。

A.7.2 无菌脱纤维绵羊血

无菌操作条件下,将绵羊血加入到盛有灭菌玻璃珠的容器中,振摇约 10 min,静置后除去附有血纤维的玻璃珠即可。

A.7.3 完全培养基

A.7.3.1 成分

基础培养基(A.7.1)	1 000 mL
无菌脱纤维绵羊血(A.7.2)	50 mL

A.7.3.2 制法

当基础培养基的温度约为 45 ℃左右时,无菌加入绵羊血,混匀。根据需要,将完全培养基的 pH 值调至 7.2±0.2(25 ℃)。倾注约 15 mL 于灭菌平皿中,静置至培养基凝固。使用前需预先干燥平板。可将平皿盖打开,使培养基面朝下,置于干燥箱中约 30 min,直到琼脂表面干燥。预先制备的平板未干燥时在室温放置不得超过 4 h,或在 4 ℃左右冷藏不得超过 7 d。

A.8 吲哚乙酸酯纸片(indoxyl acetate disc)

A.8.1 成分

吲哚乙酸酯	0.1 g
丙酮	1 mL

A.8.2 制法

将吲哚乙酸酯溶于丙酮中,吸取 25 μL～50 μL 溶液于空白纸片上(直径为 0.6 cm～1.2 cm)。室温干燥，用带有硅胶塞的棕色试管(瓶)于 4 ℃保存。

A.9 Skirrow 琼脂(Skirrow agar)

A.9.1 基础培养基

A.9.1.1 成分

蛋白胨	15.0 g
胰蛋白胨	2.5 g
酵母浸膏	5.0 g
氯化钠	5.0 g
琼脂	15.0 g
水	1 000 mL

A.9.1.2 制法

将基础培养基成分溶解于水中，加热并搅拌促其溶解，121 ℃高压灭菌 15 min。

A.9.2 FBP 溶液

A.9.2.1 成分

丙酮酸钠	0.25 g
焦亚硫酸钠	0.25 g
硫酸亚铁	0.25 g
蒸馏水	5 mL

A.9.2.2 制法

将各成分溶于 100 mL 水中，经 0.22 μm 滤膜过滤除菌。FBP 最好根据需要量现用现配，在 −70 ℃储存不超过 3 个月或 −20 ℃储存不超过 1 个月。

A.9.3 抗生素溶液

A.9.3.1 成分

头孢哌酮(cefoperazone)	0.032 g
两性霉素 B(amphotericin B)	0.01 g
利福平(rifampicin)	0.01 g
乙醇/灭菌水(50/50，体积比)	5 mL

A.9.3.2 制法

将上述成分溶解于乙醇/灭菌水混合溶液中。

A.9.4 无菌脱纤维绵羊血

无菌操作条件下，将绵羊血加入到盛有灭菌玻璃珠的容器中，振摇约 10 min，静置后除去附有血纤维的玻璃珠即可。

A.9.5 完全培养基

A.9.5.1 成分

基础培养基 (A.9.1)	1 000 mL
FBP 溶液 (A.9.2)	5 mL
抗生素溶液 (A.9.3)	5 mL
无菌脱纤维绵羊血 (A.9.4)	50 mL

A.9.5.2 制法

当基础培养基的温度约为 45 ℃左右时，加入 FBP 溶液、抗生素溶液与冻融的无菌脱纤维绵羊血，混匀。将完全培养基的 pH 值调至 7.2±0.2(25 ℃)。倾注约 15 mL 于无菌平皿中，静置至培养基凝固。使用前需预先干燥平板。可将平皿盖打开，使培养基面朝下，置于干燥箱中约 30 min，直到琼脂表面干燥。预先制备的平板未干燥时在室温放置不得超过 4 h,或在 4 ℃左右冷藏不得超过 7 d。

A.10　0.1%蛋白胨水

A.10.1　成分

蛋白胨	1.0 g
水	1 000 mL

A.10.2　制法

溶解蛋白胨于水中,将 pH 值调至 7.0±0.2(25 ℃),121 ℃高压灭菌 15 min。

ICS 07.100.30
C 53

中华人民共和国国家标准

GB/T 4789.10—2008
代替 GB/T 4789.10—2003

食品卫生微生物学检验 金黄色葡萄球菌检验

Microbiological examination of food hygiene—
Detection of *Staphylococcus aureus*

2008-11-21 发布　　2009-03-01 实施

中华人民共和国卫生部
中国国家标准化管理委员会　发布

前　言

本标准对应于国际分析家学会(AOAC INTERNATIONAL)AOAC 987.09《食品中金黄色葡萄球菌分离和计数　MPN法》(1991年)(AOAC Official Method 987.09,*Staphylococcus aureus* in foods most probable number method for isolation and enumeration)和国际标准化组织ISO 6888-1:1999《食品和动物饲料中血浆凝固酶阳性葡萄球菌、金黄色葡萄球菌和其他葡萄球菌计数方法》(Microbiology of food and animal feeding stuffs—Horizontal method for the enumeration of coagulase-positive *staphylococci*,*Staphylococcus aureaus* and other species—Part 1:Technique using Baird-Parker agar medium)。本标准与AOAC Official Method 987.09、ISO 6888-1:1999的一致性程度为非等效。

本标准代替GB/T 4789.10—2003《食品卫生微生物学检验　金黄色葡萄球菌检验》。

本标准与GB/T 4789.10—2003相比主要修改如下:

——规范了样品制备过程;

——对原标准中血浆凝固酶部分进行了修改。

本标准的附录A、附录B为规范性附录。

本标准由中华人民共和国卫生部提出并归口。

本标准由中华人民共和国卫生部负责解释。

本标准负责起草单位:中国疾病预防控制中心营养与食品安全所。

本标准参与起草单位:上海市疾病预防控制中心、中华人民共和国辽宁出入境检验检疫局、中华人民共和国内蒙古出入境检验检疫局、江苏省疾病预防控制中心。

本标准主要起草人:刘秀梅、陈敏、刘弘、刘中学、卢行安、袁宝君、田静。

本标准所代替标准的历次版本发布情况为:

——GB 4789.10—1984、GB/T 4789.10—1994、GB/T 4789.10—2003。

食品卫生微生物学检验
金黄色葡萄球菌检验

1 范围

本标准规定了食品中金黄色葡萄球菌的检验方法。

本标准适用于各类食品和食物中毒样品中金黄色葡萄球菌的检验。

2 设备和材料

除微生物实验室常规灭菌及培养设备外，其他设备和材料如下：

2.1 恒温培养箱：36 ℃±1 ℃。

2.2 冰箱：2 ℃～5 ℃。

2.3 恒温水浴箱：37 ℃±1 ℃。

2.4 天平：感量 0.1 g。

2.5 均质器。

2.6 振荡器。

2.7 无菌吸管：1 mL(具 0.01 mL 刻度)、10 mL(具 0.1 mL 刻度)或微量移液器及吸头。

2.8 无菌锥形瓶：容量 100 mL、500 mL。

2.9 无菌培养皿：直径 90 mm。

2.10 注射器：0.5 mL。

2.11 pH 计或 pH 比色管或精密 pH 试纸。

3 培养基和试剂

3.1 10％氯化钠胰酪胨大豆肉汤：见第 A.1 章。

3.2 7.5％氯化钠肉汤：见第 A.2 章。

3.3 血琼脂平板：见第 A.3 章。

3.4 Baird-Parker 琼脂平板：见第 A.4 章。

3.5 脑心浸出液(BHI)肉汤：见第 A.5 章。

3.6 兔血浆：见第 A.6 章。

3.7 磷酸盐缓冲液：见第 A.7 章。

3.8 营养琼脂斜面：见第 A.8 章。

3.9 革兰氏染色液：见第 A.9 章。

3.10 无菌生理盐水：称取 8.5 g 氯化钠溶于 1 000 mL 蒸馏水中，121 ℃高压灭菌 15 min。

3.11 1 mol/L 氢氧化钠(NaOH)：称取 40 g 氢氧化钠(NaOH)溶于 1 000 mL 蒸馏水中。

3.12 1 mol/L 盐酸(HCl)：37％浓盐酸 90 mL，加蒸馏水到 1 000 mL。

4 检验程序

检验程序见图 1。

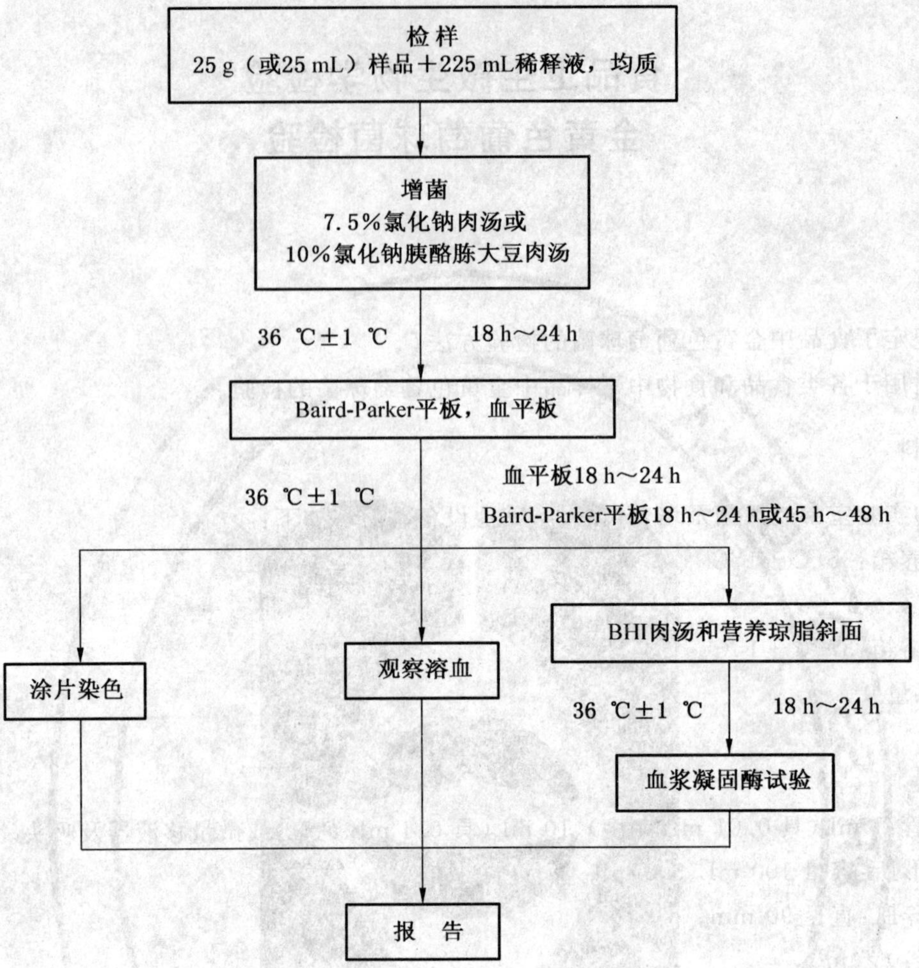

图 1　金黄色葡萄球菌检验程序

5　操作步骤

5.1　样品的稀释

5.1.1　固体和半固体样品：称取 25 g 样品至盛有 225 mL 磷酸盐缓冲液或生理盐水的无菌均质杯内，8 000 r/min～10 000 r/min 均质 1 min～2 min，或放入盛有 225 mL 稀释液的无菌均质袋中，用拍击式均质器拍打 1 min～2 min，制成 1：10 的样品匀液。

5.1.2　液体样品：以无菌吸管吸取 25 mL 样品至盛有 225 mL 磷酸盐缓冲液或生理盐水的无菌锥形瓶（瓶内预置适当数量的无菌玻璃珠）中，充分混匀，制成 1：10 的样品匀液。

5.2　增菌和分离培养

5.2.1　增菌培养：吸取 5 mL 上述样品匀液，接种于 50 mL 7.5%氯化钠肉汤或 10%氯化钠胰酪胨大豆肉汤培养基内，36 ℃±1 ℃培养 18 h～24 h。金黄色葡萄球菌在 7.5%氯化钠肉汤中呈混浊生长，污染严重时在 10%氯化钠胰酪胨大豆肉汤内呈混浊生长。

5.2.2　将上述培养物，分别划线接种到 Baird-Parker 平板和血平板，血平板 36 ℃±1 ℃培养 18 h～24 h。Baird-Parker 平板 36 ℃±1 ℃培养 18 h～24 h 或 45 h～48 h。

5.2.3　金黄色葡萄球菌在 Baird-Parker 平板上，菌落直径为 2 mm～3 mm，颜色呈灰色到黑色，边缘为淡色，周围为一混浊带，在其外层有一透明圈。用接种针接触菌落有似奶油至树胶样的硬度，偶然会遇到非脂肪溶解的类似菌落，但无混浊带及透明圈。长期保存的冷冻或干燥食品中所分离的菌落比典型菌落所产生的黑色较淡些，外观可能粗糙并干燥。在血平板上，形成菌落较大，圆形、光滑凸起、湿润、金黄色(有时为白色),菌落周围可见完全透明溶血圈。挑取上述菌落进行革兰氏染色镜检及血浆凝固酶试验。

5.2.4 形态:金黄色葡萄球菌为革兰氏阳性球菌,排列呈葡萄球状,无芽胞,无荚膜,直径约为 0.5 μm～1 μm。

5.3 血浆凝固酶试验

5.3.1 挑取 Baird-Parker 平板或血平板上可疑菌落 1 个或以上,分别接种到 5 mL BHI 和营养琼脂斜面,36 ℃±1 ℃培养 18 h～24 h。

5.3.2 取新鲜配制兔血浆 0.5 mL,放入小试管中,再加入 5.3.1 BHI 培养物 0.2 mL～0.3 mL,振荡摇匀,置 36 ℃±1 ℃温箱或水浴箱内,每半小时观察一次,观察 6 h,如呈现凝固(即将试管倾斜或倒置时,呈现凝块)或凝固体积大于原体积的一半,被判定为阳性结果。同时以血浆凝固酶试验阳性和阴性葡萄球菌菌株的肉汤培养物作为对照。也可用商品化的试剂,按说明书操作,进行血浆凝固酶试验。

5.3.3 结果如可疑,挑取营养琼脂斜面的菌落到 5 mL BHI,36 ℃±1 ℃培养 18 h～48 h,重复 5.3.2。

5.4 葡萄球菌肠毒素的检测

可疑食物中毒样品或产生葡萄球菌肠毒素的金黄色葡萄球菌菌株的鉴定,应按附录 B 检测葡萄球菌肠毒素。

6 结果与报告

6.1 结果判定:符合 5.2.3、5.2.4、血浆凝固酶试验阳性,可判定为金黄色葡萄球菌。

6.2 结果报告:在 25 g(或 25 mL)样品中检出或未检出金黄色葡萄球菌。

附 录 A
（规范性附录）
培养基和试剂

A.1 10%氯化钠胰酪胨大豆肉汤

A.1.1 成分

胰酪胨(或胰蛋白胨)	17 g
植物蛋白胨(或大豆蛋白胨)	3 g
氯化钠	100 g
磷酸氢二钾	2.5 g
丙酮酸钠	10 g
葡萄糖	2.5 g
蒸馏水	1 000 mL

pH7.3±0.2

A.1.2 制法

将上述成分混合，加热，轻轻搅拌并溶解，调节 pH，分装，每瓶 50 mL，121 ℃高压灭菌 15 min。

A.2 7.5%氯化钠肉汤

A.2.1 成分

蛋白胨	10 g
牛肉膏	5 g
氯化钠	75 g
蒸馏水	1 000 mL

pH7.4

A.2.2 制法

将上述成分加热溶解，调节 pH，分装，每瓶 50 mL，121 ℃高压灭菌 15 min。

A.3 血琼脂平板

A.3.1 成分

豆粉琼脂(pH7.4～7.6)	100 mL
脱纤维羊血(或兔血)	5 mL～10 mL

A.3.2 制法

加热溶化琼脂，冷却至 50 ℃，以无菌操作加入脱纤维羊血(或兔血)，摇匀，倾注平板。

A.4 Baird-Parker 琼脂平板

A.4.1 成分

胰蛋白胨	10 g
牛肉膏	5 g
酵母膏	1 g
丙酮酸钠	10 g
甘氨酸	12 g

氯化锂($LiCl \cdot 6H_2O$)　　5 g
琼脂　　20 g
蒸馏水　　950 mL
pH7.0±0.2

A.4.2　增菌剂的配法

30%卵黄盐水 50 mL 与经过除菌过滤的 1%亚碲酸钾溶液 10 mL 混合,保存于冰箱内。

A.4.3　制法

将各成分加到蒸馏水中,加热煮沸至完全溶解,调节 pH。分装每瓶 95 mL,121 ℃高压灭菌 15 min。临用时加热溶化琼脂,冷至 50 ℃,每 95 mL 加入预热至 50 ℃的卵黄亚碲酸钾增菌剂 5 mL,摇匀后倾注平板。培养基应是致密不透明的。使用前在冰箱储存不得超过 48 h。

A.5　脑心浸出液(BHI)肉汤

A.5.1　成分

胰蛋白质胨　　10.0 g
氯化钠　　5.0 g
磷酸氢二钠($Na_2HPO_4 \cdot 12H_2O$)　　2.5 g
葡萄糖　　2.0 g
牛心浸出液　　500 mL
pH7.4±0.2

A.5.2　制法

加热溶解,调节 pH,分装 16 mm×160 mm 试管,每管 5 mL,置 121 ℃,15 min 灭菌。

A.6　兔血浆

取柠檬酸钠 3.8 g,加蒸馏水 100 mL,溶解后过滤,装瓶,121 ℃高压灭菌 15 min。

兔血浆制备:取 3.8%柠檬酸钠溶液一份,加兔全血四份,混好静置(或以 3 000 r/min 离心 30 min),使血液细胞下降,即可得血浆。

A.7　磷酸盐缓冲液

A.7.1　成分

磷酸二氢钾(KH_2PO_4)　　34.0 g
蒸馏水　　500 mL
pH7.2

A.7.2　制法

贮存液:称取 34.0 g 的磷酸二氢钾溶于 500 mL 蒸馏水中,用大约 175 mL 的 1 mol/L 氢氧化钠溶液调节 pH 至 7.2,用蒸馏水稀释至 1 000 mL 后贮存于冰箱。

稀释液:取贮存液 1.25 mL,用蒸馏水稀释至 1 000 mL,分装于适宜容器中,121 ℃高压灭菌 15 min。

A.8　营养琼脂斜面

A.8.1　成分

蛋白胨　　10 g
牛肉膏　　3 g
氯化钠　　5 g

琼脂　　15 g～20 g
蒸馏水　　1 000 mL
pH7.2～7.4

A.8.2　制法

将除琼脂以外的各成分溶解于蒸馏水内，加入15%氢氧化钠溶液约2 mL，校正pH至7.2～7.4。加入琼脂，加热煮沸，使琼脂溶化，分装13 mm×130 mm管，121 ℃高压灭菌15 min。

A.9　革兰氏染色液

A.9.1　结晶紫染色液

A.9.1.1　成分

结晶紫　　1.0 g
95%乙醇　　20.0 mL
1%草酸铵水溶液　　80.0 mL

A.9.1.2　制法

将结晶紫完全溶解于乙醇中，然后与草酸铵溶液混合。

A.9.2　革兰氏碘液

A.9.2.1　成分

碘　　1.0 g
碘化钾　　2.0 g
蒸馏水　　300.0 mL

A.9.2.2　制法

将碘与碘化钾先行混合，加入蒸馏水少许充分振摇，待完全溶解后，再加蒸馏水至300 mL。

A.9.3　沙黄复染液

A.9.3.1　成分

沙黄　　0.25 g
95%乙醇　　10.0 mL
蒸馏水　　90.0 mL

A.9.3.2　制法

将沙黄溶解于乙醇中，然后用蒸馏水稀释。

A.9.4　染色法

A.9.4.1　涂片在火焰上固定，滴加结晶紫染液，染1 min，水洗。

A.9.4.2　滴加革兰氏碘液，作用1 min，水洗。

A.9.4.3　滴加95%乙醇脱色约15 s～30 s，直至染色液被洗掉，不要过分脱色，水洗。

A.9.4.4　滴加复染液，复染1 min，水洗、待干、镜检。

附 录 B
（规范性附录）
葡萄球菌肠毒素检测方法

B.1 设备和材料

B.1.1 冰箱：0 ℃～4 ℃。
B.1.2 恒温或振荡培养箱：36 ℃±1 ℃。
B.1.3 酶标仪。
B.1.4 离心机：8 000 r/min。
B.1.5 均质器或灭菌乳钵。
B.1.6 层析柱：40 mm×(20 mm～25 mm)。
B.1.7 微量加样器：200 μL、50 μL。
B.1.8 细滴管。
B.1.9 分液漏斗。
B.1.10 透析袋。
B.1.11 洗瓶。
B.1.12 灭菌吸管：1 mL(具 0.01 mL 刻度)、10 mL(具 0.1 mL 刻度)。
B.1.13 灭菌培养皿：直径 150 mm。
B.1.14 灭菌锥形瓶：250 mL。
B.1.15 有机玻璃模板。
B.1.16 打孔器：直径 2.5 mm。
B.1.17 载玻片、橡皮圈。
B.1.18 灭菌玻璃纸、L 棒、镊子等。

B.2 培养基和试剂

B.2.1 肠毒素产毒培养基：
B.2.1.1 成分

蛋白胨	20 g
胰消化酪蛋白	0.2 g
氯化钠	5 g
磷酸氢二钾	1 g
磷酸二氢钾	1 g
氯化钙	0.1 g
硫酸镁	0.2 g
烟酸	0.01 g
蒸馏水	1 000 mL
琼脂	10 g～12 g(固体透析培养用)

B.2.1.2 制法

除琼脂外将所有成分混于水中，溶解后调 pH7.2～7.4，如用固体透析培养法再加入琼脂，121 ℃高压灭菌 30 min。

B.2.2 营养琼脂：
B.2.2.1 成分

蛋白胨	10 g

牛肉膏　　　　　3 g
氯化钠　　　　　5 g
蒸馏水　　　　　1 000 mL

B.2.2.2　制法

将除琼脂以外的各成分溶解于蒸馏水内，加入15%氢氧化钠溶液约2 mL，校正pH7.2～7.4。加入琼脂，加热煮沸，121 ℃高压灭菌15 min。

B.2.3　1%琼脂糖溶液(0.9%生理盐水配制)。
B.2.4　0.2 mol/L pH7.5磷酸盐缓冲液。
B.2.5　三氯甲烷。
B.2.6　6 mol/L盐酸溶液。
B.2.7　5 mol/L氢氧化钠。
B.2.8　0.85%生理盐水。
B.2.9　1%乙酸溶液。
B.2.10　0.1%噻嗪红R或氨基黑B。
B.2.11　硅胶或凡士林。
B.2.12　A、B、C、D型葡萄球菌肠毒素和抗血清。
B.2.13　羧甲基纤维素(CM22或CM11 Whatman)。
B.2.14　0.2 mol/L pH6.8磷酸盐缓冲液。
B.2.15　酶标记A、B、C、D肠毒素抗血清或酶联免疫试剂盒。
B.2.16　0.1 mol/L pH9.5碳酸盐缓冲液。
B.2.17　0.05%0.02 mol/L pH7.2吐温-20缓冲液。
B.2.18　邻苯二胺酶底物。
B.2.19　2 mol/L硫酸。

B.3　检测程序

B.3.1　从分离菌株培养物中检测葡萄球菌肠毒素，检测流程见图B.1。

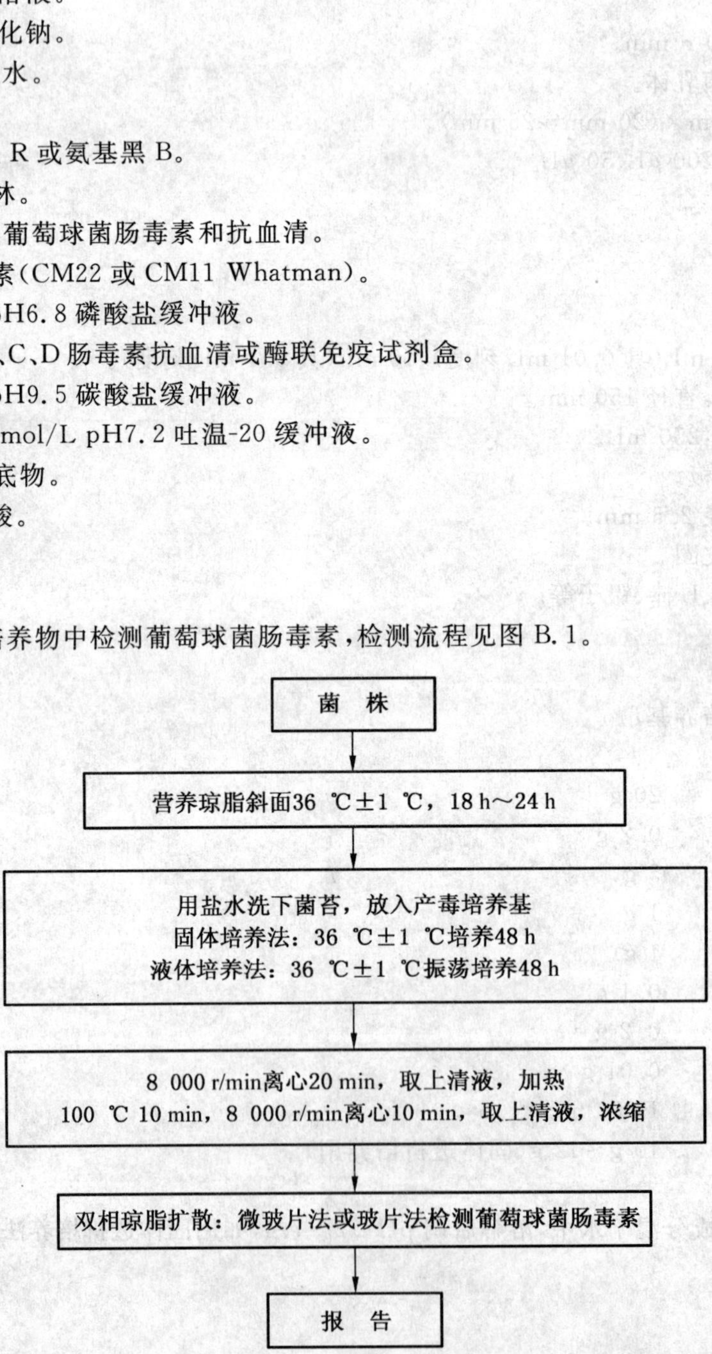

图B.1　分离菌株培养物中葡萄球菌肠毒素的检测流程图

B.3.2 从食物样品中提取和检测葡萄球菌肠毒素

B.3.2.1 微玻片法检测食品中葡萄球菌肠毒素(浓缩法和层析法)流程,见图B.2。

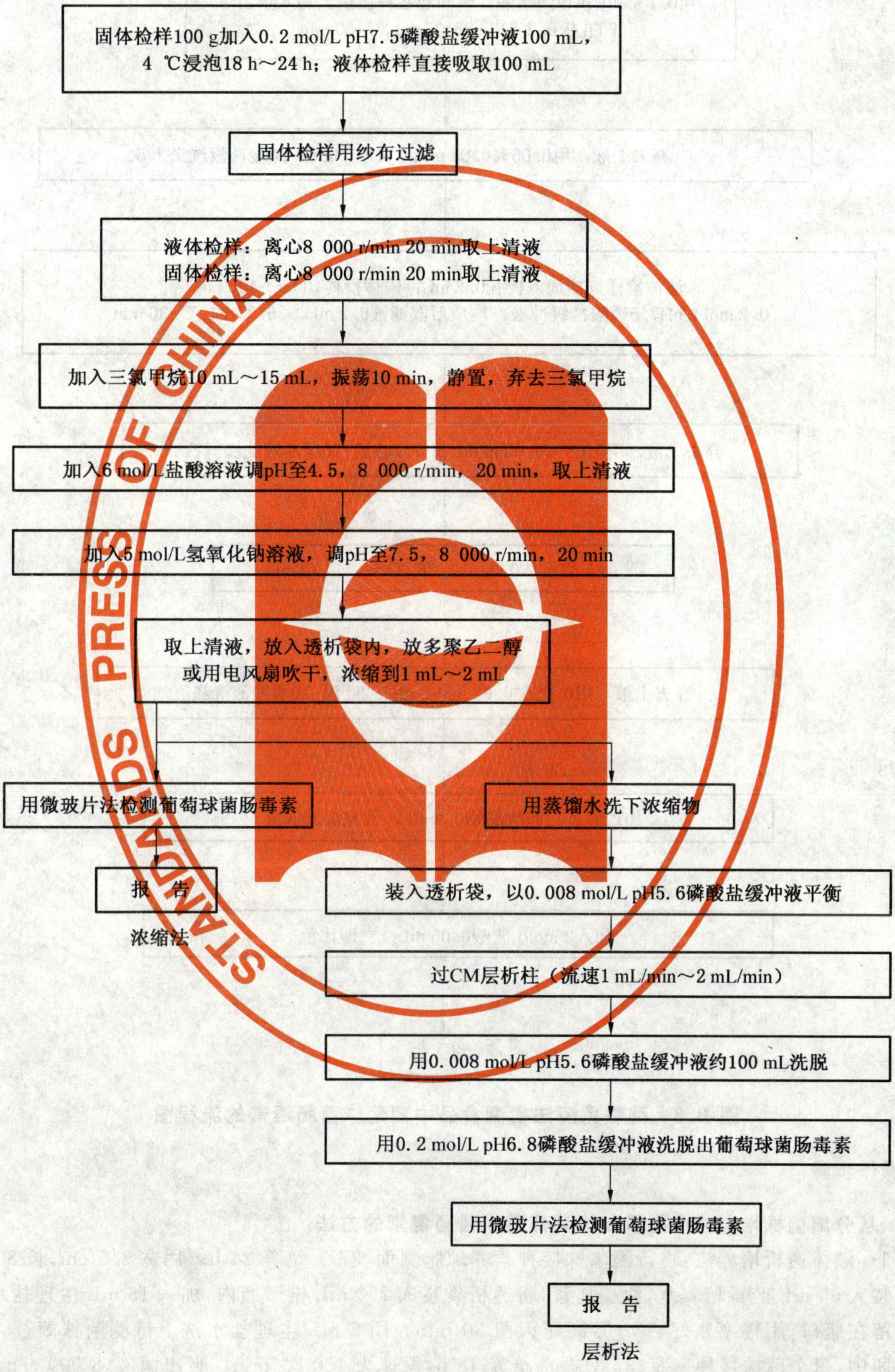

图B.2 微玻片法检测葡萄球菌肠毒素(浓缩法和层析法)流程图

B.3.2.2 酶联免疫法检测食品中葡萄球菌肠毒素的流程，见图 B.3。

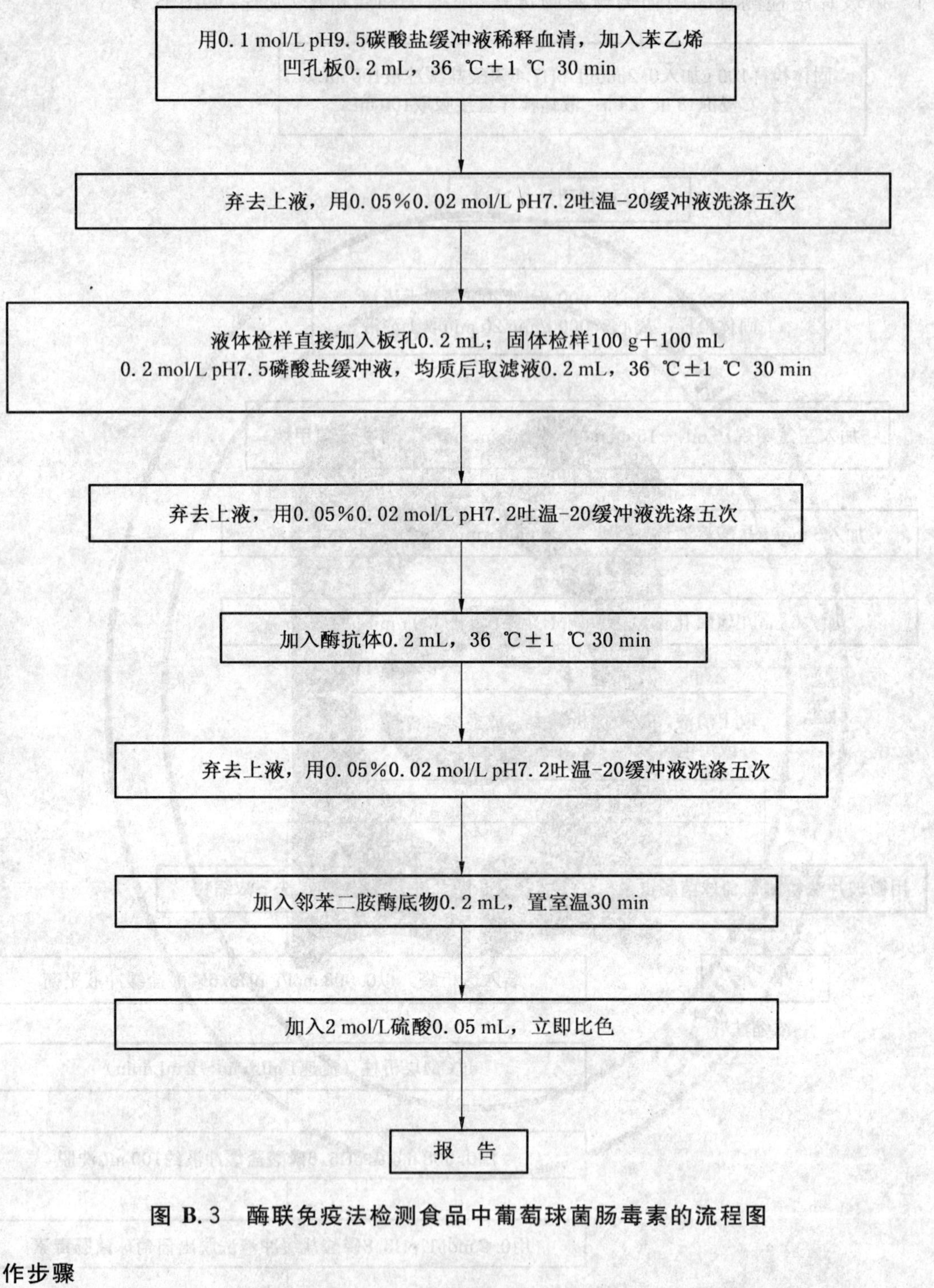

图 B.3 酶联免疫法检测食品中葡萄球菌肠毒素的流程图

B.4 操作步骤

B.4.1 从分离菌株培养物中提取和检测葡萄球菌肠毒素的方法

B.4.1.1 液体透析培养法：将待测菌株接种营养琼脂斜面，37 ℃培养 24 h。用宽 2.5 cm、长 80 cm 的透析袋装入 60 mL 产毒培养基，两端扎紧，将透析袋装入 250 mL 锥形瓶内，加入 15 mL 生理盐水，透析袋两端留在瓶口，用棉塞塞好，121 ℃高压灭菌 30 min。用 5 mL 生理盐水洗下待测菌株菌苔，倾入上述培养瓶中，每个菌株接种一瓶，37 ℃振荡培养 48 h，振速为 100 次/min。吸出菌液，8 000 r/min 离心 20 min，加热 100 ℃，10 min，取上清液做双相琼脂扩散。如为阴性，装入透析袋内，用热风吹，或用多聚乙二醇,浓缩至1 mL～2 mL后,做琼脂扩散实验。

B.4.1.2 固体透析培养法:待测菌株接种在营养琼脂平板,37 ℃培养24 h。向直径150 mm的灭菌平皿中倾入灭菌产毒培养基约100 mL～120 mL,凝固后表面铺一灭菌玻璃纸。用3 mL生理盐水洗下待测菌株菌苔,倾注在玻璃纸上,用灭菌L棒涂匀平皿,37 ℃培养48 h后,加入10 mL～20 mL灭菌生理盐水,用灭菌L棒刮取菌苔,吸取菌液离心。以下步骤同B.4.1.1。

B.4.2 从食品中提取和检测葡萄球菌肠毒素的方法

B.4.2.1 直接浓缩法:取食品样品100 g,加入无菌0.2 mol/L pH7.5磷酸盐缓冲液,均质成匀浆,置4 ℃浸泡18 h～24 h,用纱布过滤,将滤液离心8 000 r/min 20 min。取上清液,放入分液漏斗中,加入10 mL三氯甲烷,振摇10 min,静置,将底层三氯甲烷弃去(如不分层,可8 000 r/min离心20 min)。加入6 mol/L盐酸溶液,调pH至4.5,8 000 r/min离心20 min。取上清液,加5 mol/L氢氧化钠溶液,调pH至7.5,离心取上清液,装入透析袋或玻璃纸,用热风吹,或用多聚乙二醇浓缩至1 mL～2 mL,做微玻片双向琼脂扩散。

B.4.2.2 层析法:如需提取较纯肠毒素,可将上述浓缩液用蒸馏水洗下,装入透析袋,以0.008 mol/L pH5.6磷酸盐缓冲液洗脱,再用0.2 mol/L pH6.8磷酸盐缓冲液洗脱出葡萄球菌肠毒素。洗脱液装入透析袋内,用热风吹或用多聚乙二醇浓缩至1 mL,做微玻片双向琼脂扩散,检测葡萄球菌肠毒素。

B.4.3 双向琼脂扩散检测葡萄球菌肠毒素的方法

B.4.3.1 微玻片法:将在95%乙醇中浸泡的载玻片用洁净纱布擦干,吸取溶化的0.2%琼脂糖(蒸馏水配制)滴在载玻片上,使剩余的琼脂糖流下,放在无尘的环境中干燥。先将一层薄塑料板放在载玻片上,然后将带孔的有机玻璃板边缘涂一层薄的硅胶或凡士林,放在塑料板上。两边用橡皮圈系紧固定,吸取1%琼脂糖,立即从模板上中间孔加入载玻片和模板之间,直至充满琼脂糖。凝固后再将孔中琼脂糖用注射器针头挑去,在中间孔滴加抗血清,四周滴加菌株产毒液或食品提取液,放入加有湿棉球的容器内,25 ℃～30 ℃、18 h～24 h观察结果。在抗血清和提取液之间呈现明显沉淀线。如沉淀线只能微弱可见时,可进行染色(见图B.4)。

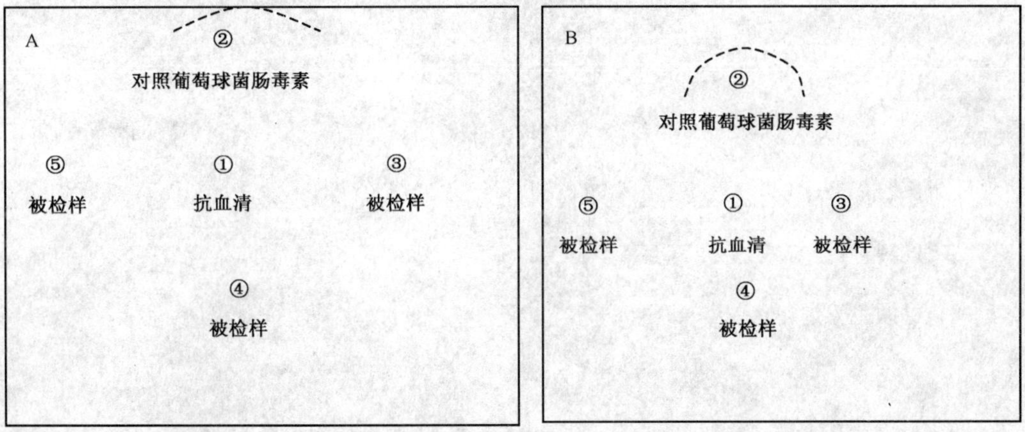

A——被检样无肠毒素,为阴性;

B——被检样3、5含肠毒素,为阳性;4无肠毒素,为阴性。

图B.4 双向琼脂扩散检测葡萄球菌肠毒素的示意图

B.4.3.2 玻片法;吸取溶化的1%琼脂糖2.5 mL,铺在洁净载玻片上,凝固后用直径2.5 mm的金属打孔器打成辐射型,孔距为2.5 mm,中心孔加入肠毒素抗血清,周围六个孔加入待测菌株或食品的肠毒素提取液,放入有滴加2/10 000三氮化钠湿棉球的容器内,以保持湿度。置25 ℃～30 ℃、18 h～20 h观察结果,在抗血清的提取物之间有明显沉淀线即为阳性。

B.4.3.3 染色法:用微玻片法取下胶带和有机玻璃模板,玻片法可直接将玻片放入蒸馏水中浸泡4 h～8 h,中间换水2次～3次,在下述各液中依次分别浸泡10 min:10%乙酸含1%噻嗪红R(或氨基黑);

1%乙酸;1%乙酸含 1%甘油,如脱色不净,可继续浸泡。取出后盖一滤纸,吸去多余液体,在室温或 35 ℃烘干。阳性者沉淀被染上颜色,可长期保存。

B.4.4 酶联免疫法检测葡萄球菌肠毒素的方法(双抗体法)

B.4.4.1 包被抗体:用 0.1 mol/L pH9.5 碳酸盐缓冲液稀释肠毒素抗血清使成 5 μg/mL,加入洗净的苯乙烯凹孔板内,每孔 0.2 mL,置 36 ℃±1 ℃ 30 min,弃去上液。

B.4.4.2 洗涤:用 0.05% 0.02 mol/L pH7.2 吐温-20 缓冲液洗涤五次。

B.4.4.3 加入检样:如为液体,可直接加入 0.2 mL;固体样品取 100 g,加入 0.2 mol/L pH7.5 磷酸盐缓冲液,均质后取滤液 0.2 mL。

B.4.4.4 洗涤:同 B.4.4.2。

B.4.4.5 每孔加入酶抗体 0.2 mL,置 36 ℃±1 ℃ 30 min,同时做阳性和阴性对照,弃去上液。

B.4.4.6 洗涤:同 B.4.4.2。

B.4.4.7 每孔加入邻苯二胺底物溶液 0.2 mL,室温放置 30 min。

B.4.4.8 每孔加入 2 mol/L 硫酸 0.05 mL,立即放酶标仪比色。

B.4.4.9 结果判定:样品 OD 值比阴性对照,比值大于 2 为阳性,小于 2 为阴性。

ICS 07.100.30
C 53

GB

中华人民共和国国家标准

GB/T 4789.27—2008
代替 GB/T 4789.27—2003

食品卫生微生物学检验 鲜乳中抗生素残留检验

Microbiological examination of food hygiene—Examination of residue of antibiotics in fresh milk

2008-11-21 发布　　2009-03-01 实施

中华人民共和国卫生部
中国国家标准化管理委员会　发布

前　言

本标准修改采用了国际分析家学会(AOAC)AOAC 982.18《液体牛奶制品中的β-乳胺抗生素定性的颜色反应试验》(AOAC Official Method 982.18：Beta-lactam antibiotics in fluid milk products—Qualitative color reaction tests)作为第二法。

本标准与 AOAC 982.18 相比主要区别如下：

——扩大适用范围为鲜乳中能抑制嗜热脂肪芽胞杆菌卡利德变种(*Bacillus stearothermophilus* var. *calidolactis*)的抗生素的检验，也可用于复原乳、消毒灭菌乳、乳粉中抗生素的检测；

——修改了试剂盒加营养片方法，直接将含有试验菌株芽胞的培养基制备在小试管内；

——将"注：偶尔有特殊批次的试剂盒可能需要较长的温育时间才能完全显色。如果……每隔 10 min 检查一次颜色显示情况，并记录每个批号产品所需要的最适当的温育时间。(Note：Occasionally kits of a particular Lot No. may require a longer incubation time for color to fully develop. If ……Check color development at 10 min intervals and record optimum incubation time required for each Lot No.)"程序修改为"如果颜色没有变化，须再于水浴中培养 30 min 作最终观察"；

——删除青霉素酶确证程序。

本标准代替 GB/T 4789.27—2003《食品卫生微生物学检验　鲜乳中抗生素残留量检验》。

本标准与 GB/T 4789.27—2003 相比主要修改如下：

——标准名称修改为"食品卫生微生物学检验　鲜乳中抗生素残留检验"；

——增加了第二法，将原标准的嗜热乳酸链球菌方法确定为第一法；

——增加了附录 A"培养基和试剂"。

本标准的附录 A 为规范性附录。

本标准由中华人民共和国卫生部提出并归口。

本标准由中华人民共和国卫生部负责解释。

本标准负责起草单位：福建省疾病预防控制中心。

本标准参加起草单位：中国疾病预防控制中心营养与食品安全所、中国检验检疫科学研究院、河南省疾病预防控制中心、湖北省疾病预防控制中心。

本标准主要起草人：马群飞、郭云昌、李瑾、田卫、廖兴广、马弋、田静。

本标准所代替标准的历次版本发布情况为：

——GB 4789.27—1984、GB/T 4789.27—1994、GB/T 4789.27—2003。

食品卫生微生物学检验
鲜乳中抗生素残留检验

1 范围

本标准规定了鲜乳中抗生素残留的检验方法。

本标准的第一法适用于鲜乳中能抑制嗜热链球菌(*Streptococcus thermophilus*)的抗生素的检验;第二法适用于鲜乳中能抑制嗜热脂肪芽胞杆菌卡利德变种(*Bacillus stearothermophilus* var. *calidolactis*)的抗生素的检验,也可用于复原乳、消毒灭菌乳、乳粉中抗生素的检测。

第一法 嗜热链球菌抑制法

2 原理

样品经过 80 ℃杀菌后,添加嗜热链球菌菌液。培养一段时间后,嗜热链球菌开始增殖。这时候加入代谢底物 2,3,5-氯化三苯四氮唑(TTC),若该样品中不含有抗生素或抗生素的浓度低于检测限,嗜热链球菌将继续增殖,还原 TTC 成为红色物质。相反,如果样品中含有高于检测限的抑菌剂,则嗜热链球菌受到抑制,因此指示剂 TTC 不还原,保持原色。

3 设备和材料

除微生物实验室常规灭菌及培养设备外,其他设备和材料如下:

3.1 冰箱:2 ℃～5 ℃、－20 ℃～－5 ℃。

3.2 恒温培养箱:36 ℃±1 ℃。

3.3 带盖恒温水浴锅:36 ℃±1 ℃、80 ℃±2 ℃。

3.4 天平:感量 0.1 g、0.001 g。

3.5 无菌吸管:1 mL(具 0.01 mL 刻度),10.0 mL(具 0.1 mL 刻度)或微量移液器及吸头。

3.6 无菌试管:18 mm×180 mm。

3.7 温度计:0 ℃～100 ℃。

3.8 旋涡混匀器。

4 菌种、培养基和试剂

4.1 菌种:嗜热链球菌。

4.2 灭菌脱脂乳:见第 A.1 章。

4.3 4% 2,3,5-氯化三苯四氮唑(TTC)水溶液:见第 A.2 章。

4.4 青霉素 G 参照溶液:见第 A.3 章。

5 检验程序

鲜乳中抗生素残留检验程序见图 1。

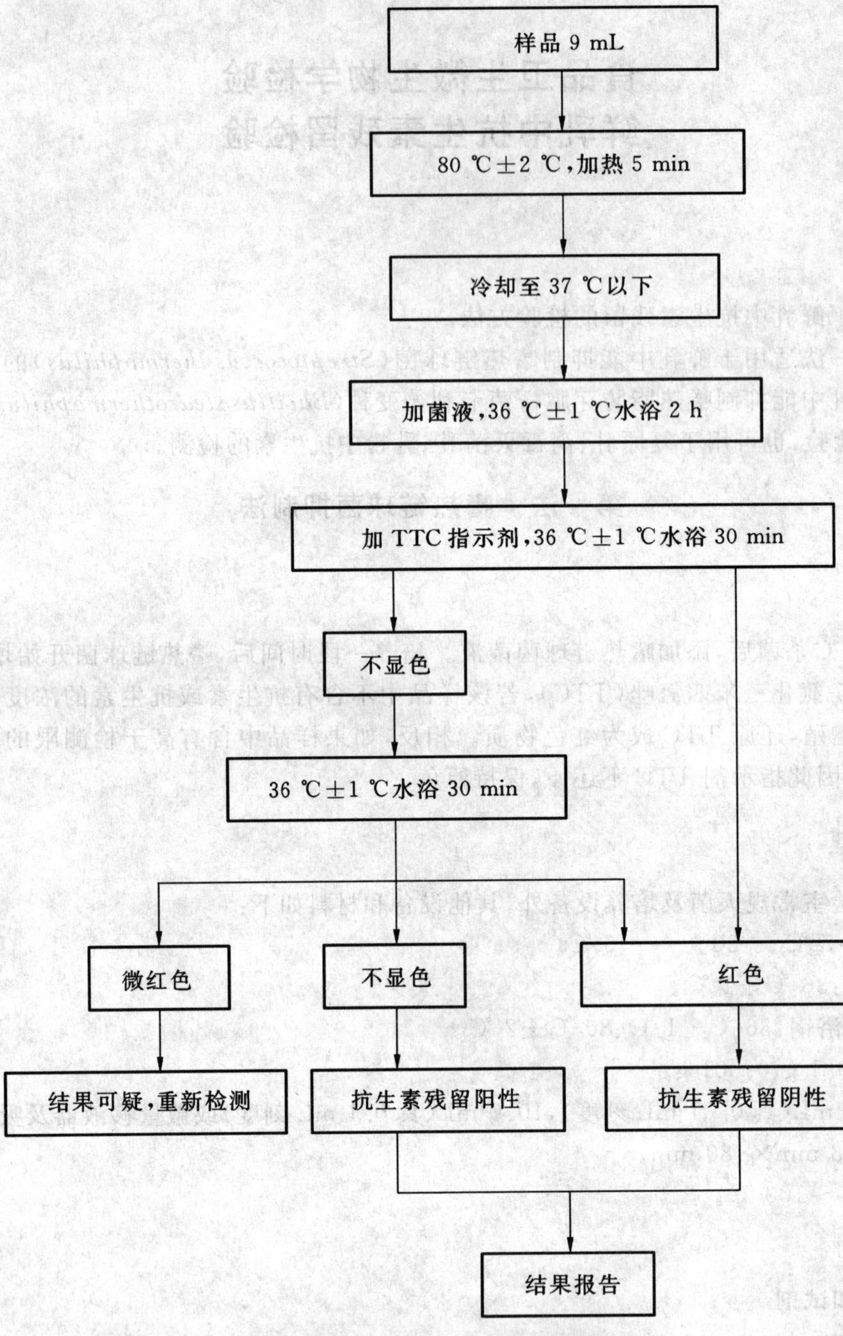

图 1 鲜乳中抗生素残留检验流程图

6 操作步骤

6.1 活化菌种

取一接种环嗜热链球菌菌种,接种在 9 mL 灭菌脱脂乳中,置 36 ℃±1 ℃恒温培养箱中培养 12 h~15 h 后,置 2 ℃~5 ℃冰箱保存备用。每 15 d 转种一次。

6.2 测试菌液

将经过活化的嗜热链球菌菌种接种灭菌脱脂乳,36 ℃±1 ℃培养 15 h±1 h,加入相同体积的灭菌脱脂乳混匀稀释成为测试菌液。

6.3 培养

取样品 9 mL,置 18 mm×180 mm 试管内,每份样品另外做一份平行样。同时再做阴性和阳性对照各一份，阳性对照管用 9 mL 青霉素 G 参照溶液，阴性对照管用 9 mL 灭菌脱脂乳。所有试管置 80 ℃±2 ℃水浴加热 5 min，冷却至 37 ℃以下，加入测试菌液 1 mL，轻轻旋转试管混匀。36 ℃±1 ℃水浴培养 2 h，加 4%TTC 水溶液 0.3 mL，在旋涡混匀器上混合 15 s 或振动试管混匀。36 ℃±1 ℃水浴避光培养 30 min，观察颜色变化。如果颜色没有变化，于水浴中继续避光培养 30 min 作最终观察。观察时要迅速，避免光照过久出现干扰。

6.4 判断方法

在白色背景前观察，试管中样品呈乳的原色时，指示乳中有抗生素存在，为阳性结果。试管中样品呈红色为阴性结果。如最终观察现象仍为可疑，建议重新检测。

7 报告

最终观察时，样品变为红色，报告为抗生素残留阴性。样品依然呈乳的原色，报告为抗生素残留阳性。

本方法检测几种常见抗生素的最低检出限为：青霉素 0.004 IU，链霉素 0.5 IU，庆大霉素 0.4 IU，卡那霉素 5 IU。

第二法　嗜热脂肪芽胞杆菌抑制法

8 原理

培养基预先混合嗜热脂肪芽胞杆菌芽胞，并含有 pH 指示剂（溴甲酚紫）。加入样品并孵育后，若该样品中不含有抗生素或抗生素的浓度低于检测限，细菌芽胞将在培养基中生长并利用糖产酸，pH 指示剂的紫色变为黄色。相反，如果样品中含有高于检测限的抗生素，则细菌芽胞不会生长，pH 指示剂的颜色保持不变，仍为紫色。

9 设备和材料

除微生物实验室常规灭菌及培养设备外，其他设备和材料如下：

9.1　冰箱：2 ℃～5 ℃、−20 ℃～−5 ℃。

9.2　恒温培养箱：36 ℃±1 ℃、56 ℃±1 ℃。

9.3　恒温水浴锅：65 ℃±2 ℃、80 ℃±2 ℃。

9.4　无菌吸管或 100 μL、200 μL 微量移液器及吸头。

9.5　无菌试管：18 mm×180 mm、15 mm×100 mm。

9.6　温度计：0 ℃～100 ℃。

9.7　离心机：转速 5 000 r/min。

10 菌种、培养基和试剂

10.1　菌种：嗜热脂肪芽胞杆菌卡利德变种。

10.2　无菌磷酸盐缓冲液：见第 A.4 章。

10.3　灭菌脱脂乳：见第 A.1 章。

10.4　溴甲酚紫葡萄糖蛋白胨培养基：见第 A.5 章。

10.5　青霉素 G 参照溶液：见第 A.3 章。

11 检验程序

样品中抗生素残留检验程序见图 2。

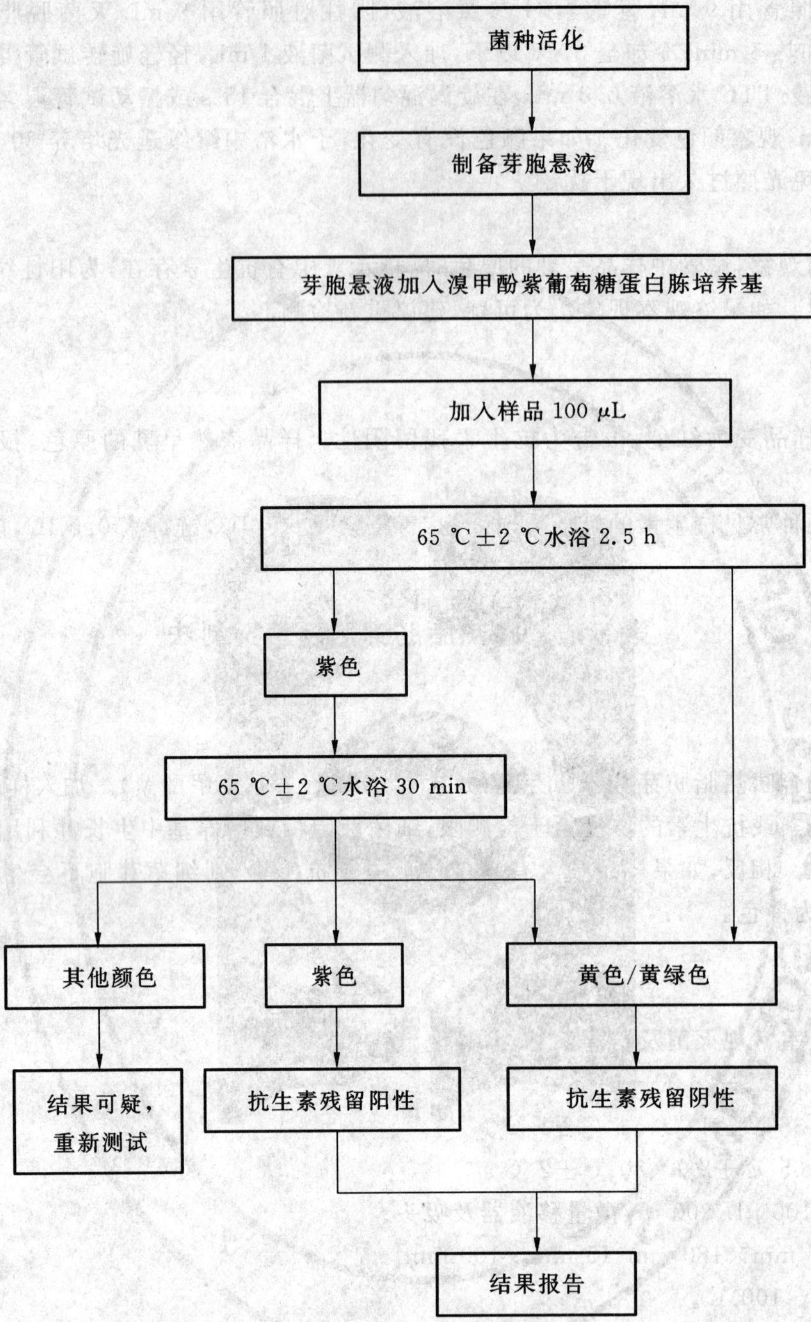

图 2　样品检验流程图

12　操作步骤

12.1　芽胞悬液

将嗜热脂肪芽胞杆菌菌种划线移种于营养琼脂平板表面，56 ℃±1 ℃培养 24 h 后挑取乳白色半透明圆形特征菌落，在营养琼脂平板上再次划线培养，56 ℃±1 ℃培养 24 h 后转入 36 ℃±1 ℃培养 3 d～4 d，镜检芽胞产率达到 95%以上时进行芽胞悬液的制备。每块平板用 1 mL～3 mL 无菌磷酸盐缓冲液洗脱培养基表面的菌苔(如果使用克氏瓶，每瓶使用无菌磷酸盐缓冲液 10 mL～20 mL)。将洗脱液 5 000 r/min 离心 15 min。取沉淀物加 0.03 mol/L 的无菌磷酸盐缓冲液(pH7.2)，制成 10^9 CFU/mL 芽胞悬液，置 80 ℃±2 ℃恒温水浴中 10 min 后，密封防止水分蒸发，置 2 ℃～5 ℃保存备用。

12.2 测试培养基

在溴甲酚紫葡萄糖蛋白胨培养基中加入适量芽胞悬液，混合均匀，使最终的芽胞浓度为 8×10^5 CFU/mL～2×10^6 CFU/mL。混合芽胞悬液的溴甲酚紫葡萄糖蛋白胨培养基分装小试管，每管 200 μL，密封防止水分蒸发。配制好的测试培养基可以在 2 ℃～5 ℃保存 6 个月。

12.3 培养操作

吸取样品 100 μL 加入含有芽胞的测试培养基中，轻轻旋转试管混匀。每份检样做两份，另外再做阴性和阳性对照各一份，阳性对照管为 100 μL 青霉素 G 参照溶液，阴性对照管为 100 μL 无抗生素的脱脂乳。于 65 ℃±2 ℃水浴培养 2.5 h，观察培养基颜色的变化。如果颜色没有变化，须再于水浴中培养 30 min 作最终观察。

12.4 判断方法

在白色背景前从侧面和底部观察小试管内培养基颜色。保持培养基原有的紫色为阳性结果，培养基变成黄色或黄绿色为阴性结果，颜色处于二者之间，为可疑结果。对于可疑结果应继续培养 30 min 再进行最终观察。如果培养基颜色仍然处于黄色-紫色之间，表示抗生素浓度接近方法的最低检出限，此时建议重新检测一次。

13 报告

最终观察时，培养基依然保持原有的紫色，可以报告为抗生素残留阳性。

培养基变为呈黄色或黄绿色时，可以报告为抗生素残留阴性。

本方法检测几种常见抗生素的最低检出限为：青霉素 3 μg/L，链霉素 50 μg/L，庆大霉素 30 μg/L，卡那霉素 50 μg/L。

附 录 A
（规范性附录）
培养基和试剂

A.1 灭菌脱脂乳

A.1.1 成分

无抗生素的脱脂乳。

A.1.2 制法

经 115 ℃灭菌 20 min。也可采用无抗生素的脱脂牛乳粉，以蒸馏水 10 倍稀释，加热至完全溶解，115 ℃灭菌 20 min。

A.2 4% 2,3,5-氯化三苯四氮唑（TTC）水溶液

A.2.1 成分

2,3,5-氯化三苯四氮唑（TTC）	1 g
灭菌蒸馏水	5 mL

A.2.2 制法

称取 TTC，溶于灭菌蒸馏水中，装褐色瓶内于 2 ℃～5 ℃保存。如果溶液变为半透明的白色或淡褐色，则不能再用。临用时用灭菌蒸馏水 5 倍稀释，成为 4%水溶液。

A.3 青霉素 G 参照溶液

A.3.1 成分

青霉素 G 钾盐	30.0 mg
无菌磷酸盐缓冲液	适量
无抗生素的脱脂乳	适量

A.3.2 制法

精密称取青霉素 G 钾盐标准品，溶于无菌磷酸盐缓冲液中，使其浓度为 100 IU/mL～1 000 IU/mL。再将该溶液用灭菌的无抗生素的脱脂乳稀释至 0.006 IU/mL，分装于无菌小试管中，密封备用。－20 ℃保存不超过 6 个月。

A.4 无菌磷酸盐缓冲液

A.4.1 成分

磷酸二氢钠	2.83 g
磷酸二氢钾	1.36 g
蒸馏水	1 000 mL

A.4.2 制法

将上述成分混合，调节 pH 至 7.3±0.1，121 ℃高压灭菌 20 min。

A.5 溴甲酚紫葡萄糖蛋白胨培养基

A.5.1 成分

蛋白胨	10.0 g
葡萄糖	5.0 g

2%溴甲酚紫乙醇溶液	0.6 mL
琼脂	4.0 g
蒸馏水	1 000 mL

A.5.2 制法

在蒸馏水中加入蛋白胨、葡萄糖、琼脂，加热搅拌至完全溶解，调节 pH 至 7.1±0.1，然后再加入溴甲酚紫乙醇溶液，混匀后，115 ℃高压灭菌 30 min。

ICS 07.100.30
C 53

中华人民共和国国家标准

GB/T 4789.30—2008
代替 GB/T 4789.30—2003

食品卫生微生物学检验
单核细胞增生李斯特氏菌检验

Microbiological examination of food hygiene—
Examination of *Listeria monocytogenes*

2008-11-21 发布　　　　2009-03-01 实施

中华人民共和国卫生部
中国国家标准化管理委员会　发布

前　言

本标准的第一法修改采用美国FDA《细菌性检验手册》(Bacteriological analytical manual, Chapter 10, 2002)；第二法等同采用国际分析家学会的《单核细胞增生李斯特氏菌检验方法》(AOAC-RI Performance tested methods VIDAS *Listeria monocytogenes* Test, 999.06)；第三法等同采用国际分析家学会的《单核细胞增生李斯特氏菌检验方法》(AOAC International Official Method 2003.12, BAX *Listeria monocytogenes*)。

本标准的第一法与美国FDA/BAM方法相比主要区别如下：

——增菌培养基以LB肉汤替代了BLEB肉汤；

——选择性分离培养基以PALCAM代替了OXA，增加了CHROMagar *Listeria* 显色培养基；

——增加了初筛步骤；

——培养温度以36 ℃±1 ℃代替35 ℃。

本标准代替GB/T 4789.30—2003《食品卫生微生物学检验　单核细胞增生李斯特氏菌检验》。

本标准与GB/T 4789.30—2003相比主要修改如下：

——删除了规范性引用文件。

——修改了第一法。包括选择性分离培养基以PALCAM代替了MMA，增加了CHROMagar *Listeria* 显色培养基；增加了初筛步骤；删除了尿素酶试验和硝酸盐还原试验。

——增加了第二法，全自动酶联荧光免疫分析仪筛选法。

——增加了第三法，全自动病原菌检测系统筛选法。

本标准的附录A为规范性附录。

本标准由中华人民共和国卫生部提出并归口。

本标准由中华人民共和国卫生部负责解释。

本标准负责起草单位：中国疾病预防控制中心营养与食品安全所。

本标准参加起草单位：福建省疾病预防控制中心、陕西省疾病预防控制中心、湖北省疾病预防控制中心。

本标准主要起草人：刘秀梅、杨洋、陈伟伟、郭云昌、田静、马国柱、马弋。

本标准所代替标准的历年版本发布情况为：

——GB/T 4789.30—1994、GB/T 4789.30—2003。

食品卫生微生物学检验
单核细胞增生李斯特氏菌检验

1 范围

本标准规定了食品中单核细胞增生李斯特氏菌(*Listeria monocytogenes*)的检验方法。

本标准适用于食品和食源性疾病样品中单核细胞增生李斯特氏菌的检验。

2 设备和材料

除微生物实验室常规无菌及培养设备外,其他设备和材料如下:

2.1 冰箱:2 ℃～5 ℃。

2.2 恒温培养箱:30 ℃±1 ℃、36 ℃±1 ℃。

2.3 均质器。

2.4 显微镜:10×～100×。

2.5 电子天平:感量 0.1 g。

2.6 锥形瓶:100 mL、500 mL。

2.7 无菌吸管:1 mL (具 0.01 mL 刻度)、10 mL (具 0.1 mL 刻度)。

2.8 无菌平皿:直径 90 mm。

2.9 无菌试管:16 mm×160 mm。

2.10 离心管:30 mm×100 mm。

2.11 无菌注射器:1 mL。

2.12 金黄色葡萄球菌(ATCC 25923)。

2.13 马红球菌(*Rhodococcus equi*)。

2.14 小白鼠:16 g～18 g。

2.15 全自动微生物鉴定系统(VITEK)1)。

2.16 全自动酶联荧光免疫分析仪(mini VIDAS 或 VIDAS)1)。

2.17 全自动病原菌检测系统(BAX 系统,包含 BAX 系统 Q7)2)。

3 培养基和试剂

3.1 含 0.6%酵母浸膏的胰酪胨大豆肉汤(TSB-YE):见第 A.1 章。

3.2 含 0.6%酵母浸膏的胰酪胨大豆琼脂 (TSA-YE):见第 A.2 章。

3.3 李氏增菌肉汤 LB(LB_1,LB_2):见第 A.3 章。

3.4 1%盐酸吖啶黄(acriflavine HCl)溶液:见 A.3.2.1。

3.5 1%萘啶酮酸钠盐(naladixic acid)溶液:见 A.3.2.1。

3.6 PALCAM 琼脂:见第 A.4 章。

3.7 革兰氏染色液:见第 A.5 章。

---

1) 由法国生物梅里埃公司提供的产品的商品名。给出这一信息是为了方便本标准的使用者,并不表示对该产品的认可。如果其他等效产品具有相同的效果,则可使用这些等效的产品。

2) 由美国杜邦公司提供的产品的商品名。给出这一信息是为了方便本标准的使用者,并不表示对该产品的认可。如果其他等效产品具有相同的效果,则可使用这些等效的产品。

3.8　SIM 动力培养基：见第 A.6 章。

3.9　缓冲葡萄糖蛋白胨水[甲基红(MR)和 V-P 试验用]：见第 A.7 章。

3.10　5%～8%羊血琼脂：见第 A.8 章。

3.11　糖发酵管：见第 A.9 章。

3.12　过氧化氢酶试验：见第 A.10 章。

3.13　科玛嘉李斯特氏菌显色琼脂[3]。

3.14　API *listeria* 10300 生化鉴定试剂盒或 VITEK-GPI 鉴定卡[1]。

第一法　常规培养方法

4　检验程序

单核细胞增生李斯特氏菌检验程序见图 1。

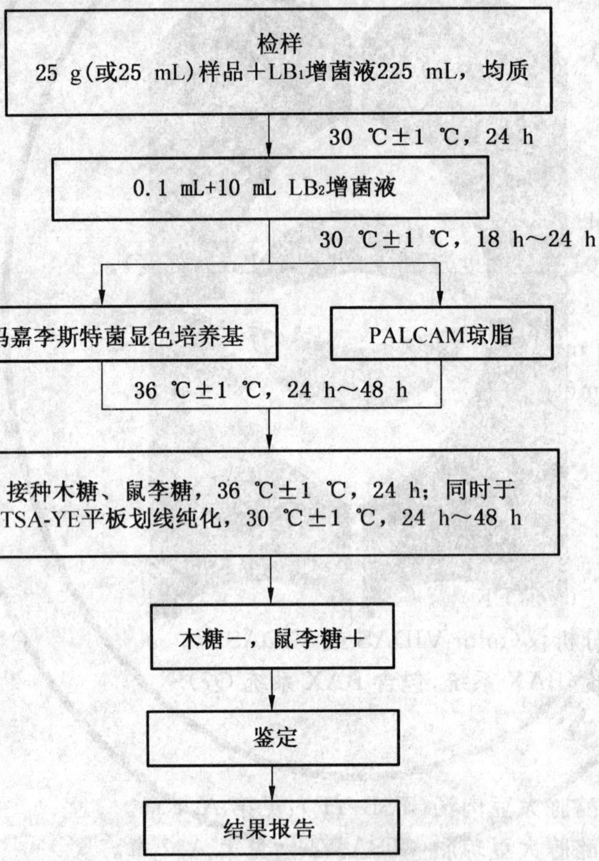

图 1　单核细胞增生李斯特氏菌检验程序

5　操作步骤

5.1　增菌

以无菌操作取样品 25 g(或 25 mL)加入到含有 225 mL LB_1 增菌液的均质袋中，在拍击式均质器上连续均质 1 min～2 min；或放入盛有 225 mL LB_1 增菌液的均质杯中，8 000 r/min～10 000 r/min 均质 1 min～2 min。于 30 ℃±1 ℃培养 24 h，移取 0.1 mL，转种于 10 mL LB_2 增菌液内，于 30 ℃±1 ℃

3)　由法国科玛嘉公司提供的产品的商品名。给出这一信息是为了方便本标准的使用者，并不表示对该产品的认可。如果其他等效产品具有相同的效果，则可使用这些等效的产品。

培养 18 h～24 h。

5.2 分离

取 LB_2 二次增菌液划线接种于 PALCAM 琼脂平板和科玛嘉李斯特氏菌显色琼脂平板上，于 36 ℃±1 ℃培养 24 h～48 h，观察各个平板上生长的菌落。典型菌落在科玛嘉李斯特氏菌显色琼脂平板上为小的圆形蓝色菌落，周围有白色晕圈；在 PALCAM 琼脂平板上为小的圆形灰绿色菌落，周围有棕黑色水解圈，有些菌落有黑色凹陷。

5.3 初筛

自选择性琼脂平板上分别挑取 5 个以上典型或可疑菌落，分别接种在木糖、鼠李糖发酵管，于 36 ℃±1 ℃培养 24 h；同时在 TSA-YE 平板上划线纯化，于 30 ℃±1 ℃培养 24 h～48 h。选择木糖阴性、鼠李糖阳性的纯培养物继续进行鉴定。

5.4 鉴定

5.4.1 染色镜检：李斯特氏菌为革兰氏阳性短杆菌，大小为(0.4 μm～0.5 μm)×(0.5 μm～2.0 μm)；用生理盐水制成菌悬液，在油镜或相差显微镜下观察，该菌出现轻微旋转或翻滚样的运动。

5.4.2 动力试验：李斯特氏菌有动力，呈伞状生长或月牙状生长。

5.4.3 生化鉴定：挑取纯培养的单个可疑菌落，进行过氧化氢酶试验，过氧化氢酶阳性反应的菌落继续进行糖发酵试验和 MR-VP 试验。单核细胞增生李斯特氏菌的主要生化特征见表 1。

表 1 单核细胞增生李斯特氏菌生化特征与其他李斯特氏菌的区别

菌种	溶血反应	葡萄糖	麦芽糖	MR-VP	甘露醇	鼠李糖	木糖	七叶苷
单核细胞增生李斯特氏菌 (*L. monocytogenes*)	+	+	+	+/+	−	+	−	+
格氏李斯特氏菌 (*L. grayi*)	−	+	+	+/+	+	−	−	+
斯氏李斯特氏菌 (*L. seeligeri*)	+	+	+	+/+	−	−	+	+
威氏李斯特氏菌 (*L. welshimeri*)	−	+	+	+/+	−	V	+	+
伊氏李斯特氏菌 (*L. ivanovii*)	+	+	+	+/+	−	−	+	+
英诺克李斯特氏菌 (*L. innocua*)	−	+	+	+/+	−	V	−	+
注：+阳性；−阴性；V 反应不定。								

5.4.4 溶血试验：将羊血琼脂平板底面划分为 20 个～25 个小格，挑取纯培养的单个可疑菌落刺种到血平板上，每格刺种一个菌落，并刺种阳性对照菌(单核细胞增生李斯特氏菌和伊氏李斯特氏菌)和阴性对照菌(英诺克李斯特氏菌)，穿刺时尽量接近底部，但不要触到底面，同时避免琼脂破裂，36 ℃±1 ℃培养 24 h～48 h，于明亮处观察，单核细胞增生李斯特氏菌和斯氏李斯特氏菌在刺种点周围产生狭小的透明溶血环，英诺克李斯特氏菌无溶血环，伊氏李斯特氏菌产生大的透明溶血环。

5.4.5 协同溶血试验(cAMP)：在羊血琼脂平板上平行划线接种金黄色葡萄球菌和马红球菌，挑取纯培养的单个可疑菌落垂直划线接种于平行线之间，垂直线两端不要触及平行线，于 30 ℃±1 ℃培养 24 h～48 h。单核细胞增生李斯特氏菌在靠近金黄色葡萄球菌的接种端溶血增强，斯氏李斯特氏菌的溶血也增强,而伊氏李斯特氏菌在靠近马红球菌的接种端溶血增强。

5.5 生化鉴定系统

可选择 API *Listeria* 10300 生化鉴定试剂盒或 VITEK 全自动微生物鉴定系统等生化鉴定系统对 5.3 中 3 个~5 个纯培养的可疑菌落进行鉴定。

5.6 小鼠毒力试验(可选择)

将符合上述特性的纯培养物接种于 TSB-YE 中,于 30 ℃±1 ℃培养 24 h,4 000 r/min 离心 5 min,弃上清液,用无菌生理盐水制备成浓度为 10^{10} CFU/mL 的菌悬液,取此菌悬液进行小鼠腹腔注射 3 只~5 只,每只 0.5 mL,观察小鼠死亡情况。致病株于 2 d~5 d 内死亡。试验时可用已知菌做对照。单核细胞增生李斯特氏菌、伊氏李斯特氏菌对小鼠有致病性。

5.7 结果报告

综合以上生化试验和溶血试验的结果,报告 25 g(或 25 mL)样品中检出或未检出单核细胞增生李斯特氏菌。

第二法 全自动酶联荧光免疫分析仪筛选法

6 原理

mini VIDAS 或 VIDAS 单核细胞增生李斯特氏菌分析,是在自动 VIDAS 仪器上进行的双抗体夹心酶联荧光免疫分析方法。固相容器(SPR)用抗单核细胞增生李斯特氏菌抗体包被,各种试剂均封闭在试剂条内。煮沸过的增菌肉汤加入试条孔后,在特定时间内样本中的单核细胞增生李斯特氏菌抗原与包被在 SPR 内部的单核细胞增生李斯特氏菌抗体结合,未结合的其他成分通过洗涤步骤清除。标记有碱性磷酸酶的抗体与固定在 SPR 壁上的单核细胞增生李斯特氏菌抗原结合,最后洗去未结合的抗体标记物。SPR 中所用荧光底物为磷酸 4-甲基伞型物。结合在 SPR 壁上的酶将催化底物转变成具有荧光的产物:4-甲基伞形酮。VIDAS 光扫描器在波长 450 nm 处检测该荧光强度。试验完成后由 VIDAS 自动分析结果,得出检测值,并打印出每份样本的检测结果。

7 设备和材料

mini VIDAS 或 VIDAS。

8 试剂

8.1 LMO2 试剂条。

8.2 校正液:纯化灭活的单核细胞增生李斯特氏菌抗原标准溶液。

8.3 阳性对照。

8.4 阴性对照。

8.5 MLE 卡。

9 操作步骤

9.1 前增菌

以无菌操作取样品 25 g(或 25 mL)加入到含有 225 mL Demi-Fraser 肉汤的均质袋中,在拍击式均质器上连续均质 1 min~2 min;或放入盛有 225 mL Demi-Fraser 肉汤的均质杯中,8 000 r/min~10 000 r/min 均质 1 min~2 min。于 30 ℃±1 ℃培养 24 h。同时做阳性及阴性对照。

9.2 增菌与处理

取 1 mL 前增菌液接种于 10 mL Fraser 肉汤,于 30 ℃±1 ℃培养 24 h,取 1 mL 增菌液加入试管中,100 ℃水浴 15 min。剩余增菌液保存于 2 ℃~5 ℃,以备对阳性检测结果进行确认。

9.3 上机操作

9.3.1 输入 MLE 卡信息

每个试剂盒在使用之前，首先要用试剂盒中的 MLE 卡向仪器输入试剂规格（或曲线数据）。每盒试剂只需输入一次。

9.3.2 校正

在输入 MLE 卡信息后，使用试剂盒内的校正液进行校正，校正必须做双份测试。以后每 14 天进行一次校正。

9.3.3 检测

取出试剂条，待恢复至室温后进行样本编号。

建立 work list，输入样本编号。

分别吸取 500 μL 对照和样本（冷却至室温）加入到试剂条样本孔中央。依屏幕提示，将试剂条放入仪器相应的位置。

所有分析过程均由仪器自动完成，检测约需 45 min。

9.4 结果报告

9.4.1 检测值（X）是样品的相对荧光值（RFV_1）与标准溶液的相对荧光值（RFV_2）的比值，见式（1）。

$$X = \frac{RFV_1}{RFV_2} \quad \cdots\cdots(1)$$

若检测值＜0.05，则检测结果为阴性；检测值≥0.05，则检测结果为阳性。

9.4.2 检测结果阴性，可直接报告 25 g（或 25 mL）样品中未检出单核细胞增生李斯特氏菌。检测结果阳性的样品，应按照 5.2～5.4 对保存于 2 ℃～5 ℃的增菌液进行确认并报告。

第三法 全自动病原菌检测系统筛选法

10 原理

BAX 系统或 BAX 系统 Q7 利用多聚酶链反应（PCR）来扩增并检测细菌 DNA 中特异片段来判断目标菌是否存在。反应所需的引物、DNA 聚合酶和核苷酸等被合并成为一个稳定、干燥的片剂，并装入 PCR 管中，检测系统运用荧光检测来分析 PCR 产物。每个 PCR 试剂片都包含有荧光染料，该染料能结合双链 DNA，并且受光激发后发出荧光信号。在检测过程中，BAX 系统通过测量荧光信号的变化，分析测量数据，从而判定阳性或阴性结果。

11 设备和材料

11.1 系统主机及工作站。

11.2 加热槽。

11.3 冷却槽。

12 试剂

12.1 **BAX 单核细胞增生李斯特氏菌检测试剂盒**

12.1.1 裂解缓冲液。

12.1.2 蛋白酶。

12.1.3 带药片的 PCR 管。

12.1.4 透明盖。

12.2 **溶菌试剂**

见第 A.11 章。

12.3 **李斯特氏菌缓冲增菌肉汤(buffered *Listeria* enrichment broth,BLEB)**

见第 A.12 章。

12.4 **丙磺酸钠-李斯特氏菌缓冲增菌肉汤(MOPS-buffered *Listeria* enrichment broth,MOPS-BLEB)**

见第 A.13 章。

12.5 **半量 FRASER 肉汤(demi-Fraser)**

见第 A.14 章。

12.6 **UVM 李斯特氏菌增菌肉汤(UVM *Listeria* enrichment broth,UVM-LEB)**

见第 A.15 章。

12.7 **李斯特氏菌增菌肉汤(*Listeria* enrichment broth,LEB)**

见第 A.16 章。

13 操作步骤

13.1 增菌

13.1.1 生肉:称取 25 g 样品于 225 mL demi-Fraser 肉汤中,均质后,30 ℃± 1 ℃培养 22 h~24 h;移取 100 μL 转种于 9.9 mL MOPS-BLEB 中,36 ℃±1 ℃培养 18 h~24 h。

13.1.2 熟肉制品:称取 25 g 样品于 225 mL UVM-LEB 中,均质后,30 ℃±1 ℃培养 22 h~24 h;移取 100 μL 转种于 9.9 mL MOPS-BLEB 中,36 ℃±1 ℃培养 18 h~24 h。

13.1.3 乳品:称取 25 g 样品于 225 mL LEB 中,均质后,在 36 ℃±1 ℃培养 22 h~26 h;移取 1 mL 转种于 9 mL MOPS-BLEB 中,36 ℃±1 ℃培养 18 h~24 h。

13.1.4 熏鱼:称取 25 g 样品于 225 mL LB_1 中,均质后,36 ℃±1 ℃培养 22 h~26 h;移取 1 mL 转种于 9 mL MOPS-BLEB 中,36 ℃±1 ℃培养 18 h~24 h。

13.1.5 其他食品:称取 25 g(或 25 mL)样品于 225 mL 不含抗生素的 BLEB 中,均质后,在 30 ℃±1 ℃培养 4 h,然后加入抗生素在 30 ℃±1 ℃培养 20 h,移取 100 μL 转种于 9.9 mL MOPS-BLEB 中,36 ℃±1 ℃培养 18 h~24 h。

13.2 上机操作

13.2.1 打开加热槽分别加热至 55 ℃和 95 ℃,检查冷藏过夜的冷却槽(4 ℃),开机并启动 BAX 系统软件。如果仪器自检后建议校正,按屏幕提示进行校正操作。

13.2.2 创建“rack”文件:根据提示在完整的“rack”文件和“个样”资料中输入样品信息。

13.2.3 溶菌操作:在每个溶菌管加入 200 μL 配制好的溶菌试剂,取 5 μL 增菌肉汤加入相应的溶菌管中,盖上盖子。将溶菌管放在 55 ℃加热槽中,加热 60 min;再将溶菌管转移到在 95 ℃的加热槽中,加热 10 min;最后将溶菌管转移到冷却槽上(冷却槽从冰箱取出后 30 min 内使用完毕),冷却 5 min。剩余增菌肉汤保存于 2 ℃~8 ℃,以备对阳性检测结果确认。

13.2.4 加热循环仪/检测仪:从菜单中选择“RUN FULL PROCESS”,加热到设定温度(加热槽 90 ℃,盖子 100 ℃)。

13.2.5 溶菌产物转移:将 PCR 管支架放到专用冷却槽上,然后将带药片的 PCR 管放入到支架内。将所有的管盖放松并除去一排管盖。用多道加样器将 50 μL 溶菌产物加入此排管中,并用替代的透明盖密封 PCR 管。换用新吸头,重复上述操作,直至将所有样品转入带药片的 PCR 管中。

13.2.6 扩增和检测:按“PCR Wizard”的屏幕提示,将加完样的 PCR 管放入 PCR 仪/检测仪中开始扩增。全过程(扩增和检测)需要大约 3.5 h。当检测完成后,“PCR Wizard”提示取出样品,并自动显示结果。

13.3 结果报告

绿色“—”表示阴性结果。

红色“+”表示阳性结果。

黄色“?”表示不确定结果。

黄色“$\not{?}$”表示错误结果。

13.3.1 不确定或错误结果,对保存于2 ℃～5 ℃的增菌液重新上机检测。

13.3.2 检测结果阴性,可直接报告25 g(或25 mL)样品中未检出单核细胞增生李斯特氏菌。

13.3.3 检测结果阳性的样品,应按照5.2～5.4对保存于2 ℃～5 ℃的增菌液进行确认并报告。

附　录　A
（规范性附录）
培养基和试剂

A.1　含0.6%酵母浸膏的胰酪胨大豆肉汤(TSB-YE)

A.1.1　成分

胰胨	17.0 g
多价胨	3.0 g
酵母膏	6.0 g
氯化钠	5.0g
磷酸氢二钾	2.5 g
葡萄糖	2.5 g
蒸馏水	1 000 mL

A.1.2　制法

将上述各成分加热搅拌溶解，调 pH 至 7.2～7.4，分装，121 ℃高压灭菌 15 min，备用。

A.2　含0.6%酵母膏的胰酪胨大豆琼脂(TSA-YE)

A.2.1　成分

胰胨	17.0 g
多价胨	3.0 g
酵母膏	6.0 g
氯化钠	5.0 g
磷酸氢二钾	2.5 g
葡萄糖	2.5 g
琼脂	15.0 g
蒸馏水	1 000 mL

A.2.2　制法

将上述各成分加热搅拌溶解，调 pH 至 7.2～7.4，分装，121 ℃高压灭菌 15 min，备用。

A.3　李氏增菌肉汤(LB_1，LB_2)

A.3.1　成分

胰胨	5.0 g
多价胨	5.0 g
酵母膏	5.0 g
氯化钠	20.0 g
磷酸二氢钾	1.4 g
磷酸氢二钠	12.0 g
七叶苷	1.0 g
蒸馏水	1 000 mL

A.3.2　制法

将上述成分加热溶解，调 pH 至 7.2～7.4，分装，121 ℃高压灭菌 15 min，备用。

A.3.2.1 李氏Ⅰ液（LB_1）225 mL 中加入：

1%萘啶酮酸（用 0.05 mol/L 氢氧化钠溶液配制）	0.5 mL
1%吖啶黄（用无菌蒸馏水配制）	0.3 mL

A.3.2.2 李氏Ⅱ液（LB_2）200 mL 中加入：

1%萘啶酮酸	0.4 mL
1%吖啶黄	0.5 mL

A.4 PALCAM 琼脂

A.4.1 成分

酵母膏	8.0 g
葡萄糖	0.5 g
七叶苷	0.8 g
柠檬酸铁铵	0.5 g
甘露醇	10.0 g
酚红	0.1 g
氯化锂	15.0 g
酪蛋白胰酶消化物	10.0 g
心胰酶消化物	3.0 g
玉米淀粉	1.0 g
肉胃酶消化物	5.0 g
氯化钠	5.0 g
琼脂	15.0 g
蒸馏水	1 000 mL

A.4.2 制法

将上述成分加热溶解，调 pH 至 7.2～7.4，分装，121 ℃高压灭菌 15 min，备用。

A.4.2.1 PALCAM 选择性添加剂

多粘菌素 B	5.0 mg
盐酸吖啶黄	2.5 mg
头孢他啶	10.0 mg
无菌蒸馏水	500 mL

A.4.2.2 制法

将 PALCAM 基础培养基溶化后冷却到 50 ℃，加入 2 mL PALCAM 选择性添加剂，混匀后倾倒在无菌的平皿中，备用。

A.5 革兰氏染色液

A.5.1 结晶紫染色液

A.5.1.1 成分

结晶紫	1.0 g
95%乙醇	20.0 mL
1%草酸铵水溶液	80.0 mL

A.5.1.2 制法

将结晶紫完全溶解于乙醇中，然后与草酸铵溶液混合。

A.5.2 革兰氏碘液

A.5.2.1 成分

碘	1.0 g
碘化钾	2.0 g
蒸馏水	300.0 mL

A.5.2.2 制法

将碘与碘化钾先进行混合，加入蒸馏水少许，充分振摇，待完全溶解后，再加蒸馏水至 300 mL。

A.5.3 沙黄复染液

A.5.3.1 成分

沙黄	0.25 g
95%乙醇	10.0 mL
蒸馏水	90.0 mL

A.5.3.2 制法

将沙黄溶解于乙醇中，然后用蒸馏水稀释。

A.5.4 染色法

A.5.4.1 将纯培养的单个可疑菌落涂片，火焰上固定，滴加结晶紫染色液，染 1 min，水洗。

A.5.4.2 滴加革兰氏碘液，作用 1 min，水洗。

A.5.4.3 滴加 95%乙醇脱色，约 15 s～30 s，直至染色液被洗掉，不要过分脱色，水洗。

A.5.4.4 滴加复染液，复染 1 min，水洗、待干、镜检。

A.6 SIM 动力培养基

A.6.1 成分

胰胨	20.0 g
多价胨	6.0 g
硫酸铁铵	0.2 g
硫代硫酸钠	0.2 g
琼脂	3.5 g
蒸馏水	1 000 mL

A.6.2 制法

将上述各成分加热混匀，调 pH7.2，分装小试管，121 ℃高压灭菌 15 min，备用。

A.6.3 试验方法

挑取纯培养的单个可疑菌落穿刺接种到 SIM 培养基中，于 30 ℃培养 24 h～48 h，观察结果。

A.7 缓冲葡萄糖蛋白胨水(MR 和 V-P 试验用)

A.7.1 成分

多胨	7.0 g
葡萄糖	5.0 g
磷酸氢二钾	5.0 g
蒸馏水	1 000 mL

A.7.2 制法

溶化后校正 pH7.0，分装试管，每管 1 mL，121 ℃高压灭菌 15 min，备用。

A.7.3 甲基红(MR)试验

A.7.3.1 甲基红试剂成分

甲基红	10 mg
95%乙醇	30 mL
蒸馏水	20 mL

A.7.3.2 制法

10 mg 甲基红溶于 30 mL 95 %乙醇中,然后加入 20 mL 蒸馏水。

A.7.3.3 试验方法

取适量琼脂培养物接种于本培养基,36 ℃±1 ℃培养 2 d~5 d。滴加甲基红试剂一滴,立即观察结果。鲜红色为阳性,黄色为阴性。

A.7.4 V-P 试验

A.7.4.1 6% α-萘酚-乙醇溶液

成分及制法:取 α-萘酚 6.0 g,加无水乙醇溶解,定容至 100 mL。

A.7.4.2 40%氢氧化钾溶液

成分及制法:取氢氧化钾 40 g,加蒸馏水溶解,定容至 100 mL。

A.7.4.3 试验方法

取适量琼脂培养物接种于本培养基,36 ℃±1 ℃培养 2 d~4 d。加入 6% α-萘酚-乙醇溶液 0.5 mL 和 40 %氢氧化钾溶液 0.2 mL,充分振摇试管,观察结果。阳性反应立刻或于数分钟内出现红色,如为阴性,应放在 36 ℃±1 ℃继续培养 4 h 再进行观察。

A.8 血琼脂

A.8.1 成分

蛋白胨	1.0 g
牛肉膏	0.3 g
氯化钠	0.5 g
琼脂	1.5 g
蒸馏水	100 mL
脱纤维羊血	5 mL~10 mL

A.8.2 制法

除新鲜脱纤维羊血外,加热溶化上述各组分,121 ℃高压灭菌 15 min,冷到 50 ℃,以无菌操作加入新鲜脱纤维羊血,摇匀,倾注平板。

A.9 糖发酵管

A.9.1 成分

牛肉膏	5.0 g
蛋白胨	10.0 g
氯化钠	3.0 g
磷酸氢二钠($Na_2HPO_4 \cdot 12H_2O$)	2.0 g
0.2%溴麝香草酚蓝溶液	12.0 mL
蒸馏水	1 000 mL

A.9.2 制法

A.9.2.1 葡萄糖发酵管按上述成分配好后,按 0.5%加入葡萄糖,分装于有一个倒置小管的小试管内,pH7.4,115 ℃高压灭菌 15 min,备用。

A.9.2.2 其他各种糖发酵管可按上述成分配好后，分装每瓶100 mL，115 ℃高压灭菌15 min。另将各种糖类分别配好10%溶液，同时高压灭菌。将5 mL糖溶液加入于100 mL培养基内，以无菌操作分装小试管。

A.9.3 试验方法

取适量纯培养物接种于糖发酵管，36 ℃±1 ℃培养24 h～48 h，观察结果，蓝色为阴性，黄色为阳性。

A.10 过氧化氢酶试验

A.10.1 试剂

3%过氧化氢溶液：临用时配制。

A.10.2 试验方法

用细玻璃棒或一次性接种针挑取单个菌落，置于洁净试管内，滴加3%过氧化氢溶液2 mL，观察结果。

A.10.3 结果

于半分钟内发生气泡者为阳性，不发生气泡者为阴性。

A.11 溶菌试剂

A.11.1 成分

蛋白酶	150.0 μL
裂解缓冲液	12.0 mL

A.11.2 制法

将150.0 μL蛋白酶加入1瓶12.0 mL的裂解缓冲液中。将准备日期标记在瓶上，储存在2 ℃～8 ℃，在两周内使用。

A.12 李斯特氏菌缓冲增菌肉汤(buffered *Listeria* enrichment broth，BLEB)

A.12.1 成分

胰酪胨大豆粉	3.0 g
酵母膏	6.0 g
磷酸氢二钾	1.4 g
磷酸氢二钠	9.6 g
萘啶酮酸	40.0 mg/L
放线菌酮	50.0 mg/L
盐酸吖啶黄素	15.0 mg/L

A.12.2 制法

将各组分混合，不加入抗生素，调节pH到7.3±0.2，121 ℃高压灭菌15 min。

用无菌水分别制备0.5%(质量浓度)的吖啶黄素溶液和萘啶酮酸溶液，用40%(体积分数)的酒精制备1%的(质量浓度)放线菌酮溶液。过滤除菌后，分别取3 mL吖啶黄素溶液、8 mL萘啶酮酸溶液和5 mL放线菌酮溶液加入到1 000 mL培养基中。

A.13 丙磺酸钠-李斯特氏菌缓冲增菌肉汤(MOPS-buffered *Listeria* enrichment broth，MOPS-BLEB)

A.13.1 成分

胰酪胨大豆粉	3.0 g
3-(*N*-吗啉代)丙磺酸	6.7 g
3-(*N*-吗啉代)丙磺酸钠	10.5 g

酵母膏	6.0 g
萘啶酮酸	40.0 mg/L
放线菌酮	50.0 mg/L
盐酸吖啶黄素	15.0 mg/L
蒸馏水	1 000 mL

A.13.2 制法

将各组分混合，不加入抗生素，调节 pH 到 7.3±0.2，121 ℃高压灭菌 15 min。

用无菌水分别制备 0.5%（质量浓度）的吖啶黄素溶液和萘啶酮酸溶液，用 40%（体积分数）的酒精溶液制备 1%的（质量浓度）放线菌酮溶液。过滤除菌后，分别取 3 mL 吖啶黄素溶液、8 mL 萘啶酮酸溶液和 5 mL 放线菌酮溶液加入到 1 000 mL 培养基中。

A.14 半量 Fraser（demi-Fraser）肉汤和 Fraser 肉汤

A.14.1 基础培养基

A.14.1.1 成分

蛋白胨	5.0 g
胰蛋白胨	5.0 g
酵母膏	5.0 g
牛肉膏	5.0 g
氯化钠	20.0 g
磷酸氢二钠	12.0 g
磷酸氢二钾	1.4 g
氯化锂	3.0 g
七叶苷	1.0 g
蒸馏水	1 000 mL

A.14.1.2 制法

将各组份混合，调节 pH 到 7.2±0.2，121 ℃高压灭菌 15 min。

A.14.2 抗生素溶液的配制

用蒸馏水分别制备 0.5%（质量浓度）的盐酸吖啶黄素溶液和萘啶酮酸溶液，过滤除菌。

A.14.3 完全培养基

A.14.3.1 半量 Fraser 肉汤

分别取 3.2 mL 盐酸吖啶黄素溶液、8 mL 萘啶酮酸溶液加入到 1 000 mL 基础培养基中。

A.14.3.2 Fraser 肉汤

分别取 6.4 mL 盐酸吖啶黄素溶液、16 mL 萘啶酮酸溶液加入到 1 000 mL 基础培养基中。

A.15 UVM 李斯特氏菌增菌肉汤（UVM *Listeria* enrichment broth，UVM-LEB）

A.15.1 成分

蛋白胨	5.0 g
胰蛋白胨	5.0 g
牛肉膏	5.0 g
酵母膏	5.0 g
氯化钠	20.0 g
磷酸二氢钾	1.4 g
磷酸氢二钠	12.0 g

七叶苷	1.0 g
萘啶酮酸	20.0 mg/L
盐酸吖啶黄素	12.0 mg/L
蒸馏水	1 000 mL

A.15.2 制法

将各组分混合，不加入抗生素，调节 pH 到 7.3±0.2，121 ℃高压灭菌 15 min。

用无菌水分别制备 0.5 %（质量浓度）的吖啶黄素溶液和萘啶酮酸溶液，过滤除菌后。分别取 3 mL 吖啶黄素溶液、8 mL 萘啶酮酸溶液加入到 1 000 mL 培养基中。

A.16 李斯特氏菌增菌肉汤（*Listeria* enrichment broth，LEB）

A.16.1 成分

胰胨	17.0 g
多价胨	3.0 g
酵母膏	6.0 g
氯化钠	5.0 g
磷酸氢二钾	2.5 g
葡萄糖	2.5 g
蒸馏水	1 000 mL
盐酸吖啶黄素	15.0 mg/L
萘啶酮酸	40.0 mg/L

A.16.2 制法

将各组分混合，不加入抗生素，调节 pH 到 7.3±0.2，121 ℃高压灭菌 15 min。

用无菌水分别制备 0.5%（质量浓度）的吖啶黄素溶液和萘啶酮酸溶液，过滤除菌后。分别取 3 mL 吖啶黄素溶液、8 mL 萘啶酮酸溶液加入到 1 000 mL 培养基中。

ICS 07.100.30
C 53

中华人民共和国国家标准

GB/T 4789.34—2008
代替 GB/T 4789.34—2003

食品卫生微生物学检验
双歧杆菌检验

Microbiological examination of food hygiene—
Examination of *Bifidobacterium*

2008-12-03 发布　　2009-03-01 实施

中华人民共和国卫生部
中国国家标准化管理委员会　发布

前 言

本标准代替 GB/T 4789.34—2003《食品卫生微生物学检验　双歧杆菌检验》。

本标准与 GB/T 4789.34—2003 相比主要修改如下：

——将选择性分离培养基由 TPY 和 BL 培养基修改为 BBL 培养基(改良番茄汁琼脂培养基)；

——增加 API 50CH 诊断试剂盒；

——增加果糖-6-磷酸盐磷酸酮酶(F6PPK)测定。

本标准的附录 A 、附录 B 为规范性附录。

本标准由中华人民共和国卫生部提出并归口。

本标准由中华人民共和国卫生部负责解释。

本标准起草单位：中国疾病预防控制中心营养与食品安全所。

本标准主要起草人：徐进、刘秀梅、杨宝兰、李志刚、杨大进、方从容。

本标准所代替标准的历次版本发布情况为：

——GB 4789.34—1996、GB/T 4789.34—2003。

食品卫生微生物学检验
双歧杆菌检验

1 范围

本标准规定了食品中双歧杆菌的检验方法。

本标准适用于食品中双歧杆菌的检验。

2 设备和材料

除微生物实验室常规灭菌及培养设备外，其他设备和材料如下。

2.1 恒温培养箱：36 ℃±1 ℃。

2.2 气相色谱仪配 FID 检测器。

2.3 冰箱：2 ℃～5 ℃。

2.4 天平：感量 0.1 g。

2.5 无菌试管：18 mm×180 mm、15 mm×100 mm。

2.6 无菌吸管：1 mL(具 0.01 mL 刻度)、10 mL(具 0.1 mL 刻度)或微量移液器(200 μL～1 000 μL)及配套吸头。

2.7 无菌锥形瓶：500 mL、250 mL。

3 培养基和试剂

3.1 BBL 培养基：见第 A.1 章。

3.2 PYG 培养基：见第 A.2 章。

3.3 TPY 培养基：见第 A.3 章。

3.4 API 50CH 生化鉴定试剂盒[1)]。

3.5 半胱氨酸：化学纯。

3.6 氟化钠：化学纯。

3.7 碘乙酸钠或碘乙酸钾：化学纯。

3.8 果糖-6-磷酸盐：化学纯。

3.9 盐酸羟胺(hydroxy lamine-HCl)：化学纯。

3.10 三氯乙酸(TCA)：化学纯。

3.11 三氯化铁($FeCl_3 \cdot 6H_2O$)：化学纯。

3.12 甲醇：分析纯。

3.13 三氯甲烷：分析纯。

3.14 硫酸：分析纯。

3.15 冰乙酸：分析纯。

3.16 乳酸：分析纯。

3.17 乙酸标准溶液：吸取分析纯冰乙酸 5.7 mL，移入 100 mL 容量瓶中，加水至刻度，标定，标定方法见 B.2.2.1，此溶液浓度约为 1 mol/L。

---

1) 由法国生物梅里埃公司提供的产品的商品名。给出这一信息是为了方便本标准的使用者，并不表示对该产品的认可。如果其他等效产品具有相同的效果，则可使用这些等效的产品。

3.18　乙酸标准使用液：将经标定的乙酸标准溶液用水稀释至 0.01 mol/L。

3.19　乳酸标准溶液：吸取分析纯乳酸 8.4 mL，移入 100 mL 容量瓶中，加水至刻度，标定，标定方法见 B.2.2.3，此溶液浓度约为 1 mol/L。

3.20　乳酸标准使用液：将经标定的乳酸标准溶液用水稀释至 0.01 mol/L。

4　检验程序

双歧杆菌检验程序见图 1。

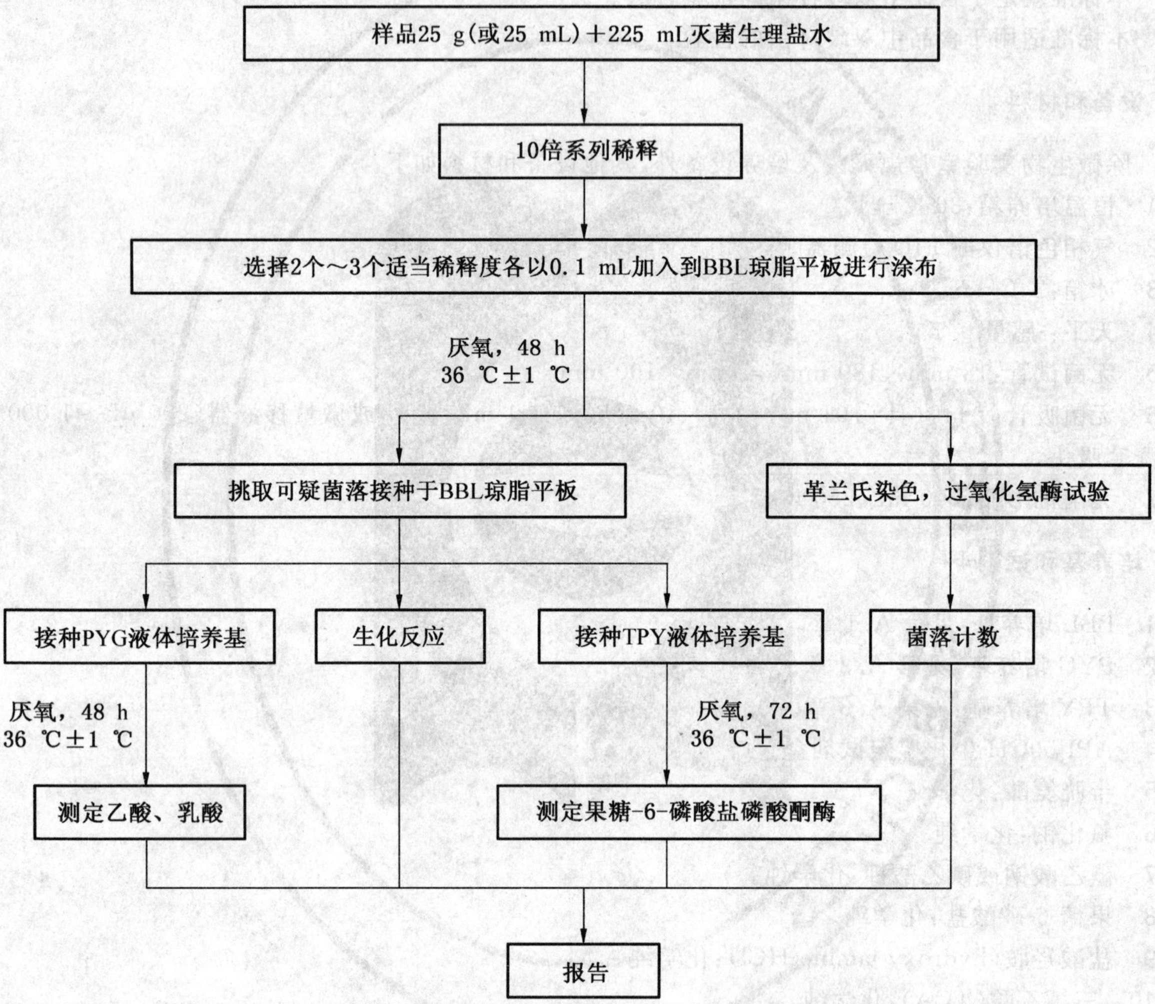

图 1　双歧杆菌检验程序

5　操作步骤

5.1　样品制备

5.1.1　样品的全部制备过程均应遵循无菌操作程序。

5.1.2　以无菌操作称取 25 g(或 25 mL)样品，置于装有 225 mL 生理盐水的灭菌锥形瓶内，制成 1：10 的样品匀液。

5.2　稀释步骤

5.2.1　用 1 mL 无菌吸管或微量移液器吸取 1：10 样品匀液 1.0 mL，沿管壁缓慢注于装有 9 mL 生理盐水的无菌试管中(注意吸管尖端不要触及稀释液)，振摇试管或换用 1 支无菌吸管反复吹打使其混合均匀，制成 1∶100 的样品匀液。

5.2.2　另取 1 mL 无菌吸管或微量移液器吸头，按上述操作顺序，做 10 倍递增样品匀液，每递增稀释一次，即换用 1 次 1 mL 灭菌吸管或吸头。

5.2.3　根据对待检样品双歧杆菌含量的估计，选择三个连续的适宜稀释度，每个稀释度吸取 0.1 mL 稀释液于 BBL 琼脂平板，使用灭菌 L 形棒进行表面涂布，每个稀释度做两个平板。厌氧，36 ℃±1 ℃ 培养 48 h±2 h，培养后选取菌落数在 30～300 之间的平板进行计数。从样品稀释到平板涂布要求在 15 min 内完成。

5.3　纯培养

挑取 3 个或以上的可疑菌落接种于 BBL 琼脂平板，厌氧，36 ℃±1 ℃ 培养 48 h。

5.4　镜检及生化鉴定

5.4.1　涂片镜检：双歧杆菌菌体为革兰氏染色阳性，不抗酸、无芽孢，无动力，菌体形态多样，呈短杆状、纤细杆状或球形，可形成各种分支或分叉形态。

5.4.2　API 50CH 生化鉴定试剂盒鉴定：选取纯培养平板上的三个单个菌落，分别使用 API 50CH 生化鉴定试剂盒进行生化反应检测，不同双歧杆菌菌种主要生化反应见表 1。

表 1　双歧杆菌菌种主要生化反应

编号	项　　目	两歧双歧杆菌 (*B. bifidum*)	婴儿双歧杆菌 (*B. infantis*)	长双歧杆菌 (*B. longum*)	青春双歧杆菌 (*B. adolescentis*)	动物双歧杆菌 (*B. animalis*)	短双歧杆菌 (*B. breve*)
1	甘油	—	—	—	—	—	—
2	赤癣醇	—	—	—	—	—	—
3	D-阿拉伯糖	—	—	—	—	—	—
4	L-阿拉伯糖	—	—	+	+	+	—
5	D-核糖	—	+	—	+	+	+
6	D-木糖	—	+	+	d	+	+
7	L-木糖	—	—	—	—	—	—
8	阿东醇	—	—	—	—	—	—
9	*β*-甲基-D-木糖甙	—	—	—	—	—	—
10	D-半乳糖	d	+	+	+	d	+
11	D-葡萄糖	+	+	+	+	+	+
12	D-果糖	d	+	+	d	d	+
13	D-甘露糖	—	+	+	—	—	—
14	L-山梨糖	—	—	—	—	—	—
15	L-鼠李糖	—	—	—	—	—	—
16	卫矛醇	—	—	—	—	—	—
17	肌醇	—	—	—	—	—	+
18	甘露醇	—	—	—	—	—	—
19	山梨醇	—	—	—	—	—	—
20	*α*-甲基-D-甘露糖	—	—	—	—	—	—

表 1（续）

编号	项　目	两歧双歧杆菌 (*B. bifidum*)	婴儿双歧杆菌 (*B. infantis*)	长双歧杆菌 (*B. longum*)	青春双歧杆菌 (*B. adolescentis*)	动物双歧杆菌 (*B. animalis*)	短双歧杆菌 (*B. breve*)
21	α-甲基-D-葡萄糖	—	—	+	—	—	—
22	*N*-乙酰-葡萄糖胺	—	—	—	—	—	+
23	苦杏仁甙(扁桃甙)	—	—	—	+	+	—
24	熊果甙	—	—	—	—	—	—
25	七叶灵	—	—	+	+	+	—
26	水杨甙(柳醇)	—	+	—	+	+	—
27	D-纤维二糖	—	+	—	d	—	—
28	D-麦芽糖	—	+	+	+	+	+
29	D-乳糖	+	+	+	+	+	+
30	D-蜜二糖	—	+	+	+	+	+
31	D-蔗糖	—	+	+	+	+	+
32	D-海藻糖(覃糖)	—	—	—	—	—	—
33	菊糖(菊根粉)	—	—	—	—	—	—
34	D-松三糖	—	—	+	+	—	—
35	D-棉籽糖	—	+	+	d	+	+
36	淀　粉	—	—	—	+	—	—
37	肝糖(糖原)	—	—	—	—	—	—
38	木糖醇	—	—	—	—	—	—
39	龙胆二糖	—	+	—	+	+	+
40	D-松二糖	—	—	—	—	—	—
41	D-来苏糖	—	—	—	—	—	—
42	D-塔格糖	—	—	—	—	—	—
43	D-岩糖	—	—	—	—	—	—
44	L-岩糖	—	—	—	—	—	—
45	D-阿糖醇	—	—	—	—	—	—
46	L-阿糖醇	—	—	—	—	—	—
47	葡萄糖酸钠	—	—	—	+	—	—
48	2-酮基-葡萄糖酸钠	—	—	—	—	—	—
49	5-酮基-葡萄糖酸钠	—	—	—	—	—	—

注：＋表示 90％以上菌株阳性；—表示 90％以上菌株阴性；d 表示 11％～89％以上菌株阳性。

5.5　果糖-6-磷酸盐磷酸酮酶(F6PPK)的测定,见第 B.1 章。

5.6　气相色谱法测定双歧杆菌的有机酸代谢产物,见第 B.2 章。

6　报告

根据 5.4 镜检及生化反应结果、5.5 果糖-6-磷酸盐磷酸酮酶(F6PPK)阳性结果和 5.6 双歧杆菌的有机酸代谢产物乙酸与乳酸微摩尔之比大于 1,报告双歧杆菌属的种名。

附 录 A
（规范性附录）
培 养 基

A.1 BBL 琼脂培养基

A.1.1 成分

蛋白胨	15.0 g
酵母浸膏	2.0 g
葡萄糖	20.0 g
可溶性淀粉	0.5 g
氯化钠	5.0 g
西红柿浸出液	400 mL
吐温 80	1.0 mL
肝粉	0.3 g
琼脂粉	15.0 g～20.0 g
蒸馏水	1 000 mL

A.1.2 制法

A.1.2.1 半胱氨酸盐溶液的配制：称取半胱氨酸 0.5 g，加入 1.0 mL 盐酸，使半胱氨酸全部溶解，配制成半胱氨酸盐溶液。

A.1.2.2 西红柿浸出液的制备：将新鲜的西红柿洗净后称重切碎，加等量的蒸馏水在 100 ℃水浴中加热，搅拌 90 min，然后用纱布过滤，校正 pH7.0，将浸出液分装后，121 ℃高压灭菌 15 min～20 min。

A.1.2.3 将 A.1.1 所有成分加入蒸馏水中，加热溶解，然后加入半胱氨酸盐溶液，校正 pH6.8±0.2。分装后 121 ℃高压灭菌 15 min～20 min。临用时加热熔化琼脂，冷至 50 ℃时使用。

A.2 PYG 液体培养基

A.2.1 成分

蛋白胨	10.0 g
葡萄糖	2.5 g
酵母粉	5.0 g
半胱氨酸-HCl	0.25 g
盐溶液	20.0 mL
维生素 K_1 溶液	0.5 mL
氯化血红素溶液(5 mg/mL)	2.5 mL
蒸馏水	1 000 mL

A.2.2 制法

A.2.2.1 盐溶液的配制：称取无水氯化钙 0.2 g、硫酸镁 0.2 g、磷酸氢二钾 1.0 g、磷酸二氢钾 1.0 g、碳酸氢钠 10.0 g、氯化钠 2.0 g，加蒸馏水至 1 000 mL。

A.2.2.2 氯化血红素溶液(5 mg/mL)的配制：称取氯化血红素 0.5 g 溶于 1 mol/L 氢氧化钠 1.0 mL 中，加蒸馏水至 1 000 mL，121 ℃高压灭菌 15 min～20 min。

A.2.2.3 维生素 K_1 溶液的配制：称取维生素 K_1 1.0 g，加无水乙醇 99 mL，过滤除菌，冷藏保存。

A.2.2.4 除氯化血红素溶液和维生素 K_1 溶液外，A.2.1 其余成分加入蒸馏水中，加热溶解，校正

pH6.0,加入中性红溶液。分装后121 ℃高压灭菌15 min～20 min。临用时加热熔化琼脂,加入氯化血红素溶液和维生素 K_1 溶液,冷至50 ℃使用。

A.3 TPY 液体培养基

A.3.1 成分

水解酪蛋白	10.0 g
植物胨	5.0 g
酵母粉	2.0 g
葡萄糖	5.0 g
磷酸氢二钾($K_2HPO_4 \cdot 7H_2O$)	2.0 g
氯化镁($MgCl_2 \cdot 6H_2O$)	0.5 g
硫酸锌($ZnSO_4 \cdot 7H_2O$)	0.25 g
氯化钙($CaCl_2$)	0.15 g
氯化铁($FeCl_3$)	0.1 mg
吐温-80	1.0 mL
蒸馏水	1 000 mL

A.3.2 制法

A.3.2.1 半胱氨酸盐溶液的配制:称取半胱氨酸0.5 g,加入1.0 mL盐酸,使半胱氨酸全部溶解,配制成半胱氨酸盐溶液。

A.3.2.2 将A.3.1成分加热溶解,然后加入半胱氨酸盐溶液,校正pH6.5±0.1,分装后121 ℃高压灭菌15 min～20 min。

附 录 B
（规范性附录）
果糖-6-磷酸盐磷酸酮酶与双歧杆菌的有机酸代谢产物检测方法

B.1 果糖-6-磷酸盐磷酸酮酶(F6PPK)测定

B.1.1 试剂

a) 0.05 mol/L 磷酸盐缓冲液(pH6.5)+500 mg/L 半胱氨酸-HCl。
b) 6 mg/mL 氟化钠+10 mg/mL 碘乙酸钠或钾。
c) 果糖-6-磷酸盐(钠盐,70%～98%纯度)80 mg/mL 水溶液。
d) 盐酸羟胺(hydroxy lamine-HCl) 139 mg/mL 水溶液,使用时以氢氧化钠中和至 pH6.5。
e) 15 g/100 mL 三氯乙酸(TCA) 水溶液。
f) 4 mol/L 盐酸。
g) 0.5 g/100 mL 氯化铁($FeCl_3 \cdot 6H_2O$)溶于 0.1 mol/L 盐酸中。

B.1.2 检测步骤

挑取 BBL 琼脂平板上纯培养的双歧杆菌接种到 TPY 液体培养基,厌氧,36 ℃±1 ℃ 培养 72 h±3 h。取 10 mL TPY 培养液于 3 000 r/min 离心 5 min,弃上清液,细胞用上述试剂 a)洗涤 2 次,然后悬浮于 1.0mL 试剂 a)中。将盛有细胞悬液的容器置于一冰浴内,用超声波处理 20 min,以破碎细胞。然后在超声波处理物中加入试剂 b)和试剂 c)各 0.25 mL,置于 37 ℃保温 30 min。保温后在溶液中加入 1.5 mL 试剂 d),置室温 5 min。加入试剂 e)和试剂 f)各 1 mL,置室温 5 min。然后加入 1 mL 试剂 g)观察溶液颜色。

B.1.3 结果判定

经以上程序测定如显红褐色或红紫色,则果糖-6-磷酸盐磷酸酮酶为阳性,否则为阴性。

B.2 气相色谱法测定双歧杆菌的有机酸代谢产物

B.2.1 双歧杆菌培养液制备

挑取 BBL 琼脂平板上纯培养的双歧杆菌接种于 PYG 液体培养基,同时用未接种菌的 PYG 液体培养基做空白对照,厌氧,36℃±1℃ 培养 48h。

B.2.2 标准液的配制

B.2.2.1 乙酸标准溶液:准确吸取乙酸 5.70 mL,加水稀释至 100.0 mL,摇匀,进行标定,配成约 1.0 mol/L 的乙酸标准溶液。标定方法为:准确称取乙酸 3 g,加水 15 mL,酚酞指示液 2 滴,用 1 mol/mL 氢氧化钠溶液滴定,并将滴定结果用空白试验校正。1 mL 1 mol/mL 氢氧化钠溶液相当于 60.05 mg 的乙酸。

B.2.2.2 乙酸使用液:将经标定的乙酸标准溶液用水稀释至 20.0 mmol/L。

B.2.2.3 乳酸标准溶液:准确吸取含量为 85%～90%的乳酸 0.84 mL,加水稀释至 100.0 mL,摇匀,配成 1.0 mol/L 的乳酸标准溶液。标定方法为:准确称取乳酸 1 g,加水 50 mL,加入 1 mol/mL 氢氧化钠滴定液 25 mL,煮沸 5 min,加入酚酞指示液 2 滴,同时用 0.5 mol/mL 硫酸滴定液滴定,并将滴定结果用空白试验校正。1 mL 1 mol/mL 氢氧化钠溶液相当于 90.08 mg 的乳酸。

B.2.2.4 乳酸使用液:将乳酸标准溶液用水稀释至 20.0 mmol/L。

B.2.3 方法

B.2.3.1 乙酸的处理

取双歧杆菌培养液 2.0 mL～3.0 mL 放入 10 mL 离心管中,加入 0.2 mL 50%(体积分数)硫酸溶液，混匀，加入 2.0 mL 丙酮，混匀后加过量氯化钠，剧烈振摇 1 min，再加入 2.0 mL 乙醚，振摇 1 min 后，于 3 000 r/min 离心 5 min，将上清液转入另一试管中，下层溶液用 2.0 mL 丙酮和 2.0 mL 乙醚重复提取 2 次，合并有机相，于 40 ℃水浴中用氮气吹至少量溶液存在，用丙酮定容至 1.0 mL，混匀后备用。同样操作步骤处理乙酸标准和空白培养液。

B.2.3.2　乳酸的处理

取双歧杆菌培养液 2.0 mL～3.0 mL 放入 10 mL 比色管中，100 ℃水浴 10 min，加入 0.2 mL 50%（体积分数）硫酸溶液，混匀，加入 1.0 mL 甲醇，于 58 ℃水浴 30 min 后加水 1.0 mL，加三氯甲烷 1.0 mL，振摇 3 min，3 000 r/min 离心 5 min，取三氯甲烷层分析。同样操作步骤处理乳酸标准和空白培养液。

B.2.3.3　气相色谱条件

色谱柱：长 2 m、内径 4 mm 的玻璃柱，填装涂有 20%邻苯二甲酸二壬酯（DNP）＋7%吐温 60 的 chromosorbw HP（80 目～100 目）；柱温：110 ℃；汽化室：150 ℃；检测器：150 ℃；载气（氮气）：50 mL/min；进样量：1.0 μL；外标法峰面积定量。

B.2.4　结果计算

按式（B.1）计算。

$$X=\frac{A_{样}-A_{空}}{A_{标}\times c} \qquad \text{(B.1)}$$

式中：

X——样品培养液中乙酸或乳酸的含量，单位为微摩尔每毫升（μmol/mL）；

$A_{样}$——样品培养液中乙酸或乳酸的峰面积；

$A_{空}$——空白培养液中乙酸或乳酸的峰面积；

$A_{标}$——乙酸标准或乳酸标准的峰面积；

c——乙酸标准或乳酸标准的浓度，单位为微摩尔每毫升（μmol/mL）。

B.2.5　允许差

相对偏差≤15%。

B.2.6　结果判定

如果乙酸（μmol/mL）与乳酸（μmol/mL）比值大于 1，可判定为是双歧杆菌的有机酸代谢产物。

B.2.7　气相色谱图

乳酸和乙酸标准色谱图分别见图 B.1 和图 B.2。

图 B.1　乳酸标准色谱图

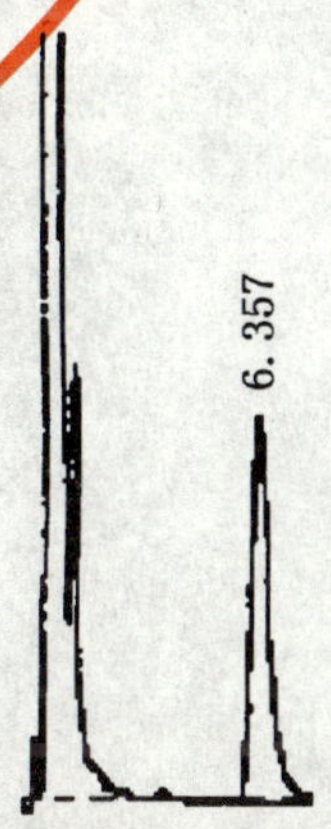

图 B.2　乙酸标准色谱图

ICS 07.100.30
C 53

中华人民共和国国家标准

GB/T 4789.35—2008
代替 GB/T 4789.35—2003

食品卫生微生物学检验 食品中乳酸菌检验

Microbiological examination of food hygiene—Examination of lactic acid bacteria in foods

2008-12-03 发布　　　　2009-03-01 实施

中华人民共和国卫生部
中国国家标准化管理委员会　发布

前　言

本标准代替 GB/T 4789.35—2003《食品卫生微生物学检验　乳酸菌饮料中乳酸菌检验》。

本标准与 GB/T 4789.35—2003 相比主要修改如下：

——将《乳酸菌饮料中乳酸菌检验》改为《食品中乳酸菌检验》；

——将选择性分离培养基由改良 TJA 培养基(改良番茄汁琼脂培养基)改为 MRS 培养基；

——修改了原标准中生化试验部分；

——乳酸菌计数由倾注法修改为涂布法；

——乳酸菌的鉴定由必做项目修改为选作项目。

本标准的附录 A 是规范性附录。

本标准由中华人民共和国卫生部提出并归口。

本标准由中华人民共和国卫生部负责解释。

本标准负责起草单位：中国疾病预防控制中心营养与食品安全所。

本标准主要起草人：徐进、刘秀梅、杨宝兰、李志刚。

本标准所代替标准的历次版本发布情况为：

——GB 4789.35—1996、GB/T 4789.35—2003。

食品卫生微生物学检验
食品中乳酸菌检验

1 范围

本标准规定了含乳酸菌食品中乳酸菌(lactic acid bacteria)的检验方法。

本标准适用于含活性乳酸菌的固体、半固体和液体食品中乳酸菌的检验。

2 规范性引用文件

下列文件中的条款通过本标准的引用而成为本标准的条款。凡是注日期的引用文件,其随后所有的修改单(不包括勘误的内容)或修订版均不适用于本标准,然而,鼓励根据本标准达成协议的各方研究是否可使用这些文件的最新版本。凡是不注日期的引用文件,其最新版本适用于本标准。

GB/T 4789.34 食品卫生微生物学检验 双歧杆菌检验

3 术语和定义

下列术语和定义适用于本标准。

3.1

乳酸菌 lactic acid bacteria

一类可发酵糖主要产生大量乳酸的细菌的通称。与食品工业密切相关的乳酸菌主要为乳杆菌属(*Lactobacillus*)、双歧杆菌属(*Bifidobacterium*)和链球菌属(*Streptococcus*)中的嗜热链球菌(*Streptococcus thermophilus*)等。

4 设备和材料

除微生物实验室常规灭菌及培养设备外,其他设备和材料如下。

4.1 恒温培养箱:36 ℃±1 ℃。

4.2 冰箱:2 ℃~5 ℃。

4.3 均质器及无菌均质袋、均质杯或灭菌乳钵。

4.4 天平:感量 0.1 g。

4.5 无菌试管:18 mm×180 mm、15 mm×100 mm。

4.6 无菌吸管:1 mL(具 0.01 mL 刻度)、10 mL(具 0.1 mL 刻度)或微量移液器及吸头。

4.7 无菌锥形瓶:500 mL、250 mL。

5 培养基和试剂

5.1 API 50CH 生化鉴定试剂盒[1)]。

5.2 MRS(man rogosa sharpe)培养基:见第 A.1 章。

5.3 MC(modified chalmers)培养基:见第 A.2 章。

5.4 0.5%蔗糖发酵管:见第 A.3 章。

5.5 0.5%纤维二糖发酵管:见第 A.3 章。

---

1) 由法国生物梅里埃公司提供的产品的商品名。给出这一信息是为了方便本标准的使用者,并不表示对该产品的认可。如果其他等效产品具有相同的效果,则可使用这些等效的产品。

5.6 0.5%麦芽糖发酵管:见第 A.3 章。

5.7 0.5%甘露醇发酵管:见第 A.3 章。

5.8 0.5%水杨苷发酵管:见第 A.3 章。

5.9 0.5%山梨醇发酵管:见第 A.3 章。

5.10 0.5%乳糖发酵管:见第 A.3 章。

5.11 七叶苷发酵管:见第 A.4 章。

5.12 革兰氏染色液:见第 A.5 章。

6 检验程序

乳酸菌检验程序见图 1。

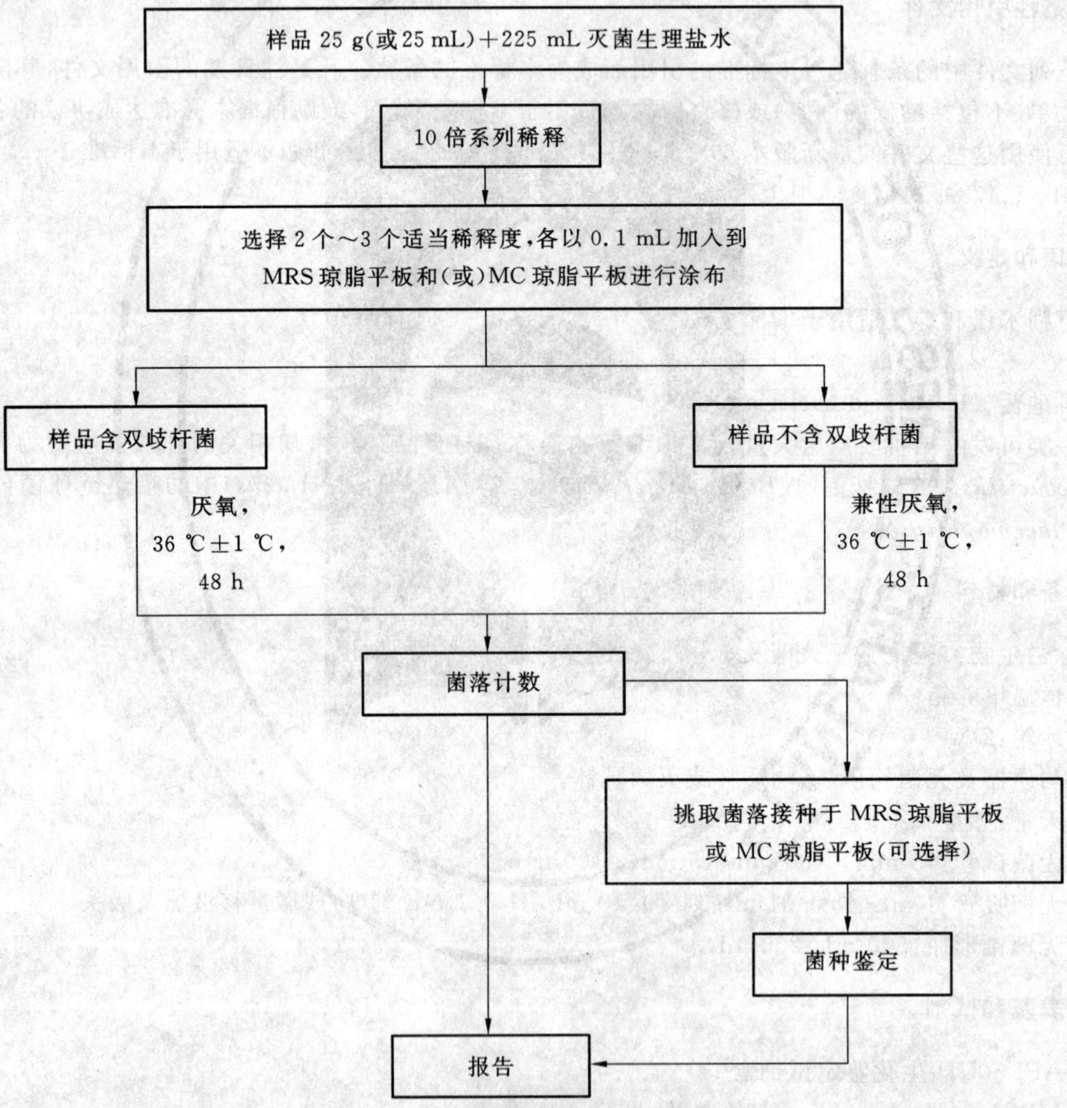

图 1 乳酸菌检验程序图

7 操作步骤

7.1 样品制备

7.1.1 样品的全部制备过程均应遵循无菌操作程序。

7.1.2 冷冻样品可先使其在 2 ℃～5 ℃条件下解冻,时间不超过 18 h,也可在温度不超过 45 ℃的条件下解冻,时间不超过 15 min。

7.1.3　固体和半固体食品:以无菌操作称取 25 g 样品,置于装有 225 mL 生理盐水的无菌均质杯内,于 8 000 r/min～10 000 r/min 均质 1 min～2 min,制成 1∶10 样品匀液;或置于装有 225 mL 生理盐水的无菌均质袋中,用拍击式均质器拍打 1 min～2 min 制成 1∶10 的样品匀液。

7.1.4　液体样品:液体样品应先将其充分摇匀后以无菌吸管吸取样品 25 mL 放入装有 225 mL 生理盐水的无菌锥形瓶(瓶内预置适当数量的无菌玻璃珠)中,充分振摇,制成 1∶10 的样品匀液。

7.2　**步骤**

7.2.1　用 1 mL 无菌吸管或微量移液器吸取 1∶10 样品匀液 1 mL,沿管壁缓慢注于装有 9 mL 生理盐水的无菌试管中(注意吸管尖端不要触及稀释液),振摇试管或换用 1 支无菌吸管反复吹打使其混合均匀,制成 1∶100 的样品匀液。

7.2.2　另取 1 mL 无菌吸管或微量移液器吸头,按上述操作顺序,做 10 倍递增样品匀液,每递增稀释一次,即换用 1 次 1 mL 灭菌吸管或吸头。

7.2.3　根据待检样品活菌数的估计,选择 2 个～3 个连续的适宜稀释度,每个稀释度吸取 0.1 mL 稀释液分别置于 2 个 MRS 琼脂平板或 MC 琼脂平板,使用 L 形棒进行表面涂布。根据样品中所含乳酸菌的种类选择培养基及培养条件,见表 1,每一种培养条件的每个稀释度作两个平皿。乳酸菌在 MRS 和 MC 培养基上菌落生长形态特征见表 2。从样品稀释到平板涂布整个试验过程要求在 20 min 内完成。

表 1　乳酸菌计数培养基及培养条件的选择

样品中所含菌属	MRS 琼脂平板,36 ℃±1 ℃,48 h		MC 琼脂平板,36 ℃±1 ℃,48 h
	厌　氧	兼性厌氧	兼性厌氧
只含乳杆菌属	—	+	—
只含双歧杆菌属	+	—	—
同时含乳杆菌属和双歧杆菌属	+	+	—
只含嗜热链球菌	—	—	+
同时含乳杆菌属、双歧杆菌属、嗜热链球菌	+	+	+

注:+表示使用此培养基及培养条件;—表示不使用此培养基及培养条件。

表 2　乳酸菌在不同培养基上菌落特征

菌　属	MRS 琼脂	MC 琼脂
乳杆菌属(*Lactobacillus*)	菌落呈圆形,中等大小,凸起,微白色,湿润,边缘整齐,直径为 3 mm±1 mm,菌落背面为黄色	菌落较小,白色或淡粉色,边缘不太整齐,可有淡淡的晕,直径 2 mm±1 mm,菌落背面为粉红色
双歧杆菌属(*Bifidobacterium*)	兼性厌氧培养条件下不生长。在厌氧培养条件下,菌落呈圆形,菌落中等大小,瓷白色,边缘整齐光滑,直径为 2 mm±1 mm,菌落背面为黄色	兼性厌氧培养条件下不生长。在厌氧培养条件下,菌落较小,可有淡淡的晕,白色,边缘整齐,直径 1.5 mm±1 mm,菌落背面为粉红色
嗜热链球菌(*Streptococcus thermophilus*)	菌落呈圆形,菌落偏小,白色,湿润,边缘整齐,直径为 1 mm±1 mm,菌落背面为黄色	菌落中等偏小,边缘整齐光滑的红色菌落,可有淡淡的晕,直径 2 mm±1 mm,菌落背面为粉红色

8　报告

根据菌落计数结果出具检测报告。将最终确定的乳酸菌菌落数在 30～300 之间的平板进行计数,再乘以相应的稀释倍数，采用 10 的指数表示，每克(或毫升)食品中所含有的乳酸菌数以“CFU/g(或CFU/mL)”表示。具体方法按菌落总数的规定报告。

9 乳酸菌的鉴定(可选择)

9.1 纯培养

挑取 3 个或以上单个菌落，嗜热链球菌接种于 MC 琼脂平板，乳杆菌属接种于 MRS 琼脂平板，置 36 ℃±1 ℃兼性厌氧培养 48 h。

9.2 鉴定

9.2.1 双歧杆菌的鉴定按 GB/T 4789.34 操作。

9.2.2 涂片镜检：乳杆菌属菌体形态多样，呈长杆状、弯曲杆状或短杆状。无芽胞，革兰氏染色阳性。嗜热链球菌菌体呈球形或球杆状，直径为 0.5 μm～2.0 μm，成对或成链排列，无芽胞，革兰氏染色阳性。

9.2.3 API 50CH 生化鉴定试剂盒鉴定：选择纯培养平板上的 3 个独立菌落，分别使用 API 50CH 生化鉴定试剂盒进行生化反应检测，乳酸菌菌种主要生化反应见表 3 和表 4。

表 3 常见乳杆菌属内种的生化反应

菌　　种	七叶苷	纤维二糖	麦芽糖	甘露醇	水杨苷	山梨醇	蔗糖
干酪乳杆菌干酪亚种(*L. casei* subsp. *casei*)	+	+	+	+	+	+	+
德氏乳杆菌保加利亚亚种(*L. delbrueckii* subsp. *bulgaricus*)	−	−	−	−	−	−	−
嗜酸乳杆菌(*L. acidophilus*)	+	+	+	−	+	−	+
罗伊氏乳杆菌(*L. reuteri*)	ND	−	+	−	−	−	+
鼠李糖乳杆菌(*L. rhamnosus*)	+	+	+	+	+	+	+
植物乳杆菌(*L. plantarum*)	+	+	+	+	+	+	+
注：+表示 90%以上菌株阳性；−表示 90%以上菌株阴性；ND 表示未测定。							

表 4 嗜热链球菌的主要生化反应

菌　　种	菊糖	乳糖	甘露醇	水杨苷	山梨醇	马尿酸	七叶苷
嗜热链球菌(*S. thermophilus*)	−	+	−	−	−	−	−
注：+表示 90%以上菌株阳性；−表示 90%以上菌株阴性。							

附 录 A
（规范性附录）
培养基及试剂

A.1 MRS 培养基

A.1.1 成分

蛋白胨	10.0 g
牛肉粉	5.0 g
酵母粉	4.0 g
葡萄糖	20.0 g
吐温 80	1.0 mL
磷酸氢二钾（$K_2HPO_4 \cdot 7H_2O$）	2.0 g
乙酸钠（$CH_3COONa \cdot 3H_2O$）	5.0 g
柠檬酸三铵	2.0 g
硫酸镁（$MgSO_4 \cdot 7H_2O$）	0.2 g
硫酸锰（$MnSO_4 \cdot 4H_2O$）	0.05 g
琼脂粉	15.0 g
蒸馏水	1 000 mL

A.1.2 制法

将上述成分加入蒸馏水中，加热溶解，校正 pH6.2，分装后 121 ℃高压灭菌 15 min～20 min。

A.2 MC 培养基

A.2.1 成分

大豆蛋白胨	5.0 g
牛肉粉	3.0 g
酵母粉	3.0 g
葡萄糖	20.0 g
乳糖	20.0 g
碳酸钙	10.0 g
琼脂	15.0 g
蒸馏水	1 000 mL
1%中性红溶液	5.0 mL

A.2.2 制法

将前面 7 种成分加入蒸馏水中，加热溶解，校正 pH6.0，加入中性红溶液。分装后 121 ℃高压灭菌 15 min～20 min。

A.3 乳酸杆菌糖发酵管

A.3.1 成分

牛肉膏	5.0 g

蛋白胨	5.0 g
酵母浸膏	5.0 g
吐温 80	0.5 mL
琼脂	1.5 g
1.6%溴甲酚紫酒精溶液	1.4 mL
蒸馏水	1 000 mL

A.3.2 制法

按 0.5%加入所需糖类,并分装小试管。

A.4 七叶苷发酵管

A.4.1 成分

蛋白胨	5.0 g
磷酸氢二钾	1.0 g
七叶苷	3.0 g
枸橼酸铁	0.5 g
1.6%溴甲酚紫酒精溶液	1.4 mL
蒸馏水	100 mL

A.4.2 制法

将上述各种成分溶入 100 mL 蒸馏水中,121 ℃高压灭菌 15 min～20 min。

A.5 革兰氏染色液

A.5.1 结晶紫染色液

A.5.1.1 成分

结晶紫	1.0 g
95%乙醇	20 mL
1%草酸铵水溶液	80 mL

A.5.1.2 制法

将结晶紫完全溶解于乙醇中,然后与草酸铵溶液混合。

A.5.2 革兰氏碘液

A.5.2.1 成分

碘	1.0 g
碘化钾	2.0 g
蒸馏水	300 mL

A.5.2.2 制法

将碘与碘化钾先进行混合,加入蒸馏水少许充分振摇,待完全溶解后,再加蒸馏水至 300 mL。

A.5.3 沙黄复染液

A.5.3.1 成分

沙黄	0.25 g
95%乙醇	10 mL
蒸馏水	90 mL

A.5.3.2 制法

将沙黄溶解于乙醇中,然后用蒸馏水稀释。

A.5.4 染色法

a) 将涂片在酒精灯火焰上固定，滴加结晶紫染色液，染 1 min，水洗；

b) 滴加革兰氏碘液，作用 1 min，水洗；

c) 滴加 95%乙醇脱色，约 15 s～30 s，直至染色液被洗掉，不要过分脱色，水洗；

d) 滴加复染液，复染 1 min。水洗、待干、镜检。

ICS 07.100.30
C 53

GB

中华人民共和国国家标准

GB/T 4789.36—2008

食品卫生微生物学检验 大肠埃希氏菌 O157:H7/NM 检验

Microbiological examination of food hygiene—
Examination of *Escherichia coli* O157:H7/NM

2008-05-16 发布　　　　2008-11-01 实施

中华人民共和国卫生部
中国国家标准化管理委员会　发布

前　言

本标准分为四法，分别为：

——第一法：常规培养法；

——第二法：免疫磁珠捕获法；

——第三法：全自动酶联荧光免疫分析仪筛选法；

——第四法：全自动病原菌检测系统筛选法。

本标准的第一法修改采用了美国食品药品管理局（FDA）《细菌分析手册》第 4A 章（2002 年）（Bacteriological Analytical Manual，Chapter 4A，2002）；第二法修改采用了北欧食品分析委员会（NMKL）No. 164，1999；第三法修改采用了国际分析家学会（AOAC INTERNATIONAL）AOAC-RI Performance Tested Methods VIDAS *E. Coli* O157（ECO）Test，No. 010502；第四法修改采用了 AOAC-RI Performance Tested Methods BAX *E. Coli* O157：H7，No. 050501。

本标准的第一法与美国 FDA/BAM 方法相比主要差异如下：

——增菌培养基以 mEC+n 肉汤替代了 EEB 肉汤。

——增加了 CHROMagar O157 显色培养基。

本标准的第二法与 NMKL，No. 164，1999 的方法相比主要差异如下：

——增菌培养基以 mEC+n 肉汤替代了 mTSB 肉汤。

——修改增菌培养温度 41.5℃±0.5℃为 36℃±1℃。

——增加了 CHROMagar O157 显色培养基。

本标准的第三法与 AOAC-RI Performance Tested Method VIDAS *E. Coli* O157（ECO）Test，No. 010502 的方法相比主要差异为增菌培养基以 mEC+n 肉汤替代了 mTSB 肉汤。

本标准的第四法与 AOAC-RI Performance Tested Methods BAX *E. Coli* O157：H7，No. 050501 的方法相比主要修改为生肉以外的其他食品增菌培养基以 mEC+n 肉汤替代了 EEB 肉汤。

本标准的附录 A 为规范性附录。

本标准由中华人民共和国卫生部提出并归口。

本标准起草单位：中国疾病预防控制中心营养与食品安全所。

本标准参与起草单位：河南省疾病预防控制中心、北京市疾病预防控制中心、浙江省疾病预防控制中心、吉林省疾病预防控制中心、湖北省疾病预防控制中心、中华人民共和国上海出入境检验检疫局、中国检验检疫科学研究院。

本标准主要起草人：刘秀梅、廖兴广、张秀丽、陈倩、程苏云、刘桂华、谢茂慧、李晓虹、田静。

食品卫生微生物学检验
大肠埃希氏菌 O157:H7/NM 检验

1 范围

本标准规定了食品中大肠埃希氏菌 O157:H7 和 O157:NM 的检验方法。

本标准适用于食品和食物中毒样品中大肠埃希氏菌 O157:H7 和 O157:NM 的检验。

2 设备和材料

除微生物实验室常规灭菌及培养设备外，其他设备和材料如下。

2.1 天平：感量 0.1 g、0.01 g。

2.2 均质器。

2.3 冰箱：2℃～5℃。

2.4 恒温培养箱：36℃±1℃。

2.5 恒温水浴箱：46℃±0.5℃，100℃。

2.6 生物显微镜：10×～100×。

2.7 细菌浓度比浊管：Mac Farland 0.5 号或浊度计。

2.8 无菌锥形瓶：500 mL，250 mL。

2.9 无菌平皿：直径 90 mm。

2.10 无菌试管：10 mm×75 mm。

2.11 无菌吸管：1 mL(具 0.01 mL 刻度)，10.0 mL(具 0.1 mL 刻度)或微量移液器及吸头。

2.12 pH 计或 pH 比色管或精密 pH 试纸。

2.13 长波紫外光灯：366 nm，功率≤6 W。

2.14 磁板、磁板架、Dynal MX1 样品混合器[1]。

2.15 全自动微生物鉴定系统(VITEK)[2]。

2.16 全自动酶联荧光免疫分析仪(mini VIDAS 或 VIDAS)[2]。

2.17 全自动病原菌检测系统(BAX 系统)[3]。

3 培养基和试剂

3.1 改良 EC 肉汤(mEC+n)：见第 A.1 章。

3.2 改良山梨醇麦康凯(CT-SMAC)琼脂：见第 A.2 章。

3.3 亚碲酸钾(AR 级)。

3.4 头孢克肟(Cefixime)。

3.5 三糖铁(TSI)琼脂：见第 A.3 章。

---

1) 由挪威 Dynal 公司提供的产品的商品名。给出这一信息是为了方便本标准的使用者，并不表示对该产品的认可。如果其他等效产品具有相同的效果，则可使用这些等效的产品。

2) 由法国生物梅里埃公司提供的产品的商品名。给出这一信息是为了方便本标准的使用者，并不表示对该产品的认可。如果其他等效产品具有相同的效果，则可使用这些等效的产品。

3) 由美国杜邦公司提供的产品的商品名。给出这一信息是为了方便本标准的使用者，并不表示对该产品的认可。如果其他等效产品具有相同的效果，则可使用这些等效的产品。

3.6　4-甲基伞形酮-β-D-葡萄糖醛酸苷(MUG)。

3.7　月桂基磺酸盐胰蛋白胨肉汤-MUG(MUG-LST):见第 A.4 章。

3.8　氧化酶试剂:见第 A.5 章。

3.9　革兰氏染色液:见第 A.6 章。

3.10　大肠埃希氏菌 O157 和 H7 诊断血清或 O157 乳胶凝集试剂。

3.11　API 20E 生化鉴定试剂盒或 VITEK-GNI$^+$ 鉴定卡[2]。

3.12　半固体琼脂:见第 A.7 章。

3.13　改良科玛嘉(CHROMagar)O157 弧菌显色琼脂[4]或其他同等质量的 O157 显色琼脂:见第 A.8 章。

3.14　改良麦康凯(CT-MAC)肉汤:见第 A.9 章。

3.15　抗-*E. coli* O157 免疫磁珠(Dynal ASA,Oslo,Norway)[1]或其他同等质量的抗-*E. coli* O157 免疫磁珠。

3.16　PBS-Tween20 洗液:见第 A.10 章。

第一法　常规培养法

4　检验程序

检验程序见图 1。

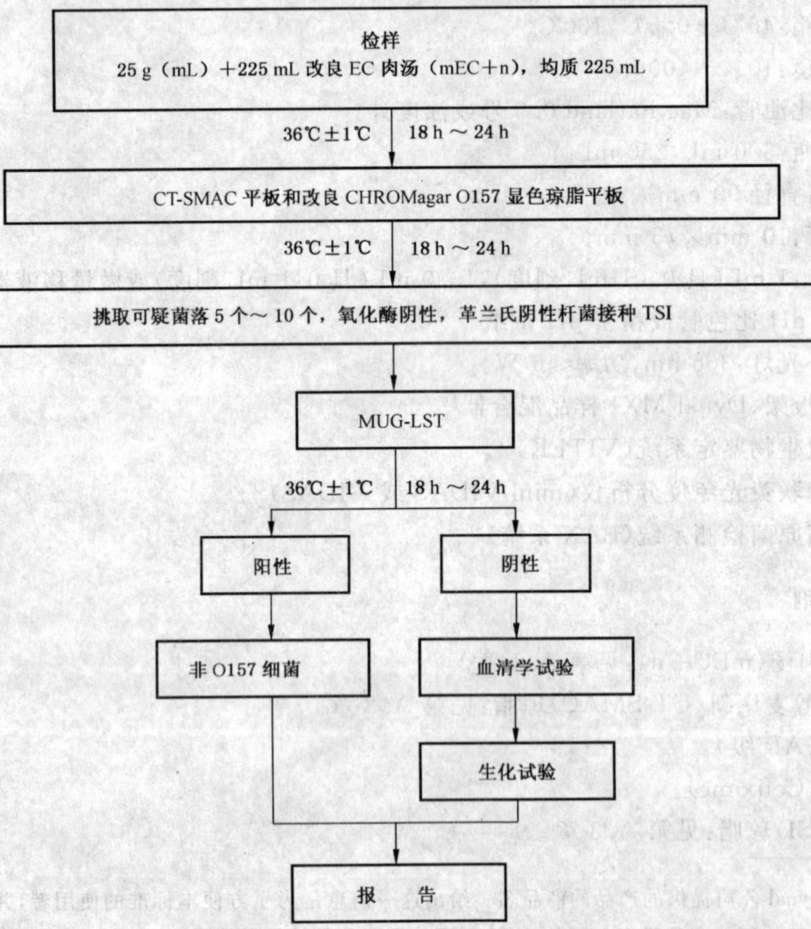

图 1　大肠埃希氏菌 O157:H7 和 O157:NM 常规法检验程序

4)　由法国科玛嘉公司提供的产品的商品名。给出这一信息是为了方便本标准的使用者,并不表示对该产品的认可。如果其他等效产品具有相同的效果,则可使用这些等效的产品。

5 操作步骤

5.1 增菌

样品采集后应尽快检验。若不能及时检验，可在 2℃～4℃保存 18 h。以无菌操作取检样 25 g(mL)加入到含有 225 mL mEC+n 肉汤的均质袋中，在拍击式均质器上连续均质 1 min～2 min；或放入盛有 225 mL mEC+n 肉汤的均质杯中，8 000 r/min～10 000 r/min 均质 1 min～2 min，于 36℃±1℃培养 18 h～24 h。同时做阳性及阴性对照。

5.2 分离

取增菌后的 mEC+n 肉汤，划线或取 0.1 mL 涂布接种于 CT-SMAC 平板和改良 CHROMagar O157 弧菌显色琼脂平板上，于 36℃±1℃培养 18 h～24 h，观察菌落形态。必要时将混合菌落分纯。在 CT-SMAC 平板上，典型菌落为不发酵山梨醇的圆形、光滑、较小的无色菌落，中心呈现较暗的灰褐色；发酵山梨醇的菌落为红色；在改良 CHROMagar O157 弧菌显色琼脂平板上为圆形、较小的菌落，中心呈淡紫色-紫红色，边缘无色或浅灰色。

5.3 初步生化试验

在 CT-SMAC 和改良 CHROMagar O157 弧菌显色琼脂平板上挑取 5 个～10 个典型或可疑菌落，分别接种 TSI 琼脂，同时接种 MUG-LST 肉汤，于 36℃±1℃培养 18 h～24 h。必要时进行氧化酶试验和革兰氏染色。在 TSI 琼脂中，典型菌株为斜面与底层均呈阳性反应呈黄色，产气或不产气，不产生硫化氢(H_2S)。置 MUG-LST 肉汤管于长波紫外灯下观察，无荧光产生者为阳性结果，有荧光产生者为阴性结果；对分解乳糖且无荧光的菌株，在营养琼脂平板上分纯，于 36℃±1℃培养 18 h～24 h，并进行下列鉴定。

5.4 鉴定

5.4.1 血清学试验

在营养琼脂平板上挑取分纯的菌落，用 O157:H7 标准血清或 O157 乳胶凝集试剂作玻片凝集试验。对于 H7 因子血清不凝集者，应穿刺接种半固体琼脂，检查动力，经连续传代 3 次，动力试验阴性，H7 因子血清凝集阴性者，确定为无动力株。

5.4.2 生化试验

用 API20E 生化鉴定试剂盒或 VITEK-GNI$^+$ 检测卡，按照生产商提供的使用说明进行。大肠埃希氏菌 O157:H7/NM 生化反应特征见表 1。

表 1 大肠埃希氏菌 O157:H7/NM 生化反应特征

生化试验	特征反应
三糖铁琼脂	底层及斜面呈黄色，硫化氢(H_2S)阴性
山梨醇	阴性或迟缓发酵
靛基质	阳性
MR-VP	MR 阳性，VP 阴性
氧化酶	阴性
西蒙氏柠檬酸盐	阴性
赖氨酸脱羧酶	阳性(紫色)
鸟氨酸脱羧酶	阳性(紫色)
纤维二糖发酵	阴性
棉子糖发酵	阳性
MUG 试验	阴性
动力试验	有动力或无动力

5.5 结果报告

综合生化和血清学的试验结果，报告25 g(mL)样品中检出或未检出大肠埃希氏菌O157:H7/NM。在样品中检出O157:H7或O157:NM时，如需要进一步检测Vero细胞毒素基因的存在，可通过接种Vero细胞或Hela细胞，观察细胞病变进行判定，也可使用基因探针检测和聚合酶链反应(PCR)方法或送参考实验室进行志贺氏毒素基因(stx1、stx2)、eae、hly基因等的检测。

第二法　免疫磁珠捕获法

6 原理

免疫磁珠捕获技术是通过对目的细菌进行选择性增菌，然后利用免疫磁珠进行选择性捕获的方法。捕获的目的细菌被结合到由抗体包被的磁性颗粒上，收集后再将磁性颗粒涂布到选择性琼脂平板上进行分离。在CT-SMAC平板上生长的可疑的大肠埃希氏菌O157，因为不分解山梨醇，或在*E. coli* O157显色琼脂平板上产生特定的酶促反应呈现颜色变化，而与其他细菌相区别。

免疫磁珠的应用，特别是在样品含有大量杂菌时，对检样中含有少量的大肠埃希氏菌O157:H7/NM的检出提供了更大的可能性。

7 检验程序

检验程序见图2。

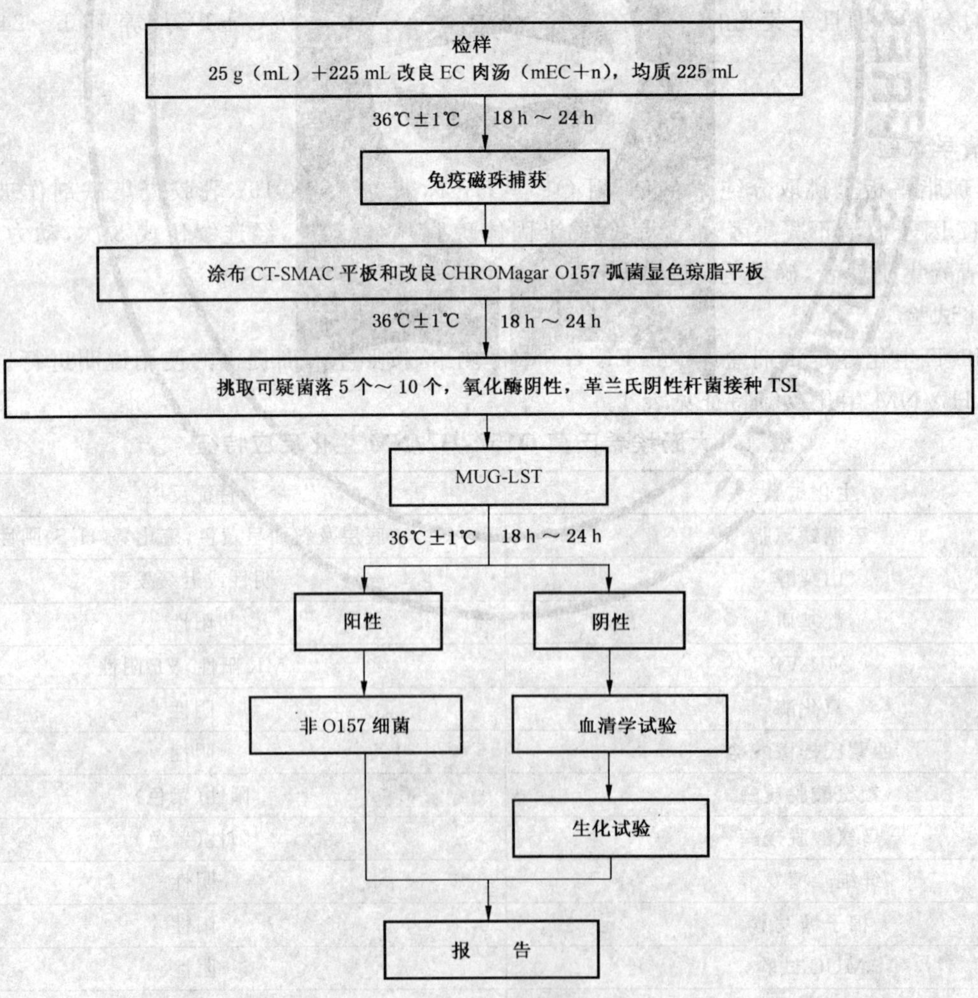

图2　大肠埃希氏菌O157免疫磁珠捕获法检验程序

8 操作步骤

8.1 增菌

同5.1。

8.2 免疫磁珠捕获与分离

应按照生产商提供的使用说明进行免疫磁珠捕获与分离。当生产商的使用说明与下面的描述可能有偏差时，按生产商提供的使用说明进行。

8.2.1 将Eppendorff管按样品和质控菌株进行编号，每个样品使用1支Eppendorff管，然后插入到磁板架上。在漩涡混合器上轻轻振荡 *E. coli* O157免疫磁珠溶液后，用开盖器打开每支Eppendorff管的盖子，每管加入20 μL *E. coli* O157免疫磁珠悬液。

8.2.2 取mEC+n肉汤增菌培养物1 mL，加入到Eppendorff管中，盖上盖子，然后轻微振荡10 s。每个样品更换1支加样吸头，质控菌株必须与样品分开进行，避免交叉污染。

8.2.3 结合：在18℃～30℃环境中，将上述Eppendorff管连同磁板架放在Dynal MX1样品混合器上转动或用手轻微转10 min，使 *E. coli* O157与免疫磁珠充分接触。

8.2.4 捕获：将磁板插入到磁板架中浓缩磁珠。在3 min内不断地倾斜磁板架，确保悬液中与盖子上的免疫磁珠全部被收集起来，此时，在Eppendorff管壁中间明显可见圆形或椭圆形棕色聚集物。

8.2.5 吸取上清液：取1支无菌加长吸管，从免疫磁珠聚集物对侧深入液面，轻轻吸走上清液。当吸到液面通过免疫磁珠聚集物时，应放慢速度，以确保免疫磁珠不被吸走。如吸取的上清液内含有磁珠，则应将其放回到Eppendorff管中，并重复8.2.4步骤。每个样品换用1支无菌加长吸管。

免疫磁珠的滑落：某些样品特别是那些富含脂肪的样品，其磁珠聚集物易于滑落到管底。在吸取上清液时，很难做到不丢失磁珠，在这种情况下，可保留50 μL～100 μL上清液于Eppendorff管中。如果在后续的洗涤过程中也这样做的话，脂肪的影响将减小，也可达到充分捕获的目的。

8.2.6 洗涤：从磁板架上移走磁板，在每支Eppendorff管中加入1mL PBS-Tween 20洗液，转动磁板架三次以上，洗涤免疫磁珠混合物。重复上述步骤8.2.4～8.2.6。

8.2.7 重复上述步骤8.2.4～8.2.5。

8.2.8 免疫磁珠悬浮：移走磁板，将免疫磁珠重新悬浮在100 μL PBS-Tween 20洗液中。

8.2.9 涂布平板：用漩涡混合器将免疫磁珠混匀，用加样器各取50 μL免疫磁珠悬液分别转移至CT-SMAC平板和改良CHROMagar O157弧菌显色琼脂平板一侧，然后用无菌涂布棒将免疫磁珠涂布平板的一半，再用接种环划线接种平板的另一半。待琼脂表面水分完全吸收后，翻转平板，于36℃±1℃培养18 h～24 h。

注：若CT-SMAC平板和改良CHROMagar O157弧菌显色琼脂平板表面水分过多时，应在37℃下干燥10 min～20 min，涂布时避免将免疫磁珠涂布到平板的边缘。

8.3 菌落识别

E. coli O157:H7/NM在CT-SMAC平板和改良CHROMagar O157弧菌显色琼脂平板上的菌落特征见5.2。

初步生化试验：同5.3。

8.4 鉴定

同5.4。

8.5 结果报告

同5.5。

第三法 全自动酶联荧光免疫分析仪筛选法

9 原理

mini VIDAS 或 VIDAS 大肠埃希氏菌 O157（ECO）分析，是在自动 VIDAS 仪器上进行的双抗体夹心酶联荧光免疫分析（ELFA）方法。固相容器（SPR）用抗大肠埃希氏菌 O157 抗体包被，各种试剂均封闭在试剂条内。煮沸过的增菌肉汤加入试条孔后，在特定时间内样本中的 O157 抗原与包被在 SPR 内部的 O157 抗体结合，未结合的其他成分通过洗涤步骤清除。标记有碱性磷酸酶的抗体与固定在 SPR 壁上的 O157 抗原结合，最后洗去未结合的抗体标记物。SPR 中所用荧光底物为磷酸 4-甲基伞型物。结合在 SPR 壁上的酶将催化底物转变成具有荧光的产物：4-甲基伞形酮。VIDAS 光扫描器在波长 450 nm 处检测该荧光强度。试验完成后由 VIDAS 自动分析结果，得出检测值，并打印出每份样本的检测结果。

10 仪器

mini VIDAS 或 VIDAS。

11 试剂

11.1 *E. coli* O157 试剂条（VIDAS ECO）。

11.2 校正液：纯化灭活的 *E. coli* O157 抗原标准溶液。

11.3 阳性对照。

11.4 阴性对照。

11.5 MLE 卡。

12 操作步骤

12.1 前增菌

以无菌操作取检样 25 g(mL)加入到含有 225 mL mEC＋n 肉汤的均质袋中，在拍击式均质器上连续均质 1 min～2 min；或放入盛有 225 mL mEC＋n 肉汤的均质杯中，8 000 r/min～10 000 r/min 均质 1 min～2 min。于 36℃±1℃培养 6 h～7 h。同时做阳性及阴性对照。

12.2 增菌与处理

取 1 mL 前增菌肉汤接种于 9 mL 改良麦康凯肉汤（CT-MAC），于 36℃±1℃培养 17 h～19 h。然后取 1 mL 增菌的 CT-MAC 肉汤加入试管中，在 100℃ 水浴中加热 15 min。剩余增菌肉汤存于 2℃～8℃，以备对阳性检测结果确认。

12.3 上机操作

12.3.1 输入 MLE 卡信息

每个试剂盒在使用之前，首先要用试剂盒中的 MLE 卡向仪器输入试剂规格（或曲线数据）。每盒试剂只需输入一次。

12.3.2 校正

在输入 MLE 卡信息后，使用试剂盒内的校正液进行校正，校正应做双份测试。以后每 14 天进行一次校正。

12.3.3 检测

取出试剂条，待恢复至室温后进行样本编号。

建立工作列表（work list），输入样本编号。

分别吸取 500 μL 对照和样本（冷却至室温）加入到试剂条样本孔中央。依屏幕提示，将试剂条放入仪器相应的位置。

所有分析过程均由仪器自动完成，检测约需 45 min。

12.4 结果报告

检测值是由每份样本的相对荧光值(RVF)与标准溶液 RVF 相比得出，见式(1)。

$$检测值=\frac{样品\ RFV}{标准\ RFV} \qquad \cdots\cdots(1)$$

若检测值<0.10，则报告为阴性；若检测值≥0.10，则报告为阳性。

12.5 阳性结果的确认

用第一法或第二法对保存于 2℃～8℃的增菌肉汤分离鉴定确认。

12.6 阴性结果的报告

阴性结果可直接报告 25 g(mL)样品中未检出大肠埃希氏菌 O157:H7。

第四法 全自动病原菌检测系统筛选法

13 原理

BAX 系统利用多聚酶链反应(PCR)来扩增并检测细菌 DNA 中特异片段来判断目标菌是否存在。反应所需的引物、DNA 聚合酶和核苷酸等被合并成为一个稳定、干燥的片剂，并装入 PCR 管中，检测系统运用荧光检测来分析 PCR 产物。每个 PCR 试剂片都包含有荧光染料，该染料能结合双链 DNA，并且受光激发后发出荧光信号。在检测过程中，BAX 系统通过测量荧光信号的变化，分析测量数据，从而判定阳性或阴性结果。

14 仪器和材料

14.1 BAX 系统主机及工作站。

14.2 仪器校正板。

14.3 带帽裂解八联管及管架。

14.4 盖帽、去帽器。

14.5 加热槽两个。

14.6 温度计。

14.7 单道加样器：20 μL～200 μL、5 μL～0 μL、8 道加样器，范围为 5 μL～50 μL 及配套带滤芯的吸头。

14.8 冷却槽。

14.9 PCR 管支架。

14.10 打印机。

15 试剂

15.1 PCR 管。

15.2 裂解缓冲液。

15.3 蛋白酶。

15.4 溶菌试剂：第 A.11 章。

16 操作步骤

16.1 增菌

同 5.1。

16.2 上机操作

16.2.1 打开加热槽分别至 37℃和 95℃。检查冷藏过夜的冷却槽(4℃)。开机并启动 BAX® 系统软件。如果仪器自检后建议校正,按屏幕提示进行校正操作。

16.2.2 创建"rack"文件:根据提示在完整的"rack"文件和"个样"资料中输入识别数据。

16.2.3 溶菌操作:在管架上放上标记好的溶菌管。在每支溶菌管加入 200 μL 配制好的溶菌试剂。将每个增菌后的 5 μL 样品加入相应的溶菌管中,盖上盖子。把管架放在 37℃加热槽中 20 min。再将管架放在 95℃的第二块加热槽中 10 min。最后将管架放在冷却槽上(冷却槽从冰箱取出后 30 min 内使用完毕),样品冷却 5 min。

16.2.4 加热循环仪/检测仪:从菜单中选择"RUN FULL PROCESS",加热到设定温度(加热槽 90℃,盖子 100℃)。

16.2.5 溶菌产物转移:将 PCR 管支架放到专用冷却槽上,然后将 PCR 管放入到支架内。将所有的管盖放松并除去一排管盖。用多道加样器将 50 μL 溶菌产物加入此排管中,并用替代的透明盖密封 PCR 管。换用新吸头,重复上述操作,直至将所有样品转入 PCR 管中。

16.2.6 扩增和检测:按"PCR Wizard"的屏幕提示,将转移后的 PCR 管放入 PCR 仪/检测仪中开始扩增。全过程(扩增和检测)需要大约 3.5 h。当检测完成后,"PCR Wizard"提示取出样品,并自动显示结果。

16.3 结果报告

绿色"－"表示阴性结果。

红色"＋"表示阳性结果。

黄色"?"表示不确定结果。

黄色"?"带斜线表示错误结果。

16.4 不确定和错误结果的处理

取保存于 2℃～8℃的增菌肉汤重新上机检测。

16.5 阳性结果的确认

用第一法或第二法对保存于 2℃～8℃的增菌肉汤分离鉴定确认。

16.6 阴性结果的报告

阴性结果可直接报告 25 g(mL)样品中未检出大肠埃希氏菌 O157:H7。

附　录　A
（规范性附录）
培养剂和试剂

A.1　改良 EC 肉汤（mEC+n）

A.1.1　成分

胰蛋白胨	20.0 g
3 号胆盐	1.12 g
乳糖	5.0 g
磷酸氢二钾（$K_2HPO_4 \cdot 7H_2O$）	4.0 g
磷酸二氢钾（KH_2PO_4）	1.5 g
氯化钠（NaCl）	5.0 g
新生霉素钠盐溶液（20 mg/mL）	1.0 mL
蒸馏水	1 000.0 mL

pH6.9±0.1

A.1.2　制法

除新生霉素外，所有成分溶解在水中，加热煮沸，在 20℃～25℃下校正 pH 至 6.9±0.1，分装，121℃高压灭菌 15 min，备用。制备浓度为 20 mg/mL 的新生霉素储备溶液，过滤法除菌。待培养基温度冷至 50℃以下时，按 1 000 mL 培养基内加 1 mL 新生霉素储备液，使最终浓度为 20 mg/L。

A.2　改良山梨醇麦康凯（CT-SMAC）琼脂

A.2.1　山梨醇麦康凯（SMAC）琼脂

A.2.1.1　成分

蛋白胨	20.0 g
山梨醇	10.0 g
3 号胆盐	1.5 g
氯化钠	5.0 g
中性红	0.03 g
结晶紫	0.001 g
琼脂	15.0 g
蒸馏水	1 000.0 mL

pH 7.2±0.2

A.2.1.2　制法

所有成分溶解在蒸馏水中，加热煮沸，在 20℃～25℃下校正 pH 至 7.2±0.2，分装，121℃高压灭菌 15 min。

A.2.2　亚碲酸钾溶液

A.2.2.1　成分

亚碲酸钾	0.5 g
蒸馏水	200.0 mL

A.2.2.2 制法

将亚碲酸钾溶于水，过滤法除菌。

A.2.3 头孢克肟(Cefixime)溶液

A.2.3.1 成分

头孢克肟	1.0 mg
96%乙醇	200.0 mL

A.2.3.2 制法

将头孢克肟溶解于酒精中，静置 1 h 待其充分溶解后过滤除菌。分装试管，储存于－20℃，有效期一年。解冻后的头孢克肟溶液不应再冻存，且在 2℃～8℃下有效期 14 d。

A.2.4 CT-SMAC 制法

取 1 000 mL 灭菌融化并冷却至 45℃±1℃的山梨醇麦康凯(SMAC)琼脂，加入 1 mL 亚碲酸钾溶液和 10 mL 头孢克肟溶液，使亚碲酸钾浓度达到 2.5 mg/L，头孢克肟浓度达到 0.05 mg/L，混匀后倾注平板。

A.3 三糖铁(TSI)琼脂

A.3.1 成分

蛋白胨	20.0 g
牛肉膏	5.0 g
乳 糖	10.0 g
蔗 糖	10.0 g
葡萄糖	1.0 g
氯化钠	5.0 g
硫酸亚铁铵[$Fe(NH_4)_2 \cdot 6H_2O$]	0.2g
硫代硫酸钠	0.2 g
酚 红	0.025 g
琼 脂	12.0 g
蒸馏水	1 000.0 mL

pH 7.4±0.2

A.3.2 制法

将除琼脂和酚红以外的各种成分溶解于蒸馏水中，在 20℃～25℃下校正 pH 至 7.4±0.2。加入琼脂，加热煮沸以溶化琼脂；加入 0.2%酚红水溶液 12.5 mL，摇匀。分装试管，装量宜多些，以便得到较高的底层。121℃高压灭菌 15 min，放置高层斜面备用。

A.4 月桂基磺酸盐蛋白胨肉汤-MUG (LST-MUG)

A.4.1 成分

胰蛋白胨	20.0 g
氯化钠	5.0 g
乳糖	5.0 g
磷酸氢二钾(K_2HPO_4)	2.75 g
磷酸二氢钾(KH_2PO_4)	2.75 g
月桂基硫酸钠	0.1 g
4-甲基伞形酮-β-D-葡萄糖醛酸苷(MUG)	0.1 g
蒸馏水	1 000.0 mL

pH 6.8±0.2

A.4.2 制法

将各成分溶解于蒸馏水中，加热煮沸至完全溶解，于20℃～25℃下校正pH至6.8±0.2，分装到有倒立发酵管的试管中，每管10 mL，于121℃高压灭菌15 min。

A.5 氧化酶试剂

A.5.1 成分

N,*N*′-二甲基对苯二胺盐酸盐或*N*,*N*,*N*′,*N*′-四甲基对苯二胺盐酸盐	1.0 g
蒸馏水	100.0 mL

A.5.2 制法

少量新鲜配制，于冰箱内避光保存，在7 d内使用。

A.5.3 试验方法

用细玻璃棒或一次性接种针挑取单个菌落，涂布在的滤纸上，在添加氧化酶试剂10 s内呈现粉红或紫红色，即为氧化酶试验阳性。不变色者为氧化酶试验阴性。

A.6 革兰氏染色液

A.6.1 结晶紫染色液

A.6.1.1 成分

结晶紫	1.0g
95%乙醇	20.0 mL
1%草酸铵水溶液	80.0 mL

A.6.1.2 制法

将结晶紫完全溶解于乙醇中，然后与草酸铵溶液混合。

A.6.2 革兰氏碘液

A.6.2.1 成分

碘	1.0g
碘化钾	2.0g
蒸馏水	300.0 mL

A.6.2.2 制法

将碘与碘化钾先行混合，加入蒸馏水少许充分振摇，待完全溶解后，再加蒸馏水至300 mL。

A.6.3 沙黄复染液

A.6.3.1 成分

沙黄	0.25g
95%乙醇	10.0 mL
蒸馏水	90.0 mL

A.6.3.2 制法

将沙黄溶解于乙醇中，然后用蒸馏水稀释。

A.6.4 染色法

a) 涂片在火焰上固定，滴加结晶紫染液，染1 min，水洗。

b) 滴加革兰氏碘液，作用1 min，水洗。

c) 滴加95%乙醇脱色约15 s～30 s，直至染色液被洗掉，不要过分脱色，水洗。滴加复染液，复染1 min，水洗、待干、镜检。

A.7 半固体琼脂

A.7.1 成分

蛋白胨	1.0 g
牛肉膏	0.3 g
氯化钠	0.5 g
琼脂	0.3 g～0.4 g
蒸馏水	100.0 mL
pH 7.4±0.2	

A.7.2 制法

将各成分溶解于蒸馏水中，加热煮沸至完全溶解，于20℃～25℃下校正pH至7.4±0.2，分装小试管，于121℃高压灭菌15 min。直立凝固备用。

A.8 改良CHROMagar O157弧菌显色琼脂

A.8.1 成分

蛋白胨、酵母提取物和盐分	13.0 g
色素混合物	1.2 g
选择性添加剂	0.000 5 g
琼脂	15.0 g
蒸馏水	1 000.0 mL
pH 7.0±0.2	

A.8.2 制法

除选择性添加剂外，将各成分溶解于蒸馏水中，加热煮沸100℃至完全溶解。冷却至47℃～50℃时，加入选择性添加剂，混匀后倾注平板。

A.9 改良麦康凯肉汤(CT-MAC肉汤)

A.9.1 麦康凯(MAC)肉汤

A.9.1.1 成分

蛋白胨	20.0 g
乳糖	10.0 g
3号胆盐	1.5 g
氯化钠	5.0 g
中性红	0.03 g
结晶紫	0.001 g
蒸馏水	1 000.0 mL
pH 7.2±0.2	

A.9.1.2 制法

所有成分溶解在蒸馏水中，加热煮沸，在20℃～25℃下校正pH至7.2±0.2，分装锥形瓶，121℃高压灭菌15 min。

A.9.2 亚碲酸钾溶液

同A.2.2。

A.9.3 头孢克肟(Cefixime)溶液

同A.2.3。

A.9.4　CT-MAC 肉汤制法

取 1 000 mL 灭菌并冷却至 45℃±1℃的麦康凯(MAC)肉汤，加入 1 mL 亚碲酸钾溶液和 10 mL 头孢克肟溶液，使亚碲酸钾浓度达到 2.5 mg/L，头孢克肟浓度达到 0.05 mg/L，混匀后分装试管。

A.10　PBS-Tween 20 洗液

按照商品用 *E. coli* O157 免疫磁珠的洗液配方进行制备，或按照下列配方制备。

A.10.1　成分

氯化钠	8.0 g
氯化钾	0.2 g
磷酸氢二钠(Na_2HPO_4)	1.15 g
磷酸二氢钾(KH_2PO_4)	0.2 g
Tween 20	0.5 g
蒸馏水	1 000.0 mL

pH7.3±0.2

A.10.2　制法

将上述成分溶解于水中，于 20℃～25℃下校正 pH 至 7.3±0.2，分装锥形瓶。121℃高压灭菌 15 min，备用。

A.11　溶菌试剂

A.11.1　成分

蛋白酶	150.0 μL
裂解缓冲液	12.0 mL

A.11.2　制法

将 150.0 μL 蛋白酶加入 1 瓶 12.0 mL 的裂解缓冲液中。将准备日期标记在瓶上，储存在 2℃～8℃，在两周内使用。

ICS 07.100.30
C 53

GB

中华人民共和国国家标准

GB/T 4789.37—2008

食品卫生微生物学检验
金黄色葡萄球菌计数

Microbiological examination of food hygiene—
Enumeration of *Staphylococcus aureus*

2008-11-21 发布　　　　2009-03-01 实施

中华人民共和国卫生部
中国国家标准化管理委员会　发布

前　言

本标准的第一法修改采用国际分析家学会（AOAC INTERNATIONAL）AOAC 975.55《食品中金黄色葡萄球菌表面平板分离和计数法》（AOAC Official Method 975.55，*Staphylococcus aureus* in foods surface plating method isolation and enumberation，1976），国际标准化组织（ISO）ISO 6888-1：1999《食品和动物饲料中血浆凝固酶阳性葡萄球菌计数方法》（Microbiology of food and animal feeding stuffs—Horizontal method for the enumeration of coagulase-positive *staphylococci*，*Staphylococcus aureaus* and other species，1999）；第二法修改采用国际分析家学会（AOAC INTERNATIONAL）AOAC 987.09《食品中金黄色葡萄球菌分离和计数法　MPN 法》（1991 年）（AOAC Official Method 987.09，*Staphylococcus aureus* in foods most probable number method for isolation and enumeration）；第三法修改采用国际分析家学会（AOAC INTERNATIONAL）AOAC 2003.07《加工食品中金黄色葡萄球菌计数　Petrifilm 测试片法》（2003 年）（AOAC Official Method 2003.07，3M™ Petrifilm™ staph express count plate method for the enumeration of *Staphylococcus aureus* in selected types of processed and prepared foods：collaborative study）、AOAC 2003.08《乳制品中金黄色葡萄球菌计数　Petrifilm 测试片法》（2003 年）（AOAC Official Method 2003.08，3M™ Petrifilm™ staph express count plate method for the enumeration of *Staphylococcus aureus* in selected dairy foods）、AOAC 2003.11《肉、水产品和禽中金黄色葡萄球菌计数　Petrifilm 测试片法》（2003 年）（AOAC Official Method 2003.11，3M™ Petrifilm™ staph express count plate method for the enumeration of *Staphylococcus aureus* in selected types of meats，seafood and poultry）。

本标准的第一法与 AOAC 975.55 和 ISO 6888-1：1999 的主要区别如下：

——将 AOAC 样品制备时取样量 50 g（或 50 mL）修改为 25 g（或 25 mL）；

——修改了 ISO 的计算公式。

本标准的第二法与 AOAC 987.09 的主要区别为：将样品制备时取样量 50 g（或 50 mL）修改为 25 g（或 25 mL）。

本标准的第三法与 AOAC 2003.07、AOAC 2003.08、AOAC 2003.11 的主要区别如下：

——将测试片的培养温度 35 ℃±1 ℃或 37 ℃±1 ℃统一为 36 ℃±1 ℃；

——规定了测试片上需确认的可疑菌落。

本标准自实施之日起 GB/T 4789.10—2003 中金黄色葡萄球菌计数部分同时废止。

本标准的附录 A 和附录 B 为规范性附录。

本标准由中华人民共和国卫生部提出并归口。

本标准由中华人民共和国卫生部负责解释。

本标准负责起草单位：中国疾病预防控制中心营养与食品安全所。

本标准参与起草单位：上海市疾病预防控制中心、中华人民共和国辽宁出入境检验检疫局、中华人民共和国内蒙古出入境检验检疫局、江苏省疾病预防控制中心。

本标准主要起草人：刘秀梅、陈敏、刘弘、卢行安、刘中学、袁宝君、田静。

食品卫生微生物学检验
金黄色葡萄球菌计数

1 范围

本标准规定了食品中金黄色葡萄球菌的计数方法。

本标准适用于食品和食物中毒样品中金黄色葡萄球菌的计数。其中第一法适用于金黄色葡萄球菌含量较高的食品；第二法适用于金黄色葡萄球菌含量较低而杂菌含量较高的食品；第三法适用于肉及其制品、奶制品等。

2 设备和材料

除微生物实验室常规灭菌及培养设备外，其他设备和材料如下：

2.1 恒温培养箱：36 ℃±1 ℃。

2.2 冰箱：2 ℃～5 ℃。

2.3 恒温水浴箱：37 ℃±1 ℃。

2.4 天平：感量 0.1 g。

2.5 均质器。

2.6 振荡器。

2.7 无菌吸管：1 mL(具 0.01 mL 刻度)、10 mL(具 0.1 mL 刻度)或微量移液器及吸头。

2.8 无菌锥形瓶：容量 100 mL、500 mL。

2.9 无菌培养皿：直径 90 mm。

2.10 无菌 L 型涂布棒。

2.11 pH 计或 pH 比色管或精密 pH 试纸。

3 培养基和试剂

3.1 胰酪胨大豆肉汤：见第 A.1 章

3.2 Baird-Parker 琼脂平板：见第 A.2 章。

3.3 脑心浸出液(BHI)肉汤：见第 A.3 章。

3.4 兔血浆：见第 A.4 章。

3.5 磷酸盐缓冲液：见第 A.5 章。

3.6 营养琼脂斜面：见第 A.6 章。

3.7 革兰氏染色液：见第 A.7 章。

3.8 无菌生理盐水：称取 8.5 g 氯化钠溶于 1 000 mL 蒸馏水中，121 ℃高压灭菌 15 min。

3.9 1 mol/L 氢氧化钠(NaOH)：称取 40 g 氢氧化钠溶于 1 000 mL 蒸馏水中。

3.10 1 mol/L 盐酸(HCl)：移取浓盐酸 90 mL，用蒸馏水稀释至 1 000 mL。

3.11 Petrifilm™ [1] 金黄色葡萄球菌测试片。

---

1) Petrifilm™是由 3M 公司提供的产品的商品名。给出这一信息是为了方便本标准的使用者，并不表示对该产品的认可。如果其他等效产品具有相同的效果，则可使用这些等效的产品。

第一法　Baird-Parker 平板计数

4　检验程序

检验程序见图 1。

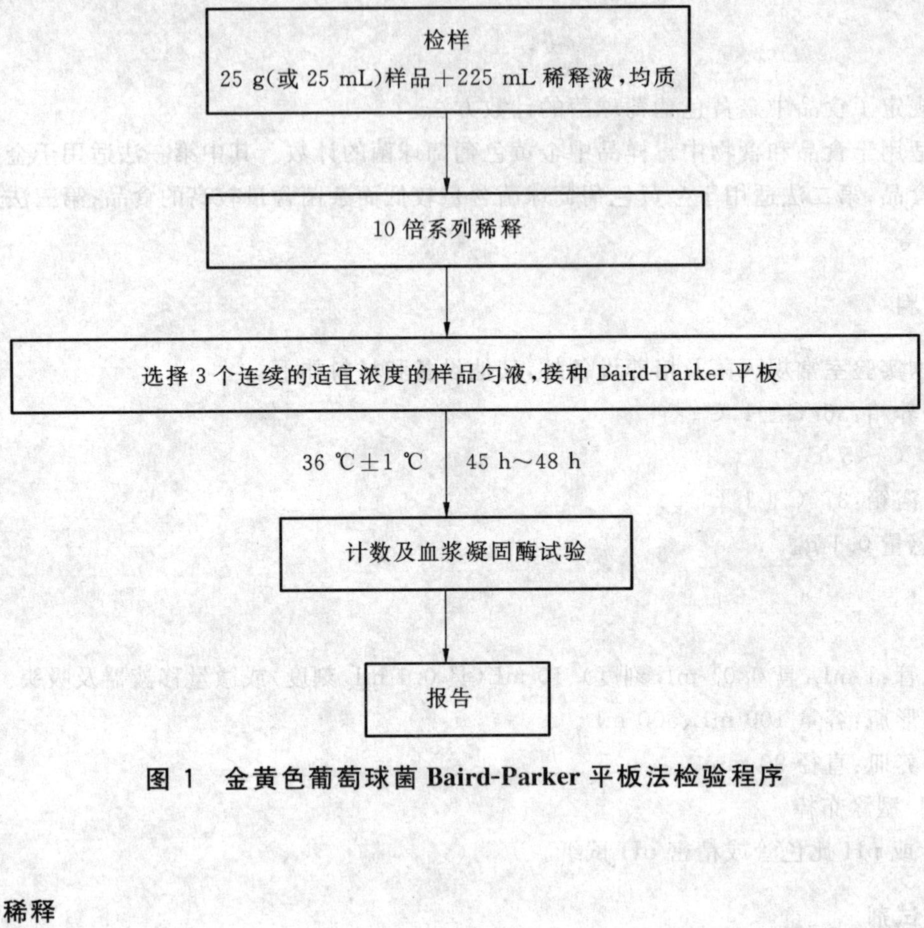

图 1　金黄色葡萄球菌 Baird-Parker 平板法检验程序

5　操作步骤

5.1　样品的稀释

5.1.1　固体和半固体样品:称取 25 g 样品置盛有 225 mL 磷酸盐缓冲液或生理盐水的无菌均质杯内,8 000 r/min～10 000 r/min 均质 1 min～2 min,或置盛有 225 mL 稀释液的无菌均质袋中,用拍击式均质器拍打 1 min～2 min,制成 1∶10 的样品匀液。

5.1.2　液体样品:以无菌吸管吸取 25 mL 样品,置盛有 225 mL 磷酸盐缓冲液或生理盐水的无菌锥形瓶(瓶内预置适当数量的无菌玻璃珠)中,充分混匀,制成 1∶10 的样品匀液。

5.1.3　用 1 mL 无菌吸管或微量移液器吸取 1∶10 样品匀液 1 mL,沿管壁缓慢注于盛有 9 mL 稀释液的无菌试管中(注意吸管或吸头尖端不要触及稀释液面),振摇试管或换用一支 1 mL 无菌吸管反复吹打使其混合均匀,制成 1∶100 的样品匀液。

5.1.4　按 5.1.3 操作程序,制备 10 倍系列稀释样品匀液。每递增稀释一次,换用一次 1 mL 无菌吸管或吸头。

5.2　样品的接种

根据对样品污染状况的估计,选择 2 个～3 个适宜稀释度的样品匀液(液体样品可包括原液),在进行 10 倍递增稀释时,每个稀释度分别吸取 1 mL 样品匀液以 0.3 mL、0.3 mL、0.4 mL 接种量,分别加入三块 Baird-Parker 平板,然后用无菌 L 棒涂布整个平板,注意不要触及平板边缘。使用前,如 Baird-Parker 平板表面有水珠,可放在 25 ℃～50 ℃的培养箱里干燥,直到平板表面的水珠消失。

5.3 培养

在通常情况下，涂布后，将平板静置 10 min，如样液不易吸收，可将平板放在培养箱 36 ℃±1 ℃培养 1 h；等样品匀液吸收后翻转平皿，倒置于培养箱，36 ℃±1 ℃培养，45 h～48 h。

5.4 典型菌落计数和确认

5.4.1 金黄色葡萄球菌在 Baird-Parker 平板上，菌落圆形、凸起、湿润，直径为 2 mm～3 mm，颜色呈灰色到黑色，边缘为淡色，周围为一混浊带，在其外层有一透明圈。用接种针接触菌落有似奶油至树胶样的硬度，偶然会遇到非脂肪溶解的类似菌落；但无混浊带及透明圈。长期保存的冷冻或干燥食品中所分离的菌落比典型菌落所产生的黑色较淡些，外观可能粗糙并干燥。

5.4.2 选择合计菌落数在 20～200 的平板，计算典型菌落数。如果：

a) 最低稀释度平板的菌落小于 20，计数该稀释度平板上的典型菌落。

b) 某一稀释度平板的菌落大于 200 且有典型菌落，但上一稀释度平板上没有典型菌落，计数该稀释度平板上的典型菌落。

c) 某一稀释度平板的菌落大于 200 且有典型菌落，且上一稀释度平板上有典型菌落，其平板上的菌落数不在 20～200 之间，计数该稀释度平板上的典型菌落。

以上按式(1)计算。

d) 平板菌落数均在 20～200 之间，按式(2)计算。

5.4.3 从典型菌落中任选五个菌落(小于五个全选)，分别接种到 5 mL BHI 肉汤和营养琼脂斜面，36 ℃±1 ℃培养 18 h～24 h。

5.4.4 取新鲜配置兔血浆 0.5 mL，放入小试管中，再加入 5.4.3BHI 培养物 0.2 mL～0.3 mL，振荡摇匀，置 36 ℃±1 ℃恒温培养箱或水浴内，每半小时观察一次，观察 6 h，如呈现凝固(即将试管倾斜或倒置时，呈现凝块)或凝固体积大于原体积的一半，判定为阳性结果。同时以血浆凝固酶试验阳性和阴性葡萄球菌株的肉汤培养物作为对照。也可用商品化的试剂，按说明书操作，进行凝固酶试验。

5.4.5 如实验结果可疑，挑取营养琼脂斜面的菌落到 5 mL BHI 肉汤，36 ℃±1 ℃培养 18 h～48 h，重复 5.4.4。

6 结果计算

式(1)：

$$T = AB/Cd \quad \cdots\cdots(1)$$

式中：

T——样品中金黄色葡萄球菌菌落数；

A——某一稀释度典型菌落的总数；

B——某一稀释度血浆凝固酶阳性的菌落数；

C——某一稀释度用于血浆凝固酶试验的菌落数；

d——某一稀释度。

式(2)：

$$N = \sum T/1.1d \quad \cdots\cdots(2)$$

式中：

N——样品中金黄色葡萄球菌菌落数；

$\sum T$——平板上所有金黄色葡萄球菌菌落数之和；

1.1——计算系数；

d——稀释因子(第一稀释度)。

7 金黄色葡萄球菌平板计数的报告

根据 Baird-Parker 平板上金黄色葡萄球菌的典型菌落数，按第 6 章中公式计算，报告每克(或毫升)

样品中金黄色葡萄球菌数,以 CFU/g(或 CFU/mL)表示;如 T 或 N 值为 0,则以小于 1 乘以最低稀释倍数报告。

第二法　金黄色葡萄球菌 MPN 计数

8　检验程序

检验程序见图 2。

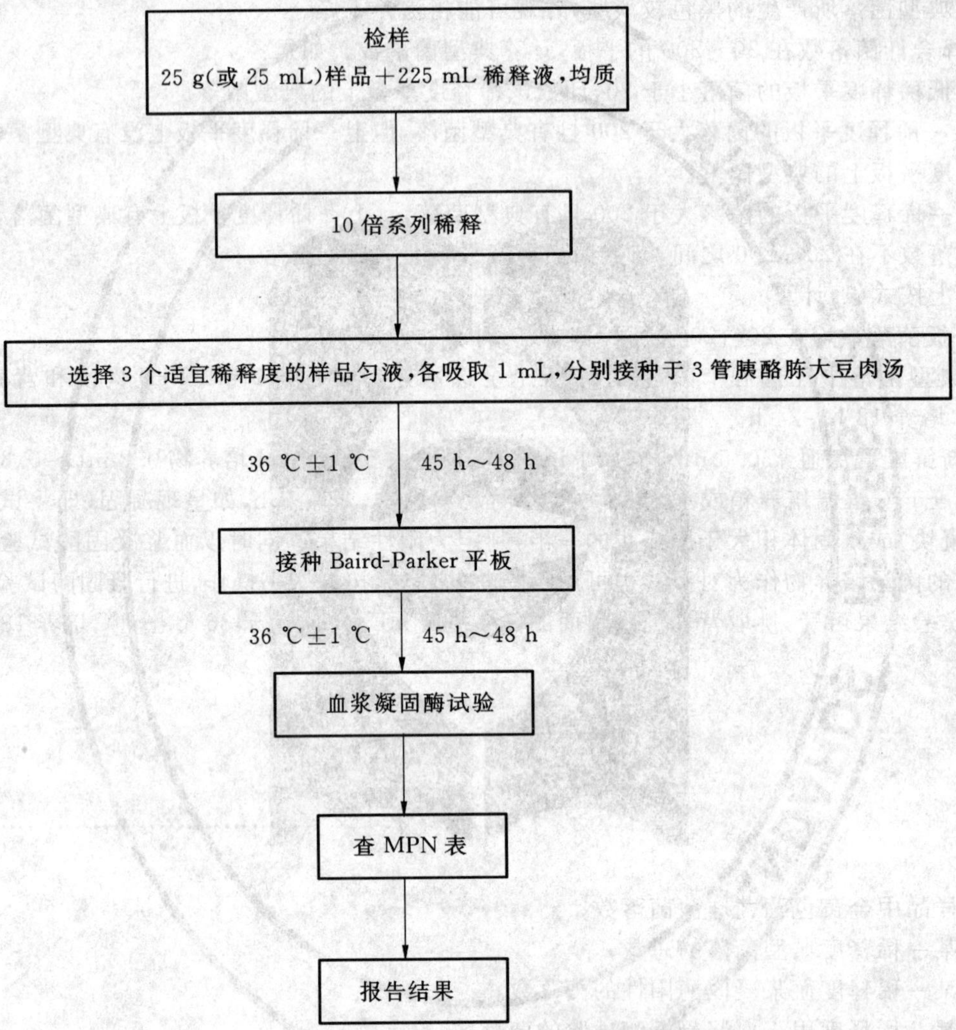

图 2　金黄色葡萄球菌 MPN 法检验程序

9　操作步骤

9.1　样品的稀释

按 5.1 进行。

9.2　接种和培养

9.2.1　根据对样品污染状况的估计,选择 3 个适宜稀释度的样品匀液(液体样品可包括原液),在进行 10 倍递增稀释时,每个稀释度分别吸取 1 mL 样品匀液接种到胰酪胨大豆肉汤管,每个稀释度接种 3 管,将上述接种物 36 ℃±1 ℃培养,45 h～48 h。

9.2.2　用接种环从有细菌生长的各管中,移取 1 环,分别接种 Baird-Parker 平板,36 ℃±1 ℃培养,45 h～48 h。

9.3 典型菌落确认

9.3.1 见5.4.1。

9.3.2 从典型菌落中至少挑取1个菌落接种到BHI肉汤和营养琼脂斜面，36 ℃±1 ℃培养18 h～24 h。进行血浆凝固酶试验(见5.4.4、5.4.5)。

10 结果计算

计算血浆凝固酶试验阳性菌落对应的管数，查MPN检索表(见附录B)。

11 金黄色葡萄球菌最可能数(MPN)的报告

根据检索表的数值，报告每克(或毫升)样品中金黄色葡萄球菌的最可能数，以MPN/g(MPN/mL)表示。

第三法 金黄色葡萄球菌 Petrifilm™测试片法

12 检验程序

检验程序见图3。

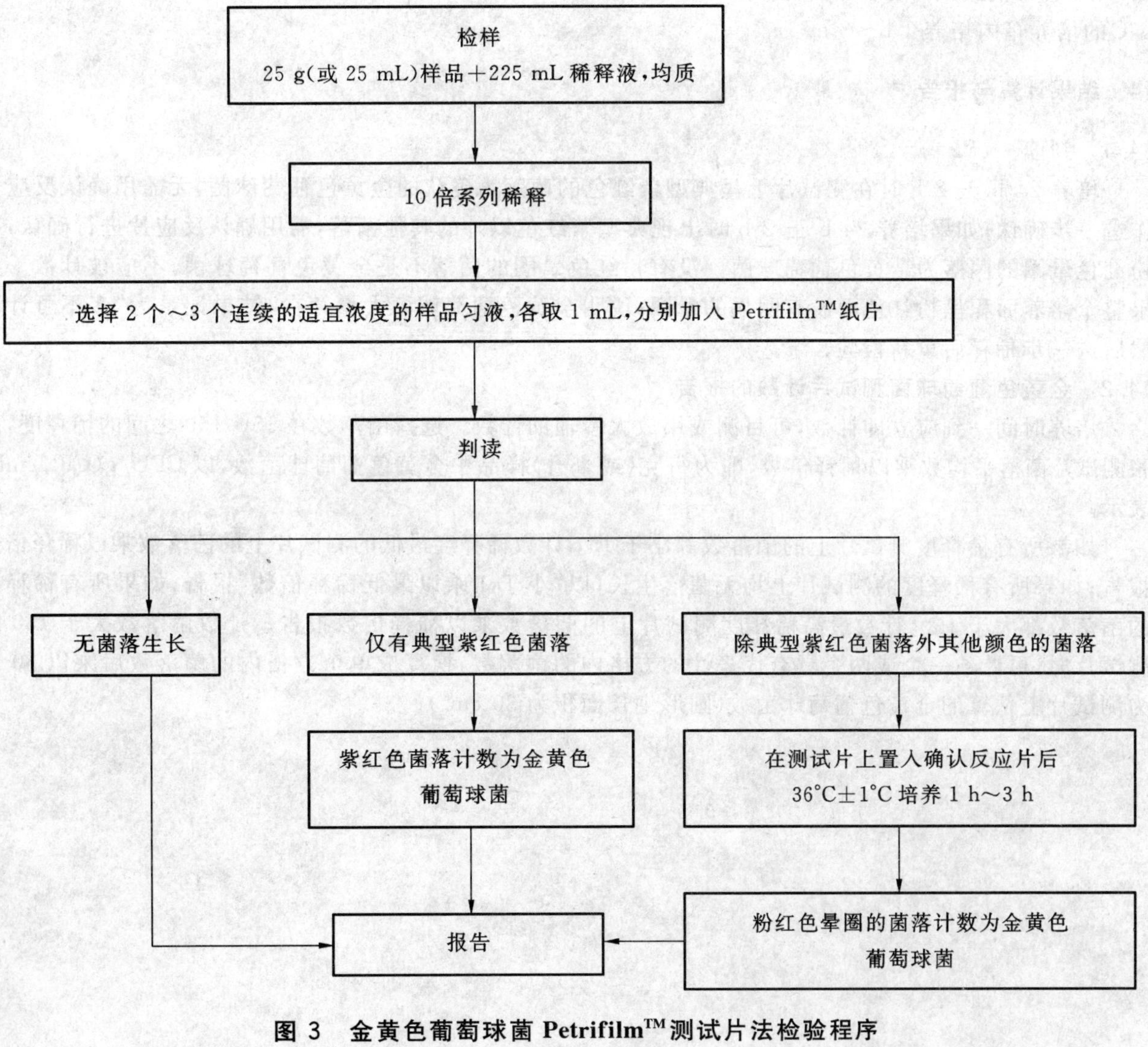

图3 金黄色葡萄球菌 Petrifilm™测试片法检验程序

13 操作步骤

13.1 样品稀释

按照 5.1.1～5.1.2 制备 1∶10 样品匀液后，用 1mol/L 氢氧化钠(NaOH)或 1 mol/L 盐酸(HCl)调节该样品匀液的 pH 至 6.0～8.0。

13.2 接种和培养

选择 2 个～3 个适宜稀释度的样品匀液，每个稀释度接种两张测试片。将测试片置于平坦实验台面处，揭开上层膜，用吸管吸取样品匀液 1 mL 垂直滴加到一张测试片的中央，将上层膜缓慢盖下，避免气泡产生，切勿使上层膜直接落下，将压板放置在上层膜中央处，轻轻地压下，使样液均匀覆盖于圆形的培养面积上，切勿扭转或滑动压板，拿起压板，静置至少 1 min 以使培养基凝固。将测试片的透明面朝上置于培养箱内，堆叠片数不超过 20 片，36 ℃± 1 ℃下培养 24 h±2 h。培养 24 h±2 h 后，如果测试片上没有菌落生长或菌落全部是典型紫红色，检验完毕；如果培养 24 h±2 h 时测试片上出现除典型紫红色以外颜色的菌落，如黑色、蓝绿色等，需使用确认反应片作进一步确认。

13.3 确认反应

当需要使用确认反应片时，将上层膜掀起，将确认反应片置入测试片的培养范围内，再将上层膜放下覆盖在确认反应片上，用手指以滑动的方式轻轻将测试片与确认反应片压紧，包括确认反应片的边缘，此步骤可使测试片与确认反应片紧密接触并除去气泡，最后把插入确认反应片的测试片放在 36 ℃± 1 ℃的培养箱内培养 1 h～3 h。

14 结果计算与报告

14.1 判读

培养 24 h ± 2 h 时在测试片上呈典型紫红色的菌落为确认的金黄色葡萄球菌，无需用确认反应片作进一步确认；如果培养 24 h ± 2 h 时出现典型紫红色以外的其他菌落，需用确认反应片进行确认，有粉红色晕圈的菌落为金黄色葡萄球菌。没有粉红色晕圈的菌落不是金黄色葡萄球菌，不应被计数。如果整个培养面积呈粉红色而没有明显的晕圈，说明金黄色葡萄球菌大量存在，结果记录为“多不可计”，然后进一步稀释后重新检验。

14.2 金黄色葡萄球菌测试片计数的报告

培养时间一到应立即计数，可目测或用放大镜辅助计数。选择菌落数在 15～150 之间的稀释度，两张测试片菌落平均数乘以稀释倍数，即为每克(或毫升)样品中金黄色葡萄球菌数，以 CFU/g(CFU/mL)表示。

如果所有稀释度测试片上的菌落数都小于 15，计数稀释度最低的测试片上的菌落数乘以稀释倍数报告；如果所有稀释度的测试片上均无菌落生长，以“小于 1 乘以最低稀释倍数”报告；如果所有稀释度的菌落数都大于 150，计数最高稀释度测试片上的菌落数乘以稀释倍数报告。计数菌落数大于 150 的测试片时，可计数一个或两个具有代表性的方格内的菌落数，换算成单个方格内的菌落数后乘以 30 即为测试片上估算的金黄色葡萄球菌数(圆形生长面积为 30 cm^2)。

附　录　A
（规范性附录）
培养基制备

A.1　胰酪胨大豆肉汤

A.1.1　成分

胰酪胨（或胰蛋白胨）	17 g
植物蛋白胨（或大豆蛋白胨）	3 g
氯化钠	100 g
磷酸氢二钾	2.5 g
丙酮酸钠	10 g
葡萄糖	2.5 g
蒸馏水	1 000 mL
pH7.3±0.2	

A.1.2　制法

将上述成分混合，加热，轻轻搅拌并溶解，调节 pH，分装 10 mL 于 16 mm×150 mm 试管内，121 ℃高压灭菌 15 min。

A.2　Baird-Parker 琼脂平板

A.2.1　成分

胰蛋白胨	10 g
牛肉膏	5 g
酵母膏	1 g
丙酮酸钠	10 g
甘氨酸	12 g
氯化锂（$LiCl \cdot 6H_2O$）	5 g
琼脂	20 g
蒸馏水	950 mL
pH7.0±0.2	

A.2.2　增菌剂的配法

30%卵黄盐水 50 mL 与除菌过滤的 1%亚碲酸钾溶液 10 mL 混合，保存于冰箱内。

A.2.3　制法

将各成分加到蒸馏水中，加热煮沸至完全溶解。冷却至 25 ℃，调节 pH。分装每瓶 95 mL，121 ℃高压灭菌 15 min。临用时加热溶化琼脂，冷至 50 ℃，每 95 mL 加入预热至 50 ℃的卵黄亚碲酸钾增菌剂 5 mL 摇匀后倾注平板。培养基应是致密不透明的。使用前在冰箱储存不得超过 48 h。

A.3　脑心浸出液（BHI）肉汤

A.3.1　成分

胰蛋白质胨	10.0 g
氯化钠	5.0 g
磷酸氢二钠（$Na_2HPO_4 \cdot 12H_2O$）	2.5 g

葡萄糖	2.0 g
牛心浸出液	500 mL

pH7.4±0.2

A.3.2 制法

加热溶解,调节 pH,分装 16 mm×150 mm 试管,每管 5 mL 置 121 ℃,15 min 灭菌。

A.4 兔血浆

取柠檬酸钠 3.8 g,加蒸馏水 100 mL,溶解后过滤,装瓶,121 ℃高压灭菌 15 min。

兔血浆制备:取 3.8%柠檬酸钠溶液一份加兔(人)全血四份,混好静置之(或以 3 000 r/min 离心 30 min),则使血液细胞下降,即可得血浆。

A.5 磷酸盐缓冲液

A.5.1 成分

磷酸二氢钾(KH_2PO_4)	34.0 g
蒸馏水	500 mL

pH7.2

A.5.2 制法

贮存液:称取 34.0 g 的磷酸二氢钾溶于 500 mL 蒸馏水中,用大约 175 mL 的 1mol/L 氢氧化钠溶液调节 pH 至 7.2,用蒸馏水稀释至 1 000 mL 后贮存于冰箱。

稀释液:取贮存液 1.25 mL,用蒸馏水稀释至 1 000 mL,分装于适宜容器中,121 ℃高压灭菌 15 min。

A.6 营养琼脂斜面

A.6.1 成分

蛋白胨	10 g
牛肉膏	3 g
氯化钠	5 g
琼脂	15 g~20 g
蒸馏水	1 000 mL

pH7.2~7.4

A.6.2 制法

将除琼脂以外的各成分溶解于蒸馏水内,加入 15%氢氧化钠溶液约 2 mL 校正 pH 至 7.2~7.4。加入琼脂,加热煮沸,使琼脂熔化,分装 13 mm×130 mm 小试管,121 ℃高压灭菌 15 min。

A.7 革兰氏染色液

A.7.1 结晶紫染色液

A.7.1.1 成分

结晶紫	1.0 g
95%乙醇	20.0 mL
1%草酸铵水溶液	80.0 mL

A.7.1.2 制法

将结晶紫完全溶解于乙醇中,然后与草酸铵溶液混合。

A.7.2 革兰氏碘液

A.7.2.1 成分

碘	1.0 g
碘化钾	2.0 g
蒸馏水	300.0 mL

A.7.2.2 制法

将碘与碘化钾先行混合，加入蒸馏水少许充分振摇，待完全溶解后，再加蒸馏水至 300 mL。

A.7.3 沙黄复染液

A.7.3.1 成分

沙黄	0.25 g
95%乙醇	10.0 mL
蒸馏水	90.0 mL

A.7.3.2 制法

将沙黄溶解于乙醇中，然后用蒸馏水稀释。

A.7.4 染色法

A.7.4.1 涂片在火焰上固定，滴加结晶紫染液，染 1 min，水洗。

A.7.4.2 滴加革兰氏碘液，作用 1 min，水洗。

A.7.4.3 滴加 95%乙醇脱色约 15 s～30 s，直至染色液被洗掉，不要过分脱色，水洗。

A.7.4.4 滴加复染液，复染 1 min，水洗，待干，镜检。

附　录　B
（规范性附录）
金黄色葡萄球菌最可能数(MPN)检索表

每克(或毫升)检样中金黄色葡萄球菌最可能数(MPN)的检索见表B.1。

表B.1　金黄色葡萄球菌最可能数(MPN)检索表

阳性管数			MPN	95%置信区间		阳性管数			MPN	95%置信区间	
0.10	0.01	0.001		下限	上限	0.10	0.01	0.001		下限	上限
0	0	0	<3.0	—	9.5	2	2	0	21	4.5	42
0	0	1	3.0	0.15	9.6	2	2	1	28	8.7	94
0	1	0	3.0	0.15	11	2	2	2	35	8.7	94
0	1	1	6.1	1.2	18	2	3	0	29	8.7	94
0	2	0	6.2	1.2	18	2	3	1	36	8.7	94
0	3	0	9.4	3.6	38	3	0	0	23	4.6	94
1	0	0	3.6	0.17	18	3	0	1	38	8.7	110
1	0	1	7.2	1.3	18	3	0	2	64	17	180
1	0	2	11	3.6	38	3	1	0	43	9	180
1	1	0	7.4	1.3	20	3	1	1	75	17	200
1	1	1	11	3.6	38	3	1	2	120	37	420
1	2	0	11	3.6	42	3	1	3	160	40	420
1	2	1	15	4.5	42	3	2	0	93	18	420
1	3	0	16	4.5	42	3	2	1	150	37	420
2	0	0	9.2	1.4	38	3	2	2	210	40	430
2	0	1	14	3.6	42	3	2	3	290	90	1 000
2	0	2	20	4.5	42	3	3	0	240	42	1 000
2	1	0	15	3.7	42	3	3	1	460	90	2 000
2	1	1	20	4.5	42	3	3	2	1 100	180	4 100
2	1	2	27	8.7	94	3	3	3	>1 100	420	—

注1：本表采用3个稀释度[0.1 g(或0.1 mL)、0.01 g(或0.01 mL)和0.001 g(或0.001 mL)]，每个稀释度接种3管。

注2：表内所列检样量如改用1 g(或1 mL)、0.1 g(或0.1 mL)和0.01 g(或0.01 mL)时，表内数字应相应降低10倍；如改用0.01 g(或0.01 mL)、0.001 g(或0.001 mL)、0.000 1 g(或0.000 1 mL)时，则表内数字应相应增高10倍，其余类推。

ICS 07.100.30
C 53

GB

中华人民共和国国家标准

GB/T 4789.38—2008

食品卫生微生物学检验 大肠杆菌计数

Microbiological examination of food hygiene—Enumeration of *Escherichia coli*

2008-11-21 发布　　　　2009-03-01 实施

中华人民共和国卫生部
中国国家标准化管理委员会　发布

前　言

本标准的第一法和第二法修改采用美国食品药品管理局(FDA)《细菌学分析手册》第4章大肠杆菌和大肠菌群计数(2002年)(Bacteriological Analytical Manual,Chapter 4:Enumeration of *Escherichia coli* and the coliform bacteria,2002),第三法修改采用国际分析家学会(AOAC INTERNATIONAL)AOAC 991.14《食品中大肠菌群和大肠杆菌计数　Petrifilm测试片法》(1994年)(AOAC Official Method 991.14,Coliform and *Escherichia coli* counts in foods—Dry rehydratable film Petrifilm *E. coli* count plate and Petrifilm coliform count plate methods,1994)和AOAC 998.08《禽、肉和水产品中大肠杆菌计数》(1998年)(AOAC Official Method 998.08,Comfirmed *Escherichia coli* in poultry,meats and seafood—Dry rehydratable film method Petrifilm *E. coli* count plate,1998)。

本标准的第一法和第二法与FDA方法的主要区别是:

——将样品制备时取样量50 g(或50 mL)修改为25 g(或25 mL);

——将培养温度35 ℃±1 ℃修改为36 ℃±1 ℃;

——将EC培养温度45.5 ℃±0.2 ℃(一般食品)和44.5 ℃±0.2 ℃(贝类)统一为44.5 ℃±0.2 ℃。

本标准的第三法与AOAC方法的主要区别是:

——将样品制备时取样50 g(或50 mL)修改为25 g(或25 mL);

——将培养温度35 ℃±1 ℃修改为36 ℃±1 ℃。

本标准的附录A、附录B为规范性附录。

本标准由中华人民共和国卫生部提出并归口。

本标准由中华人民共和国卫生部负责解释。

本标准负责起草单位:中国疾病预防控制中心营养与食品安全所。

本标准参与起草单位:中华人民共和国内蒙古出入境检验检疫局、江苏省疾病预防控制中心、上海市疾病预防控制中心、中华人民共和国辽宁出入境检验检疫局。

本标准主要起草人:刘秀梅、刘中学、袁宝君、刘弘、陈敏、卢行安、田静。

食品卫生微生物学检验
大肠杆菌计数

1 范围

本标准规定了食品中大肠杆菌计数的方法。

本标准适用于各类食品中大肠杆菌的计数,其中第二法不适用于贝类产品。

2 术语和定义

下列术语和定义适用于本标准。

2.1

大肠杆菌 ***Escherichia coli***

广泛存在于人和温血动物的肠道中,能够在44.5 ℃发酵乳糖产酸产气,IMViC(靛基质、甲基红、VP试验、柠檬酸盐)生化试验为＋ ＋ － －或－ ＋ － －的革兰氏阴性杆菌。以此作为粪便污染指标来评价食品的卫生状况，推断食品中肠道致病菌污染的可能性。

2.2

最可能数 most probable number;MPN

基于泊松分布的一种间接计数方法。

3 设备和材料

除微生物实验室常规灭菌及培养设备外,其他设备和材料如下:

3.1 恒温培养箱:36 ℃±1 ℃。

3.2 冰箱:2 ℃～5 ℃。

3.3 恒温水浴箱:44.5 ℃±0.2 ℃。

3.4 天平:感量0.1 g。

3.5 均质器。

3.6 振荡器。

3.7 无菌吸管:1 mL(具0.01 mL刻度)、10 mL(具0.1 mL刻度)或微量移液器及吸头。

3.8 无菌锥形瓶:容量500 mL。

3.9 无菌培养皿:直径90 mm。

3.10 pH计或pH比色管或精密pH试纸。

3.11 菌落计数器或Petrifilm™[1)]自动判读仪。

3.12 紫外灯:波长360 nm～366 nm,功率≤6 W。

4 培养基和试剂

4.1 月桂基磺酸盐胰蛋白胨(lauryl sulfate tryptose,LST)肉汤:见第A.1章。

4.2 EC肉汤(*E. coli* broth):见第A.2章。

4.3 蛋白胨水:见第A.3章。

4.4 缓冲葡萄糖蛋白胨水(MR-VP实验用):见第A.4章。

4.5 Korser柠檬酸盐肉汤:见第A.5章。

1) Petrifilm™是由3M公司提供的产品的商品名。给出这一信息是为了方便本标准的使用者,并不表示对该产品的认可。如果其他等效产品具有相同的效果,则可使用这些等效的产品。

4.6 磷酸盐缓冲液:见第 A.6 章。

4.7 伊红美蓝(eosin methylene blue,EMB)琼脂:见第 A.7 章。

4.8 营养琼脂斜面:见第 A.8 章。

4.9 结晶紫中性红胆盐(violet red bile,VRB)琼脂:见第 A.9 章。

4.10 VRB-MUG 琼脂:见第 A.10 章。

4.11 革兰氏染色液:见第 A.11 章。

4.12 Kovacs 靛基质试剂:见第 A.12 章。

4.13 甲基红指示剂:见第 A.13 章。

4.14 Voges-pros kauer(V-P)试剂:见第 A.14 章。

4.15 无菌生理盐水:称取 8.5 g 氯化钠溶于 1 000 mL 蒸馏水中,121 ℃高压灭菌 15 min。

4.16 1 mol/L 氢氧化钠(NaOH):称取 40 g 氢氧化钠溶于 1 000 mL 蒸馏水中。

4.17 1 mol/L 盐酸(HCl):移取浓盐酸 90 mL,用蒸馏水稀释至 1 000 mL。

4.18 Petrifilm™大肠菌群/大肠杆菌检验测试片。

第一法 大肠杆菌 MPN 计数

5 检验程序

见图 1。

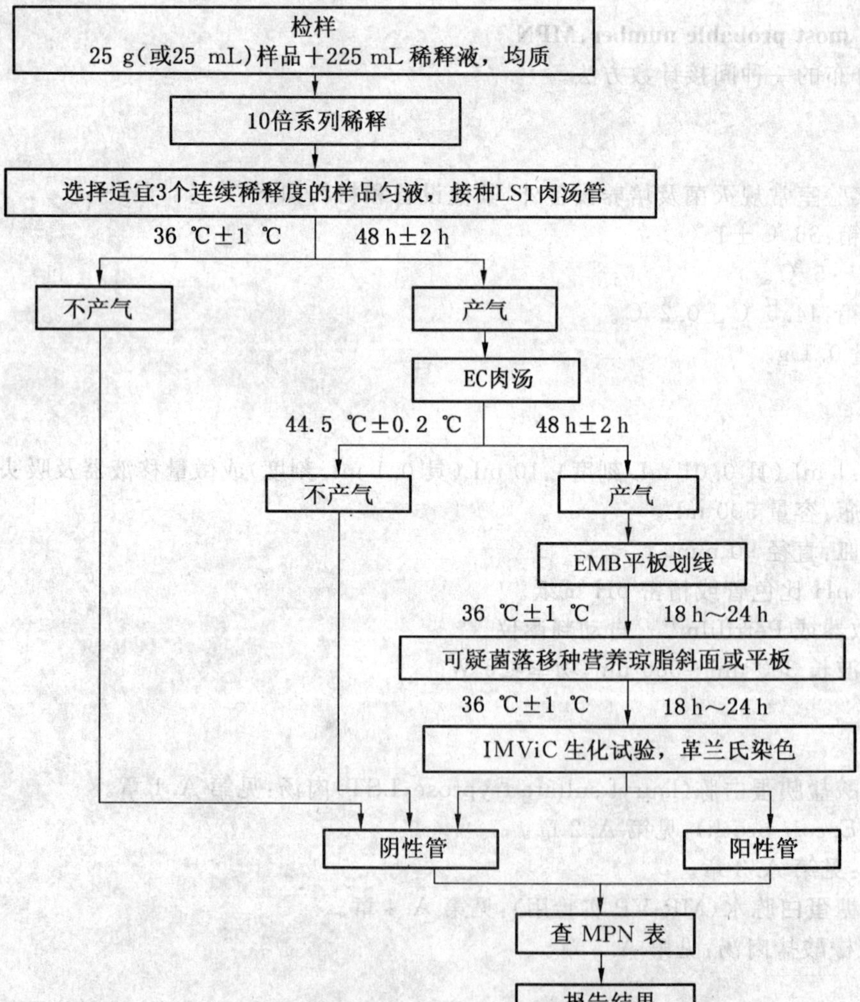

图 1 大肠杆菌 MPN 计数法检验程序

6 操作步骤

6.1 样品的稀释

6.1.1 固体和半固体样品：以无菌操作取25 g样品，置盛有225 mL磷酸盐缓冲液的无菌均质杯内，8 000 r/min～10 000 r/min均质1 min～2 min，制成1∶10样品匀液，或置盛有225 mL磷酸盐缓冲液的无菌均质袋中，用拍击式均质器拍打1 min～2 min制成1∶10的样品匀液。

6.1.2 液体样品：以无菌吸管吸取样品25 mL置盛有225 mL磷酸盐缓冲液的无菌锥形瓶（瓶内预置适当数量的玻璃珠）中，充分振摇，制成1∶10的样品匀液。

6.1.3 样品匀液的pH值应在6.5～7.5之间，必要时分别用1 mol/L氢氧化钠（NaOH）或1 mol/L盐酸（HCl）调节。

6.1.4 用1 mL无菌吸管或微量移液器吸取1∶10样品匀液1 mL，沿管壁徐徐注入盛有9 mL磷酸盐缓冲液的无菌试管中（注意吸管或吸头尖端不要触及稀释液面），振摇试管或换用1支1 mL无菌吸管或吸头反复吹打，使其混合均匀，制成1∶100的样品匀液。

6.1.5 根据对样品污染状况的估计，按上述操作，依次制成10倍递增系列样品匀液。每递增稀释1次，换用1支1 mL无菌吸管或吸头。从制备样品匀液至样品接种完毕，全过程不得超过15 min。

6.2 初发酵试验

每个样品，选择3个适宜的连续稀释度的样品匀液（液体样品可以选择原液）。每个稀释度接种3管月桂基磺酸盐胰蛋白胨（LST）肉汤，每管接种1 mL（如接种量超过1 mL，则用双料LST肉汤）。36 ℃±1 ℃培养24 h±2 h，观察小倒管内是否有气泡产生，如未产气则继续培养至48 h±2 h。记录在24 h～48 h内产气的LST肉汤管数。如所有LST肉汤管均未产气，即可报告大肠杆菌MPN结果；如有产气者，则进行复发酵试验。

6.3 复发酵试验

用接种环分别从所有培养48 h±2 h内发酵产气的LST肉汤管中取培养物1环，移种于已提前预温至45 ℃的EC肉汤管中，放入带盖的44.5 ℃±0.2 ℃水浴箱内。水浴的水面应高于肉汤培养基液面，培养24 h±2 h，检查小倒管内是否有气泡产生，如未产气则继续培养至48 h±2 h。记录在24 h和48 h内产气的EC肉汤管数。如所有EC肉汤管均未产气，即可报告大肠杆菌MPN结果；如有产气者，则进行EMB平板分离培养。

6.4 伊红美蓝平板分离培养

轻轻振摇各产气管，用接种环取培养物划线分别接种于EMB平板，36 ℃±1 ℃培养18 h～24 h。检验平板上有无具黑色中心有光泽或无光泽的典型菌落。

6.5 营养琼脂斜面或平板培养

从每个平板上挑5个典型菌落，如无典型菌落则挑取可疑菌落。用接种针接触菌落中心部位，移种到营养琼脂斜面或平板上，36 ℃±1 ℃，培养18 h～24 h。取培养物进行革兰氏染色和生化试验。

6.6 生化试验

6.6.1 靛基质试验：将培养物接种蛋白胨水，36 ℃±1 ℃培养24 h±2 h后，加Kovacs靛基质试剂0.2 mL～0.3 mL，上层出现红色为靛基质阳性反应。

6.6.2 MR-VP试验：将培养物接种MR-VP培养基，36 ℃±1 ℃培养48 h±2 h。移取培养物1 mL至13 mm×100 mm试管中，加5% α-萘酚乙醇溶液0.6 mL、40%氢氧化钾溶液0.2 mL和少许肌酸结晶，振摇试管后静置2 h，如出现伊红色，为VP试验阳性。

将MR-VP培养液的剩余部分再培养48 h后滴加5滴甲基红指示剂。培养物变红色，为甲基红试验阳性，若变黄色则为阴性反应。

6.6.3 柠檬酸盐利用试验：将培养物接种Koser氏柠檬酸盐肉汤，36 ℃±1 ℃培养96 h±2 h，记录有无细菌生长。

大肠杆菌与非大肠杆菌的生化鉴别见表 1。

表 1　大肠杆菌与非大肠杆菌的生化鉴别

靛基质(I)	甲基红(MR)	VP 试验(VP)	柠檬酸盐(C)	鉴定(型别)
＋	＋	－	－	典型大肠杆菌
－	＋	－	－	非典型大肠杆菌
＋	＋	－	＋	典型中间型
－	＋	－	＋	非典型中间型
－	－	＋	＋	典型产气肠杆菌
＋	－	＋	＋	非典型产气肠杆菌

注 1：如出现表 1 以外的生化反应类型，表明培养物可能不纯，应重新划线分离，必要时做重复试验。

注 2：生化试验也可以选用 VITEK GNI 鉴定卡、API 20E 等方法，按照产品说明书进行操作。

6.7　大肠杆菌 MPN 计数的报告

大肠杆菌为革兰氏阴性无芽胞杆菌，发酵乳糖、产酸、产气，IMViC 生化试验为＋ ＋ －－或－＋－－。只要有 1 个菌落鉴定为大肠杆菌，其所代表的 LST 肉汤管即为大肠杆菌阳性。依据 LST 肉汤阳性管数查 MPN 表(见附录 B)，报告每克(或毫升)样品中大肠杆菌 MPN 值。

第二法　大肠杆菌 VRB-MUG 平板计数法

7　检验程序

见图 2。

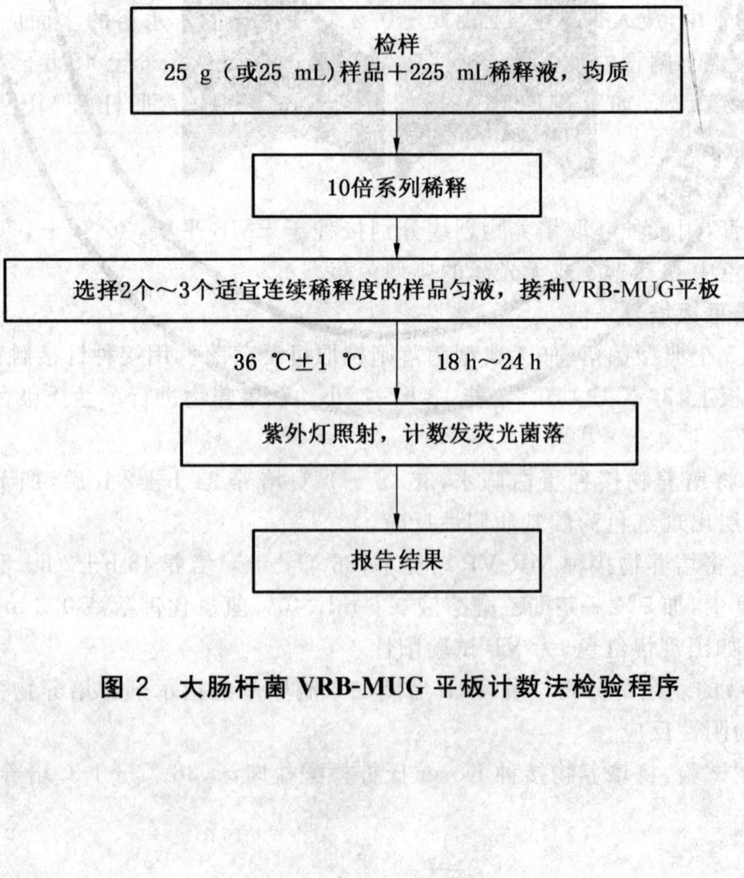

图 2　大肠杆菌 VRB-MUG 平板计数法检验程序

8　样品稀释

按 6.1 进行。

9 检验

选取 2 个～3 个适宜的连续稀释度的样品匀液，每个稀释度分别取 1 mL 注入两个无菌平皿。另取 1 mL 稀释液注入一个无菌平皿中，作空白对照。将 45 ℃±0.5 ℃的 VRB 琼脂 10 mL～15 mL 倾注于每个平皿中。小心旋转平皿，将培养基与样品匀液充分混匀。待琼脂凝固后，再加 3 mL～4mL VRB-MUG 琼脂覆盖平板表层。凝固后翻转平板，36 ℃±1 ℃培养 18 h～24 h。选择菌落数为 10～100 的平板，暗室中 360 nm～366 nm 波长紫外灯照射下，计数平板上发浅蓝色荧光的菌落。

检验时用已知 MUG 阳性菌株(如大肠杆菌 ATCC 25922)和产气肠杆菌(如 ATCC 13048)做阳性和阴性对照。

10 大肠杆菌平板计数的报告

两个平板上发荧光菌落数的平均数乘以稀释倍数，报告每克(或毫升)样品中大肠杆菌数，以 CFU/g (CFU/mL)表示。

第三法 大肠杆菌 Petrifilm™测试片计数法

11 检验程序

见图 3。

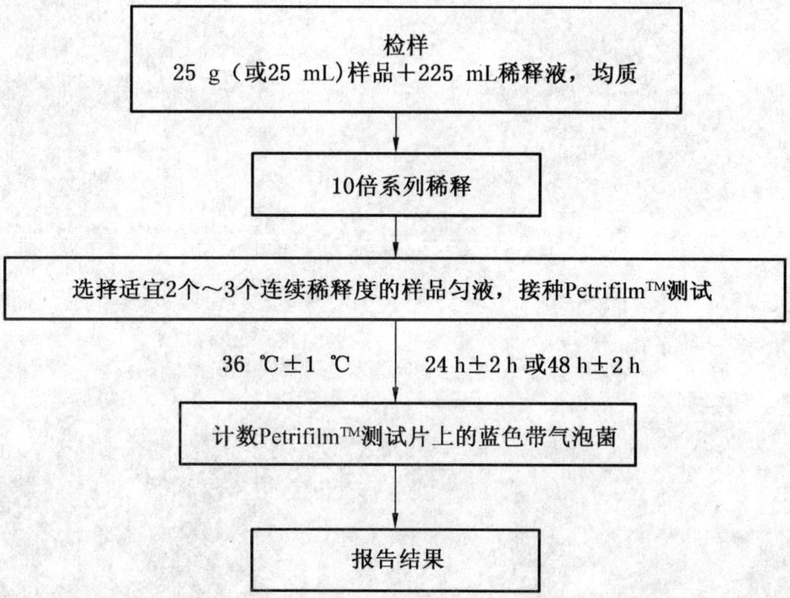

图 3 大肠杆菌 Petrifilm™测试片计数法检验程序

12 样品稀释

按 6.1 进行。

13 检验

13.1 接种和培养

选取 2 个～3 个适宜的连续稀释度的样品匀液，每个稀释度接种两张测试片。将测试片置于平坦实验台面，揭开上层膜，用吸管吸取样品匀液 1 mL 垂直滴加在测试片的中央，将上层膜缓慢盖下，避免气泡产生和上层膜直接落下，将压板(平面底朝下)放置在上层膜中央处，轻轻地压下，使样品匀液均匀覆盖于圆形的培养膜表面，切勿扭转压板。拿起压板，静置至少 1 min 以使培养基凝固。将测试片的透明面朝上置于培养箱内，堆叠片数不超过 20 片，36 ℃±1 ℃培养。肉、家禽和水产品，培养时间为 24 h±2 h；其他食品，培养时间为 48 h±2 h。

13.2 判读

可肉眼观察计数，或用菌落计数器、放大镜、Petrifilm™ 自动判读仪计数。蓝色有气泡的菌落确认为大肠杆菌，不论蓝色的深浅，部分蓝色的带气泡菌落也判定为大肠杆菌。圆形培养膜边缘及边缘以外的菌落不计数。当测试片出现大量气泡、不明显的小菌落，培养区呈蓝色时，需要进一步稀释样品匀液，重新检验。

14 大肠杆菌测试片计数的报告

选择菌落数在 15～150 之间的稀释度，两张测试片菌落平均数乘以稀释倍数，即为每克(或毫升)样品中大肠杆菌数，以 CFU/g(CFU/mL)表示。

如果所有稀释度测试片上的菌落数都小于 15，计数最低稀释度测试片上的平均菌落数乘以稀释倍数报告；如果所有稀释度的测试片上均无菌落生长，以“小于 1 乘以最低稀释倍数”报告；如果所有稀释度的菌落数都大于 150，计数最高稀释度测试片上的平均菌落数乘以稀释倍数报告。计数菌落数大于 150 个的测试片时，可计数一个或两个具有代表性的方格内的菌落数，换算成单个方格内的菌落数后乘以 20，即为测试片上估算的菌落数(圆形生长面积为 20 cm^2)。

附 录 A
（规范性附录）
培养基和试剂

A.1 月桂基磺酸盐胰蛋白胨（LST）肉汤

A.1.1 成分

胰蛋白胨或胰酪胨	20.0 g
氯化钠	5.0 g
乳糖	5.0 g
磷酸氢二钾（K_2HPO_4）	2.75 g
磷酸二氢钾（KH_2PO_4）	2.75 g
月桂基硫酸钠	0.1 g
蒸馏水	1 000 mL

pH6.8±0.2

A.1.2 制法

将上述成分溶解于蒸馏水中，调节 pH。分装到有玻璃小倒管的试管中，每管 10 mL。121 ℃高压灭菌 15 min。

制备双料 LST 肉汤时，除蒸馏水外其他成分加倍。

A.2 EC 肉汤

A.2.1 成分

胰蛋白胨或胰酪胨	20.0 g
3 号胆盐或混合胆盐	1.5 g
乳糖	5.0 g
磷酸氢二钾（K_2HPO_4）	4.0 g
磷酸二氢钾（KH_2PO_4）	1.5 g
氯化钠	5.0 g
蒸馏水	1 000.0 mL

pH6.9±0.1

A.2.2 制法

将上述成分溶解于蒸馏水中，调节 pH，分装于有倒立小发酵管的试管中，每管 8 mL。121 ℃高压灭菌 15 min。

A.3 蛋白胨水

A.3.1 成分

胰胨或胰酪胨	10.0 g
蒸馏水	1 000.0 mL

pH6.9±0.2

A.3.2 制法

加热搅拌溶解胰胨或胰酪胨于蒸馏水中。分装试管，每管 5 mL。121 ℃高压灭菌 15 min。

A.4 缓冲葡萄糖蛋白胨水(MR-VP 实验用)

A.4.1 成分

多胨	7.0 g
葡萄糖	5.0 g
磷酸氢二钾(K_2HPO_4)	5.0 g
蒸馏水	1 000.0 mL

pH6.9±0.2

A.4.2 制法

将上述成分溶于蒸馏水中，调节 pH，分装试管，121 ℃高压灭菌 15 min。

A.5 Korser 氏柠檬酸盐肉汤

A.5.1 成分

磷酸氢铵钠($NaNH_4HPO_4 \cdot 4H_2O$)	1.5 g
磷酸氢二钾(K_2HPO_4)	1.0 g
硫酸镁($MgSO_4 \cdot 7H_2O$)	0.2 g
柠檬酸钠(含 $2H_2O$)	3.0 g
蒸馏水	1 000.0 mL

pH6.7±0.2

A.5.2 制法

将上述成分溶解于蒸馏水中，调节 pH，分装试管，每管 10 mL，121 ℃高压灭菌 15 min。

A.6 磷酸盐缓冲液

A.6.1 成分

磷酸二氢钾(KH_2PO_4)	34.0 g
蒸馏水	500 mL

pH7.2

A.6.2 制法

贮存液：称取 34.0 g 的磷酸二氢钾溶于 500 mL 蒸馏水中，用大约 175 mL 的 1 mol/L 氢氧化钠溶液调节 pH 至 7.2，用蒸馏水稀释至 1 000 mL 后贮存于冰箱。

稀释液：取贮存液 1.25 mL，用蒸馏水稀释至 1 000 mL，分装于适宜容器中，121 ℃高压灭菌 15 min。

A.7 伊红美蓝琼脂(EMB)

A.7.1 成分

蛋白胨	10.0 g
乳糖	10.0 g
磷酸氢二钾(K_2HPO_4)	2.0 g
琼脂	15.0 g
伊红 γ(水溶液)	0.4 g 或 2%水溶液 20 mL
美蓝	0.065 g 或 0.5%水溶液 13 mL
蒸馏水	1 000.0 mL

pH 7.1±0.2

A.7.2 制法

在 1 000 mL 蒸馏水中煮沸溶解蛋白胨、磷酸盐和琼脂，加水补足。分装于三角烧瓶中。每瓶 100 mL 或 200 mL，调节 pH，高压灭菌。使用前将琼脂融化，于每 100 mL 琼脂中加 5 mL 灭菌的 20% 乳糖溶液，2 mL 的 2% 的伊红 γ 水溶液和 1.3 mL 0.5% 的美蓝水溶液，摇匀，冷至 45 ℃～50 ℃ 倾注平皿。

A.8 营养琼脂斜面

A.8.1 成分

牛肉膏	3.0 g
蛋白胨	5.0 g
琼脂	15.0 g
蒸馏水	1 000.0 mL

pH7.3±0.1

A.8.2 制法

将上述成分加于蒸馏水中，煮沸溶解，调节 pH。分装合适的试管，121 ℃高压灭菌 15 min。灭菌后摆成斜面备用。

A.9 结晶紫中性红胆盐(VRB)琼脂

A.9.1 成分

蛋白胨	7.0 g
酵母膏	3.0 g
乳糖	10.0 g
氯化钠	5.0 g
胆盐或 3 号胆盐	1.5 g
中性红	0.03 g
结晶紫	0.002 g
琼脂	15 g～18 g
蒸馏水	1 000.0 mL

pH7.4±0.1

A.9.2 制法

将上述成分溶于蒸馏水中，静置几分钟，充分搅拌，调节 pH。煮沸 2 min，将培养基冷至 45 ℃～50 ℃倾注平板。临用时制备，不得超过 3 h。

A.10 VRB-MUG 琼脂

A.10.1 成分

蛋白胨	7.0 g
酵母膏	3.0 g
乳糖	10.0 g
氯化钠	5.0 g
胆盐或 3 号胆盐	1.5 g
中性红	0.03 g
结晶紫	0.002 g
琼脂	15 g～18 g

蒸馏水	1 000.0 mL
4-甲基伞形酮-β-D-葡萄糖苷(MUG)	0.1 g
pH7.4±0.1	

A.10.2 制法

将上述成分溶于蒸馏水中，静置几分钟，充分搅拌，调节 pH。煮沸 2 min，冷却至 45 ℃～50 ℃使用。

A.11 革兰氏染色液

A.11.1 结晶紫染色液

A.11.1.1 成分

结晶紫	1.0 g
95%乙醇	20.0 mL
1%草酸铵水溶液	80.0 mL

A.11.1.2 制法

将结晶紫完全溶解于乙醇中，然后与草酸铵溶液混合。

A.11.2 革兰氏碘液

A.11.2.1 成分

碘	1.0 g
碘化钾	2.0 g
蒸馏水	300.0 mL

A.11.2.2 制法

将碘与碘化钾先行混合，加入蒸馏水少许充分振摇，待完全溶解后，再加蒸馏水至 300 mL。

A.11.3 沙黄复染液

A.11.3.1 成分

沙黄	0.25 g
95%乙醇	10.0 mL
蒸馏水	90.0 mL

A.11.3.2 制法

将沙黄溶解于乙醇中，然后用蒸馏水稀释。

A.11.4 染色法

A.11.4.1 涂片在火焰上固定，滴加结晶紫染液，染 1 min，水洗。

A.11.4.2 滴加革兰氏碘液，作用 1 min，水洗。

A.11.4.3 滴加 95%乙醇脱色约 15 s～30 s，直至染色液被洗掉，不要过分脱色，水洗。

A.11.4.4 滴加复染液，复染 1 min，水洗、待干、镜检。

A.12 Kovacs 靛基质试剂

A.12.1 成分

对二甲氨基苯甲醛	5.0 g
戊醇	75.0 mL
盐酸(浓)	25.0 mL

A.12.2 制法

将对二甲氨基苯甲醛溶于戊醇中，然后慢慢加入浓盐酸即可。

A.13 甲基红指示剂

A.13.1 成分

甲基红	0.1 g
95%乙醇	300 mL

A.13.2 制法

将甲基红溶解于 300 mL 乙醇中，加水稀释至 500 mL。

A.14 Voges-Pros kauer(VP)试剂

甲液：

α-萘酚	5.0 g
无水乙醇	100.0 mL

乙液：

氢氧化钾	40.0 g
用蒸馏水加至	100.0 mL

附 录 B
（规范性附录）
大肠杆菌最可能数（MPN）检索表

每克（或毫升）检样中大肠杆菌最可能数（MPN）的检索见表 B.1。

表 B.1 大肠杆菌最可能数（MPN）检索表

阳性管数			MPN	95%置信区间		阳性管数			MPN	95%置信区间	
0.10	0.01	0.001		下限	上限	0.10	0.01	0.001		下限	上限
0	0	0	<3.0	—	9.5	2	2	0	21	4.5	42
0	0	1	3.0	0.15	9.6	2	2	1	28	8.7	94
0	1	0	3.0	0.15	11	2	2	2	35	8.7	94
0	1	1	6.1	1.2	18	2	3	0	29	8.7	94
0	2	0	6.2	1.2	18	2	3	1	36	8.7	94
0	3	0	9.4	3.6	38	3	0	0	23	4.6	94
1	0	0	3.6	0.17	18	3	0	1	38	8.7	110
1	0	1	7.2	1.3	18	3	0	2	64	17	180
1	0	2	11	3.6	38	3	1	0	43	9	180
1	1	0	7.4	1.3	20	3	1	1	75	17	200
1	1	1	11	3.6	38	3	1	2	120	37	420
1	2	0	11	3.6	42	3	1	3	160	40	420
1	2	1	15	4.5	42	3	2	0	93	18	420
1	3	0	16	4.5	42	3	2	1	150	37	420
2	0	0	9.2	1.4	38	3	2	2	210	40	430
2	0	1	14	3.6	42	3	2	3	290	90	1 000
2	0	2	20	4.5	42	3	3	0	240	42	1 000
2	1	0	15	3.7	42	3	3	1	460	90	2 000
2	1	1	20	4.5	42	3	3	2	1 100	180	4 100
2	1	2	27	8.7	94	3	3	3	>1 100	420	—

注 1：本表采用 3 个稀释度[0.1 g（或 0.1 mL）、0.01 g（或 0.01 mL）和 0.001 g（或 0.001 mL）]，每个稀释度接种 3 管。

注 2：表内所列检样量如改用 1 g（或 1 mL）、0.1 g（或 0.1 mL）和 0.01 g（或 0.01 mL）时，表内数字应相应降低 10 倍；如改用 0.01 g（或 0.01 mL）、0.001 g（或 0.001 mL）、0.000 1 g（或 0.000 1 mL）时，则表内数字应相应增高 10 倍，其余类推。

ICS 07.100.30
C 53

中华人民共和国国家标准

GB/T 4789.39—2008

食品卫生微生物学检验
粪大肠菌群计数

Microbiological examination of food hygiene—
Enumeration of faecal coliforms

2008-11-21 发布 2009-03-01 实施

中华人民共和国卫生部
中国国家标准化管理委员会 发布

前言

本标准修改采用了美国食品药品管理局(FDA)《细菌学分析手册》第4章大肠杆菌和大肠菌群计数(2002年)(Bacteriological Analytical Manual,Chapter 4:Enumeration of *Escherichia coli* and the coliform bacteria,2002)。

本标准与FDA方法的主要差别是:

——将样品制备时取样量50 g(或50 mL)修改为25 g(或25 mL);

——将LST培养温度35 ℃±1 ℃修改为36 ℃±1 ℃;

——将EC培养温度45.5 ℃±0.2 ℃(一般食品)和44.5 ℃±0.2 ℃(贝类)统一为44.5 ℃±0.2 ℃。

本标准的附录A和附录B为规范性附录。

本标准由中华人民共和国卫生部提出并归口。

本标准由中华人民共和国卫生部负责解释。

本标准负责起草单位:中国疾病预防控制中心营养与食品安全所。

本标准参与起草单位:江苏省疾病预防控制中心、中华人民共和国内蒙古出入境检验检疫局、中华人民共和国辽宁出入境检验检疫局、上海市疾病预防控制中心。

本标准主要起草人:刘秀梅、袁宝君、刘中学、卢行安、刘弘、陈敏、田静。

食品卫生微生物学检验
粪大肠菌群计数

1 范围

本标准规定了食品中粪大肠菌群计数的方法。

本标准适用于各类食品中粪大肠菌群的计数。

2 术语和定义

下列术语和定义适用于本标准。

2.1

粪大肠菌群 faecal coliform

一群在 44.5 ℃培养 24 h～48 h 能发酵乳糖、产酸产气的需氧和兼性厌氧革兰氏阴性无芽胞杆菌。该菌群来自人和温血动物粪便，作为粪便污染指标评价食品的卫生状况，推断食品中肠道致病菌污染的可能性。

3 设备和材料

除微生物实验室常规灭菌及培养设备外，其他设备和材料如下：

3.1 恒温培养箱：36 ℃±1 ℃。

3.2 冰箱：2 ℃～5 ℃。

3.3 恒温水浴箱：44.5 ℃±0.2 ℃。

3.4 天平：感量 0.1 g。

3.5 均质器。

3.6 振荡器。

3.7 无菌吸管：1 mL(具 0.01 mL 刻度)、10 mL(具 0.1 mL 刻度)或微量移液器及吸头。

3.8 无菌锥形瓶：容量 500 mL。

3.9 无菌培养皿：直径 90 mm。

3.10 pH 计或 pH 比色管或精密 pH 试纸。

4 培养基及试剂

4.1 月桂基硫酸盐胰蛋白胨(lauryl sulfate tryptose，LST)肉汤：见第 A.1 章。

4.2 EC 肉汤(*E. coli* broth)：见第 A.2 章。

4.3 无菌生理盐水：称取 8.5 g 氯化钠溶于 1 000 mL 蒸馏水中，121 ℃高压灭菌 15 min。

4.4 1 mol/L 氢氧化钠(NaOH)：称取 40 g 氢氧化钠溶于 1 000 mL 蒸馏水中。

4.5 1 mol/L 盐酸(HCl)：移取浓盐酸 90 mL，用蒸馏水稀释至 1 000 mL。

5 检验程序

粪大肠菌群检验程序见图 1。

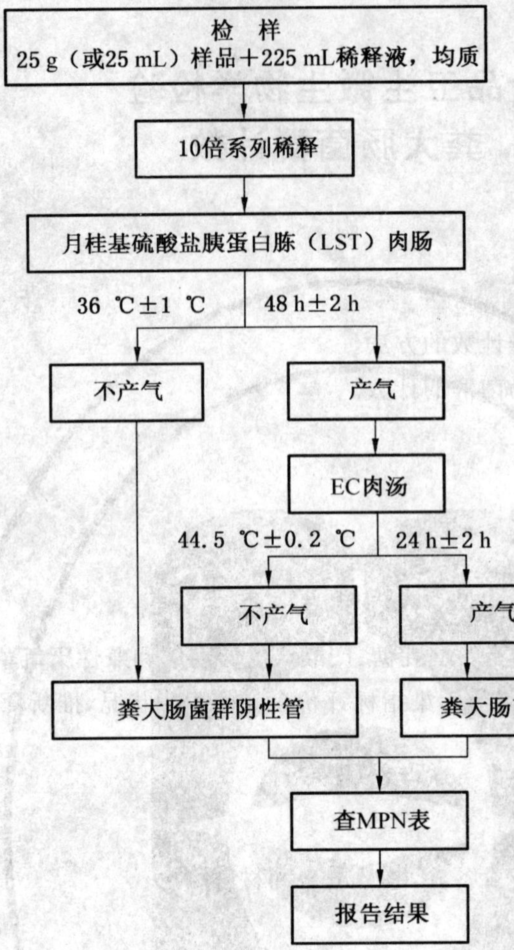

图 1 粪大肠菌群 MPN 计数法检验程序

6 操作步骤

6.1 样品的稀释

6.1.1 固体和半固体样品：称取 25 g 样品，置盛有 225 mL 磷酸盐缓冲液或生理盐水的无菌均质杯内，8 000 r/min～10 000 r/min 均质 1 min～2 min，制成 1∶10 样品匀液，或置 225 mL 稀释液的无菌均质袋中，用拍打式均质器拍打 1 min～2 min，制成 1∶10 的样品匀液。

6.1.2 液体样品：以无菌吸管吸取样品 25 mL 置盛有 225 mL 磷酸盐缓冲液或生理盐水的无菌锥形瓶（瓶内预置适当数量的无菌玻璃珠）中，充分混匀，制成 1∶10 的样品匀液。

6.1.3 样品匀液的 pH 值应在 6.5～7.5 之间，必要时分别用 1 mol/L 氢氧化钠（NaOH）或 1 mol/L 盐酸（HCl）调节。

6.1.4 用 1 mL 无菌吸管或微量移液器吸取 1∶10 样品匀液 1 mL，沿管壁缓缓注入盛有 9 mL 磷酸盐缓冲液或生理盐水的无菌试管中（注意吸管或吸头尖端不要触及稀释液面），振摇试管或换用 1 支 1 mL 无菌吸管反复吹打，使其混合均匀，制成 1∶100 的样品匀液。

6.1.5 根据对样品污染状况的估计，按上述操作，依次制成 10 倍递增系列稀释样品匀液。每递增稀释 1 次，换用 1 支 1 mL 无菌吸管或吸头。从制备样品匀液至样品接种完毕，全过程不得超过 15 min。

6.2 初发酵试验

每个样品，选择 3 个适宜的连续稀释度的样品匀液（液体样品可以选择原液），每个稀释度接种 3 管月桂基硫酸盐胰蛋白胨（LST）肉汤，每管接种 1 mL（如接种量需要超过 1 mL，则用双料 LST 肉汤），36 ℃±1 ℃培养 24 h±2 h，观察倒管内是否有气泡产生，如未产气则继续培养至 48 h±2 h。记录在

24 h 和 48 h 内产气的 LST 肉汤管数。未产气者为粪大肠菌群阴性，产气者则进行复发酵试验。

6.3 复发酵试验

用接种环从所有 48 h±2 h 内发酵产气的 LST 肉汤管中分别取培养物 1 环，移种于 45 ℃ EC 肉汤管中。将所有接种的 EC 肉汤管放入带盖的 44.5 ℃±0.2 ℃恒温水浴箱内，水浴的水面应高于肉汤培养基液面，培养 24 h±2 h，记录 EC 肉汤管的产气情况。产气管为粪大肠菌群阳性，不产气为粪大肠菌群阴性。

6.4 粪大肠菌群 MPN 计数的报告

根据证实为粪大肠菌群的阳性管数，查粪大肠菌群最可能数（MPN）检索表（见附录 B），报告每克（或毫升）粪大肠菌群的 MPN 值。

附 录 A
（规范性附录）
培养基和试剂

A.1 月桂基硫酸盐胰蛋白胨(LST)肉汤

A.1.1 成分

胰蛋白胨或胰酪胨	20.0 g
氯化钠	5.0 g
乳糖	5.0 g
磷酸氢二钾(K_2HPO_4)	2.75 g
磷酸二氢钾(KH_2PO_4)	2.75 g
月桂基磺酸钠	0.1 g
蒸馏水	1 000 mL

pH 6.8±0.2

A.1.2 制法

将上述成分溶解于蒸馏水中，调节 pH。分装到有玻璃小倒管的试管中，每管 10 mL，121 ℃高压灭菌 15 min。

A.2 EC 肉汤

A.2.1 成分

胰蛋白胨或胰酪胨	20.0 g
3 号胆盐或混合胆盐	1.5 g
乳糖	5.0 g
磷酸氢二钾(K_2HPO_4)	4.0 g
磷酸二氢钾(KH_2PO_4)	1.5 g
氯化钠	5.0 g
蒸馏水	1 000 mL

pH 6.9±0.1

A.2.2 制法

将上述成分溶解于蒸馏水中，调节 pH。分装到有玻璃小倒管的试管中，每管 8 mL，121 ℃高压灭菌 15 min。

附 录 B
（规范性附录）
粪大肠菌群最可能数（MPN）表

每克（或毫升）检样中粪大肠菌群最可能数（MPN）的检索见表 B.1。

表 B.1 粪大肠菌群最可能数（MPN）检索表

阳性管数			MPN	95%置信区间		阳性管数			MPN	95%置信区间	
0.10	0.01	0.001		下限	上限	0.10	0.01	0.001		下限	上限
0	0	0	<3.0	—	9.5	2	2	0	21	4.5	42
0	0	1	3.0	0.15	9.6	2	2	1	28	8.7	94
0	1	0	3.0	0.15	11	2	2	2	35	8.7	94
0	1	1	6.1	1.2	18	2	3	0	29	8.7	94
0	2	0	6.2	1.2	18	2	3	1	36	8.7	94
0	3	0	9.4	3.6	38	3	0	0	23	4.6	94
1	0	0	3.6	0.17	18	3	0	1	38	8.7	110
1	0	1	7.2	1.3	18	3	0	2	64	17	180
1	0	2	11	3.6	38	3	1	0	43	9	180
1	1	0	7.4	1.3	20	3	1	1	75	17	200
1	1	1	11	3.6	38	3	1	2	120	37	420
1	2	0	11	3.6	42	3	1	3	160	40	420
1	2	1	15	4.5	42	3	2	0	93	18	420
1	3	0	16	4.5	42	3	2	1	150	37	420
2	0	0	9.2	1.4	38	3	2	2	210	40	430
2	0	1	14	3.6	42	3	2	3	290	90	1 000
2	0	2	20	4.5	42	3	3	0	240	42	1 000
2	1	0	15	3.7	42	3	3	1	460	90	2 000
2	1	1	20	4.5	42	3	3	2	1 100	180	4 100
2	1	2	27	8.7	94	3	3	3	>1 100	420	—

注 1：本表采用 3 个稀释度[0.1 g(或 0.1 mL)、0.01 g(或 0.01 mL)和 0.001 g(或 0.001 mL)]，每个稀释度接种 3 管。

注 2：表内所列检样量如改用 1 g(或 1 mL)、0.1 g(或 0.1 mL)和 0.01 g(或 0.01 mL)时，表内数字应相应降低 10 倍；如改用 0.01 g(或 0.01 mL)、0.001 g(或 0.001 mL)、0.000 1 g(或 0.000 1 mL)时，则表内数字应相应增高 10 倍，其余类推。

ICS 07.100.30
C 53

中华人民共和国国家标准

GB/T 4789.40—2008

食品卫生微生物学检验 阪崎肠杆菌检验

Microbiological examination of food hygiene—
Examination of *Enterobacter sakazakii*

2008-11-21 发布

2009-03-01 实施

中华人民共和国卫生部
中国国家标准化管理委员会 发布

前　言

本标准的第一法修改采用国际标准化组织(ISO)ISO/TS 22964:2006《乳和乳制品中阪崎肠杆菌》(Milk and milk products—Detection of *Enterobacter sakazakii*)的检验方法,第二法参考美国食品药品管理局(FDA)《婴儿配方粉中阪崎肠杆菌的分离和计数》[Isolation and enumeration of *Enterobacter sakazakii* from dehydrated powdered infant formula(July 2002)]的检验方法。

本标准与ISO方法的区别如下:

——培养温度由37 ℃±1 ℃改为36 ℃±1 ℃;

——阪崎肠杆菌选择性分离平板由ESIA改为DFI,培养温度由44 ℃±1 ℃改为36 ℃±1 ℃;

——第一法中确定100 g(或100 mL)为基本检测单位;

——增加了第二法,作为阪崎肠杆菌检测的MPN定量检测方法。

本标准的附录A、附录B为规范性附录。

本标准由中华人民共和国卫生部提出并归口。

本标准由中华人民共和国卫生部负责解释。

本标准起草单位:中国疾病预防控制中心营养与食品安全所。

本标准主要起草人:刘秀梅、裴晓燕、郭云昌。

食品卫生微生物学检验
阪崎肠杆菌检验

1 范围

本标准规定了食品中阪崎肠杆菌的检验方法。

本标准适用于婴幼儿配方食品、乳和乳制品及其原料中阪崎肠杆菌的检验。

2 设备和材料

除微生物实验室常规灭菌及培养设备外，其他设备和材料如下：

2.1 恒温培养箱：25 ℃±1 ℃，36 ℃±1 ℃，44 ℃±0.5 ℃。

2.2 冰箱：2 ℃～5 ℃。

2.3 恒温水浴箱：44 ℃±0.5 ℃。

2.4 天平：感量 0.1 g。

2.5 均质器。

2.6 振荡器。

2.7 无菌吸管：1 mL（具 0.01 mL 刻度）、10 mL（具 0.1 mL 刻度）或微量移液器及吸头。

2.8 无菌锥形瓶：容量 100 mL、200 mL、2 000 mL。

2.9 无菌培养皿：直径 90 mm。

2.10 pH 计或 pH 比色管或精密 pH 试纸。

2.11 VITEK 全自动微生物鉴定系统[1]。

3 培养基和试剂

3.1 缓冲蛋白胨水（buffer peptone water，BPW）：见第 A.1 章。

3.2 改良月桂基硫酸盐胰蛋白胨肉汤-万古霉素（modified lauryl sulfate tryptose broth-vancomycin medium，mLST-Vm）：见第 A.2 章。

3.3 阪崎肠杆菌显色培养基（druggan-forsythe-iversen，DFI）[2] 琼脂：见第 A.3 章。

3.4 胰蛋白胨大豆琼脂（trypticase soy agar，TSA）：见第 A.4 章。

3.5 API 20E 生化鉴定试剂盒[1]。

3.6 氧化酶试剂：见第 A.5 章。

3.7 L-赖氨酸脱羧酶培养基：见第 A.6 章。

3.8 L-鸟氨酸脱羧酶培养基：见第 A.7 章。

3.9 L-精氨酸双水解酶培养基：见第 A.8 章。

3.10 糖类发酵培养基：见第 A.9 章。

3.11 西蒙氏柠檬酸盐培养基：见第 A.10 章。

1） 由法国生物梅里埃公司提供的产品的商品名。给出这一信息是为了方便本标准的使用者，并不表示对该产品的认可。如果其他等效产品具有相同的效果，则可使用这些等效的产品。

2） 由英国 Oxoid 公司提供的产品的商品名。给出这一信息是为了方便本标准的使用者，并不表示对该产品的认可。如果其他等效产品具有相同的效果，则可使用这些等效的产品。

第一法 阪崎肠杆菌的检验

4 检验程序

检验程序见图 1。

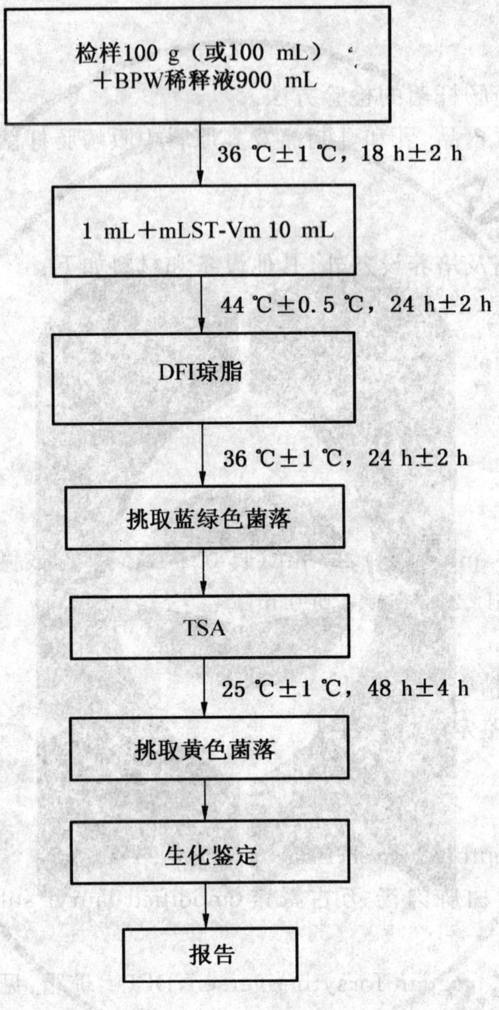

图 1 阪崎肠杆菌检验程序

5 操作步骤

5.1 前增菌和增菌

取检样 100 g(或 100 mL)加入已预热至 44 ℃装有 900 mL 缓冲蛋白胨水的锥形瓶中，用手缓缓地摇动至充分溶解，36 ℃±1 ℃培养 18 h±2 h。移取 1 mL 转种于 10 mL mLST-Vm 肉汤，44 ℃±0.5 ℃培养 24 h±2 h。

5.2 分离

5.2.1 轻轻混匀 mLST-Vm 肉汤培养物，各取增菌培养物 1 环，分别划线接种于两个 DFI 平板，36 ℃±1 ℃培养 24 h±2 h。

5.2.2 挑取 1 个～5 个可疑菌落(直径约 1 mm～3 mm 的蓝绿色菌落)，划线接种于 TSA 平板。25 ℃±1 ℃培养 48 h±4 h。

5.3 鉴定

自TSA平板上直接挑取黄色可疑菌落，进行生化鉴定。阪崎肠杆菌的主要生化特征见表1。可选择API 20E生化鉴定试剂盒或VITEK全自动微生物鉴定系统等生化鉴定系统。

表1 阪崎肠杆菌的主要生化特征

生化试验		特征
黄色素产生		+
氧化酶		−
L-赖氨酸脱羧酶		−
L-鸟氨酸脱羧酶		(+)
L-精氨酸双水解酶		+
柠檬酸水解		(+)
发酵	D-山梨醇	(−)
	L-鼠李糖	+
	D-蔗糖	+
	D-蜜二糖	+
	苦杏仁甙	+
注："+">99%阳性；"−">99%阴性；"(+)"90%～99%阳性；"(−)"90%～99%阴性。		

5.4 阪崎肠杆菌的报告

综合菌落形态和生化特征，报告每100 g(或100 mL)样品中检出或未检出阪崎肠杆菌。

第二法 阪崎肠杆菌的计数

6 操作步骤

6.1 样品的稀释

6.1.1 固体和半固体样品：无菌称取样品100 g、10 g、1 g各三份，加入已预热至44 ℃分别盛有900 mL、90 mL、9 mL BPW中，轻轻振摇使充分溶解，制成1∶10样品匀液，置36 ℃±1 ℃培养18 h±2 h。分别移取1 mL转种于10 mL mLST-Vm肉汤，44 ℃±0.5 ℃培养24 h±2 h。

6.1.2 液体样品：以无菌吸管分别取样品100 mL、10 mL、1 mL各三份，加入已预热至44 ℃分别盛有900 mL、90 mL、9 mL BPW中，轻轻振摇使充分混匀，制成1∶10样品匀液，置36 ℃±1 ℃培养18 h±2 h。分别移取1 mL转种于10 mL mLST-Vm肉汤，44 ℃±0.5 ℃培养24 h±2 h。

6.2 分离、鉴定

同5.2～5.3。

6.3 阪崎肠杆菌计数的报告

综合菌落形态、生化特征，根据证实为阪崎肠杆菌的阳性管数，查MPN检索表，报告每100 g(或100 mL)样品中阪崎肠杆菌的MPN值(见表B.1)。

附 录 A
（规范性附录）
培养基和试剂

A.1 缓冲蛋白胨水(BPW)

A.1.1 成分

蛋白胨	10 g
氯化钠	5 g
磷酸氢二钠($Na_2HPO_4 \cdot 12H_2O$)	9 g
磷酸二氢钾	1.5 g
蒸馏水	1 000 mL

pH 7.2

A.1.2 制法

加热搅拌至溶解，调节 pH，121 ℃高压灭菌 15 min。

A.2 改良月桂基硫酸盐胰蛋白胨肉汤-万古霉素(modified lauryl sulfate tryptose broth-vancomycin medium，mLST-Vm)

A.2.1 改良月桂基硫酸盐胰蛋白胨(mLST)肉汤

A.2.1.1 成分

氯化钠	34.0 g
胰蛋白胨	20.0 g
乳糖	5.0 g
磷酸二氢钾	2.75 g
磷酸氢二钾	2.75 g
十二烷基硫酸钠	0.1 g
蒸馏水	1 000 mL

pH 6.8±0.2

A.2.1.2 制法

加热搅拌至溶解，调节 pH。分装每管 10 mL，121 ℃高压灭菌 15 min。

A.2.2 万古霉素溶液

A.2.2.1 成分

万古霉素	10.0 mg
蒸馏水	10.0 mL

A.2.2.2 制法

10.0 mg 万古霉素溶解于 10.0 mL 蒸馏水，过滤除菌。

万古霉素溶液可以在 0 ℃～5 ℃保存 15 天。

A.2.3 改良月桂基硫酸盐胰蛋白胨肉汤-万古霉素(modified lauryl sulfate tryptose broth-vancomycin medium，mLST-Vm)

每 10 mL mLST 加入万古霉素溶液 0.1 mL，混合液中万古霉素的终浓度为 10 μg/mL。

注意：mLST-Vm 必须在 24 h 之内使用。

A.3 阪崎肠杆菌显色培养基(DFI 琼脂)

A.3.1 成分

胰蛋白胨	15.0 g
大豆蛋白胨	5.0 g
氯化钠	5.0 g
柠檬酸铁铵	1.0 g
硫代硫酸钠	1.0 g
脱氧胆酸钠	1.0 g
5-溴-4-氯-3-吲哚-α-D-吡喃葡糖甙	0.1 g
琼脂	15 g
蒸馏水	1 000 mL

pH 7.3±0.2

A.3.2 制法

加热搅拌至完全溶解,调节 pH,121 ℃高压 15min,冷却至 50 ℃,倾注平板。

A.4 胰蛋白胨大豆琼脂(TSA)

A.4.1 成分

胰蛋白胨	15.0 g
植物蛋白胨	5.0 g
氯化钠	5.0 g
琼脂	15.0 g
蒸馏水	1 000 mL

pH 7.3±0.2

A.4.2 制法

加热搅拌至溶解,煮沸 1 min,调节 pH,121 ℃高压 15 min。

A.5 氧化酶试剂

A.5.1 成分

N,*N*,*N*′,*N*′-四甲基对苯二胺盐酸盐	1.0 g
蒸馏水	100.0 mL

A.5.2 制法

少量新鲜配制,于冰箱内避光保存,在 7 d 之内使用。

A.5.3 试验方法

用玻璃棒或一次性接种针挑取单个特征性菌落,涂布在氧化酶试剂湿润的滤纸平板上。如果滤纸在 10 s 之内未变为紫红色、紫色或深蓝色,则为氧化酶试验阴性,否则即为氧化酶实验阳性。

注意:实验中切勿使用镍/铬材料。

A.6 L-赖氨酸脱羧酶培养基

A.6.1 成分

L-赖氨酸盐酸盐(L-lysine monohydrochloride)	5.0 g
酵母浸膏	3.0 g
葡萄糖	1.0 g

溴甲酚紫	0.015 g
蒸馏水	1 000 mL

A.6.2 制法

将各成分加热溶解，必要时调节 pH，使之在灭菌后 25 ℃ pH 值为 6.8±0.2。每管分装 5 mL，121 ℃高压 15 min。

A.6.3 实验方法

挑取培养物接种于 L-赖氨酸脱羧酶培养基，刚好在液体培养基的液面下。30 ℃±1 ℃培养 24 h±2 h，观察结果。L-赖氨酸脱羧酶试验阳性者，培养基呈紫色，阴性者为黄色。

A.7 L-鸟氨酸脱羧酶培养基

A.7.1 成分

L-鸟氨酸盐酸盐(L-ornithine monohydrochloride)	5.0 g
酵母浸膏	3.0 g
葡萄糖	1.0 g
溴甲酚紫	0.015 g
蒸馏水	1 000 mL

A.7.2 制法

将各成分加热溶解，必要时调节 pH，使之在灭菌后 25 ℃ pH 值为 6.8±0.2。每管分装 5 mL。121 ℃高压 15 min。

A.7.3 实验方法

挑取培养物接种于 L-鸟氨酸脱羧酶培养基，刚好在液体培养基的液面下。30 ℃±1 ℃培养 24 h±2 h，观察结果。L-鸟氨酸脱羧酶试验阳性者，培养基呈紫色，阴性者为黄色。

A.8 L-精氨酸双水解酶培养基

A.8.1 成分

L-精氨酸盐酸盐(L-arginine monohydrochloride)	5.0 g
酵母浸膏	3.0 g
葡萄糖	1.0 g
溴甲酚紫	0.015 g
蒸馏水	1 000 mL

A.8.2 制法

将各成分加热溶解，必要时调节 pH，使之在灭菌后 25 ℃ pH 值为 6.8±0.2。每管分装 5 mL。121 ℃高压 15 min。

A.8.3 实验方法

挑取培养物接种于 L-精氨酸脱羧酶培养基，刚好在液体培养基的液面下。30 ℃±1 ℃培养 24 h±2 h，观察结果。L-精氨酸脱羧酶试验阳性者，培养基呈紫色，阴性者为黄色。

A.9 糖类发酵培养基

A.9.1 基础培养基

A.9.1.1 成分

酪蛋白(酶消化)	10 g
氯化钠	5 g
酚红	0.02 g

蒸馏水	1 000 mL

A.9.1.2 制法

将各成分加热溶解，必要时调节 pH，使之在灭菌后 25 ℃ pH 值为 6.8。每管分装 5 mL。121 ℃高压 15 min。

A.9.2 糖类溶液（D-山梨醇、L-鼠李糖、D-蔗糖、D-蜜二糖、苦杏仁甙）

A.9.2.1 成分

糖	8 g
蒸馏水	100 mL

A.9.2.2 制法

分别称取 D-山梨醇、L-鼠李糖、D-蔗糖、D-蜜二糖、苦杏仁甙等糖类成分各 8 g，溶于 100 mL 蒸馏水中，过滤除菌，制成 80 mg/mL 的糖类溶液。

A.9.3 完全培养基

A.9.3.1 成分

基础培养基	875 mL
糖类溶液	125 mL

A.9.3.2 制法

无菌操作，将每种糖类溶液加入基础培养基，混匀；分装到无菌试管中，每管 10 mL。

A.9.4 实验方法

挑取培养物接种于各种糖类发酵培养基，刚好在液体培养基的液面下。30 ℃±1 ℃培养 24 h±2 h，观察结果。糖类发酵试验阳性者，培养基呈黄色，阴性者为红色。

A.10 西蒙氏柠檬酸盐培养基

A.10.1 成分

柠檬酸钠	2.0 g
氯化钠	5.0 g
磷酸氢二钾	1.0 g
磷酸二氢铵	1.0 g
硫酸镁	0.2 g
溴百里香酚蓝	0.08 g
琼脂	8.0 g～18.0 g
蒸馏水	1 000 mL

A.10.2 制法

将各成分加热溶解，必要时调节 pH，使之在灭菌后 25 ℃ pH 值为 6.8±0.2。每管分装 10 mL，121 ℃高压 15 min，制成斜面。

A.10.3 实验方法

挑取培养物接种于整个培养基斜面，36 ℃±1 ℃培养 24 h±2 h，观察结果。阳性者培养基变为蓝色。

附 录 B
（规范性附录）
阪崎肠杆菌最可能数（MPN）检索表

每 100 g(或 100 mL)检样中阪崎肠杆菌最可能数(MPN)的检索见表 B.1。

表 B.1 阪崎肠杆菌最可能数(MPN)检索表

阳性管数			MPN	95%可信限		阳性管数			MPN	95%可信限	
100	10	1		下限	上限	100	10	1		下限	上限
0	0	0	<0.3	—	0.95	2	2	0	2.1	0.45	4.2
0	0	1	0.3	0.015	0.96	2	2	1	2.8	0.87	9.4
0	1	0	0.3	0.015	1.1	2	2	2	3.5	0.87	9.4
0	1	1	0.61	0.12	1.8	2	3	0	2.9	0.87	9.4
0	2	0	0.62	0.12	1.8	2	3	1	3.6	0.87	9.4
0	3	0	0.94	0.36	3.8	3	0	0	2.3	0.46	9.4
1	0	0	0.36	0.017	1.8	3	0	1	3.8	0.87	11
1	0	1	0.72	0.13	1.8	3	0	2	6.4	1.7	18
1	0	2	1.1	0.36	3.8	3	1	0	4.3	0.9	18
1	1	0	0.74	0.13	2	3	1	1	7.5	1.7	20
1	1	1	1.1	0.36	3.8	3	1	2	12	3.7	42
1	2	0	1.1	0.36	4.2	3	1	3	16	4	42
1	2	1	1.5	0.45	4.2	3	2	0	9.3	1.8	42
1	3	0	1.6	0.45	4.2	3	2	1	15	3.7	42
2	0	0	0.92	0.14	3.8	3	2	2	21	4	43
2	0	1	1.4	0.36	4.2	3	2	3	29	9	100
2	0	2	2	0.45	4.2	3	3	0	24	4.2	100
2	1	0	1.5	0.37	4.2	3	3	1	46	9	200
2	1	1	2	0.45	4.2	3	3	2	110	18	410
2	1	2	2.7	0.87	9.4	3	3	3	>110	42	—

注 1：本表采用 3 个检样量[100 g(或 100 mL)、10 g(或 10 mL)和 1 g(或 1 mL)]，每个检样量接种 3 管。

注 2：表内所列检样量如改用 1 000 g(或 1 000 mL)、10 g(或 10 mL)和 1 g(或 1 mL)时，表内数字应相应降低 10 倍；如改用 10 g(或 10 mL)、1 g(或 1 mL)和 0.1 g(或 0.1 mL)时，则表内数字应相应增高 10 倍，其余类推。

ICS 19.080
N 09

中华人民共和国国家标准

GB 4793.2—2008/IEC 61010-2-032:2002
代替 GB 4793.2—2001

测量、控制和实验室用电气设备的安全要求 第2部分:电工测量和试验用手持和手操电流传感器的特殊要求

Safety requirements for electrical equipment for measurement, control, and laboratory use—Part 2: Particular requirements for hand-held and hand-manipulated current sensors for electrical test and measurement

(IEC 61010-2-032:2002, IDT)

2008-08-30 发布　　2009-09-01 实施

中华人民共和国国家质量监督检验检疫总局
中国国家标准化管理委员会　发布

前言

本部分的全部技术内容为强制性。

GB 4793《测量、控制和实验室用电气设备的安全要求》目前分为7个部分：

——第1部分：通用要求(IEC 61010-1)；

——第2部分：电工测量和试验用手持和手操电流传感器的特殊要求(IEC 61010-2-032)；

——第3部分：实验室用混合和搅拌设备的特殊要求(IEC 61010-2-051)；

——第4部分：实验室用处理医用材料的蒸压器的特殊要求(IEC 61010-2-041)；

——第5部分：电工测量和试验用手持探头组件的安全要求(IEC 61010-031)；

——第6部分：实验室用材料加热设备的特殊要求(IEC 61010-2-010)；

——第7部分：实验室用离心机的特殊要求(IEC 61010-2-020)。

注：上述部分的名称会随IEC标准名称的变化而改变。

本部分为GB 4793的第2部分。

本部分等同采用IEC 61010-2-032:2002《测量、控制和实验室用电气设备的安全要求　第2-032部分：电工测量和试验用手持和手操电流传感器的特殊要求》(英文版)。其技术内容、文本结构以及表达形式与IEC 61010-2-032:2002完全等同。

为了方便使用，本部分作了下列编辑性修改：

——用小数点“.”代替作为小数点的逗号“,”；

——略去IEC 61010-2-032:2002的前言和“附录H(资料性附录)定义索引”的内容；

——对于IEC 61010-2-032:2002引用的其他国际标准中有被等同或修改采用作为我国标准的，本部分用我国的国家标准或行业标准代替对应的国际标准；其余未有等同或修改采用为我国标准的国际标准，在本部分中均被直接引用。

本部分是对GB 4793.2—2001《测量、控制和实验室用电气设备的安全　电工测量和试验用手持电流钳的特殊要求》(IEC 61010-2-032:1994,IDT)的修订。

本部分必须结合GB 4793.1《测量、控制和实验室用电气设备的安全要求　第1部分：通用要求》一起使用。本部分中写明“适用”的部分，表示GB 4793.1的相应条适用于本部分；本部分写明“代替”或“修改”的部分，表明以本部分的条为准；本部分中写明“增加”的部分，表明除要符合GB 4793.1的相应条外，还必须符合本部分中增加的条。为了区别GB 4793.1中的条，本部分增加的条的编号以101开始，例如3.101。

本部分与GB 4793.2—2001比较有较大改动：许多条在文字上作了修改，标准的结构随着GB 4793.1—2007进行了调整，对一些试验方法作了更详细的阐述：

——增加了A型、B型、C型电流传感器的定义；

——增加了防电击部分中增加了防电击保护和预防短路结构要求的试验方法；

——在耐机械冲击和撞击要求中增加了动态试验方法等。

本部分的附录D为规范性附录。

本部分由中国机械工业联合会提出。

本部分由全国测量、控制和实验室电器设备安全标准化技术委员会(SAC/TC 338)归口。

本部分起草单位：机械工业仪器仪表综合技术经济研究所。

本部分主要起草人：郑旭、梅恪、柳晓菁、王麟琨、欧阳劲松、方晓时、王建华、潘长清、张桂玲。

本部分所代替标准的历次版本发布情况为：

——GB 4793.2—2001。

测量、控制和实验室用电气设备的安全要求 第2部分：电工测量和试验用手持和手操电流传感器的特殊要求

1 范围与目的

除下述内容外，GB 4793.1的第1章均适用。

1.1 范围

代替：

GB 4793的本部分适用于手持和手操电流传感器。这类电流传感器用于在不切断被测电路电流通路的情况下测量电流。电流传感器可以是独立的，也可以是其他设备的附件。

电流传感器在测量和试验之前或之后，需要手动操作，但在测量和试验期间不一定需要手持。

A型电流传感器：应能在非绝缘的危险带电导体上进行夹装或拆除。A型电流传感器的手持或手操部分应提供被测导体的防电击保护，在箝位状态下，还应提供防止电线之间和汇流条之间短路的保护。

B型电流传感器：应能在箝位状态下提供防止电线之间或汇流条之间短路的保护，但手持或手操部分不提供防电击保护。为避免电击危险，在使用或移动电流传感器测量不断电的危险带电导体时，需提供附加保护措施。

注：B型电流传感器包括挠性电流传感器。

C型电流传感器：在箝位状态下，不能提供防止电线之间或汇流条之间短路的保护。只有在非绝缘的危险带电导体断电时，才能使用或拆除C型电流传感器。

注：C型电流传感器类包括一些分裂铁芯式变送器。

2 规范性引用文件

下列文件中的条款通过GB 4793的本部分的引用而成为本部分的条款。凡是注日期的引用文件，其随后所有的修改单(不包括勘误的内容)或修订版均不适用于本部分，然而，鼓励根据本部分达成协议的各方研究是否可使用这些文件的最新版本。凡是不注日期的引用文件，其最新版本适用于本部分。

GB 4793.1 测量、控制和实验室用电气设备的安全要求 第1部分：通用要求(GB 4793.1—2007,IEC 61010-1:2001,IDT)

除下述内容外，GB 4793.1的第2章均适用。

增加：

GB 4793.5 测量、控制和实验室用电气设备的安全要求 第5部分：电工测量和试验用手持探头组件的安全要求(GB 4793.5—2008,IEC 61010-2-031:2002,IDT)

3 术语和定义

除下述内容外，GB 4793.1的第3章均适用。

增加：

3.101 电流传感器及其零部件(见图101)

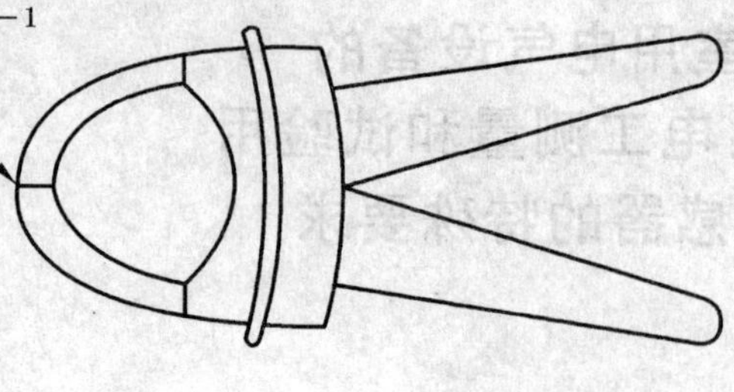

A型
作为附件的电流传感器

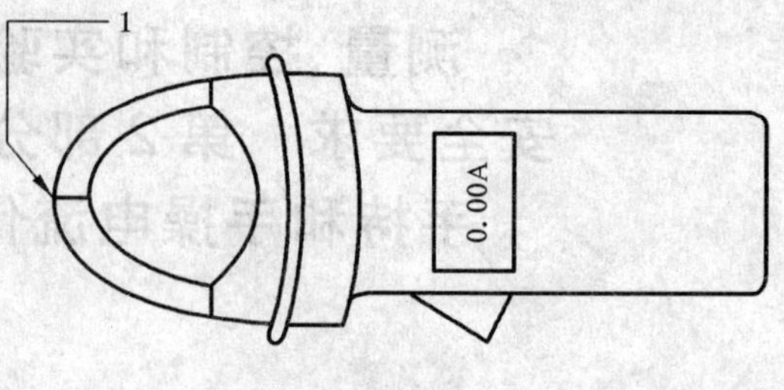

A型
具有独立测量功能的电流传感器

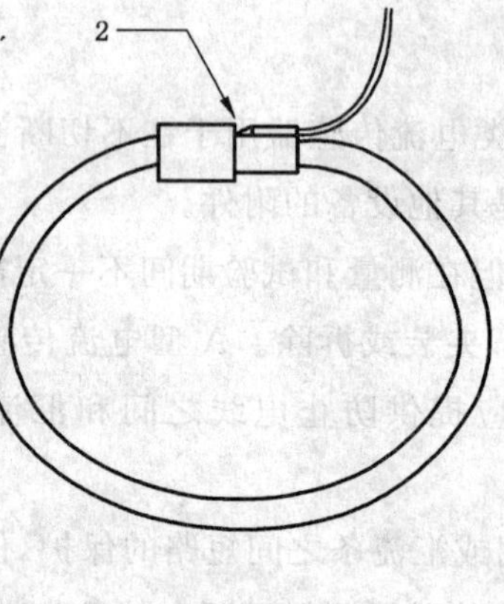

B型
挠性电流传感器

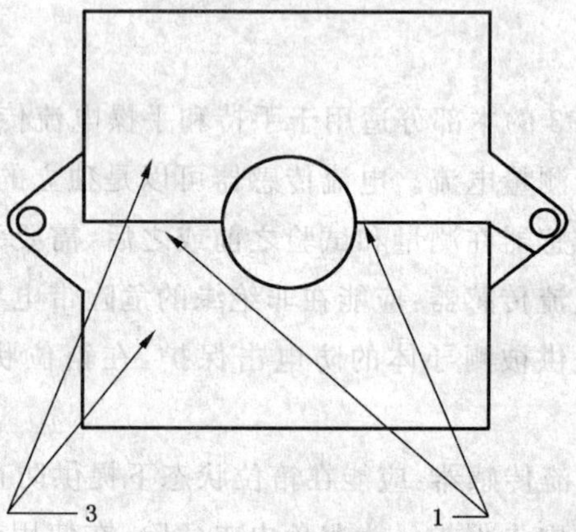

C型
分裂铁芯式电流传感器

图例:

1——钳口;

2——钳尾;

3——钳。

图101 电流传感器及其零部件的示例

3.101.1

电流传感器 current sensor

一种用于在不切断电路电流通路的情况下,测量、探测或注入电流,或指示电流波形的便携式设备或手持设备。

注1:某些电流传感器还被称为电流钳和电流探头。

注2:某些被设计成便携式的电流传感器也可以用于固定安装。

3.101.2

钳 jaws

用于环绕被测导体的电流传感器零部件。

3.101.3

钳口 jaw opening

可以张开将导体置于钳中的电流钳部分。

4 试验

除下述内容外,GB 4793.1的第4章均适用。

4.4.2.7 输出

代替:

应将各个输出开路或短路(较不利的那个),一次施加一个。

5 标志和文件

除下述内容外,GB 4793.1 的第 5 章均适用。

5.1.2 标识

增加:

在 b)的注后增加下列新条目 aa):

aa) 电流传感器应标有下列内容:

1) 如果电流传感器被设计成仅与特定型号的设备一起使用,那么设备的标识应在电流传感器上或其附属文件中清晰地指示。如果该信息仅在文件中给出,那么电流传感器应被标上表 1 的符号 14;

2) A 型电流传感器应被标上表 1 的符号 102;

3) B 型和 C 型电流传感器应被标上表 1 的符号 101。

如果适用(见 5.1.5.101),相关符号(14,101 或 102)应标记在测量类别标记的附近。

增加的条:

表 1 符号

在表 1 中增加下面两个新符号:

序号	符　号	标　准	说　明
101			不能从危险带电导体上安装或拆卸
102			允许从危险带电导体安装和拆卸

5.1.5.101 钳的电压和电流的额定值

电流传感器应给出在测量非绝缘导体时对地的额定电压的标记。除非既适用于交流(有效值)也适用于直流,否则还应标出电压的属性(a.c.,d.c.等)。此外还应在电路对地的额定电压标记的附近通过添加“CAT Ⅱ”、“CAT Ⅲ”或“CAT Ⅳ”,来标出相关的测量类别。(见 6.7.4)

注 1:本部分用到术语“非绝缘”,它不仅指没有绝缘的导体,而且还表示那些没有满足基本绝缘对电压的要求的绝缘导体。

注 2:测量类别标记也可采用“类别Ⅱ”、“类别 Ⅲ”或“类别 Ⅳ”。

应标明最大额定电流的值和属性。

通过目视检查来检验是否合格。

5.4.4 设备的操作

代替:

如果适用,使用说明应包括:

a) 操作控制件及其用于各种操作模式的标识;

b) 与附件和其他设备互连的说明,包括指出适用的附件、可拆卸的零部件;

c) 间歇工作限值的规范;

d) 在设备上使用的与安全有关的符号的解释;

e) 消耗材料更换的说明;

f) 清洗和消毒的说明;

g) 安装和拆卸电流传感器的说明;

h) 安装和拆卸 B 型或 C 型电流传感器时,被测电流安装点的断电说明,或在危险带电安装时采用安全操作规程的说明；

i) 如果所要进行测量的部位有可触及的危险带电零部件，则操作人员必须使用专用防护设备的警告；

j) 触摸指示体或挡板的功能说明，要指出手持部分安全范围的限制；

k) 如果软线绝缘的内部对比色可见，则操作人员不要使用挠性电流传感器的警告(见 6.9.101.5)；

l) 如果钳口的磨损指示体可见，则操作人员不要使用电流传感器的警告(见 6.9.101.2)。

在说明书中应说明，如果不按制造商规定的方法来使用设备，则可能会损害设备所提供的防护。

通过目视检查来检验是否合格。

6 防电击

除下述内容外，GB 4793.1 的第 6 章均适用。

6.1.2 例外

增加了以下的新条目 aa)：

aa) 满足 6.9.101 要求的钳口内部导电零部件。

6.7 电气间隙和爬电距离

6.7.3 除电网电源电路以外的电路

6.7.3.1 电气间隙数值——一般要求

代替：

用下列内容代替 6.7.3.1c)：

电流传感器的可触及零部件不允许利用均匀结构减小电气间隙。

6.9 防电击保护的结构要求

本条的名称替换成以下内容：

6.9 防电击保护和预防短路的结构要求

增加条：

6.9.101 钳和钳口的绝缘要求

6.9.101.1 概述

6.9.101.3、6.9.101.4、6.9.101.7 中的所有测量和试验，都应在按 6.9.101.2 中所规定的钳口的预处理后进行。

注：进行预处理以模拟插入和拆卸钳时的磨损。

6.9.101.2 钳口的预处理

对于 A 型和 B 型电流传感器(挠性电流传感器除外)，将 3 个正常条件下电流传感器样品和 3 个已按 10.5.2 a)中的规定进行处理的电流传感器样品，按照下述方式进行处理：

试验表面由刚性物质组成，双面被砂布覆盖，试验表面最小尺寸为 50 mm×450 mm，厚度不超过 2 mm。砂布是 120 号粗砂，由氧化铝研磨料、布衬和涂层组成。

钳口张开，电流传感器放置在与试验表面成 90°的位置上，然后闭合钳。

将电流传感器沿着试验表面做 200 mm 距离的移动，如果受到设计的限制可移动较短的距离，共作 15 次循环(一次循环包括一个前向和一个反向的移动)，以研磨钳的闭合处，见图 102。若钳口的绝缘有磨损指示体，则在完成 15 次循环前如果磨损指示体可见，结束处理。处理完每个样品后，更换砂布。

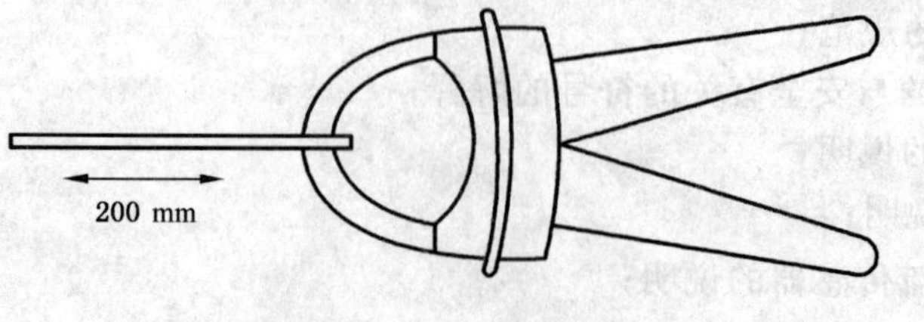

图 102 钳口的处理

6.9.101.3 接触危险带电导体的防护

为了减少操作人员接触危险带电导体的危险，A型电流传感器应具有挡板或触摸指示体，以向操作人员警告安全触及的限制范围。触摸指示体应覆盖至少50%的周长，并且应至少延伸到手持部分的相对两面。

危险带电零部件与挡板或触摸指示体之间的电气间隙和爬电距离应满足额定工作电压下双重绝缘或加强绝缘的要求。图103给出了从挡板或触摸指示体到钳和危险带电导体的电气间隙“d”的示例。

通过目视检查、电气间隙和爬电距离的测量、6.8的介电强度试验，以及6.2对可触及零部件的判定来检验是否合格。

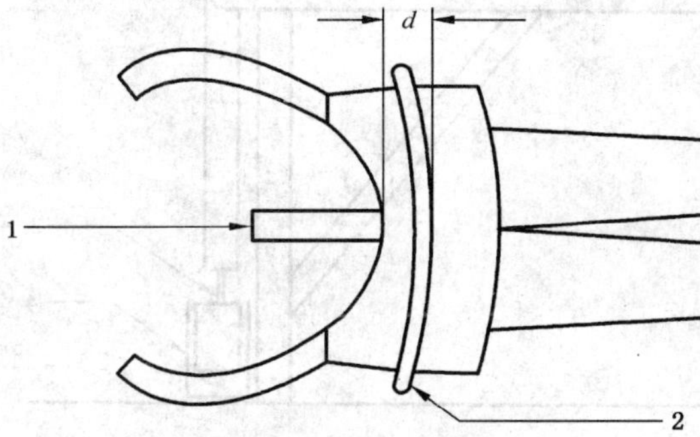

图例：

1——危险带电导体；

2——挡板；

d——挡板和危险带电导体之间的距离。

图103 挡板或触摸指示体与钳和危险带电导体之间的电气间隙

6.9.101.4 手持或手操零部件

A型电流传感器的手持或手操零组件应通过双重绝缘或加强绝缘使其与钳的可触及磁路、危险带电导体、输入和输出电路及其导线分离。在正常使用中应认为与输入和输出电路相连的导线以及可触及磁路处于危险带电电压状态。

通过目视检查、电气间隙和爬电距离的测量、6.8的介电强度试验，以及6.2对可触及零部件的判定来检验是否合格。

6.9.101.5 挠性电流传感器的绝缘

对于带有磨损指示体的挠性电流传感器软线，新的至少应提供双重绝缘或加强绝缘，当磨损指示体可见时至少应提供基本绝缘。

对于不带磨损指示体的挠性电流传感器软线，新的和超过典型磨损寿命的，均应提供双重绝缘或加强绝缘。

通过以下试验来检验是否合格：

测试用于挠性电流传感器钳的3个未经处理的软线样品，以及3个已按10.5.2 a)中规定处理的样品，每个样品长1 m。

根据加强绝缘的值，对1个未经处理的样品进行6.8中所述的介电强度试验。

每个样品要滑过安装在滑轮上的砂布，样品与滑轮的内径相符合(见图105)，将滑轮固定以使其不能转动(见图104)。砂布是120号粗砂，由氧化铝研磨料、布衬和涂层组成。为了避免软线的滚动，滑轮的内表面呈凹弧状。

软线放置在滑轮上(见图104)，通过滑轮的支撑使其成90°弧形。软线的一端悬挂质量为1 kg的重物。应放置软线，使其在循环的中间位置软线的长度中点处于砂布中心。重物导向装置防止其摇摆，软线通过砂布表面循环的次数为15次，或磨损指示体的对比色变为可见的次数，二者取其较小者——

一个循环包括软线自由端的一个前向和一个反向移动，软线移动距离为0.5 m。

每个经过上述循环处理的样品应在软线的内部导体与缠绕在外部护套上的金属箔之间进行GB 4793.1中6.8的介电强度试验。如果由于对比色变为可见而导致循环处理终止，则应采用基本绝缘电压试验值。如果在循环处理期间完成15个循环时对比色没有变为可见，则应采用加强绝缘电压试验值。

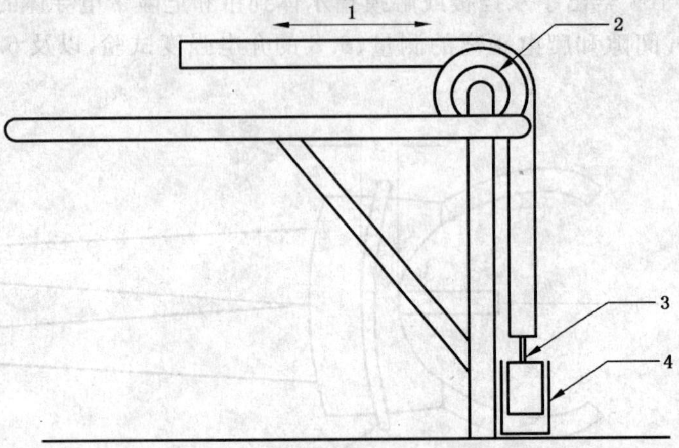

图例：

1——软线；

2——固定的滑轮；

3——1 kg重物；

4——重物导向装置。

图 104 挠性电流传感器绝缘的循环处理

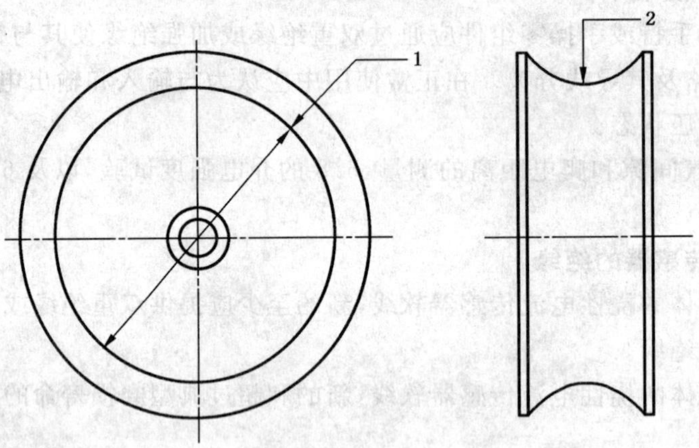

图例及尺寸：

1——滑轮内径≥5×软线直径；

2——滑轮曲面半径≥5×软线直径。

图 105 图 104 中用于循环处理的滑轮

6.9.101.6 挠性电流传感器端盖的拉力试验

挠性电流传感器的端盖应可靠地紧固，这样可以承受正常使用中可能出现的任何力。

通过目视检查以及对每个端盖做如下试验来检验是否合格。将端盖卡住使其不能移动，使软线能够承受100 N恒定的轴向拉力，或4倍钳的张开力，选择其中较大者，保持1 min。如果在钳尾处软线的绝缘体位移超过2 mm，则进行最多15次重复试验，每次持续15 s。除了第一次试验的位移外，绝缘体的位移不得超过1 mm。

试验之后：

a） 电流传感器不得损坏；

b） 电气间隙和爬电距离不得小于 6.7.4 中的加强绝缘的限值；

c） 在没有潮湿预处理的情况下，采用加强绝缘的值，电流传感器应通过 6.8 的介电强度试验。

6.9.101.7 钳和钳口引起的短路的防护

预定用于非绝缘导体或汇流条上的电流传感器钳的内部金属零部件应有一个外壳，在其封闭的空间内至少提供基本绝缘。绝缘的特性应基于额定工作电压。

通过测量在封闭空间（外壳）中钳内部金属零部件与外表面之间的电气间隙和爬电距离来检验是否合格。钳处于闭合位置时，在封闭空间中钳内部金属零部件与外表面（表面紧裹金属箔）之间应进行 6.8 的介电强度试验，试验电压采用基本绝缘的值。

A 型和 B 型电流传感器应具有附加防护，在导体或汇流条之间插入和移动电流传感器时，对由钳口引起的短路提供防护。防护应由基于额定工作电压的基本绝缘来提供。

注 1：保护措施的示例可以是屏板、挡板、盖子或钳口的相对两面保持距离。

注 2：出于本部分的目的，可认为钳的单一极在电气安装点不会使两个分离的导体短路。

通过如下试验来检验是否合格：

表 101 中的工作电压不大于钳的最大额定工作电压，试验探头如图 106 所示，插入钳口如图 107 所示。插入探头后，使用基本绝缘的值在试验引线间进行 6.8 介电强度试验。

图例：

1——非导电材料；

2——导电材料；

3——试验引线；

D——导电材料的直径；

X——试验探头的总厚度。

图 106 检查短路防护的试验探头

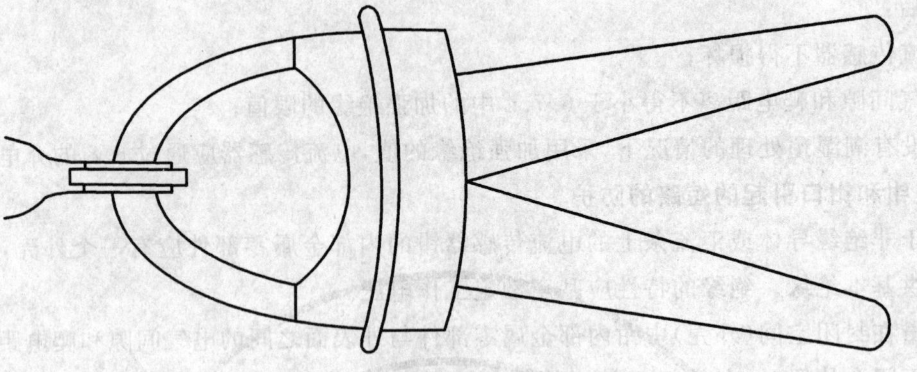

图 107　图 106 中试验探头的用法

表 101　试验探头的厚度

钳的工作电压/V	≤100	150	300	600	1 000
探头的厚度 X/mm(见注)	3	6	10	15	25
注：如果钳不能张开到相应的尺寸，则探头厚度应与钳口张开的最大尺寸相同。					

7　防机械危险

GB 4793.1 的第 7 章均适用。

8　耐机械冲击和撞击

除下述内容外，GB 4793.1 的第 8 章均适用。

8.1.2　动态试验

代替：

用下列段取代，但保留图 4：

对 A 型电流传感器的 3 个样品进行试验，电流传感器牢固地固定在刚性支撑物上，钳口尽可能地张开，最大张开到 45 mm。对每个样品，可在钳口外部表面最多 3 个点进行试验。如果电流传感器的额定最低环境温度低于 2 ℃，则使电流传感器冷却到最低额定环境温度，然后在 10 min 内进行试验。

试验按照图 4 所示进行。高度 X 为 1 m，撞击元件为直径 50 mm、质量为 500 g±25 g 的钢球。能量等级为 5 J。

使用图 106 中的与钳的额定工作电压对应的试验探头进行 6.8 的介电强度试验(不进行潮湿预处理)，试验电压为基本绝缘的试验电压。

9　防止火焰蔓延

GB 4793.1 的第 9 章均适用。

10　设备的温度限值和耐热

GB 4793.1 的第 10 章均适用。

11　防流体危险

GB 4793.1 的第 11 章均适用。

12　防辐射(包括激光源)、声压力和超声压力

GB 4793.1 的第 12 章均适用。

13 对释放的气体、爆炸和内爆的防护

GB 4793.1 的第 13 章均适用。

14 元器件

除下述内容外，GB 4793.1 的第 14 章均适用。

增加条：

14.101 信号线和测量引线

信号线、测量引线及其附件应满足 GB 4793.5 的要求。

按照 GB 4793.5 的要求来检验是否合格。

15 利用联锁装置的保护

GB 4793.1 的第 15 章均适用。

16 试验和测量设备

除下述内容外，GB 4793.1 的第 16 章均适用。

增加条：

16.101 带内部电流互感器的电流传感器

如果电流传感器输出信号的断路会产生高电压，那么电流传感器的结构应提供足够的防护以防止任何危险的发生。

通过目视检查和如下的过载试验来检验是否合格。过载试验是在 2 倍于钳的最大额定电流下施加 10 s 和在钳的恒定最大额定电流下施加。在试验期间不得发生会引起危险的断路。

附　　录

除下述内容外,GB 4793.1 的附录均适用。

附　录　D
（规范性附录）
其间规定绝缘要求的零部件(见 6.4 和 6.5.2)

除下述内容外,GB 4793.1 的附录 D 均适用。

增加图

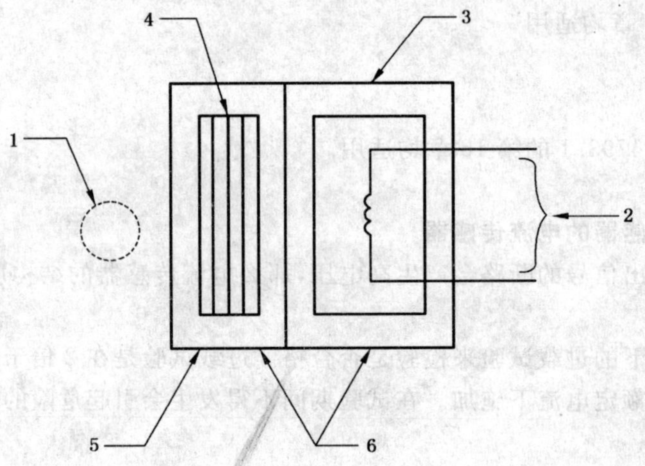

图例：

1——危险带电导体；

2——输出电路；

3——手持或手操部分；

4——磁路或其他电流感应电路；

5——钳口；

6——外壳,包括钳。

图 D.101　电流传感器不同部分间的防护(见表 D.101)

增加：

表 D.101　电流传感器的电路和可触及零部件之间的绝缘要求(见 6.9.101)

电流传感器类型	1 和 2 之间	1 和 3 之间	2 和 3 之间	2 和 5 之间	2 和 6 之间	4 和 6 之间
A	D	D	D	D	D	B
B	D	NA	NA	D	D	B
C	D	NA	NA	NA	D	B
NA＝不适用;B＝基本绝缘;D＝双重绝缘或加强绝缘。						